Python
从入门到项目实战
全程视频版

沐言科技　李兴华◎著

中国水利水电出版社
www.waterpub.com.cn

·北京·

内 容 提 要

《Python 从入门到项目实战（全程视频版）》是一本系统讲解 Python 完整编程语法和实战开发应用的程序设计图书。全书分为三篇，基础篇讲解了 Python 的起源、发展现状、开发环境搭建、基础语法、程序逻辑结构、序列、函数、模块、PyCharm 开发工具等内容；进阶篇分析了类与对象、继承与多态、特殊方法、装饰器、异常处理、程序结构扩展、程序测试等内容；实践篇详解了并发编程、IO 编程、网络编程、数据库编程、图形界面、网络爬虫、Flask 等编程的开发应用。本书知识体系详尽全面，实例丰富，基础知识的讲解辅以大量图文解析，实例代码均给出了详细注解，帮助读者迅速领悟编程思想和掌握编程的核心知识，快速提高 Python 程序开发的实战技能。另外，本书对关键知识点设置了"提示""提问""注意"等模块，可帮助读者扫除知识盲点，快速掌握开发精髓与技术难点。

《Python 从入门到项目实战（全程视频版）》也是一本视频教程，全书配备 288 集（共 66 小时）的同步视频讲解，赠送实例的源码文件，跟着视频边看边操作，学习效率更高。另外，本书赠送 PPT 课件和拓展项目实战资源，并提供 QQ、微博等在线交流与答疑服务，方便教师教学与读者自学。

《Python 从入门到项目实战（全程视频版）》适合 Python 从入门到精通各层次的读者，既可作为 Python 技术爱好者的学习资料，又可作为应用型高等院校以及培训机构相关专业的教材使用，还可作为程序员的工作参考手册使用。

图书在版编目（CIP）数据

Python 从入门到项目实战：全程视频版 / 沐言科技，

李兴华著. -- 北京：中国水利水电出版社，2020.5（2020.7 重印）

ISBN 978-7-5170-8484-6

Ⅰ. ①P… Ⅱ. ①沐… ②李… Ⅲ. ①软件工具－程序

设计 Ⅳ. ①TP311.561

中国版本图书馆 CIP 数据核字(2020)第 050835 号

书 名	Python 从入门到项目实战（全程视频版） Python CONG RUMEN DAO XIANGMU SHIZHAN
作 者	沐言科技　李兴华　著
出版发行	中国水利水电出版社 （北京市海淀区玉渊潭南路 1 号 D 座　100038） 网址：www.waterpub.com.cn E-mail：zhiboshangshu@163.com 电话：（010）62572966-2205/2266/2201（营销中心）
经 售	北京科水图书销售中心（零售） 电话：（010）88383994、63202643、68545874 全国各地新华书店和相关出版物销售网点
排 版	北京智博尚书文化传媒有限公司
印 刷	河北华商印刷有限公司
规 格	203mm×260mm　16 开本　35.5 印张　995 千字
版 次	2020 年 5 月第 1 版　2020 年 7 月第 2 次印刷
印 数	8001—16000 册
定 价	99.80 元

凡购买我社图书，如有缺页、倒页、脱页的，本社营销中心负责调换

版权所有·侵权必究

前　言

我们在用心做事，做最好的教育，写最好的图书。

——沐言科技教学总监 李兴华

时间匆匆不知不觉又过去了几个月，这几个月里我从无到有完成了此本 Python 图书。感叹时间的飞逝、生命的轮转，总觉得生活在现实世界中的我们应该做一些对自己和对他人有意义的事情!我选择了用写书这种方式来实现人身的价值。更多的时候，我希望看过我的书的读者能在编程的道路上少走弯路，绕过那许多的坑坑洼洼而迅速掌握一门编程语言的核心知识，进而形成自己的编程思想。

我一直提倡所有本土化的作者创作图书一定要脚踏实地，因为图书是育人的重要资源。我坚持所有的图书内容都要原创，用自己的语言写出最朴实的文字，让每一位读者看懂、理解。本书定义了大量的图示，希望用这种方式让读者更好地理解一些晦涩的概念。

为了便于读者学习，本书采用微信小程序扫码的形式进行视频浏览，读者可以直接通过微信的"扫一扫"功能，扫描每一章节的二维码来观看视频，进行学习。同时我们也提供了视频的离线下载，只要登录"沐言优拓"的官方网站 http://www.yootk.com，在"资源导航"栏目中就可以下载本书相关视频，如图 1 所示。需要浏览课程笔记的读者可以通过"公开课笔记→课程笔记"栏目找到相应的内容，如图 2 所示。

图 1　Python 离线视频资源下载

本书除了讲解 Python 的核心语法之外，也讲解各种常用技术的开发。为了更好地迎合读者对于 WEB 开发实战的技术需求，在本书之外有一个《Flask 项目实战》系列课程，该课程为收费项目，有兴趣的读者登录沐言优拓官方网站（www.yootk.com），搜索 python 即可找到此课程，如图 3 所示。读者只需要支付低廉的课程费用即可学习。该课程应用实际项目综合分析了模板继承、宏定义、蓝图、SQLAlchemy

等技术的整合应用，同时还根据实际的开发情况进行了大量的可重用设计，包括自动赋值转换、服务端验证框架等。

图 2　课程笔记在线浏览

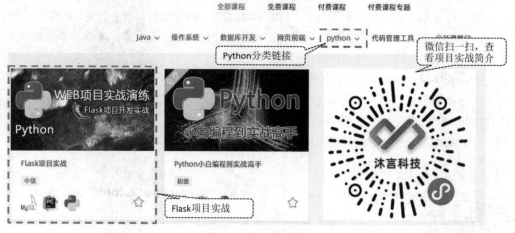

图 3　Flask 项目实战

　　Python 语言的知识体系非常庞大，本书是我们线上编程训练营的指定自学教材，同时我们也希望通过这样一本图书可以让所有的技术爱好者快速掌握 Python 结构及其项目开发。如果需要进一步学习 Python 全系列课程，则可以登录 edu.yootk.com 获取完整的 Python 课程大纲，并加入我们的在线训练营，我们正规的技术和完善的教育体系将带领大家感受 Python 的完美世界。

本书显著特色

1. 全程视频讲解，手把手教你学，引领读者快速入门

　　本书每个章节都录制了同步教学视频，全书共 288 集 66 小时的教学视频，用手机微信扫一扫二维码，或者通过计算机下载视频观看，跟着视频边学边做，引领读者快速入门。

2. 名师编著，知识安排合理，入门与实战相结合

　　本书为作者多年教学与软件开发经验的总结，编写模式采用"基础知识+实例"的形式讲解，知识点全面丰富、由浅入深，既包含了 Python 的完整编程语法，又包含了实战的开发应用。

3. 实例丰富，技巧尽在其中

基础知识的讲解配备了丰富的实例，全书实例 600 个。对每行实例代码给予了详细的注释，对关键知识点设置了技巧提示与问答栏目，帮助读者透彻领悟编程思想，快速掌握编程的核心知识和开发精髓。

4. 资源多、服务快，全方位辅助学习

本书提供同步视频和实例源码的下载服务，赠送项目实战拓展资源和 PPT 课件，另外提供公众号、QQ 群、微博等多种交流方式，让你学习无后顾之忧。

本书资源获取及联系方式

（1）使用手机微信"扫一扫"功能扫描下面的二维码，或在微信公众号中搜索"人人都是程序猿"，关注后输入"PY84846"并发送到公众号后台，获取本书资源下载链接。将该链接复制到计算机浏览器的地址栏中（一定要复制到计算机浏览器的地址栏，通过计算机下载，手机不能下载，也不能在线解压，没有解压密码），根据提示下载。

（2）加入 QQ 群 1054990238 （请注意加群时的提示，根据提示加入对应的群），与笔者及广大技术爱好者在线交流学习。

（3）如果你在阅读中发现问题，也欢迎来信指教，来信请发至 QQ "784420216@qq.com"，笔者看到后将尽快给你回复。

（4）读者也可以扫描下面的微博二维码，关注笔者的技术心得、教学总结和最新动态，在微博上与笔者进行交流。

（5）读者还可以扫描下面的"沐言科技"微信小程序二维码，学习本书视频以及 Java、Oracle、JavaScript、CentOS、UBuntu 等附赠的教学视频。

微博二维码　　　　　微信小程序二维码

致谢

本书能够顺利出版，是作者、编辑和所有审校人员共同努力的结果，在此表示深深的感谢。同时，祝福所有读者在职场一帆风顺。

李兴华

目　　录

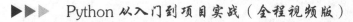

P
第1篇
基 础 篇

第 1 章　走进 Python 的世界

学习目标

- ➷ 了解 Python 语言的发展历史；
- ➷ 理解 Python 语言的特点；
- ➷ 理解 Python 虚拟机的作用以及 Python 程序可移植性的实现原理；
- ➷ 掌握 Python 交互式开发环境的使用并可以编写并运行 Python 程序；
- ➷ 掌握 Python 程序文件的执行操作。

　　Python 是一种简洁并且易于维护的编程语言，随着大数据技术的发展，开发人员可以方便地使用 Python 实现数据分析操作，同时许多国际知名的大学（例如：麻省理工学院、卡耐基梅隆大学）都开始开设基于 Python 的程序设计的相关课程，可见，Python 日益重要。本章将讲解 Python 语言的发展历史，并演示 Python 入门程序的开发。

1.1　Python 简介

视频名称	0101_Python 简介	
课程目标	了解	
视频简介	Python 是一门发展历史悠久的编程语言。本课程详细解释了 Python 产生的历史背景，同时介绍 Python 作者 Guido 的相关背景以及工作现状。	

　　Python 是一门完整的计算机编程语言，基于 C 语言开发实现，并可以调用 C 语言所提供的函数库，从 Python 刚刚诞生开始就拥有了完善的语法结构与程序支持库，Python 与其他语言（如 C、C++和 Java）结合得非常好。Python 在最初时被设计为自动化脚本编写语言，但是随着版本的更新，Python 的功能也更加丰富。在大数据时代，Python 被广泛应用在数据分析与人工智能开发领域。

　　Python 是由一位荷兰的工程师 Guido van Rossum（见图 1-1）在 1989 年设计并开发的。它的产生背景非常有意思，在 1989 年圣诞节时 Guido 最喜欢的电视剧 *Monty Python's Flying Circus*（《蒙提·派森的飞行马戏团》，Monty Python 是英国六人喜剧团体，喜剧界的披头士，图 1-2 所示为该电视剧的宣传海报）停播，于是在无聊状态下的 Guido 打算设计一门脚本语言，以吸引 UNIX 系统下的 C 程序开发人员。Guido 使用手中的 Mac 电脑，并以 ABC 语言作为设计基础，发扬并继承了 ABC 语言的优点设计出来了新的脚本语言，为了纪念 Monty Python 的节目，该脚本语言使用 Python 命名（中文翻译为"蟒蛇"，图标如图 1-3 所示，可以发现图标使用了两条蛇的设计方案）。

> **提示：Guido van Rossum 简介**
>
> 　　在 1960 年，Guido van Rossum（中文翻译为"吉多·范罗苏姆"）出生在荷兰阿姆斯特丹，并且在那里度过了青少年时光，1982 年，Guido 在阿姆斯特丹大学获得数学和计算机科学硕士学位后进入阿姆斯特丹的国家数学和计算机科学研究学会，并先后在马里兰州 Gaithersburg 国家标准及技术研究所和维珍尼亚州 Reston 的国家创新研究公司工作。

国家级科学研究机构的工作经验带给 Guido 与计算机语言深入应用各种编程语言的机会和严谨的风格。1986 年在荷兰阿姆斯特丹的国家数学和计算机科学研究学会工作时，Guido 为工作中使用的 BSD UNIX 编写了一个 glob() 子程序，并且同时在进行 ABC 语言的开发设计工作。

图 1-1　Python 之父 Guido

图 1-2　电视剧海报

图 1-3　Python 图标

提示：Python 与 ABC 语言

ABC 是一种编程语言与编程环境，起源于荷兰科学研究组织（NWO）旗下数学与计算机科学国家研究所（CWI），最初的设计者为 Leo Geurts、Lambert Meertens 与 Steven Pemberton，旨在替代 BASIC、Pascal 等语言，用于教学及原型软件设计。Python 的开发者 Guido 拥有十年的 ABC 语言开发经验。

ABC 语言不再被广泛使用的原因如下：可拓展性差、非模块化支持、无法进行 IO 操作、学习难度、传播困难、硬件的性能限制。而 Python 语言继承自 ABC 语言，并解决了 ABC 语言的设计问题，同时基于 ABC 语法结构进行开发，Python 的设计哲学是"优雅""明确""简单"。

另外，需要提醒读者的是，从严格意义上来讲，Python 语言除了拥有 ABC 语言的特点之外，实际上也包括 Modula-3、C、C++、Algol-68、SmallTalk、UNIX Shell 脚本语言的特点，可以说 Python 是结合了众多语言后形成的一门新型的脚本语言，如图 1-4 所示。

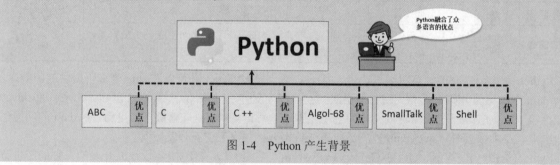

图 1-4　Python 产生背景

在 2005 年的时候 Guido 加入了 Google，Guido 在 Google 负责 Python 项目的开发并为 Google 的开发人员提供必要的 Python 开发工具，同时 Guido 也继续主持着 Python 社区的发展和版本开发。

1.2　Python 语言特点

视频名称	0102_Python 语言特点
课程目标	了解
视频简介	随着计算机技术的发展，计算机编程语言也越来越多，任何被广泛使用的语言都具有鲜明的特点。本课程针对 Python 的优点与缺点进行了详细的介绍。

Python 是一门设计优秀的解释性的编程语言，Python 提供了许多方便开发人员使用的功能，并且随着版本的更新也提供更多更好的支持。下面列举了 Python 语言的一些主要优点。

（1）**Python 语言的语法简单灵活**。相比较其他结构性强的编程语言，Python 对于语法结构的要求较低，这样就给了开发人员很大的便利，同时其语法采用直观的英文信息描述，不仅简单而且易学，初学者不需要花费太大的精力就可以轻松实现 Python 的开发。

（2）**规范化代码**。Python 并没有采用传统的 C、C++、Java 那样的语法结构，而是使用了强制缩进的形式使得程序代码拥有更高的可读性。

（3）**Python 是一个开源项目，免费提供给开发者**。Python 是 FLOSS（自由/开放源码软件）之一，开发者可以方便地获取、修改、发布 Python 的源代码，由于 Python 参与设计的开发人员众多，这使得 Python 可以不断地得到更新与维护。

（4）**Python 是一门面向对象的编程语言**。Python 除了提供有面向过程的开发之外，还提供有面向对象的开发支持，开发者可以利用面向对象的概念（封装、继承、多态）实现模块化程序开发，可以提高代码的重用性与可维护性，同时采用了比 C++或 Java 更为简洁的语法形式。

（5）**可移植性使得程序开发更加容易**。由于 Python 属于开源项目，这样就使得 Python 可以在不进行任何源代码修改的情况下，实现在各个操作系统平台上移植，这些平台包括 Linux、Windows、FreeBSD、Macintosh、Solaris、OS/2、Amiga、AROS、AS/400、BeOS、OS/390、z/OS、Palm OS、QNX、VMS、Psion、Acom RISC OS、VxWorks、PlayStation、Sharp Zaurus、Windows CE，甚至还有 PocketPC、Symbian 以及 Google 基于 Linux 开发的 Android 平台。

（6）**Python 属于解释性的编程语言**。许多高级的编程语言都需要将源代码编译为字节码文件之后才可以在相应的解释器上进行执行，但是 Python 所编写的源代码不需要开发者手工进行编译，只需要将源代码直接保存到运行位置，启动之后就会由 Python 解释器自动编译并运行，这样的运行机制极大地提升了开发与部署效率。

（7）**Python 拥有强大的扩展性支持（组件集成）**。Python 属于"胶水"语言，可以轻松地链接 C、C++、Java 程序，这样就可以将一些底层的代码进行隐藏，同时也可以提升程序的执行效率。

（8）**Python 拥有丰富的开发支持库**。Python 为了方便用户开发提供有各种方便的类库支持，如正则表达式、文档生成、单元测试、并发编程、数据库、CGI、FTP、电子邮件、XML、JSON、GUI（图形用户界面）、科学计算、人工智能、机器学习等，开发者只需要调用这些类库就可以轻松地完成各种项目的开发。同时 Python 为了方便开发者进行代码交流，还提供有 pipy 代码发布与管理组件，这样使得全世界的开发者都可以随时共享自己的功能组件。

（9）**Python 拥有良好的并发支持**。Python 程序项目可以充分利用多 CPU 的特点编写并发程序，在 Python 中可以实现多进程、多线程与多协程项目编写，同时提供有各种方便的同步锁支持。

> ### 注意：不要忽视 Python 的缺点
>
> 　　Python 设计之初由于吸收了多个编程语言的优点，使得其自身发展非常迅速，但是读者也需要清醒地认识到，Python 并不完美，也存在缺点。下面列举几个 Python 的缺点。
>
> 　　（1）Python 执行速度较慢。Python 没有采用源代码编译为二进制执行文件的方式执行代码，这样在性能上就落后于 C、C++这样的语言，甚至比 Java 还要慢，但是这个问题并非无法解决，开发者可以利用 Python 集成的特性，调用底层代码以提升执行效率。
>
> 　　（2）Python 开发版本不兼容。Python 2.x 与 Python 3.x 版本之间的语法变动很大，这样就导致 Python 项目维护的困难，本书将基于 Python 3.x 进行讲解。
>
> 　　（3）全局解释器锁（Global Interpreter Lock，GIL）限制并发。Python 对多处理器的支持并不好，当 Python 程序执行时需要先申请 GIL。这意味着，如果要通过多线程扩展应用程序总会受到 GIL 的限制，为此早期的 Python 开发中提倡采用多进程的编程模式，在后续版本的不断改进中，Python 也将更多地以多协程实现高性能的并发处理，其目的都是解决 GIL 对多线程的限制问题。
>
> 　　（4）Python 代码未进行加密。Python 的所有程序都是基于源代码的方式执行，这样就会导致许多重要的信息直接暴露给其他开发者。

1.3 Python 虚拟机

	视频名称	0103_Python 虚拟机
	课程目标	理解
	视频简介	虚拟机技术是现代编程语言的主要技术手段，利用合理的虚拟机设计可以有效地实现不同操作系统间的程序移植。本课程讲解了 Python 虚拟机的作用以及 Python 代码在虚拟机上的执行流程。

Python 虚拟机是一个由软件和硬件组成的虚拟主机，开发者需要依据 Python 虚拟机的开发语法要求编写 Python 源代码才可以正常执行 Python 程序代码。

计算机高级语言类型主要有编译型和解释型两种，Python 属于解释型的编程语言，即源代码只需要放到 Python 虚拟机（Python Virtual Machine）上，Python 虚拟机就会自动编译程序并执行。Python 虚拟机的操作流程如图 1-5 所示。

图 1-5　Python 虚拟机的操作流程

通过图 1-5 所示的 Python 程序执行流程可以发现，在 Python 程序执行时，Python 编译器会自动将源代码编译为字节码 PyCodeObject 文件（后缀名称为 "*.pyc"），在每一个 PyCodeObject 文件中包含了字节码指令以及程序的所有静态信息，但没有包含程序运行时的执行环境（PyFrameObject），而后 Python 虚拟机将依据给定的指令进行程序的执行。

 提问：Python 程序为什么需要编译？

在 1.2 节讲解过，Python 属于解释型的编程语言，只需要将 Python 程序直接放到 Python 虚拟机上就可以执行，那为什么在执行前又需要进行编译？

 回答：Python 程序执行前的编译是自动完成的。

在 Python 程序执行的时候实际上执行的全部都是 Python 的源代码，但是在每次代码执行的时候都会由 Python 编译器自动编译为字节码文件并执行，即 Python 虚拟机上执行的全部都是字节码文件，但是这样的程序执行与编译型语言相比，在每次执行时都需要进行编译与链接过程，性能上就会带来影响，但是从另外一方面来讲，这样的程序结构也使得开发更加简单。

需要注意的是，所有 Python 的字节码文件都会保存在磁盘之中，每当源代码发生变化后都会自动进行重新编译，开发者并不需要关注这些字节码文件。

Python 在开发时遵从了 ANSI C 标准编写的程序，所以设计之初就充分考虑到了 Python 程序可移植性问题，只要 Python 虚拟机的支持相同，那么 Python 可以在不同的操作系统之间任意移植，如图 1-6 所示。

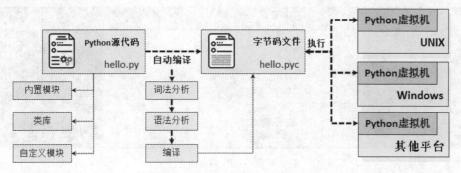

图 1-6　Python 可移植性实现原理

提示：关于 ANSI C

ANSI C 是由美国国家标准协会（ANSI）及国际标准化组织（ISO）推出的关于 C 语言的标准。大部分的编译器都支持 ANSI C 标准，并且大多数 C 程序代码都是在 ANSI C 基础上写的，这样就可以保证所编写出来的 C 程序代码可以在任何硬件平台上编译成功。

1.4　搭建 Python 开发环境

视频名称	0104_搭建 Python 开发环境
课程目标	掌握
视频简介	高级语言程序的开发需要有专门的程序运行环境，Python 官方为开发者也提供有这样的技术支持。本课程讲解了 Python 运行环境的下载与安装，并且演示了交互式编程环境的使用。

　　Python 的程序执行需要编译也需要虚拟机的支持，所以开发者如果要进行 Python 程序的开发就必须使用 Python 的开发工具，此工具可以直接通过 Python 的官方网站（https://www.python.org/）获取，如图 1-7 所示。

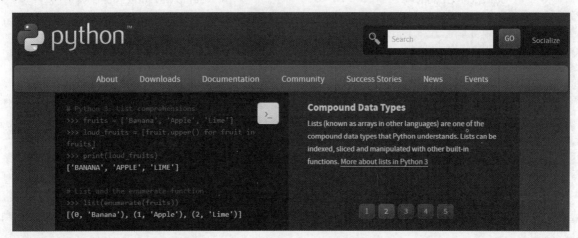

图 1-7　Python 官方站点

　　进入 Python 官方网站后可以在 Downloads 选项卡下根据用户所使用的操作系统下载相应的 Python 开发包。本次将下载 Windows 版本的 Python 开发包，开发版本为 3.7.2，如图 1-8 所示。

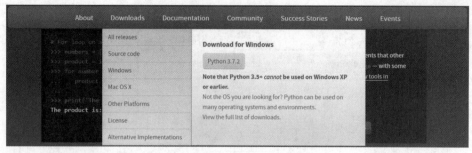

图 1-8　下载 Python 开发包

　　直接双击运行下载后的 Python-3.7.2.exe 安装软件，可以得到图 1-9 所示的启动界面，选择自定义安装（Customize installation），随后会出现图 1-10 所示的组件选择框。

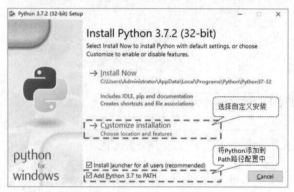

图 1-9　启动安装界面

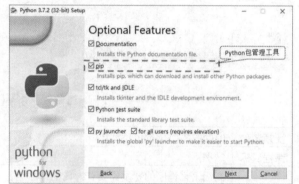

图 1-10　选择安装组件

　　单击 Next 按钮可以进入到图 1-11 所示的界面，此时询问用户 Python 工具的安装位置，设置完成后就可以启动安装程序，安装成功后就可以见到图 1-12 所示的界面。

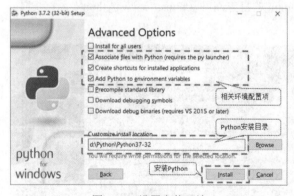

图 1-11　设置安装环境

图 1-12　Python 安装成功

　　由于 Python 在安装时会自动帮助用户配置相应的 PATH 环境属性，所以用户只需要启动命令行工具，直接输入 Python 命令就可以得到图 1-13 所示的交互式编程环境。如果要退出，直接输入 quit() 即可。操作步骤如下：

直接输出字符串	"沐言优拓：www.yootk.com"
通过函数输出	print("沐言优拓：www.yootk.com")
退出交互式编程环境	quit()

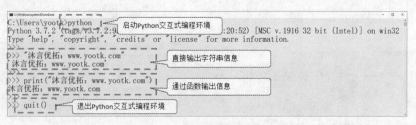

图 1-13　Python 交互式编程环境

提问：如何进入命令行方式？

如果在 Windows 系统下，如何进入命令行方式呢？

回答：通过运行输入 cmd 命令即可。

在早期的 Windows 系统中都会在"开始"菜单里提供有一个"运行"的功能，但是随着 Windows 版本的更新，此功能很难直接找到，用户可以直接通过"Windows 键"＋R 调用此功能，在命令框中输入 cmd 即可进入 Windows 命令行工具，如图 1-14 所示。

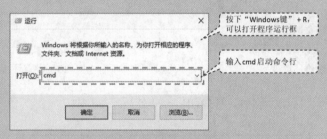

图 1-14　启动命令行

另外，需要提醒的是，如果使用的是 UNIX 或类 UNIX 系统（如 Linux、Mac OS 都是类 UNIX 系统），可以直接利用"终端"进行操作。

在实际开发中除了会使用 python 这个核心的命令之外，实际上还需要使用到一些 Python 提供的组件脚本，这些脚本的保存路径为 D:\Python\Python37-32\Scripts，建议将此路径配置到系统的环境变量之中，在"电脑"上按鼠标右键，在弹出的快捷菜单上选择"属性"命令进入到属性配置，如图 1-15 所示，随后进入到高级系统设置，如图 1-16 所示。

图 1-15　属性配置

图 1-16　属性配置界面

在高级系统设置之中单击"环境变量"按钮，如图 1-17 所示，就可以进入环境变量的配置界面，直接进行 Path 系统变量的编辑，如图 1-18 所示。

在 Path 属性配置中，首先单击"新建"按钮（如图 1-19 所示），随后将所需要配置的路径添加进去即可，如图 1-20 所示。配置完成之后重新启动命令行工具就可以直接使用 pip.exe 命令进行模块管理。

图 1-17　选择"环境变量"

图 1-18　编辑 Path 系统变量

图 1-19　新建环境变量

图 1-20　设置环境变量内容

1.5　Python 编程起步

视频名称	0105_Python 编程起步
课程目标	掌握
视频简介	除了在交互式运行环境下运行 Python 代码外，也可以定义单独的源代码文件，这是在项目开发中最为常见的方式。本课程讲解了如何定义 Python 源文件，实现了一些基础的信息输出，并分析了程序编码问题。

　　Python 除了可以在交互式编程环境下编写程序代码外，还可以单独定义程序源文件，通过 Python 解释器解析执行，所有 Python 源程序的文件后缀统一采用"*.py"命名。

　　实例：编写第一个 Python 程序并进行信息打印

```
# coding:UTF-8                              # 另外一种写法"# -*- coding: UTF-8 -*-"
print("沐言优拓：www.yootk.com")              # 打印信息
print("优拓讲师：李兴华")                      # 打印信息
```

　　本程序利用 print()函数实现了内容的输出，该函数为 Python 的一个内置函数。文件定义完成之后可以直接进入到命令行模式，利用 python hello.py 的命令形式执行，如图 1-21 所示。

图 1-21　执行 Python 程序

 提问：什么叫作函数？

在进行信息输出时使用了 print()函数，请问什么叫作函数？

 回答：函数是功能的封装。

在 Python 中函数是一种功能的封装，使得开发者不需要知道里面的具体实现就可以完成某些功能，就好比一个可以实现任何愿望的魔盒一样，使用者可以对魔盒许下自己的任意愿望，而使用者在完全不知道魔盒实现原理的情况下实现自己的心愿，如图 1-22 所示。

魔盒魔盒，给我来碗刚出锅的牛肉面

魔盒满足你的心愿，给你一碗热气腾腾的红烧牛肉方便面

图 1-22　神奇的魔盒

在 Python 中提供有许多内置的函数，以帮助开发者完成特定的功能，由于 Python 的设计较为全面，所以在后面会接触到大量的函数，在本书第 5 章将完整地讲解自定义函数的语法以及相关注意事项。

需要提醒的是，print()函数支持多个内容输出，需要通过“,”进行分隔。

实例：通过 Python 同时输出多个信息

```
print("Hello", "小李老师", "Hello", "Python")          # 多个内容输出
```

执行此语句时将输出多个内容，并且内容之间使用空格分隔。

 提问：代码 coding:UTF-8 的含义和功能是什么？

在本程序中 print()方法的主要功能是进行输出，但是写在最上面的“# coding:UTF-8”是什么意思？有什么功能？

 回答：该语句主要功能是进行编码设置。

在计算机的世界里所有文件的信息都是通过编码的形式保存在磁盘或者进行网络传输的，正确的编码设置可以避免程序出现“乱码”，Python 为了方便编码管理，可以直接在每个代码文件的首部进行设置，而设置的命令结构如下：

```
# coding:编码名称
```

常见的编码标准有 GBK、GB2312、UTF-8 等，而在这些编码中 UTF-8 编码是在开发中最为常用的一种。在一些运行系统中，为了准确地定义要使用的解释器，还有可能在第一行代码上写上 Python 的路径。

```
#!/usr/bin/python                    # 定义 Python 解释器路径（Linux 系统）
# coding:UTF-8                       # 定义编码
```

此时假设程序运行在 Linux 系统中，所以在首行定义的 Python 解释器的路径为可执行程序路径。

1.6 本 章 小 结

1．Python 是一门简单、灵活、开放源代码的编程语言，Python 的开发者众多，功能也在不断完善。

2．Python 可以利用主机多 CPU 的特点，实现多进程、多线程与多协程的开发。

3．Python 程序基于虚拟机的执行方式，开发者只需要将源代码通过虚拟机执行即可实现自动编译运行。

4．Python 可以直接利用交互式编程环境开发，也可以将程序代码定义在后缀为"*.py"的程序文件中运行。

5．Python 程序可以使用 print()函数在命令行窗口中实现信息输出。

第2章 Python 基础语法

 学习目标

- ↘ 掌握程序注释的作用与分类；
- ↘ 掌握标识符的定义原则与 Python 关键字；
- ↘ 掌握 Python 常用数据类型与转换处理；
- ↘ 掌握键盘数据输入函数 input()的使用，并可以实现数据类型转换操作；
- ↘ 掌握常用运算符的使用。

　　程序的开发需要按照特定的结构与顺序进行，所以为了对这些结构加以定义可以采用标识符的方式声明，同时也提供有丰富的数据类型方便进行数据计算处理。本章将讲解 Python 的标识符、关键字、数据输入、类型转换和常用运算符的使用。

2.1　程序注释

视频名称	0201_程序注释	
课程目标	掌握	
视频简介	为了便于理解程序，所有的编程语言都提供有注释的概念。本课程讲解了注释的作用，以及 Python 中注释的分类。	

　　在一个程序文件中必然会存在有大量的程序代码，为了保证代码的可读性与可维护性，往往需要加入一系列的说明信息，而这些内容就可以通过注释来进行定义。在 Python 中提供有两类注释语法。

- ↘ 单行注释：# 注释内容。
- ↘ 多行注释：''' 注释内容 …… '''（此处为 3 对单引号，也可以用 3 对双引号代替）。

实例：定义单行注释对程序语句进行说明

```
# coding:UTF-8
# 以下语句的功能是在屏幕上进行信息输出，格式为print("输出内容")或print('输出内容')
print("沐言优拓：www.yootk.com")          # 屏幕上输出信息（双引号""""定义）
print('沐言优拓：www.yootk.com')          # 屏幕上输出信息（单引号"'"定义）
程序执行结果：
沐言优拓：www.yootk.com
沐言优拓：www.yootk.com
```

　　本程序的主要功能就是在屏幕上打印输出信息，而为了更加清楚地描述代码作用，程序中除了核心功能外还使用了大量的注释信息，这样就使得代码的阅读与维护更加方便。

实例：使用多行注释进行功能描述

```
# coding:UTF-8
```

```
"""
    以下语句的功能是在屏幕上进行信息输出，格式为 print("输出内容")或 print('输出内容')
    沐言优拓始终引领新时代技术格局，更多信息请登录：www.yootk.com
"""
print("沐言优拓：www.yootk.com")                    # 信息输出
```
程序执行结果：
沐言优拓：www.yootk.com

在程序中使用多行注释可以编写更多的描述信息，这样对代码功能描述得将更加详细。

2.2 标识符与关键字

视频名称	0202_标识符与关键字
课程目标	掌握
视频简介	程序是由一系列的小"原件"组成的复杂结构，为方便管理和使用，可以通过不同的名称进行结构的标记，而这些名称就称为标识符。在本课程中将分析标识符的定义原则，并展示 Python 中的全部关键字（保留字）信息。

程序是一个逻辑结构的综合体，在 Python 中有不同的程序结构，如变量、函数、类等。为了对这些结构进行方便的管理，就可以通过标识符来为结构体定义有意义的名称。在 Python 中标识符由字母、数字、下划线所组成，但是不能够使用数字开头，不能够使用 Python 的保留字，并且要求定义的标识符要有实际意义。

提示：关于标识符的使用

随着读者编程经验的积累，对于标识符的选择一般都会有自己的原则（或者遵从你所在公司的项目开发原则），所以对于标识符的使用，本书有如下建议。

- 在定义时候尽量采用有意义的名称，而不是简单地使用字母和数字，如 i1、i2。
- 命名尽量要有意义，不要使用 a、b 这样的简单标识符。而使用 Student、Math 等单词，因为这类单词都属于有意义的内容。
- Python 中标识符是区分大小写的。例如，yootk、Yootk、YOOTK 表示的是三个不同的标识符。
- 在 Python 中双下划线 "__" 的定义往往有特殊要求，需要在特定的环境下才可以使用。

一些刚接触编程语言的读者可能会觉得记住上面的规则很麻烦，所以最简单的理解就是，标识符最好用字母开头，而且尽量不要包含其他的符号。

为了帮助读者更好地理解标识符的定义，请看下面两组对比。
- 合法标识符：

yootk   yootk_ok   _100ok_
- 非法标识符：

class（关键字）   67.9（数字开头和包含 "."）YOOTK   Li Xing Hua（包含空格）

在定义标识符时另外一个重要的概念就是要避免使用关键字，所谓关键字，是指具备特殊含义的单词，这些单词往往都有特定的使用环境。在 Python 中所提供的关键字有 and、as、assert、async、await、break、class、continue、def、del、elif、else、except、finally、for、from、global、if、import、in、is、lambda、nonlocal、not、or、pass、raise、return、try、while、with、yield、True、False、None。

2.3　变量与常量

视频名称	0203_变量与常量	
课程目标	掌握	
视频简介	程序是一个非常复杂的数字处理逻辑，为了方便标识出内存的使用，往往可以通过变量进行定义。本课程分析了变量与常量的区别，同时讲解 del 关键字的作用。	

　　变量是程序中的一个重要组成单元，利用变量定义的方式可以将内存中的某个内存块保留下来以备下次继续使用，同时不同的变量需要有不同的数据类型，如整数或者浮点数等。在 Python 中变量不需要声明就可以直接使用，而其对应的数据类型会根据所赋予的数值来决定，但是变量在使用前都需要通过图 2-1 所示的格式进行定义。

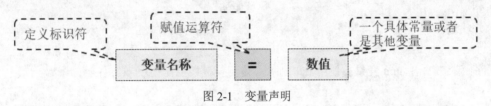

图 2-1　变量声明

实例：声明并修改变量内容

```
# coding:UTF-8
num = 100                          # 声明并为变量初始化
num = 99                           # 修改变量内容
print(num)                         # 输出变量内容
程序执行结果：
99
```

　　本程序首先定义了一个名为 num 的变量，并且为其赋值 100，随后修改了 num 的变量内容为 99，所以最终得到的结果就是 99。在整个程序中，num 是一个变量，变量对应的内容是可以随时修改的，但是反过来，程序中出现的 100 和 99 是两个不会改变的数字，而这样的内容就被称为常量。

　　提示：关于 ";" 的使用

　　许多的编程语言都会使用 ";" 作为每行程序结束的分隔符，但是在 Python 中并没有强制要求开发者使用 ";" 进行程序结束的标记，如果已经习惯于使用 ";" 作为结束符的开发者也可以继续使用。

　　实例：使用 ";" 定义结束符

```
# coding:UTF-8
print("沐言优拓：www.yootk.com") ;   # 使用";"作为结束符
print("优拓讲师：李兴华")            # 未使用";"
程序执行结果：
沐言优拓：www.yootk.com
优拓讲师：李兴华
```

　　通过此时的执行结果可以发现，Python 并没有强制要求使用 ";" 作为结束符，那么在 Python 中 ";" 就没有任何用处了吗？实际上在一行代码中定义多个变量的时候，";" 就非常有用了。

实例：在单行语句中同时定义多个变量

```
# coding:UTF-8
num_a = 10 ; num_b = 20 ; num_c = 30
```

此时利用 ";" 在一行程序中定义了多个变量，如果不使用 ";"，则就需要编写三行语句。

在 Python 中所有的变量都会占据内存空间，如果面对不再使用的变量，也可以直接使用 del 关键字删除并释放变量所占的内存空间。

实例：使用 del 关键字删除变量

```
# coding:UTF-8
num = 100                          # 声明并为变量初始化
del num                            # 删除 num 变量
print(num)                         # 【错误】无法继续使用 num 变量
程序执行结果：
NameError: name 'num' is not defined
```

本程序由于在输出 num 变量前使用 del 删除了该变量，所以在使用 print()方法时就会出现变量无法发现的错误信息。

> **提示：关于 del 与垃圾回收**
>
> 垃圾空间指的是不再使用的内存空间，就好比家中废弃的物品一样，如果不及时清理，那么即便拥有再大的房子也早晚会被填满。所以 Python 利用 del 明确指明要删除的变量（严格意义上来讲应该称其为 "对象"，但是考虑到概念的混淆，在学习面向对象之前仍然称其为变量）。
>
> Python 释放垃圾内存的核心原理在于系统底层设计了一个引用计数器的操作，当该内存空间有变量指向或使用时引用计数器的内容就加 1，如果该变量使用了 del 进行删除，那么引用计数器的内容将置为 0，就表示该内存空间允许被回收。

2.4　数据类型划分

视频名称	0204_数据类型简介
课程目标	理解
视频简介	Python 简化了数据类型的划分，不再提供有数值传递的基础类型，并全部使用引用类型来代替。本课程介绍了 Python 中支持的数据类型，同时详细分析了引用类型的处理形式。

程序开发是一个数字的处理游戏，Python 提供有常见的数据类型以方便数据的存储。在 Python 中的常用数据类型包括整数、浮点数、复数、布尔、字符串、列表、元组、字典、日期。

> **提示：关于传递问题**
>
> 在 C++或 Java 中，数据类型的划分一般都会分为值传递与引用传递两种，然而在 Python 中所有的数据都是引用传递（内存地址传递）。
>
> 值传递，顾名思义，就是直接进行内容的传递。例如：今天张二狗同学问我多大了，我说自己 18 岁，就相当于告诉他一个数值，即使张二狗跟别人说我 28 岁，但我拥有的 "18" 数据不会改变。
>
> 引用传递相对复杂，举个简单的例子来解释：张三的小名叫二狗，有一天张三同学的腿被汽车撞折了，则二狗的腿也会被撞折，相当于为一个变量（或对象）定义了别名，但是却指向了同一个实体。

2.4.1 数值型

视频名称	0205_数值型
课程目标	掌握
视频简介	Python 中的数值型数据类型分为整型和浮点型。本课程讲解了两个数值型数据类型的区别以及数据类型的自动转换处理,同时讲解了 type()函数以及 None 的相关内容。

在 Python 中数值型分为两种类型:整型(不包含小数点)和浮点型(包含小数点),在 Python 中会根据为变量所赋值的内容来决定变量的类型。

 提示:关于数据保存范围

很多的编程语言都会为不同的数据类型设置不同的保存范围,在选择数据类型前往往都需要依据操作的数据大小来确定所使用的类型,但是在 Python3 之后并没有采用如此复杂的模式,即 Python 的数据保存是没有大小限制的,可以任意保存。

实例:定义整型数据

```
# coding:UTF-8
num_a = 10                              # 定义整型数据
num_b = 4                               # 定义整型数据
print(num_a/num_b)                      # 除法计算
程序执行结果:
2.5
```

本程序首先定义了两个整型变量 num_a 与 num_b,随后实现了这两个整数的除法计算,由于最终的计算结果包含小数点,所以最终的类型是浮点型。

提问:如何知道操作类型?

在以上实例中,Python 会自动根据计算结果修改数据类型,那么在开发中该如何获取数据类型的信息呢?

回答:可以通过内置的 type()函数来获取数据类型。

在 Python 中,如果要想确定操作的数据类型,可以直接使用"type(常量|变量)"的语法格式获取。操作代码如下。

实例:动态获取变量对应的数据类型

```
# coding:UTF-8
num_a = 10                              # 定义整型数据
num_b = 4                               # 定义整型数据
print(type(num_a))
print(type(num_a/num_b))                # 除法计算
程序执行结果:
<class 'int'>（"type(num_a)"代码执行结果）
<class 'float'>（"type(num_a / num_b)"代码执行结果）
```

通过本程序的执行结果可以发现,可以利用 type()函数动态获取不同的数据类型,从而也验证了 Python 可以对数据类型自动转换的描述。

在使用 type()函数的时候还需要注意 None 问题,由于 Python 语言的特殊性,所有的变量实际上都会存在一个 None 的值,其表示不确定的类型,而这种变量在使用 type()函数获取类型时返回的是 NoneType。

实例：观察 None 对类型获取的影响

```
# coding:UTF-8
num_a = 10                                      # 定义整型数据
# num_b 设置了 None，所以此时并不知道 num_b 的类型是什么
num_b = None                                    # 定义为 None
print(type(num_a))
print(type(num_b))                              # 输出 num_b 的类型
程序执行结果：
<class 'int'>
<class 'NoneType'>
```

通过程序的执行结果可以发现，num_b 由于设置了 None，所以无法判断其对应的数据类型。

在 Python 进行数值型变量定义时，也可以直接利用科学计数法的形式进行定义。

实例：使用科学计数法定义常量

```
# coding:UTF-8
num_a = 10E5                                    # 定义整型数据
num_b = 30.3E6                                  # 定义浮点型数据
print(num_a * num_b)                            # 乘法计算
程序执行结果：
30300000000000.0
```

本程序定义了两个数值型变量，通过科学计数法为变量进行了内容的初始化并且实现了乘法计算。

提示：数据类型转换问题

在 Python 中，当一个整型变量和一个浮点型变量进行计算时，会自动将整型变量转为浮点型变量后再进行计算，如下程序所示。

实例：数据类型转换

```
# coding:UTF-8
num_a = 10                                      # 定义整型数据
num_b = 20.5                                    # 定义浮点型数据
# num_a 为整型，num_b 为浮点型，所以在操作时会将整型自动转为浮点型进行计算
result = num_a + num_b                          # result 保存计算结果
print(result)                                   # 输出计算结果
print(type(result))                             # 获取 result 类型
程序执行结果：
30.5（"print(result)"代码执行结果）
<class 'float'>（"type(result)"代码执行结果）
```

通过程序执行结果可以发现，整型自动转换为浮点型后才可以实现最终的计算，而最终的 result 变量的类型为浮点型。

2.4.2　复数

视频名称	0206_复数
课程目标	理解
视频简介	Python 支持有复数的定义,可以利用复数实现数学计算。本课程讲解了如何使用 complex()函数定义复数常量,同时分析了复数的相关操作。

在定义时可以把"$z = a + bi$(a、b 均为实数)"的数称为复数(其中 a 称为实部,b 称为虚部,i 称为虚数单位)。在 Python 中可以使用表 2-1 定义的操作实现复数的操作。

表 2-1　Python 复数操作

序号	复 数 操 作	描 述
1	complex(实部, 虚部)	定义复数常量
2	复数变量.real	获取复数的实部
3	复数变量.imag	获取复数的虚部
4	复数变量.conjugate()	获取共轭复数

实例:使用 Python 操作复数

```
# coding:UTF-8
num_comp = complex(10,2)                # 定义复数
print(num_comp * 2)                     # 直接进行乘法计算((20+4j))
print(num_comp.real)                    # 获取复数实部数据(10.0)
print(num_comp.imag)                    # 获取复数虚部数据(2.0)
print(num_comp.conjugate())             # 获取共轭复数((10-2j))
程序执行结果:
(20+4j)("num_comp * 2"代码执行结果)
10.0("num_comp.real"代码执行结果)
2.0("num_comp.imag"代码执行结果)
(10-2j)("num_comp.conjugate()"代码执行结果)
```

本程序通过 complex()函数定义了复数,随后可以直接利用复数进行计算操作,也可以通过内部给出的操作获取复数的相关信息。

2.4.3　布尔型

视频名称	0207_布尔型
课程目标	掌握
视频简介	布尔在程序开发中描述的是一种逻辑数值(或者保存逻辑运算结果)。本课程主要介绍布尔型(boolean 型)数据的特点,并分析了数字与布尔型之间的对应关系。

布尔型变量是一种逻辑结果,主要保存两类数据:True 和 False,这类数据主要用于一些程序的逻辑判断上。

 提示:"布尔"是一位数学家的名字

乔治·布尔(George Boole,1815—1864),1815 年 11 月 2 日生于英格兰的林肯。19 世纪最重要的数学家之一。

实例： 定义布尔型变量并进行条件判断

```
# coding:UTF-8
flag = True                              # 定义布尔型变量
print(type(flag))                        # 获取变量类型
if flag:                                 # 使用布尔实现逻辑分支控制，内容为 True 表示条件满足
    print("沐言优拓：www.yootk.com")      # 条件满足时执行
程序执行结果：
<class 'bool'>（"type(flag)"代码执行结果）
沐言优拓：www.yootk.com（if 条件满足时代码执行结果）
```

本程序定义了一个布尔型变量 flag，随后结合 if 分支语句使用布尔变量进行逻辑控制，当条件满足时进行信息打印。

> **提示：Python 中可以使用数字代替 True 和 False**
> Python 是使用 C 语言开发的，所以对于布尔类型的描述也可以直接通过数字来描述，数字 0 可以描述为 False，而非 0 的数字可以描述为 True。

实例： 使用数字描述布尔型数据

```
# coding:UTF-8
flag = 10                                # 定义布尔型变量
print(type(flag))                        # 获取变量类型
if flag:                                 # 非 0 数据描述 True
    print("沐言优拓：www.yootk.com")      # 条件满足时执行
程序执行结果：
<class 'int'>（"type(flag)"代码执行结果）
沐言优拓：www.yootk.com（if 条件满足时代码执行结果）
```

本程序将 flag 变量定义为了一个整型数据类型，由于其内容不是 0，所以在使用其进行逻辑处理时会自动转为 True，然而实际的项目开发并不建议这样随意指派数字，常见的指派原则是：0 描述 False，1 描述 True。

2.4.4　字符串基本用法

	视频名称	0208_字符串基本用法
	课程目标	掌握
	视频简介	字符串是现代程序开发中使用最多的一种数据类型，Python 为了方便程序开发，将字符串直接定义为了内部类型。本课程针对字符串的使用进行初期分析，讲解了字符串连接和转义字符的使用。

在项目开发中字符串是一种最为常用的数据类型，也属于一种数据的存储序列，Python 中可以直接使用一对双引号或一对单引号引用来实现字符串定义。

实例： 使用两种不同的引号定义字符串

```
# coding:UTF-8
info = "沐言优拓：www.yootk.com"          # 使用双引号定义字符串
msg = '优拓讲师：李兴华'                   # 使用单引号定义字符串
print(type(info))                        # 获取变量类型
```

```
print(info)                                    # 输出字符串数据
print(msg)                                     # 输出字符串数据
程序执行结果：
<class 'str'>（"type(info)"代码执行结果）
沐言优拓：www.yootk.com（"print(info)"代码执行结果）
优拓讲师：李兴华（"print(msg)"代码执行结果）
```

本程序使用引号定义了两个字符串变量，并且实现了内容的输出。在使用字符串的时候也可以利用"+"实现字符串数据的连接操作。

实例：字符串连接操作

```
# coding:UTF-8
info = "沐言"                                   # 使用双引号定义字符串
info = info + "优拓："                           # 使用原本 info 的内容连接新的内容
info += "www.yootk.com"                        # 字符串连接
print(info)                                    # 输出字符串数据
程序执行结果：
沐言优拓：www.yootk.com
```

本程序利用"+"与"+="（简化的连接与赋值操作）实现了字符串变量连接，并且将每次连接后的内容重新赋值给 info 变量。

在进行字符或字符串描述的时候也可以使用转义字符来实现一些特殊符号的定义。例如，Python 程序需要通过双引号""""或单引号"'"来定义字符串，所以要想在字符串里出现这些特殊符号时需要转义处理。常用的转义字符如表 2-2 所示。

表 2-2　常用的转义字符

序　号	符　号	描　　述	序　号	符　号	描　　述
1	\	续行符，实现字符串多行定义	8	\n	换行
2	\\	等价于"\"符号	9	\v	纵向制表符
3	\'	等价于单引号"'"	10	\t	横向制表符
4	\"	等价于双引号"""	11	\r	回车
5	\000	空字符串（"""）	12	\f	换页
6	\b	退格	13	\0yy	八进制字符，"\012"为换行
7	\e	转义	14	\xyy	十进制字符，"\x0a"为换行

实例：使用转义字符

```
# coding:UTF-8
# 定义字符串并且使用转义字符实现特殊字符串的定义
info = "沐言优拓\"www.yootk.com\"\n\t 优拓讲师：\'李兴华\'"
print(info)                                    # 输出计算结果
程序执行结果：
沐言优拓"www.yootk.com"
	优拓讲师：'李兴华'
```

本程序在定义字符串的时候使用转义字符实现了单引号、双引号、制表符、换行符的定义。

　　在进行字符串定义的时候，如果字符串内容较长，则会影响程序阅读的效果，所以 Python 提供了"\"续行符，可以将一个较长的字符串分为多行进行定义。

实例：定义长字符串

```
# coding:UTF-8
info =    "沐言优拓："  \
          "www.yootk.com"  \
          "\n 优拓讲师："  \
          "李兴华"                          # 定义一个完整字符串，使用"\"实现多行定义
print(info)                               # 输出计算结果
程序执行结果：
沐言优拓：www.yootk.com
优拓讲师：李兴华
```

　　本程序将一个字符串分为多行进行定义，由于"\"存在，所以即使采用多行书写，依然是一个完整的字符串，实质上续行符"\"只是沿用了 Linux 命令的书写习惯。

 提问：如何定义字符串常量？

　　在进行字符串常量定义时可以使用一对单引号"'"或一对双引号""""完成，那么在实际开发中，使用哪种引号定义字符串会更好呢？

回答：根据读者需求任意选用。

　　双引号或单引号在程序运行时都会统一采用单引号的形式进行字符串处理，所以使用哪一种引号并没有强制性要求，可以根据开发者的习惯选择，但是在定义字符串时往往可以通过嵌套不同引号的形式减少转义字符的烦琐应用。

实例：定义字符串常量并通过嵌套定义内部引号

```
# coding:UTF-8
info_a = "沐言优拓：'www.yootk.com'"          # 引号嵌套
info_b = '沐言优拓："www.yootk.com"'          # 引号嵌套
print(info_a)
print(info_b)
程序执行结果：
沐言优拓：'www.yootk.com'
沐言优拓："www.yootk.com"
```

　　本程序在单引号定义的字符串里面可以直接使用双引号，反之在双引号定义的字符串里面也可以直接使用单引号，这样就可以减少转义字符的使用，所以引号的选择可以从输出内容是否包含引号进行判断。

　　笔者通过阅读源代码发现，在 Python 许多内部结构的实现中都会使用单引号"'"定义字符串（Python 安装目录下的 Lib 子目录存在许多系统程序代码），然而从近些年的编程语言来讲，都会提供有字符串的结构，而字符串都使用双引号""""定义，所以从编程语言的语法支持习惯上来讲，双引号定义字符串会更加常见。

　　除了单引号和双引号定义字符串之外，也可以利用三引号定义多行预结构字符串，这样的定义会帮助用户保留字符串的定义结构。

实例：使用三引号定义预结构字符串

```
# coding:UTF-8
```

```
info = """
        沐言优拓：www.yootk.com
        优拓讲师：李兴华
        """                                # 定义字符串
print(info)                                # 输出字符串信息
```

程序执行结果：

沐言优拓：www.yootk.com
优拓讲师：李兴华

通过输出结果可以发现，换行、空格等信息都被自动保留下来。

2.4.5　键盘数据输入

视频名称	0209_键盘数据输入	
课程目标	掌握	
视频简介	交互性是程序开发的重要依据。本课程分析了交互性的概念，同时讲解了 input()键盘输入函数的使用以及数据类型转换处理函数的使用。	

　　程序开发的目的是方便用户使用，用户可以直接利用键盘输入所需要的功能，在 Python 中为了方便程序接收键盘数据输入，提供了对 input()函数的支持。

实例：实现键盘数据输入

```
# coding:UTF-8
input_data = input("信息输入：")               # 通过键盘接收数据
print("输入信息为：" + input_data)              # 显示键盘输入内容
```

　　本程序执行到 input()函数时将等待用户进行键盘数据输入，当用户按下 Enter 键后程序会将所输入的内容以字符串的形式赋值给 input_data 变量，随后进行数据的回显处理。程序的执行结果如图 2-2 所示。

图 2-2　键盘输入数据

　　虽然 Python 提供有方便的键盘输入支持，但是对输入的数据统一定义为字符串，这就意味着需要将接收到的数据进行转型处理。Python 提供有数据转换的函数支持，如表 2-3 所示。

表 2-3　数据类型转换函数

序　号	函　数	描　述
1	int(数据)	将指定数据转为整型数据
2	float(数据)	将指定数据转为浮点型数据
3	bool(数据)	将指定数据转为布尔型数据
4	str(数据)	将指定数据转换为字符串型数据

实例：通过 int()函数将字符串转为整型

```
# coding:UTF-8
str = "118"                                           # 定义字符串型数据
num_f = 168.2                                         # 定义浮点型数据
num_bol = True                                        # 定义布尔型数据，数字 1 表示 True
# 利用 int()函数将字符串、浮点型（不保留小数点）和布尔型数据变为整型后进行加法计算操作
result = int(str) + int(num_bol) + int(num_f)        # 整型加法计算
print(result)                                        # 输出计算结果
print(type(result))                                  # 观察数据类型
程序执行结果：
287（等价于"118 + 1 + 168"）
<class 'int'>
```

本程序利用 int()函数将常用的数据类型分别转为整型后执行了计算，由于整型不包含有小数点，所以浮点型数据转换后小数位将消失，而对于布尔型的转换，由于通常都使用数字 1 表示 True，所以 True 就按照 1 来进行计算。

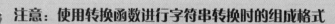

> ### 注意：使用转换函数进行字符串转换时的组成格式
>
> 　　使用 int()或 float()这样的转换函数在将字符串转为整型或浮点型时，一定要保证字符串的组成格式是一个数字（没有夹杂其他字符），否则代码将出现错误。
>
> **实例**：错误的数据类型转换操作
>
> ```
> # coding:UTF-8
> str = "yootk168"                                   # 字符串不是由纯数字组成
> print(float(str))                                   # 字符串转为浮点型
> 程序执行结果：
> ValueError: could not convert string to float: 'yootk168'
> ```
>
> 　　此时直接出现了一个 ValueError 错误提示，明确地告诉用户无法实现数据类型转换。如果要想解决此类问题，则需要依靠正则表达式和异常处理完成，这些内容将在本书第 13 章中详细讲解。
>
> 　　另外需要提醒的是，与其他转换函数相比，bool()转换函数相对宽松许多，即便要转换的内容不是正常的布尔型数据或数字，也可以正常转换。

通过 Python 的 input()函数与转换函数就可以轻松地实现一些人机的交互程序操作。例如，用户通过键盘输入两个数字并执行加法计算。

实例：键盘输入数据实现数字加法计算

```
# coding:UTF-8
# 将键盘输入的数据直接利用 float()函数转为浮点型
num_a = float(input("请输入第一个数字："))
num_b = float(input("请输入第二个数字："))
result = num_a + num_b                               # 执行加法计算，类型为浮点型
# 非字符串数据使用"+"与字符串连接时，必须使用 str()函数进行转换，否则将出现 TypeError 错误
print(str(num_a) + " + " + str(num_b) + " = "+ str(result))
程序执行结果：
请输入第一个数字：15.536（此为键盘输入数据）
```

请输入第二个数字：26.781（此为键盘输入数据）
15.536 + 26.781 = 42.317（此为计算结果数据）

本程序通过键盘输入了两个小数，由于 input()函数接收到的数据类型均为字符串，所以要使用 float()函数进行转换后才可以执行加法计算。在输出计算结果时，由于需要通过"+"进行字符串连接操作，所以所有连接的非字符串数据都必须通过 str()转换为字符串后才可以正常完成操作。

2.4.6　格式化输出

视频名称	0210_格式化输出	
课程目标	掌握	
视频简介	Python 基于 C 语言开发，除了比 C 语言拥有更加良好的设计结构之外，也继承了 C 语言中的格式化输出操作。本课程分析了格式化的相关标记，并且利用这些标记实现了字符串格式化处理。	

Python 进行信息输出主要通过 print()函数完成，为了方便开发者进行输出内容的拼凑显示，Python 提供有格式化输出的支持。具体格式如下：

"格式化字符串" % (数值，数值 …)

在进行格式化字符串输出时需要使用一些特定的格式化标记，这些标记如表 2-4 所示。

表 2-4　格式化标记

序　号	标　记	描　述	序　号	标　记	描　述
1	%c	格式化字符	7	%s	格式化字符串
2	%d	格式化整型	8	%f	格式化浮点型，可以设置保留精度
3	%e	科学计数法，使用小写字母 e	9	%E	科学计数法，使用大写字母 E
4	%g	%f 和%e 的简写	10	%G	%f 和%E 的简写
5	%u	格式化无符号整型	11	%o	格式化无符号八进制数
6	%x	格式化无符号十六进制数	12	%X	格式化无符号十六进制数（大写字母）

实例：通过格式化标记进行字符串格式化

```
# coding:UTF-8
age = 18
url = "www.yootk.com"
salary = 817298
print("我今年%d 岁了，我在"%s"进行学习，预计未来的年薪为：%E" % (age, url, salary))
```
程序执行结果：
我今年 18 岁了，我在"www.yootk.com"进行学习，预计未来的年薪为：8.172980E+05

本程序在进行数据输出时，使用格式化标记进行了输出字符串结构定义，随后依据格式化标记的定义顺序进行了内容的填充。

表 2-4 列出了数据输出时所使用的格式化标记，在 Python 中进行格式化处理时还可以再结合表 2-5 所示的辅助标记更加方便地实现输出格式控制。

表 2-5　格式化辅助标记

序　号	标　记	描　述	序　号	标　记	描　述
1	*	定义宽度或者小数点精度	6	#	在八进制数前面显示零（'0'），在十六进制前面显示'0x'或者'0X'
2	−	左对齐	7	0	显示位数不足时填充 0
3	+	在正数前面显示加号	8	%	'%%'输出一个'%'
4	空格	显示位数不足时填充空格	9	m.n	m 设置显示的总宽度，n 设置小数位数
5	(var)	映射变量（字典参数）			

实例：通过辅助标记实现精度控制输出

```
# coding:UTF-8
num_a = 10.225423423423
num_b = 20.34
# %5.2f：表示总长度为 5（包含小数点），其中小数位长度为 2
# %010.2f：表示总长度为 10（包含小数点），其中小数位长度为 2，如果位数不足则补 0
print("数字一：%5.2f、数字二：%010.2f" % (num_a, num_b))
程序执行结果：
数字一：10.22、数字二：0000020.34
```

本程序通过辅助格式化符号实现了浮点型数据的显示，同时利用长度的限制可以方便地实现四舍五入的功能。

在进行格式化输出的过程中，为了可以将变量内容与格式化文本进行合并输出，可以使用与变量名称相同的格式化参数，并利用 vars()函数实现内容的混合处理。

实例：格式化文本与参数自动匹配

```
# coding:UTF-8
name = "李兴华"                                              # 定义字符串变量
age = 18                                                    # 定义整型变量
score = 97.8                                                # 定义浮点型变量
print("姓名：%(name)s，年龄：%(age)d，成绩：%(score)6.2f" % vars())  # 格式化输出并设置输出数据
程序执行结果：
姓名：李兴华，年龄：18，成绩：  97.80
```

本程序在定义格式化文本中使用了与变量名称相同的标记名称，随后利用 vars()函数自动匹配之前定义过的变量名称，以实现内容的完整显示。

提示：关于 print()函数的功能扩充

Python 中的输出操作主要都是通过 print()函数实现的。在默认情况下，每当使用 print()函数输出时，都会在结尾默认追加一个换行，如果想自定义输出结束符，则可以通过一个 end 参数配置。

实例：自定义输出结束符

```
# coding:UTF-8
print("沐言优拓", end="、")                    # 自定义输出结束符
print("www.yootk.com", end="、")              # 自定义输出结束符
程序执行结果：
```

沐言优拓、www.yootk.com、

此时程序在每一个 print()输出之后使用 end 配置了结束符为 "、"，通过输出结果可以发现，多个 print()函数将内容输出在了一行。

2.5 运 算 符

视频名称	0211_运算符简介	
课程目标	理解	
视频简介	运算符是程序执行数据处理的相关符号的统称。本课程分析了运算符的主要作用，同时演示了 Python 中运算符的定义，最后通过实际的代码分析了运算符的使用原则。	

程序语句有多种形式，表达式就是其中一种形式。表达式由操作数与运算符所组成：操作数可以是常量、变量或方法，而运算符就是数学中的运算符号，如 "+" "–" "*" "/" "%" 等。以下面的表达式（z+100）为例，"z" 与 "100" 都是操作数，而 "+" 就是运算符，如图 2-3 所示。

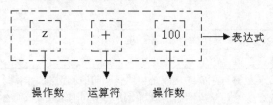

图 2-3 表达式由操作数与运算符所组成

Python 提供了许多的运算符，这些运算符除了可以处理一般的数学运算外，还可以进行逻辑运算、地址运算等。根据其所使用的类的不同，运算符可分为赋值运算符、算术运算符、关系运算符、逻辑运算符、条件运算符、括号运算符等。这些常见的运算符及其优先级定义如表 2-6 所示。

表 2-6 运算符及其优先级

优 先 级	运 算 符	描 述
1	( )	改变运算符优先级
2	**	幂运算符
3	~	反码运算符
4	*、/、%、//	乘除运算
5	+、–	加减运算
6	>>、<<	位移运算
7	&	位与运算
8	^、|	异或与或运算
9	<=、<、>、>=	比较运算符
10	==、!=	关系运算符
11	=、+=、–=、*=、/=、//=、**=	简化运算符
12	is、is not	身份运算符
13	in、not in	成员运算符
14	not、or、and	逻辑运算符

> **提示：不要去强记运算符优先级**
>
> 对于 Python 的运算符掌握是需要时间积累的,本书强烈建议读者不要去强记表 2-6 给出的运算符优先级顺序, 而应该在开发中使用大量的 "()" 来改变运算符的优先级,以达到正确计算的目的。此外,也希望读者不要去编写晦涩难懂的计算操作。例如,下面的代码本书不建议出现。

实例：观察一种计算的复杂程度异于寻常的代码编写模式

```
# coding:UTF-8
num = 1 * 2 - 2 + 1 - 3 ^ 5 * ~1 - 2 | 1        # 若能一眼计算出结果，那么你就是未来之星
print(num)                                        # 输出计算结果
程序执行结果：
11
```

虽然以上的代码可以获取执行结果,但是其分析过程将非常复杂,在开发中应该回避此类程序。

2.5.1 数学运算符

视频名称	0212_数学运算符
课程目标	掌握
视频简介	数学运算符主要的功能是实现基础的四则运算。本课程对数学计算进行了扩充,分析了除法与整除的区别,同时讲解了利用乘法实现字符串重复定义的操作。

程序是一个数据处理的逻辑单元,同时也是以数学为基础的学科,在 Python 中提供的数学运算符除了可以实现基础四则运算之外,也可以进行幂运算与整除计算,如表 2-7 所示。

表 2-7　数学运算符

序　号	运　算　符	描　　述	操　作　范　例
1	+	加法计算	20 + 15 = 35
2	–	减法计算	20 – 15 = 5
3	*	乘法计算	20 * 15 = 300
4	/	除法计算（÷）	20 / 15 = 1.3333333333333333
5	%	取模计算（余数）	10 % 3 = 1（商 3 余 1）
6	**	幂运算	10 ** 3 = 1000
7	//	整除计算，返回商	10 //3 = 3

实例：通过程序实现四则运算

```
# coding:UTF-8
result = (1 + 2) * (4/2)                          # 四则运算，通过括号修改运算符优先级
print(result)                                     # 除法计算后类型为浮点型
程序执行结果：
6.0
```

除了提供的基础的数学运算符之外,Python 还提供有简化赋值运算符,如表 2-8 所示。

表 2-8　简化赋值运算符

序　号	运　算　符	范 例 用 法	说　　　　明	描　　　　述
1	+=	a += b	a+b 的值存放到 a 中	a = a + b
2	-=	a -= b	a-b 的值存放到 a 中	a = a - b
3	*=	a *= b	a*b 的值存放到 a 中	a = a * b
4	/=	a /= b	a/b 的值存放到 a 中	a = a / b
5	%=	a %= b	a%b 的值存放到 a 中	a = a % b
6	**=	a **= b	将 a**b 的值存放到 a 中	a = a ** b
7	//=	a //= b	将 a//b 的值存放到 a 中	a = a // b

实例：使用简化赋值运算符

```
# coding:UTF-8
result = 20                              # 定义一个整型变量
result += 10                             # 执行加法计算并赋值
print(result)                            # 输出计算结果
程序执行结果:
30
```

本程序直接针对 result 原始的数据执行加法后为 result 变量重新赋值,使用简化赋值运算的处理比直接采用数学计算后赋值的代码性能要高。

实例：在字符串上使用乘法计算

```
# coding:UTF-8
info = "yootk.com; "                     # 定义字符串变量并赋值
info *= 5                                # 字符串重复 5 遍
print(info)                             # 输出计算结果
程序执行结果:
yootk.com; yootk.com; yootk.com; yootk.com; yootk.com;
```

本程序在字符串上使用了乘法计算,其最终的结果就是将指定字符串的内容重复 N 遍。

2.5.2　关系运算符

视频名称	0213_关系运算符
课程目标	掌握
视频简介	数据的大小判断可以通过关系运算符来实现,Python 中的关系运算符除了对数值型的数据进行判断外,也可以对字符串进行判断。本课程分析了关系运算符的使用,以及字符串比较的原理。

关系运算符用于确认两个数据(比较常见的类型为数值型或字符串类型)之间的大小关系比较处理中,开发者可以通过表 2-9 所示的运算符完成计算。

表 2-9　关系运算符

序　号	运　算　符	描　述	操作范例
1	==	相等比较	1 == 1，返回 True
2	!=	不等比较	1 != 1，返回 False
3	>	大于比较	10 > 5，返回 True
4	<	小于比较	10 < 20，返回 True
5	>=	大于等于比较	10 >= 10，返回 True
6	<=	小于等于比较	20 <= 20，返回 True

实例：使用关系运算符

```
# coding:UTF-8
num_a = 10                          # 定义整型变量
num_b = 10                          # 定义整型变量
result = num_a == num_b             # 比较 num_a 和 num_b 是否相同，并将结果赋予 result
print("数据比较结果：%s" % result)    # 输出判断结果
程序执行结果：
数据比较结果：True
```

本程序利用关系运算符判断了 num_a 与 num_b 两个变量的内容是否相等，而比较结果的数据类型为布尔型。

实例：比较字符串是否相等

```
# coding:UTF-8
print("数据比较结果：%s" % ("yootk" == "yootk"))        # 字符串上进行相等判断
# 在有大小写的情况下，进行编码比较处理，y 的编码要大于 Y 的编码
print("数据比较结果：%s" % ("yootk" >= "Yootk"))        # 字符串上进行大小判断
程序执行结果：
数据比较结果：True
数据比较结果：True
```

本程序直接在字符串上使用关系运算符进行了比较。需要注意的是，两个字符串的比较是通过比较两个字符串相对位置的字符的编码大小完成的，如果编码全部相同，则认为两个字符串相等。

 提问：为什么字符串可以比较大小？

为什么在使用**"yootk" >= "Yootk"**比较时，yootk 字符串的内容要大于 Yootk？

 回答：程序字符都通过字符编码描述。

在计算机世界里，数据的存储和传输都是依靠二进制数据（一组由 0、1 组成的内容），所以为了可以明确地描述出某些字符，就需要使用特定的编码组合。在编码时首先定义的是大写字母编码，而后再定义小写字母编码，所以小写字母的编码数值要大于大写字母的编码数值。

遗憾的是 Python 并没有提供字符型数据，所以要想观察到编码，可以直接使用一个内置的 ord() 函数观察字符编码数值。

实例：观察字符编码

```
# coding:UTF-8
print("小写字母 y 编码：%d，大写字母 Y 编码：%d" % (ord("y"), ord("Y")))
```

程序执行结果：

小写字母 y 编码：**121**，大写字母 Y 编码：**89**

通过本程序的执行结果可以发现，小写字母的编码数值全部大于与之对应的大写字母编码数值，所以字符串比较时比较的是字符编码数据。

为方便读者理解编码操作，下面给出部分字符在 ASCII 码中的范围。

➥ 大写字母范围：65（'A'）～ 90（'Z'）。

➥ 小写字母范围：97（'a'）～ 122（'z'），大小写字母之间差了 32。

➥ 数字字符范围：48（'0'）～ 57（'9'）。

关于 ASCII 码的相关定义，在附录中详细列出，读者可以自行比对。

在 Python 提供的逻辑运算符中允许同时使用多个关系运算符进行多条件判断。

实例：判断年龄范围

```
# coding:UTF-8
age = 20                        # 定义整型变量
result = 18 <= age < 30         # 多条件判断，判断 age 是否在 18～30 之间
print(result)                   # 输出执行结果
```

程序执行结果：

True

本程序通过一个联合的逻辑判断符判断了 age 的范围是否在 18～30 岁之间。

2.5.3　逻辑运算符

视频名称	0214_逻辑运算符	
课程目标	掌握	
视频简介	如果现在有多个布尔表达式需要进行连接，从而进行整体的判断操作，就可以利用逻辑运算符中的与和或进行处理。本课程分析了与、或、非操作的区别以及在程序中的使用。	

逻辑运算一共包含三种：与（多个条件全部满足）、或（多个条件至少有一个满足）、非（实现 True 变 False，以及 False 变 True 的结果转换）。逻辑运算符如表 2-10 所示。

表 2-10　逻辑运算符

序　号	运　算　符	描　述	操 作 范 例
1	and	逻辑与运算	True and True = True，True and False = False
2	or	逻辑或运算	True or False = True
3	not	非运算	not True = False

通过逻辑运算符可以实现若干个布尔条件的连接，与和或操作的真值表如表 2-11 所示。

表 2-11　与、或真值表

序　号	条件 1	条件 2	结　果	
			and（与）	or（或）
1	True	True	True	True
2	True	False	False	True
3	False	True	False	True
4	False	False	False	False

实例： 使用 and（逻辑运算符）

```
# coding:UTF-8
age = 20                                    # 定义整型变量
name = "yootk"                              # 定义字符串变量
result = age == 20 and name == "yootk"      # 使用 and 连接两个条件
print(result)                               # 输出计算结果
程序执行结果：
True
```

本程序通过 and 连接了两个逻辑运算，由于两个关系表达式的结果都为 True，最终与逻辑的结果为 True。

实例： 使用 or（逻辑运算符）

```
# coding:UTF-8
age = 20                                    # 定义整型变量
name = "yootk"                              # 定义字符串变量
result = age == 18 or name == "yootk"       # 使用 or 连接两个条件
print(result)                               # 输出计算结果
程序执行结果：
True
```

在使用 or 运算时，连接的判断条件有一个为 True，最终的结果返回的就是 True。

实例： 使用 not（逻辑运算符）

```
# coding:UTF-8
age = 20                                    # 定义整型变量
result = not age == 18                      # not 求反
print(result)                               # 输出计算结果
程序执行结果：
True
```

本程序"age == 18"判断的结果返回 False，但是由于 not 运算符的存在，会将返回的 False 变为 True。

2.5.4　位运算符

	视频名称	0215_位运算符
	课程目标	了解
	视频简介	位是计算机的基础逻辑单位。本课程讲解了十进制与二进制的转换，同时又演示了 Python 中针对进制转换的处理支持，最后讲解了如何利用位运算符实现数据操作。

在程序中所有的数据都是以二进制数据的形式存在的，位运算符的主要功能就是可以直接对数据进行二进制位运算处理。Python 提供的位运算符如表 2-12 所示。

表 2-12 位运算符

序 号	运 算 符	描 述	操 作 范 例
1	&	位与计算	2（10）& 1（01）= 0（00）
2	|	位或计算	2（10）|1（01）= 3（11）
3	^	位异或计算	2（10）^1（01）= 3（11）
4	~	反码计算	~2（10）= -3
5	<<	左移运算符	2（10）<< 2 = 8（1000）
6	>>	右移运算符	8（1000）>> 2 = 2（10）

任何一个十进制的数据，如果可以直接进行位逻辑运算，位运算的计算结果表如表 2-13 所示。

表 2-13 位运算的计算结果

序 号	二进制数 1	二进制数 2	与操作（&）	或操作（|）	异或操作（^）
1	0	0	0	0	0
2	0	1	0	1	1
3	1	0	0	1	1
4	1	1	1	1	0

提示：十进制转换为二进制

十进制数据变为二进制数据的原则为：数据除 2 取余，最后倒着排列。例如，25 的二进制值为 11001，如图 2-4 所示。

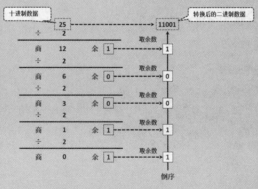

图 2-4 十进制转换为二进制

在 Python 中为了方便读者进行进制数据的转换，提供如表 2-14 所示的进制转换函数。

表 2-14 进制转换函数

序 号	复 数 操 作	描 述
1	bin(数值)	将数值转为二进制数据
2	oct(数值)	将数值转为八进制数据
3	int(数值)	将数值转为十进制数据
4	hex(数值)	将数值转为十六进制数据

实例：使用转换函数实现进制转换

```
# coding:UTF-8
num = 25
print("十进制转换为二进制：%s" % bin(num))        # 二进制转换
print("十进制转换为八进制：%s" % oct(num))        # 八进制转换
print("十进制转换为十六进制：%s" % hex(num))      # 十六进制转换
print("二进制转换为十进制：%s" % int(0b110))      # 十进制转换
程序执行结果：
十进制转换为二进制：0b11001
十进制转换为八进制：0o31
十进制转换为十六进制：0x19
二进制转换为十进制：6
```

如果觉得以上的转换处理不方便，也可以利用一些计算器实现进制转换。由于进制转换属于计算机编程的基础学科，所以本书不对此做过多描述。

实例：实现位与操作

```
# coding:UTF-8
num_a = 13                                   # 定义整型变量
num_b = 7                                    # 定义整型变量
print("位与计算结果：%s" % (num_a & num_b))   # 计算中自动将十进制数据转为二进制后再执行位与计算
程序执行结果：
位与计算结果：5
```

计算分析：
13 的二进制：1101
7 的二进制：　0111
"&"结果：　　0101　　**转换为十进制是：5**

实例：使用移位操作计算"2³"

```
# coding:UTF-8
num = 2                                      # 定义整型变量
print("计算 2 的 3 次方：%s" % (num << 2))    # 计算中自动将十进制数据转为二进制后再执行位与计算
程序执行结果：
计算 2 的 3 次方：8
```

计算分析：
2 的二进制：10
向左边移动 2 位：1000　**转换为十进制是：8**

2.5.5　身份运算符

	视频名称	0216_身份运算符
	课程目标	掌握
	视频简介	数据的相等判断除了内容比较之外。还有类型以及内存的支持。本课程分析了不同数据类型的比较操作问题，并通过 id()函数进行了简单的内存分析，而后讲解了身份运算符与普通关系运算符的区别。

　　在 Python 中所有保存的数据都会存储在不同的内存地址之中，然而用户并不能直接进行这些底层内存信息的操作，唯一可以观察的就是通过一个 id()函数以获取数据对应的内存地址。

实例：使用 id()函数获取变量内存地址数值（编号）

```
# coding:UTF-8
num_a = 2                               # 直接赋值整型变量为 2
num_b = 1 + 1                           # 加法计算，最终的结果是 2
num_c = 4 - 2                           # 减法计算，最终的结果是 2
print("num_a 变量地址：%d" % id(num_a))   # 获取变量内存地址数值
print("num_b 变量地址：%d" % id(num_b))   # 获取变量内存地址数值
print("num_c 变量地址：%d" % id(num_c))   # 获取变量内存地址数值
程序执行结果：
num_a 变量地址：1423562944
num_b 变量地址：1423562944
num_c 变量地址：1423562944
```

　　本程序通过 id()函数观察了三个变量的内存地址数值，通过输出的结果可以发现，尽管三个变量赋值时使用的方式不同，但是最终的结果全部都是数字"2"，所以 Python 并不会为这些变量开辟相同的内存空间，而是指向了同一个内存空间，分析如图 2-5 所示。

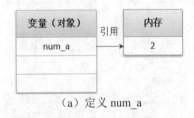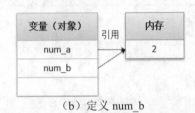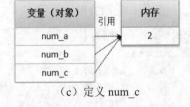

　　（a）定义 num_a　　　　　　　（b）定义 num_b　　　　　　　（c）定义 num_c

图 2-5　变量声明与内存分配

　　当用户修改变量内容时实际上都会开辟新的内存空间，并将新的内存地址赋值给变量，如下程序所示。

实例：变量修改与内存地址变更

```
# coding:UTF-8
num = 2                                     # 直接赋值整型变量为 2
print("num 变量修改前的地址：%d" % id(num))   # 获取地址数值
num = 100                                   # 修改 num 变量内容
print("num 变量修改后的地址：%d" % id(num))   # 获取地址数值
程序执行结果：
num 变量修改前的地址：1423562944
num 变量修改后的地址：1423564512
```

　　通过本程序的执行可以发现：当修改了变量 num 的内容之后，对应的地址也发生了改变，实际上这就引发了一次引用的指向变更。操作结构如图 2-6 所示。

　　（a）变量声明并赋值　　　　　　　　　　（b）修改变量内容

图 2-6　操作结构

清楚了 Python 中的引用传递之后，就可以来观察一个数据比较存在的问题了。

实例：观察数据比较存在的问题

```
# coding:UTF-8
num_int = 10                                        # 定义整型变量
num_float = 10.0                                    # 定义浮点型变量
print("整型变量地址：%d、浮点型变量地址：%d、两者相等比较结果：%s" %
    (id(num_int), id(num_float), (num_int == num_float)))   # 格式化输出
程序执行结果：
整型变量地址：1423563072、浮点型变量地址：21814576、两者相等比较结果：True
```

　　本程序定义了两个不同类型的变量，但是由于这两个变量的内容完全相同，所以直接使用"=="判断只是进行了内容的相等比较，故最终的结果就是 True，但实际上这两个变量的类型并不相同，所以，除了要进行内容的判断之外也需要进行地址的判断。为此 Python 提供了身份运算符，如表 2-15 所示。

表 2-15　身份运算符

序　号	运　算　符	描　　述	操 作 范 例
1	is	判断是否引用同一内存	10 is 10（等价于 id(10) == id(10)）返回 True
2	is not	判断是否引用不同内存	10 is not 10.0（等价于 id(10) != id(10.0)）返回 True

实例：使用身份运算符

```
# coding:UTF-8
num_int = 10                                        # 定义整型变量
num_float = 10.0                                    # 定义浮点型变量
print("整型变量地址：%d、浮点型变量地址：%d、两者相等比较结果：%s" %
    (id(num_int), id(num_float), (num_int is num_float)))   # 格式化输出
程序执行结果：
整型变量地址：1423694144、浮点型变量地址：2219312、两者相等比较结果：False
```

　　通过此时的执行结果可以发现，在两个变量的内存指向不相同时使用 is 比较的结果为 False。

2.6　本 章 小 结

　　1．程序注释有助于提高代码的阅读性与可维护性，Python 中提供有两类注释：单行注释、多行注释。

　　2．标识符主要用来描述某一类结构，Python 中的标识符由字母、数字、下划线所组成，其中不能以数字开头，不能使用 Python 的关键字（保留字）。

　　3．Python 所有的数据都是引用数据类型，都会牵扯到内存空间的开辟。

　　4．变量指的是内容可以改变的标记统称，常量指的是那些不会被改变的数据内容。

　　5．Python 中的常用数据类型包括整数、浮点数、复数、布尔类型、字符串、列表、元组、字典、日期等。

　　6．布尔类型有两个取值 True 和 False，也可以使用 1 和 0 代替，或者使用非 0 数字表示 True。

　　7．Python 提供有 input() 函数实现键盘数据输入，在使用 print() 函数输出时也可以进行格式化处理。

　　8．由于 Python 中的变量不需要声明就可以直接使用，所以可以直接利用 type() 函数获取变量对应的数据类型，也可以使用 id() 函数获取变量的内存地址数值。

　　9．算术运算符有加法运算符、减法运算符、乘法运算符、除法运算符、余数运算符、整除运算符、幂运算符。

　　10．任何运算符都有执行顺序，在开发中建议利用括号来修改运算符的优先级。

第 3 章　程序逻辑结构

学习目标

↘ 掌握分支语句的使用；

↘ 掌握循环语句的使用；

↘ 理解断言的作用。

　　程序是一场数据的计算游戏，而要想让这些数字处理更加具有逻辑性，那么就需要利用分支与循环结构来控制程序的流程。本章将讲解 if、else、elif、for、while、break、continue、assert 等逻辑关键字的使用。

3.1　程序逻辑

视频名称	0301_程序逻辑	
课程目标	理解	
视频简介	程序逻辑是进行合理数据处理的重要单元。本课程从宏观的角度上详细分析了三种程序逻辑结构的特点以及彼此之间的联系。	

　　程序逻辑是编程语言中的重要组成部分，一般来说程序的逻辑结构包含三种：顺序结构、分支结构、循环结构。这三种不同的结构有一个共同点，就是它们都只有一个入口，也只有一个出口。在程序中使用这些逻辑结构到底有什么好处呢？这些只有单一入口和出口的程序具有易读、好维护的特点，也可以减少调试的时间。现在以流程图的方式来了解这三种结构的不同。

1．顺序结构

　　本章之前所讲的那些例子采用的都是顺序结构，即程序自上而下逐行执行，一条语句执行完之后继续执行下一条语句，一直到程序的末尾。这种结构的流程图如图 3-1 所示。

　　顺序结构在程序设计中是最常使用到的结构，在程序中扮演了非常重要的角色，因为大部分的程序基本上都是依照这种自上而下的流程来设计。

2．分支结构

　　分支结构是根据判断条件的成立与否，再决定要执行哪些语句的一种结构，其流程图如图 3-2 所示。这种结构可以依据判断条件来决定要执行的语句。当判断条件的值为真时，就运行"语句 1"；当判断条件的值为假时，则执行"语句 2"。不论执行哪一条语句，最后都会再回到"语句 3"继续执行。

3．循环结构

　　循环结构则是根据判断条件的成立与否，决定程序段落的执行次数，而这个程序段落就称为循环主体。循环结构的流程图如图 3-3 所示。

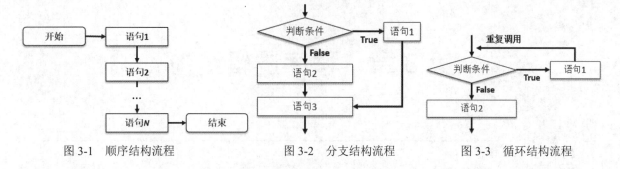

图 3-1　顺序结构流程　　　　图 3-2　分支结构流程　　　　图 3-3　循环结构流程

3.2　分 支 结 构

视频名称	0302_分支结构
课程目标	掌握
视频简介	分支结构是根据运算表达式选择性执行的一种处理逻辑，分支结构使得程序的执行不再一成不变，而使程序会思考、会选择。本课程讲解了分支结构的两种定义语法，并且通过案例进行了使用分析。

分支结构主要是根据布尔表达式的判断结果来决定是否去执行某段程序代码，在 Python 中可以通过 if、else、elif 关键字实现分支处理。语法格式分别如下：

if 判断	If…else 判断	If…elif…else 多条件判断
if 布尔表达式： 　　条件满足时执行	if 布尔表达式： 　　条件满足时执行 else: 　　条件不满足时执行	if 布尔表达式： 　　条件满足时执行 elif　布尔表达式： 　　条件满足时执行 elif　布尔表达式： 　　条件满足时执行 [else: 　　条件不满足时执行]

在 Python 程序中，if 或 else 包含的语句都是利用缩进的形式来定义的，以上给出的三种分支语句的执行流程分别如图 3-4～图 3-6 所示。

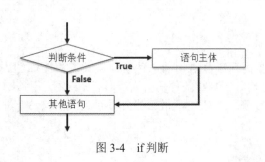

图 3-4　if 判断

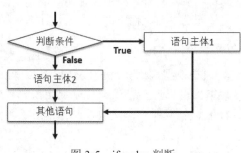

图 3-5　if…else 判断

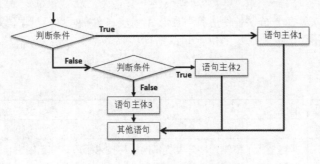

图 3-6　if…elif…else 多条件判断

实例：使用 if 判断语句进行条件判断

```
# coding:UTF-8
age = 20                                          # 定义整型变量
if 18 < age <= 22:                                # 分支语句
    print("我是一个大学生，拥有无穷的拼搏与探索精神！")     # 利用缩进定义分支结构
print("开始为自己的梦想不断努力拼搏！")                  # 程序信息输出
程序执行结果：
我是一个大学生，拥有无穷的拼搏与探索精神！
开始为自己的梦想不断努力拼搏！
```

　　if 语句是根据逻辑判断条件的结果来决定是否要执行代码中的语句，由于此时判断条件为 True，所以 if 语句中的代码可以正常执行。

实例：使用 if…else 判断语句

```
# coding:UTF-8
money = 20.00                                     # 当时口袋中的全部资产
if money >= 19.8:                                 # 判断条件
    print("骄傲地走到售卖处，霸气地拿出 20 元，说不用找了，来份盖浇饭！")   # 条件满足时的提示信息
else:                                             # 条件不满足时执行
    print("在灰暗的角落等待着别人剩下的东西，后面的场景自己脑补~")        # 条件不满足时的提示信息
print("好好吃饭，好好地喝，感恩生活让我有吃喝的权利！")                  # 程序信息输出
程序执行结果：
骄傲地走到售卖处，霸气地拿出 20 元，说不用找了，来份盖浇饭！
好好吃饭，好好地喝，感恩生活让我有吃喝的权利！
```

　　本程序使用 if…else 语句进行了布尔表达式的执行判断，如果条件满足，则执行 if 语句代码；如果条件不满足，则执行 else 语句代码。

实例：if…elif…else 多条件判断

```
# coding:UTF-8
score = 90.00                                     # 考试成绩
if 90.00 <= score <= 100.00:                      # 判断条件 1
    print("优等生！")                              # 信息输出
elif 60.00 <= score < 90.00:                      # 判断条件 2
    print("良等生！")                              # 信息输出
else:                                             # 条件不满足时执行
    print("差等生。")                              # 信息输出
程序执行结果：
优等生！
```

　　使用多条件判断可以对多个布尔条件进行判断，第一个条件使用 if 结构定义，其余的条件使用 elif 结构定义，如果所有的条件都不满足，则执行 else 语句代码。

3.3 断　　言

视频名称	0303_断言
课程目标	了解
视频简介	断言是为了检测程序开发提供的一种技术手段，利用断言使项目开发者在程序开发阶段就可以知道错误信息。本课程讲解了断言存在的意义、实现方式以及存在的问题。

　　程序开发是一个烦琐且复杂的逻辑工程，当处理逻辑增多时就有可能会出现一些错误的处理结果。在 Python 语言中提供有 assert 关键字以实现断言，利用此机制就可以在程序开发过程中发现由于程序逻辑处理错误而导致计算结果错误问题。

实例：观察 assert 关键字的使用

```
# coding:UTF-8
age = 18                                    # 定义整型变量
…                                           # 假设中间要经历若干次的 age 变量内容修改操作
assert 18 < age < 50 , "age 变量内容处理错误!"   # 程序断言，看是否满足判断条件
print("您的年龄是：%d" % age)                    # 信息输出
程序执行结果:
AssertionError: age 变量内容处理错误!
```

　　此时断言直接定义在了 Python 程序中，由于判断条件表达式为 False，所以会产生断言错误，并输出指定的错误信息的提示。

3.4 循 环 结 构

　　循环结构的主要特点是可以根据某些判断条件来重复执行某段程序代码。Python 语言的循环结构一共分为两种类型：while 循环结构和 for 循环结构。

3.4.1 while 循环结构

视频名称	0304_while 循环结构
课程目标	掌握
视频简介	循环结构使得程序可以按照既定的逻辑规律执行代码，在 Python 里提供了有条件循环 while 语句。本课程讲解了 while 循环的语法形式，并使用 while 循环实现了数字累加求和操作。

　　while 循环是一种较为常见的循环结构，利用 while 语句可以实现循环条件的判断，当判断条件满足时，则执行循环体的内容。循环结构有如下两种语法形式。

while 循环	while…else 循环
while 循环结束判断:	while 循环结束判断:
循环语句	循环语句
修改循环结束条件	修改循环结束条件
	else:
	循环语句执行完毕后语句

通过以上语法形式可以发现，在使用 while 循环前一定要先进行循环条件的判断，当循环条件满足时才会执行循环体的主体语句，同时需要修改相应的循环条件，否则会出现死循环的情况。这两种循环的流程分别如图 3-7 和图 3-8 所示。

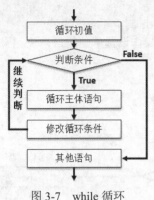

图 3-7　while 循环

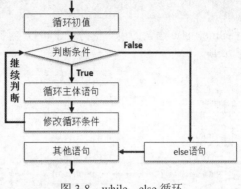

图 3-8　while…else 循环

以上两种循环语句里面都必须有循环的初始化条件。每次循环结束前都要去修改这个条件，以判断循环是否结束。下面通过具体的实例来解释这两种循环结构的使用。

> **注意：避免死循环**
>
> 对于许多的初学者而言，循环是需要面对的第一道程序学习的关口，相信不少读者也遇见过死循环的问题，而造成死循环的原因很容易理解，即循环条件永远满足，所以循环体一直会被执行。而造成死循环的唯一原因就是每次循环执行时没有修改循环的结束条件。

实例： 使用 while 循环实现 1～100 的数字累加

```
# coding:UTF-8
sum = 0                              # 保存累加计算结果
num = 1                              # 循环初始化条件
while num <= 100:                    # 循环判断
    sum += num                       # 数据累加
    num += 1                         # 修改循环条件
print(sum)                           # 输出最终计算结果
程序执行结果：
5050
```

本程序利用 while 结构实现了数字的累加处理，由于判断条件为"num <= 100"，并且每一次 num 变量自增长为 1，所以该循环语句会执行 100 次。本程序执行流程如图 3-9 所示。

实例： 使用 while…else 循环实现 1～100 的数字累加

```
# coding:UTF-8
sum = 0                              # 保存累加计算结果
num = 1                              # 循环初始化条件
while num <= 100:                    # 循环判断
    sum += num                       # 数据累加
    num += 1                         # 修改循环条件
else:                                # 循环执行完毕后执行此语句
```

```
    print(sum)                                          # 输出最终计算结果
print("计算完毕")
程序执行结果：
5050
计算完毕
```

使用 while…else 语句的最大优势在于可以专门为循环结束后的操作设置单独的语句块，程序执行流程如图 3-10 所示。

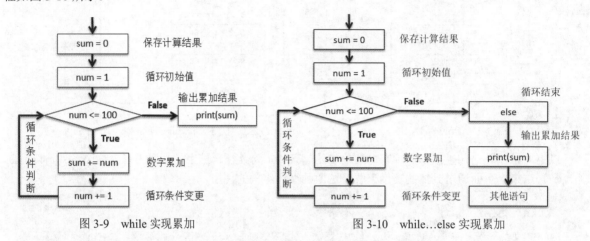

图 3-9　while 实现累加　　　　图 3-10　while…else 实现累加

实例：输出一个斐波那契数列（在 1000 以内的数值）

斐波那契数列即著名的兔子数列，基本结构为 1、1、2、3、5、8、13、21、34、55…，该数列最大的特点在于，从数列的第三项开始，每个数的数值为其前两个数之和。

```
# coding:UTF-8
num_a = 0                                               # 定义初始化输出值
num_b = 1                                               # 定义初始化输出值
while num_b < 1000:                                     # 输出内容不超过 1000
    print(num_b, end="、")                              # 输出数据
    num_a, num_b = num_b, num_a + num_b                 # 数据计算
程序执行结果：
1、1、2、3、5、8、13、21、34、55、89、144、233、377、610、987、
```

由于斐波那契数列需要重复进行数字"两两相加"计算处理，所以在本程序中首先声明了两个变量（num_a、num_b），并利用循环实现了两个变量的相加与 num_b 变量内容的输出处理。

3.4.2　for 循环结构

	视频名称	0305_for 循环
	课程目标	掌握
	视频简介	for 循环是根据指定的循环范围或次数进行循环操作的逻辑结构，使用 for 循环可以更加方便用户对已知的数据内容做循环处理。本课程讲解了 for 循环的两种实现结构，并结合 for 循环和字符编码实现了一个字母大小写转换的功能。

在明确已知循环次数或者要进行序列数据（字符串就属于一种序列类型）遍历的情况下，可以利用 for 循环结构来实现循环控制。在 Python 中 for 循环结构有两种使用形式。

for 循环	for...else 循环
for 变量 in 序列： 　　循环语句	for 变量 in 序列： 　　循环语句 else： 　　循环语句执行完毕后语句

　　通过以上给定的两种 for 循环格式可以发现，在使用 for 循环的时候会自动将指定序列的数据依次取出并保存在变量中，这样就可以在 for 循环中对该数据进行操作。这两种 for 循环的操作流程分别如图 3-11 和图 3-12 所示。

图 3-11　for 循环　　　　　　　　　图 3-12　for...else 循环

实例： 使用 for 循环

```
# coding:UTF-8
for num in {1, 2, 3}:                    # 定义要输出的数据范围
    print(num, end="、")                 # 输出每次获取的数据
程序执行结果：
1、2、3、
```

　　如果要想使用 for 循环，往往需要设置一个数据的输出范围，本次使用 {1, 2, 3} 设置了三个数据内容，所以只会执行三次遍历操作。然而这种做法适用于循环次数少的情况，而循环次数多的情况最好通过"range(开始值, 最大值, 步长)"函数来生成一个遍历范围。

实例： 使用 for 循环实现 1～100 的数字累加

```
# coding:UTF-8
sum = 0                                  # 定义变量保存计算总和
for num in range(101):                   # 生成最大数字为100，范围为0～100，遍历100次
    sum += num                           # 数据累加
print(sum)                               # 输出累加结果
程序执行结果：
5050
```

　　本程序利用 range() 函数生成了一个数字的遍历范围 {0, …, 100}（最大值没有超过 101），在每次迭代时都通过 sum 变量保存累加结果。

> **提示：修改 range() 生成数据边界**
>
> 　　如无特殊指定，在默认情况下 range() 生成的数据都是从 0 开始，即 range(5) 的范围就是 {0, 1, 2, 3, 4} 五个数值。如果想指定数据生成范围，可以使用"range(开始数值, 最大数值)"的形式完成。

实例： 指定 range() 范围

```
# coding:UTF-8
for num in range(3, 5):                  # 数据范围：3、4
    print(num, end="、")                 # 信息打印
```

程序执行结果：

3、4、

此时生成的数据范围不再从 0 开始，这样的操作就给了循环控制很大的灵活性。

实例： 使用 for...else 循环实现 1～100 的数字累加

```
# coding:UTF-8
sum = 0                              # 定义变量保存计算总和
for num in range(101):               # 生成的最大数字为100，范围为0～100
    sum += num                       # 遍历100次执行数据累加
else:                                # for 语句执行完毕后执行（判断条件不满足）
    print(sum)                       # 输出累加结果
print("计算结束。")                    # 输出提示信息
程序执行结果：
5050
计算结束。
```

在 for 语句中使用的 else 语句将在 for 循环全部遍历完成后执行。除了可以针对数据范围进行迭代之外，for 循环的主要功能是针对序列数据进行迭代，以字符串为例，在使用 for 迭代时会依次获取字符串中的每一个字符。

实例： 字符串迭代处理

```
# coding:UTF-8
msg = "www.yootk.com"               # 定义字符串变量
for item in msg:                     # 字符串遍历
    if 97 <= ord(item) <= 122:       # 97～122 范围的编码为小写字母
        upper_num = ord(item) - 32   # 小写字母编码转为大写字母编码
        print(chr(upper_num) , end="、") # 将编码值转为字符
    else:                            # 不是小写字母编码，不处理
        print(item, end="、")         # 信息输出
程序执行结果：
W、W、W、.、Y、O、O、T、K、.、C、O、M、
```

本程序实现了一个字符串的迭代输出，在每次迭代时利用字母的编码将字符串中的小写字母转为大写字母。

3.4.3 循环控制语句

视频名称	0306_循环控制语句
课程目标	掌握
视频简介	在程序中任何语句的执行都是允许被打破的，在循环语句中，为了让一些处理逻辑更加合理，可以通过循环控制语句 continue 与 break 实现循环的退出。

在循环结构中只要循环条件满足，循环体的代码就会一直执行，但是在程序中也提供有两个循环停止的控制语句：continue（退出本次循环）、break（退出整个循环）。此类语句在使用时往往要结合分支语句进行判断。

实例： 使用 continue 控制循环

```
# coding:UTF-8
```

```
for num in range(1, 10):                    # 10 次循环操作
    if num == 3:                            # continue 需要结合 if 分支使用
        continue                            # 退出单次循环
    print(num, end="、")                    # 内容输出
程序执行结果：
1、2、4、5、6、7、8、9、
```

此时的程序中使用了 continue 语句，而结果中却发现缺少了 3 的内容打印，这是因为使用 continue 结束当前一次循环后直接进行了下一次循环的操作。本操作的流程如图 3-13 所示。

实例：使用 break 控制循环

```
# coding:UTF-8
for num in range(1, 10):                    # 10 次循环操作
    if num == 3:                            # break 需要结合 if 分支使用
        break                               # 退出整个循环
    print(num, end="、")                    # 内容输出
程序执行结果：
1、2、
```

本程序在 for 循环中使用了一个分支语句判断在 num 为 3 的时候是否需要结束循环。而通过运行结果也可以发现，当 num 的内容为 3 之后，循环不再执行了。本操作的流程如图 3-14 所示。

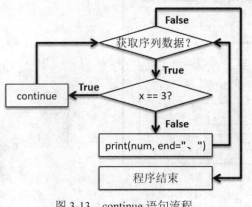

图 3-13　continue 语句流程

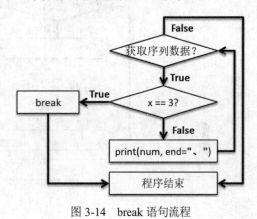

图 3-14　break 语句流程

3.4.4　循环嵌套

视频名称	0307_循环嵌套
课程目标	掌握
视频简介	程序开发是一个程序逻辑的组织体，在循环中除了可以使用分支语句外，也可以进行内部的嵌套循环处理。本课程分析了循环嵌套可能存在的性能问题，并利用循环嵌套的操作实现了乘法口诀表和三角图形的输出，同时又通过实际代码分析了如何利用 Python 提供的特性简化代码。

循环结构可以在循环体内部嵌入若干个子循环结构，以实现更加复杂的循环控制结构。但是需要注意的是，这类循环结构有可能提升程序复杂度。

实例：打印乘法口诀表

```
# coding:UTF-8
```

```
for x in range(1, 10):                              # 外层循环，范围为1～9
    for y in range(1, x + 1):                       # 内层循环，通过外层循环控制次数
        print("%d * %d = %d" % (y, x, x * y), end="\t")   # 输出计算结果
    print()                                         # 换行
程序执行结果：
1*1=1
1*2=2  2*2=4
1*3=3  2*3=6    3*3=9
1*4=4  2*4=8    3*4=12   4*4=16
1*5=5  2*5=10   3*5=15   4*5=20   5*5=25
1*6=6  2*6=12   3*6=18   4*6=24   5*6=30   6*6=36
1*7=7  2*7=14   3*7=21   4*7=28   5*7=35   6*7=42   7*7=49
1*8=8  2*8=16   3*8=24   4*8=32   5*8=40   6*8=48   7*8=56   8*8=64
1*9=9  2*9=18   3*9=27   4*9=36   5*9=45   6*9=54   7*9=63   8*9=72   9*9=81
```

本程序使用了两层循环控制输出，其中第一层循环是控制输出行；而另外一层循环是控制输出的列，并且为了防止不出现重复数据（例如，"1 * 2"和"2 * 1"计算结果重复），让 y 每次的循环次数受到 x 的限制，每次里面的循环执行完毕后就输出一个换行。本程序执行流程如图 3-15 所示。

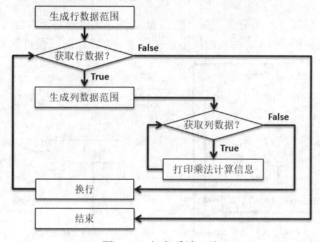

图 3-15 打印乘法口诀

实例：利用循环嵌套输出三角形

```
# coding:UTF-8
line = 5                                    # 打印的总行数
for x in range(0, line):                    # 外层循环控制输出行
    for z in range(0, line - x):            # 随着行的增加，输出的空格数减少
        print("", end=" ");                 # 信息输出
    for y in range(0, x + 1):               # 随着行的增加，输出的"*"增多
        print("*", end=" ")                 # 信息输出
    print()                                 # 换行
程序执行结果：
        *
      * *
    * * *
  * * * *
* * * * *
```

在本程序中利用外层 for 循环进行了三角形行数的控制，并且在每行输出完毕后都会输出换行，在内层 for 循环进行了 "空格" 与 "*" 的输出，随着输出行数的增加，"空格" 数量逐步减少，而 "*" 数量逐步增加。本程序执行流程如图 3-16 所示。

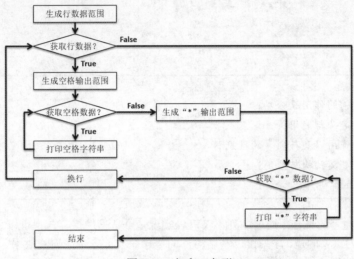

图 3-16　打印三角形

 提示：新的做法

对于三角形的输出，传统做法是利用双层 for 循环的形式实现，但是在 Python 中字符串可以直接使用乘法计算，所以对于以上操作，Python 有更加简单的实现方式。

实例：通过 Python 特点实现代码改进

```python
# coding:UTF-8
line = 5                              # 总共打印的行数
for x in range(0, line):             # 循环控制输出行
    print(" " * (line - x),end=" ")  # 输出空格
    print("* " * (x + 1))            # 输出 "*"
```

本程序利用字符串的乘法只通过单层循环就实现了同样的功能，相比较其他语言，本操作实现更加简单。

3.5　本章小结

1. if 语句可依据判断的结果来决定程序的流程。

2. 分支结构包括 if、if...else 及 if...elif...else 语句，语句中加上了选择的结构之后，就像是十字路口，根据不同的选择，程序的运行会有不同的方向与结果。

3. 需要重复执行某项功能时，循环就是最好的选择。可以根据程序的需求与习惯，选择使用 Python 所提供的 for 及 while 循环来完成。

4. break 语句可以让程序强制退出循环。当程序运行到 break 语句时，即会离开循环，继续执行循环外的下一个语句。

5. continue 语句可以强制程序跳到循环的起始处，当程序运行到 continue 语句时，即会停止运行剩余的循环主体，而使程序流程跳到循环的开始处继续运行。

第4章 序 列

学习目标

- ➤ 掌握序列结构的作用及分类;
- ➤ 掌握列表的定义与使用;
- ➤ 掌握元组的作用以及与列表的区别;
- ➤ 掌握字典的定义结构与使用;
- ➤ 掌握字符串的常用操作方法。

序列是一组有序内容的集合,通过序列不仅可以实现多个数据的保存,也可以采用相同的方式进行序列数据的访问,最为重要的是,序列可以利用切片的概念获取部分子序列的数据。在 Python 中,列表、元组、字典、字符串构成了序列的概念,本章将讲解序列的相关定义以及操作函数。

4.1 列 表

视频名称	0401_序列结构简介
课程目标	掌握
视频简介	序列是一种实现多数据信息保存的结构,与其他语言不同,Python 可以直接采用内置数据结构的方式实现序列。本课程分析了序列的作用,同时介绍了 Python 中支持的序列类型。

列表（List）是一种常见的序列类型,Python 中的列表除了可以保存多个数据内容之外,也可以动态地实现对列表数据的修改。下面将详细讲解列表的各项操作。

4.1.1 列表基本定义

视频名称	0402_列表基本定义
课程目标	掌握
视频简介	列表是序列操作的基本形式。本课程讲解了定义列表的语法,分析了存储列表数据的灵活性,同时又讲解了列表数据的重复定义与连接操作。

在 Python 中如果要创建列表,直接采用赋值的形式即可,所有的列表数据要求使用"[]"进行定义,在进行数据获取时采用索引的形式完成,每一个列表对象的索引范围为"0 ~ （列表长度-1）"。列表的基本定义与访问举例如下。

实例：定义并访问列表

```
# coding:UTF-8
infos = ["李兴华", "yootk.com", "沐言优拓"]          # 定义一个列表
print(infos[0], end="、")                          # 获取索引为 0 的列表数据
```

```
print(infos[1], end="、")                                    # 获取索引为 1 的列表数据
print(infos[2], end="、")                                    # 获取索引为 2 的列表数据
程序执行结果：
李兴华、yootk.com、沐言优拓、
```

本程序定义了一个名为 infos 的列表对象，同时为该列表定义了三个元素，随后通过索引的方式获取列表中的每一个元素数据。

> **注意：关于列表访问索引**
>
> 列表序列中的索引范围是从 0 开始的，而最大索引值为"列表长度-1"，如果在访问列表时超过了索引范围，则会产生 IndexError 异常。
>
> **实例：列表索引访问错误**
>
> ```
> # coding:UTF-8
> infos = ["李兴华", "yootk.com", "沐言优拓"]                  # 定义一个列表
> print(infos[5])                                             # 超过索引范围
> 程序执行结果：
> IndexError: list index out of range
> ```
>
> 在本程序中，由于 infos 列表序列没有索引为 5 的数据，所以访问时出现了 IndexError 异常。如果要想获取列表的数据保存个数，则可以利用 len() 函数实现。
>
> **实例：计算列表长度**
>
> ```
> # coding:UTF-8
> infos = ["李兴华", "yootk.com", "沐言优拓"]                  # 定义一个列表
> print(len(infos))                                           # 获取列表长度
> 程序执行结果：
> 3
> ```
>
> 本程序通过 len() 函数动态地获取列表长度，在程序中再结合分支语句就可以避免 IndexError 异常。
>
> 实际上，Python 中的列表和 C、C++、Java 语言中的数组概念非常类似，而唯一不同的是 Python 中的列表长度是可以改变的，而其他语言中的数组长度一旦声明则不可改变。

在 Python 中，除了可以通过正向索引访问列表之外，也可以利用负数实现反向索引访问列表。正向索引与反向索引的对应关系如图 4-1 所示。

正向索引	0	1	2
列表数据	"李兴华"	"yootk.com"	"沐言优拓"
反向索引	-3	-2	-1

图 4-1　列表索引访问

实例：通过反向索引访问

```
# coding:UTF-8
infos = ["李兴华", "yootk.com", "沐言优拓"]                  # 定义一个列表
print(infos[-1], end="、")                                   # 获取指定索引数据
print(infos[-2], end="、")                                   # 获取指定索引数据
print(infos[-3], end="、")                                   # 获取指定索引数据
```

程序执行结果：

沐言优拓、yootk.com、李兴华、

本程序利用反向索引实现了数据由前向后的输出操作。需要注意的是，反向索引操作时也同样需要考虑索引越界问题。例如，如果使用了 infos[-4]，则同样会出现 IndexError 异常。

> **提示：列表中可以保存多种数据类型**
>
> 在 Python 中，一个列表可以同时保存不同的数据类型，即一个列表中可以同时保存字符串、数字、布尔，甚至其他列表。
>
> **实例：在列表中保存多种数据类型**
>
> ```
> # coding:UTF-8
> msgs = ["yootk.com", 100, complex(10, 2), 915.9, True]    # 列表中保存各种数据类型
> print(msgs)                                                # 输出列表数据
> if type(msgs[1]) == int:                                   # 判断数据类型
>     print("索引 1 的数据是整型。")                          # 提示信息
> ```
> **程序执行结果：**
> ```
> ['yootk.com', 100, (10+2j), 915.9, True]
> 索引 1 的数据是整型。
> ```
>
> 本程序在一个列表中定义了若干种不同的数据类型，而这样的存储结构在进行操作时要求用户必须判断列表项的数据类型，才可以进行正确的数据操作。

列表数据除了可以通过索引访问外，也可以直接利用 for 循环实现迭代输出，这样的方式可以避免索引越界所带来的索引错误。

实例：使用 for 遍历列表数据

```
# coding:UTF-8
infos = ["李兴华", "yootk.com", "沐言优拓"]           # 定义一个列表
for item in infos:                                   # for 循环列表
    print(item, end="、")                            # 输出迭代项
```
程序执行结果：
李兴华、yootk.com、沐言优拓、

 提问：如何通过索引迭代？

既然 Python 语言的列表等同于其他语言的数组，那么如何确定循环次数，并利用索引结合 for 循环实现输出呢？

回答：通过 len() 函数确定循环次数。

在列表中可以利用 len() 函数获取列表数据的长度，那么结合 range() 函数嵌套使用就可以确定 for 循环的循环次数，并利用索引访问列表。

实例：通过 for 循环使用索引输出

```
# coding:UTF-8
infos = ["李兴华", "yootk.com", "沐言优拓"]           # 定义一个列表
for index in range(len(infos)):                      # for 循环列表
    print(infos[index], end="、")                    # 输出列表项
```
程序执行结果：
李兴华、yootk.com、沐言优拓、

本程序通过 len()函数获取了列表中的数据个数，随后 range()函数根据个数生成 for 循环输出范围，这样每一次迭代所获取的就是一个索引数值，就可以实现列表中指定数据的获取。

列表属于一个有序的集合，在进行序列操作过程中会有数据修改的需求，开发者可以直接依据索引的形式"列表[索引] = 新值"实现列表中指定内容的修改操作。

实例：修改指定索引数据

```
# coding:UTF-8
infos = ["李兴华", "yootk.com", "沐言优拓"]          # 定义一个列表
infos [0] = "小李老师"                              # 修改指定索引数据
for item in infos:                                 # for 循环列表
    print(item, end="、")                          # 输出列表项
程序执行结果：
小李老师、yootk.com、沐言优拓、
```

本程序利用索引修改了 infos[0]所保存的数据信息，程序的内存关系如图 4-2 所示。

（a）定义 infos 列表　　　　　　　　　　（b）修改指定索引数据

图 4-2　通过索引修改列表数据

在定义 Python 列表结构时可以利用乘法实现指定内容的重复定义，也可以利用"+"实现序列的连接。下面通过两个具体的案例代码进行演示。

实例：在列表上使用乘法操作

```
# coding:UTF-8
infos = ["李兴华", "yootk.com", "沐言优拓"] * 3       # 数据重复 3 次
nons= [None] * 3                                    # 空值列表
print(infos)                                        # 输出列表信息
print(nons)                                         # 输出列表信息
程序执行结果：
['李兴华', 'yootk.com', '沐言优拓', '李兴华', 'yootk.com', '沐言优拓', '李兴华', 'yootk.com', '沐言优拓']
[None, None, None]
```

本程序在定义序列时将已有的序列内容利用乘法计算重复定义了 3 遍，如果列表中的数据项为空（None），同样也可以利用乘法扩充列表容量。

实例：通过"+"连接多个序列

```
# coding:UTF-8
infos = ["李兴华", "yootk.com"] + ["小李老师", "沐言优拓"]   # 连接列表
print(infos)                                             # 输出列表信息
程序执行结果：
['李兴华', 'yootk.com', '小李老师', '沐言优拓']
```

本程序利用连接符 "+" 实现了序列内容的扩充，并且连接的序列会默认追加到已有序列的内容之后。

4.1.2 数据分片

	视频名称	0403_数据分片
	课程目标	掌握
	视频简介	列表中可以实现多数据信息存储，为了可以方便地从列表中截取部分的子列表内容，可以利用分片的实现模式实现范围截取与捷径截取。本课程通过实例分析了列表分片的各种操作。

一个列表中往往会保存有许多的数据内容，除了通过索引的方式获取单个列表项的数据之外，也可以利用对索引范围的控制将某几个相邻的列表项抽取出来，这样的操作就称为列表的分片，如图4-3所示。

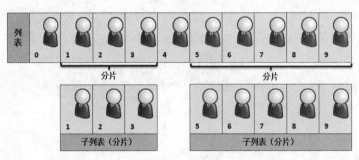

图 4-3　列表数据分片

在进行数据分片处理中，需要明确设置操作的索引范围。分片属于 Python 原生语法支持，开发者可以直接进行调用。该语法的具体定义如下：

列表对象[开始索引 ：结束索引 ：步长]

在使用以上语法进行列表数据分片获取时有以下几种使用形式。

- ↘ 设置访问范围：列表对象[开始索引 ，结束索引]。
- ↘ 设置索引捷径：列表对象[开始索引 :]（从指定索引截取到结尾）、列表对象[：结束索引]（从索引 0 截取到指定索引）。
- ↘ 设置步长：列表对象[开始索引 ：结束索引 ：步长]，默认步长为 1，表示依序获取。

实例：截取列表部分数据

```
# coding:UTF-8
numbers = ["A", "B", "C", "D", "E", "F", "I", "J", "K"]# 定义列表
numbers_slice_a = numbers[3 : 7]                        # 截取索引 3～7 的数据信息
print(numbers_slice_a)                                  # 输出分片结果
numbers_slice_b = numbers[-7 : -3]                      # 截取索引-7～-3 的数据信息
print(numbers_slice_b)                                  # 输出分片结果
```
程序执行结果：
['D', 'E', 'F', 'I']（"numbers[3:7]"截取结果）
['C', 'D', 'E', 'F']（"numbers[-7 : -3]"截取结果）

列表切片数据的截取操作是通过对索引范围的控制来实现的，所设置的索引除了可以使用正数由前向后截取外，也可以设置为负数由后向前截取。本程序的列表数据与索引关系如图4-4所示。

分片范围：[3：7]

正向索引	0	1	2	3	4	5	6	7	8
列表数据	"A"	"B"	"C"	"D"	"E"	"F"	"I"	"J"	"K"
反向索引	−9	−8	−7	−6	−5	−4	−3	−2	−1

分片范围：[−7：−3]

图 4-4 利用索引范围进行切片

实例：通过捷径实现列表分片

```
# coding:UTF-8
numbers = ["A", "B", "C", "D", "E", "F", "I", "J", "K"]  # 定义列表
numbers_slice_a = numbers[3:]                            # 截取索引 3 及以后的全部数据
print(numbers_slice_a)
numbers_slice_b = numbers[-7:]                           # 截取索引-7 及以后的全部数据
print(numbers_slice_b)
numbers_slice_c = numbers[:-7]                           # 从开始截取到索引-7 的全部数据（等价[0:-7]）
print(numbers_slice_c)
程序执行结果：
['D', 'E', 'F', 'I', 'J', 'K']
['C', 'D', 'E', 'F', 'I', 'J', 'K']
['A', 'B']
```

本程序通过索引捷径的方式实现列表分片，即只需要设置一个开始索引和结束索引就可以获取剩余的全部数据。该索引操作的分析如图 4-5 所示。

分片范围：[3：]

正向索引	0	1	2	3	4	5	6	7	8
列表数据	"A"	"B"	"C"	"D"	"E"	"F"	"I"	"J"	"K"
反向索引	−9	−8	−7	−6	−5	−4	−3	−2	−1

分片范围：[:−7]   分片范围：[−7：]

图 4-5 设置索引捷径

默认情况下，列表分片操作只需要设置一个索引的操作范围，就会自动依次进行相邻数据内容的获取，默认采用的步长为 1。如果用户有需要，也可以修改操作的步长，以实现对索引范围内部分数据的获取。

实例：设置截取步长

```
# coding:UTF-8
numbers = ["A", "B", "C", "D", "E", "F", "I", "J", "K"]     # 定义列表
numbers_slice = numbers[2:8:2]                              # 截取步长为 2
print(numbers_slice)                                        # 输出分片结果
程序执行结果：
['C', 'E', 'I']
```

本程序设置分片获取数据的索引范围为 2～8，在不修改默认步长的情况下，应该获取 6 个元素，但是由于将步长设置为 2，所以最终只返回了 3 个元素。操作分析如图 4-6 所示。

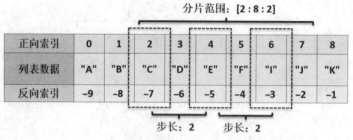

图 4-6　修改步长

利用列表分片功能不仅可以实现对子列表的内容截取，也可以实现对分片数据的赋值操作。这里的赋值相当于用新的列表内容替换掉分片的部分数据。

实例：分片内容替换

```
# coding:UTF-8
numbers = ["A", "B", "C", "D", "E", "F", "I", "J", "K"]    # 定义列表
numbers[2:8] = ["X", "Y", "Z"]                             # 分片数据替换
print(numbers)                                             # 输出分片结果
程序执行结果：
['A', 'B', 'X', 'Y', 'Z', 'K']
```

本程序设置了一个内容替换的分片范围为 2～8，而替换数据只有 3 个，因而替换完成后当前列表中的数据个数会减少。替换分析如图 4-7 所示。

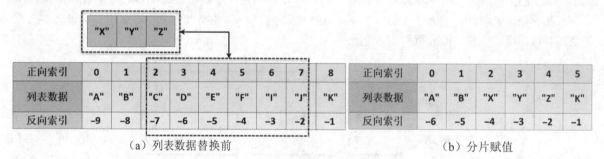

（a）列表数据替换前　　　　　　　　　　　　　　　　　　（b）分片赋值

图 4-7　分片内容赋值

 提示：实现部分数据删除

既然利用分片可以实现部分数据的替换，那么只要设置要替换的数据为空列表，则表示删除列表部分数据。

实例：删除列表部分数据

```
# coding:UTF-8
numbers = ["A", "B", "C", "D", "E", "F", "I", "J", "K"]    # 定义列表
numbers[2:8] = []                                          # 删除数据
print(numbers)                                             # 输出列表内容
程序执行结果：
['A', 'B', 'K']
```

本程序通过设置一个空集合实现了指定索引范围内的数据删除。

在进行分片数据赋值时也可以利用设置步长来实现对部分内容的替换操作。

实例： 分片数据替换并设置步长

```
# coding:UTF-8
numbers = ["A", "B", "C", "D", "E", "F", "I", "J", "K"]      # 定义列表
numbers[2:8:2] = ["X", "Y", "Z"]                              # 分片数据替换
print(numbers)                                                # 输出列表内容
程序执行结果：
['A', 'B', 'X', 'D', 'Y', 'F', 'Z', 'J', 'K']
```

本程序要替换指定分片范围内的数据，由于步长设置为 2，所以会将 X、Y、Z 替换掉分片中已经存在的 C、E、I 内容。操作如图 4-8 所示。

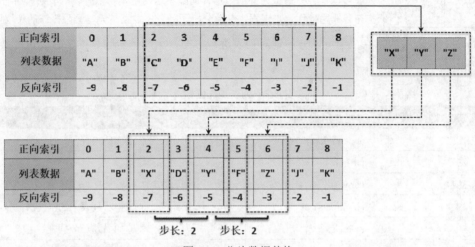

图 4-8　分片数据替换

4.1.3　成员运算符

视频名称	0404_成员运算符	
课程目标	掌握	
视频简介	在项目实际开发中，列表一定会保存多种数据信息，那么如何提高查询性能就成了列表使用的关键因素。本课程通过程序代码分析了数据检索的复杂性问题，并讲解了运算符 in 与 not in 的使用。	

列表是一个数据集合，判断某一个数据是否存在于列表中，可以通过表 4-1 所示的成员运算符实现。

表 4-1　成员运算符

序　号	运 算 符	描　　述	操 作 范 例
1	in	判断数据是否在列表之中	10 in [1,3,5,10,20]，判断结果为 True
2	not in	判断数据是否不在列表之中	99 not in [1,3,5,10,20]，判断结果为 True

实例： 使用成员运算符

```
# coding:UTF-8
numbers = [1, 3, 5, 7, 9]                      # 定义列表
if 3 in numbers:                               # 判断列表中是否包含指定内容
    print("数字 3 存在于列表之中!")              # 输出信息提示
```

程序执行结果：

数字 3 存在于列表之中！

本程序利用运算符 in 进行了成员存在与否的判断，当判断数据在列表中存在时将返回 True，并进行相应提示信息输出。

4.1.4 列表操作函数

视频名称	0405_列表操作函数
课程目标	掌握
视频简介	列表可以保存并修改内部的数据，而除了这一基本特点外，列表还具备有动态容量扩充和删除操作。本课程详细地分析了列表中数据扩充与删除操作的使用区别。

Python 中列表最大的特点在于可以方便地对列表进行扩充、增加、删除、排序与反转等操作，这些操作可以利用表 4-2 所示的函数实现。

表 4-2　列表操作函数

序　号	函　　数	描　　述
1	append(data)	在列表最后追加新内容
2	clear()	清除列表数据
3	copy()	列表复制
4	count(data)	统计某一个数据在列表中的出现次数
5	extend(列表)	为一个列表追加另外一个列表
6	index(data)	从列表中查询某个数据第一次出现的位置
7	insert(index , data)	向列表中指定索引位置追加新数据
8	pop(index)	从列表弹出一个数据并删除
9	remove(data)	从列表删除数据
10	reverse()	列表数据反转
11	sort()	列表数据排序

实例：扩充列表内容

```
# coding:UTF-8
infos = []                                  # 定义一个空列表
print("初始化列表长度：%d" % len(infos))      # 获取列表长度
infos.append("李兴华")                        # 在列表的最后追加数据
infos.insert(1, "小李老师")                   # 在索引为 1 的位置上插入数据
infos.extend(["yootk.com", "沐言优拓"])       # 追加另外一个列表
print("列表扩展后长度：%d" % len(infos))       # 获取扩展后列表长度
for item in infos:                          # for 循环列表
    print(item, end="、")                    # 输出列表项
程序执行结果：
初始化列表长度：0
列表扩展后长度：4
李兴华、小李老师、yootk.com、沐言优拓、
```

本程序首先定义了一个空的列表 infos，随后利用 append() 与 insert() 两个函数实现了单个数据的扩充，又使用 extend() 函数连接了其他的列表内容。这种动态扩充容量的功能正是 Python 中列表的操作特点，基于这样的特点可以降低用户开发的难度。

实例：列表数据复制

```
# coding:UTF-8
infos = ["李兴华", "yootk.com", "沐言优拓"]        # 定义一个列表并设置数据项
msgs = infos.copy()                             # 将 infos 列表内容复制一份
print("infos 保存地址编号：%d" % (id(infos)))     # 获取列表地址信息
print("msgs 保存地址编号：%d" % (id(msgs)))       # 获取列表地址信息
for item in msgs:                               # for 循环列表
    print(item, end="、")                       # 输出列表项
程序执行结果：
infos 保存地址编号：3028432
msgs 保存地址编号：3029592
李兴华、yootk.com、沐言优拓、
```

本程序利用列表的 copy() 函数将 infos 列表的内容复制给了 msgs 列表，所以两个列表拥有相同的数据信息，唯一的区别在于两者所占用的内存空间不同，如图 4-9 所示。

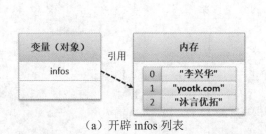

（a）开辟 infos 列表　　　　　　　　　　（b）infos 列表复制

图 4-9　列表复制操作

实例：列表数据删除

```
# coding:UTF-8
infos = ["李兴华", "yootk.com", "沐言优拓"]        # 定义一个列表并设置数据项
infos.remove("yootk.com")                       # 删除指定内容的数据
for item in infos:                              # for 循环列表
    print(item, end="、")                       # 输出删除数据的列表项
程序执行结果：
李兴华、沐言优拓、
```

本程序利用 remove() 函数实现了指定数据的删除操作，删除之后索引也会同时发生改变。本程序的内存关系如图 4-10 所示。

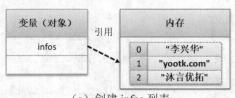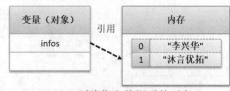

（a）创建 infos 列表　　　　　　　　　　（b）删除指定数据后的列表

图 4-10　列表元素删除

 提问：是否可以按照索引删除列表元素？

在使用 remove() 函数删除的时候需要明确地知道要删除的数据内容，如果此时不知道删除的具体数据，需要通过索引删除该如何处理？

 回答：利用 del 关键字。

在第 2 章讲解变量概念的时候曾经讲解过 del 关键字，用户可以利用此关键字结合数据索引的方式删除元素。

实例：根据索引删除元素

```
# coding:UTF-8
infos = ["李兴华", "yootk.com", "沐言优拓"]          # 定义列表
del infos[1]                                        # 根据索引删除
for item in infos:                                  # for 循环列表
    print(item, end="、")                           # 输出删除数据后的列表项
程序执行结果：
李兴华、沐言优拓、
```

此时实现了索引删除列表项的功能，并且使用 del 删除列表项后索引也会自动进行调整以防止出现索引编号中断的问题。

Python 还提供了一个列表数据的删除函数，即 pop() 函数，该函数的主要功能是可以依据索引实现内容的弹出操作（等价于删除），并且可以直接将弹出的内容返回给用户。

实例：列表内容弹出

```
# coding:UTF-8
infos = ["李兴华", "yootk.com", "沐言优拓"]          # 定义列表
for num in range(len(infos)):                       # for 循环列表
    # 数据一旦被弹出，则集合的长度就会发生改变，对应的数据索引也会自动修改
    print(infos.pop(0), end="、")                   # 输出弹出内容
print("\n 全部弹出后的集合内容：%s" % infos)         # 列表输出
程序执行结果：
李兴华、yootk.com、沐言优拓、
全部弹出后的集合内容：[]
```

本程序使用 pop() 函数并结合 for 循环实现了内容的弹出处理操作，由于 for 循环需要一个明确的循环范围，所以利用 range() 与 len() 函数的结合实现范围统计。本程序的操作流程如图 4-11 所示。

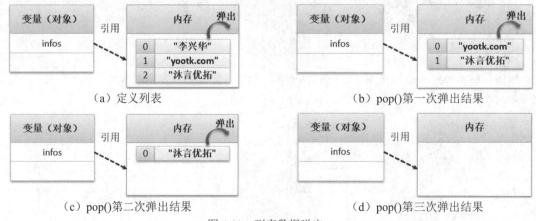

（a）定义列表　　　　　　　　　　　　（b）pop() 第一次弹出结果

（c）pop() 第二次弹出结果　　　　　　　（d）pop() 第三次弹出结果

图 4-11　列表数据弹出

 提问：为什么使用 del 关键字删除数据却还需要提供 pop()函数？

通过分析结果发现 pop()函数与使用 del 关键字进行数据删除时都可以依据索引完成。例如，以上通过 pop()函数弹出并删除列表内容的实例就可以通过 del 实现。

实例： 使用 del 关键字删除数据

```
# coding:UTF-8
infos = ["李兴华", "yootk.com", "沐言优拓"]        # 定义列表
for num in range(len(infos)):                    # for 循环列表
    del infos[0]                                  # 删除数据
print("全部弹出后的集合内容：%s" % infos)           # 列表输出
程序执行结果：
全部弹出后的集合内容：[]
```

本程序同样实现了依据索引删除数据，那么既然已经有 del 关键字，为什么又需要提供一个 pop()函数呢？

 回答：可以把列表想象为一个先进先出的结构。

现在假设若干个用户等待着进行业务办理，但是由于业务办理的窗口只有一个，所以所有的人就需要按照顺序进行排队，当业务窗口空出之后，会按照排队的顺序依次办理，如图 4-12 所示。

（a）用户排队等待叫号

（b）依序办理

图 4-12　业务办理流程

读者应该可以发现，图 4-12 所示的结构实际上就是一种先进先出（First Input First Output，FIFO）的数据结构。而 Python 中所提供的列表结构也拥有同样的效果。下面的代码演示了 FIFO 的操作。

实例： 列表数据追加与弹出

```
# coding:UTF-8
chars = []                                                          # 空列表
chars.append("A"); chars.append("B"); chars.append("C")# 追加数据
print(chars.pop(0),end="、")                                        # 弹出数据
print(chars.pop(0),end="、");                                       # 弹出数据
print(chars.pop(0),end="、")                                        # 弹出数据
程序执行结果：
A、B、C、
```

通过执行结果可以发现，最早追加的数据实际上都会被最早弹出。于是可以得出一个结论：使用 pop()函数在删除之前可以获取要删除的数据内容并进行相关处理操作，而使用 del 关键字只是简单地删除列表中的一个数据项。

Python 提供了两个对列表内容的顺序进行调整的函数：列表数据反转（reverse()）、列表数据排序（sort()），利用这两个函数可以方便用户实现数据处理。

实例：列表排序与反转

```
# coding:UTF-8
numbers = [3, 5, 1, 6, 8, 9, 0]          # 定义列表，数据没有顺序
numbers.sort()                           # 列表数据排序
print("列表排序后的结果：%s" % numbers)    # 输出排序后的列表内容
numbers.reverse()                        # 数据反转
print("列表反转后的结果：%s" % numbers)    # 输出排序后的列表内容
程序执行结果：
列表排序后的结果：[0, 1, 3, 5, 6, 8, 9]
列表反转后的结果：[9, 8, 6, 5, 3, 1, 0]
```

本程序首先定义了一个由数字组成并且无序的列表 numbers，随后利用 sort() 函数实现了排序，并将排序后的结果利用 reverse() 函数实现了反转。

提示：列表相等判断

Python 在设计之中一直提倡程序开发的简洁化，所以列表相等判断可以直接利用 "==" 进行，但是在比较时必须要注意比较顺序。

实例：列表相等判断

```
# coding:UTF-8
print([1, 2, 3] == [1, 2, 3])              # 顺序相同，True
print([1, 2, 3] == [3, 2, 1])              # 顺序不同，False
print([1, 2, 3].sort() == [3, 2, 1].sort())  # 排序后比较，True
程序执行结果：
True（顺序相同比较）
False（顺序不同比较）
True（排序后比较）
```

本程序演示了列表在不同顺序时的相等判断结果，但是为了防止有可能出现的顺序不一致的问题，在比较前通过 sort() 函数进行排序。

在列表提供的函数中还存在有指定列表项的个数统计与数据查询功能。

在列表定义时有可能会定义一些内容重复的数据，直接利用 count() 函数可以实现对指定列表项内容重复个数的统计。

实例：统计列表中指定内容的出现次数

```
# coding:UTF-8
numbers = [1, 2, 3, 4, 5, 6, 3, 1, 2]          # 定义列表
infos = ["小李老师","小李老师","小李老师","yootk.com"]
print(numbers.count(3))                        # 统计数字 3 出现的次数
print(infos.count("小李老师"))                  # 统计字符串出现的次数
程序执行结果：
2（数字 3 在 numbers 列表中出现了 2 次）
3（字符串"小李老师"在 infos 列表中出现了 3 次）
```

　　列表中提供了一个 index()查找函数，利用此函数可以判断某一个列表数据是否存在，当列表数据存在时会返回该列表数据的索引位置；如果不存在，则会产生 ValueError 异常。

　　实例：列表数据查找

```
# coding:UTF-8
numbers = [1, 2, 3, 4, 5, 6, 3, 1, 2]              # 定义列表
print(numbers.index(3))                            # 从第 0 个索引位置开始查找
print(numbers.index(3, 4))                         # 从第 4 个索引位置开始查找
print(numbers.index(99))                           # 没有指定数据出现异常
程序执行结果：
2（从第 0 个索引开始检索时，索引为 2 处有一个数字 3）
6（从第 4 个索引开始检索时，索引为 4 处有一个数字 3）
ValueError: 99 is not in list（数字 99 不在列表中产生异常）
```

　　本程序利用 index()函数实现了列表数据的查找，如果查找数据在列表中，则会返回索引位置；否则产生异常。

4.2　元　　组

视频名称	0406_元组定义与使用
课程目标	掌握
视频简介	元组是不可修改的列表集合，在大多数情况下，为了保证数据定义的统一性，会通过元组对数据进行保存。本课程分析了元组与列表的区别，同时讲解了如何通过 tuple()与 list()函数实现元组与列表数据类型的转换。

　　元组（Tuple）是与列表类似的线性数据结构，与列表结构所不同的是，元组中定义的内容既不允许被修改也不允许进行容量的动态扩充。在 Python 中元组的定义可以通过 "()" 完成。

　　实例：元组定义与输出

```
# coding:UTF-8
infos = ("李兴华", "yootk.com", "沐言优拓")        # 定义元组
for item in infos:                                # 元组迭代
    print(item, end="、")                          # 输出元组项
程序执行结果：
李兴华、yootk.com、沐言优拓
```

　　本程序利用 "()" 实现了一个元组的定义与输出操作，可以发现元组与列表的基本操作形式非常类似。

> **注意：元组内容无法修改**
>
> 　　在不进行内容修改的情况下元组和列表是没有区别的，而一旦对元组进行修改，就会产生 TypeError 异常，以下面的代码为例。

　　实例：修改元组数据

```
# coding:UTF-8
# 如果元组只有一项内容，则在列表项的最后必须要有"，"，否则只是一个普通数据
infos = ("李兴华",)                                # 定义元组
```

```
infos[0] = "小李老师"                                    # 不允许修改
程序执行结果：
TypeError: 'tuple' object does not support item assignment
```

本程序尝试了通过索引进行元组修改，执行时就会出现 TypeError 异常，所以元组无法修改。

需要提醒读者的是，元组在定义时也可以使用"*"和"+"操作，但是这些操作并不是针对元组内容的修改，只不过是以一个元组创建另外一个元组。

实例：元组计算操作

```
# coding:UTF-8
# 此时相当于用一个元组乘 2 后又连接了另外一个元组形成新的元组赋予 infos
infos = ("李兴华", "yootk.com", "沐言优拓") * 2 + ("Hello", "Yootk")  # 元组计算
print(infos)                                            # 输出元组
程序执行结果：
('李兴华', 'yootk.com', '沐言优拓', '李兴华', 'yootk.com', '沐言优拓', 'Hello', 'Yootk')
```

此时程序虽然使用了乘法与连接操作，但是并没有进行元组内容的修改，所以程序可以正常执行。

在 Python 中为了方便进行序列类型的转换，提供了 tuple() 函数以实现列表与元组结构的转换。

实例：将列表转为元组

```
# coding:UTF-8
numbers = [1, 2, 3, 4, 5]                               # 定义列表
tuples = tuple(numbers)                                 # 将列表转为元组
print("numbers 变量的数据类型：%s" % type(numbers))      # 获取类型
print("tuples 变量的数据类型：%s" % type(tuples))        # 获取类型
程序执行结果：
numbers 变量的数据类型：<class 'list'>
tuples 变量的数据类型：<class 'tuple'>
```

本程序使用 tuple() 函数将 numbers 列表的数据内容复制后形成了一个元组 tuples，即 numbers 与 tuples 的内容相同，唯一的区别在于 tuples 元组的内容无法修改。除了可以将列表转换为元组之外，也可以利用 list() 函数将元组转换为列表。

实例：将元组转为列表

```
# coding:UTF-8
numbers = (1, 2, 3, 4, 5)                               # 定义元组
infos = list(numbers)                                   # 将元组转为列表
print("numbers 变量的数据类型：%s" % type(numbers))      # 获取类型
print("infos 变量的数据类型：%s" % type(infos))          # 获取类型
程序执行结果：
numbers 变量的数据类型：<class 'tuple'>
infos 变量的数据类型：<class 'list'>
```

本程序定义了一个只包含数字的元组 numbers，随后利用 list() 内置函数将元组转为列表，为了验证转换的成功，输出了每个变量的类型。

4.3 序列统计函数

视频名称	0407_序列统计函数	
课程目标	掌握	
视频简介	序列是一个数据集合，里面必定会保存大量的数据信息，Python 为了提升数据的统计处理性能，提供了一系列的统计函数。本课程通过案例详细分析了这些统计函数的使用。	

项目开发中会使用列表和元组进行数据存储，而且对列表数据可以进行动态添加配置，所以序列中往往保存大量的数据信息，Python 为了方便对这些数据进行统计操作，提供了表 4-3 所示序列统计函数。

表 4-3 序列统计函数

序 号	函 数	描 述
1	len(seq)	获取序列的长度
2	max(seq)	获取序列中的最大值
3	min(seq)	获取序列中的最小值
4	sum(seq)	计算序列中的内容总和
5	any(seq)	序列中有一个内容为 True 结果为 True，全部为 False 时结果为 False
6	all(seq)	序列中有一个内容为 False 结果为 False，全部为 True 时结果为 True

实例：数据统计操作

```
# coding:UTF-8
numbers = [1, 2, 3, 4, 5, 6, 3, 1, 2]               # 定义列表
print("元素个数：%d" % len(numbers))                 # 统计序列元素个数
print("元素最大值：%d" % max(numbers))               # 统计序列最大值
print("元素最小值：%d" % min(numbers))               # 统计序列最小值
print("元素总和：%d" % sum(numbers))                 # 统计序列元素总和
print(any((True, 1, "Hello")))                       # 判断元组内的结果
print(all((True, None)))                             # 判断元组内的结果
程序执行结果：
元素个数：9
元素最大值：6
元素最小值：1
元素总和：27
True（元组中的全部内容都不是 False）
False（元组中存在有一个 None，相当于 False）
```

本程序利用统计函数实现了列表中的数据个数、最大值、最小值、总和的数据统计，并且利用 any() 和 all() 函数分别对元组中的内容组成进行了判断。

4.4 字 符 串

	视频名称	0408_字符串序列简介
	课程目标	掌握
	视频简介	字符串是开发中使用最频繁的一种数据类型，只要是进行 Python 项目的开发，几乎都会使用到字符串数据类型。除了 2.4.4 小节讲解的字符串基本使用之外，本课程将从序列的角度进行字符串的讲解与使用。

　　字符串（str）是 Python 中最为常用的一种数据类型，一个字符串可以理解为由若干个字符组成的序列结构，它可以使用序列的所有相关操作，如字符串分片、数据统计等操作。

实例：字符串分片操作

```
# coding:UTF-8
title = "沐言优拓：www.yootk.com"                    # 定义字符串
sub_url = title[5:]                                  # 字符串切片
sub_name = title[:4]                                 # 字符串切片
print(sub_url)                                       # 输出字符串
print(sub_name)                                      # 输出字符串
程序执行结果：
www.yootk.com
沐言优拓
```

　　本程序直接利用切片实现了子字符串的数据获取。值得注意的是，在 Python 中为了简化开发者针对字符串的处理，操作将汉字与字母都作为一个字符的形式来处理，这样就减少了序列分片中可能产生的乱码问题。

 提问：拆分的字符为何会产生乱码问题？

　　本程序进行字符串切片的过程中合理地设置了切片的顺序，那为什么又要强调汉字与字母的不同？为什么会产生乱码？

 回答：因为字节为计算机的存储单位。

　　Python 语言的整体设计非常简单、轻巧，帮助许多的初学者屏蔽掉了一些设计上的问题，严格意义上来讲，在计算机中字节是构成数据存储的基本单位，每一个字节由八个二进制位所组成，所以每一个字节的取值范围是 −128～127。例如，之前讲解的 ASCII 码实现的大小写转换就是利用这种编码的形式处理的。所以按照传统的 ASCII 码来讲，一个英文字符标记占一个字节，一个中文字符占两个字节，所以在许多语言进行字符串截取中文时就必须考虑截取的字节位数，一旦截取位数不对，就有可能出现图 4-13 所示的情况。

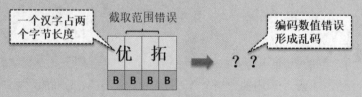

图 4-13　乱码产生分析

　　项目开发中最为常用的编码有两种。

> ➥ UTF-8 编码：一个英文字符占一个字节，一个中文（含繁体）占三个字节，中文标点占三个字节，英文标点占一个字节。
>
> ➥ Unicode 编码（十六进制编码）：一个英文字符和英文标点占两个字节，一个中文（含繁体）或中文标点占两个字节。
>
> 在 Python 中为了简化开发难度，已经对此编码进行了极大的简化处理，使得开发者不必过多关注底层编码的细节就可以实现所需要的功能。考虑到开发的标准性，本书建议读者使用 UTF-8 编码。关于编码的更进一步讲解请参考本书第 16 章内容。

字符串属于 Python 序列结构的一种子类型，所以也可以直接利用序列提供的统计函数实现字符串中的最大、最小、长度等信息统计。

实例：字符串信息统计

```
# coding:UTF-8
title = "www.yootk.com"                         # 定义字符串
print("字符串长度：%d" % len(title))             # 个数统计
print("最大字符：%c" % max(title))               # 最大值统计
print("最小字符：%c" % min(title))               # 最小值统计
程序执行结果：
字符串长度：13（len(title)统计结果）
最大字符：y（max(title)统计结果）
最小字符：.（min(title)统计结果）
```

本程序利用序列统计函数对字符串中的字符数据进行了统计操作，在使用 max() 与 min() 函数比较大小时都是基于字符编码内容的比较。

如果要确定某一个子字符串的内容是否存在于一个字符串之中，可以直接使用成员运算符 in 或 not in 来判断。

实例：使用 in 运算符

```
# coding:UTF-8
title = "www.yootk.com"                         # 定义字符串
if "yootk" in title:                            # 字符串查找
    print("子字符串存在。")                      # 输出结果信息
程序执行结果：
子字符串存在。
```

本程序利用 in 运算符判断"yootk"字符串是否存在于 title 变量中，如果存在，则直接输出提示信息。需要注意的是，in 或 not in 判断是区分字母大小写的。

4.4.1 字符串格式化

视频名称	0409_字符串格式化	
课程目标	掌握	
视频简介	在 Python 中为了方便信息输出，除了使用内部的格式化处理语法外，还支持多种字符串数据的格式化处理操作。本课程讲解字符串中提供的 format() 函数的使用，并且分析 format() 函数中常用格式化标记的作用。	

在 Python 中默认支持字符串的格式化操作，可以利用 "%" 来定义格式化标记，随后按照格式化标记的定义顺序进行内容的填充即可。为了进一步简化对字符串格式化的操作，Python 又提供了一个有关字符串格式化的 format()函数，此函数可以通过字符串中定义的 "{}" 占位符标记进行内容填充。使用语法如下：

> "… {成员标记 !转换格式 :格式描述} …".format(参数内容, …)

在每一组格式化文本中都包含以下三个组成内容，并且这三个内容都属于可选定义。

- ↪ **成员标记**：用于进行成员或参数序号定义，如果不定义，则参数需要按照顺序进行设置。
- ↪ **转换格式**：将指定参数的数据内容进行数据格式转换，需要使用表 4-4 所示的转换标记完成。
- ↪ **格式描述**：提供若干配置选项，选项定义顺序为[[fill]align][sign][#][0][width][,][.precision][type]，每一个配置项的作用描述如表 4-5 所示。

表 4-4　转换标记

序　号	类　型　符	描　　　　述
1	a	将字符串按 Unicode 编码输出
2	b	将整数转为二进制数
3	c	将整数转为 ASCII 码
4	d	十进制整数
5	e	将十进制数字转为科学计数法使用 e 表示
6	E	将十进制数字转为科学计数法使用 E 表示
7	f	浮点数显示，会将特殊值（nan、inf）转为小写
8	F	浮点数显示，会将特殊值（nan、inf）转为大写
9	g	浮点数和科学计数法之间表示形式，若整数位超过 6 位，与 e 相同；否则与 f 相同
10	G	浮点数和科学计数法之间表示形式，若整数位超过 6 位，与 E 相同；否则与 F 相同
11	o	将整数转为八进制数
12	s	将数据以字符串的形式输出
13	r	将数据转为供解释器输出的信息
14	x	将整数转为十六进制数，字母部分用小写
15	X	将整数转为十六进制数，字母部分用大写
16	%	将数值格式化为百分比形式

表 4-5　格式描述选项

序　号	选　项	描　　　　述
1	fill	空白填充配置，默认使用空格实现空白部分的填充
2	align	定义数据的对齐方式，在指定数据最小显示宽度时有效。有以下几种对齐模式。 ↪ <：左对齐（默认选项） ↪ >：右对齐 ↪ =：将填充数据放在符号与数据之间，仅针对数字有效 ↪ ^：居中对齐

续表

序　号	选　项	描　　述
3	sign	符号签名（只针对数字有效），有以下几种配置项。 ↳　+：所有数字均带有符号 ↳　–：仅负数带有符号（默认配置项） ↳　空格：正数前面带空格，负数前面带符号
4	#	数字进制转换配置，自动在二进制、八进制、十六进制数值前添加对应的 0b、0o、0x 标记
5	,	自动在每三个数字之间添加 "," 分隔符
6	width	定义十进制数字的最小显示宽度，如果未指定，则由实际内容来决定宽度
7	.precision	数据保留的精度位数
8	type	数据类型。例如，字符串使用 "%s"，数字使用 "%d"

字符串提供的 format() 格式化处理函数使用起来相对较为复杂，下面通过几个具体的实例进行讲解。

实例：使用 format() 函数格式化字符串

```
# coding:UTF-8
name = "小李同学"                                      # 姓名
age = 18                                               # 年龄
score = 97.5                                           # 成绩
message = "姓名：{}、年龄：{}、成绩：{}".format(name, age, score)  # format()函数
print(message)                                         # 输出操作结果
程序执行结果：
姓名：小李同学、年龄：18、成绩：97.5
```

本程序使用 "{}" 定义了最为基础的格式化数据占位标记，在进行数据填充时，只需要按照 format() 函数标记的顺序传入所需要的数据就可以形成最终所需要的内容。

在使用 format() 函数格式化字符串的时候，也可以在格式化标记中对参数名称进行定义，这样在传入数据时只需要依照参数名称就可以自动进行匹配，使得格式化内容的传递更加清晰。

实例：设置格式化参数名称

```
# coding:UTF-8
name = "小李同学"                                      # 姓名
age = 18                                               # 年龄
score = 97.5                                           # 成绩
# 格式化字符串，定义格式化参数名称，在设置时将通过名称设置参数
message = "姓名：{name_param}、年龄：{age_param}、成绩：{score_param}"\
        .format(age_param=age, name_param=name, score_param=score)  # format()函数
print(message)                                         # 输出操作结果
程序执行结果：
姓名：小李同学、年龄：18、成绩：97.5
```

本程序在定义格式化字符串的时候为每一个占位符都设置了相应的参数名称，于是在进行参数内容设置时就可以依据参数名称（顺序任意指派）实现内容填充。

 提示：可以通过参数顺序的指派传递参数

在 format() 函数中，也可以为每一个参数定义内容的传入顺序。

实例：定义参数顺序

```
# coding:UTF-8
name = "小李同学"                                                    # 姓名
age = 18                                                            # 年龄
score = 97.5                                                        # 成绩
# 定义格式化序号，这样传递的参数只需要按照序号顺序传入即可
message = "姓名：{2}、年龄：{0}、成绩：{1}".format(age, score, name)  # format()函数
print(message)                                                      # 输出操作结果
程序执行结果：
姓名：小李同学、年龄：18、成绩：97.5
```

在本程序中可以发现用户自定义了参数的传入顺序，虽然这种方式可以实现格式化处理，但是与参数名称相比，此类操作方式在格式化标记较多的情况下不方便阅读，所以建议读者可以采用参数名称标记的形式进行数据设置。

列表中可以实现对多种类型的数据进行保存，所以开发者往往会将所需要显示的内容保存在列表中，而字符串中的 format() 函数可以直接依据列表的索引实现对相应内容的填充。

实例：通过索引项填充数据

```
# coding:UTF-8
infos = ["小李同学", 18, 97.5]                                       # 列表定义数据
# 定义格式化序号，这样传递的参数只需要按照序号顺序传入即可
message = "姓名：{list_param[0]}、年龄：{list_param[1]}、成绩：{list_param[2]}".format(list_param=infos)
print(message)                                                      # 输出处理结果
程序执行结果：
姓名：小李同学、年龄：18、成绩：97.5
```

本程序直接在 format() 函数中接收了一个列表对象 infos（里面包含有姓名、年龄、成绩信息），随后在给定的模板中按照约定的顺序从列表中获取数据进行内容填充。

实例：数据格式化处理

```
# coding:UTF-8
print("UNICODE 编码：{info!a}".format(info="小李老师"))             # 输出格式化结果
print("成绩：{info:6.2f}".format(info=98.23567))                    # 输出格式化结果
print("收入：{numA:G}、收入：{numB:E}".format(numA=92393, numB=92393))  # 输出格式化结果
print("二进制数据：{num:#b}".format(num=10))                         # 输出格式化结果
print("八进制数据：{num:#o}".format(num=10))                         # 输出格式化结果
print("十六进制数据：{num:#X}".format(num=10))                       # 输出格式化结果
程序执行结果：
UNICODE 编码：'\u5c0f\u674e\u8001\u5e08'（十六进制编码）
成绩： 98.24（四舍五入控制）
收入：92393、收入：9.239300E+04（科学计数法）
二进制数据：0b1010（十进制转二进制）
八进制数据：0o12（十进制转八进制）
十六进制数据：0XA（十进制转十六进制）
```

本程序利用数据类型转换操作实现了字符编码显示、数字格式化处理以及数据进制转换处理操作。

实例：定义数字与字符串显示格式

```
# coding:UTF-8
msg = "www.yootk.com"
print("数据居中显示【{info:^20}】".format(info=msg))          # 等价于"{info!s:^20}"
print("数据填充：{info:_^20}".format(info=msg))              # 自定义数据填充符
print("带符号数字填充：{num:^+20.3f}".format(num=-12.12345))  # 显示数字符号
print("右对齐：{n:>20.2f}".format(n=25))                     # 定义对齐方式
print("数字使用","分隔：{num:,}".format(num=928239329.99232323))  # 定义数字分隔显示
print("设置显示精度：{info:.9}".format(info=msg))            # 最多显示 9 个长度的字符串
程序执行结果：
数据居中显示【   www.yootk.com    】
数据填充：___www.yootk.com____
带符号数字填充：        -12.123           （前后均有空格填充）
右对齐：               25.00
数字使用","分隔：928,239,329.9923233
设置显示精度：www.yootk
```

　　本程序对数字与字符串实现了数据的对齐以及定长的数据填充操作，同时为方便数据阅读，针对较长的数字设置了分隔符 "，"。

 提示：利用字符串格式化实现三角形打印

　　字符串中提供的数字格式化操作具有自动填充的功能，可以利用这一特点方便地实现三角形打印的输出。

实例：打印三角形

```
# coding:UTF-8
triangle_line = 5                                    # 三角形打印总行数
format_str = "{:^" + str(triangle_line * 2) + "}"    # 设置对齐模式与长度
for num in range(1, triangle_line * 2 + 1, 2):       # 多行数据输出，步长设置为2
    print(format_str.format("*" * num))              # 填充数据
程序执行结果：
    *
   ***
  *****
 *******
*********
```

　　本程序利用字符串格式化的方式实现了三角形的输出，这样的操作形式要比直接使用双引号更加方便。由于每一行输出的 "*" 个数都是奇数，因而在使用 range() 函数生成范围时就必须将步长设置为 2，在进行格式化以及输出行时也需要对输出的总行数（triangle_line 变量）进行乘 2 的计算。

4.4.2　字符串操作函数

视频名称	0410_字符串操作函数	
课程目标	掌握	
视频简介	项目开发中字符串经常会作为接收用户输入数据信息的常用类型，所以字符串在开发中的数据处理形式也是最多的，在字符串中提供了许多的字符串处理函数，如大小写转换、替换、拆分、连接等。本课程将针对这些常用字符串函数的功能进行讲解。	

字符串作为项目开发中的重要组成部分，除了格式化以及数据转型等特点之外，Python 也提供有大量的字符串操作函数，这些函数如表 4-6 所示，利用这些函数可以方便地实现对字符串内容的处理。

表 4-6　字符串数据处理函数

序　号	函　　数	描　　述
1	center()	字符串居中显示
2	find(data)	字符串数据查找，查找到内容返回索引位置，找不到返回-1
3	join(data)	字符串连接
4	split(data [,limit])	字符串拆分
5	lower()	字符串转小写
6	upper()	字符串转大写
7	capitalize()	首字母大写
8	replace(old,new [,limit])	字符串替换
9	translate(mt)	使用指定替换规则实现单个字符的替换
10	maketrans(oc,nc[,d])	与 translate()函数结合使用，定义要替换的字符内容以及删除字符内容
11	strip()	删除左右空格

下面通过具体的实例讲解这些处理函数的作用。

实例：字符串显示控制

```
# coding:UTF-8
info = "沐言优拓：www.YOOTK.com"              # 字符串中有大写、小写以及非字母
print(info.center(50))                        # 数据居中显示，总长度为 50
print(info.upper())                           # 字符串转大写
print(info.lower())                           # 字符串转小写
print("yootk".capitalize())                   # 首字母大写
程序执行结果：
            沐言优拓：www.YOOTK.com                    （居中显示）
沐言优拓：WWW.YOOTK.COM（字母转大写）
沐言优拓：www.yootk.com（字母转小写）
Yootk（首字母大写）
```

本程序利用 center()函数定义了要显示的数据长度，这样，当数据长度小于显示长度时，默认采用空格进行填充并居中显示，并利用 upper()、lower()、capitalize()等函数完成了对字符串字母大小写转换的操作，在转换过程中对于非字母字符不进行任何处理。

实例：字符串内容查找

```
# coding:UTF-8
print("www.yootk.com".find("yootk"))                      # 返回查询字符串位置
print("www.yootk.com".find("lee"))                        # 查询不到返回-1
print("hello yootk hello world".find("hello", 5))         # 从第 5 个索引位置查找数据
print("hello yootk hello world".find("hello", 5, 10))     # 在索引 5～10 的位置上查找数据
程序执行结果：
4（字符串中可以查找到"yootk"子字符串的位置）
-1（字符串中查找不到"lee"子字符串的位置）
```

12（从第 5 个索引位置找到字符串中第二次出现的"hello"）
-1（在索引 5～10 的位置上无法查找到"hello"）

字符串中的 find() 函数主要就是为了方便判断子字符串是否存在，开发者可以自己设置要查询的索引范围。

实例：字符串连接

```
# coding:UTF-8
url = ".".join(["www", "yootk", "com"])                      # 使用"."连接序列中的内容
author = "_".join("李兴华")                                    # 字符串是一种序列结构
print("作者：{author_param}，网站：{url_param}".format(author_param=author, url_param=url))
程序执行结果：
作者：李_兴_华，网站：www.yootk.com
```

字符串中的 join() 方法可以按照指定的连接符将序列中的内容连接为一个完整的字符串。需要注意的是，字符串本身也属于一种序列，所以在直接利用字符串连接时会使用连接符连接每一个字符。

实例：字符串拆分

```
# coding:UTF-8
ip = "192.168.1.105"                                 # 定义 IP 地址中间使用"."分隔
print("数据全部拆分：%s" % ip.split("."))             # 使用"."进行全部拆分
print("数据部分拆分：%s" % ip.split(".", 1))          # 执行 1 次拆分，所以列表长度为 2
date = "2017-02-17 21:53:25"                          # 定义日期，中间使用"空格"区分日期和时间
result = date.split(" ")                             # 根据空格拆分为日期和时间两个部分
print("日期数据拆分：%s" % result[0].split("-"))      # 拆分日期信息
print("时间数据拆分：%s" % result[1].split(":"))      # 拆分时间信息
程序执行结果：
数据全部拆分：['192', '168', '1', '105']
数据部分拆分：['192', '168.1.105']（序列长度为 2，只拆分了 1 次）
日期数据拆分：['2017', '02', '17']（二次拆分）
时间数据拆分：['21', '53', '25']（二次拆分）
```

本程序利用 split() 方法实现了字符串数据的拆分处理操作，在进行拆分时，如果只是为 split() 函数指定了拆分的字符串，则会按照指定的字符串进行全部拆分，开发者也可以通过传入拆分的次数对拆分进行控制。

实例：字符串替换

```
# coding:UTF-8
infos = "Hello Yootk Hello 李兴华 Hello Python"           # 定义字符串
str_a = infos.replace("Hello", "你好")                    # 匹配字符串全部替换
str_b = infos.replace("Hello", "你好", 2)                 # 匹配字符串部分替换
print("字符串全部替换："%s"" % str_a)                      # 输出替换结果
print("字符串部分替换："%s"" % str_b)                      # 输出替换结果
程序执行结果：
字符串全部替换："你好 Yootk 你好 李兴华 你好 Python"
字符串部分替换："你好 Yootk 你好 李兴华 Hello Python"
```

字符串替换操作采用全匹配的形式进行处理，默认情况下如果发现有匹配的字符串，则会进行全部替换；如果指定了替换次数，则只会替换部分字符串信息。

replace()函数实现的是字符串的替换处理，而在字符串中又提供有一个 translate()函数以实现字符的匹配替换，而此函数在使用时需要通过 maketrans()函数定义替换字符的转换表来完成替换。

实例：字符替换

```
# coding:UTF-8
str_a = "www yootk com"                              # 要转换字符串
mt_a = str_a.maketrans(" ", ".")                     # 创建转换表，将字符串中的空格替换为"."
print(str_a.translate(mt_a))                         # 利用转换表实现替换
str_b = "www_yootk_com;\twww_jixianit_com;"          # 要转换字符串
mt_b = str_b.maketrans("_", ".", ";")                # 创建一个转换表，将"_"替换为"."，并删除";"
print(str_b.translate(mt_b))                         # 利用转换表实现替换
程序执行结果：
www.yootk.com（str_a 字符串替换后的结果）
www.yootk.com    www.jixianit.com（str_b 字符串替换后的结果）
```

本程序在进行字符替换时，都采用 maketrans()函数定义了不同的替换表，在替换表中可以定义替换字符，也可以再定义删除字符。

Python 提供有 input()字符串数据输入函数，为了防止用户输入的内容前后出现多余的空格，往往会在接收数据之后进行左右空格（中间空格保留）的删除操作，此时就可以利用 strip()函数完成。

实例：删除左右空格数据

```
# coding:UTF-8
login_info = input("请输入登录信息（格式："用户名:密码"）：").strip()      # 删除左右空格
if (len(login_info) == 0 or login_info.find(":") == -1):              # 输入数据校验
    print("数据输入错误，请重新执行本程序!")                           # 输出失败信息
else:                                                                 # 字符串有数据
    result = login_info.split(":")                                    # 拆分数据
    if result[0] == "yootk" and result[1] == "hello":                 # 信息判断
        print("登录成功，欢迎%s 用户访问" % (result[0]))               # 输出成功信息
程序执行结果：
请输入登录信息（格式："用户名:密码"）：       yootk:hello       （包含空格）
登录成功，欢迎 yootk 用户访问
```

本程序模拟了一个用户登录程序，由于需要用户输入登录信息，所以为了防止输入过程中可能出现的无用的空格数据，在 input()接收完成后使用 strip()函数进行左右空格的消除，随后就可以使用合法的数据信息进行格式判断以及用户登录信息验证处理。

4.5 字　　典

	视频名称	0411_字典功能简介
	课程目标	掌握
	视频简介	字典提供了一种常见的数据查找操作，在开发中可以利用字典保存大量的二元偶对象信息。本课程分析了字典与列表（或元组）在数据保存以及开发使用上的区别。

字典（dict）是一种二元偶对象的数据集合（或者称之为 Hash 表），所有的数据存储结构为 key = value 的形式，开发者只需要通过 key 就可以获取对应的 value 内容（操作如图 4-14 所示）。

图 4-14 字典操作

4.5.1 字典基本使用

视频名称	0412_字典基本使用
课程目标	掌握
视频简介	在 Python 中，字典以一种内置数据类型的形式出现，所以开发者只需要依据相关的语法即可定义字典。本课程分析了字典定义的相关语法形式，并讲解了字典数据查询操作与相关注意事项。

字典是由多个 key=value 的映射项组成的特殊列表结构，可以采用 "{}" 定义字典数据，考虑到用户使用的方便，key 的数据类型可以是数字、字符串或元组。

实例：定义字典

```
# coding:UTF-8
# 定义字典，包含两个映射项，其中 key 和 value 的数据类型为字符串，并且允许使用 None
infos = {"yootk": "www.yootk.com", "teacher": "小李老师", None: "空空的，啥都没有"} # 字典变量
print("yootk 对应的内容为：%s" % infos["yootk"])                              # 根据 key 获取 value
print("teacher 对应的内容为：%s" % infos["teacher"])                          # 根据 key 获取 value
print("None 对应的内容为：%s" % infos[None])                                  # 根据 key 获取 value
程序执行结果：
yootk 对应的内容为：www.yootk.com
teacher 对应的内容为：小李老师
None 对应的内容为：空空的，啥都没有
```

本程序定义了三个字典映射项，通过代码的执行可以发现，在字典结构中允许将 key 或 value 的内容设置为 None，在使用字典时可以直接依据 key 实现数据的查询，如果字典查询的 key 不存在，则会抛出 KeyError 异常。

> **提示：字典中的 key 不允许重复**
>
> 字典结构中主要是通过 key 实现对 value 数据查询，所以一旦出现了 key 重复的情况，会使用新的内容替换掉旧的数据。

实例：key 重复设置

```
# coding:UTF-8
infos = {"yootk": "www.yootk.com", "teacher": "小李老师", "yootk": "沐言优拓"} # 字典
print(infos)                                                               # 输出字典
```

程序执行结果：

{'yootk': '沐言优拓', 'teacher': '小李老师'}

本程序设置了两个重复的 yootk 数据键，所以新设置的内容将会覆盖掉前面的数据。

在创建字典时也可以使用 dict()函数，利用此函数可以直接将列表（只能由两个列表项组成）转换为字典，也可以采用 key=value 的形式自定义列表项。

实例： 使用 dict()函数定义字典

```python
# coding:UTF-8
# 采用列表嵌套的形式定义字典项，要求每一个子列表的内容为2个，第1个是key，第2个是value
infos = dict([["yootk", "www.yootk.com"], ["teacher", "小李老师"]]) # 列表转为字典
member = dict(name="李兴华", age=18, score=97.8)                    # 字典与映射项
print(infos)                                                        # 输出字典内容
print(member)                                                       # 输出字典内容
程序执行结果：
{'yootk': 'www.yootk.com', 'teacher': '小李老师'}
{'name': '李兴华', 'age': 18, 'score': 97.8}
```

本程序利用 dict()函数定义了两个字典结构：一个是将列表转为字典，另一个是通过定义列表项的形式进行定义。

 提问：列表与字典有什么区别？

通过以上实例可以发现，列表和字典实际上都是保存多个数据信息的结构，那么为什么在 Python 中还要提供一个字典结构？

 回答：列表主要用于输出，字典主要用于数据查询。

在进行程序开发中，可能某些数据要通过特定的结构才可以获取，而列表或字典的最大特点就是可以同时返回多个数据内容，如图 4-15 所示。

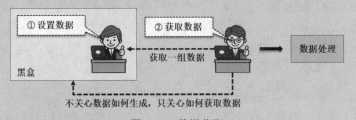

图 4-15　数据获取

用户获取数据时根本不会关心所获取的数据是如何产生的（想象为一个黑盒，里面的所有代码都是未知的），但是如果要返回的数据很多，那么使用列表或字典包装数据是最方便的。如果返回的是一个列表数据，那么只能够进行输出这一种处理，而如果返回的是一个字典，就可以实现数据 key 的查询处理，所以列表只是比字典少了一个数据 key 的查询功能。

一个字典中会有多个 key 存在，为了判断某一个 key 是否存在，可以直接使用成员运算符 in 或 not in 进行判断，如果指定的 key 在字典中存在，则返回 true；否则返回 false。

实例： 在字典上使用 in 进行判断

```python
# coding:UTF-8
member = dict(name="李兴华", age=18, score=97.8)                    # 字典与映射项
```

```
if "name" in member:                                    # 判断 key 是否存在
    print("KEY 为"%s"的内容存在，对应的数据为：%s" % ("name", member["name"]))  # 信息输出
```
程序执行结果：
KEY 为"name"的内容存在，对应的数据为：李兴华

本程序利用 in 运算符判断了 name 这个 key 是否存在于 member 字典之中，如果存在，则输出提示信息。

4.5.2 字典迭代输出

视频名称	0413_字典迭代输出	
课程目标	掌握	
视频简介	字典是一组动态的数据集合，里面存在多个数据内容。本课程分析了通过 for 循环实现字典数据的迭代输出的两种形式以及两种操作的区别。	

字典本质上是一个由若干映射项形成的列表结构，除了具有数据查询功能之外，也可以基于 for 循环实现全部数据的迭代输出。

实例：字典迭代输出

```
# coding:UTF-8
member = dict(name="李兴华", age=18, score=97.8)        # 字典与映射项
for key in member:                                      # 获取字典中的全部 key
    print("%s = %s" % (key, member[key]))               # 获取 key 并通过 key 查询对应的 value
```
程序执行结果：
name = 李兴华
age = 18
score = 97.8

在字典上可以直接利用 for 循环获取字典中对应的所有 key 的信息，在每次迭代后再通过 key 实现 value 数据的查询。操作流程如图 4-16 所示。

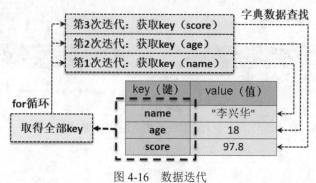

图 4-16　数据迭代

通过迭代遍历字典中全部 key，再查询对应的 value 的方式，虽然可以实现字典输出，但是当字典保存的数据量很大时，这样的操作就会出现效率偏低的问题。所以在实际的开发中，可以利用字典中的 items() 函数直接返回每一组 key 和 value 值，这样的执行效率是最高的，也是推荐的用法。

实例：使用 items() 函数实现字典输出

```
# coding:UTF-8
member = dict(name="李兴华", age=18, score=97.8)        # 字典与映射项
```

```
for key,value in member.items():          # 迭代输出全部字典项
    print("%s = %s" % (key, value))        # 输出 key 与 value
```
程序执行结果：
```
name = 李兴华
age = 18
score = 97.8
```

本程序通过 items() 函数将字典中的偶对象数据转化为了 key 与 value 分离的对象，这样就可以在每次迭代时直接获得每一组数据的完整信息，避免了二次查询所带来的性能问题。程序操作流程如图 4-17 所示。

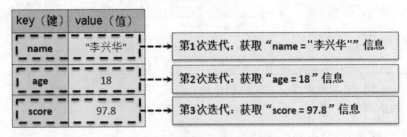

图 4-17　items()获取字典数据

4.5.3　字典操作函数

视频名称	0414_字典操作函数
课程目标	掌握
视频简介	字典是一个可以动态扩充和删除的结构，除了提供最为原始的数据存储与查询功能，还提供一系列的处理函数。本课程将讲解字典的更新、数据查找、字典创建等函数的使用。

在进行字典操作中除了可以按照 key 实现数据查找之外，也可以使用表 4-7 所示的函数实现数据的修改与删除操作。

表 4-7　字典操作函数

序　号	函　数	描　述
1	clear()	清空字典数据
2	update({k=v,...})	更新字典数据
3	fromkeys (seq [, value])	创建字典，使用序列中的数据作为 key，所有 key 拥有相同的 value
4	get(key [,defaultvalue])	根据 key 获取数据
5	pop(key)	弹出字典中指定的 key 数据
6	popitem()	从字典中弹出一组映射项
7	keys()	返回字典中全部 key 数据
8	values()	返回字典中全部的数据

字典中所保存的数据是允许进行动态扩充的，这一操作可以利用 update() 函数实现，在数据扩充时如果设置了与原有数据重复的 key，则会使用新的值替换掉旧的值。

实例：字典数据更新

```
# coding:UTF-8
member = dict(name="李兴华", age=18, score=97.8)          # 字典与映射项
member.update({"name": "小李老师", "home": "www.yootk.com"})   # 设置新的内容
print(member)                                            # 字典内容输出
程序执行结果：
{'name': '小李老师', 'age': 18, 'score': 97.8, 'home': 'www.yootk.com'}
```

本程序利用 update()函数修改并扩充了字典中的数据，当 key 重复时会使用新的内容进行替换，除了支持内容扩充外，也可以使用 del 关键字实现数据的删除操作。

实例：删除字典数据

```
# coding:UTF-8
member = dict(name="李兴华", age=18, score=97.8)          # 字典与映射项
del member["age"]                                        # 删除指定 key 数据
print(member)                                            # 字典内容输出
程序执行结果：
{'name': '李兴华', 'score': 97.8}
```

本程序利用 del 关键字实现了字典中指定 key 的数据删除。需要注意的是，如果要删除的 key 不存在，则会抛出 KeyError 异常。

在字典中除了使用 del 关键字实现数据删除外，还提供有字典数据的两个弹出函数支持数据删除操作，即 pop()弹出指定 key，popitem()弹出一个完整的偶对象。

实例：字典数据弹出

```
# coding:UTF-8
dict_a = dict(name="李兴华", age=18, score=97.8)          # 定义一个字典集合
dict_b = dict_a.copy()                                   # 字典集合复制
print("使用 pop()函数弹出指定 key：%s，字典剩余数据：%s" % (dict_a.pop("name"), dict_a))  # 数据弹出
print("使用 popitem()函数弹出数据项：%s，字典剩余数据：%s" % (dict_b.popitem(), dict_b))  # 数据弹出
程序执行结果：
使用 pop()函数弹出指定 key：李兴华，字典剩余数据：{'age': 18, 'score': 97.8}
使用 popitem()函数弹出数据项：('score', 97.8)，字典剩余数据：{'name': '李兴华', 'age': 18}
```

本程序为了方便观察弹出的操作效果，创建了两个内容相同的字典集合，随后使用 pop()弹出指定 key 的数据，也使用 popitem()函数弹出字典集合中的最后一个数据，不管使用哪一种弹出函数，数据弹出后都将被自动删除。

字典中提供有一个 fromkeys()函数，利用这个函数可以将一个序列的数据转为字典，并且序列中的数据将作为字典中的 key，且对应的 value 相同。

实例：将序列转为字典

```
# coding:UTF-8
# 设置一个元组，这样元组中的数据将作为 key，并且设置的内容相同
dict_a = dict.fromkeys(("Yootk", "李兴华"), "www.yootk.com")   # 创建字典
# 设置一个字符串，这样会自动取出每一个字符作为 key，并设置相同的内容
dict_b = dict.fromkeys("hello", 100)                         # 创建字典
```

```
print(dict_a)                                              # 输出字典
print(dict_b)                                              # 输出字典
```
程序执行结果：
```
{'Yootk': 'www.yootk.com', '李兴华': 'www.yootk.com'}
{'h': 100, 'e': 100, 'l': 100, 'o': 100}
```

本程序利用 fromkeys()函数将两个序列（元组和字符串）转为字典，并且每一个字典中的数据内容相同。

字典结构的主要功能是进行数据查询使用，虽然 Python 直接提供了"字典对象[key]"的查询支持，但是这种查询在 key 不存在时会抛出 KeyError 异常，如果处理不当，则会导致程序中断执行。为此字典中提供了 get()函数，此函数不仅在 key 不存在时不会抛出异常，还可以设置一个默认值以防止 key 不存在时返回 None 数据。

实例：使用 get()函数查询

```
# coding:UTF-8
member = dict(name="李兴华", age=18, score=97.8)                      # 定义字典集合
print("Key 不存在且未设置默认值时的获取结果：%s" % member.get("yootk"))          # 返回 None
print("Key 不存在且设置默认值时的获取结果：%s" % member.get("yootk", "沐言优拓"))   # 返回默认值
```
程序执行结果：
```
Key 不存在且未设置默认值时的获取结果：None
Key 不存在且设置默认值时的获取结果：沐言优拓
```

本程序通过 get()函数实现数据查询，通过执行结果可以发现，即使指定的 key 不存在，也不会产生异常，所以开发中推荐使用 get()函数进行数据查询。

开发中除了可以使用字典支持的函数进行数据操作外，还可以继续使用序列提供的一些统计函数进行操作。

实例：字典数据统计

```
# coding:UTF-8
nums = dict(one=1, two=2, three=3)                         # 定义字典集合
print("字典元素个数：%d" % len(nums))                         # 统计字典元素个数
print("字典 value 总和：%d" % sum(nums.values()))            # 获取字典中全部的 value 进行累加
# 在字典上如果直接使用 max()函数，则会按照 key 进行统计
print("字典 key 的最大值：%s，字典 key 的最小值：%s" % (max(nums), min(nums.keys())))  # 信息输出
```
程序执行结果：
```
字典元素个数：3
字典 value 总和：6
字典 key 的最大值：two，字典 key 的最小值：one
```

本程序直接利用序列提供的统计函数实现了对字典数据的统计操作。在使用 sum()函数求和时利用 values()方法取出字典中全部数据并进行求和计算，而 max()或 min()函数可以直接使用在字典数据上，表示按照 key 值统计。

4.6 本 章 小 结

1. Python 中的序列类型包括列表、元组、字符串、字典。
2. 列表是一种可以动态扩充的数据结构，里面的内容可以依据索引访问；而元组中的内容是不允许

进行任何修改的。

　　3．序列统计函数：len()、max()、min()、sum()、any()、all()，这些函数可以应用在所有序列类型中。

　　4．字符串是一种特殊的序列，由若干字符所组成，字符串可以利用 format()方法实现更为强大的数据格式化操作，也可以利用内部提供的函数进行字符串的替换、拆分、查找等处理。

　　5．字典是一种 key=value 的二元偶对象集合，主要的功能是依据 key 实现对应 value 数据的查询，也可以利用 update()函数对内容进行增加与修改，或者使用 del 关键字删除指定 key 的字典数据。

第5章 函 数

学习目标

- 掌握函数的作用与定义；
- 掌握函数参数的传递与参数默认值的设置；
- 掌握变量作用域的概念，理解 global 与 nonlocal 关键字的作用；
- 掌握匿名函数与 lambda 关键字的使用；
- 掌握函数递归调用的意义与实现；
- 掌握__name__系统变量的作用，并理解程序中主函数的意义；
- 掌握内建对象函数 callable()、eval()、exec()、compile()的使用。

函数指的是一段可以被重复调用的代码块，利用函数对庞大的项目程序进行拆分，是一种实现代码重用与代码维护的重要技术手段。本章将讲解函数的相关定义。

5.1 函数定义与使用

函数是软件设计中的重要组成部分，也是进行代码结构优化的重要技术手段，开发者可以利用函数完成某些特定的数据处理逻辑。在 Python 中定义函数的语法比较丰富，本节将全面分析 Python 中函数的定义格式以及使用。

5.1.1 函数基本定义

	视频名称	0501_函数基本定义
	课程目标	掌握
	视频简介	Python 除了提供有系统内置函数外，也可以根据用户自己的需求自定义功能函数，利用这些自定义的函数可以实现项目的结构化设计，提高项目的可重用性。本课程将讲解自定义函数的意义，并且通过具体的案例演示函数的定义与使用。

在程序开发中经常会遇见各种重复代码的定义，为了方便管理这些重复的代码，就可以通过特定的结构保存这些重复代码，实现可重复的调用，同时也可以利用参数接收操作数据。在 Python 中函数（function）的定义格式如下：

```
def 函数名称([参数,参数,…]):          # 函数名称为多个单词时可以使用"_"分隔
    函数主体代码                       # 实现函数的具体功能或数据处理
    [return [返回值]]                 # 返回处理结果，根据需要来决定是否编写 return 语句
```

在 Python 中所有的函数都必须使用 def 关键字进行定义，在函数中可以提供有若干行程序代码，如果函数执行完毕后有返回数据的需求，则通过 return 关键字返回。

提示：关于函数结构的解释

如果把函数比喻为洗衣机，那么只需要传入一些必要的参数（脏衣物、洗衣液、消毒液等），函数就可以自己工作并把洗好的衣服交给用户。函数结构解析如图5-1所示。

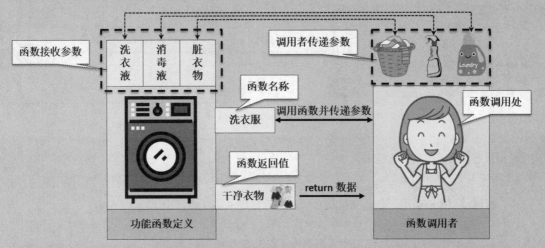

图 5-1　函数结构解析

图 5-1 解释了函数与参数的关系。如果只需要函数接收参数而不返回处理结果（不设置 return 语句），这种情况就好像我国古代一个有名的谚语——**肉包子打狗**，肉包子是参数，打狗是函数名称，而狗处理完肉包子后就跑了，所以这个函数里并不需要编写 return 语句返回数据。

实例：定义一个无参有返回值的函数

```
# coding:UTF-8
def get_info():
    """
    定义一个获取信息的功能函数
    :return: 返回给调用处的信息内容
    """
    return "沐言优拓：www.yootk.com"          # 返回处理数据
# 由于 get_info() 函数上提供有 return 语句，所以可以直接输出函数返回值
print(get_info())                           # 调用并输出 get_info() 函数的返回结果
return_data = get_info()                     # 接收函数返回值
print(return_data)                           # 将函数返回值保存在变量后再输出
print(type(get_info))                        # 获取结构类型
```
程序执行结果：
沐言优拓：www.yootk.com（直接输出函数返回结果）
沐言优拓：www.yootk.com（函数返回字符串可以通过变量接收后输出）
<class 'function'>（获取函数类型）

　　本程序定义了一个 get_info() 函数，为了帮助使用者理解该函数的使用，所以使用多行注释定义了函数的相关说明描述。由于函数属于可以被重复调用的代码块，而对调用者来讲并不需要知道函数的具体定义结构，只需要依据函数名称使用即可，当函数执行完毕会返回到调用处并继续向下执行。调用流程如图 5-2 所示。

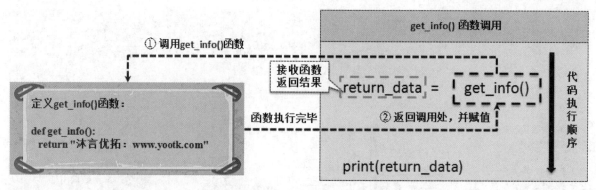

图 5-2　函数调用流程

 提问：获取函数类型有什么意义？

在以上的实例中，使用 type(get_info) 获取了自定义的 get_info() 函数的类型，这样的操作有什么意义呢？

 回答：通过获取函数类型，从而确认指定的函数究竟是 function，还是 method。

在很多程序设计语言中，函数（function）又被称为方法（method），这两个名词本质上描述的是一类结构，但在 Python 中不仅同时存在这两种概念，而且还存在内置函数的概念，如下所示。

实例：观察函数类型

```
# coding:UTF-8
def get_info():                      # 定义函数
    pass                             # 函数没有主体代码，定义时需要写上 pass
print(type(get_info))                # 获取自定义函数类型
print(type(len))                     # 获取内置序列函数类型
程序执行结果：
<class 'function'>
<class 'builtin_function_or_method'>
```

此时可以发现 get_info() 是一个函数类型，而序列统计函数 len() 是一个内建的函数或方法。方法的类型描述在第 7 章中进行分析，读者现在可以简单地将 Python 中的函数与方法理解为同一种概念。

在进行函数调用时，无论函数是否有返回值，被调用函数最终都会返回到调用处。函数与函数之间可以互相调用。

实例：函数互相调用

```
# coding:UTF-8
def say_hello():                                    # 定义无参无返回值函数
    """
    定义一个信息打印函数，该函数不返回任何数据
    """
    print("Hello Yootk Hello 小李老师")              # 信息输出
def get_info():                                     # 定义无参有返回值函数
    """
    定义一个获取信息的功能函数
    :return: 返回给调用处的信息内容
    """
```

```
    say_hello()                                    # 调用其他函数
    return "沐言优拓：www.yootk.com"                # 返回数据
return_data = get_info()                          # 接收函数返回值
print(return_data)                                # 将函数返回值保存在变量后再输出
```
程序执行结果：
Hello Yootk Hello 小李老师（say_hello()函数输出的信息）
沐言优拓：www.yootk.com（get_info()函数返回值）

　　本程序实现了一个函数的互相调用，在 get_info()函数中调用了一个无参无返回值的 say_hello()函数，这样只有在 say_hello()函数执行完毕后，get_info()函数才可以执行 return 语句，将数据返回给调用处。以上实例程序的执行流程如图 5-3 所示。

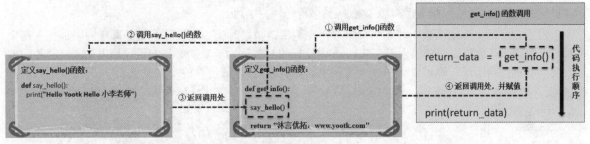

图 5-3　函数互相调用

提示：任何函数都会返回数据

在 Python 中定义的函数如果没有使用 return 语句返回内容，那么实际上所返回的数据就是 None。

```
def get_info():                                   # 定义函数
    pass                                          # 函数没有任何代码
print(get_info())                                 # 该函数没有返回值，结果为 None
```
程序执行结果：
None

本程序 get_info()函数没有编写 return 语句，所以输出该函数返回值时内容为 None。

5.1.2　函数参数传递

视频名称	0502_函数参数传递	
课程目标	掌握	
视频简介	函数可以实现重复的逻辑调用，用户也可以根据需要向函数传递参数并且进行相应的处理。本课程讲解了函数调用时参数内容的传递形式，同时分析了参数默认值的使用方法。	

　　定义函数的主要目的在于进行数据处理，因而大多数函数都会接收相关参数，这就要求调用者在使用这些函数时必须进行参数传递。

　　实例：定义带参数的函数

```
# coding:UTF-8
def echo(title, url):                             # 函数定义
    """
    实现数据的回显操作，在接收的数据前追加 ECHO 信息返回
```

```
:param title: 要回显的标题信息
:param url: 要回显的网页路径信息
:return:    处理后的 Echo 信息
"""
return "【ECHO】网站名称：{}、主页地址：{}".format(title, url)  # 格式化字符串
# 按照函数定义的参数顺序传入所需要的数据
print(echo("沐言优拓", "www.yootk.com"));                        # 调用函数并传递所需的参数内容
# 在函数调用时传递参数，如果要想改变参数的传入顺序，可以使用"参数名称=数值"的形式设置参数
print(echo(url="www.yootk.com", title="沐言优拓"));              # 调用函数并传递所需的参数内容
程序执行结果：
【ECHO】网站名称：沐言优拓、主页地址：www.yootk.com
【ECHO】网站名称：沐言优拓、主页地址：www.yootk.com
```

本程序定义的 echo()函数中存在两个参数，在调用该函数时就必须按照参数的顺序明确地传入两个参数，否则代码就会出现语法错误，在 Python 中这样的参数称为函数的必选参数。如果在调用函数时要想改变参数的传递顺序，也可以采用以上实例中的"参数名称=数值"的形式设置。

 提问：使用哪种参数传递方式比较好？

在调用函数并传递参数的过程中，可以为传递的参数设置名称，也可以不设置名称，那么究竟哪种方式比较好呢？例如，下面的两个调用。

不设置参数名称	echo("沐言优拓", "www.yootk.com")
设置参数名称	echo(url="www.yootk.com", title="沐言优拓")

回答：根据设计要求决定。

实际上，对于函数中定义的必选参数在进行调用时是否需要写上参数名称并没有明确要求，而且许多的编程语言都没有提供定义参数名称的操作支持，所以大部分开发者习惯于按照参数定义的顺序进行内容设置。因此，通过参数名称定义参数内容的操作形式只为了那些不喜欢按照参数顺序传递数据的个性化用户设置。

Python 提供了一种命名关键字的函数参数定义形式，而利用"*"定义参数名称，"*"后的参数在函数调用时必须明确写上参数名称。

实例：使用命名关键字参数

```
# coding:UTF-8
# job 与 homepage 两个参数在调用时必须通过参数名称设置参数
def print_info(name, age, *, job, homepage):
    print("姓名：%s，年龄：%d，职位：%s，主页：%s"
        % (name, age, job, homepage))          # 输出信息
print_info("李兴华", 18, homepage="www.yootk.com",
    job="软件开发技术讲师")                        # 函数调用
程序执行结果：
姓名：李兴华，年龄：18，职位：软件开发技术讲师，主页：www.yootk.com
```

本程序在 print_info()函数中定义了 4 个参数，在"*"前面的两个参数（name、age）在函数调用时不需要编写参数名称，而在"*"后面定义的两个参数在函数调用时必须编写参数名称。

Python 支持默认参数，在调用函数时可以依据用户的需求来选择是否要进行参数的传递，如果不传递，则参数使用默认数值。

实例：定义默认参数

```
# coding:UTF-8
def echo(title, url="www.yootk.com"):                          # 定义函数
    """
    实现数据的回显操作，在接收的数据前追加 ECHO 信息返回
    :param title: 要回显的标题信息
    :param url: 要回显的网页路径信息，如果不设置，则使用"www.yootk.com"作为默认值
    :return:  处理后的 Echo 信息
    """
    return "【ECHO】网站名称：{}、主页地址：{}".format(title, url)    # 格式化字符串
print(echo("沐言优拓"));                                         # 只传递一个参数
# 传入了全部所需要的参数，这样 url 参数将不会使用默认值，而使用传递的参数内容
print(echo("极限 IT 程序员","www.jixianit.com"))                  # 调用函数并传递所需要的参数内容
程序执行结果：
【ECHO】网站名称：沐言优拓、主页地址：www.yootk.com
【ECHO】网站名称：极限 IT 程序员、主页地址：www.jixianit.com
```

本程序定义 echo()函数的 url 参数使用了默认值配置，这样在调用函数而没有传递此参数时，url 就使用默认值；如果传递了 url 参数内容，则使用传递的数据进行操作。

提示：注意函数中引用数据修改问题

我们知道，Python 中提供的所有数据类型均为引用数据类型，即如果传递到函数中的参数是一个列表数据，而且在函数体内修改了此列表内容，则原始列表内容将会受到影响。

实例：观察函数对引用数据的影响

```
# coding:UTF-8
def change_data(list):              # 定义函数修改列表数据
    list.append("hello")            # 修改列表内容
infos = ["yootk"]                   # 定义一个列表
change_data(infos)                  # 修改列表数据
print(infos)                        # 输出修改后的列表
程序执行结果：
['yootk', 'hello']
```

本程序中的 change_data()函数修改了列表参数 list 的数据，进而影响到了 infos 对象的数据，这一点在函数处理中需要特别注意。本程序的内存操作如图 5-4 所示。

（a）声明 infos 对象　　　　　　　　　　（b）修改 infos 对象

图 5-4　列表引用传递的内存操作

5.1.3 可变参数

	视频名称	0503_可变参数
	课程目标	掌握
	视频简介	考虑到用户传递参数个数的不确定性，Python 提供了对可变参数的支持。通过定义可变参数，可以实现对元组数据、字典数据的接收。本课程通过具体的案例分析了不同参数数据的传递以及参数传递的数据顺序问题。

为了方便开发者对函数的调用，Python 还支持有可变参数，即可以由用户根据实际的需要动态地向函数传递所需要的参数，而所有接收到的可变参数在函数中都采用元组的形式进行接收，可变参数可以使用"*参数名称"的语法形式进行标注。

实例：定义可变参数

```python
# coding:UTF-8
def math(cmd, *numbers):                                      # 定义函数
    """
    定义一个实现数字计算的函数，该函数可以根据传入的数学符号自动对数据计算
    :param cmd: 命令符号
    :param numbers: 参数名称，该参数为可变参数，相当于一个元组
    :return: 数学计算结果
    """
    print("可变参数 numbers 类型：%s，参数数量：%d" % (type(numbers),len(numbers)))
    sum = 0                                                   # 保存计算总和
    if cmd == "+":                                            # 计算符号判断
        for num in numbers:                                  # 循环元组
            sum += num                                       # 数字累加
    elif cmd == "-":                                          # 计算符号判断
        for num in numbers:                                  # 循环元组
            sum -= num                                       # 数字累减
    return sum                                                # 返回计算总和
print("数字累加计算：%d" % math("+", 1, 2, 3, 4, 5, 6))       # 函数调用
print("数字累减计算：%d" % math("-", 3, 5, 6, 7, 9))          # 函数调用
程序执行结果：
可变参数 numbers 类型：<class 'tuple'>，参数数量：6
数字累加计算：21
可变参数 numbers 类型：<class 'tuple'>，参数数量：5
数字累减计算：-30
```

本程序定义的 math()函数中将 numbers 定义为可变参数，这样在函数调用时就可以根据需要动态传递所需要的参数。由于可变参数的数据类型为元组，所以可以直接利用 for 循环实现数据迭代处理。

在 Python 中除了使用"*"定义可变参数之外，也可以使用"**"定义关键字参数，即在进行参数传递时可以按照 key=value 的形式定义参数项，也可以根据需要传递任意多个参数项。

实例：定义关键字参数

```python
# coding:UTF-8
```

```
def print_info(name, **urls):                                # 函数定义
    """
    定义一个信息输出的操作函数，接收必选参数与关键字参数
    :param name: 要输出的姓名信息
    :param urls: 一组 key=value 的信息组合
    """
    print("用户姓名：%s" % name)                              # 信息输出
    print("喜欢的网站：")                                     # 信息输出
    for key, value in urls.items():                          # 列表迭代输出
        print("\t|- %s：%s" % (key, value))                  # 信息输出
print_info("李兴华", yootk="www.yootk.com", jixianit="www.jixianit.com")    # 函数调用
程序执行结果：
用户姓名：李兴华
喜欢的网站：
        |- yootk: www.yootk.com
        |- jixianit: www.jixianit.com
```

本程序定义的 print_info()函数中使用了关键字参数，在调用函数时除了需要明确地传递 name 参数外，对于 urls 的关键字参数必须采用 key=value 的形式设置若干个参数项。

> **注意：关键字参数必须放在函数的最后定义**
>
> 如果一个函数中既需要定义可变参数又需要定义关键字参数，关键字参数必须放在最后；否则将出现语法错误。

实例：混合参数

```
# coding:UTF-8
def print_info(name, age, *inst, **urls):                    # 定义复合参数
    print("用户姓名：%s，年龄：%d" % (name, age))              # 输出必选参数
    print("用户兴趣：", end="")                               # 信息输出
    for item in inst:                                        # 输出可变参数
        print(item, end="、")                                # 输出列表项
    print("\n 喜欢浏览的网站：")                              # 信息输出
    for key, value in urls.items():                         # 输出关键字参数
        print("\t|- %s：%s" % (key, value))                  # 输出字典项
print_info("李兴华", 18, "唱歌", "看书", yootk="www.yootk.com",
                jixianit="www.jixianit.com")                # 函数调用
程序执行结果：
用户姓名：李兴华，年龄：18
用户兴趣：唱歌、看书、
喜欢浏览的网站：
        |- yootk: www.yootk.com
        |- jixianit: www.jixianit.com
```

本程序定义了一个包含有混合参数的函数，并且将关键字参数放在了最后，这样才可以保证函数定义的正确性。复合参数的定义顺序为必选参数、默认参数、可变参数、命名关键字参数和关键字参数。

5.1.4 函数递归调用

视频名称	0504_函数递归调用
课程目标	了解
视频简介	递归是函数调用的一种特殊处理形式，利用递归调用可以解决一些重复且有序的操作。本课程讲解了递归调用的使用形式以及相关注意事项，并通过具体的代码演示递归调用的使用。

函数递归调用是一种特殊的函数调用形式，指的是函数自己调用自己的形式。操作执行流程如图 5-5 所示。在进行函数递归操作的时候必须满足以下的两个条件。

- 递归调用必须有结束条件。
- 每次调用的时候都需要根据需求改变传递的参数内容。

图 5-5　函数递归调用执行流程

提示：关于递归的学习

递归调用是迈向数据结构开发的第一步，如果读者想掌握熟练递归操作，则需要大量的代码积累才可能写出合理的代码。换个角度来讲，在应用层项目开发上一般很少会出现递归操作，因为一旦处理不当，则会导致内存溢出问题。

实例：实现 1～100 的数字累加

```
# coding:UTF-8
def sum(num):                                    # 函数定义
    """
    实现数据累加操作，将给定数值递减后进行累加
    :param num:  要进行数据累加的最大值
    :return:  数字累加结果
    """
    if num == 1:                                 # 累加操作结束
        return 1                                 # 返回 1
    return num + sum(num - 1)                     # 函数递归调用
print(sum(100))                                  # 实现 1～100 的数字累加
程序执行结果：
5050
```

本程序定义了一个数字累加函数，在函数执行中会采用递减的形式实现函数递归调用，当最终 num 的参数为 1 的时候，则表示函数递归调用结束，返回相应的计算结果。程序执行流程如图 5-6 所示。本程序的操作分析如下：

- 【第 1 次执行 sum()，print(sum(100))发出指令】return 100 + sum(99)。
- 【第 2 次执行 sum()，sum()递归调用】return 99 + sum(98)。
- ……
- 【第 99 次执行 sum()，sum()递归调用】return 2 + sum(1)。
- 【第 100 次执行 sum()，sum()递归调用】return 1。

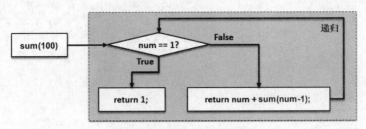

图 5-6　数字累加递归调用实现

实例：计算 1! + 2! + 3! + 4! + 5! + … + 50!结果

```
# coding:UTF-8
def sum(num):                                          # 函数定义
    """
    实现数据累加操作，将给定数值递减后进行累加
    :param num:  要进行数据累加的最大值
    :return:  数字累加结果
    """
    if num == 1:                                        # 累加操作结束
        return 1                                        # 返回1
    return factorial(num) + sum(num - 1)               # 函数递归调用
def factorial(num):                                    # 函数定义
    """
    实现数据的阶乘计算
    :param num: 要进行阶乘的数字
    :return: 数字阶乘结果
    """
    if num == 1:                                        # 阶乘结束条件
        return 1                                        # 递归结束
    return num * factorial(num - 1)                    # 函数递归调用
print(sum(50))                                         # 函数调用
程序执行结果：
31035053229546199656252032972759319953190362094566672920420940313
```

本程序在数据累加的基础上实现了阶乘的计算，由于 Python 中的整型数据类型没有长度的限制，所以即使阶乘计算的数值再大，也可以得到正确的计算结果。程序执行流程如图 5-7 所示。

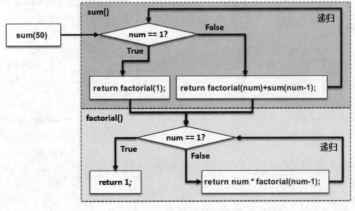

图 5-7　递归实现阶乘计算程序执行流程

5.2 函数定义深入

在 Python 中，函数是一个独立的结构，为了方便管理变量以及简化函数的定义，Python 提供了闭包、lambda 函数等概念，本节将对这些内容进行讲解。

5.2.1 变量作用域

视频名称	0505_变量作用域
课程目标	掌握
视频简介	在一个 Python 文件中会存在有多种程序结构，也必然会造成变量使用的不确定性。本课程分析了全局变量与函数中定义的局部变量的操作影响，并讲解了 global 关键字的使用。

变量作用域是指一个变量可以使用的范围，例如在函数中定义的变量只允许本函数使用，称之为局部变量；而在代码非函数中定义的变量就称为全局变量，允许在多个函数或代码中共同访问，如图 5-8 所示，而 Python 为了进行全局变量的标注，提供了 global 关键字，只需要在变量使用前利用 global 进行声明就可以自动将函数中操作的变量设置为全局变量，如图 5-9 所示。

> **提示：关于变量名称解析的 LEGB 原则**
>
> LEGB 规定了在一个 Python 程序中变量名称的查找顺序。
> - ↘ L（Local）：函数内部变量名称。
> - ↘ E（Enclosing Function Locals）：外部嵌套函数变量名称。
> - ↘ G（Global）：函数所在模块或程序文件的变量名称。
> - ↘ B（Builtin）：内置模块的变量名称。
>
> 如果按照以上顺序都无法找到指定的变量名称，那么在程序执行时就会报错。

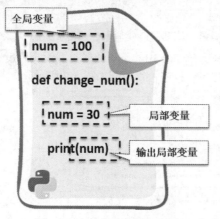

图 5-8 全局变量与局部变量

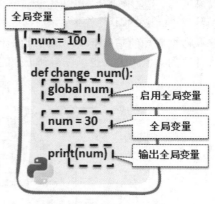

图 5-9 global 启用全局变量

下面通过两个类似的程序来对比一下在函数中 global 关键字的作用。

实例：观察全局变量与局部变量

```
# coding:UTF-8
num = 100                              # 全局变量
def change_num():                      # 函数定义
    num = 30                           # 局部变量
    print("change_num()函数中的num 变量:%d" % num)
change_num()                           # 函数调用
print("全局变量 num: %d" % num)
程序执行结果:
change_num()函数中的num 变量: 30
全局变量 num: 100
```

```
# coding:UTF-8
num = 100                              # 全局变量
def change_num():                      # 函数定义
    global num                         # 启用全局变量
    num = 30                           # 全局变量
    print("change_num()函数中的num 变量: %d" % num)
change_num()                           # 函数调用
print("全局变量 num: %d" % num)
程序执行结果:
change_num()函数中的num 变量: 30
全局变量 num: 30
```

通过对比两个程序可以发现，函数中定义的 num 变量，在未使用 global 关键字定义时，为局部变量；而使用 global 关键字定义后，num 为全局变量。

> **提示：关于参数名称的另一种定义形式**
>
> 在代码开发中经常会出现同一变量名被重复使用的情况，为避免使用时出现问题，项目开发定义变量时往往使用一些标记结合变量名称一起进行定义。例如：
> - 函数局部变量（本地变量，使用 **local_var_** 作为前缀）：**local_var_***name*。
> - 函数参数（使用 **function_parameter_** 作为前缀）：**function_parameter_***name*。
> - 全局变量（字母大写，使用 **GLOBAL_VAR_** 作为前缀）：**GLOBAL_VAR_***NAME*。
>
> **实例**：使用有范围标记的变量名称
>
> ```
> # coding:UTF-8
> GLOBAL_VAR_URL = "www.yootk.com"            # 全局变量
> def print_info(function_parameter_title):   # 函数参数
>     local_var_msg = "Hello 小李老师"         # 局部变量
> ```
>
> 采用此类方式可以从根本上杜绝变量名重名的影响。而是否采用这种命名方式，还需要根据开发者所处的开发公司的命名要求来决定。

在 Python 中，提供了两个函数可以动态地获取程序文件中的全局变量（globals()）与局部变量（locals()），这两个函数会将所有的变量以字典形式返回。

实例：使用 globals()与 locals()函数

```
# coding:UTF-8
number = 100                              # 全局变量
def print_var():                          # 函数定义
    """
    函数的主要功能是定义一些局部变量，同时输出所有变量（包括局部变量以及全局变量）
    :return: 不返回任何结果（None）
    """
    num = 30                              # 局部变量
    info = "沐言优拓: www.yootk.com"       # 局部变量
    print(globals())                      # 获取所有全局变量
    print(locals())                       # 获取所有局部变量
```

```
print_var()                                              # 调用函数
```
程序执行结果：
以下为全局变量输出（包括内建的系统全局变量）：
{'__name__': '__main__', '__doc__': None, '__package__': None, '__loader__':
<_frozen_importlib_external.SourceFileLoader object at 0x01D40D50>, '__spec__': None,
'__annotations__': {}, '__builtins__': <module 'builtins' (built-in)>, '__file__':
'D:/yootk/main.py', '__cached__': None, 'number': 100, 'print_var': <function print_var at
0x03ADA270>}
以下为局部变量输出（当前函数中定义的变量）：
{'num': 30, 'info': '沐言优拓：www.yootk.com'}

通过此时的内容输出可以动态地获取一个 Python 执行上下文以及指定函数中的全部变量信息，并且所有的变量都以字典的形式查询，用户可以直接使用字典的相关函数进行操作。

 提示：关于函数说明注释

通过前面的学习读者应该已经发现，几乎所有的函数上都会使用"""" 多行注释 """"形式对函数的功能进行说明，可以通过系统全局变量"__doc__"获取这些说明注释文档信息。

实例：获取说明文档信息

```
# coding:UTF-8
number = 100                                   # 全局变量
def print_doc():                               # 函数定义
    """
    函数的主要功能是进行信息打印，同时演示函数注释文档的内容获取
    :return:  不返回任何结果（None）
    """
    print("Hello Yootk Hello 小李老师")        # 信息输出
print(print_doc.__doc__)                       # "函数名称.系统变量"
```
程序执行结果：
函数的主要功能是进行信息打印，同时演示函数注释文档的内容获取
:return: 不返回任何结果（None）

通过执行结果可以发现，函数的说明文档可以方便地被调用处获取，所以当使用一些系统函数进行项目开发时，可以先通过"__doc__"获取函数的注释文档信息进行查看。由于篇幅所限，本书只在一些需要解释的函数中添加注释。

5.2.2 闭包

	视频名称	0506_闭包
	课程目标	理解
	视频简介	闭包是一种整体性的操作结构，利用闭包结构可以有效地保证外部操作环境的统一性。本课程分析了闭包结构的使用，并且解释了 nonlocal 关键字的使用。

Python 允许函数进行嵌套定义，即一个函数的内部可以继续定义其他函数，将外部函数作为其嵌套内部函数的引用环境，并且在内部函数处理期间外部函数的引用环境一直都会保持不变，这种将内部函数与外部函数作为整体处理的函数嵌套结构在程序设计中称为闭包（closure）。

实例： 定义函数闭包结构

```python
# coding:UTF-8
def outer_add(n1):                        # 定义外部函数
    def inner_add(n2):                    # 定义内部函数
        return n1 + n2                    # n1 为外部函数的参数，与内部函数 n2 参数相加
    return inner_add                      # 返回内部函数引用
oa = outer_add(10)                        # 接收外部函数引用
print("加法计算结果：%d" % oa(20))        # 执行内部函数
print("加法计算结果：%d" % oa(50))        # 执行内部函数
程序执行结果：
加法计算结果：30
加法计算结果：60
```

本程序实现了一个闭包操作，在 outer_add() 函数内部嵌套了 inner_add() 函数，inner_add() 函数可以使用外部函数 outer_add() 中传入的参数，在获取内部函数时首先通过外部函数返回了内部函数的引用给对象 oa，这样 oa 就代表了 inner_add() 内部函数，当通过 oa() 执行函数时会继续使用外部函数 outer_add() 中的变量 n1 执行加法计算。

使用闭包结构的最大特点是可以保持外部函数操作的状态，但是如果要想在内部函数中修改外部函数中定义的局部变量或参数的内容，则必须使用 nonlocal 关键字。

实例： 内部函数修改外部函数变量内容

```python
# coding:UTF-8
def print_data(count):                    # 传入一个统计的初期内容
    def out(data):                        # 内部函数
        nonlocal count                    # 修改外部函数变量
        count += 1                        # 修改外部函数变量
        return "第{}次输出数据：{}".format(count,data)  # 格式化字符串信息
    return out                            # 返回内部函数引用
oa = print_data(0)                        # 接收外部函数引用，从 0 开始计数
print(oa("www.yootk.com"))                # 调用内部函数
print(oa("沐言优拓"))                     # 调用内部函数
print(oa("李兴华老师"))                   # 调用内部函数
程序执行结果：
第 1 次输出数据：www.yootk.com
第 2 次输出数据：沐言优拓
第 3 次输出数据：李兴华老师
```

由于本程序需要在内部嵌套函数中对外部函数参数的内容进行修改，所以在修改前使用 nonlocal 关键字对变量 count 进行标记，通过输出结果可以发现，每一次使用内部函数输出信息时都会修改外部传入的 count 变量内容。

5.2.3　lambda 表达式

视频名称	0507_lambda 表达式	
课程目标	理解	
视频简介	Python 中的函数是一个引用类型，定义函数时可以设置函数的名称，也可以定义匿名 lambda 函数，匿名 lambda 函数一般适用于简短函数体的函数。本课程讲解了 lambda 函数的使用特点，并结合闭包结构使用 lambda 表达式。	

在 Python 中所有定义的函数都会提供有一个函数名称，实际上提供函数名称就是为了方便函数进行重复调用。然而在某些情况下，函数可能只会使用一次，这样的函数就被称为匿名函数。匿名函数需要通过 lambda 关键字进行定义。lambda 函数的定义语法如下所示。

```
函数引用对象 = lambda 参数,参数,… : 程序语句
```

实例：定义 lambda 函数

```
# coding:UTF-8
sum = lambda x, y: x + y;            # 定义一个匿名函数，实现两个数字相加（x、y）
print(sum(10, 20))                   # 调用加法操作
程序执行结果：
30
```

本程序利用 lambda 定义了一个两个数字相加的匿名函数，该函数会接收两个参数（x 和 y），同时会返回计算结果（x + y），由于 lambda 的使用特点，所以即使不编写 return 语句，也会直接返回计算结果。

 提问：何时使用匿名函数？

使用 lambda 表达式定义的匿名函数与有名函数在开发中该如何选择？使用哪种结构会更好一些？

 回答：根据函数代码量选择。

在开发中使用 lambda 表达式定义的匿名函数结构一般都比较简单，而有名函数的函数体一般都比较长，尤其在一些数据分析的程序中，往往会利用 lambda 表达式进行一些数据的简单处理，而此时使用有名函数就会显得代码过于烦琐。

所以本书的建议是：根据你所要处理的程序功能来决定是否使用 lambda 函数。另外，如果有些简单的函数只调用一次，那么 lambda 函数也是首选。

读者可以发现，从本书讲解到现在为止所有的代码都一直提倡清晰简洁的实现结构，实际上这才是现代程序开发的必经之路。

实例：结合闭包使用 lambda 表达式

```
# coding:UTF-8
def add(n1):                         # 函数定义
    return lambda n2: n1 + n2        # 实现外部参数 n1 与内部参数 n2 的加法计算
oper = add(100)                      # 获取内部函数引用
print(oper(30))                      # 调用加法操作
程序执行结果：
130
```

本程序在闭包结构中由于内部函数实现简单，所以直接通过 lambda 函数进行定义。

5.2.4 主函数

	视频名称	0508_主函数
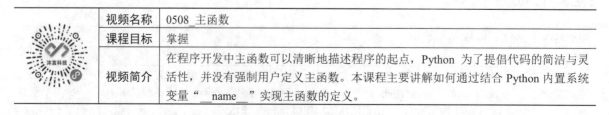	课程目标	掌握
	视频简介	在程序开发中主函数可以清晰地描述程序的起点，Python 为了提倡代码的简洁与灵活性，并没有强制用户定义主函数。本课程主要讲解如何通过结合 Python 内置系统变量"__name__"实现主函数的定义。

Python 语言最为灵活的地方在于它可以直接在一个 Python 的源代码文件中定义所需要的代码，并且可以依据顺序进行执行。但在很多情况下，程序往往都需要一个起点，而这个起点所在的函数就可以称其为主函数。

Python 并没有提供有主函数的定义结构，如果有需要，用户可以自己来进行定义，此时就可以基于 __name__ 这个系统变量来实现此类操作。

实例：定义主函数并观察 __name__

```python
# coding:UTF-8
def main():                                          # 自定义函数
    print("自定义程序主函数，表示程序执行的起点!")      # 信息输出
    print("更多课程请关注：www.yootk.com")            # 信息输出
if __name__ == "__main__":                           # __name__ 的内容为 __main__
    main()                                           # 调用主函数
```
程序执行结果：

自定义程序主函数，表示程序执行的起点！
更多课程请关注：www.yootk.com

本程序利用 __name__ 系统变量的判断形式实现了主函数的定义。需要提醒读者的是，一般在一个项目中只会提供一个主函数，并且主函数不要编写过多的代码，而将复杂的代码定义在其他函数中。

5.3　内置对象函数

为了方便程序开发，Python 提供了大量的内建函数。例如，在本书之前所讲解的 input() 函数、print() 函数等都属于内建函数。除了这些内建函数外，Python 也提供有一些动态判断或执行的内置对象函数，如表 5-1 所示。

表 5-1　Python 内置对象函数

序　号	函　　数	描　　述
1	callable(object)	判断给定的对象是否可调用，如果可以调用，则返回 True；否则返回 False
2	eval(object [, globals[, locals]])	对给定的对象（可能是字符串或编译对象）进行单行代码计算，可以选择性地传递全局变量或局部变量信息（类型必须为字典）
3	exec(object [, globals=None, locals=None, /)	对给定的对象（可能是字符串或编译对象）进行多行代码计算，可以选择性地传递全局变量或局部变量信息（类型必须为字典）
4	compile(source, filename, mode)	对传入的 source 数据进行编译，可以通过 filename 指定需要编译的代码文件（一般为空），在编译时需要指明运行模式，该选项一共有三种配置。 ➥ mode="eval"：使用 eval() 函数执行代码 ➥ mode="single"：使用 single() 函数执行单行代码 ➥ mode="exec"：使用 exec() 函数执行多行代码

下面将通过实例对表 5-1 所示的内置对象函数进行使用讲解。

5.3.1　callable() 函数

视频名称	0509_callable 函数	
课程目标	理解	
视频简介	Python 中的对象由函数或不同的数据类型组成，在进行调用时就需要动态地区分出当前的操作是否为可以调用结构，为此提供了 callable() 函数。本课程主要讲解 callable() 函数的使用。	

在一个 Python 程序中会有许多的程序组成结构，如函数或者变量等，由于 Python 可以对函数或变量实现引用传递，所以为了判断某些操作结构是否可以被调用，就可以通过 callable()函数完成。

实例： 使用 callable()函数判断函数的可用状态

```
# coding:UTF-8
print("input()函数是否可以调用：%s" % callable(input))          # 内置 input()函数可用，返回 True
print(""hello"字符串是否可以调用：%s" % callable("hello"))      # "hello"是字符串不是函数，返回 False
def get_info():                                                # 自定义函数
    return "沐言优拓：www.yootk.com"                            # 返回数据
temp_fun = get_info                                            # 函数引用传递
print("get_info()函数是否可以调用：%s" % callable(get_info))    # 自定义函数可用，返回 True
print("temp_fun 引用对象是否可以调用：%s" % callable(temp_fun)) # 自定义函数可用，返回 True
程序执行结果：
input()函数是否可以调用：True
"hello"字符串是否可以调用：False
get_info()函数是否可以调用：True
temp_fun 引用对象是否可以调用：True
```

本程序使用 callable()函数分别判断了内置函数（input()）、字符串（**"hello"**）、自定义函数（get_info()）以及函数引用对象（temp_fun）的可调用状态，除字符串外，其他均为函数，所以函数返回的结果都是 True。

5.3.2 eval()函数

	视频名称	0510_eval 函数
	课程目标	掌握
	视频简介	eval()是 Python 中提供的一个特色内置函数，此函数可以动态地执行字符串定义的表达式。本课程讲解了 eval()函数的使用，以及与 Python 文件中的代码联系。

程序是多个表达式的集合，在 Python 中开发者可以将要执行的表达式直接定义成字符串的形式，随后使用 eval()函数动态地编译和执行，如图 5-10 所示，使程序的开发更加灵活。

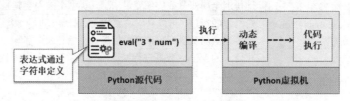

图 5-10　eval()函数动态执行

实例： 使用 eval()函数动态编译并执行表达式

```
# coding:UTF-8
num = 10                                    # 定义全局变量
result = eval("3 * num")                    # 直接解析字符串定义的程序表达式
print("乘法计算结果：%d" % result)          # 输出计算结果
程序执行结果：
乘法计算结果：30
```

本程序向 eval()函数中设置了一个程序表达式 3 * num，在程序执行过程中将会对该表达式进行动态的编译，同时会将执行结果通过 eval()函数返回。

在使用eval()函数执行时，也可以将程序中的全局变量或局部变量传递到eval()函数执行的表达式中，但是要求这些变量必须以字典数据的形式传递。

实例：使用全局变量

```
# coding:UTF-8
global_num = 10                                      # 全局变量
global_str = "数据加法计算结果：{}"                      # 全局变量
var_dict = dict(num=global_num, info=global_str)     # 字典数据表示全局变量
result = eval("info.format(num * 2)", var_dict)      # 调用字符串格式化函数
print(result)                                        # 输出格式化后的字符串数据
程序执行结果：
数据加法计算结果：20
```

本程序将所需要使用到的全局变量通过字典的形式传递到了 eval()函数中，这样在 eval()函数中定义的表达式就可以直接获取这些全局变量的 key 值并进行表达式的计算。

在序列定义中，字符串可以转换为列表、元组、字典，但是要完成此功能需要通过不同的转换函数进行处理，而这一转换功能也可以直接利用 eval()函数统一实现。

实例：将字符串转为其他序列结构

```
# coding:UTF-8
list_str = "[1,2,3]"                             # 列表结构字符串
tuple_str = "(1,2,3)"                            # 元组结构字符串
dict_str = "{1:'one',2:'two',3:'three'}"         # 字典结构字符串
list_eval = eval(list_str)                       # 字符串转为列表
tuple_eval = eval(tuple_str)                     # 字符串转为元组
dict_eval = eval(dict_str)                       # 字符串转为字典
print("【list】序列数据：%s，序列类型：%s" % (list_eval, type(list_eval)))    # 列表输出
print("【tuple】序列数据：%s，序列类型：%s" % (tuple_eval, type(tuple_eval)))  # 元组输出
print("【dict】序列数据：%s，序列类型：%s" % (dict_eval, type(dict_eval)))     # 字典输出
程序执行结果：
【list】序列数据：[1, 2, 3]，序列类型：<class 'list'>
【tuple】序列数据：(1, 2, 3)，序列类型：<class 'tuple'>
【dict】序列数据：{1: 'one', 2: 'two', 3: 'three'}，序列类型：<class 'dict'>
```

本程序按照列表、元组、字典的定义结构声明了三个字符串，随后就可以利用 eval()函数将这些字符串按照统一的形式转为指定的序列类型。

5.3.3　exec()函数

视频名称	0511_exec()函数
课程目标	掌握
视频简介	exec()是与 eval()功能类似的函数，使用 exec()函数可以执行多行语句。本课程通过具体的代码分析了 eval()与 exec()两个函数的执行区别。

与 eval()函数功能类似的还有一个函数，即 exec()函数，该函数也可以根据字符串定义的程序表达式动态地编译和运行程序。

实例：使用 exec()函数动态编译并执行程序

```
# coding:UTF-8
```

```
statement = "for item in range(1,10,2):" \
            "print(item,end='、')"          # 用字符串定义程序语句
exec(statement)                              # 输出执行结果
程序执行结果：
1、3、5、7、9、
```

本程序在字符串中定义了一个多行语句（for 循环），这样代码就必须交由 exec() 函数进行处理。

 提示：eval() 函数与 exec() 函数的区别

eval() 函数与 exec() 函数都可以执行字符串中的程序代码，但是两者相比有以下区别。

➜ eval() 函数只能够执行一个简单的表达式，并且可以接收表达式的返回值。

➜ exec() 函数可以执行多行程序语句，但是不能够接收执行的返回值（返回值为 None）。

在实际使用中，这两个函数都会在 Python 虚拟机中动态地编译并执行所包含的程序代码。

5.3.4 compile() 函数

视频名称	0512_compile() 函数
课程目标	掌握
视频简介	使用 eval() 与 exec() 函数可以动态地执行字符串代码，虽然此类操作可以实现动态调用，却会产生性能问题。本课程分析了动态执行的性能问题并且讲解了 compile() 函数编译的三种模式以及代码执行。

eval() 和 exec() 两个函数在执行字符串中表达式的操作时，都采用先编译再执行的模式完成，但是这样的实现形式对程序性能会有影响。为了提高在运行时生成代码对象的速度，Python 提供了 compile() 函数，此函数可以直接在源代码程序编译时就自动对字符串中表达式进行解析，而在程序运行时将不再进行动态编译，而是直接执行编译好的对象。compile() 函数操作如图 5-11 所示。

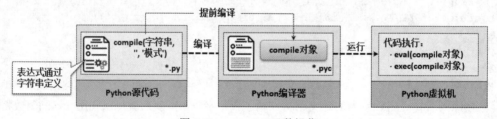

图 5-11　compile() 函数操作

实例：使用 eval 执行模式

```
# coding:UTF-8
statement = "100 + 200 - 50"                    # 定义简单表达式
code_eval = compile(statement, "", "eval")      # 该操作有返回值，使用 eval 模式
result = eval(code_eval)                         # 直接执行编译后的对象
print("计算结果：%d" % result)                   # 输出执行结果
程序执行结果：
计算结果：250
```

本程序定义在字符串中的表达式属于简单表达式，所以在通过 compile() 函数创建编译对象时使用了 eval 模式，这样程序执行时只有执行 eval() 函数才可以接收表达式的计算结果。

实例：使用 single 执行模式

```
# coding:UTF-8
input_data = None                                          # 接收键盘输入数据
statement = "input_data = input('请输入你最喜欢的学校：')"      # 定义单行表达式
code_exec = compile(statement, "", "single")               # exec 与 single 模式均可
exec(code_exec)                                            # 使用 exec()，没有返回值
print("输入数据为：%s" % input_data)                          # 输出执行结果
程序执行结果：
请输入你最喜欢的学校：沐言优拓
输入数据为：沐言优拓
```

本程序通过字符串定义的是一个完整的语句（不再是一个简单的表达式），所以 compile()函数中定义的执行模式可以是 single 或 exec，由于只有单行语句，所以本次使用 single 模式并使用 exec()函数执行编译对象。

实例：使用 exec 执行模式

```
# coding:UTF-8
infos = []                                                 # 保存全部键盘输入数据
statement = "for item in range(2):" \
            "infos.append(input('请输入你经常访问的网址：'))"      # 键盘输入数据并向列表保存
code_eval = compile(statement, "", "exec")                 # 多行语句，使用 exec 模式
exec(code_eval)                                           # 执行编译对象
exec("print('经常访问的网址是：%s' % infos)")                    # 输出执行结果
程序执行结果：
请输入你经常访问的网址：www.yootk.com
请输入你经常访问的网址：www.jixianit.com
经常访问的网址是：['www.yootk.com', 'www.jixianit.com']
```

本程序在字符串中定义了多行执行语句，所以在使用 compile()函数创建编译对象时就必须使用 exec 模式。

5.4　本章小结

1．函数是一段可重复调用的代码段，Python 中的函数统一使用 def 关键字进行定义，如果需要有返回值，则直接在函数中使用 return 语句即可实现。

2．Python 中定义的函数支持多种参数类型，在定义参数时，如果有多种参数，注意参数的顺序，即必选参数、默认参数、可变参数、命名关键字参数和关键字参数。

3．在函数中使用参数时需要注意全局变量与局部变量的概念，全局变量可以直接利用 global 关键字定义。

4．函数允许嵌套定义，嵌套后的函数可以方便地实现外部状态的维护，这样的函数嵌套结构就被称为闭包处理。在此结构中，如果需要在内部函数中修改外部变量，则该变量必须使用 nolocal 关键字定义。

5．使用 lambda 表达式可以定义匿名函数，lambda 函数的函数体比较简单。如果定义的函数其函数体中有多行代码，建议定义为有名函数。

6．一个函数允许自己调用自己，这样的操作形式称为函数的递归调用。在递归调用时必须明确设置递归操作的结束条件，否则将会产生死循环。

7．Python 中可以使用 eval()或 exec()函数动态地解析字符串中提供的表达式或代码，也可以使用 compile()函数对要执行的代码提前编译，以提高程序的执行性能。

第6章 模 块

 学习目标

- 掌握模块的定义与导入处理；
- 理解包定义中"__init__.py"文件的作用与定义；
- 理解系统中常见模块的使用；
- 掌握 Python 环境管理工具：pip、虚拟环境、setuptools 工具的使用；
- 掌握 PyPI 仓库的模块发布操作。

模块是 Python 中的重要单位，利用模块可以对各种结构进行有效管理。在 Python 中除了允许用户自定义模块外，还提供了大量的第三方模块供用户使用。本章将讲解模块定义与使用的相关知识。

6.1 模块定义与导入

视频名称	0601_模块功能简介
课程目标	掌握
视频简介	模块是更高级别的可重用设计，也是在 Python 项目开发中最为广泛使用的模式。本课程通过项目开发的可维护性，讲解了 Python 传统代码开发与模块代码开发的区别。

一个项目中如果将全部的代码都写在一个 Python 的源文件中，那么势必会造成源文件过长，并且代码难以维护与重用的问题。所以在任何一个项目中都会考虑将项目拆分为不同的模块，每个模块都是具有不同功能的程序代码，在需要的地方通过导入的形式导入相关模块来完成某些功能，这样不仅可以使代码结构更加清晰，也易于代码的维护。模块定义结构如图 6-1 所示。

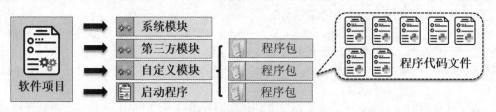

图 6-1 模块定义结构

通过图 6-1 可以发现，在一个 Python 项目中，往往会使用大量的系统模块或第三方模块，将用户自定义的模块与这些模块结合，就可以编写出功能丰富的项目代码。为了方便对模块中的程序代码进行管理以及防止程序文件重名所造成的冲突问题，引入了包（称为"命名空间"）的概念，每一个包中都可以包含有若干个"*.py"程序文件。

6.1.1 模块定义

视频名称	0602_模块定义
课程目标	掌握
视频简介	Python 模块就是独立的程序文件。本课程讲解了如何将一些公共的抽象代码定义为模块，同时也介绍了模块与包的存储关系。

在 Python 中进行模块定义只需将需要单独定义的程序文件保存到相应的包中即可，而包的本质就是文件目录，该目录允许有多级，目录名称要求全部采用小写字母。

实例：定义 com.yootk.info.message.py 程序文件

```
# coding:UTF-8
def get_info():                              # 定义模块函数
  return "沐言优拓：www.yootk.com"           # 返回数据信息
```

本程序定义了一个 message 模块，并且将其保存在 com.yootk.info 包中，如果要想在其他程序中引入此模块就必须附加有包名称。本程序的目录结构如图 6-2 所示。

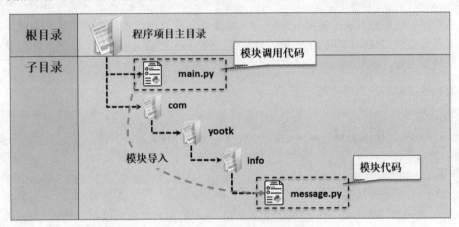

图 6-2　自定义 Python 模块

6.1.2 import

视频名称	0603_import 模块导入
课程目标	掌握
视频简介	在项目开发中，可以使用 import 语句导入默认路径下的程序模块，并实现对模块结构的调用。本课程讲解了 import 语句的使用，以及 as 关键字的作用。

按照实现的功能或作用将一个大型的程序拆分为若干模块，然后在需要的地方导入相应的模块功能。在 Python 中导入模块可以利用 import、as 这两个关键字实现。导入语法如下：

```
import 包.模块名称 [as 别名] , 包.模块名称 [as 别名] , …
```

使用 import 可以将指定的模块导入到代码中，如果模块名称过长，则可以利用 as 关键字为模块设置别名。

实例： 使用模块完整名称进行导入

```
# coding:UTF-8
import com.yootk.info.message              # 采用"包.模块名称"导入
print(com.yootk.info.message.get_info())   # 采用"模块名称.函数名称()"调用模块操作
print(com.yootk.info.message)              # 直接输出模块信息
程序执行结果:
沐言优拓: www.yootk.com
<module 'com.yootk.info.message' from
'D:\\workspace\\pycharm\\yootk\\com\\yootk\\info\\message.py'>
```

本程序使用 import 语句导入完整名称的模块，随后利用"模块名称.函数()"的形式调用了模块中的相关结构。需要注意的是，导入模块时不需要加上文件后缀"*.py"。

 提示：模块中使用"__name__"

如果在 message.get_info()函数定义中输出"__name__"系统变量内容，返回的就是模块名称，也就是说，如果某些子模块中提供有程序的执行代码（没有将其封装为主函数），则这些代码也会执行，所以在开发中建议将执行代码封装在主函数中。

通过以上实例代码可以发现，使用 import 导入模块后还需要使用模块完整名称调用模块中的函数，当模块名称很长时会增加代码编写的工作量，此时可以使用 as 为模块定义别名，然后就可以利用"模块别名.函数()"的形式进行调用。

实例： 定义模块别名并调用函数

```
# coding:UTF-8
import com.yootk.info.message as msg       # 为模块功能定义别名
print(msg.get_info())                      # 利用别名调用函数
程序执行结果:
沐言优拓: www.yootk.com
```

本程序为 com.yootk.info.message 模块定义了一个 msg 的别名，随后就可以通过 msg.get_info()形式调用函数。

提示：*The Zen of Python*（《Python 禅道》）——每一位 Python 开发者都应该知道的彩蛋

用户在 Python 交互式命令环境下输入"**import this**"这行语句，就会看到 Python 的开发者 Guido 为程序语言设计提出的 19 条开发哲学（程序作者为 Tim Peters），内容如下：

The Zen of Python, by Tim Peters

Beautiful is better than ugly.

Explicit is better than implicit.

Simple is better than complex.

Complex is better than complicated.

Flat is better than nested.

Sparse is better than dense.

Readability counts.

Special cases aren't special enough to break the rules.

Although practicality beats purity.

Errors should never pass silently.

Unless explicitly silenced.

In the face of ambiguity, refuse the temptation to guess.

There should be one—and preferably only one—obvious way to do it.

Although that way may not be obvious at first unless you're Dutch.

Now is better than never.

Although never is often better than *right* now.

If the implementation is hard to explain, it's a bad idea.

If the implementation is easy to explain, it may be a good idea.

Namespaces are one honking great idea—let's do more of those!

实际上"import this"这个彩蛋是印刷在一次 Python 大会的宣传
T 恤上，如图 6-3 所示，并在 Python 2.2.1 中发布了此彩蛋。

图 6-3　彩蛋 T 恤

6.1.3　from-import

视频名称	0604_from-import 模块导入	
课程目标	掌握	
视频简介	Python 除了使用 import 导入模块之外，又提供了 from-import 语句，这样就使得被调用的模块结构如在本程序中定义一般，不仅避免了重复的模块名称定义问题，也方便开发。本课程讲解了 from-import 语句的使用以及通配符"*"的作用。	

在 import 结构中，如果不想每一次都受到模块名称或者模块别名的困扰，可以直接使用 from-import 语句导入指定模块的指定结构，这样就可以在程序中直接使用此结构进行操作。from-import 导入语法如下：

> **from** 包.模块名称 **import** 结构名称 [**as** 别名]，结构名称 [**as** 别名] … | (结构名称 [**as** 别名] …)

在 from-import 结构中，from 语句后需要定义导入的模块名称，import 为模块中的结构名称，也可以通过 as 为指定的结构名称定义别名。

实例： 使用 from-import 关键字导入指定模块的指定结构

```
# coding:UTF-8
from com.yootk.info.message import get_info        # from 模块名称 import 程序结构
print(get_info())                                  # 直接调用函数，就好像本文件直接定义一样
程序执行结果：
沐言优拓：www.yootk.com
```

本程序直接通过指定的"包.模块"导入了里面的指定结构，这样就可以直接通过模块中定义的标识符进行调用。

 提问：使用 from-import 导入是否太过烦琐？

在一个模块中可能存在有变量、函数或者其他的结构，如果在一段代码里面需要导入指定模块中的多个结构，使用"from-import"是否过于烦琐？

 回答：使用通配符"*"可以简化导入。

为了方便同一个模块的多次导入操作，Python 可以使用"*"的形式自动导入该模块中所需要的结构。

实例：使用"*"自动导入

```
# coding:UTF-8
from com.yootk.info.message import *          # 为模块功能定义别名
print(get_info())                              # 利用别名调用函数
程序执行结果：
沐言优拓：www.yootk.com
```

本程序使用了通配符"*"，这样就可以方便地导入模块中的结构，但是从 Python 的官方建议来讲，使用通配符"*"会"污染程序代码"，所以是否使用就看每一位开发者的使用习惯了。本书更多的时候建议使用者分开导入。

但是从另外一方面也要提醒读者的是，使用通配符"*"进行结构导入时，还可以避免自动导入某些模块中的"_变量"，而这样的变量在进行明确导入后依然可以直接使用。

实例：在 com.yootk.info.message.py 文件中追加一个变量

```
_url = "www.yootk.com"                         # 非自动导入
```

实例：在 main.py 中进行导入

错误使用	`from com.yootk.info.message import *` `print(_url)  # NameError: name '_url' is not defined`
正确使用	`import com.yootk.info.message` # 导入模块 `print(com.yootk.info.message._url)` # 引用模块变量

在使用"import *"时，message 模块中的"_url"变量是无法被自动导入的。

在使用 from-import 导入时也可以通过 as 关键字为导入的结构名称定义别名。

实例：使用 as 定义别名

```
# coding:UTF-8
from com.yootk.info.message import get_info as msg      # 为模块功能定义别名
print(msg())                                             # 利用别名调用函数
程序执行结果：
沐言优拓：www.yootk.com
```

本程序为 get_info() 函数定义了一个 msg 的别名，这样就可以直接利用别名实现功能调用。

 提问：如何知道一个模块的全部功能？

本程序自定义了 message 模块，所以可以很清楚地知道该模块所具备的功能。如果要使用一个不熟悉的模块，那么该如何知道该模块的全部功能呢？

 回答：通过文档或 dir() 获取。

在项目开发中，经常会使用到许多系统或外部提供的模块，这些模块功能除了在官方给出的文档中查看，也可以直接利用 Python 提供的 dir() 函数查看。

实例：查看 message 模块的全部功能

```
# coding:UTF-8
from com.yootk.info import message          # 导入 message 模块
print(dir(message))                          # 查看模块功能
程序执行结果：
['__builtins__', '__cached__', '__doc__', '__file__', '__loader__', '__name__', '__package__',
 '__spec__', 'get_info']
```

此时返回了 message 模块所有可以使用的结构，返回信息中以"__xxx__"结构命名的都代表特殊的系统变量。

6.1.4 __init__.py

视频名称	0605___init__.py	
课程目标	掌握	
视频简介	Python 是一门灵活的编程语言，为了方便模块管理，Python 会定义不同的包来保存模块，但是传统的目录并不是包，为此 Python 提供了包的标记文件——__init__.py 文件。本课程分析了该文件的作用，以及该文件对于模糊导入的影响。	

Python 中为了方便对模块进行管理，会将模块保存在各个包（目录）中。但是在一些严格的环境中，目录并不等同于 Python 的包，所以为了对这些目录加以说明，就需要一个特殊的说明文件，而这个文件就是__init__.py 文件，此文件在 Python 项目中有以下几个作用。

- ➥ **包（package）标识文件：** 所有的包中除了定义模块之外还需要定义__init__.py 文件。
- ➥ **模糊导入配置：** 考虑到通配符"*"的作用，可以配置__all__系统变量设置引入模块。
- ➥ **编写部分 Python 代码：** 一般开发中不建议采用此类形式。

假设要在 com.yootk.info 包中定义两个模块：message.py 和 information.py，按照 Python 官方标准来讲，这两个模块定义的目录结构应该如图 6-4 所示。这两个模块的源代码定义如下：

模块一：com.yootk.info.message.py	模块二：com.yootk.info.information.py
# coding:UTF-8 def get_yootk(): 　　return "沐言优拓：www.yootk.com"	# coding:UTF-8 def get_jixianit(): 　　return "极限 IT 程序员：www.jixianit.com"

现在假设需要在 main.py 文件中导入 com.yootk.info 包下的所有模块，那么使用"*"操作是最简单的处理模式，但是在模糊导入过程中又不希望导入 information.py 模块，那么此时就可以修改 com.yootk.info 中的配置文件。

实例：修改 com/yootk/info/__init__.py 配置文件

```
__all__ = ["message"]                        # 定义自动导入项
```

"__all__"系统变量是一个列表序列，只需要将允许模糊导入的模块通过列表的形式依次定义即可，由于此文件保存在 com.yootk.info 包中，所以表示模糊导入配置中只允许导入 com.yootk.info 包下的 message 模块，即 information 模块将无法在导入时使用。

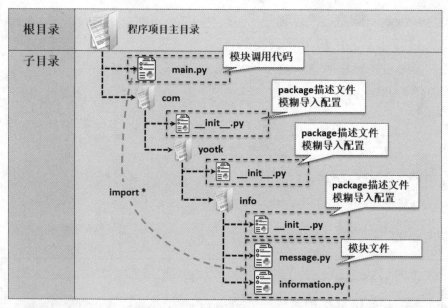

图 6-4 __init__.py 文件定义

实例： 使用通配符导入模块

```
# coding:UTF-8
from com.yootk.info import *            # 导入指定包中的全部模块
print(message.get_yootk())             # 通过模块名称调用函数
print(information.get_jixianit())      # NameError: name 'information' is not defined
程序执行结果：
沐言优拓：www.yootk.com
    print(information.get_jixianit())  # 通过模块名称调用函数
NameError: name 'information' is not defined
```

本程序采用通配符"*"对指定包中所有模块实现了模糊导入，由于包中的__init__.py 文件的作用，所以无法模糊导入 information 模块。

注意：在__init__.py 中配置的__all__系统变量并不表示模块无法导入

读者千万要明确一个问题，__all__所能控制的只是模糊导入的模块，但是如果在此环境下使用了明确的模块导入方式，那么 information 模块依然可以被导入。

实例： 明确导入 information 模块

```
# coding:UTF-8
from com.yootk.info import information   # 明确配置导入模块
print(information.get_jixianit())        # 手工导入依然可用
程序执行结果：
极限 IT 程序员：www.jixianit.com
```

此时的程序可以正常执行完毕，也就是说，在很多开发环境下是否配置__init__.py 的内容意义并不是很大，所以更多的情况下都只是在每个包中都定义一个__init__.py 空文件。

6.2　系统常用模块

Python 除了支持简洁与友好的语法外，还提供了大量的系统模块供开发人员使用，随着开发者编写的代码逐渐增多，对于这些系统模块也就更加熟悉。本节将讲解几个常用的系统模块。

6.2.1　sys 模块

视频名称	0606_sys 模块	
课程目标	理解	
视频简介	sys 是一个与系统环境有关的模块变量，使用 sys 模块可以方便地与系统进行一些环境信息的交互。本课程讲解了如何通过 sys 获取信息，以及在程序中通过动态指定模块加载路径，以实现模块加载处理。	

sys 是 Python 提供的一个内部模块，Python 可以通过该模块实现与当前程序所在系统环境进行交互。sys 模块提供的操作变量和函数如表 6-1 所示。

表 6-1　sys 模块提供的变量和函数

序　号	变量和函数	类　型	描　述
1	argv	变量	程序接收初始化参数的列表
2	path	变量	程序进行模块加载的变量列表
3	modules	变量	包含系统全部导入的模块列表
4	platform	变量	获取当前的操作系统平台信息
5	stdin	变量	标准输入设备（键盘）
6	stdout	变量	标准输出设备（显示器）
7	stderr	变量	标准错误输出
8	sys.exit([arg])	函数	程序退出，设置为 0 表示正常退出，如果设置为其他数据，则抛出异常
9	getdefaultencoding()	函数	获取当前系统编码
10	setdefaultencoding()	函数	设置系统编码
11	getfilesystemencoding()	函数	获取文件系统编码

在一个 Python 程序中，sys 可以获取当前程序中对应的所有模块信息、加载路径信息、编码信息。

实例：获取程序所在的系统环境

```python
# coding:UTF-8
import sys                                          # 模块导入
print("程序包含模块：%s" % sys.modules)              # 除手工导入模块外，也可以列出自动导入模块
print("程序加载路径：%s" % sys.path)                 # 设置加载路径
print("程序运行平台：%s" % sys.platform)             # 获取系统平台
print("程序默认编码：%s" % sys.getdefaultencoding()) # 获取默认编码
程序执行结果：
程序包含模块：{'sys': <module 'sys' (built-in)>, 'builtins': <module 'builtins' (built-in)>,
… 此处省略 500 字
```

```
程序加载路径: ['D:\\yootk', 'D:\\develop\\Python\\Python37\\python37.zip',
'D:\\develop\\Python\\Python37\\DLLs', 'D:\\develop\\Python\\Python37\\lib',
'D:\\develop\\Python\\Python37', 'D:\\develop\\Python\\Python37\\lib\\site-packages']
程序运行平台: win32
程序默认编码: utf-8
```

本程序动态获取了 Python 的一些环境信息，由于程序运行平台与路径的不同，程序的输出结果也会不同。

提示：关于模块加载路径的使用

在 sys 中提供的 path 列表实际上定义的全部都是模块的加载路径，开发者可以利用这个机制定义一个专属的路径。假设现在定义了一个 src 的保存路径，并且希望其是一个模块加载路径，在里面所保存的"包.模块"也可以被程序直接访问（如图 6-5 所示），就可以利用 path 的定义来完成。

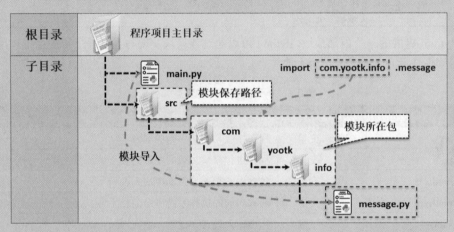

图 6-5　定义模块路径

实例：通过 path 设置模块加载路径

```
# coding:UTF-8
import sys                                    # 导入系统模块
sys.path[0] = "src"                           # 定义模块加载路径
from com.yootk.info.message import *          # 模块导入
print(get_info())                             # 调用模块提供的函数
```

此时程序将会加载 src 目录下的模块，利用此形式可以定义更多的模块加载路径。

　　每一个 Python 程序执行时都可以动态地为程序设置一些初始化的执行参数（例如："python *.py 参数 1 参数 2"，参数之间使用空格分隔），所有配置的参数都可以通过 sys.argv 序列进行接收。

实例：接收初始化参数

```
# coding:UTF-8
import sys                                              # 模块导入
if len(sys.argv) == 1:                                  # 文件名称为一个参数，序列从 1 开始判断
    print("程序没有输入执行参数，无法执行，程序退出!")      # 输出错误提示信息
    sys.exit(0)                                         # 程序退出
else:                                                   # 除文件名外有其他输入参数
    print("程序输入参数: ", end="")                      # 输出提示信息
```

```
    for item in sys.argv:                              # 循环输出参数
        print(item, end="、")                          # 输出参数项
```
程序执行命令：

python **param.py** yootk jixianit "Hello Yootk"

程序执行结果：

程序输入参数：**param.py**、yootk、jixianit、Hello Yootk、

　　本程序利用了初始化参数输入了三个参数（参数一：yootk、参数二：jixianit、参数三：Hello Yootk）。由于参数是利用空格进行拆分，所以如果输入的参数包含有空格，则需要通过双引号定义。另外，在 Python 中的参数指的是 Python 命令之后的全部内容，所以对于执行的文件名称也会被当作参数出现。

6.2.2　copy 模块

视频名称	0607_copy 模块	
课程目标	掌握	
视频简介	Python 为了简化数据管理，所有的操作均为引用操作。本课程通过嵌套序列的引用传递分析了拷贝的作用，同时又通过 copy 模块实现了序列的浅拷贝与深拷贝处理，并分析了两种拷贝的区别。	

　　Python 中的所有数据均为引用数据类型，而引用数据类型最大的问题在于会有多个对象指向同一块内存区域，当一个对象修改了内存中的数据时，所有指向它的对象的数据都会发生改变。引用数据操作如图 6-6 所示。

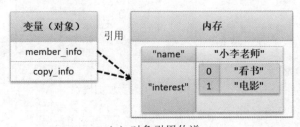
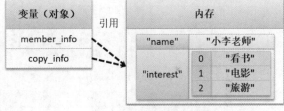

（a）对象引用传递　　　　　　　　　　（b）一个对象修改数据

图 6-6　引用数据操作

　　图 6-6 所示为一个嵌套结构，在一个字典中定义了一个集合数据，在引用关系中，一个对象对内存的修改会影响到其他的对象，所以引用传递只是多了几个指向同一块内存的对象而已，那么如果现在每一个对象都希望拥有独立的内存空间，并且每个空间的内容都相同，则就可以使用拷贝模式完成。为方便拷贝操作，在 Python 中提供有 copy 模块，在此模块中定义有表 6-2 所示的两个函数。

表 6-2　copy 模块函数

序　号	函　数	描　述
1	copy(obj)	对象浅拷贝
2	deepcopy(obj)	对象深拷贝

　　对象浅拷贝操作时不会对嵌套的子结构进行拷贝（只是占有子结构的引用），而对象深拷贝会拷贝所有的子结构。为了方便读者理解两者的区别，下面通过具体的代码进行分析。

实例：对象浅拷贝

```
# coding:UTF-8
```

```
import copy                                                     # 模块导入
member_info = dict(name="小李老师", interest=["看书", "电影"])    # 定义字典序列
copy_info = copy.copy(member_info)                             # 序列浅拷贝
print("member_info 内存地址：%d, copy_info 内存地址：%d" %
        (id(member_info), id(copy_info)))                     # 输出变量内存地址
member_info['interest'].append("旅游")                         # 向子序列追加数据
print("member_info 字典数据：%s" % member_info)                # 输出原始字典数据
print("copy_info 字典数据：%s" % copy_info)                    # 输出拷贝后字典数据
程序执行结果：
member_info 内存地址：15223328, copy_info 内存地址：14973136
member_info 字典数据：{'name': '小李老师', 'interest': ['看书', '电影', '旅游']}
copy_info 字典数据：{'name': '小李老师', 'interest': ['看书', '电影', '旅游']}
```

本程序利用 copy.copy()实现了一个浅拷贝操作，在浅拷贝处理中，不会拷贝子列表的内容，而只是会保留一个引用地址，所以当修改子列表的内容后将影响其他对象的内容。浅拷贝内存分析如图 6-7 所示。

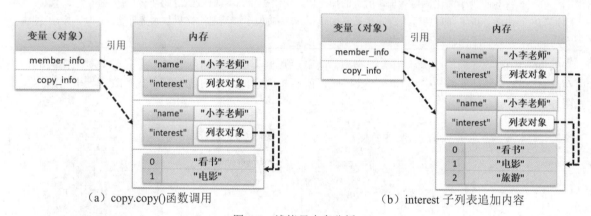

（a）copy.copy()函数调用　　　　　　　　　　　　　（b）interest 子列表追加内容

图 6-7　浅拷贝内存分析

如果希望每一个拷贝的对象都有完全独立的子内存结构，并且里面的数据更新不会互相影响，则可以采用深拷贝的处理模式。

实例： 使用深拷贝

```
# coding:UTF-8
import copy                                                     # 模块导入
member_info = dict(name="小李老师", interest=["看书", "写作", "电影"])  # 定义字典序列
copy_info = copy.deepcopy(member_info)                         # 序列深拷贝
print("member_info 内存地址：%d, copy_info 内存地址：%d" %
        (id(member_info), id(copy_info)))                     # 输出变量内存地址
member_info['interest'].append("旅游")                         # 向子序列追加数据
print("member_info 字典数据：%s" % member_info)                # 输出原始字典数据
print("copy_info 字典数据：%s" % copy_info)                    # 输出拷贝后字典数据
程序执行结果：
member_info 内存地址：45713952, copy_info 内存地址：8878336
member_info 字典数据：{'name': '小李老师', 'interest': ['看书', '写作', '电影', '旅游']}
copy_info 字典数据：{'name': '小李老师', 'interest': ['看书', '写作', '电影']}
```

本程序实现了序列的深拷贝操作，通过执行的结果可以发现，不同的子列表进行操作时不会互相影响。深拷贝内存分析如图 6-8 所示。

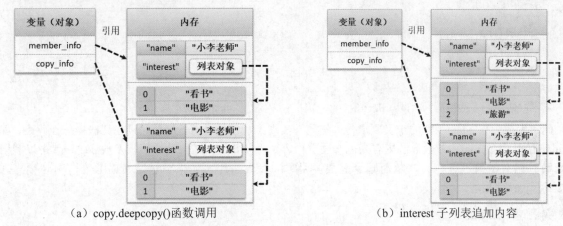

（a）copy.deepcopy()函数调用　　　　　（b）interest 子列表追加内容

图 6-8　深拷贝内存分析

 提问：序列中的拷贝方法属于哪种类型？

在序列结构中提供的 copy()函数也可以实现序列数据的拷贝，那么 copy()函数是属于深拷贝还是浅拷贝？

 回答：序列中的 copy()函数属于浅拷贝。

列表和字典序列中都提供有 copy()函数，但是如果进行验证，会发现这些拷贝函数全部都是浅拷贝，即子结构只是拷贝了地址。

实例：观察列表拷贝

```
a = ["Yootk", ["A", "B", "C"]]         # 定义列表
b = a.copy()                           # 列表拷贝
a[1].append("D")                       # 列表追加数据
print(a)                               # 列表输出
print(b)                               # 列表输出
程序执行结果：
['Hello', ['A', 'B', 'C', 'D']]
['Hello', ['A', 'B', 'C', 'D']]
```

此时利用列表中的 copy()函数实现了拷贝操作，而通过执行结果可以发现，当前的操作属于浅拷贝。

6.2.3　偏函数

视频名称	0608_偏函数	
课程目标	了解	
视频简介	偏函数提供了一种简化的函数调用模式，可以有效地解决函数参数过多所造成的调用混乱。本课程通过函数的调用分析了偏函数的作用以及使用。	

在函数执行时需要根据函数的要求传递相应参数，而后才可以得到所需要的计算结果。例如，现在有一个加法计算的函数 add()，传统的调用形式如下。

实例：使用传统形式进行函数调用

```
def add(a, b, c=2):                              # 定义三个数字的相加函数
    return a + b + c                             # 数据累加
print(add(100, 200))                             # 执行加法计算
print(add(100, 200, 30))                         # 执行加法计算
程序执行结果：
302（"add(100, 200)"代码执行结果）
330（"add(100, 200, 30)"代码执行结果）
```

此时程序根据 add()函数的定义要求传入参数并实现了加法的计算，但是假设在某些操作代码中，如果 add()函数中参数 a 和参数 b 的内容为已知固定内容，并且要根据需要动态接收参数 c 时，就可以利用偏函数对已有函数进行包装，从而减少函数调用时的参数传递。如果要想定义偏函数，则必须导入 functools.partial 模块。

实例：定义偏函数

```
# coding:UTF-8
from functools import partial                    # 导入函数模块
def add(a, b, c=2):                              # 定义三个数字的相加函数
    return a + b + c                             # 数据累加
# 此时针对 add()函数进行了包装，从左边开始设置参数，相当于 a = 100，b = 200
plus = partial(add, 100, 200)                    # 创建偏函数
print(plus())                                    # 调用函数，不传入参数 c，等价于（add(100,200)）
print(plus(30))                                  # 调用函数，传入参数 c，等价于（add(100,200,30)）
程序执行结果：
302（"plus()"代码执行结果）
330（"plus(30)"代码执行结果）
```

使用偏函数重新封装之后就可以减少函数调用时所传递的参数个数，对于一些参数较长的函数使用偏函数会降低函数的使用难度。

6.2.4　数学模块

视频名称	0609_数学模块
课程目标	了解
视频简介	Python 为了方便进行数学计算操作，提供了数学处理模块，通过此模块可以方便地实现各种数学计算操作。本课程讲解了 math 模块的相关定义结构，并且通过具体的案例讲解了一些常用的数学计算操作。

程序的开发本质上就是数据处理，Python 提供了 math 模块来帮助开发者进行常规的数学计算处理，如四舍五入、三角函数、乘方处理等。math 模块中的常量和函数如表 6-3 所示。

表 6-3　math 模块中的常量和函数

序　号	常量和函数	类　型	描　　述
1	pi	常量	圆周率：3.141592653589793
2	e	常量	常数
3	asin(n)	函数	根据弧度求反正弦

续表

序　号	常量和函数	类　型	描　　述
4	acos(n)	函数	根据弧度求反余弦
5	atan(n)	函数	根据弧度求反正切
6	ceil(n)	函数	计算大于等于 n 的最小整数，如果是整数，则返回自身
7	cos(n)	函数	根据弧度求余弦
8	degrees(n)	函数	弧度转换为角度
9	exp(n)	函数	e 的指定次方计算
10	fabs(n)	函数	绝对值
11	factorial(n)	函数	计算阶乘
12	floor(n)	函数	计算小于等于 n 的最小整数，如果是整数，则返回自身
13	fmod(x,y)	函数	计算 x / y 的余数，返回类型为浮点数
14	fsum(sequence)	函数	针对给定的序列进行求和计算
15	gcd(x,y)	函数	返回 x 和 y 的最大公约数
16	log(n)	函数	返回以 e 为底指定数字的自然对数
17	log10(n)	函数	返回以 10 为底的对数
18	log2(n)	函数	返回以 2 为底的对数
19	pow(x,y)	函数	返回 x 的 y 次方
20	radians(n)	函数	角度转换为弧度
21	sin(n)	函数	根据弧度求正弦
22	sqrt(n)	函数	计算平方根
23	tan(n)	函数	根据弧度求正切
24	trunc(n)	函数	返回整数部分

实例：数学计算

```
# coding:UTF-8
from math import *                              # 模块导入
print("阶乘计算: %d" % factorial(10))            # 数据阶乘计算
print("累加计算: %d" % fsum(range(101)))         # 1~100 数字累加
print("乘方计算: %d" % pow(10,3))                # 10**3
print("对数计算: %d" % log2(10))                 # 计算对数
print("余数计算: %d" % fmod(10,3))               # 计算余数
程序执行结果：
阶乘计算: 3628800
累加计算: 5050
乘方计算: 1000
对数计算: 3
余数计算: 1
```

本程序利用 math 模块中提供的一些数学计算方法，实现了阶乘、累加等操作。

> **提示：关于四舍五入**
>
> 为了便于用户对小数进行四舍五入处理，在 Python 内部提供了一个内置的 round()函数，此函数可以直接设置要保留的小数位数。
>
> **实例：使用内置函数实现四舍五入**
>
> ```
> # coding:UTF-8
> from math import *                                              # 模块导入
> print(""15.56789"只保留整数位实现四舍五入：%10.2f" % round(15.56789))
> print(""15.56789"保留两位小数实现四舍五入：%10.2f" % round(15.56789, 2))
> print(""-15.56789"保留两位小数实现四舍五入：%10.2f" % round(-15.56789, 2))
> print(""-15.5001"保留整数位实现四舍五入：%10.2f" % round(-15.5001))
> ```
> 程序执行结果：
> "15.56789"只保留整数位实现四舍五入：   16.00
> "15.56789"保留两位小数实现四舍五入：   15.57
> "-15.56789"保留两位小数实现四舍五入： -15.57
> "-15.5001"保留整数位实现四舍五入：   -16.00
>
> 本程序利用 round()函数实现了四舍五入的数据处理操作，同时也可以设置小数位的保留位数。

与 math 模块对应的还有一个 cmath 模块，该模块中提供的函数与 math 模块函数功能类似，唯一的区别在于 cmath 实现了所有复数数据的计算。

实例：使用 cmath 模块

```
# coding:UTF-8
from cmath import *                                              # 模块导入
print("乘方计算：%r" % pow(complex(10, 2), 2))                    # 数学计算
print("对数计算：%r" % log10(complex(10, 2)))                     # 数学计算
```
程序执行结果：
乘方计算：(96+40j)
对数计算：(1.0085166696493901+0.08572780239500628j)

本程序基于复数实现了相应数学计算处理，虽然 cmath 模块与 math 模块类似，但 round()函数不能用在复数上。

6.2.5　随机数

视频名称	0610_随机数
课程目标	理解
视频简介	random 模块可以进行随机数的操作。本课程利用 random 模块提供的函数，实现了指定范围内的随机数生成，同时利用随机数实现了一个 36 选 7 的娱乐性操作。

Python 提供了 random 模块，利用此模块可以生成随机数，或者根据给定的序列数据进行随机抽取。random 模块的常用函数如表 6-4 所示。

表 6-4　random 模块的常用函数

序　号	函　　数	描　　述
1	random()	生成一个 0~1 的随机浮点数 "0 <= n < 1.0"
2	uniform(x,y)	生成一个在指定范围内的随机浮点数，如果 x > y，则生成随机数 n，且 n 满足 x <= n <= y；如果 x < y，则 n 满足 y <= n <= x
3	randint(x,y)	生成一个指定范围内的随机整数 "x <= n <= y"
4	random.randrange([start], stop[, step])	从指定范围内，按照 step 递增数据，并从里面抽取随机数
5	choice(sequence)	从序列中随机抽取数据
6	shuffle(x[, random])	将一个列表中的元素打乱
7	sample(sequence, k)	从指定序列中随机获取指定序列分片

实例：在 1~100 之间生成 10 个随机整数

```
# coding:UTF-8
from random import *                              # 模块导入
for num in range(10):                             # for 迭代循环
    print(randint(1, 100), end="、")              # 生成并输出随机数
程序执行结果：
87、67、7、24、79、69、20、26、60、11、（每次执行结果不同）
```

本程序利用 randint() 函数设置了生成数据的上限和下限，在此范围内将随机生成整数。

> **提示：36 选 7 程序**
>
> 在现实生活中经常会遇见从 36 个数字(范围 1～36)中筛选出 7 个不重复的数字,这一操作就可以通过 random 模块并结合列表来实现。

实例：实现 36 选 7 抽奖程序

```
# coding:UTF-8
from random import *                              # 模块导入
numbers = []                                      # 定义一个空的列表
while len(numbers) != 7:                          # 列表数据不足 7 个则循环
    num = randint(1, 36)                          # 随机生成一个数字
    if num not in numbers:                        # 列表中是否有数据
        numbers.append(num)                       # 向列表保存生成的数据
numbers.sort()                                    # 数据排序
print("选出的数字内容为：%s" % numbers)          # 输出结果
程序执行结果：
选出的数字内容为：[1, 4, 10, 16, 19, 20, 27]
```

本程序采用循环形式进行数据筛选，当所选择的数据不足 7 位时，将持续进行循环数据生成与判断。

实例：随机抽取序列内容

```
# coding:UTF-8
from random import *                              # 模块导入
```

```
numbers = [item * 2 for item in range(10)]          # 生成一个偶数列表（0～9 生成数据乘 2）
for item in range(5):                               # 从列表随机抽取 5 个内容
    print(choice(numbers), end="、")                 # 输出随机抽取结果
程序执行结果:
12、2、12、12、0、
```

本程序通过循环的形式生成了一个包含有 10 个数字的偶数列表，随后利用 choice()函数从列表中随机抽取数据。

6.2.6　MapReduce 数据处理

视频名称	0611_MapReduce 数据处理
课程目标	理解
视频简介	MapReduce 是现代数据分析的基础理论，Python 中的序列支持 MapReduce 操作。本课程通过列表结构讲解了过滤、处理、统计等操作的实现。

Python 序列可以实现多个相关数据的存储，在很多时候对于存储在序列中的数据往往都需要进行过滤、处理以及分析操作，在数据量小的情况下，开发者可以直接使用 for 循环与判断的模式处理，但是在数据量较大的情况下，为了可以快速地获取数据统计结果，就可以利用 Python 中提供的表 6-5 所示的三个函数来进行操作。

表 6-5　数据处理函数

序　号	函　数	描　述
1	filter(function, sequence)	对传入的序列数据进行过滤
2	map(function, sequence)	对传入的序列数据进行处理
3	reduce(function, sequence)	对传入的序列数据进行统计

表 6-5 所示的三个函数往往都会与 lambda 函数联合使用，本次将通过图 6-9 所示的结构讲解这几个函数的使用。

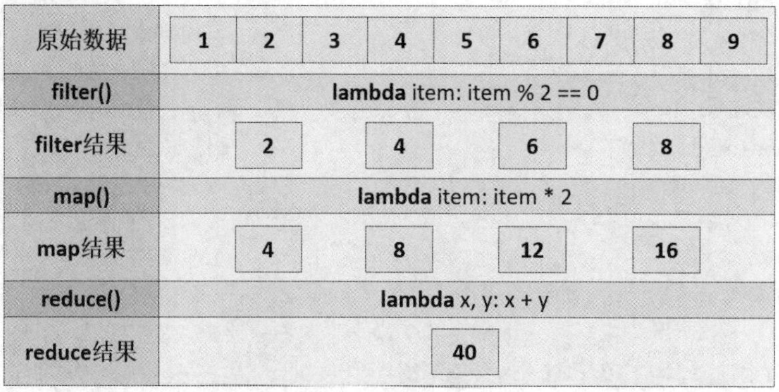

原始数据	1	2	3	4	5	6	7	8	9
filter()	**lambda** item: item % 2 == 0								
filter结果	2		4		6		8		
map()	**lambda** item: item * 2								
map结果	4		8		12		16		
reduce()	**lambda** x, y: x + y								
reduce结果	40								

图 6-9　数据处理函数

实例：MapReduce 数据处理

```
# coding:UTF-8
from random import *                                # 模块导入
```

```
numbers = [1, 2, 3, 4, 5, 6, 7, 8, 9]                           # 定义数据列表
filter_result = list(filter(lambda item: item % 2 == 0, numbers))  # 数据过滤
print("filter()函数过滤后的列表数据: %s" % filter_result)        # 输出过滤后的列表
map_result = list(map(lambda item: item * 2, filter_result))      # 每个数据乘 2 保存
print("map()函数处理后的列表数据: %s" % map_result)              # 输出处理后的列表
from functools import reduce                                      # 导入 functools 模块
reduce_result = reduce(lambda x, y: x + y, map_result)            # 对处理后的数据进行统计
print("reduce()函数处理后的数据累加结果: %d" % reduce_result)    # 输出数据统计后的结果
程序执行结果:
filter()函数过滤后的列表数据: [2, 4, 6, 8]
map()函数处理后的列表数据: [4, 8, 12, 16]
reduce()函数处理后的数据累加结果: 40
```

本程序针对一个给定数字序列进行了数据的筛选（filter()）、数据处理（map()）以及统计（reduce()）操作，在使用 Python 进行海量数据处理时常用到这类操作。

 提示：关于 MapReduce 的名词说明

　　MapReduce 是一种分布式计算模型，最初由 Google 提出，主要应用于搜索领域，解决海量数据的计算问题，在 MapReduce 模型中一共分为两个部分：map（数据处理）与 reduce（统计计算）。

6.3　Python 环境管理

　　一个编程语言能否被广泛使用有两个核心因素：一个因素是语言自身的特点突出，另外一个因素就是开发的支持到位，Python 之所以会成为流行的编程语言，实际上也是依靠了这两点，Python 为了方便开发，提供了许多功能开发模块，开发者只需要使用这些模块就可以非常轻松地编写项目代码。

　　Python 中的模块可以分为两类。

- **远程服务器仓库：** 保存官方发布的 Python 模块，供所有开发者使用，需要单独下载。
- **本地模块仓库：** 用户自定义模块、系统模块以及从远程服务器仓库下载的模块都保存在本地仓库中，这样开发者才可以使用 import 语句导入并使用。

　　Python 提供了非常方便的开发包管理程序，同时为了防止公共开发环境受到过多的污染，Python 也支持虚拟开发环境。本节将针对这些操作进行讲解。

6.3.1　pip 模块管理工具

视频名称	0612_pip 模块管理工具	
课程目标	掌握	
视频简介	项目开发除了使用系统自身提供的模块之外，也要采用大量的第三方处理模块，为此 Python 提供了一个 pip 管理工具。本课程讲解了如何通过 pip 管理工具实现对第三方模块的安装、更新与卸载操作。	

　　在开发过程中，如果开发者发现某些模块需要通过远程服务器仓库进行下载，就可以利用 pip 工具（Python 包管理工具）进行模块下载，而对于下载到本地仓库的模块也可以利用 pip 工具进行删除、更新等操作。pip 工具示意图如图 6-10 所示。

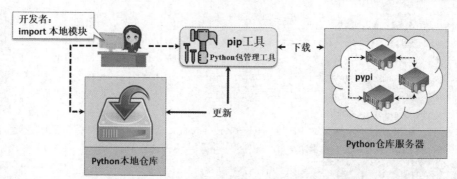

图 6-10　pip 工具示意图

提示：关于 pip 工具

使用过 Linux 或 UNIX 的读者应该清楚，这些系统都会提供组件下载工具，如 yum、apt-get 等命令，而 pip 工具与这些命令的作用相同。在 Python 中 pip 有可能会提供 pip 与 pip3 两种命令，这主要是因为 Python 2.x 与 Python 3.x 的版本区别所造成的。Python 2.x 为 pip 命令，Python 3.x 为 pip3 命令，但是如果开发者计算机上只有一个 Python 3.x 运行环境，则两个命令的功能是相同的。

当使用 pip 下载模块后，模块的保存路径为 "{PYTHON_HOME}\Lib\site-packages"。

在安装 Python 开发环境的时候就已经自动安装了 pip 工具，所以用户只需要在命令行方式下直接输入 pip 命令就可以执行 pip 工具，如果要想查看命令帮助，则直接输入 "pip --help" 即可得到图 6-11 所示的帮助信息。

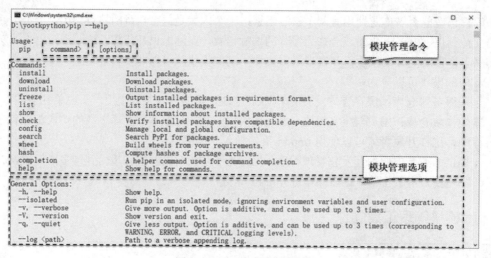

图 6-11　pip 命令帮助信息

提示：关于 pip 命令更新提示

在使用 pip 命令进行模块管理时，有可能会出现如下的提示信息。

```
You are using pip version 10.0.1, however version 18.1 is available.
You should consider upgrading via the 'python -m pip install --upgrade pip' command.
```

该提示信息实际上是告诉开发者本地的 pip 工具需要更新，并且给出了更新命令，开发者只需要执行此更新命令，以后就不会出现这些提示信息了。

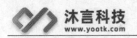

在 Python 仓库中可能会提供有无数个开发模块，而功能类似的模块也会有许多，为了方便用户下载，pip 提供有查询命令，可以依据关键字进行模块查找。

实例：查询 pymysql 模块是否存在

```
pip search pymysql
```

此时会依据查询的关键字 pymysql 进行检索。查询结果如图 6-12 所示。

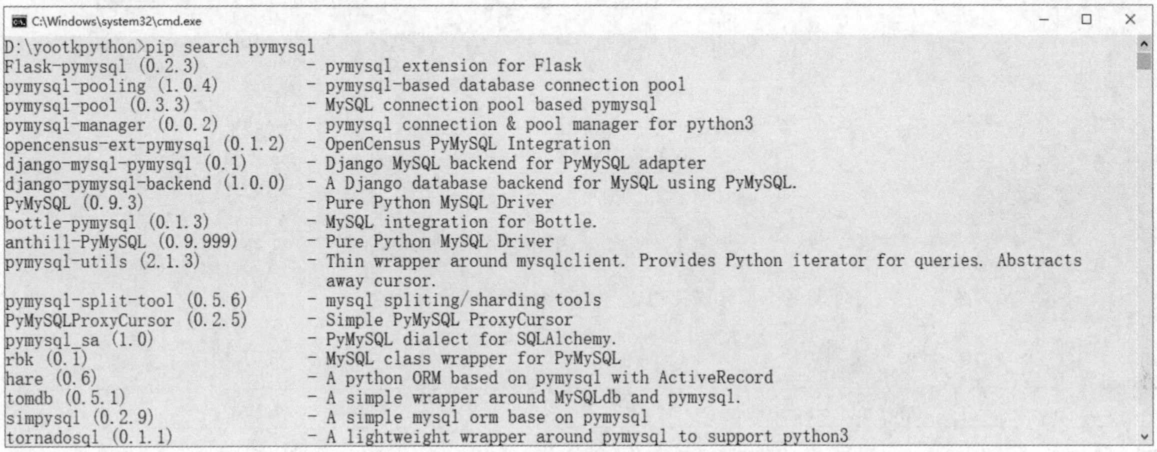
```
C:\Windows\system32\cmd.exe
D:\yootkpython>pip search pymysql
Flask-pymysql (0.2.3)              - pymysql extension for Flask
pymysql-pooling (1.0.4)            - pymysql-based database connection pool
pymysql-pool (0.3.3)               - MySQL connection pool based pymysql
pymysql-manager (0.0.2)            - pymysql connection & pool manager for python3
opencensus-ext-pymysql (0.1.2)     - OpenCensus PyMySQL Integration
django-mysql-pymysql (0.1)         - Django MySQL backend for PyMySQL adapter
django-pymysql-backend (1.0.0)     - A Django database backend for MySQL using PyMySQL.
PyMySQL (0.9.3)                    - Pure Python MySQL Driver
bottle-pymysql (0.1.3)             - MySQL integration for Bottle.
anthill-PyMySQL (0.9.999)          - Pure Python MySQL Driver
pymysql-utils (2.1.3)              - Thin wrapper around mysqlclient. Provides Python iterator for queries. Abstracts
                                     away cursor.
pymysql-split-tool (0.5.6)         - mysql spliting/sharding tools
PyMySQLProxyCursor (0.2.5)         - Simple PyMySQL ProxyCursor
pymysql_sa (1.0)                   - PyMySQL dialect for SQLAlchemy.
rbk (0.1)                          - MySQL class wrapper for PyMySQL
hare (0.6)                         - A python ORM based on pymysql with ActiveRecord
tomdb (0.5.1)                      - A simple wrapper around MySQLdb and pymysql.
simpysql (0.2.9)                   - A simple mysql orm base on pymysql
tornadosql (0.1.1)                 - A lightweight wrapper around pymysql to support python3
```

图 6-12　查询 pymysql 模块

当开发者确认 pymysql 模块存在后，可以直接执行 install 命令进行模块安装。

实例：为本地 Python 环境安装 pymysql 模块

```
pip install pymysql
```

本命令通过 pip 工具安装了一个 pymysql，命令执行后若指定的模块存在，就会出现下载信息，pip 会自动将指定的模块安装到当前所使用的 Python 环境中。

提示：模块可以直接下载

如果现在开发者只是希望下载模块，而不想让该模块被安装到 Python 环境中，则可以使用 download 命令完成。

实例：将开发包下载到本地

```
pip download pymysql
```

命令执行完毕后会自动将 pymysql 模块下载到当前所在的目录中。

随着时间的推移，在开发者的 Python 开发环境中一定会存在有大量的第三方模块，为了方便开发者浏览，pip 工具可以直接列出所有已安装的模块信息。

实例：列出本地所有已安装的模块

```
pip list
```

命令执行后会自动列出在当前 Python 环境中所有第三方的模块名称以及对应的版本编号。

提问：如果模块版本更新了怎么办？

所有广泛流行的第三方模块往往都会进行持续的更新，以完善其自身的功能，如果现在某些模块服务器更新

了，那么本地该如何更新呢？

 回答：pip 提供过期模块检查与更新支持。

利用 pip 工具可以直接列出已过期的模块（已经推出更高版本）。

实例：列出所有已被更新的模块

```
pip list --outdated
```

命令执行后会详细列出所有可以更新的模块（相当于版本号已经过期的模块），如图 6-13 所示。

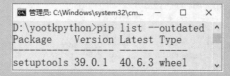

图 6-13　列出可以更新的模块

此时列出的所有已经过期的模块信息可以使用以下命令对指定模块进行更新。

实例：更新指定模块

```
pip install --upgrade setuptools
```

命令执行后会自动下载新版本的模块，但是需要注意的是 pip 命令本身不提供全局过期模块更新操作。

当某些模块不再使用时，为了便于 Python 环境的维护，也可以进行模块卸载操作。

实例：卸载本地 pymysql 模块

```
pip uninstall pymysql -y
```

本程序卸载了 pymysql 模块，如果不加入参数 "-y"，则会在卸载时要求用户自己手工输入 y 表示允许卸载。

6.3.2　虚拟环境

	视频名称	0613_虚拟环境
	课程目标	掌握
	视频简介	虚拟环境是 Python 项目开发中使用最多的一种模式，利用虚拟环境的配置可以避免因模块版本不同所造成的影响，也使得项目的开发更加具有良好的隔离性。本课程讲解了虚拟环境的主要作用，并通过具体的操作演示了虚拟环境的创建与使用。

在开发者的计算机中，往往会存在有多个 Python 项目，有的项目可能是一年前开发的，有的项目可能是现在正在编写的，尤其当项目需要引入大量的第三方模块时，就有可能会因为模板更新而导致新模块与以前的项目产生冲突，并造成项目运行出错，所以 Python 中为了解决不同项目的模块版本冲突问题，提供了 virtualenv 虚拟环境，利用不同的虚拟环境管理不同版本的模块，如图 6-14 所示，这样就可以避免模块更新所带来的影响。

开发者必须通过 pip 安装 virtualenv 工具后才可以根据自己的需要创建虚拟环境，在每一个虚拟环境下进行的模块管理都只针对该虚拟环境有效，不会影响到外部的 Python 运行环境。

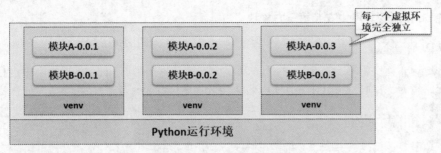

图 6-14　virtualenv 虚拟环境

实例： 安装 virtualenv 工具

```
pip install virtualenv
```

> **提示：virtualenv 版本更新问题**
>
> 　　在新版本的 "virtualenv" 工具中，如果直接使用以上命令下载得到的组件包可能无法正确使用命令，读者可以更换为如下命令：
>
> ```
> python -m pip install --upgrade virtualenv==16.7.9
> ```
>
> 　　该命令的主要作用是指定下载的 "virtualenv" 版本。

　　此时是在公共的 Python 运行环境下安装的 virtualenv 工具，所以该工具会保存在 "{PYTHON_HOME}\Scripts" 目录中，由于该目录已经在 path 环境属性中进行了配置，所以就可以直接执行命令。

　　在每一个 Python 项目中实际上都应该提供有一个虚拟环境，现在假设项目的保存路径为 d:\yootk，创建好此目录后，就可以直接在目录中创建一个 venv 的虚拟环境。

实例： 在 d:\yootk 目录下创建一个 Python 虚拟运行环境

```
virtualenv --no-site-packages venv
```

　　程序执行后的信息提示如图 6-15 所示，此时创建了一个名为 venv 的虚拟环境，在此虚拟环境中有自己的管理命令与模块保存目录，由于在创建虚拟环境时使用了 --no-site-packages 参数，所以已经安装到 Python 环境中的所有第三方模块都不会被复制过来，相当于开发者得到了一个 "纯净" 的 Python 运行环境。

　　创建完成的虚拟环境默认情况下是不会启动的，所以虚拟环境中所提供的所有命令都无法被直接应用，开发者需要手工激活虚拟环境，激活路径 "{项目路径}\{虚拟环境名称}\Scripts\activate.bat"。

实例： 激活 venv 虚拟环境

```
d:\yootk\venv\Scripts\activate.bat
```

　　命令执行后会进入到虚拟环境中，如图 6-16 所示，在此环境下所做的修改不会影响到外部 Python 环境。

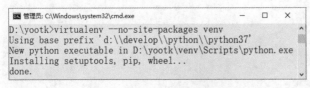

图 6-15　创建 venv 虚拟环境

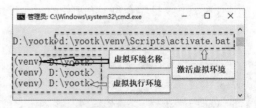

图 6-16　Python 虚拟环境

实例： 在 venv 虚拟环境中安装第三方模块

```
pip install pymysql
```

此时的 pymysql 模块将不会在全局 Python 环境中安装，只在当前 venv 虚拟环境中进行安装，模块安装后的保存路径为"{项目目录}\{虚拟环境名称}\Lib\site-packages"。

> **提示：直接编写代码**
>
> 如果现在要进行代码的编写与运行，直接在项目目录中的 d:\yootk 中定义*.py 文件，通过虚拟环境执行就可以使用虚拟环境下的模块以及配置信息了。

实例： 退出虚拟环境

```
d:\yootk\venv\Scripts\deactivate.bat
```

命令执行后就会退出虚拟环境，如果再次执行相关的 Python 命令，将采用的是全局 Python 环境。需要注意的是，一旦退出虚拟环境，虚拟环境中所有的第三方模块都将无法使用。

6.3.3　模块打包

	视频名称	0614_模块打包
	课程目标	理解
	视频简介	项目可以拆分为若干个模块，每一个模块都需要进行单独的维护，为了方便不同项目之间模块的引用，模块必须通过打包的形式进行管理。本课程讲解了模块打包函数的配置以及打包处理操作。

在大型项目的开发中，为了使开发职责更加明确，也为了方便代码的维护，往往会将大型项目拆分为若干个模块，每个模块交由不同的开发人员完成，最后在主项目中集成这些模块就可以实现完整的项目定义，如图 6-17 所示。

图 6-17　模块打包

由于每一个模块中可能包含有若干个*.py 的程序文件，为了这些文件的管理方便，同时也为了节约网络带宽，在进行项目打包时往往会采用压缩文件的形式进行定义。

Python 为了方便进行模块打包，专门提供了一个 setuptools 模块，利用此模块中定义的 setup()函数并结合表 6-6 所示的参数配置，就可以将模块打包为一个后缀名称为*.whl（被称为 wheel 轮子文件）的模块文件，该文件中会包含有相应的包和模块程序文件定义。模块打包目录结构如图 6-18 所示。

> **提示：关于 wheel 文件**
>
> 在计算机编程世界里有一句著名的梗："不要重复发明轮子"，轮子是 Python 对这些打包模块的一种统称，wheel 文件的本质就是一个*.zip 的二进制压缩包，它的出现是为了替代 Eggs 文件（后缀名称为*.egg，最早在 setuptools 引入的一种文件格式）。

表 6-6 setup()函数常用打包参数

序 号	参数名称	描 述
1	name	打包后生成文件名称
2	version	打包后生成的版本编号
3	author	程序开发作者姓名
4	author_email	程序开发作者邮箱地址
5	maintainer	程序维护者姓名
6	maintainer_email	程序维护者邮箱
7	url	程序开发官网地址
8	license	程序授权信息
9	description	程序基础描述信息
10	long_description	程序详细描述信息
11	platforms	程序适用的软件平台列表
12	classifiers	程序所属分类
13	keywords	程序关键字列表
14	packages	打包目录（包含 "__init__.py" 文件目录），可以使用 find_packages()配置
15	data_files	打包所需要的数据文件
16	scripts	程序安装时要执行的脚本列表
17	package_dir	定义模块源代码映射目录
18	package_data	定义包含的数据文件配置
19	exclude	定义排除文件

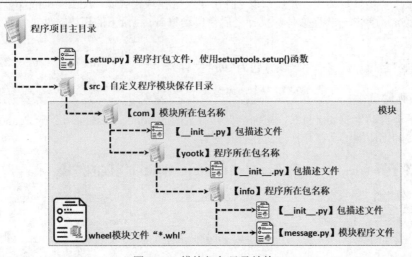

图 6-18 模块打包目录结构

为了帮助读者理解打包的操作，下面通过一个具体案例实现项目打包文件的定义，并依据此文件创建 "whl 程序包"。

实例：定义 setup.py 打包文件

```
# coding:UTF-8
from setuptools import setup, find_packages        # 导入打包所需要的模块
setup(                                             # 定义打包配置
```

```
    name="yootk-message",                                  # 打包文件名称
    version="0.1",                                         # 模块版本编号
    author="李兴华",                                        # 模块作者
    url="http://www.yootk.com",                           # 模块网站
    description="Get Yootk Information." ,                 # 短描述信息
    long_description="获取 Yootk 网站信息的组件模块",         # 长描述信息
    packages=find_packages("src"),                        # 定义模块查找目录
    package_dir={"": "src"},                              # 告诉 setuptools 包都在 src 下
    package_data={                                        # 配置其他的文件的打包处理
        "": ["*.txt", "*.info", "*.properties"],         # 配置模块包含文件后缀类型配置
        "": ["data/*.*"],                                # 包含 data 文件夹中的所有文件
    },
    exclude=["*.test", "*.test.*", "test.*", "test"],     # 排除所有测试包
    classifiers=[                                         # 程序使用环境
        'Environment :: Web Environment',
        'Intended Audience :: Developers',
        'License :: OSI Approved :: BSD License',
        'Operating System :: OS Independent',
        'Programming Language :: Python',
        'Programming Language :: Python :: 2',
        'Programming Language :: Python :: 3',
    ]
)
```

本程序定义了一个打包文件，并且在该文件中定义了模块相关属性配置，setup.py 文件定义完成后就可以通过 python 命令执行程序文件，执行之后会自动将 src 目录下的模块文件进行打包（最终只包含 src 子目录信息）。

实例：模块打包操作（将程序模块打包为*.whl 文件）

```
python setup.py bdist_wheel
```

程序执行后会自动生成 dist 目录，里面会保存有生成的 yootk_message-0.1-py3-none-any.whl 文件，开发者可以直接利用压缩工具打开打包文件查看内容。

 提示：关于 error: invalid command 'bdist_wheel' 错误的解决

如果开发者计算机上缺少相应的安装包，或者 setuptools 工具版本过期，在执行时就有可能出现无法创建*.whl 的错误，此时可以采用以下方式解决。

  ⤵ 更新本地 setuptools 工具版本：pip install --upgrade setuptools。
  ⤵ 安装 wheel 工具：pip install wheel。

此时项目只是一个完全独立的模块文件，并没有安装到项目之中，开发者可以使用以下的命令安装模块。

实例：模块安装

```
python setup.py install
```

命令执行后会自动在{PYTHON_HOME}\Lib\site-packages 目录下保存模块信息。

6.3.4 Pypi 模块发布

视频名称	0615_Pypi 项目发布
课程目标	理解
视频简介	Python 提供有庞大的开发群体，为了方便对所有开源项目的管理，Python 提供了公共的仓库发布服务站点 Pypi。本课程主要讲解如何在公共仓库将打包完成的项目进行提交、版本维护、删除项目等操作。

Python 的快速发展离不开全世界的开源爱好者们，正是因为这些开源爱好者们不断地为 Python 丰富各个功能模块才使得 Python 的开发支持越来越丰富。Python 为了方便管理和使用这些开源项目，建立了一个第三方库的仓库——Pypi（Python Package Index），所有的开发者都可以在该网站进行注册并通过 Python 提供的工具在 Pypi 上发布自己的作品供所有开发者使用。Pypi 仓库如图 6-19 所示。

图 6-19　Pypi 仓库

Pypi 官方站点为 www.pypi.org，用户注册并登录后就可以看见如图 6-20 所示的模块列表页面。

图 6-20　Pypi 个人管理页面

如果要上传模块，可以通过 twine 工具完成，Python 的默认开发环境中并不提供该工具，开发者需要通过 pip 工具进行安装。

实例：安装 twine 工具

```
pip install twine
```

工具下载完成后就可以直接进行上传，由于所有打包的模块都保存在了 dist 子目录中，此时可以直接将此目录下的模块全部上传。

实例：通过 twine 工具上传模块

```
twine upload dist/*
```

命令执行后会要求开发者输入 Pypi 的用户名与密码，用户认证信息通过后会显示上传进度，如图 6-21 所示。

图 6-21　上传模块

模块上传完成之后就可以在用户模块列表上看见如图 6-22 所示的界面。

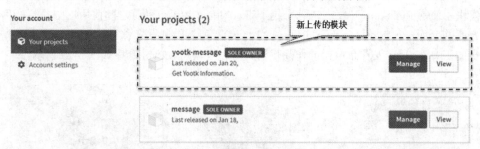

图 6-22　Pypi 模块列表

提问：如何简化 Pypi 认证信息的输入？

　　每次使用 twine 工具上传操作时，都需要输入用户的认证信息（用户名和密码），这样的重复操作过于麻烦，有解决方法吗？

回答：定义 .pypirc 配置文件。

　　在使用 Pypi 上传时可以直接在用户信息根目录下创建一个 .pypirc 配置文件，在该文件中可以对 Pypi 的相关信息进行配置。

实例：将用户名和密码定义在 .pypirc 文件中

```
[pypi]
username=登录用户名
password=登录密码
```

定义之后在模块上传时就不需要重复进行用户名和密码的输入了。

　　在模块发布到 Pypi 仓库之后，所有的开发者就可以直接利用 pip 工具在本地搜索和安装相应模块。

实例：通过 pip 搜索模块

```
pip search yootk
程序执行结果：
yootk-message (0.1) - Get Yootk Information.
```

　　此时实现了模块名称模糊搜索的操作，可以发现此时上传到 Pypi 的模块将会被全世界的 Python 开发者共享。

6.4 本章小结

1．利用模块可以对大型项目进行拆分，利用模块可以保存不同的程序功能，并且在需要的时候进行导入。

2．模块导入命令有两种：import 和 from-import，前者使用模块完整名称导入，后者可以直接导入指定模块的指定结构。模块导入也可以使用通配符"*"进行自动导入。

3．在 Python 中所有的包必须提供有"__ini__.py"文件后才可以称为包，没有此文件的包在进行项目打包处理时将不会被系统所识别。

4．Python 项目中利用 sys 模块可以设置模块的加载路径，也可以获取操作系统的相关信息。

5．Python 中除了支持引用传递外，也可以实现内容拷贝。拷贝操作有浅拷贝和深拷贝两种，浅拷贝不会复制嵌套的引用类型，而深拷贝会进行全部嵌套内容的拷贝。

6．偏函数可以为参数过多的函数定义固定参数内容，以降低函数调用难度。

7．random 随机数模块可以方便地生成指定范围的随机数据，也可以随机抽取一个序列中的内容。

8．MapReduce 实现了一个数据的基础分析模型，序列可以直接结合 lambda 函数进行数据分析统计。

9．Python 提供有大量的第三方开发模块，开发者可以利用 pip 工具对 Python 仓库进行搜索与下载。

10．在开发中为了保证开发环境的纯净，同时避免不同模块版本所造成的影响，Python 提供有虚拟环境，每个虚拟环境独立存在。

11．模块开发完毕后可以直接将其打包为"*.whl"压缩文件供其他开发者使用。

12．为了方便开发者与全世界的 Python 开发者共享自己定义的模块，Python 提供了 twine 工具以实现模块的发布。

第 7 章　PyCharm 开发工具

学习目标

➲ 掌握 PyCharm 开发工具的使用，并进行 Python 程序的开发；
➲ 掌握 PyCharm 开发工具提供的 debug 工具的使用；
➲ 掌握 PyCharm 第三方模块的导入与使用。

Python 项目开发中为了提升代码的开发效率，往往会借助于一些集成开发环境（Integrated Development Environment，IDE）工具，在 Python 项目开发中，PyCharm 开发工具被广泛使用。本章将讲解 PyCharm 工具的使用。

7.1　PyCharm 开发工具简介

视频名称	0701_PyCharm 开发工具简介
课程目标	了解
视频简介	为了提高程序的编写速度，实际项目开发过程往往会借助于开发工具，在 Python 中常见的开发工具有两种：Eclipse 和 PyCharm。本课程讲解了这两种开发工具的区别，同时重点介绍了 PyCharm 开发工具的特点以及下载与安装。

PyCharm 是由 JetBrains 开发的一款 Python 开发工具，利用此工具开发项目，可以对代码的关键字进行高亮显示，也可以在程序编写过程中直接针对开发者出现的语法错误进行纠正或代码提示。用户如果要想获取此工具，可以直接登录 http://www.jetbrains.com 网站下载，如图 7-1 所示。

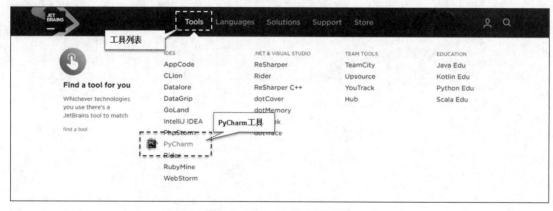

图 7-1　JetBrains 工具列表页

打开 PyCharm 页面后可以选择 Download（下载），而后下载专业版（Professional），如图 7-2 所示。

下载的工具可以直接启动进行安装，由于 PyCharm 工具默认提供有 32 位与 64 位两种安装模式，开发者只需要依据自己的计算机硬件环境进行选择即可，如图 7-3 所示。安装完成后可以直接启动 PyCharm 工具，如图 7-4 所示。

图 7-2　PyCharm 下载版本

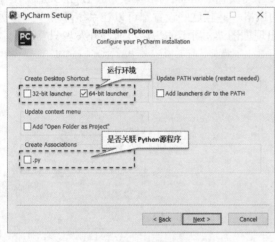

图 7-3　安装配置　　　　　　　　　　图 7-4　安装完成

> **提示：关于 Eclipse 开发工具**
>
> 　　著名的 Eclipse 开发工具实际上也可以进行 Python 项目的开发，但是如果开发者要使用 Eclipse，则需要在自己计算机上安装 JDK，而后再安装 PyDev 插件。本书之所以选择 PyCharm 工具，主要原因有以下三点。
>
> ❦ Eclipse 需要很多 Java 相关的开发环境配置，为避免相关概念的理解困难，所以没有选用。
>
> ❦ 在一些环境下开发者有可能安装不了 PyDev 插件，导致增加学习的烦恼。
>
> ❦ PyCharm 是一个纯粹的且流行的 Python 开发工具，且被广泛使用。

7.2　配置 PyCharm 开发工具

视频名称	0702_PyCharm 配置	
课程目标	掌握	
视频简介	PyCharm 工具是一个高度集成的 Python 开发环境。在本课程中讲解了如何进行 PyCharm 工具的启动配置、Python 项目创建、字体更改、快捷键配置等内容。	

　　PyCharm 安装完成之后可以直接启动，在启动前首先会询问用户是否要导入已经存在的用户配置，如果开发者是第一次启动 PyCharm 工具，那么直接选择不导入任何配置即可，如图 7-5 所示。

当用户第一次启动 PyCharm 工具时，还会进行使用授权的询问，如果用户选择 Continue，则表示接受协议；如果选择 Reject and Exit，则会立即退出 PyCharm 工具，如图 7-6 所示。

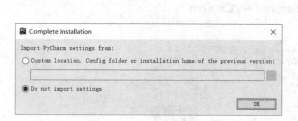

图 7-5　是否导入已经存在的其他版本配置

图 7-6　授权确认

为了方便用户开发，PyCharm 工具默认提供有两种开发模式 Darcula（暗黑系）和 Light（光明系），如图 7-7 所示，开发者可以根据自己的喜好选择不同的风格，并且这些设置都可以在系统环境中进行更改。由于 PyCharm 属于商业发行版本，所以在最后会出现如图 7-8 所示的激活页面，开发者只需要输入正确的激活码即可进入 PyCharm 主界面。

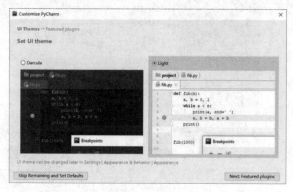

图 7-7　界面风格

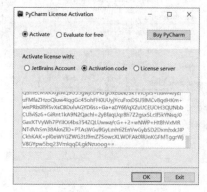

图 7-8　授权码

PyCharm 工具启动之后会出现如图 7-9 所示的界面，用户可以选择 Create New Project（创建新的项目），随后选择 Pure Python（纯净的 Python 项目），输入项目的保存路径。为了防止 Python 公共环境的破坏，新建立的项目都可以创建相应的虚拟环境，如图 7-10 所示。

图 7-9　创建新的 Python 项目

图 7-10　设置项目虚拟环境

选择 Create，即可进行项目创建并启动图 7-11 所示的 PyCharm 主界面。

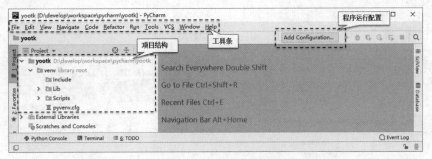

图 7-11 PyCharm 主界面

提示：关于 PyCharm 快捷键

如果开发者使用过 IDEA 开发工具，那么对于 PyCharm 工具的快捷键就应该比较熟悉了。如果开发者习惯于使用 Eclipse 开发工具，也可以将快捷键更换为 Eclipse 风格。更换方法如下：File→Settings→Keymap，在列表中选择开发者习惯使用的快捷键组，如图 7-12 所示。

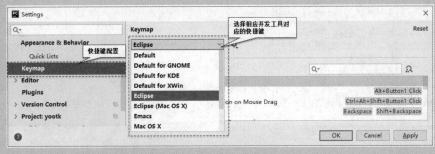

图 7-12 修改快捷键

7.3 开发 Python 程序

视频名称	0703_开发 Python 程序	
课程目标	掌握	
视频简介	为了方便进行代码的管理，PyCharm 开发工具中所有的程序都是以项目的形式统一存储，在项目中开发者可以建立自己的模块，可以直接在开发工具中编写代码并运行程序。本课程将通过实际的演示讲解 PyCharm 工具的相关使用。	

项目创建完成后就可以直接进行 Python 程序的创建，在项目上右击，并在弹出的快捷菜单中选择 New→Python File 选项，就可以直接创建 Python 程序代码，如图 7-13 所示。随后在弹出的对话框中输入程序文件的名称 hello，然后单击 OK 按钮，如图 7-14 所示。该程序的主要功能是进行信息输出。

图 7-13 创建 Python 程序文件

图 7-14 输入文件名称

实例：编写 hello.py 程序文件

```python
# coding:UTF-8
print("沐言优拓：www.yootk.com")                    # 信息输出
```

在第一次运行时开发者需要右击代码并在弹出的快捷菜单中选择 Run 'hello'选项，随后就会在程序执行窗口上出现相应的程序快捷执行按钮，如图 7-15 所示。

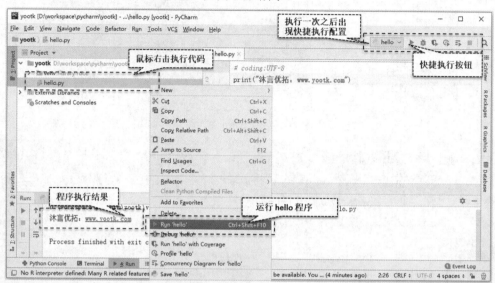

图 7-15　Python 程序执行

提示：关于输出信息颜色配置

在 PyCharm 工具中使用 print()输出信息时，可以通过转义序列实现文字与背景颜色的更换，进行颜色设置采用以下的结构。

```
print("\033[显示方式;前景色;背景色 m     显示内容     \033[0m")
```

在给定的格式中如果要进行颜色控制，则需要两个操作部分。

ᕦ　开始部分：\033[显示方式;前景色;背景色 m。

ᕦ　结束部分：\033[0m（结束部分与开始部分相同，但是习惯上采用此类方式简化）。

颜色的控制分为三个部分：显示方式、前景色、背景色，这三个内容都是可选参数，可以只写其中的某一个。另外，由于表示三个参数不同含义的数值都是唯一而且无重复，所以三个参数的书写先后顺序没有固定要求，系统都能识别，但是，建议按照默认的格式规范书写。

数值表示的参数含义如下。

ᕦ　显示方式：0（默认值）、1（高亮）、22（非粗体）、4（下划线）、24（非下划线）、5（闪烁）、25（非闪烁）、7（反显）、27（非反显）。

ᕦ　前景色：30（黑色）、31（红色）、32（绿色）、33（黄色）、34（蓝色）、35（洋红）、36（青色）、37（白色）。

ᕦ　背景色：40（黑色）、41（红色）、42（绿色）、43（黄色）、44（蓝色）、45（洋红）、46（青色）、47（白色）。

实例：设置输出文本颜色

```
# coding:UTF-8
# 字体采用高亮显示（1）、红色前景色（31）、黑色背景色（40）
print("\033[1;31;40m李兴华老师带你玩转 Python\033[0m")     # 彩色信息输出
```

此时就可以改变输出的显示颜色，但是这种设置只算是一种娱乐，在实际开发中的意义不大。

当程序第一次执行之后就可以自动出现在 PyCharm 的配置窗口，如果开发者需要进行初始化参数的设置，则可以进入到配置环境进行设置，如图 7-16 所示。进入到相应配置环境后在如图 7-17 所示的界面中输入初始化参数，而要想获取这些初始化参数，则必须通过 sys 模块完成。

图 7-16　配置代码执行参数

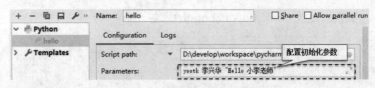

图 7-17　输入初始化参数

实例：输出配置的初始化参数

```
# coding:UTF-8
import sys                            # 导入 sys 模块
for item in sys.argv:                 # 循环输出设置的初始化参数
    print(item, end="、")              # 输出数据
程序执行结果：
yootk/hello.py（程序文件名称）、yootk、李兴华、Hello 小李老师、
```

程序执行后就可以输出在 hello 配置中所定义的全部初始化参数内容。

7.4　代码调试

视频名称	0704_代码调试	
课程目标	掌握	
视频简介	程序是一个逻辑性非常强的整体，但是在开发中难免会出现各种漏洞（bug），所以开发工具为用户提供了代码调试的功能，利用调试可以实现代码逐行跟踪。本课程主要讲解如何在 PyCharm 工具中使用 debug 进行代码调试。	

　　使用 IDE 工具的最大作用在于可以方便地进行代码的调试操作，利用调试功能可以实现对代码执行的逐步跟踪，这样就可以直观地确认程序出错的位置。为了方便调试，下面将创建一个 com.yootk.util.math 模块，由于在 PyCharm 工具中，包和模块需要分开创建，所以首先要创建一个 com.yootk.util 包，按照如图 7-18 所示菜单执行，随后在弹出的 New Package 对话框中输入要创建的包名称，单击 OK 按钮，如图 7-19 所示。

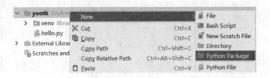

图 7-18　创建 Python 包

图 7-19　输入包名称

　　包创建完成后，PyCharm 工具会自动帮助用户在每个包中创建 __init__.py 描述文件，随后用户就可以在指定的包中创建相应的 Python 模块（Python File），如图 7-20 所示。本次创建了一个名为 math 的模块，如图 7-21 所示。

图 7-20　在子包中创建模块

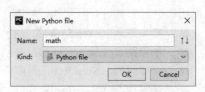

图 7-21　输入模块名称

实例： 定义 com.yootk.util.math 模块

```python
# coding:UTF-8
def add(*numbers):                                  # 定义函数
    """
    实现一个任意多个数字的累加操作
    :param numbers: 进行累加操作的数字元组
    :return: 数字累加结果
    """
    sum = 0                                          # 保存数字累加结果
    for num in numbers:                             # 迭代元组
        sum += num                                  # 数字累加
    return sum                                       # 返回累加结果
```

模块定义完成之后可以在项目根路径下创建一个 debug_math.py 程序模块，进行 math 模块中的函数调用。

实例： 编写 debug_math.py 调用 math.add()函数

```python
# coding:UTF-8
from com.yootk.util.math import *
def main():                                          # 定义主函数
    """
    定义程序主函数，程序从此处开始执行
    """
    print("数字累加计算结果：%d" % add(1, 2, 3))      # 调用 add()函数
if __name__ == "__main__":                          # 判断当前执行结构名称
    main()                                           # 【断点设置此处】执行定义主函数
```

本程序在主函数中调用了 math.add()函数，随后在需要设置断点的位置上单点鼠标就会出现一个红点，断点设置如图 7-22 所示，断点设置完成后在要执行的程序代码上右击并在弹出的快捷菜单中选择相应调试模式，如图 7-23 所示。

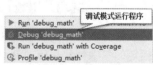

图 7-22　设置断点　　　　　　　　　　图 7-23　调试模式启动

调试模式执行后，代码会在断点处暂停执行，随后会出现图 7-24 所示的代码调试界面，开发者可以利用调试控制工具进行程序执行控制，有以下几种控制模式。

- **单步进入（Step Into）：** 是指进入到执行的方法之中观察方法的执行效果，快捷键为 F5。
- **单步跳过（Step Over）：** 在当前代码的表面上执行，快捷键为 F6。
- **单步返回（Step Return）：** 不再观察了，而返回到进入处，快捷键为 F7。
- **恢复执行（Resume）：** 停止调试，而直接正常执行完毕，快捷键为 F8。

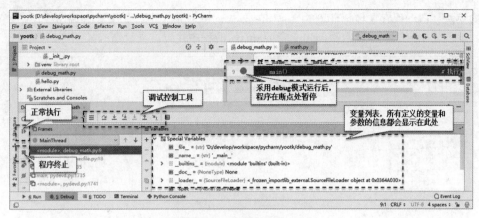

图 7-24　代码调试界面

7.5　模块导入与使用

视频名称	0705_模块导入与使用
课程目标	掌握
视频简介	模块是 Python 的重要组成，在 Python 中创建的项目都会通过虚拟环境进行模块的管理。本课程主要讲解如何在 PyCharm 项目中为每一个项目进行第三方模块的下载与使用。

　　PyCharm 创建的项目都提供有虚拟环境，开发者的所有操作都是针对虚拟环境的配置，每一个虚拟环境可以单独下载自己所需要的第三方模块，如果要通过仓库下载第三方模块，则可以按照以下步骤进行：File→Settings→【Project 项目名称】→Project Interpreter，就可以见到图 7-25 所示的界面，用户选择"+"就可以搜索并下载所需要的模块，如图 7-26 所示。

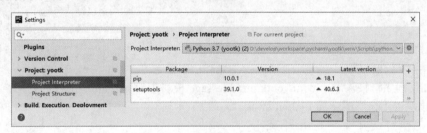

图 7-25　配置第三方模块

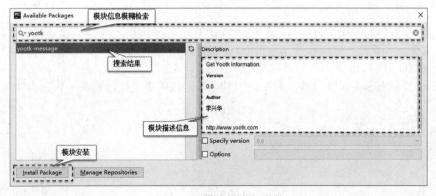

图 7-26　模块搜索与安装

下载的模块会自动保存在虚拟环境的 Lib/site-packages 目录之中，如果要想调用模块，则可以直接在指定项目下创建相应的程序，本次创建一个 main.py 的程序代码。项目结构如图 7-27 所示。

图 7-27　项目结构

实例： 编写 main.py 文件调用模块中的函数

```
# coding:UTF-8
from com.yootk.info.message import *          # 外部模块导入
def main():                                    # 定义主函数
    """
    定义程序主函数，程序从此处开始执行
    """
    print(get_info())                          # 调用模块函数
if __name__ == "__main__":                     # 判断当前执行结构名称
    main()                                     # 执行定义主函数
程序执行结果：
沐言优拓：www.yootk.com
```

此时 main.py 程序直接输出了 com.yootk.info.message 模块中的 get_info() 函数的返回结果，同时在该项目中配置的模块也不会影响全局 Python 环境。

7.6　本章小结

1. PyCharm 是 JetBrains 开发的一款针对 Python 项目开发的 IDE 工具，此工具提供了代码高亮显示、错误标记、自动提示等支持，以提升开发人员的代码编写效率。

2. PyCharm 在创建 Python 项目时可以直接配置虚拟环境。

3. PyCharm 提供有断点调试工具，利用此工具可以对代码实现执行跟踪，快速确认代码问题。

P

第2篇
进阶篇

第8章 类与对象

 学习目标

→ 理解面向对象三大主要特点以及与面向过程开发的区别；

→ 掌握类与对象的定义；

→ 掌握对象的引用传递以及垃圾产生；

→ 掌握构造方法的作用与定义语法要求；

→ 掌握类属性与实例属性的区别；

→ 掌握内部类的定义与使用；

→ 掌握类关联结构设计，利用面向对象的设计思想对现实事物进行程序转换。

面向对象（Object Oriented，OO）是现在最为流行的软件设计与开发方法，Python 除了支持传统的面向过程开发结构之外，也支持基于面向对象的设计结构，从而开发出结构更加合理的程序代码，使程序的可重用性得到进一步提升。

8.1 面向对象简介

视频名称	0801_面向对象简介
课程目标	掌握
视频简介	程序开发经历了面向过程和面向对象的设计阶段。本课程主要讲解了这两种开发形式的宏观区别，并解释了面向对象的三个主要特征。

面向对象是现在最为流行的一种程序设计方法，几乎所有的程序开发都是以面向对象为基础。但是在面向对象设计之前，面向过程被广泛采用。面向过程只是针对自己来解决问题，它是以程序的基本功能实现为主，并不会过多地考虑代码的标准性与可维护性。而面向对象，更多的是进行子模块化的设计，每一个模块都需要单独存在，并且可以被重复利用，所以，面向对象的开发是一个更加标准的开发模式。

> **提示：面向过程与面向对象的区别**
>
> 考虑到读者暂时还没有掌握面向对象的概念，所以本书先使用一些较为直白的方式帮助读者理解面向过程与面向对象的区别。例如，如果说现在想制造机器人，则可以有两种做法。
>
> → **做法一（面向过程）**：由个人准备好所有制造机器人的材料，而后按照自己的标准制造机器人，这样机器人各个部件（躯干、头部、四肢等）的尺寸以及连接的标准全部需要自行定义，一旦某个部件出现了问题，就需要自己进行修理或者重新制造。这样设计出来的机器人不具备通用性。
>
> → **做法二（面向对象）**：首先由专业的设计团队将机器人的制造工艺进行拆分，而后详细设计出每个部件的定义标准以及各个部件之间的连接标准，随后将这些设计标准交付给相应的工厂进行制造，每个工厂的流水线只完成某一个部件的生产，最后再一起进行拼接，如果某个部件出现了问题，那么可以很方便地找到替代品。
>
> 在本章之前所编写的 Python 程序，都是依据当前需要定义相关的函数，随后为了方便管理，将这些函数零散

地保存在模块中，这样就会造成公共变量、全局变量以及函数定义与使用的结构混乱。而使用了面向对象的设计之后，会使变量与函数的定义联系更加紧密，结构更加清晰。

对于面向对象的程序设计有三个主要的特性：封装性、继承性、多态性。下面简单介绍一下这三种特性，在本书后面的内容中会对这三种特性进行完整的阐述。

1. 封装性

封装是面向对象的方法所应遵循的一个重要原则。它有两层含义：一层含义是指把对象的成员属性和行为看成一个密不可分的整体，将这两者"封装"在一个不可分割的独立单位（即对象）中；另一层含义是指"信息隐蔽"，把不需要让外界知道的信息隐藏起来。有些对象的属性或行为允许外界用户知道或使用，但不允许更改；而有些属性或行为不允许外界知晓；有一些属性或行为只允许使用对象的功能，而尽可能隐蔽对象的功能实现细节。

2. 继承性

继承是面向对象方法中的重要概念，是提高软件开发效率的重要手段。

首先拥有反映事物一般特性的类，然后在其基础上派生出反映特殊事物的类。如已有的汽车类，该类中描述了汽车的普遍属性和行为，进一步再产生轿车类，轿车类继承于汽车类，轿车类不但拥有汽车类的全部属性和行为，而且还拥有轿车特有的属性和行为。

面向对象程序设计中的继承机制，大大增强了程序代码的可复用性，提高了软件的开发效率，降低了程序产生错误的可能性，也为程序的修改扩充提供了便利。

3. 多态性

多态是面向对象程序设计的又一个重要特征。多态是允许在程序中出现重名现象，同样的操作依据环境的不同可以实现不同的功能，多态的特性使程序的抽象程度和简洁程度更高，有助于程序设计人员对程序的分组协同开发。

8.2 类 与 对 象

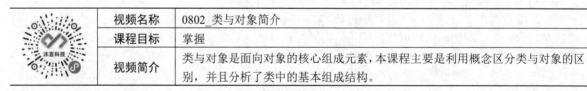

视频名称	0802_类与对象简介
课程目标	掌握
视频简介	类与对象是面向对象的核心组成元素,本课程主要是利用概念区分类与对象的区别，并且分析了类中的基本组成结构。

面向对象编程中类与对象是基本的组成单元，类是对一个客观群体特征的抽象描述，而对象表示的是一个个具体的可操作事物，例如：张三同学、李四的汽车、王五的手机等，这些都是允许直接使用的事物，可以统一理解为对象。

例如，在现实生活中，人就可以表示为一个类，因为人本身属于一种广义的概念，并不是一个具体个体描述。而某一个具体的人，例如：张三同学就可以称为对象，可以通过各种信息完整地描述这个具体的人，如这个人的姓名、年龄、性别等信息，那么这些信息在面向对象的概念中就称为属性（或者称为成员属性，实际上就是不同数据类型的变量，所以也被称为成员变量），当然人是可以吃饭、睡觉的，那么这些人的行为在类中就称为方法。也就是说，如果要使用一个类，就一定会产生对象，每个对象之间根据属性进行区分，而每个对象所具备的操作就是类中规定好的方法。类与对象的关系如图 8-1 所示。

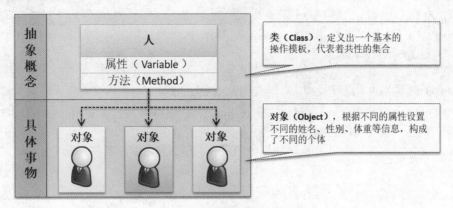

图 8-1　类与对象描述

通过图 8-1 可以发现，一个类的基本组成单元有两个。

- ➥ **属性（Variable）**，主要用于保存对象的具体特征。例如：不同的人都有姓名、性别、学历、身高、体重等信息，但是不同的人都有不同的内容定义，而类就需要对这些描述信息进行统一的管理，在 Python 类定义时属性分为"类属性"与"实例属性"两种。
- ➥ **方法（Method）**，用于描述功能。例如：跑步、吃饭、唱歌，所有人类的实例化对象都有相同的功能。

> **提示：类与对象的简单理解**
>
> 在面向对象中有这样一句话可以很好地解释出类与对象的区别：类是对象的模板，而对象是类的实例，即对象所具备的所有行为都是由类来定义的。按照这种方式可以理解为，在开发中，应该先定义出类的结构，然后再通过对象来使用这个类。

8.2.1　类与对象定义

视频名称	0803_类与对象定义
课程目标	掌握
视频简介	本课程主要讲解了如何在程序中进行类的定义，同时讲解了对象的实例化格式以及对象的使用方法。

在 Python 中可以使用 class 关键字来定义类，一个类中可以定义若干个属性和方法。在类中定义的方法直接使用 def 关键字声明即可，类中的属性则必须采用"对象实例.属性名称"的形式来进行定义，而对象实例的描述则需要以方法参数的形式定义后才可以使用。

实例：定义一个描述人员信息的类

```python
# coding : utf-8
class Member:                                               # 自定义程序类
    """
    定义信息设置方法，该方法需要接收 name 与 age 两个参数内容
    self 描述的是当前对象实例，只要是类中的方法，都需要加上这个描述
    """
    def set_info(self,name,age):                            # 定义一个信息设置方法
        self.name = name                                    # 为类中方法定义实例属性
        self.age = age                                      # 为类中方法定义实例属性
```

```
        def get_info(self):                                              # 方法定义
            """
                获取类中属性内容
            """
            return "姓名：%s，年龄：%d" % (self.name,self.age)              # 返回对象信息
```

在本程序的 Member 类中定义了两个方法：set_info()、get_info()，并且在 set_info()函数中定义了 name 和 age 两个实例属性，实例属性的内容为方法中参数设置的数据。

类的使用依靠的是对象，由于 Python 中提供的所有类型都属于引用类型，所以对象定义的基本语法如下：

> 对象名称（变量） = 类名称([参数,…])

这样就可以获得一个指定类的实例化对象,开发者利用此对象就可以实现对类中属性或方法的调用，操作形式如下。

> ➥ **实例化对象.属性**：调用类中的属性。
> ➥ **实例化对象.方法()**：调用类中的方法。

提示：关于类中的方法的 self 参数

在定义 Member 类的时候，类中的所有方法不管是否接收参数，实际上都会接收有一个 self 标记。该标记描述的就是一个实例化对象，这个对象不需要开发者传递，而是由 Python 自行传递。如果开发者不喜欢此关键字的名称，也可以进行更换，而对应的属性设置的名称也需要修改。

实例：将 self 修改为 this

```
    def set_info(this,name,age):                        # 定义一个信息设置方法
        this.name = name                                # 为类中方法定义属性
        this.age = age                                  # 为类中方法定义属性
```

本程序在定义 set_info()方法时使用 this 作为当前的标记，所以在进行属性设置时也统一更改为 "this.属性" 形式。

实例：实例化类对象并调用类中的方法

```
def main():                                             # 主函数
    mem = Member()                                      # 实例化 Member 类对象
    mem.set_info("小李老师", 18)                         # 调用 set_info()方法并设置相应属性内容
    print(mem.get_info())                               # 获取属性内容
    print("【类外部调用属性】name 属性内容：%s、age 属性内容：%d"
                % (mem.name, mem.age))                  # 输出对象信息
if __name__ == "__main__":                              # 判断程序执行名称
    main()                                              # 调用主函数
程序执行结果：
姓名：小李老师，年龄：18
【类外部调用属性】name 属性内容：小李老师、age 属性内容：18
```

本程序实例化了 Member 类对象 mem，随后利用 mem 对象调用类中的 set_info()方法定义了该实例化对象的两个实例属性，这样，当使用 mem 对象调用 get_info()方法时就可以直接返回设置的实例属性内容，而属性也可以在类的外部由实例化对象直接调用。

 提示："函数"还是"方法"

在本书第 5 章曾经讲解过，Python 中函数和方法的概念很相近，也可以理解为同一种结构类型，但是通过 Member 类中定义的函数里面都带有一个自身对象的传递，这样的定义就与传统的函数有了差别。为了帮助读者区分概念，下面通过 type() 函数来获取 get_info() 的类型。

实例：观察类中提供的 get_info() 结构类型

```
mem = Member()                          # 实例化 Member 类对象
print(type(mem.get_info))               # 观察 get_info() 类型
程序执行结果：
<class 'method'>
```

通过此实例可以发现类中定义的 get_info() 结构的类型实际上是 method（方法），而函数和方法在本质上来讲功能是相似的，唯一不同的是函数是单独定义的，而方法是定义在类中的。本书后续讲解时为了帮助读者区分概念，也会采用相应的名称进行说明。

在 Python 中的实例属性除了可以在类中进行配置外（**self.name** = name），也可以在类的外部通过实例化对象动态添加实例属性。

实例：动态设置属性内容并获取信息

```
# coding : utf-8
class Member:                               # 自定义 Member 类
    def get_info(self):                     # 定义方法
        return "姓名：%s，年龄：%d" % (self.name,self.age)  # 返回信息
def main():                                 # 主函数
    mem = Member()                          # 实例化 Member 类对象
    mem.name = "小李老师"                    # 定义实例属性并设置内容
    mem.age = 18                            # 定义实例属性并设置内容
    print(mem.get_info())                   # 调用类中方法获取信息
if __name__ == "__main__":                  # 判断程序执行名称
    main()                                  # 调用主函数
程序执行结果：
姓名：小李老师，年龄：18
```

本程序中的 Member 类在定义时并没有提供实例属性，而是通过实例化对象在类外部为类动态地添加实例属性与内容，这样的设计结构为代码的开发设计提供了极大的便利，使代码的操作更加灵活。

8.2.2　对象内存分析

视频名称	0804_对象内存引用分析
课程目标	掌握
视频简介	为了简化设计，Python 中的所有数据类型都使用了引用传递的形式处理。本课程通过对象的引用传递并且结合内存关系图分析了对象在实例化与操作时的内存变化。

在 Python 中每一个对象都会依据其所对应的类型进行创建，同时在不同对象中也会保存有各自的属性内容。为了帮助读者更方便地理解对象的内存操作，下面通过一个具体的程序来进行说明。

实例：定义内存分析程序

```
# coding : utf-8
class Member:                                    # 自定义 Member 类
    pass                                         # 类中暂不定义内容
def main():                                      # 主函数
    mem = Member()                               # 实例化 Member 类对象
    mem.name = "小李老师"                         # 实例属性定义与赋值
    mem.age = 18                                 # 实例属性定义与赋值
    print("姓名：%s，年龄：%d" % (mem.name, mem.age))  # 输出属性内容
if __name__ == "__main__":                       # 判断程序执行名称
    main()                                       # 调用主函数
程序执行结果：
姓名：小李老师，年龄：18
```

本程序在 Member 类的外部利用实例化对象定义了 name 与 age 两个实例属性。内存关系如图 8-2 所示。

（a）实例化 mem 对象 　　　　　　　　　　　　　（b）设置对象属性

图 8-2　对象内存分析

类属于 Python 中的引用数据类型，所以由类所产生的对象也可以进行引用传递处理，引用传递时对象所传递的是其所对应的内存地址。

实例：对象引用传递

```
# coding : utf-8
class Member:                                    # 自定义 Member 类
    def get_info(self):                          # 定义方法
        return "姓名：%s，年龄：%d" % (self.name,self.age)   # 返回对象信息
def change_member_info(temp):                    # 定义函数
    """
    定义一个修改函数，该函数的主要功能是修改指定对象中的类属性内容
    :param temp: 要修改的对象引用
    :return: NoneType
    """
    temp.name = "李兴华"                          # 修改实例属性定义
    temp.age = 22                                # 修改实例属性定义
def main():                                      # 主函数
    mem = Member()                               # 实例化 Member 类对象
    mem.name = "小李老师"                         # 实例属性定义与赋值
    mem.age = 18                                 # 实例属性定义与赋值
    change_member_info(mem)                      # 引用传递
    print(mem.get_info())                        # 输出属性内容
if __name__ == "__main__":                       # 判断程序执行名称
    main()                                       # 调用主函数
程序执行结果：
姓名：李兴华，年龄：22
```

本程序为了方便读者观察对象引用传递的操作效果，特别定义了一个 change_member_info()函数，利用此函数接收一个对象并进行内容修改。程序内存操作分析如图 8-3 所示。

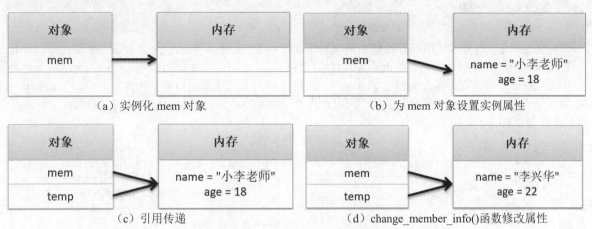

（a）实例化 mem 对象　　　　　　　　　（b）为 mem 对象设置实例属性

（c）引用传递　　　　　　　　　（d）change_member_info()函数修改属性

图 8-3　对象引用传递的内存操作分析

8.2.3　引用与垃圾产生

视频名称	0805_引用与垃圾产生	
课程目标	掌握	
视频简介	内存是硬件资源中非常宝贵的资源，合理地使用内存有助于提升程序的处理性能。本课程通过对象引用的内存关系分析了垃圾产生的原因。	

在 Python 中每一块内存都可以被不同的对象同时指向，这些对象可以同时对内存中的数据进行操作，但是每一个对象只允许保存一个引用地址，如果现在引用地址发生了改变，则就会断开已经引用的内存空间并指向新的内存空间。

实例：修改对象引用

```python
# coding : utf-8
class Member:                                          # 自定义 Member 类
    def set_info(self,name,age):                       # 设置属性方法
        self.name = name                               # 设置 name 属性内容
        self.age = age                                 # 设置 age 属性内容
    def get_info(self):                                # 获取对象信息
        return "姓名：%s，年龄：%d" % (self.name,self.age) # 以字符串形式返回属性内容
def main():                                            # 主函数
    mem_a = Member()                                   # 实例化 Member 类对象
    mem_b = Member()                                   # 实例化 Member 类对象
    mem_a.set_info("小李老师",18)                       # 设置实例属性内容
    mem_b.set_info("优拓教育",5)                        # 设置实例属性内容
    print("【引用传递前】mem_a 对象地址：%d、mem_b 对象地址：%d" % (id(mem_a), id(mem_b)))
    mem_a = mem_b                                      # 引用传递
    print(mem_a.get_info())                           # 输出实例属性信息
    print("【引用传递后】mem_a 对象地址：%d、mem_b 对象地址：%d" % (id(mem_a), id(mem_b)))
if __name__ == "__main__":                            # 判断程序执行名称
    main()                                            # 调用主函数
```

程序执行结果：

【引用传递前】mem_a 对象地址：**13260560**、mem_b 对象地址：23260656

姓名：优拓教育，年龄：5

【引用传递后】mem_a 对象地址：**23260656**、mem_b 对象地址：23260656

本程序实现了对对象引用内存地址的修改操作，在程序中分别实例化了两个 Member 类对象，并且通过 set_info()方法分别为两个对象设置了各自的属性内容，在随后发生引用传递（mem_a = mem_b）操作中，将 mem_b 的内存地址指向赋给了 mem_a，所以此时两个对象都指向同一块内存空间，但是 mem_a 原本的内存空间由于没有任何对象引用，所以该内存空间就将成为垃圾空间并等待内存释放。本程序的内存操作分析如图 8-4 所示。

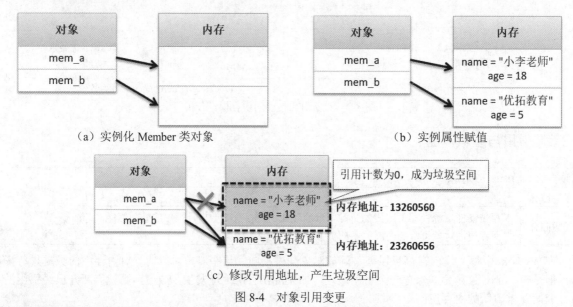

（a）实例化 Member 类对象 （b）实例属性赋值

（c）修改引用地址，产生垃圾空间

图 8-4 对象引用变更

提示：减少垃圾生成

虽然 Python 针对垃圾空间提供有 GC（Garbage Collection，垃圾回收）机制，但是在代码编写中，如果产生了过多的垃圾，则会影响程序的性能。所以开发人员编写代码的过程中，应该尽量减少无用对象的产生，以减少垃圾的产生。

8.3 类结构定义深入

类与对象是面向对象编程的核心基础，一个设计良好的类结构设计不仅实用，而且也可以保证良好的可维护性。本节将讲解封装、构造方法、类关联设计等相关内容。

8.3.1 属性封装

	视频名称	0806_属性封装
	课程目标	掌握
	视频简介	封装性是面向对象的第一大特征。本课程将进行封装性的初步分析，主要讲解 Python 封装语法的使用，同时给出了封装属性的开发与使用原则。

　　在类中定义的属性可以记录每一个对象的完整信息，但是在默认情况下，类中的全部属性可以在类的外部直接通过对象进行调用，这样就会造成属性操作的不安全性。所以在类中定义的属性就需要通过封装来进行私有化定义，而封装也是面向对象编程中的第一大特性。如果要将属性封装，只需要在属性定义时使用"__属性名称"（两个下划线"_"）定义即可，在类外部无法访问封装属性，此时可以在类中提供 setter() 和 getter() 形式的方法间接访问。下面通过具体代码进行演示。

实例：属性封装与访问

```
# coding : utf-8
class Member:                                          # 自定义 Member 类
    def set_name(self, name):                          # 设置 name 属性方法
        self.__name = name                             # 为封装属性 name 赋值
    def set_age(self, age):                            # 设置 age 属性方法
        self.__age = age                               # 为封装属性 age 赋值
    def get_name(self):                                # 获取 name 属性方法
        return self.__name                             # 返回封装属性内容
    def get_age(self):                                 # 获取 age 属性方法
        return self.__age                              # 返回封装属性内容
def main():                                            # 主函数
    mem = Member()                                     # 实例化 Member 类对象
    mem.set_name("小李老师")                            # setter 方法间接访问 name 属性
    mem.set_age(18)                                    # setter 方法间接访问 age 属性
    print("姓名：%s，年龄：%d" % (mem.get_name(), mem.get_age()))  # getter 方法间接访问封装属性
if __name__ == "__main__":                             # 判断程序执行名称
    main()                                             # 调用主函数
```

程序执行结果：
```
姓名：小李老师，年龄：18
```

　　本程序在 Member 类中定义两个封装属性 __name 和 __age，这样在进行封装属性访问时就只能够通过定义好的 setter 与 getter 方法间接访问。而此时如果直接在类外部通过对象进行私有属性访问，那么将出现 AttributeError 异常。

> **提示：关于封装属性内部操作的问题**
>
> 　　属性封装之后在类的外部无法通过"对象.属性"的形式进行访问，但这并不意味着在类的内部无法通过此格式进行访问。下面通过一个特别的代码加以说明。

实例：内部通过对象引用修改封装属性

```
# coding : utf-8
class Member:                                          # 自定义 Member 类
    def set_name(self, name):                          # 设置 name 属性内容
        self.__name = name                             # 为封装属性 name 赋值
    def get_name(self):                                # 获取 name 属性内容
        return self.__name                             # 返回封装属性内容
    def inner_change(self,temp):                       # 接收对象引用
        temp.__name = "Yootk"                          # 对象直接访问私有属性
    def main():                                        # 主函数
```

```
        mem = Member()                          # 实例化 Member 类对象
        mem.set_name("小李老师")                 # 通过 setter 方法间接访问 name 属性
        mem.inner_change(mem)                   # 引用传递到内部实现私有属性直接访问
        print(mem.get_name())                   # 输出 name 属性
    if __name__ == "__main__":                  # 判断程序执行名称
        main()                                  # 调用主函数
程序执行结果：
    Yootk
```

本程序在 Member 类的内部定义了一个 inner_change()方法，并且在此方法中传递了一个本类对象的引用，由于是在类的内部，所以可以直接使用"对象.属性"的形式访问类中定义的封装属性。

8.3.2 构造与析构

视频名称	0807_构造与析构
课程目标	掌握
视频简介	构造方法是进行对象实例化的重要操作结构。本课程主要讲解构造方法的主要作用、语法要求以及使用注意事项，并且讲解了析构函数与 del 关键字的联系，最后又分析了匿名对象的定义及使用限制。

构造方法是在类中定义的一种特殊方法，主要的功能是可以在类对象实例化时进行一些初始化操作的定义。在 Python 中构造方法的定义要求如下：

- ➥ 构造方法的名称必须定义为__init__()。
- ➥ 构造方法是实例化对象操作的起点，不允许有返回值。
- ➥ 一个类中只允许定义零个或一个构造方法，不允许出现多个构造方法定义。

实例：定义一个无参构造方法

```
# coding : utf-8
class Member:                                   # 自定义 Member 类
    def __init__(self):                         # 定义构造方法
        print("实例化 Member 类对象")            # 输出信息
def main():                                      # 主函数
    mem_a = Member()                            # 实例化 Member 类对象并调用无参构造方法
    mem_b = Member()                            # 实例化 Member 类对象并调用无参构造方法
if __name__ == "__main__":                      # 判断程序执行名称
    main()                                      # 调用主函数
程序执行结果：
实例化 Member 类对象
实例化 Member 类对象
```

本程序在 Member 类定义时使用__init__()定义了一个无参构造方法，这样每当用户实例化新的 Member 类对象时都会自动调用此构造方法执行。

 提问：构造方法未定义时也可以执行吗？

在之前所讲解的类的定义中并没有明确地定义无参构造方法，但是也可以使用"对象 = 类()"的形式实例化类对象，这是怎么回事？

回答：程序编译时会默认生成构造方法。

在 Python 中，为了保证每一个类的对象可以正常实例化，即使类中没有定义任何一个构造方法，系统也会自动生成一个无参的并且什么都不做的构造方法供用户使用。如果要想验证这一点，可以直接利用 dir() 函数获取类中的全部结构，此函数的返回结果类型为列表。

实例： 使用 dir() 函数返回数据

```python
# coding : utf-8
class Member:                                   # 自定义 Member 类
    pass                                        # 类中没有定义任何结构
def main():                                     # 主函数
    dir_list = dir(Member)                      # 获取 Member 类中的全部结构
    for item in dir_list:                       # 列表迭代输出
        if item == "__init__":                  # 判断是否有 __init__ 方法
            print("Member 类中存在有无参构造方法。")  # 信息输出
if __name__ == "__main__":                      # 判断程序执行名称
    main()                                      # 调用主函数
```

程序执行结果：
Member 类中存在有无参构造方法。

当用户使用 dir() 函数会返回 Member 类中的全部列表，由于内容太多，本次加入了一个判断，如果返回的方法中存在有 __init__，则进行信息打印。

另外需要提醒读者的是，在 Python 中会提供许多特殊的方法，这些方法大部分都是以 "__方法名称__()" 的形式命名的，所以开发者在自定义方法时应该回避此类方法名称的使用。

类中提供构造方法的主要目的是方便类中的属性初始化，所以也可以通过 __init__() 函数接收参数，这样就可以在类对象实例化时为类中属性进行初始化，从而避免重复调用 setter 方法进行设置。

实例： 定义带参数的构造方法

```python
# coding : utf-8
class Member:                                   # 自定义 Member 类
    def __init__(self,name,age):                # 构造方法接收所需要的参数
        self.__name = name                      # 为 name 属性初始化
        self.__age = age                        # 为 age 属性初始化
    def get_info(self):                         # 获取对象信息
        return "姓名：%s、年龄：%s" % (self.__name,self.__age)  # 返回属性内容
    # setter、getter 相关方法略
def main():                                     # 主函数
    mem = Member("小李老师",18)                  # 实例化对象并设置属性初始化内容
    print(mem.get_info())                       # 调用 get_info() 方法输出属性内容
if __name__ == "__main__":                      # 判断程序执行名称
    main()                                      # 调用主函数
```

程序执行结果：
姓名：小李老师、年龄：18

本程序在 Member 类中定义了一个有参构造方法，所以在实例化 Member 类对象时需要明确地传入两个参数内容，这样在 mem 对象实例化时就自动为属性进行了赋值处理。

> **注意：此时的 Member 类无法使用无参构造方法实例化对象**
>
> 　　在一个类中永远都会提供构造方法，即使一个类没有明确定义构造方法，系统也会自动为用户添加一个无参数并且什么都不做的默认构造方法，所以在本章之前的程序代码中可以直接使用无参构造实例化对象。但是如果类中已经明确定义了一个构造方法，则默认无参构造方法将不会自动生成。
>
> 　　如果说现在程序中要求同时支持有参构造方法和无参构造方法，那么就可以通过关键字参数的形式来进行定义，如以下代码所示。
>
> **实例：构造方法中定义关键字参数**
>
> ```python
> # coding : utf-8
> class Member:                                        # 自定义 Member 类
>     def __init__(self,**kwargs):                     # 构造方法接收所需要的参数
>         self.__name = kwargs.get("name")             # 为 name 属性初始化
>         self.__age = kwargs.get("age")               # 为 age 属性初始化
>     def get_info(self):                              # 获取对象信息
>         return "姓名：%s、年龄：%s" % (self.__name,self.__age)  # 返回对象信息
>     # setter、getter 相关方法略
> def main():                                          # 主函数
>     mem_a = Member()                                 # 无参构造
>     mem_b = Member(name="小李老师",age=18)            # 有参构造
>     print(mem_a.get_info())                          # 信息输出
>     print(mem_b.get_info())                          # 信息输出
> if __name__ == "__main__":                           # 判断程序执行名称
>     main()                                           # 调用主函数
> ```
> **程序执行结果：**
> ```
> 姓名：None、年龄：None
> 姓名：小李老师、年龄：18
> ```
>
> 　　此时程序在构造方法中应用了可变的关键字参数，这样当用户调用无参构造时（相当于不传递参数），对应的属性内容就设置为 None。

　　除了构造方法之外，还可以在类中定义析构方法，析构方法的主要作用在于对象回收前的资源释放操作。在 Python 中析构方法的名称为 __del__()，当一个对象不再使用或者使用了 del 关键字删除对象时都会自动调用析构方法。

实例：定义析构方法

```python
# coding : utf-8
class Member:                                        # 自定义 Member 类
    def __init__(self,**kwargs):                     # 构造方法接收所需要的参数
        print("【构造方法】实例化新对象，当前对象地址：%s" % id(self))  # 输出提示信息
        self.__name = kwargs.get("name")             # 为 name 属性初始化
        self.__age = kwargs.get("age")               # 为 age 属性初始化
    def __del__(self):                               # 定义析构方法
        print("〖析构方法〗资源被释放，当前对象地址：%s" % id(self))  # 输出提示信息
    def get_info(self):                              # 获取对象信息
        return "姓名：%s、年龄：%s" % (self.__name,self.__age)  # 获取返回属性内容
    # setter、getter 相关方法略
```

```
def main():                                                    # 主函数
    mem_a = Member()                                           # 无参构造
    mem_b = Member(name="小李老师",age=18)                      # 有参构造
    print("mem_a 对象内存地址：%s、mem_b 对象内存地址：%s" % (id(mem_a),id(mem_b)))  # 获取对象地址
    del mem_b                                                  # 显示调用析构方法
    print(mem_a.get_info())                                   # 信息输出
if __name__ == "__main__":                                    # 判断程序执行名称
    main()                                                    # 调用主函数
```
程序执行结果：
【构造方法】实例化新对象，当前对象地址：**10808720**（mem_a 对象实例化调用构造）
【构造方法】实例化新对象，当前对象地址：**47959504**（mem_b 对象实例化调用构造）
mem_a 对象内存地址：**10808720**、mem_b 对象内存地址：**47959504**（对象地址）
〖析构方法〗资源被释放，当前对象地址：47959504（mem_b 对象执行析构）
姓名：None、年龄：None
〖析构方法〗资源被释放，当前对象地址：10808720（mem_a 对象执行析构）

本程序在 Member 类中定义了析构方法，可以发现当一个对象不再使用或者使用 del 明确删除对象时都会自动进行析构方法的调用。

一个类的对象实例化之后往往会引用一块内存空间，这样就可以使用该实例化对象进行类中方法的重复调用，但在某些时候，某个实例化对象可能只使用一次，所以就可以省略对象名称的定义，而直接通过一个匿名对象进行类中结构的调用。由于匿名对象没有引用名称，所以该对象只允许使用一次，之后就将成为垃圾空间，如图 8-5 所示。

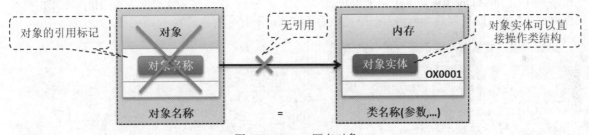

图 8-5 Python 匿名对象

实例：定义匿名对象

```
# coding : utf-8
# Member 类不再重复定义
def main():                                                    # 主函数
    print(Member(name="小李老师",age=18).get_info())           # 信息输出
if __name__ == "__main__":                                    # 判断程序执行名称
    main()                                                    # 调用主函数
```
程序执行结果：
【构造方法】实例化新对象，当前对象地址：24112528
〖析构方法〗资源被释放，当前对象地址：24112528
姓名：小李老师、年龄：18

本程序直接利用构造方法创建了一个 Member 类的匿名对象，并直接使用此匿名对象调用了 get_info() 函数，由于匿名对象没有名称引用，所以该对象使用一次之后就将成为垃圾空间等待资源释放。

8.3.3 类属性

	视频名称	0808_类属性
	课程目标	掌握
	视频简介	Python 中的属性分为实例属性与类属性两种，而所有的属性都可以进行动态扩充。本课程主要讲解类属性的定义与使用特点，同时分析了类属性与实例属性重名时的处理形式。

在 Python 中属性分为实例属性与类属性两种，类中的实例属性可以依据开发者的需要动态地进行添加，但是类属性表示的就是公共属性可以被修改，并且类属性可以由类名称直接进行调用。

实例： 定义类属性

```
# coding : utf-8
class Message:                                    # 自定义 Message 类
    info = "www.yootk.com"                        # 定义类属性
def main():                                       # 主函数
    print(Message.info)                           # 直接通过类名称调用类属性
if __name__ == "__main__":                        # 判断程序执行名称
    main()                                        # 调用主函数
程序执行结果：
www.yootk.com
```

本程序在 Message 类中定义了一个 info 的类属性，并且在没有实例化对象调用的情况下采用"类.属性名称"的形式进行类属性调用，一个类中的类属性是所有对象共享的。

实例： 观察类属性与实例属性重名的情况

```
# coding : utf-8
class Message:                                    # 自定义 Message 类
    info = "www.yootk.com"                        # 定义类属性
def main():                                       # 主函数
    msg_a = Message()                             # 实例化 Message 类对象
    msg_b = Message()                             # 实例化 Message 类对象
    print("【属性修改前】msg_a.info：%s、msg_b.info：%s" % (msg_a.info, msg_b.info))  # 输出对象信息
    msg_a.info = "小李老师"                        # 定义实例属性
    print("【属性修改后】msg_a.info：%s、msg_b.info：%s" % (msg_a.info, msg_b.info))  # 输出对象信息
if __name__ == "__main__":                        # 判断程序执行名称
    main()                                        # 调用主函数
程序执行结果：
【属性修改前】msg_a.info：www.yootk.com、msg_b.info：www.yootk.com
【属性修改后】msg_a.info：小李老师、msg_b.info：www.yootk.com
```

本程序在 Message 类中定义了一个 info 的公共类属性，这样对于所有的 Message 类对象实际上都存在同一个 info 类属性，但是由于 msg_a 对象追加了一个 info 的实例属性，这样在进行调用时就会首先使用实例属性。本程序的内存关系如图 8-6 所示。

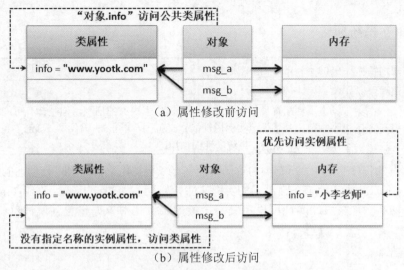

（a）属性修改前访问

优先访问实例属性

没有指定名称的实例属性，访问类属性

（b）属性修改后访问

图 8-6　类属性与实例属性

　提问：属性如何定义比较合理？

在 Python 中，类属性可以在定义类的时候定义，也可以通过对象动态配置实例属性，那么使用哪种方式会更好呢？

回答："全局"与"局部"决定属性的定义方式。

类中定义的类属性实际上是所有类对象共有的，而对象动态设置的实例属性只能由该对象访问，其他对象不能访问。这就好比"人生来都是善良的，坏人是沾染了坏习惯的好人"，不管是好人还是坏人，其都属于人，但是坏人明显要比好人多一些特质（实例属性），而这些特质并不是创建"人类"时所希望存在的。

所以本书给出建议：在描述公共信息时（例如：公共的服务器地址或者公共的标记等）使用类属性进行定义，而其他的属性建议采用实例属性的形式定义，并且优先考虑实例属性。

在 Python 中定义的类属性，除了可以在类定义的时候直接声明之外，也可以进行动态配置。

实例：动态配置类属性

```
# coding : utf-8
class Message:                                          # 自定义 Message 类
    def __init__(self):                                 # 构造方法
        Message.title = "优拓软件学院"                     # 构造方法设置类属性
def main():                                             # 主函数
    Message.url = "www.yootk.com"                       # 在类外部设置类属性
    msg = Message()                                     # 实例化对象
    print("%s: %s" % (msg.title, msg.url))             # 通过对象访问类属性
if __name__ == "__main__":                             # 判断程序执行名称
    main()                                             # 调用主函数
程序执行结果：
优拓软件学院：www.yootk.com
```

本程序在定义 Message 类的时候没有在类中声明类属性，而是通过构造方法和在类外部动态地进行了类属性的设置。

8.3.4 __slots__系统属性

视频名称	0809___slots___系统属性
课程目标	掌握
视频简介	动态属性配置虽然为程序的开发提供了极大的便利，但是却有可能造成开发操作的不规范，为了规范实例属性的定义范围，Python 提供了__slots__系统属性。本课程主要讲解__slots__系统属性的作用。

在 Python 开发的程序类之中，所有类的实例属性都可以根据用户的需要进行动态的配置，这样就有可能造成不同的实例化对象都拥有各自不同的实例属性。为了解决这样的问题，在 Python 中提供了一个特殊的类属性__slots__，利用此属性可以定义一个类的实例化对象并设置其属性范围（类属性不受__slots__限制）。

实例：使用__slots__

```
# coding : utf-8
class Member:                               # 默认 object 子类
    __slots__ = ("name","age")              # 所有可以使用的属性名称
def main():                                 # 主函数
    mem = Member()                          # 实例化类对象，并可以按照字典模式操作
    mem.name = "小李老师"                     # name 属性名称在定义范围内允许使用
    mem.salary = 2400.00                    # 【错误】salary 属性名称不在定义范围内
if __name__ == "__main__":                  # 判断程序执行名称
    main()                                  # 调用主函数
程序执行结果:
    mem.salary = 2400.00
AttributeError: 'Member' object has no attribute 'salary'
```

本程序在 Member 类中定义了一个类属性，该类属性对实例属性的名称进行了限制，如果随意设置，程序将抛出异常。

8.3.5　内部类

视频名称	0810_内部类
课程目标	掌握
视频简介	程序中所定义的结构都是允许嵌套保存的，而一个类或一个方法的内部都可以进行内部类的定义。本课程主要讲解了内部类的定义语法，同时通过案例分析了内部类存在的意义。

内部类是一种类的嵌套结构，即可以在一个类中或方法中定义其他的类，这样内部嵌套的类就可以为外部类提供操作的支持，例如：在一个用户发送网络消息的操作结构中，用户通过 Message 类进行信息的发送，但是在 Message 类的内部可以专门定义一个 Connect 类，负责网络通道的连接管理，这样 Connect 类就只为 Message 类服务，如图 8-7 所示。

图 8-7　内部类设计

提示：关于内部类通俗点的解释

　　程序定义为内部类的主要目的在于让内部类只为一个外部类服务，这就好比一个业务非常繁忙的老板即使能力再强，也不可能做到"事无巨细，事必躬亲"，所以往往会为自己配备几个助理，每个助理有各自的工作，但是所有的助理都只为老板一个人服务，帮助老板完成最终的任务。

　　实例：观察内部类的基本定义

```
# coding : utf-8
class Message:                                          # 自定义 Message 类
    def send(self, msg):                                # 消息发送
        conn = Message.Connect()                        # 创建消息连接通道
        if conn.build():                                # 连接消息通道
            print("【Message 类】发送消息：%s" % msg)     # 发送消息
            conn.close()                                # 关闭消息通道
        else:                                           # 通道创建失败
            print("〖ERROR〗消息通道创建失败，无法进行消息发送。")  # 输出错误信息
    class Connect:                                       # 通道管理工具类
        def build(self):                                # 通道连接
            print("【Connect 类】建立消息发送通道。")      # 输出提示信息
            return True                                 # 通道创建成功返回 True
        def close(self):                                # 通道关闭
            print("【Connect 类】关闭消息连接通道。")      # 输出提示信息
def main():                                              # 主函数
    message = Message()                                 # 实例化 Message 类对象
    message.send("www.yootk.com")                       # 发送消息内容
if __name__ == "__main__":                              # 判断程序执行名称
    main()                                              # 调用主函数
```

程序执行结果：
【Connect 类】建立消息发送通道。
【Message 类】发送消息：www.yootk.com
【Connect 类】关闭消息连接通道。

　　本程序在 Message 类中定义了一个 Connect 内部类，此类的主要功能就是负责消息发送通道的连接与关闭，在使用 Message 类中的 send()方法发送消息时会根据 Connect.build()连接情况的不同进行不同的处理。

提示：内部类封装

　　以上实例中的 Connect 类也可以在 Message 类的外部使用，操作形式如下。

实例： 在外部使用 Connect 内部类

```python
# 重复代码略
def main():                              # 主函数
    con = Message.Connect()              # 外部实例化内部类对象
    print(con.build())                   # 调用内部类方法
if __name__ == "__main__":               # 判断程序执行名称
    main()                               # 调用主函数
```
程序执行结果：
【Connect 类】建立消息发送通道。
True

此时程序在 Message 类外部直接利用"外部类.内部类"的形式实例化了内部类对象，并直接调用了内部类中的函数，如果开发者不希望内部类被外部类所调用，则也可以使用__Inner 的形式进行内部类的封装定义，如以下代码片段所示。

```python
class Message:                           # 自定义 Message 类
    # 其他重复代码略
    class __Connect:                     # Message 私有内部类
        # 其他重复代码略
```

这样一来"__Connect"类只能够被 Message 所使用，外部无法调用。

内部类与外部类虽然属于嵌套关系，但是两个类彼此还属于完全独立的状态，如果要想在内部类中调用外部类的方法，那么必须将外部类的对象实例传递到内部类中。

实例： 内部类接收外部类实例并调用外部类方法

```python
# coding : utf-8
class Outer:                             # 自定义外部类
    def __init__(self):                  # 外部类构造方法初始化属性内容
        self.__info = "www.yootk.com"    # 定义外部类实例属性
    def get_info(self):                  # 外部类定义获取 info 属性内容
        return self.__info               # 返回 info 属性内容
    class __Inner:                       # 自定义内部类
        def __init__(self, out):         # 内部类实例化时接收外部类实例
            self.__out = out             # 外部类实例作为内部类实例属性保存
        def print_info(self):            # 内部类方法
            print(self.__out.get_info()) # 通过外部类实例调用外部类方法
    def fun(self):                       # 外部类方法
        inobj = Outer.__Inner(self)      # 实例化内部类实例并传入外部类当前实例
        inobj.print_info()               # 内部类对象调用内部类方法
def main():                              # 主函数
    out = Outer()                        # 实例化外部类对象
    out.fun()                            # 调用外部类方法
if __name__ == "__main__":               # 判断程序执行名称
    main()                               # 调用主函数
```
程序执行结果：
www.yootk.com

本程序在外部类的 fun()方法中实例化了 Inner 类对象，并且将当前实例 self 传入了 Inner 内部类，这

样在 Inner 类中就可以依靠外部类的实例调用 get_info()方法获得 info 对象属性内容。

　　内部类除了可以定义在类中，也可以在方法中进行定义。在方法中定义的内部类可以直接访问方法中的参数或局部变量。

　　实例：在方法中定义内部类

```python
# coding : utf-8
class Outer:                                    # 自定义外部类
    def __init__(self):                         # 构造方法
        self.__info = "www.yootk.com"           # 外部类实例属性
    def print_info(self,title):                 # 信息输出方法
        print("%s: %s" % (title,self.__info))   # 信息输出
    def fun(self, msg):                         # 定义方法
        out_obj = self                          # 保存外部类实例
        subtitle = "优拓"                        # 方法局部变量
        class Inner:                            # 方法中定义内部类
            def send(self):                     # 内部类方法
                out_obj.print_info(msg + subtitle)  # 调用外部类实例
        Inner().send()                          # 内部类匿名对象调用方法
def main():                                     # 主函数
    out = Outer()                               # 实例化外部类对象
    out.fun("沐言")                              # 调用方法
if __name__ == "__main__":                      # 判断程序执行名称
    main()                                      # 调用主函数
```

程序执行结果：

沐言优拓: www.yootk.com

　　本程序在 Outer.fun()方法中定义了一个内部类 Inner，这样该内部类就可以直接访问 fun()方法中的 msg 参数与 subtitle 局部变量。

8.4　类关联结构

　　面向对象最大的特点是可以实现对现实世界的事物的抽象定义，在面向对象设计中，可以利用引用传递的形式实现不同类之间的关联。为了更好地理解面向对象中的类设计，下面将通过几个日常生活中常见的案例进行分析讲解。

8.4.1　一对一关联结构

视频名称	0811_一对一关联结构	
课程目标	掌握	
视频简介	对类、对象、引用操作关系的理解是决定面向对象设计的关键所在。本课程通过现实生活的案例实现了面向对象抽象的转换处理，并结合引用实现不同类之间的连接。	

　　在开发的现实意义上来说，类是可以描述一类事物共性的结构体。假设要描述出这样一种关系："**一个人拥有一辆汽车**"，如图 8-8 所示，此时就需要定义两个类：Member 和 Car，随后通过引用的形式配置彼此的关联关系。

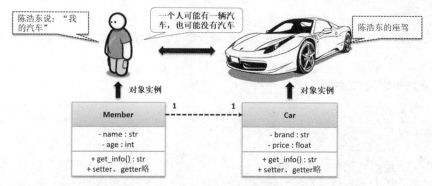

图 8-8 一对一关联关系

实例： 一对一关联代码实现

```python
# coding : utf-8
class Member:                                          # 人员信息类
    def __init__(self, **kwargs):                      # 构造方法
        self.__name = kwargs.get("name")               # name 属性初始化
        self.__age = kwargs.get("age")                 # age 属性初始化
    def set_car(self,car):                             # 设置 Car 类引用
        self.__car = car                               # 接收 Car 引用实例
    def get_car(self):                                 # 获取 Car 类引用
        return self.__car                              # 返回 Car 引用实例
    def get_info(self):                                # 获取人员信息
        return "【Member 类】姓名：%s，年龄：%d" % (self.__name,self.__age) # 返回对象信息
    # setter、getter 相关方法略
class Car:                                             # 汽车信息
    def __init__(self, **kwargs):                      # 构造方法
        self.__brand = kwargs.get("brand")             # brand 属性初始化
        self.__price = kwargs.get("price")             # price 属性初始化
    def set_member(self,member):                       # 设置 Member 类引用
        self.__member = member                         # 接收 Member 引用实例
    def get_member(self):                              # 获取 Member 类引用
        return self.__member                           # 返回 Member 引用实例
    def get_info(self):                                # 获取汽车信息
        return "【Car 类】汽车品牌：%s，汽车价格：%s" % (self.__brand,self.__price) # 返回对象信息
    # setter、getter 相关方法略
def main():
    mem = Member(name="陈浩东",age=50)                  # 实例化 Member 类对象
    car = Car(brand="奔驰 G50",price=1588800.00)        # 实例化 Car 类对象
    mem.set_car(car)                                   # 一个人有一辆车
    car.set_member(mem)                                # 一辆车属于一个人
    print(mem.get_car().get_info())                    # 通过人获取车的信息
    print(car.get_member().get_info())                 # 通过车获取人的信息
if __name__ == "__main__":                             # 判断程序执行名称
    main()                                             # 调用主函数
```
程序执行结果：
【Car 类】汽车品牌：奔驰 G50，汽车价格：1588800.0

【Member 类】姓名：陈浩东，年龄：50

本程序定义了两个程序类：Member（描述人的信息）和 Car（描述车的信息），并且在这两个类的内部分别设置一个自定义的引用类型（Member 类提供有 car 实例属性、Car 类提供有 member 实例属性），用于描述两个类之间的引用联系。在 main()函数操作中首先根据两个类的关系设置了引用关系，随后就可以根据引用关系依据某一个类对象获取相应信息。

 提示：关于代码链的编写

在本程序编写信息获取时，读者可以发现有如下的代码形式。

print(mem.get_car().get_info())	# 通过人获取车的信息

实际上这就属于代码链的形式，因为 Member 类内部的 get_car()方法返回的是 Car 的实例化对象（通过关联设置已经确定返回的内容不是 None），所以可以继续利用此方法调用 Car 类中的方法。如果觉得代码链不好理解，也可以将其拆分如下：

temp_car = mem.get_car()	# 获取人对应的汽车实例
print(temp_car.get_info())	# 输出Car实例信息

与代码链相比，这类操作比较烦琐，所以读者应该尽量习惯代码链的编写方式。

8.4.2 自身关联结构

视频名称	0812_自身关联结构
课程目标	掌握
视频简介	不同类之间允许关联，自身结构也同样可以实现关联。本课程讲解了自身关联存在的意义以及使用。

在进行类关联描述的过程中，除了可以关联其他类之外，也可以实现自身的关联操作。例如，现在假设一个人会有一辆车，那么每个人都可能还有自己的多位后代，而每位后代也有可能有一辆车，这时就可以利用自身关联的形式描述人员后代的关系，而多位后代可以利用列表来描述。结构如图 8-9 所示。

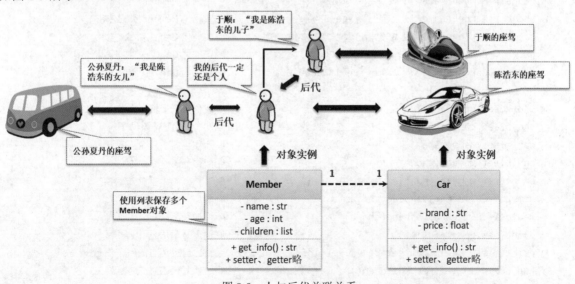

图 8-9 人与后代关联关系

实例：定义自身关联

```python
# coding : utf-8
class Member:                                        # 人员信息类
    def __init__(self, **kwargs):                    # 构造方法
        self.__name = kwargs.get("name")             # name 属性初始化
        self.__age = kwargs.get("age")               # age 属性初始化
        self.__children = []                         # 定义空列表
    def get_children(self):                          # 返回一个人的全部后代
        return self.__children                       # 返回列表引用
    def set_car(self, car):                          # 设置 Car 类引用
        self.__car = car                             # 设置 Car 引用实例
    def get_car(self):                               # 获取 Car 类引用
        return self.__car                            # 返回 Car 引用实例
    def get_info(self):                              # 获取人员信息
        return "【Member 类】姓名：%s，年龄：%d" % (self.__name, self.__age)  # 返回对象信息
    # setter、getter 相关方法略
class Car:                                           # 汽车信息
    def __init__(self, **kwargs):                    # 构造方法
        self.__brand = kwargs.get("brand")          # brand 属性初始化
        self.__price = kwargs.get("price")          # price 属性初始化
    def set_member(self, member):                    # 设置 Member 类引用
        self.__member = member                       # 设置 Member 引用实例
    def get_member(self):                            # 获取 Member 类引用
        return self.__member                         # 返回 Member 引用实例
    def get_info(self):                              # 获取汽车信息
        return "【Car 类】汽车品牌：%s，汽车价格：%s" % (self.__brand, self.__price)  # 返回对象信息
def main():
    mem = Member(name="陈浩东", age=50)             # 实例化 Member 类对象
    chd_a = Member(name="于顺", age=48)             # 实例化 Member 类对象
    chd_b = Member(name="公孙夏丹", age=38)         # 实例化 Member 类对象
    car_a = Car(brand="奔驰 G50", price=1588800.00)  # 实例化 Car 类对象
    car_b = Car(brand="碰碰车", price=2800.81)       # 实例化 Car 类对象
    car_c = Car(brand="公交车", price=1308800.00)    # 实例化 Car 类对象
    mem.set_car(car_a)                               # 一个人有一辆车
    chd_a.set_car(car_b)                             # 一个人有一辆车
    chd_b.set_car(car_c)                             # 一个人有一辆车
    car_a.set_member(mem)                            # 一辆车属于一个人
    car_b.set_member(chd_a)                          # 一辆车属于一个人
    car_c.set_member(chd_b)                          # 一辆车属于一个人
    mem.get_children().append(chd_a)                 # 追加父子关系
    mem.get_children().append(chd_b)                 # 追加父子关系
    print(mem.get_info())                            # 输出父亲信息
    print("\t|- %s" % mem.get_car().get_info())      # 输出自己拥有的汽车信息
    for child in mem.get_children():                 # 迭代后代信息
        print(child.get_info())                      # 输出后代信息
```

```
        print("\t|- %s" % child.get_car().get_info())    # 输出后代拥有的汽车信息
if __name__ == "__main__":                               # 判断程序执行名称
    main()                                               # 调用主函数
```

程序执行结果：

【Member 类】姓名：陈浩东，年龄：50

　　　|- 【Car 类】汽车品牌：奔驰 G50，汽车价格：1588800.0

【Member 类】姓名：于顺，年龄：48

　　　|- 【Car 类】汽车品牌：碰碰车，汽车价格：2800.81

【Member 类】姓名：公孙夏丹，年龄：38

　　　|- 【Car 类】汽车品牌：公交车，汽车价格：1308800.0

由于一个人的后代可能会有零个或多个，为了方便进行多个本类对象的存储，本实例使用一个列表结构定义了 children 实例属性，并依据既定的信息实现了引用的关联定义。

> **提示：关于 Python 中列表的重要性**
>
> 以上实例中使用列表描述了一个人的所有后代信息，之所以使用列表，是因为列表具有良好的动态操作性（追加或删除），但是如果 Python 没有提供列表这一数据类型，那么开发者就需要通过各种引用关系并采用链表数据结构的方式来实现，这样会增加开发难度。

8.4.3 一对多关联结构

视频名称	0813_一对多关联结构
课程目标	掌握
视频简介	在一对一关联的基础上，结合序列结构的使用，就可以实现一对多的关联。本课程在自身关联的基础上实现了一对多的关联设计与实现分析讲解。

在进行类引用关联的操作之中，一对多的关联结构是一种较为常见的形式。例如，假设要描述这样一种关系，一个部门有多位部门员工，为了方便部门管理，每个部门应设置一位正领导和一位副领导。对应关系如图 8-10 所示。

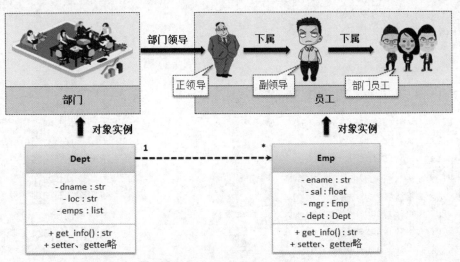

图 8-10　部门员工对应关系

实例： 一对多关联实现

```python
# coding : utf-8
class Dept:                                                    # 定义部门类
    def __init__(self, **kwargs):                              # 构造方法
        self.__dname = kwargs.get("dname")                    # dname 属性初始化
        self.__loc = kwargs.get("loc")                        # loc 属性初始化
        self.__emps = []                                      # 保存多个雇员
    def get_emps(self):                                       # 获取所有雇员信息
        return self.__emps                                    # 返回雇员列表引用
    def get_info(self):                                       # 获取部门信息
        return "【Dept 类】部门名称：%s，部门位置：%s" % (self.__dname, self.__loc)
    # setter、getter 相关方法略
class Emp:                                                    # 雇员类
    def __init__(self, **kwargs):                             # 构造方法
        self.__ename = kwargs.get("ename")                   # ename 属性初始化
        self.__sal = kwargs.get("sal")                       # sal 属性初始化
    def set_mgr(self, mgr):                                   # 设置员工对领导的引用
        self.__mgr = mgr                                      # 返回自身引用实例
    def get_mgr(self):                                        # 获取领导
        if "_Emp__mgr" in dir(self):                          # 判断是否存在"__mgr"属性
            return self.__mgr                                 # 存在返回对象
        else:                                                 # 没有领导
            return None                                       # 返回 None
    def set_dept(self, dept):                                 # 设置雇员所属部门
        self.__dept = dept                                    # 设置 Dept 引用实例
    def get_dept(self):                                       # 获取雇员所属部门
        return self.__dept                                    # 获取 Dept 引用实例
    def get_info(self):                                       # 获取雇员信息
        return "【Emp 类】雇员姓名：%s，月薪：%s" % (self.__ename, self.__sal) # 返回对象信息
    # setter、getter 相关方法略
def main():                                                   # 主函数
    dept = Dept(dname="优拓教学部", loc="北京")               # Dept 对象实例化
    emp_a = Emp(ename="于顺", sal=35000.00)                  # Emp 对象实例化
    emp_b = Emp(ename="陈浩东", sal=8500.00)                 # Emp 对象实例化
    emp_c = Emp(ename="公孙夏丹", sal=7000.00)               # Emp 对象实例化
    emp_a.set_dept(dept)                                      # 设置雇员与部门引用关联
    emp_b.set_dept(dept)                                      # 设置雇员与部门引用关联
    emp_c.set_dept(dept)                                      # 设置雇员与部门引用关联
    emp_b.set_mgr(emp_a)                                      # 设置雇员与领导引用关联
    emp_c.set_mgr(emp_b)                                      # 设置雇员与领导引用关联
    dept.get_emps().append(emp_a)                            # 设置部门雇员引用关联
    dept.get_emps().append(emp_b)                            # 设置部门雇员引用关联
    dept.get_emps().append(emp_c)                            # 设置部门雇员引用关联
    print(dept.get_info())                                   # 输出部门信息
    for emp in dept.get_emps():                              # 输出部门全部雇员信息
```

```
        print(emp.get_info())                              # 雇员信息
        if emp.get_mgr() != None:                          # 如果该雇员有领导
            print("\t|- %s" % emp.get_mgr().get_info())    # 输出领导信息
if __name__ == "__main__":                                 # 判断程序执行名称
    main()                                                 # 调用主函数
```

程序执行结果：

【Dept 类】部门名称：优拓教学部，部门位置：北京
【Emp 类】雇员姓名：于顺，月薪：35000.0
【Emp 类】雇员姓名：陈浩东，月薪：8500.0
　　　|- 【Emp 类】雇员姓名：于顺，月薪：35000.0
【Emp 类】雇员姓名：公孙夏丹，月薪：7000.0
　　　|- 【Emp 类】雇员姓名：陈浩东，月薪：8500.0

　　本程序首先实例化了各个对象信息，随后根据关联关系设置了数据间的引用配置，在数据配置完成后就可以依据对象间的引用关系获取对象的相应信息。

8.4.4 合成设计模式

视频名称	0814_合成设计模式	
课程目标	掌握	
视频简介	面向对象设计的本质在于模块化的定义，即将一个完整的程序类拆分为若干个子类型，通过引用关联就形成了合成设计。本课程主要讲解合成设计模式的使用。	

　　将对象的引用关联进一步扩展就可以实现更多的结构描述，在设计模式中有一种合成设计模式（Composite Pattern），此设计模式的核心思想为：通过不同的类实现子结构定义，随后在一个父结构中将其整合。例如，现在要通过面向对象的设计思想描述一间教室的组成类结构，在教室中会有一张讲台、一块黑板、一张地图以及若干套课桌椅，如图 8-11 所示。如果将其转换为面向对象的结构设计，就可以采用图 8-12 所示的结构定义。

图 8-11　教室结构拆分

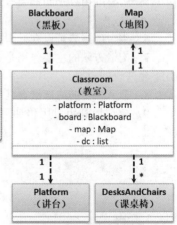

图 8-12　类结构设计

实例： 合成设计模式实现伪代码

```python
# coding : utf-8
class Blackboard:                               # 定义黑板类
    pass                                        # 相关属性与方法略
class Map:                                       # 定义地图类
    pass                                        # 相关属性与方法略
class Platform:                                  # 定义讲台类
    pass                                        # 相关属性与方法略
class DesksAndChairs:                            # 定义课桌椅类
    pass                                        # 相关属性与方法略
class Classroom:                                 # 定义教室类
    def __init__(self):                          # 构造方法
        self.__platform = Platform()             # 实例化讲台类对象
        self.__board = Blackboard()              # 实例化黑板类对象
        self.__map = Map()                       # 实例化地图类对象
        self.dc = []                             # 实例化列表保存多套课桌椅信息
```

本实例给出了一个伪代码的组成结构，实际上这也属于面向对象的基本设计思想。Python 中提供的引用类型不仅仅是描述的内存操作形式，还包含了抽象与关联的设计思想。

8.5 本 章 小 结

1．面向对象设计有三大主要特征：封装性、继承性、多态性。

2．面向对象设计中类与对象是其核心组成，类是抽象的集合，对象是实例的个体，对象依据类的定义进行操作。

3．在 Python 中通过 class 关键字进行类的定义，类由属性及方法所组成，对于属性又分为实例属性与类属性两种。

4．类属于引用数据类型，进行引用传递时，传递的是堆内存的使用权（一块堆内存可以被多个栈内存所指向，而一块栈内存只能够保存一块堆内存的地址）。

5．所有的内存空间都会有一个引用计数，当引用计数为 0 时，此空间将成为垃圾空间，且等待 GC 回收并释放内存。

6．类中的封装可以在标识符前使用"__"进行定义，被封装的属性或方法只允许本类进行调用。

7．构造方法的主要作用是进行类中实例属性初始化，在 Python 中构造方法的名称为__init__()，并且不允许返回数据。

8．在一个类的内部嵌套其他类的形式称为内部类，内部类主要是作为外部类的专属工具存在。

9．合理地利用引用传递可以实现不同类之间的关联设计，这样就可以将现实事物进行程序抽象定义。

第 9 章 继承与多态

学习目标

➡ 掌握继承性的主要作用以及实现；
➡ 掌握方法覆写的作用与意义；
➡ 掌握 object 父类的作用以及新式类的概念；
➡ 掌握工厂设计模式与代理设计模式的作用；
➡ 掌握对象多态性的作用。

面向对象设计的主要优点在于代码的模块化设计以及代码重用，而只是依靠单一的类和对象的概念是无法实现这些设计要求的。所以，为了开发出更好的面向对象程序，还需要进一步学习继承以及多态的概念，本章将详细讲解面向对象继承与多态的相关知识。

9.1 继　　承

在面向对象的设计过程中，类是基本的逻辑单位，对于类需要考虑到重用的设计问题，所以在面向对象的设计里提供有继承功能，并利用这一特点实现类的可重用性定义。

9.1.1 继承问题的引出

视频名称	0901_继承问题的引出	
课程目标	掌握	
视频简介	继承性是面向对象的第二大特点，为了帮助读者更好地理解继承性的作用，在本节将通过具体的类结构分析继承性的主要作用。	

　　一个良好的程序设计结构不仅便于维护，同时也可以提高程序代码的可重用性。在本章前所讲解的面向对象的知识只是围绕着单一的类，而这样的类之间没有重用性的描述。例如：从以下实例中定义 Person 类与 Student 类，就可以发现代码设计的缺陷。

Person.py		Student.py	
`class Person:`	# 自定义类	`class Student:`	# 自定义类
`    def __init__(self):`	# 构造方法	`    def __init__(self):`	# 构造方法
`        self.__name = None`	# 属性初始化	`        self.__name = None`	# 属性初始化
`        self.__age = 0`	# 属性初始化	`        self.__age = 0`	# 属性初始化
`    def set_name(self, name):`	# 修改属性	`        self.__school = None`	# 属性初始化
`        self.__name = name`	# 修改内容	`    def set_name(self, name):`	# 修改属性
`    def set_age(self, age):`	# 修改属性	`        self.__name = name`	# 修改内容
`        self.__age = age`	# 修改内容	`    def set_age(self, age):`	# 修改属性
`    def get_name(self):`	# 获取属性	`        self.__age = age`	# 修改内容

```
        return self.__name          # 返回属性              def set_school(self, school):
    def get_age(self):              # 获取属性                  self.__school = school      # 修改内容
        return self.__age           # 返回属性              def get_name(self):             # 获取属性
                                                                return self.__name          # 返回属性
                                                            def get_age(self):              # 获取属性
                                                                return self.__age           # 返回属性
                                                            def get_school(self):           # 获取属性
                                                                return self.__school        # 返回属性
```

以上定义的 Person 与 Student 是最为基础的两个类，但是通过比较后可以发现，这两个类在定义中存在许多的重复代码。换个角度来讲，学生本来就属于人，人可以分为工人、学生、教师等，如图 9-1 所示。从图 9-1 可以很明显看出学生所描述的群体范围一定要比人的范围更小，也更加具体。

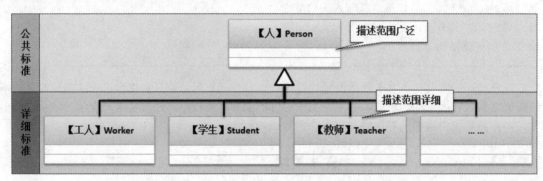

图 9-1　继承作用

> **提示：关于类范围的描述**
>
> 笔者在多年的教学与写作过程中一直秉持着一个核心的观念：面向对象是生活事物的良好抽象。对于继承的作用读者可以换一个方式理解：假设一个快餐店要招聘兼职人员，并且要求只招聘学生兼职人员，这就表示范围的细分，因为如果招聘的人员范围定义为"人"，那么就表示社会上的所有人都可以进行应聘。

9.1.2　类继承定义

视频名称	0902_类继承定义
课程目标	掌握
视频简介	利用继承性可以实现类结构的重用定义。本课程主要讲解如何在 Python 中实现类继承操作以及继承的使用特点。

继承的主要目的是在无须修改原始类定义的情况下，可以使用新的类对原始类进行功能扩展。在面向对象设计中，通过继承创建的新类被称为"子类"或"派生类"，而被继承父类称为"基类"或"超类"。在 Python 中类继承结构的定义语法如下：

```
class 子类(父类,父类,…):
    子类代码
```

在 Python 中，考虑到代码的灵活性，一个子类可以同时继承多个父类，这样就可以直接拥有多个父类的功能。

实例：实现类继承结构

```python
# coding : utf-8
class Person:                                          # 定义 Person 父类
    def __init__(self):                                # 构造方法定义实例属性
        self.__name = None                             # 属性默认值
        self.__age = 0                                 # 属性默认值
    def set_name(self, name):                          # 设置 name 属性内容
        self.__name = name                             # 修改属性内容
    def set_age(self, age):                            # 设置 age 属性内容
        self.__age = age                               # 修改属性内容
    def get_name(self):                                # 获取 name 属性内容
        return self.__name                             # 返回属性内容
    def get_age(self):                                 # 获取 age 属性内容
        return self.__age                              # 返回属性内容
class Student(Person):                                 # 定义 Student 类并继承 Person 父类
    pass                                               # Student 类中暂不定义任何内容
def main():                                            # 主函数
    stu = Student()                                    # 实例化子类对象
    stu.set_name("小李老师")                            # 调用父类继承方法设置属性
    stu.set_age(18)                                    # 调用父类继承方法设置属性
    print("姓名：%s、年龄：%s" % (stu.get_name(),stu.get_age()))  # 输出对象信息
if __name__ == "__main__":                             # 判断程序执行名称
    main()                                             # 调用主函数
```
程序执行结果：
姓名：小李老师，年龄：18

本程序为 Person 父类定义了一个 Student 子类，这样即使 Student 类没有定义任何结构，也可以直接继承 Person 类中的全部结构。继承的本质在于对功能的扩充，所以此时 Student 子类可以在 Person 类的基础上定义更多的功能。

实例：子类扩充功能

```python
# coding : utf-8
# Person 类定义重复，代码略
class Student(Person):                                 # 定义 Student 类并继承 Person 父类
    def __init__(self):                                # 构造方法定义子类实例属性
        self.__school = None                           # 子类属性默认值
    def set_school(self, school):                      # 设置 school 属性内容
        self.__school = school                         # 修改属性内容
    def get_school(self):                              # 获取 school 属性内容
        return self.__school                           # 获取属性内容
def main():                                            # 主函数
    stu = Student()                                    # 实例化子类对象
    stu.set_name("小李老师")                            # 调用父类继承方法设置属性
    stu.set_age(18)                                    # 调用父类继承方法设置属性
    stu.set_school("沐言优拓")                          # 调用子类新定义的方法设置属性
    print("姓名：%s、年龄：%s，学校：%s" %
        (stu.get_name(),stu.get_age(),stu.get_school()))# 输出对象信息
```

```
if __name__ == "__main__":                              # 判断程序执行名称
    main()                                              # 调用主函数
```

程序执行结果：

姓名：小李老师，年龄：18，学校：沐言优拓

本程序在定义 Student 子类中扩展了新的操作属性和方法，这样就比 Person 父类提供了更多的操作结构。

 提示：关于子类继承的内容

在子类继承父类的结构中，子类会继承父类中所有的属性和方法。

实例：观察子类继承内容

```
# coding : utf-8
class Parent:                                           # 定义父类
    def __init__(self):                                 # 构造方法
        self.msg = "www.yootk.com"                      # 属性未封装
    def get_info(self):                                 # 方法定义
        return "沐言优拓"                                # 返回数据
class Sub(Parent):                                      # 子类定义
    def fun(self):                                      # 子类函数
        print("【访问父类属性】msg = %s" % (self.msg))   # 调用属性
        print("【调用父类方法】%s" % self.get_info())     # 调用方法
def main():                                             # 主函数
    sub = Sub()                                         # 实例化子类对象
    sub.fun()                                           # 调用子类方法
if __name__ == "__main__":                              # 判断程序执行名称
    main()                                              # 调用主函数
```

程序执行结果：

【访问父类属性】msg = www.yootk.com

【调用父类方法】沐言优拓

本程序在定义 Parent 父类时没有对属性和方法进行封装，所以父类的属性和方法都将被子类所继承。需要注意的是，在大多数情况下类中的属性往往会被封装，所以建议在实际项目开发中子类通过方法访问父类属性。

9.1.3　继承与构造方法

	视频名称	0903_继承与构造方法
	课程目标	掌握
	视频简介	在继承结构中，子类可以继承父类中的全部定义内容，但是构造方法的继承却有所不同。本课程分析了两种不同环境下的构造方法继承问题，同时讲解了 super 类的作用与父类方法调用。

在 Python 中可以定义构造方法，这样就可以在对象实例化时执行某些操作。在继承关系中，父类和子类同样也可以进行构造方法的定义，但是此时构造方法的执行需要考虑两种情况。

- 当父类定义构造方法，但是子类没有定义构造方法时，实例化子类对象会自动调用父类中提供的无参构造方法，如果此时的子类同时继承了多个父类，则按照继承顺序执行无参构造方法。
- 当子类定义构造方法时，默认不再调用父类中的任何构造方法，但是可以手工调用。

实例： 观察父类默认构造调用

```python
# coding : utf-8
class Parent:                                      # 定义类
    def __init__(self):                            # 定义父类构造方法
        print("【Parent 父类】__init__()")          # 提示信息
class Sub(Parent):                                 # 定义子类
    pass                                           # 子类结构为空
def main():                                        # 主函数
    sub = Sub()                                    # 实例化子类对象
if __name__ == "__main__":
    main()
程序执行结果：
【Parent 父类】__init__()
```

本程序在定义 Sub 子类时并没有定义任何构造方法，这样在子类对象实例化时将默认调用父类中的无参构造方法，这样就可以为父类中的属性进行初始化操作。但如果此时子类中定义了构造方法，那么在默认情况下将不会再去调用父类中的无参构造。

实例： 在子类定义构造方法

```python
# coding : utf-8
class Parent:                                      # 类定义
    def __init__(self):                            # 定义父类构造方法
        print("【Parent 父类】__init__()")          # 输出提示信息
class Sub(Parent):                                 # 定义子类
    def __init__(self):                            # 定义子类构造方法
        print("【Sub 子类】__init__()")             # 输出提示信息
def main():                                        # 主函数
    sub = Sub()                                    # 实例化类对象
if __name__ == "__main__":                         # 判断程序执行名称
    main()                                         # 调用主函数
程序执行结果：
【Sub 子类】__init__()
```

本程序在 Sub 子类中定义了构造方法，所以在对象实例化时将不再调用父类中提供的构造方法，而只调用子类自己定义的构造方法。如果这个时候需要在子类中调用父类构造，那么可以借助 super 类的实例化对象完成。

实例： 通过 super 类实例调用父类构造

```python
# coding : utf-8
class Parent:                                      # 定义 Parent 类
    def __init__(self):                            # 定义父类构造方法
        print("【Parent 父类】__init__()")          # 输出提示信息
class Sub(Parent):                                 # 定义子类
    def __init__(self):                            # 定义子类构造方法
        super().__init__()                         # 调用父类无参构造
        print("【Sub 子类】__init__()")             # 输出提示信息
def main():                                        # 主函数
```

```
    sub = Sub()                                      # 实例化子类对象
if __name__ == "__main__":                            # 判断程序执行名称
    main()                                           # 调用主函数
程序执行结果：
【Parent 父类】__init__()
【Sub 子类】__init__()
```

本程序在子类构造方法中使用 super() 实例化对象调用了父类中的无参构造方法，这样一来会先执行父类的构造方法为父类实例初始化，而后再调用子类构造进行初始化操作。

> **提示：关于父类构造调用的意义**
>
> 在继承结构中，由于子类往往拥有比父类更多的功能，所以在开发过程中，使用子类对象并实例化会比较方便，但是有些时候父类需要通过构造方法对一些属性进行初始化操作，这样就可以通过子类构造将参数的内容传递到父类中。
>
> **实例：通过子类传递参数内容到父类构造**
>
> ```
> # coding : utf-8
> class Parent:                                      # 定义 Parent 类
>     def __init__(self, name, age):                 # 定义父类构造方法
>         self.__name = name                         # name 属性初始化
>         self.__age = age                           # age 属性初始化
>     def get_info(self):                            # 获取对象信息
>         return "姓名：%s、年龄：%s" % (self.__name, self.__age)  # 返回属性内容
> class Sub(Parent):                                 # 定义子类
>     def __init__(self, name, age):                 # 定义子类构造方法
>         super().__init__(name, age)                # 调用父类构造
> def main():                                        # 主函数
>     sub = Sub("小李老师", 18)                       # 实例化类对象
>     print(sub.get_info())                          # 输出对象信息
> if __name__ == "__main__":                          # 判断程序执行名称
>     main()                                         # 调用主函数
> 程序执行结果：
> 姓名：小李老师、年龄：18
> ```
>
> 本程序在 Parent 父类中定义了一个有参构造方法，随后在子类中可以利用 "super().父类构造" 的形式将接收到的 name 与 age 传递到 Parent 类中。

9.1.4　多继承

视频名称	0904_多继承
课程目标	掌握
视频简介	多继承可以同时获取多个已存在类的支持，实现更加复杂的继承结构。本课程分析了多继承的操作实现，同时讲解了在 Python 中解决二义性问题的 MRO 算法。

在 Python 中，考虑到代码设计结构的简化，允许一个子类同时继承多个父类，这样子类就可以同时拥有多个父类的功能。

实例：子类多继承

```
# coding : utf-8
class Message:                                          # 定义 Message 类
    def send(self,msg):                                 # 消息发送
        print("【Message】消息发送：%s" % (msg))         # 输出提示信息
class Connect:                                           # 定义 Connect 类
    def build(self):                                     # 通道连接
        print("【Connect】连接服务器，创建发送连接…")     # 输出提示信息
        return True                                      # 返回连接结果
    def close(self):                                     # 通道关闭
        print("【Connect】服务处理完毕，关闭服务器连接…") # 输出提示信息
class NetMessage(Message,Connect):                       # 定义消息发送子类
    def net_message(self, msg):                          # 通道测试
        if self.build():                                 # 调用父类方法
            self.send(msg)                               # 调用父类方法
            self.close()                                 # 调用父类方法
        else:                                            # 连接建立失败
            print("【Error】服务器连接失败，消息无法发送!") # 输出提示信息
def main():                                              # 主函数
    net = NetMessage()                                   # 实例化子类对象
    net.net_message("www.yootk.com")                     # 调用子类方法
if __name__ == "__main__":                               # 判断程序执行名称
    main()                                               # 调用主函数
```
程序执行结果：
【Connect】连接服务器，创建发送连接…
【Message】消息发送：www.yootk.com
【Connect】服务处理完毕，关闭服务器连接…

本程序实现了一个信息发送操作的功能，NetMessage 子类继承了 Message 与 Connect 两个父类，随后利用两个父类中提供的方法实现了消息发送处理业务。

在子类没有定义任何构造方法的情况下，Python 子类对象实例化时会自动调用父类中的构造方法，但是在多继承结构中，由于一个子类存在有多个父类（多继承结构如图 9-2 所示），就会造成结构调用的二义性。为了解决这个问题，Python 专门提供了一个 MRO（Method Resolution Order，方法解析顺序）算法，执行时按照从左至右的原则进行调用，如图 9-3 所示。

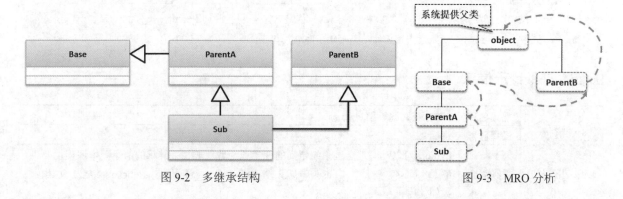

图 9-2　多继承结构　　　　　　　　　　　　　图 9-3　MRO 分析

实例： 观察多继承结构下的父类无参构造执行

```
# coding : utf-8
class Base:                                        # 定义 Base 父类
    def __init__(self):                            # 无参构造
        print("【Base】__init__()")                # 输出提示信息
class ParentA(Base):                               # 定义 ParentA 类
    def __init__(self):                            # 无参构造
        print("【ParentA】__init__()")             # 输出提示信息
class ParentB:                                     # 定义 ParentB 类
    def __init__(self):                            # 无参构造
        print("【ParentA】__init__()")             # 提示信息输出
class Sub(ParentA,ParentB):                        # 子类不定义构造
    pass                                           # 子类结构为空
def main():                                        # 主函数
    sub = Sub()                                    # 实例化子类对象
if __name__ == "__main__":                         # 判断程序执行名称
    main()                                         # 调用主函数
程序执行结果：
【ParentA】__init__()
```

此时程序在 Sub 子类中同时继承了 ParentA 与 ParentB 两个父类，并且 Sub 子类没有定义构造方法，通过输出结果可以发现此时 Sub 子类执行了 ParentA 类中的无参构造方法。如果 ParentA 类中没有提供无参构造方法，则 Sub 子类将会调用 B 类中的无参构造方法。

提示：获取 mro 信息

在 Python 中，所有的方法执行顺序信息都会自动保存在一个拓扑序列中，开发者如果要想获得此信息，内容可以使用"类名称.mro()"函数完成。

实例： 观察 mro()函数

```
def main():                                        # 主函数
    print(Sub.mro())                               # 获取 mro 信息
if __name__ == "__main__":
    main()
程序执行结果：
[<class '__main__.Sub'>, <class '__main__.ParentA'>, <class '__main__.Base'>, <class
'__main__.ParentB'>, <class 'object'>]
```

通过此时的执行结果可以发现，如果此时 Sub 类没有构造方法，则会调用 ParentA 类中的无参构造方法；如果 ParentA 类中没有构造方法，则会调用 Base 类中的无参构造方法。

9.1.5 获取继承信息

	视频名称	0905_获取继承信息
	课程目标	掌握
	视频简介	Python 可以动态地通过系统定义的变量或函数获取相关继承的信息。本课程主要讲解了 __class__ 变量、__bases__ 变量、__subclasses__()函数、issubclass(clazz, 父类)函数数的使用。

利用继承性使得不同的类之间存在关联，对象也会分为父类或子类实例。为了方便获取这些关联结构的信息并对相关继承关系进行判断，Python 提供了许多内置的系统变量与函数用于进行类信息或者相关实例的判断。这些函数与变量如表 9-1 所示。

表 9-1　获取继承结构信息的函数与变量

序　号	函数与变量	类　型	描　　述
1	__class__	变量	获取指定对象所属类 Class 对象，与 type() 返回值相同
2	__bases__	变量	获取一个类对应的所有父类信息
3	__subclasses__()	函数	获取一个类对应的所有子类信息
4	issubclass(clazz, 父类)	函数	判断一个 Class 对象是否是某一个类的子类

为了方便读者观察表 9-1 所示的各个操作功能，下面将定义一个类继承关系。类继承结构如图 9-4 所示。

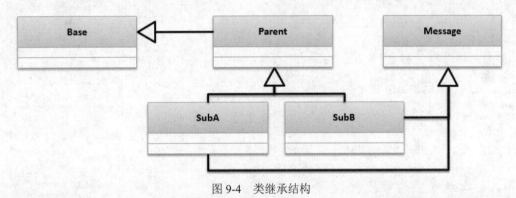

图 9-4　类继承结构

实例： 定义类继承结构

```
# coding : utf-8
class Base:                              # 定义父类
    pass                                 # 结构为空
class Parent(Base):                      # 定义 Base 子类
    pass                                 # 结构为空
class Message:                           # 定义独立的类
    pass                                 # 结构为空
class SubA(Parent,Message):              # 定义 Parent 与 Message 子类
    pass                                 # 结构为空
class SubB(Parent,Message):              # 定义 Parent 与 Message 子类
    pass                                 # 结构为空
```

在以上实例所定义的类结构中，Parent 和 Message 都是 SubA 与 SubB 两个子类的父类，同时 Base 又是 Parent 父类，在实际开发中，这些类都可以直接进行对象的实例化定义，所以此时开发者就可以利用__class__变量根据指定的实例化对象获取对应的类信息。

实例： 使用__class__获取类信息

```
def main():
    sub = SubA()                         # 实例化子类对象
    msg = Message()                      # 实例化 Message 类对象
```

```
        print("sub 对象所属类型：%s" % sub.__class__)        # 根据实例化对象获取其对应类型
        print("msg 对象所属类型：%s" % msg.__class__)        # 根据实例化对象获取其对应类型
    if __name__ == "__main__":                              # 判断程序执行名称
        main()                                              # 调用主函数
```

程序执行结果：
sub 对象所属类型：<class '__main__.SubA'>
msg 对象所属类型：<class '__main__.Message'>

　　__class__ 系统变量可以应用在任意的实例化对象上，并且会动态地获取实例对应的类型。

 提问：__class__ 有什么用处？

　　使用 __class__ 主要是根据对象获取其类型，但是在开发中如果不知道类型，则肯定无法进行对象创建，那么 __class__ 有什么用处呢？

回答：可以确定类型与获取 mro 信息。

　　在 Python 中，由于所有变量没有强制要求进行数据类型定义，所以当通过某些方法接收到返回对象时，有可能造成因不明确对象类型而导致程序代码出错的问题。因而 Python 提供了"对象.__class__"系统变量和 type 类以获取类信息，这样在开发中可以结合分支判断进行类型判断并进行准确的方法调用。

实例：判断对象所属类型

```
    def main():                                             # 主函数
        sub = SubA()                                        # 实例化子类对象
        if sub.__class__ == SubA:                           # 判断对象类型
            print("sub 是 SubA 类的对象实例。")               # 输出提示信息
    if __name__ == "__main__":                              # 判断执行名称
        main()                                              # 调用主函数
```

程序执行结果：
sub 是 SubA 类的对象实例。

　　本程序通过对象所属的类型判断了其是否属于某个类的实例（也可以直接使用 isinstance() 函数判断），这样就可以直接确定对象身份。

　　使用 __class__ 系统变量还可以根据一个类的实例化对象来获取 mro 信息。

实例：根据对象调用 mro() 函数

```
    def main():                                             # 主函数
        sub = SubA()                                        # 实例化子类对象
        print(sub.__class__.mro())                          # 获取 mro 信息
    if __name__ == "__main__":                              # 判断执行名称
        main()                                              # 调用主函数
```

程序执行结果：
[<class '__main__.SubA'>, <class '__main__.Parent'>, <class '__main__.Base'>, <class '__main__.Message'>, <class 'object'>]

　　通过以上代码的执行结果可以发现，mro 信息也可以利用"__class__"的形式获取。

　　在 Python 中，一个子类可以同时继承多个父类，一个父类也可以同时拥有多个子类，而关于子类与父类的信息可以通过系统变量动态获取。

实例：获取子类与父类信息

```
def main():                                          # 主函数
    print("【Parent 子类】%s" % Parent.__subclasses__())  # 获取全部子类
    print("【SubA 父类】%s" % str(SubA.__bases__))      # 获取子类的父类
if __name__ == "__main__":                           # 判断程序执行名称
    main()                                           # 调用主函数
```
程序执行结果：
【Parent 子类】[<class '__main__.SubA'>, <class '__main__.SubB'>]
【SubA 父类】(<class '__main__.Parent'>, <class '__main__.Message'>)

本程序通过 Parent.__subclasses__()函数获取了一个子类的列表，这样就可以直接通过类本身明确地获取其子类的信息，而 SubA.__bases__ 会通过一个元组保存一个类所继承的所有父类信息。

由于一个子类可能同时继承有多个父类，这样为了确认某一个类是否为指定父类的子类，可以通过issubclass()函数来进行判断。

实例：判断某个类或某个对象所属的类是否为指定父类的子类

```
def main():                                          # 主函数
    sub = SubA()                                     # 实例化子类对象
    print(issubclass(sub.__class__,Parent))          # 通过对象获取类信息并判断是否为指定类的子类
    print(issubclass(SubB,Parent))                   # 判断是否为指定类的子类
if __name__ == "__main__":                           # 判断程序执行名称
    main()                                           # 调用主函数
```
程序执行结果：
True（通过实例化对象判断）
True（通过类判断）

issubclass()函数是依靠类对象的形式进行判断，如果直接使用类名称判断，那么就可以直接获取类对象。如果使用的是实例化对象，则必须依靠__class__系统变量获取对应类后才可以进行判断。

9.2　多　态

在面向对象设计中，多态性描述的是同一结构在执行时会根据不同的形式展现出不同的效果。在Python 中，多态性的体现有两种形式。

- ➥ **方法覆写**：子类继承父类后可以依据父类的方法名称进行方法体的重新定义。
- ➥ **对象多态性**：在方法覆写的基础上利用相同的方法名称作为标准，就可以在不考虑具体类型的情况下实现不同子类中相同方法的调用。

9.2.1　方法覆写

视频名称	0906_方法覆写	
课程目标	掌握	
视频简介	在开发中，父类定义时并不会考虑到所有子类的设计问题，此时子类就需要更多地考虑功能的扩充与操作的统一，所以方法的覆写就成了子类扩充的有效技术手段。本课程主要讲解了方法覆写的意义以及实现格式。	

在类继承结构中，子类可以继承父类中的全部方法，当父类某些方法无法满足子类设计需求时，就可以对父类已有的方法进行扩充，也就是说，在子类中可以定义与父类中方法名称、返回值类型、参数类型及个数完全相同的新方法。这称为方法的覆写。

实例：实现方法覆写

```python
# coding : utf-8
class Channel:                                       # 定义父类
    def build(self):                                 # 父类方法
        print("【Channel】通道连接...")               # 输出提示信息
class DatabaseChannel(Channel):                      # 定义子类
    def build(self):                                 # 方法覆写
        print("【DatabaseConnect】数据库通道连接...")  # 输出提示信息
def main():                                          # 主函数
    channel = DatabaseChannel()                      # 实例化子类对象
    channel.build()                                  # 调用被覆写过的方法
if __name__ == "__main__":                           # 判断程序执行名称
    main()                                           # 调用主函数
```
程序执行结果：
【DatabaseConnect】数据库通道连接...

本程序为 Channel 类定义了一个 DatabaseChannel 子类，并且在子类中定义了与父类结构完全相同的 build()方法，这样在利用子类实例化对象调用 build()方法时所调用的就是被覆写过的方法。

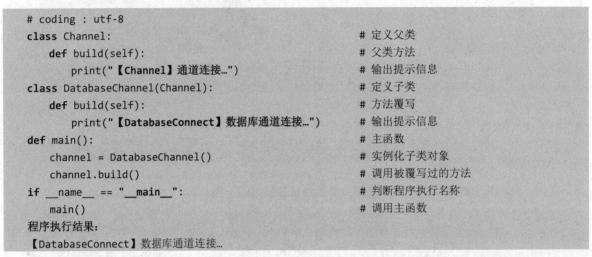

提示：关于方法覆写的意义

方法覆写主要是定义子类个性化的方法体，同时为了保持父类结构的形式，才保留了父类的方法名称。例如：每一个人有不同的人生成就，小人物的人生成就是吃饱喝足；英雄豪杰的人生成就在于开疆拓土，不同的人物有自己不同的追求，这样对于小人物和英雄豪杰子类的人生成就方法就可以通过继承覆写的形式扩充，如图 9-5 所示。

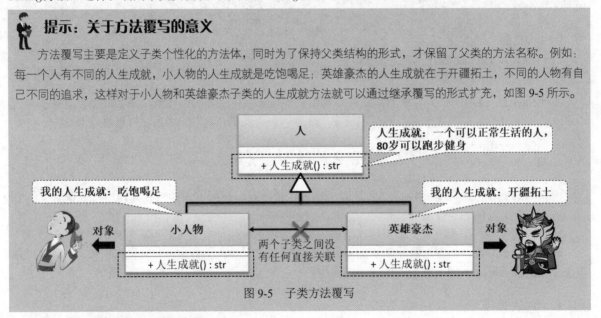

图 9-5　子类方法覆写

当通过子类实例化对象调用方法时所调用的是被覆写过的方法，如果此时需要调用父类已被覆写过的方法，在子类中可以使用"super().方法()"的形式调用。

实例：调用父类被覆写过的方法

```python
# coding : utf-8
class Channel:                                       # 定义父类
    def build(self):                                 # 父类方法
```

```
        print("【Channel】通道连接…")                         # 输出提示信息
class DatabaseChannel(Channel):                               # 定义子类
    def build(self):                                         # 方法覆写
        super().build()                                      # 调用父类被覆写过的方法
        print("【DatabaseConnect】数据库通道连接…")            # 输出提示信息
def main():                                                  # 主函数
    channel = DatabaseChannel()                              # 实例化子类对象
    channel.build()                                          # 调用被覆写过的方法
if __name__ == "__main__":                                   # 判断程序执行名称
    main()                                                   # 调用主函数
```
程序执行结果：

【Channel】通道连接…（Channel.build()方法输出）

【DatabaseConnect】数据库通道连接…（DatabaseChannel.build()方法输出）

本程序子类覆写了 build()方法，这样在子类中只能通过 super().build()调用父类中已经被覆写过的
方法。

9.2.2　对象多态性

视频名称	0907_对象多态性	
课程目标	掌握	
视频简介	多态性是面向对象中的重要组成技术。本课程主要通过实际的代码案例讲解了对象多态性存在的意义，以及与方法覆写之间的关联。	

在继承结构中，子类可以根据需要来选择是否要覆写父类中的指定方法，而方法覆写的主要目的在
于可以让子类与父类中的方法名称统一。这样在进行引用传递时不管传递的是子类实例还是父类实例，
就都可以使用相同的方法名称进行操作。例如：现在有一个消息发送通道 Channel 类，在此类中需要进
行消息的发送，而现在的消息分为普通消息、数据库消息、网络消息，此时就可以采用如图 9-6 所示的
多态性结构实现。

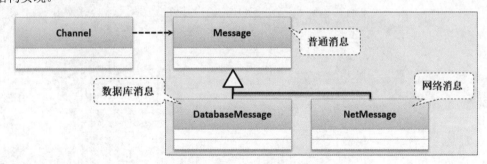

图 9-6　对象多态性程序结构

实例：对象多态性

```
# coding : utf-8
class Message:                                               # 定义 Message 父类
    def get_info(self):                                      # 定义方法
        return "【Message】www.yootk.com"                     # 返回信息
class DatabaseMessage(Message):                              # Message 子类
    def get_info(self):                                      # 方法覆写
```

```
            return "【DatabaseMessage】Yootk 数据库信息"        # 返回信息
class NetMessage(Message):                                # Message 子类
    def get_info(self):                                   # 方法覆写
        return "【NetMessage】Yootk 网络信息"               # 返回信息
class Channel:                                            # 定义 Channel 类
    def send(self,msg):                                   # 定义方法
        print(msg.get_info())                             # 输出内容
def main():                                               # 主函数
    channel = Channel()                                   # 实例化通道类对象
    channel.send(Message())                               # 发送普通消息
    channel.send(DatabaseMessage())                       # 发送数据库消息
    channel.send(NetMessage())                            # 发送网络消息
if __name__ == "__main__":                                # 判断程序执行名称
    main()                                                # 调用主函数
```

程序执行结果：

【Message】www.yootk.com

【DatabaseMessage】Yootk 数据库信息

【NetMessage】Yootk 网络信息

此时的程序 Channel 类可以接收 Message 及其子类实例，由于这三个类都提供有 get_info()方法，那么此时会根据传入的不同类型的实例获取不同的输出信息。

> **提示：对象多态性的主要作用在于参数统一**
>
> 之所以会提供有对象多态性的概念，更多的时候是为了进行方法中操作参数的统一。就好比在高速公路上，只允许时速 70km 以上的机动车（轿车、越野车、货车等）通过，而行人、电动车是不允许通过的，如图 9-7 所示，实际上这就相当于设计了一个操作的标准。

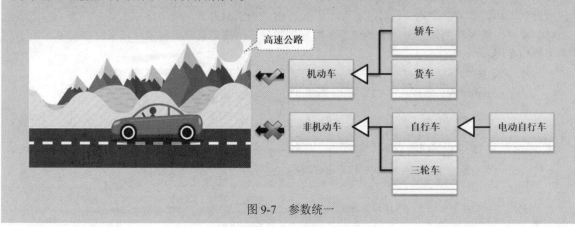

图 9-7　参数统一

虽然以上实例实现了一个参数的统一接收，但是也需要提醒读者的是，Python 语言最大的特点是所有的变量定义时不需要进行类型的定义，所以此时程序中的 Channel.send()方法中的 msg 参数可以传递非 Message 类型。

实例：观察程序的问题

```
# 其他重复代码略
def main():                                               # 主函数
    channel = Channel()                                   # 实例化通道类对象
```

```
        channel.send("小李老师")                          # 【错误】传入字符串
if __name__ == "__main__":                              # 判断程序执行名称
    main()                                              # 调用主函数
```

程序执行结果：

AttributeError: 'str' object has no attribute 'get_info'

很明显，此时程序中传入了一个字符串对象，但是在字符串对象中并没有 get_info()方法，这样程序在执行的过程中就会出现错误。若解决这样的错误，最方便的做法是追加一个实例的类型判断，可以使用内置的"isinstance(对象，类)"函数。在此函数中需要传递一个对象与要判断的类型，如果该对象为此类实例，则返回 True；否则返回 False。

实例：利用 isinstance()函数保证代码的正确执行

```
# 其他重复代码略
class Channel:                                          # 定义 Channel 类
    def send(self,msg):                                 # 定义方法
        if isinstance(msg,Message):                     # 判断 msg 是否属于 Message 或其子类实例
            print(msg.get_info())                       # 调用方法
```

本程序修改了 Channel.send()方法，在调用类方法时追加了一个实例判断，如果传入的 msg 实例是 Message 或其子类，则可以调用 get_info()方法，反之什么也不做。

9.2.3　object 父类

视频名称	0908_object 父类	
课程目标	掌握	
视频简介	本课程主要分析了 object 类的作用，同时讲解了在 Python 中经典类（或传统类）与新式类针对 MRO 算法的两种不同路径的搜索方式。	

在 Python 语言设计过程中，为了方便操作类型的统一，以及为每一个类定义一些公共操作，所以专门设计了一个公共的 object 父类（此类是唯一一个没有父类的类，但却是所有类的父类），所有利用 class 关键字定义的类全部都默认继承自 object 类。以下两种类的定义效果是相同的。

class Message(object):	# 明确继承父类	class Message:	# 未明确继承父类
pass	# 类结构为空	pass	# 类结构为空

本程序定义 Message 类的时候不管是否明确继承 object，Python 都会自动将其设置为 object 子类。

> **提示：关于经典类与新式类的区别**
>
> 在 Python 2.x 开发时代，由于类不默认继承 object，所以类的定义分为两种：经典类（不继承 object 父类）与新式类（明确继承 object 父类），这两种类的区别如下：
> - 经典类的操作方法要比新式类的操作方法少（新式类通过 object 继承方法）。
> - 针对 MRO 算法使用区别（以图 9-8 所示的类继承结构为例）。
>   - 经典类：采用深度优先算法，访问路径为 B—A—C。
>   - 新式类：采用广度优先算法，访问路径为 B—C—A。
>
> **实例**：观察新式类中的广度优先算法

```
# coding : utf-8
```

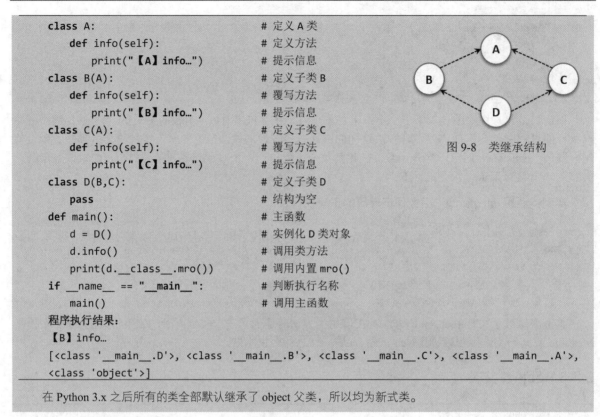

```
class A:                        # 定义 A 类
    def info(self):             # 定义方法
        print("【A】info…")      # 提示信息
class B(A):                     # 定义子类 B
    def info(self):             # 覆写方法
        print("【B】info…")      # 提示信息
class C(A):                     # 定义子类 C
    def info(self):             # 覆写方法
        print("【C】info…")      # 提示信息
class D(B,C):                   # 定义子类 D
    pass                        # 结构为空
def main():                     # 主函数
    d = D()                     # 实例化 D 类对象
    d.info()                    # 调用类方法
    print(d.__class__.mro())    # 调用内置 mro()
if __name__ == "__main__":      # 判断执行名称
    main()                      # 调用主函数
```

图 9-8　类继承结构

程序执行结果：

【B】info…

```
[<class '__main__.D'>, <class '__main__.B'>, <class '__main__.C'>, <class '__main__.A'>,
<class 'object'>]
```

在 Python 3.x 之后所有的类全部默认继承了 object 父类，所以均为新式类。

9.2.4　工厂设计模式

视频名称	0909_工厂设计模式
课程目标	掌握
视频简介	项目开发中需要考虑类实例化对象的解耦合问题，所以会通过工厂设计模式隐藏接口对象实例化操作细节。本课程主要讲解工厂设计模式的产生原因以及实现方法。

在面向对象设计中，父类的主要功能是进行各个子类操作方法标准的定义，所以不管何种子类，只要按照父类中的方法要求覆写了方法，那么就可以通过父类对象的形式来进行表示，也就是说，此时调用处需要关心的是父类实例，而并不需要关心子类实例。为了达到这一目的，项目开发中可以引入工厂设计模式来隐藏子类。工厂设计模式操作结构如图 9-9 所示。

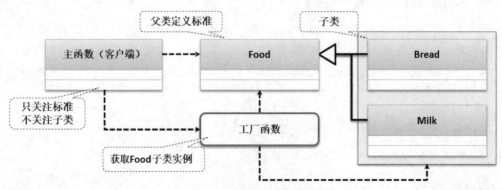

图 9-9　工厂设计模式操作结构

实例：实现工厂设计模式

```
# coding : utf-8
class Food:                                          # 定义食物标准
    def eat(self):                                   # 定义公共方法
        pass                                         # 方法结构为空
class Bread(Food):                                   # 定义面包子类
    def eat(self):                                   # 覆写方法
        print("【Bread】吃面包")                        # 输出提示信息
class Milk(Food):                                    # 定义牛奶子类
    def eat(self):                                   # 覆写方法
        print("【Milk】喝牛奶")                         # 输出提示信息
"""
获取 Food 接口实例
@:param cls 要获取实例的名称标记
"""
def get_food_instance(cls):                          # 工厂函数
    if cls == "bread":                               # bread 代表 Bread 子类
        return Bread()                               # 返回 Bread 子类实例
    elif cls == "milk":                              # milk 代表 Milk 子类
        return Milk()                                # 返回 Milk 子类实例
    else:                                            # 没有匹配返回 None
        return None                                  # 返回 None
def main():                                          # 主函数
    food = get_food_instance("bread")               # 获取指定类实例
    if food != None:                                 # 判断是否有实例返回
        food.eat()                                   # 调用公共方法
if __name__ == "__main__":                           # 判断程序执行名称
    main()                                           # 调用主函数
程序执行结果：
【Bread】吃面包
```

　　本程序通过 get_food_instance()工厂函数获取到了 Food 类的实例化对象，利用这样的结构，主函数就可以在不清楚子类的情况下获取类的实例化对象并依据 Food 父类定义的方法标准执行程序。

> **提示：系统内置工厂函数**
>
> 　　在面向对象设计中，工厂函数的主要目的是获取指定的对象实例，在之前所学习过的 int()、str()、float()、tuple() 等函数实际上都属于内置的工厂函数，通过函数传递若干参数后就可以获取指定类型的实例化对象。

9.2.5　代理设计模式

视频名称	0910_代理设计模式	
课程目标	掌握	
视频简介	为了细分核心业务与辅助功能，可以通过代理设计模式实现。本课程为读者讲解代理设计模式的产生意义与具体实现，同时分析了与工厂设计模式整合的意义。	

代理设计是指通过一个代理主题来操作真实业务主题，真实主题执行具体的业务操作，而代理主题负责其他相关业务的处理。例如，食客饿了的时候准备去餐厅吃饭，"吃饭"即为真实主题，而餐厅为食客"吃饭"的业务做各种辅助操作（如购买食材、处理食材、烹制美食、收拾餐具）即为代理主题，而食客只负责关键的一步"吃"就可以了。餐厅业务结构如图 9-10 所示。代理设计模式实现结构如图 9-11 所示。

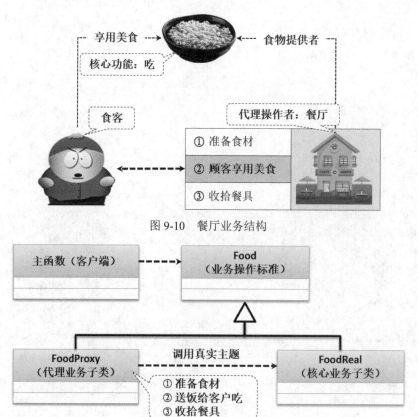

图 9-10　餐厅业务结构

图 9-11　代理设计模式实现结构

实例：实现代理设计模式

```
# coding : utf-8
class Food:                                    # 定义食物标准
    def eat(self):                             # 定义公共业务方法
        pass                                   # 方法结构为空
class FoodReal(Food):                          # 定义真实业务实现子类
    def eat(self):                             # 方法覆写
        print("【FoodReal】享用丰盛的美食。")    # 输出提示信息
class FoodProxy(Food):                         # 定义代理业务实现子类
    def __init__(self,food):                   # 保存真实业务对象
        self.__food = food                     # 设置属性内容
    def prepare(self):                         # 真实业务执行前的准备
        print("【FoodProxy】准备做饭的食材。")  # 输出提示信息
    def eat(self):                             # 方法覆写
        self.prepare()                         # 调用代理方法
```

```
        self.__food.eat()                           # 调用真实业务方法
        self.clear()                                # 调用代理方法
    def clear(self):                                # 真实业务执行后的处理方法
        print("【FoodProxy】收拾碗筷，打扫卫生。")    # 输出提示信息
def main():                                         # 主函数
    food = FoodProxy(FoodReal())                    # 获取指定类实例
    if food != None:                                # 判断是否有实例返回
        food.eat()                                  # 调用公共方法
if __name__ == "__main__":                          # 判断程序执行名称
    main()                                          # 调用主函数
```

程序执行结果：

【FoodProxy】准备做饭的食材。

【FoodReal】享用丰盛的美食。

【FoodProxy】收拾碗筷，打扫卫生。

本程序为一个 Food 父类定义了两个子类：真实主题类（FoodReal）和代理主题类（FoodProxy），真实主题类只有在代理类提供支持的情况下才可以正常完成核心业务。但是对于主函数（客户端）而言，其所关注的只是 Food 类定义业务方法标准，而并不关注具体使用哪一个子类。

提示：代理设计模式与工厂设计模式整合

本程序实现了一个最为基础的代理设计模式，但是在该设计模式之中有一段代码是需要商榷的。

```
food = FoodProxy(FoodReal())
```

在主函数里，用户需要明确的实例化子类对象才可以获得 food 实例化对象，但是从标准设计来讲，所有的子类对象应该对外部隐藏，所以对于此时的代码最好的修改方式是引入工厂设计模式。设计结构如图 9-12 所示。

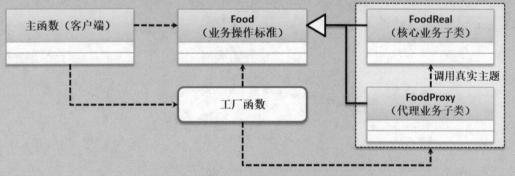

图 9-12　代理设计模式结合工厂设计模式

实例：修改程序代码

```
# 其他重复代码略
def get_food_instance():                            # 定义工厂函数
    return FoodProxy(FoodReal())                     # 返回代理类实例
def main():                                         # 主函数
    food = get_food_instance()                       # 获取指定类实例
    if food != None:                                # 判断是否有实例返回
        food.eat()                                  # 调用公共方法
```

```
if __name__ == "__main__":                          # 判断程序执行名称
    main()                                          # 调用主函数
```

此时将通过工厂函数 get_food_instance()获取代理对象实例，这样主函数（客户端）将不再关心 Food 的子类有哪些，而只关心获取 Food 的实例化对象即可。

9.3 本 章 小 结

1．继承主要解决了类代码的可重用性问题，利用继承可以基于一个已经存在的父类进行功能扩充。

2．Python 中一个子类允许继承多个父类，这样可以同时拥有多个父类的操作结构。

3．在多继承关系中，为了解决方法调用二义性的问题，引入了 MRO 算法，使用广度优先原则调用。

4．在继承结构中，Python 可以通过一些内定的系统变量获取继承关系中父类与子类的信息。

5．在继承结构中，如果子类发现父类中的某些方法功能不足，可以根据自己的需要进行覆写，这样就可以在保留有原始方法名称的前提下，实现功能的扩充。

6．对象多态性可以实现父子实例之间的转换，实现操作参数的统一。

7．在 Python 中定义的任何类都是 object 子类，所以继承 object 类的都属于新式类。

8．工厂设计模式可以对外隐藏子类的定义，实现操作的解耦合。

9．代理设计模式可以通过专门的代理主题类辅助真实主题类实现功能，这样使得代码的开发结构更加清晰。

第 10 章　特 殊 方 法

学习目标

- ➤ 掌握对象构造方法、信息获取操作、对象比较、自定义格式化的操作；
- ➤ 掌握操作拦截方法的使用；
- ➤ 掌握属性字典的作用以及操作；
- ➤ 掌握父类实现的钩子方法的定义；
- ➤ 掌握自定义迭代类的定义；
- ➤ 掌握自定义字典操作方法的使用。

Python 语言最灵活的地方在于提供了许多有特殊含义的方法。例如，在之前所使用的__init__()就属于一个特殊方法。本章将详细讲解常用特殊方法的定义以及相关作用。

10.1　对象操作支持

在面向对象处理编程中，对象是核心的组成部分。因此针对新式类对象的创建，Python 提供了更高级的处理方法，同时在开发中为了方便对象的输出、内容比较、格式化显示，也提供了相应的特殊方法。

10.1.1　__new__()构造器

视频名称	1001__new__()构造器
课程目标	理解
视频简介	类的构造方法使用了内置的特殊方法定义，但是在构造方法之上还提供有一个__new__()特殊构造形式。本课程讲解了构造方法中当前对象的由来，以及如何通过__new__()对构造方法的执行进行控制。

在进行对象实例化时往往会通过__init__()方法进行相关的初始化操作，而在 Python 提供的特殊方法里面，还有一个__new__(cls, *args, **kwargs)方法可以决定是否要调用__init__()实例化对象。

在__new__()方法中传入的参数 cls 就是当前实例化类的信息，同时在此方法中可以返回一个实例化对象，这样才可以继续调用__init__()方法，否则将不会调用。

实例：使用__new__()方法

```python
# coding : utf-8
class Message:                                          # 默认 object 子类
    def __new__(cls, *args, **kwargs):                  # 特殊方法
        print("【new】cls = %s、args = %s、kwargs = %s" % (cls,args,kwargs))    # 提示信息
        return object.__new__(cls)                      # 如果不返回此内容构造方法将不会执行
    def __init__(self, **kwargs):                       # 构造方法
```

```
        print("【init】kwargs = %s" % kwargs)          # 输出构造方法接收关键字参数
    def main():                                          # 主函数
        msg = Message(title="yootk",content="优拓软件学院")   # 实例化 Message 类对象
    if __name__ == "__main__":                           # 判断程序执行名称
        main()                                           # 调用主函数
```

程序执行结果：
【new】cls = <class '__main__.Message'>、args = ()、kwargs = {'title': 'yootk', 'content': '优拓软件学院'}
【init】kwargs = {'title': 'yootk', 'content': '优拓软件学院'}

本程序在类中定义了两种构造方法，__new__()方法优先于__init__()方法，如果在__new__()方法中没有返回 object.__new__(cls)，那么对象将无法进行构造，此时 msg 的内容将为 None。

 提问：使用哪个构造方法？

通过以上实例发现__new__()和__init__()方法都是在构造的时候出现的，那么在开发中使用哪种方法呢？

 回答：__new__()主要用于类的整体构造。

读者可以简单地理解这两个构造方法，以工人生产产品为例，实际上__new__()方法像是创建了一个产品加工的工厂（类的整体构造），而__init__()则更像是构造工人（对象构造），并且在__init__()方法中也提供了参数 self 引用当前对象，这实际都是由__new__()完成的，所以在开发中经常使用__new__()构造器创建一些公共的类属性处理。

10.1.2 获取对象信息

	视频名称	1002_获取对象信息
	课程目标	理解
	视频简介	Python 中的数据全部都是对象（引用数据类型），对象的输出采用特殊方法__str__()。本课程讲解了__str__()的作用，以及与__repr__()的关系。

默认状态下，开发者在进行实例化对象输出时，只是返回对象的基本信息以及所占用的内存地址，并不返回一个明确的字符串内容。

实例：观察默认状态下的对象输出

```
# coding : utf-8
class Message:                                   # 默认 object 子类
    def __init__(self,content):                  # 构造方法初始化内容
        self.__content = content                 # 属性赋值
def main():                                       # 主函数
    msg = Message("www.yootk.com")               # 实例化类对象
    print(msg)                                    # 直接输出对象
    print(msg.__str__())                          # 转为字符串输出
if __name__ == "__main__":                        # 判断程序执行名称
    main()                                        # 调用主函数
```

程序执行结果：
<__main__.Message object at 0x0077ED90>
<__main__.Message object at 0x0077ED90>

之所以会出现这样的信息内容，主要是由 object 类中默认的__str__()方法所决定的，由于默认的__str__()方法只能够获取类名称以及相关地址信息，这样对于一些有特殊要求的类在功能上就会有所不足，所以开发者可以根据自己需要的显示内容覆写该方法。

实例：覆写__str__()方法

```
# coding : utf-8
class Message:                                        # 默认 object 子类
    def __init__(self,content):                       # 构造方法初始化内容
        self.__content = content                      # 属性初始化
    def __str__(self):                                # 覆写 object 类方法
        return "【__str__()】%s" % self.__content      # 获取对象信息
def main():                                           # 主函数
    msg = Message("www.yootk.com")                    # 实例化类对象
    print(msg)                                        # 直接输出对象
if __name__ == "__main__":                            # 判断程序执行名称
    main()                                            # 调用主函数
程序执行结果：
【__str__()】www.yootk.com
```

本程序在 Message 类中覆写了__str__()方法，这样就可以由开发者自行定义对象输出的信息内容。

除了__str__()方法之外，在 object 类中又提供了一个__repr__()方法，该方法也可以获取对象信息，但是需要通过 repr()函数转换后才可以执行。

实例：覆写__repr__()方法

```
# coding : utf-8
class Message:                                        # 默认 object 子类
    def __init__(self,content):                       # 构造方法初始化内容
        self.__content = content                      # 覆写特殊方法
    def __str__(self):                                # 覆写 object 类方法
        return "【__str__()】%s" % self.__content      # 返回对象信息
    def __repr__(self):                               # 覆写特殊方法
        return "【__repr__()】%s" % self.__content     # 返回对象信息
def main():                                           # 主函数
    msg = Message("www.yootk.com")                    # 实例化类对象
    print(str(msg))                                   # 不使用 str()函数也表示调用__str__()
    print(repr(msg))                                  # 必须使用 repr()函数才可以调用__repr__()
if __name__ == "__main__":                            # 判断程序执行名称
    main()                                            # 调用主函数
程序执行结果：
【__str__()】www.yootk.com（"str(msg)"代码执行结果）
【__repr__()】www.yootk.com（"repr(msg)"代码执行结果）
```

本程序在 Message 类中覆写了__repr__()方法，这样在输出对象时用户只要通过 repr()转换函数执行就可以对该方法实现自动调用。

 提问：__repr__()和__str__()的作用一样吗？

在项目开发中，如果要获取对象信息，那么直接输出对象，并自动调用类中的__str__()方法是最方便的，为什么还要提供一个__repr__()方法呢？而且该方法还必须通过repr()函数转换后才可以执行，为什么要有这样的一种定义？

 回答：两者用处不同。

在 Python 中，输出对象信息有两种定义形式。

- ↘ **用户获取信息：**通过__str__()方法返回一个完整的可读性强的信息字符串，这样用户可以直接获得所需要的信息。
- ↘ **开发者获取调试信息：**通过__repr__()方法获取更完善的调试内容。

__repr__()方法的作用在交互模式下比较方便观察，如图 10-1 所示。

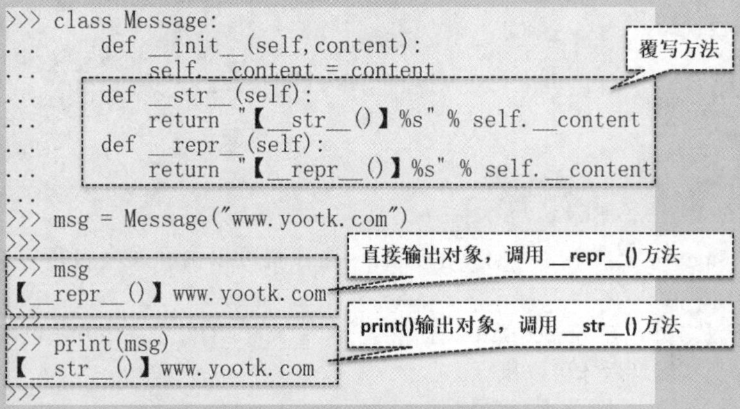

```
>>> class Message:
...     def __init__(self,content):
...         self.__content = content
...     def __str__(self):
...         return "【__str__()】%s" % self.__content       覆写方法
...     def __repr__(self):
...         return "【__repr__()】%s" % self.__content
...
>>> msg = Message("www.yootk.com")
>>>
>>> msg                                    直接输出对象，调用 __repr__()方法
【__repr__()】www.yootk.com
>>> print(msg)                             print()输出对象，调用 __str__()方法
【__str__()】www.yootk.com
>>>
```

图 10-1　观察__repr__()执行

综上所述，在一个类中，可以使用__repr__()方法定义更多、更详细的类信息，而__str__()方法只适合返回用户所需要的信息。

另外，需要提醒读者的是，如果一个类中的__repr__()和__str__()两个方法的定义完全相同，实际上也没有必要重复定义，直接进行引用设置即可。

实例：通过方法引用简化重复代码

```
class Message:                                    # 自定义类
    def __init__(self,content):                   # 构造方法
        self.__content = content                  # 属性赋值
    def __str__(self):                            # 特殊方法
        return "【__str__()】%s" % self.__content   # 返回对象信息
    __repr__ = __str__                            # 方法引用定义
```

此时 Message 类中的__repr__()与__str__()两个方法的输出内容相同。除了以上的方式之外，实际上也可以利用 Lambda 表达式简化定义，代码如下。

实例：通过 Lambda 简化方法定义

```
class Message:                                    # 自定义类
    def __init__(self,content):                   # 构造方法
        self.__content = content                  # 属性赋值
```

```
    def __repr__(self) -> str:                    # 特殊方法
        return "【__str__()】%s" % self.__content   # 返回对象信息
```

本程序完成了与之前相同的功能，但是从代码结构上来讲会更加清晰。这种基于 Lambda 形式实现的方法引用在以后的程序开发中也会经常出现。

10.1.3　对象比较

视频名称	1003_对象比较
课程目标	理解
视频简介	对象的属性内容保存在内存空间中，而为了简化对象大小关系的比较处理，Python 专门提供了一系列的特殊比较方法。本课程分析了对象比较操作方法与关系表达式之间的联系，同时又深入分析了在序列结构中对象比较操作的意义。

对象属于引用数据类型，如果要想比较对象的大小，首先必须保证比较的对象类型相同，其次，还需要对对象的属性依次比较。object 类中默认提供了对象比较的方法，开发者只需要覆写表 10-1 所示的方法即可实现比较。

表 10-1　对象比较方法

序　号	方　法	描　述
1	__eq__(self, other)	对象相等比较，other 为比较的另一个对象
2	__ne__(self, other)	对象不等比较，other 为比较的另一个对象
3	__lt__(self, other)	对象小于比较，other 为比较的另一个对象
4	__le__(self, other)	对象小于等于比较，other 为比较的另一个对象
5	__gt__(self, other)	对象大于比较，other 为比较的另一个对象
6	__ge__(self, other)	对象大于等于比较，other 为比较的另一个对象
7	__bool__(self)	获取布尔环境内容

实例：实现对象的小于判断

```
# coding : utf-8
class Member(object):                                 # 默认 object 子类
    def __init__(self,name,age):                      # 构造方法初始化属性内容
        self.__name = name                            # 实例属性赋值
        self.__age = age                              # 实例属性赋值
    def __le__(self, other):                          # 覆写特殊方法
        if not isinstance(other,Member) or other == None: # 判断对象是否合法
            return False                              # 返回 False，表示判断失败
        return self.__age <= other.__age              # 进行属性判断
def main():                                           # 主函数
    mem_a = Member("张三", 18)                         # 实例化 Member 类对象
    mem_b = Member("李四", 20)                         # 实例化 Member 类对象
    print(mem_a <= mem_b)                             # 大小比较，调用__le__()
if __name__ == "__main__":                            # 判断程序执行名称
    main()                                            # 调用主函数
```

程序执行结果：

True

本程序在 Member 类中覆写了 __le__() 方法，此方法的主要功能是进行属性的"小于等于"判断，本次使用 age 属性来确定两个实例化对象的大小关系。

 提问：这种比较大小的操作有什么意义？

在 object 类中为什么不把要比较的属性单独通过 getter 方法读取，而一定要将比较操作定义为不同的方法呢？

 回答：内置比较用于类的内部操作中。

首先，如果将类中的所有属性依次取出并且在主函数（客户端）中比较大小，这样的操作是可以实现的，但是会有两个问题。

（1）主函数是程序的起点，不应该设计过多复杂的操作。如果将比较代码放在主函数中完成，那么一定会造成代码使用上的困难；但是如果将其定义为类的一个方法中，这样在调用时会比较方便。

（2）如果将比较代码单独抽取出来，则该代码只能够在某些地方上使用，不具备通用性。例如：在进行列表数据操作中，如果要想删除列表的数据，那么就需要 __eq__() 方法的支持才可以完成。

实例：列表中删除自定义类对象

```python
# coding : utf-8
class Member(object):                                      # object 子类
    def __init__(self,name,age):                           # 构造方法
        self.__name = name                                 # 实例属性赋值
        self.__age = age                                   # 实例属性赋值
    def __str__(self):                                     # 覆写特殊方法
        return "姓名：%s、年龄：%d" % (self.__name, self.__age)
    def __eq__(self, other):                               # 覆写特殊方法
        if not isinstance(other,Member) or other == None:
            return False                                   # 判断失败
        return self.__age == other.__age and self.__name == other.__name
def main():                                                # 主函数
    member_list = [Member("张三", 18), Member("李四", 20)]
    # 删除数据时传入匿名对象，列表会调用类中 __eq__() 方法
    member_list.remove(Member("张三", 18))                  # 删除数据
    for mem in member_list:                                # 列表迭代
        print(mem)                                         # 输出列表项
if __name__ == "__main__":                                 # 判断执行名称
    main()                                                 # 调用主函数
```

程序执行结果：

姓名：李四，年龄：20

本程序在列表中传入了若干个匿名 Member 类对象且在使用 remove() 方法删除数据时，由于 __eq__() 方法的支持才可以正常实现数据删除操作。

Python 中提供的 __bool__() 特殊方法可以直接返回布尔值，这样就可以将对象直接用于布尔判断使用。

实例：覆写__bool__()方法实现对象直接判断

```python
# coding : utf-8
class Member(object):                          # object 子类
    def __init__(self,name,age):               # 构造方法
        self.__name = name                     # 实例属性赋值
        self.__age = age                       # 实例属性赋值
    def __bool__(self):                        # 覆写特殊方法
        return self.__age > 18                 # 判断是否成年
def main():                                     # 主函数
    mem = Member("李四", 20)                    # 实例化 Member 对象
    if mem:                                     # 直接调用__bool__()方法返回结果
        print("成年了!")                        # 提示信息
if __name__ == "__main__":                      # 判断程序执行名称
    main()                                      # 调用主函数
```
程序执行结果：
成年了!

本程序在 Member 类中直接覆写了__bool__()方法，这样就可以直接使用该对象进行布尔逻辑判断。

10.1.4 对象格式化

视频名称	1004_对象格式化
课程目标	理解
视频简介	格式化是 Python 提供的最为丰富的开发技术，在特殊方法的支持下，开发者可以定义自己的格式化操作。本课程讲解了如何实现对象格式化以及列表格式化操作。

为了进行字符串格式化处理，Python 专门提供了各种格式化的标记，对于用户而言，也可以定义属于自己的格式化标记，此时就需要在类中覆写__format__()方法。

实例：数据格式化

```python
# coding : utf-8
class Message:                                              # object 子类
    def __init__(self, title, url):                         # 构造方法接收初始化参数
        self.__title = title                                # 为属性赋值
        self.__url = url                                    # 为属性赋值
    def __format__(self, format_spec):                      # 格式化字符串
        if format_spec == "":                               # 是否存在有格式化标记
            return str(self)                                # 不存在标记直接对象的字符串描述
        # 按照既定的标记%title 与%url 进行内容替换的字符串处理
        format_data = format_spec.replace("%title", self.__title).replace("%url", self.__url)
        return format_data                                  # 返回格式化后的字符串
    def __str__(self):                                      # 获取对象信息
        return "名称：%s、网址：%s" % (self.__title, self.__url) # 返回对象内容
def main():                                                 # 主函数
    msg = Message("优拓软件学院","www.yootk.com")             # 实例化对象
    print("{}".format(msg))                                 # 未指定格式化字符串，返回对象的字符串表示
```

191

```
        print("{info:%title: %url}".format(info=msg))        # 定义格式化标记
        print(format(msg, "%title: %url"))                    # 通过 format()函数格式化
if __name__ == "__main__":                                    # 判断程序执行名称
    main()                                                    # 调用主函数
```

程序执行结果：

名称：优拓软件学院，网址：www.yootk.com（未定义格式化字符串）

优拓软件学院：www.yootk.com（字符串格式化）

优拓软件学院：www.yootk.com（format()函数格式化）

　　本程序在 Message 类中覆写了 __format__()方法，这样在进行字符串格式化处理时，就可以由用户使用自定义格式化标记%title、%url 进行格式化字符串的定义，该操作可以直接利用 format()函数进行内容替换。除了可以进行单个类的格式化处理，开发者也可以在这一程序的基础上定义一个序列对象的格式化操作。

实例：序列格式化

```
# coding : utf-8
class Message:
    def __init__(self, title, url):                          # 构造方法接收初始化参数
        self.__title = title                                 # 为属性赋值
        self.__url = url                                      # 为属性赋值
    def __format__(self, format_spec):                       # 格式化字符串
        if format_spec == "":                                # 是否存在有格式化标记
            return str(self)                                 # 不存在标记直接对象的字符串描述
        # 按照既定的标记%title 与%url 进行内容替换的字符串处理
        format_data = format_spec.replace("%title", self.__title).replace("%url", self.__url)
        return format_data                                   # 返回格式化后的字符串
    def __str__(self):                                       # 覆写特殊方法
        return "名称：%s、网址：%s" % (self.__title, self.__url) # 返回对象信息
class MessageListFormat:                                      # 定义格式化类
    def __init__(self,*msgs):                                 # 构造方法
        self.msg_list = list(msgs)                           # 保存集合列表
    def __format__(self, format_spec):                       # 覆写特殊方法
        if format_spec == "":                                # 是否存在有格式化标记
            return str(self)                                 # 不存在标记直接对象的字符串描述
        format_data = "\n".join("{:{fs}}".format(m, fs=format_spec) for m in self.msg_list)
        return format_data                                   # 返回格式化数据
def main():                                                  # 主函数
    message_list = MessageListFormat(Message("沐言优拓", "www.yootk.com") # 实例化对象
    Message("优拓讲师", "李兴华"))                             # 保存多个对象
    print("{info:%title: %url}".format(info=message_list))# 定义格式化标记
if __name__ == "__main__":                                   # 判断程序执行名称
    main()                                                   # 调用主函数
```

程序执行结果：

沐言优拓：www.yootk.com

优拓讲师：李兴华

本程序为了进行列表对象的格式化处理，专门定义了一个 MessageListFormat 类，在该类中利用迭代的形式实现了对 Member 类中的 __format__()方法调用，并将若干次调用的结果拼凑为一个完整字符串并返回。

10.1.5　可调用对象

视频名称	1005_可调用对象
课程目标	理解
视频简介	在 Python 中，为了让代码的开发更加人性化，可以利用特殊方法将对象伪装为方法的形式进行调用。本课程主要讲解 __call__()特殊方法的定义与使用。

一个类的实例化对象可以进行类中方法的调用，但是除了这种标准调用形式之外，Python 还提供"对象()"的形式进行方法调用，而此种语法的执行需要 __call__(self, *args, **kwargs)方法支持，在此方法中可以由用户任意地进行所需要的参数传递。

实例：定义可调用对象

```
# coding : UTF-8
class Message:                                          # object 子类
    def __call__(self, *args, **kwargs):               # 定义对象调用支持
        return "title = %s、url = %s" % (kwargs.get("title"), kwargs.get("url")) # 返回数据
def main():                                            # 主函数
    msg = Message()                                    # 实例化类对象
    print(msg())                                       # 对象直接调用并且不传递参数
    print(msg(title="沐言优拓",url="www.yootk.com"))     # 对象调用并传递参数
    print(callable(msg))                               # 判断当前对象是否可调用
if __name__ == "__main__":                             # 判断程序执行名称
    main()                                             # 调用主函数
程序执行结果：
title = None、url = None（不传递参数时，内容为 None）
title = 沐言优拓、url = www.yootk.com（传递参数）
True（callable(msg)代码执行结果）
```

本程序在 Message 类中定义了 __call__()方法，表示该类的对象可以直接调用（callable(msg)返回为 True，表示可调用），这样就可以在程序中通过"对象()"的形式接收 __call__()方法的返回结果。

10.1.6　动态导入

视频名称	1006_动态导入
课程目标	理解
视频简介	项目中为了保证代码结构的合理性，会进行模块的划分，划分后模块除了使用 import 静态编写导入代码之外，也可以利用 __import__()特殊方法实现动态导入操作。本课程讲解了动态导入模块与模块结构的使用操作。

在 Python 中使用其他模块之前都需要通过 import 语法采用硬编码的形式进行模块导入，为了更加方便程序的执行，Python 提供了一个 __import__()动态导入函数，此函数接收的是一个要导入模块名称的字符串数据，模块导入后就可以利用内置的 getattr()函数动态获取模块中的结构进行操作。

实例： 定义 util.py 程序模块

```
# coding : UTF-8
def get_info():                              # 定义函数
    return "沐言优拓：www.yootk.com"          # 返回信息
class Message:                               # 自定义 Message 类
    def echo(self, info):                    # 定义方法
        return "【ECHO】" + info              # 返回信息
```

以上实例在 util.py 模块中定义了一个 get_info()函数以及一个 Message 类，接下来将通过动态导入形式进行加载，如以下实例所示。

实例： 实现动态导入操作

```
# coding : UTF-8
def main():                                         # 主函数
    util = __import__('util')                       # 导入 util.py 模块
    get_info_obj = getattr(util, "get_info")        # 获取模块中的函数引用
    print(get_info_obj())                           # 通过引用对象直接调用函数
    message_class = getattr(util, "Message")        # 获取模块中的类引用
    print(message_class().echo("www.yootk.com"))    # 实例化类对象并调用类中方法
if __name__ == "__main__":                          # 判断程序执行名称
    main()                                          # 调用主函数
程序执行结果：
沐言优拓：www.yootk.com
【ECHO】www.yootk.com
```

本程序通过__import__('util')函数动态导入了 util 模块，这样就可以通过 getattr()函数并结合此模块对象动态获取模块中的结构进行调用。

10.2 属性操作支持

在程序开发中，每一个对象都会保存有若干个实例属性，为方便开发者进行属性的处理，Python 提供有专门的拦截操作支持方法。本节将讲解属性拦截、实例对象存储字典以及如何可以通过特殊方法获取子类中的元数据信息操作。

10.2.1 调用拦截

视频名称	1007_调用拦截
课程目标	理解
视频简介	拦截是现代程序开发中较为先进的一种设计思想，利用拦截可以实现调用目标结构的控制。本课程讲解了__getattribute__()特殊方法的定义与拦截处理。

在 Python 中，针对属性的调用与类中方法的执行会提供一个拦截的处理操作方法__getattribute__()，即开发者在使用对象调用类中方法，或者通过实例化对象获取属性内容前都会通过此方法进行拦截处理。拦截操作如图 10-2 所示。

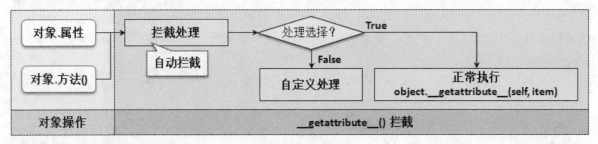

图 10-2　拦截操作

> **注意：不拦截处理**
>
> 　　__getattribute__()拦截方法在类属性调用与对象实例属性赋值时是不会触发的，为了防止读者理解出现偏差，下面进行调用对比。
>
> **实例：触发拦截的操作**
>
> | 调用类中方法 | 实例化对象.方法() | |
> |---|---|---|
> | 获取类中属性 | print(实例化对象.属性) | # 实例属性和类属性调用都会触发 |
>
> **实例：不触发拦截的操作**
>
> | 类属性操作 | print(类名称.类属性)，类名称.类属性 = 值 |
> |---|---|
> | 实例对象设置属性内容 | 实例化对象.属性 = 值 |
>
> 　　通过以上的对比可以发现，只有实例化对象进行类操作时才会有拦截操作。

实例：观察调用拦截

```python
# coding : utf-8
class Message:                                          # 默认 object 子类
    def __getattribute__(self, item):                   # 覆写 object 类方法
        print("【getattribute】item = %s" % (item))      # 监听信息提示
        return object.__getattribute__(self, item)      # 如果不调用此处，则代码无法正确执行
    def send(self, info):                               # 定义类中的方法
        print("消息发送：%s" % info)                     # 输出提示信息
def main():                                             # 主函数
    msg = Message()                                     # 实例化类对象
    msg.content = "沐言优拓：www.yootk.com"              # 动态配置实例属性
    print(msg.content)                                  # 获取属性触发__getattribute__()
    msg.send("www.jixianit.com")                        # 调用方法触发__getattribute__()
if __name__ == "__main__":                              # 判断程序执行名称
    main()                                              # 调用主函数
```

程序执行结果：

【getattribute】item = content（触发拦截方法，获取调用的"属性名称"）

沐言优拓：www.yootk.com（正常输出 content 实例属性内容）

【getattribute】item = send（触发拦截方法，获取调用的"方法名称"）

消息发送：www.jixianit.com（正常执行 send()方法）

本程序在 Message 类中覆写了__getattribute__()方法，这样在每次通过实例化对象调用属性和类中方法时都将触发此拦截方法，但是拦截之后如果要执行完目标操作，那么就必须调用 object 类中的__getattribute__()方法。

本程序在进行拦截处理中，无论是属性还是方法，都使用了统一的处理形式，实际上如果用户有需要，也可以分别对于属性和方法的拦截调用采用不同的方式。

实例：对属性和方法分别进行拦截处理

```python
# coding : utf-8
class Message:                                          # 默认 object 子类
    def __getattribute__(self, item):                   # 覆写 object 类方法
        if item == "content":                           # 判断内容为 content 时的操作
            return "沐言优拓：www.yootk.com"              # 返回提示信息
        elif item == "send":                            # 判断名称
            return self.other                           # 更换为其他方法
        else:                                           # 其他操作不进行处理
            return object.__getattribute__(self, item)  # 代码正常执行调用
    def send(self, info):                               # 定义类中的方法
        print("消息发送：%s" % info)                      # 输出提示信息
    def other(self,note):                               # 定义一个替代方法
        print("【替换方法-other】%s" % note)              # 替代操作执行
def main():                                             # 输出提示信息
    msg = Message()                                     # 实例化类对象
    # 此时并没有为msg 实例化对象动态配置实例属性，按照传统操作，此时应该会出现 AttributeError
    print(msg.content)                                  # 获取属性触发__getattribute__()
    msg.send("www.jixianit.com")                        # 调用方法触发__getattribute__()
if __name__ == "__main__":                              # 判断程序执行名称
    main()                                              # 调用主函数
```
程序执行结果：
沐言优拓：www.yootk.com（拦截器中定义的返回内容）
【替换方法-other】www.jixianit.com（拦截器调用 other()方法）

本程序对调用拦截器的操作进行了名称的判断处理，如果调用的是 content，那么就自定义一个字符串进行返回；如果是 send，则更换一个可以调用的 other()方法返回，这样的处理就使得拦截器在开发中会非常灵活。

10.2.2 实例属性字典

	视频名称	1008_实例属性字典
	课程目标	理解
	视频简介	本课程主要分析了 Python 中动态属性的保存字典变量__dict__的作用，同时利用属性监听的三个特殊方法并结合字典变量实现了属性的设置、获取以及删除操作。

Python 最大的特点在于类中的每一个实例化对象都可以依据自己的需要动态地进行实例属性的配置，而所有的实例属性实际上都保存在了 object 类的__dict__字典变量中。

实例： 观察 __dict__ 字典存储

```python
# coding : utf-8
class Message:                                      # 默认 object 子类
    def __init__(self,note):                        # 构造方法设置属性
        self.__note = note                          # 操作实例属性
def main():                                          # 主函数
    msg = Message("沐言优拓")                        # 实例化类对象
    msg.content = "www.yootk.com"                    # 配置实例属性
    print(msg.__dict__)                              # 获取属性保存字典信息
if __name__ == "__main__":                           # 判断程序执行名称
    main()                                           # 调用主函数
```
程序执行结果：
```
{'_Message__note': '沐言优拓', 'content': 'www.yootk.com'}
```

本程序在 Message 类的构造方法中设置了一个 note 封装实例属性，随后在 main()函数中设置了一个 content 实例属性，设置完成之后可以发现，所有的属性内容都以字典的形式保存在了 __dict__ 对象中。

为了方便开发者进行属性设置、获取与删除的拦截操作，Python 特别定义了如表 10-2 所示的拦截方法。

表 10-2　属性拦截方法

序　号	方　　法	描　　述
1	__setattr__(self, key, value)	设置属性时执行，key 为属性名称，value 为属性内容
2	__getattr__(self, item)	获取的属性不存在时执行，item 为属性名称
3	__delattr__(self, item)	使用 del 关键字删除属性时触发，item 为属性名称

实例： 进行属性设置和获取监听

```python
# coding : utf-8
class Message:                                      # 默认 object 子类
    def __init__(self, content):                    # 构造方法定义属性
        self.__content = content                    # 保存属性内容
    def remove_content(self):                       # 删除属性
        del self.__content                          # 使用 del 关键字删除
    def get_content(self):                          # 获取属性内容
        return self.__content                       # 返回属性内容
    def __setattr__(self, key, value):              # 属性设置时拦截
        print("【setattr】key = %s、value = %s" % (key, value))  # 输出提示信息
        self.__dict__[key] = value                  # 向__dict__中保存属性和数据
    def __getattr__(self, item):                    # 属性不存在时调用
        print("【getattr】item = %s" % item)        # 提示信息
        return "%s 属性不存在，返回 Nothing" % item   # 属性不存在时的返回值
    def __delattr__(self, item):                    # 属性删除
        print("【delattr】item = %s" % item)        # 输出提示信息
        self.__dict__.pop(item)                     # 从字典中弹出数据
def main():                                          # 主函数
    msg = Message("www.yootk.com")                   # 实例化类对象
    print("【获取存在的属性】%s" % msg.get_content())  # 获取存在的属性内容
```

```
        print("【获取不存在的属性】%s" % msg.note)                          # 获取不存在的属性内容
        msg.remove_content()                                          # 删除属性
if __name__ == "__main__":                                            # 判断程序执行名称
        main()                                                        # 调用主函数
```

程序执行结果：

【setattr】key = _Message__content、value = www.yootk.com（设置属性拦截）

【获取存在的属性】www.yootk.com（属性存在正常返回）

【getattr】item = note（获取不存在的属性拦截）

【获取不存在的属性】note 属性不存在，返回 Nothing（自定义属性不存在时的返回信息）

【delattr】item = _Message__content（msg.remove_content()执行结果）

本程序通过构造方法定义了 content 实例属性，当调用"实例化对象.属性"赋值时就会自动触发
__setattr__()方法，在此方法中就可以获得设置属性的名称以及内容，同时还需要将属性与内容保存在
__dict__ 字典中才可以真正实现实例属性的创建。而在获取属性时，如果属性不存在，则会自动触发
__getattr__()方法；如果没有在子类中覆写此方法，那么就会出现 AttributeError 异常。而如果覆写了，就
可以由用户自定义属性不存在时的返回信息。

10.2.3 获取子类实例化信息

	视频名称	1009_获取子类实例化信息
	课程目标	理解
	视频简介	在类继承结构中为了方便父类获取子类的信息，特别提供了一个钩子方法 __init_subclass__()。本课程讲解了钩子方法的使用，以及如何通过钩子方法获取子类定义的元数据信息。

在 Python 类继承结构之中，当子类定义了构造方法，并且没有通过 super().__init__()显式调用父类
构造方法时，所有父类是无法知道子类是否产生了新的实例化对象的。为了解决这样一个问题，Python
提供了一个钩子方法。

```
__init_subclass__(cls, **kwargs)
```

该方法主要定义在父类，每当其子类对象实例化时，都会自动调用此方法，同时利用此方法可以获
得子类的信息以及子类定义类时所配置的元数据。

实例： 使用__init_subclass__()方法

```
# coding : utf-8
class Parent(object):                                                 # 定义父类
    def __init__(self):                                               # 父类无参构造，此方法不会执行
        print("【Parent】__init__()")                                  # 创建目的：方便读者观察
    def __init_subclass__(cls, **kwargs):                             # 覆写特殊方法
        print("【Parent-subclass】cls = %s" % (cls))                   # 获取子类信息
        print("【Parent-subclass】kwargs = %s" % (kwargs))             # 获取子类信息
# 定义子类，同时设置子类操作相关的元数据（使用字典的形式进行定义）
class Sub(Parent, url="www.yootk.com", teacher="李兴华"):                # 定义子类
    def __init__(self):                                               # 子类构造，不调用父类构造
        print("【Sub】__init__()")                                     # 输出提示信息
def main():                                                           # 主函数
```

```
        sub = Sub()                              # 实例化子类对象
    if __name__ == "__main__":                   # 判断程序执行名称
        main()                                   # 调用主函数
程序执行结果:
【Parent-subclass】cls = <class '__main__.Sub'>(类信息)
【Parent-subclass】kwargs = {'url': 'www.yootk.com', 'teacher': '李兴华'}(元数据)
【Sub】__init__()(子类构造)
```

通过此实例可以发现,在当前子类定义中除了定义了继承的父类之外,还定义了两个类的元数据,子类构造方法并没有强制调用父类指定方法,然而当对象实例化时依然调用了父类的__init_subclass__()方法,并且在此方法中可以获取当前实例化的子类信息以及子类定义时的元数据。

10.3 序列操作支持

序列是 Python 提供的重要数据类型,在自定义类中也可以利用特殊方法将类对象按照序列的形式进行操作。

10.3.1 自定义迭代

视频名称	1010_自定义迭代
课程目标	理解
视频简介	迭代器可以利用 for 循环的形式实现输出,在 Python 中除了可以迭代结构之外,本课程主要讲解如何基于对象通过__iter__()和__next__()两个特殊方法实现 for 迭代操作。

序列结构可以直接使用 for 循环进行迭代输出,在自定义类中也可以利用如表 10-3 所示的方法定义可迭代输出的类。

表 10-3 迭代操作方法

序 号	方 法	描 述
1	__iter__(self)	序列遍历
2	__next__(self)	从迭代器中获取数据

实例: 自定义迭代对象

```
# coding : utf-8
class Message:                               # 默认继承 object 类
    def __init__(self, max):                 # 构造方法
        self.__max = max                     # 设置生成数据的最大值
        self.__foot = 0                      # 操作脚标
    def __iter__(self):                      # 返回迭代对象
        return self                          # 当前对象为可迭代对象
    def __next__(self):                      # 获取内容
        if (self.__foot >= self.__max):      # 结束判断
            return -1                        # 结束标记
        else:                                # 还有数据
            val = self.__max - self.__foot   # 获取当前迭代数据
```

```
            self.__foot += 1                          # 修改脚标
            return val                                # 返回数据
    def main():                                       # 主函数
        msg = Message(10)                             # 实例化类对象
        for v in msg:                                 # 对象可以直接进行迭代
            if (v == -1):                             # 定义结束标记
                break                                 # 退出循环
            print(v, end="、")                        # 输出数据
    if __name__ == "__main__":                        # 判断程序执行名称
        main()                                        # 调用主函数
```

程序执行结果：

10、9、8、7、6、5、4、3、2、1、

本程序在 Message 类中定义了迭代操作支持，由于在使用 for 进行输出时必须输出一个可迭代对象，所以需要通过__iter__()方法返回当前对象，随后自动调用__next__()方法依次获取所需要的迭代内容。

 提问：为什么要在 for 语句中使用 break 操作？

在本程序实现自定义迭代结构中，为什么需要在外部的 for 循环中有一个 break 操作以结束迭代处理？这样的操作在之前序列迭代输出中没有出现过，那么这是不是可以说自定义迭代的功能不如序列迭代的功能强呢？

 回答：可以通过异常抛出来解决当前问题。

当前的迭代操作中出现的 break 结束语句，只需要修改__next__()方法就可以将其取消。

实例：修改 Message 类中的__next__()方法定义

```
    class Message:                                    # 自定义类
        # 其他重复代码略
        def __next__(self):                           # 获取内容
            if (self.__foot >= self.__max):           # 结束判断
                raise StopIteration()                 # 结束迭代调用
            else:                                     # 还有数据
                val = self.__max - self.__foot        # 获取当前数据
                self.__foot += 1                      # 修改脚标
                return val                            # 返回数据
```

此时在程序中只需要在结束操作中抛出一个异常，那么就可以自动结束 for 循环，则调用代码可以按照常规的形式编写。

实例：for 循环调用可迭代对象

```
    def main():                                       # 主函数
        msg = Message(10)                             # 实例化类对象
        for v in msg:                                 # 对象直接迭代
            print(v, end="、")                        # 输出数据
```

此时的操作就与之前讲解的迭代形式一样了，而关于 raise StopIteration()的异常处理语法将在第 12 章中进行讲解。

10.3.2　对象反转

视频名称	1011_对象反转
课程目标	理解
视频简介	序列中的数据可以利用函数实现反转操作，在定义类中也提供有反转处理的支持。本课程主要讲解了__reversed__()特殊方法的作用，并通过内嵌列表实现数据反转操作。

　　在序列操作对象中可以使用 reverse()函数实现存储内容的反转，而对于自定义类的对象也可以进行反转，此时就需要在类中定义__reversed__()特殊方法来完成。

实例：自定义反转操作

```python
# coding : utf-8
class Message:                                          # 自定义 Message 类
    def __init__(self):                                 # 构造方法
        self.__msg_list = ["沐言优拓","www.yootk.com"]   # 初始化列表
    def get_msg_list(self):                             # 获取属性
        return self.__msg_list                          # 返回列表属性
    def __reversed__(self):                             # 对象反转支持
        self.__msg_list = reversed(self.__msg_list)     # 反转处理
def main():                                             # 主函数
    msg = Message()                                     # 实例化类对象
    reversed(msg)                                       # 序列反转
    for item in msg.get_msg_list():                     # 迭代输出
        print(item, end="、")                           # 输出列表项
if __name__ == "__main__":                              # 判断程序执行名称
    main()                                              # 调用主函数
程序执行结果：
www.yootk.com、沐言优拓、
```

　　本程序在 Message 类中定义了__reversed__()方法，这样在程序定义时就可以利用 reversed()函数直接进行对象反转处理。

10.3.3　字典操作支持

视频名称	1012_字典操作支持
课程目标	理解
视频简介	字典可以实现数据的检索处理，Python 中的对象利用__setitem__()、__getitem__()、__delitem__()等内置方法可以实现字典形式的数据操作。本课程将通过实际的代码讲解这些特殊方法的使用。

　　Python 中的字典数据可以按照 key=value 的形式进行数据的存储，随后可以动态地进行内容的设置、获取与删除操作。如果开发者有需要，也可以将自定义类的对象按照字典的形式进行操作，那么这就要使用到一些特殊方法，具体如表 10-4 所示。

表 10-4　字典特殊方法

序　号	方　　法	描　　述
1	__setitem__(self, key, value)	设置字典数据时触发
2	__getitem__(self, item)	根据 key 获取字典数据时触发
3	__delitem__(self, key)	使用 del 关键字删除字典数据时触发
4	__contains__(self, item)	判断指定的内容是否存在
5	__len__(self)	获取对象长度

实例：字典操作监听

```python
# coding : utf-8
class Message:                                            # 默认 object 子类
    def __init__(self):                                   # 构造方法
        self.__map = {}                                   # 定义一个空的字典
    def __setitem__(self, key, value):                    # 设置字典数据时触发
        print("【setitem】设置数据，key = %s、value = %s" % (key,value))
        self.__map[key] = value                           # 向字典保存数据
    def __getitem__(self, item):                          # 获取字典数据时触发
        print("【getitem】获取数据，item = %s" % item)      # 输出提示信息
        return self.__map.get(item)                       # 从字典中获取数据
    def __delitem__(self, key):                           # del 删除数据时触发
        print("【delitem】删除数据，key = %s" % key)        # 输出提示信息
        self.__map.pop(key)                               # 从字典中弹出数据
    def __len__(self):                                    # 获取对象长度
        return len(self.__map)                            # 返回字典长度
def main():                                               # 主函数
    msg = Message()                                       # 实例化类对象，并可以按照字典模式操作
    msg["yootk"] = "www.yootk.com"                        # 设置字典数据
    print("数据保存个数：%s" % len(msg))                    # 获取数据长度
    print(msg["yootk"])                                   # 获取字典数据
    del msg["yootk"]                                      # 删除字典数据
if __name__ == "__main__":                                # 判断程序执行名称
    main()                                                # 调用主函数
```

程序执行结果：

【setitem】设置数据，key = yootk、value = www.yootk.com（设置数据时触发）

数据保存个数：1（"len(msg)"函数执行结果）

【getitem】获取数据，item = yootk（获取数据时触发）

www.yootk.com（"print(msg["yootk"])"输出结果）

【delitem】删除数据，key = yootk（del 关键字删除数据时触发）

本程序在 Message 类中覆写了 object 类中的字典操作方法，这样开发者就可以将自定义的实例化对象按照字典的操作方式进行处理。

10.4　本 章 小 结

1．__new__()构造器的执行优先于__init__()构造方法，并可以动态决定是否要执行本类构造方法。

2．在程序进行对象直接输出时，__str__()方法会自动将对象内容转为字符串的形式输出。如果程序开发人员想要获取更加详细的内容，可以使用__repr__()方法。

3．Python 提供对象比较的操作支持，利用对象比较方法可以直接在类的内部完成具体的比较操作，并且在序列进行多个对象存储时，也可以利用对象比较操作实现对象的查询与删除。

4．Python 允许开发者自定义字符串格式化标记，此时需要由用户覆写__format__()方法。

5．对象所在的类中只要实现了__call__()方法，该类的实例化对象就可以像普通函数那样直接调用。

6．一个类中可以使用__getattribute__()方法进行调用拦截，当通过实例化对象调用类中属性或方法时都将自动触发此方法。

7．在 object 类中提供有__dict__实例字典序列，所有创建的实例属性都将自动保存在此字典中，同时可以利用__setattr__()、__getattr__()、__delattr__()等方法进行属性操作的监控。

8．在类中可以通过__init_subclass__()方法获取子类对象实例化的相关信息，并且子类也可以将自己类中定义的元数据信息通过此方法发送给父类。

9．一个类的对象如果要定义为可迭代的形式，需要在类中覆写__iter__()与__next__()方法，这样就可以通过 for 循环的形式直接进行可迭代对象输出。

10．reversed()可以实现数据的反转操作，但是反转对象时要求对象所在的类必须实现__reversed__()方法。

11．类对象支持有字典的处理形式，此时只需要在类中实现__setitem__()、__getitem__()、__delitem__()方法即可。

第 11 章 装 饰 器

 学习目标

- ↘ 掌握切面编程的含义以及装饰器的基本实现；
- ↘ 掌握 wrapt 模块的使用；
- ↘ 掌握系统内建装饰器的使用。

装饰器是 Python 提供的一种切面编程支持，利用装饰器可以在保证原始代码不变的情况下，方便地实现各种辅助功能。本章将讲解装饰器的定义以及内置装饰器的使用。

11.1 自定义装饰器

视频名称	1101_装饰器产生背景
课程目标	理解
视频简介	装饰器是基于切面结构的一种实现。本课程通过详细的代码分析了切面操作的意义，同时讲解了传统切面开发中的"硬编码"问题。

在一个程序功能的开发过程中，除了要考虑完成的核心业务功能之外，对于程序日志的信息处理可能还需要更多的考虑。在这样的情况下，如果日志记录的代码都重复定义在类的每一个方法中，显然对代码维护来说非常不便。

实例： 将日志操作代码直接定义在方法中

```
# coding : UTF-8
class Message:                                          # 自定义 Message 类
    def print_title(self):                              # 类业务方法
        print("[Logging-INFO]进入 print_title()方法。")   # 日志记录
        print("沐言优拓")                                  # 核心功能
    def print_url(self):                                # 类业务方法
        print("[Logging-INFO]进入 print_url()方法。")     # 日志记录
        print("www.yootk.com")                          # 核心功能
def main():                                             # 主函数
    msg = Message()                                     # 实例化类对象
    msg.print_title()                                   # 调用业务方法
    msg.print_url()                                     # 调用业务方法
if __name__ == "__main__":                              # 判断程序执行名称
    main()                                              # 调用主函数
```
程序执行结果：
[Logging-INFO]进入 print_title()方法。（日志信息输出）
沐言优拓（msg.print_title()业务执行结果）

[Logging-INFO]进入 *print_url()*方法。（日志信息输出）
www.yootk.com（msg.print_url()业务执行结果）

本程序为了方便进行业务操作的日志记录，在每一个方法中都定义了一个日志记录的输出操作。可以试想一下，如果此时该类中定义了上百个业务方法，那么这样的日志输出操作就需要重复多少代码。此时可以考虑将这些日志记录的操作形成一个可以被统一调用的函数，在需要的时候进行调用，而此函数在调用的时候可以通过 inspect 模块动态获取使用者所调用的方法名称。

实例：统一日志操作

```python
# coding : UTF-8
class Message:                                              # 自定义 Message 类
    def print_title(self):                                  # 类业务方法
        logging()                                           # 日志信息
        print("沐言优拓")                                    # 核心功能
    def print_url(self):                                    # 类业务方法
        logging()                                           # 日志信息
        print("www.yootk.com")                              # 核心功能
def logging():                                              # 定义函数
    import inspect                                          # 导入模块
    method_name = inspect.stack()[1][3]                     # 获取方法名称
    print("[Logging-INFO]: 进入"{fun}()"".format(fun=method_name))  # 打印提示信息
def main():                                                 # 主函数
    msg = Message()                                         # 实例化类对象
    msg.print_title()                                       # 调用业务方法
    msg.print_url()                                         # 调用业务方法
if __name__ == "__main__":                                  # 判断程序执行名称
    main()                                                  # 调用主函数
```
程序执行结果：
[Logging-INFO]进入 print_title()方法。（logging()日志信息输出）
沐言优拓（msg.print_title()业务执行结果）
[Logging-INFO]进入 print_url()方法。（logging()日志信息输出）
www.yootk.com（msg.print_url()业务执行结果）

此时通过 logging()函数实现了日志记录的相关操作，所有需要进行日志记录的方法都需要采用显式调用的形式执行此函数。而此时就产生了一个新的问题，如果每一次的日志记录都需要去手工调用指定的函数，则一定会非常麻烦，为了解决这个问题，Python 引入了装饰器的概念。

11.1.1 装饰器基础定义

视频名称	1102_装饰器定义与使用	
课程目标	掌握	
视频简介	装饰器是 Python 提供的一种灵活的操作形式，其主要基于函数的嵌套结构，并且利用特殊的支持可以灵活地进行切面配置。本课程讲解了装饰器的定义以及参数的传递实现。	

装饰器（又称为语法糖）实质上就是一个 Python 函数，它的主要特点是在保证原始业务代码不做任何修改的情况下利用切面的原则动态地增加额外的操作功能。其切面设计如图 11-1 所示。

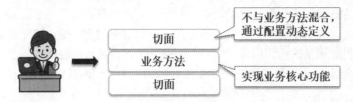

图 11-1　切面（装饰器）设计

> **提示：关于装饰器的通俗解释**
>
> 在中国历朝历代都有史官，这类官员的主要职责就是详细记录皇帝说的话、办的事，假设皇帝完成的事情为核心业务，那么这些史官就可以理解为切面。在实际项目开发中，利用切面的功能可以实现日志记录、角色权限校验、事务处理等功能。

实例：定义一个装饰器

```
# coding : UTF-8
def logging(func):                                           # 接收一个函数作为参数
    def wrapper(*args, **kwargs):                            # 定义装饰
        print("[Logging-INFO]: 进入"{fun}()"".format(fun=func.__name__))# 提示信息
        return func(*args, **kwargs)                         # 装饰器内部调用原函数要带星号
    return wrapper                                           # 返回装饰器函数引用
class Message:                                                # 自定义 Message 类
    @logging                                                 # 通过装饰器配置
    def print_title(self):                                   # 类业务方法
        print("沐言优拓")                                     # 核心功能
    @logging                                                 # 通过装饰器配置
    def print_url(self):                                     # 类业务方法
        print("www.yootk.com")                               # 核心功能
def main():                                                  # 主函数
    msg = Message()                                          # 实例化类对象
    msg.print_title()                                        # 调用业务方法
    msg.print_url()                                          # 调用业务方法
if __name__ == "__main__":                                  # 判断程序执行名称
    main()                                                  # 调用主函数
```

程序执行结果：

[Logging-INFO]进入 print_title()方法。(logging()装饰器日志信息输出)

沐言优拓（msg.print_title()业务执行结果）

[Logging-INFO]进入 print_url()方法。(logging()装饰器日志信息输出)

www.yootk.com（msg.print_url()业务执行结果）

本程序专门定义了一个 logging()函数作为程序中的装饰器，此函数需要接收一个当前执行函数或方法的对象 fun（该对象为@logging 装饰器声明的方法引用）。同时在其内部定义了一个 wrap ()内嵌装饰函数，在此函数中实现了日志信息的输出，并基于 func 对象实现了核心业务方法的调用。

　　提示：传统装饰器操作

　　本程序在进行装饰器定义时，直接利用@logging 就可以进行方法的自动装饰，如果不使用此种语法结构，则必须采用如下形式。

　　实例：不使用装饰器包装方法

```
murl = logging(msg.print_url)                    # 调用业务方法
murl()                                           # 调用装饰函数
```

　　此时的程序采用硬编码的形式实现了方法的包装处理，可以发现采用装饰器的方法代码会更加简洁。

　　另外，还需要提醒读者的是，在进行装饰器绑定的过程中，也可以使用 inspect 模块中的 getsource()函数获取被装饰程序的源代码。

　　实例：获取被装饰函数的源代码

```
def logging(func):                               # 接收一个函数作为参数
    def wrapper(*args, **kwargs):                 # 定义装饰
        print("[Logging-INFO]: 进入"{fun}()"".format(fun=func.__name__))# 提示信息
        import inspect                            # 模块导入
        print(inspect.getsource(func))            # 获取操作源代码
        return func(*args, **kwargs)              # 装饰器内部调用原函数要带星号
    return wrapper                                # 返回装饰器函数引用
```

　　此时在程序执行后的每一次执行装饰器操作中都可以获得当前被装饰的程序源代码。

　　以当前的日志记录装饰器为例，在实际开发中，针对日志会存在有不同的级别，如信息（INFO）、调试（DEBUG）、警告（WARNING）、错误（ERROR），这样装饰器在进行配置的时候就需要接收一个日志的级别（level）参数，则此时的装饰器代码定义如下。

　　实例：定义装饰器并接收参数

```
# coding : UTF-8
def logging(level="INFO"):                        # 接收参数
    def wrapper(func):                            # 接收装饰函数引用
        def inner_wrapper(*args, **kwargs):       # 定义装饰
            print("[Logging-{lev}]: 进入"{fun}()"".format(lev=level,fun=func.__name__))
            return func(*args, **kwargs)          # 装饰器内部调用原函数要带星号
        return inner_wrapper                      # 返回装饰对象
    return wrapper                                # 返回装饰器函数引用
class Message:                                    # 自定义 Message 类
    @logging(level="DEBUG")                       # 通过装饰器配置
    def print_title(self):                        # 类业务方法
        print("沐言优拓")                           # 核心功能
    @logging()                                    # 通过装饰器配置
    def print_url(self):                          # 类业务方法
        print("www.yootk.com")                    # 核心功能
def main():                                       # 主函数
    msg = Message()                               # 实例化类对象
    msg.print_title()                             # 调用业务方法
```

```
        msg.print_url()                                    # 调用业务方法
if __name__ == "__main__":                                 # 判断程序执行名称
        main()                                             # 调用主函数
```

程序执行结果：

[Logging-**DEBUG**]进入 print_title()方法。（logging()装饰器日志信息输出）

沐言优拓（msg.print_title()业务执行结果）

[Logging-**INFO**]进入 print_url()方法。（logging()装饰器日志信息输出）

www.yootk.com（msg.print_url()业务执行结果）

  本程序在定义的 logging 装饰器中设置了一个 level 参数，考虑到有不设置参数的情况，在 logging() 函数里为 level 设置了默认值。装饰器操作中需要有一个明确的装饰方法对象，所以在 logging()函数内部定义了 wrapper()函数接收装饰函数方法引用，并在其内部函数 inner_wrapper()中实现了装饰器的功能调用。

11.1.2　基于类定义装饰器

	视频名称	1103_基于类定义装饰器
	课程目标	掌握
	视频简介	装饰器可以基于函数或者类的形式实现。本课程主要讲解如何将一个类定义为装饰器以及如何使用__call__()特殊方法实现切面操作。

  装饰器是一个可以被直接调用的结构，除了在函数中定义装饰器之外，也可以基于类的形式实现，但是此类中要求必须提供__call__()特殊方法。

  实例： 基于类定义装饰器

```
# coding : UTF-8
class Logging:                                             # 定义装饰器类
    def __init__(self,level="INFO"):                       # 构造方法接收参数
        self.__level = level                               # 保存日志级别
    def __call__(self, func):                              # 接收方法或函数引用
        def wrapper(*args, **kwargs):                      # 装饰器包装
            print("[Logging-{lev}]: 进入"{fun}()"".format
                (lev=self.__level, fun=func.__name__))     # 输出提示信息
            return func(*args, **kwargs)                   # 装饰器内部调用原函数要带星号
        return wrapper                                     # 返回方法引用
class Message:                                             # 自定义 Message 类
    @Logging(level="DEBUG")                                # 通过装饰器配置
    def print_title(self):                                 # 类业务方法
        print("沐言优拓")                                   # 核心功能
    @Logging()                                             # 通过装饰器配置
    def print_url(self):                                   # 类业务方法
        print("www.yootk.com")                             # 核心功能
def main():                                                # 主函数
    msg = Message()                                        # 实例化类对象
    msg.print_title()                                      # 调用业务方法
    msg.print_url()                                        # 调用业务方法
```

```
if __name__ == "__main__":                               # 判断程序执行名称
    main()                                               # 调用主函数
```
程序执行结果：

[Logging-**DEBUG**]进入 print_title()方法。（logging()装饰器日志信息输出）

沐言优拓（msg.print_title()业务执行结果）

[Logging-**INFO**]进入 print_url()方法。（logging()装饰器日志信息输出）

www.yootk.com（msg.print_url()业务执行结果）

　　本程序通过 Logging 类实现了装饰器的定义，由于装饰器的类是一个可调用的类，所以在 Logging 类中定义了__call__()方法，并且将装饰器的操作直接定义在此方法中。

11.1.3　wrapt 模块

视频名称	1104_wrapt 模块	
课程目标	理解	
视频简介	Python 内置的装饰器都需要大量的结构嵌套进行定义，这样的结构不利于代码的阅读，所以为了减少这种嵌套结构的使用，在 Python 中提供了 wrapt 模块。本课程主要讲解了如何利用 wrapt 模块实现装饰器的定义。	

　　在 Python 提供的标准语法中，如果要使用装饰器，则必须进行函数的嵌套定义，这样使得程序开发逻辑变得复杂。为了解决这个问题，开发者可以利用 Python 中提供的 wrapt 模块简化装饰器的定义。

　　实例：定义不接收参数的装饰器

```
# coding : UTF-8
import wrapt                                              # 模块导入
@wrapt.decorator                                          # 使用 wrapt 模块包装
def logging(wrapped, instance, args, kwargs):             # 定义装饰器
    print("[Logging]: 进入"{fun}()"".format(fun=wrapped.__name__))  # 输出提示信息
    return wrapped(*args, **kwargs)                       # 返回包装函数引用
class Message:                                            # 自定义 Message 类
    @logging                                              # 通过装饰器配置
    def print_title(self):                                # 类业务方法
        print("沐言优拓")                                  # 核心功能
    @logging                                              # 通过装饰器配置
    def print_url(self):                                  # 类业务方法
        print("www.yootk.com")                            # 核心功能
def main():                                               # 主函数
    msg = Message()                                       # 实例化类对象
    msg.print_title()                                     # 调用业务方法
    msg.print_url()                                       # 调用业务方法
if __name__ == "__main__":                                # 判断程序执行名称
    main()                                               # 调用主函数
```
程序执行结果：

[Logging]: 进入 print_title()（logging()装饰器日志信息输出）

沐言优拓（msg.print_title()业务执行结果）

[Logging]: 进入 print_url()（logging()装饰器日志信息输出）

www.yootk.com（msg.print_url()业务执行结果）

本程序使用@wrapt.decorator 装饰器定义了 logging()函数，这样该函数在进行操作包装时就可以减少嵌套结构的定义。如果此时需要接收参数，那么只需要再定义一个嵌套函数即可。

实例： 使用 wrapt 模块并接收参数传递

```
# coding : UTF-8
import wrapt                                              # 模块导入
def logging(level="INFO"):                                # 定义装饰器
    @wrapt.decorator                                      # 使用 wrapt 模块包装
    def wrapper(wrapped, instance, args, kwargs):         # 包装函数
        print("[Logging-{lev}]: 进入"{fun}()"".format
                (lev=level, fun=wrapped.__name__))        # 输出提示信息
        return wrapped(*args, **kwargs)                   # 返回包装函数引用
    return wrapper                                        # 返回函数引用
class Message:                                            # 自定义 Message 类
    @logging(level="DEBUG")                               # 通过装饰器配置
    def print_title(self):                                # 类业务方法
        print("沐言优拓")                                  # 核心功能
    @logging()                                            # 通过装饰器配置
    def print_url(self):                                  # 类业务方法
        print("www.yootk.com")                            # 核心功能
def main():                                               # 主函数
    msg = Message()                                       # 实例化类对象
    msg.print_title()                                     # 调用业务方法
    msg.print_url()                                       # 调用业务方法
if __name__ == "__main__":                                # 判断程序执行名称
    main()                                                # 调用主函数
```
程序执行结果：
[Logging-DEBUG]进入 print_title()方法。（logging()装饰器日志信息输出）
沐言优拓（"msg.print_title()"业务执行结果）
[Logging-INFO]进入 print_url()方法。（logging()装饰器日志信息输出）
www.yootk.com（"msg.print_url()"业务执行结果）

本程序由于 logging 装饰器需要进行参数的接收，所以在 logging()函数内部嵌套了另外一个函数。

11.2　内置装饰器

除了可以采用自定义的装饰器之外，Python 也提供了一些内置的装饰器进行类结构的定义扩充，如静态方法装饰器、类方法装饰器以及属性访问装饰器。

11.2.1　静态方法

视频名称	1105_静态方法
课程目标	掌握
视频简介	在默认类的设计中，一个类中的方法都需要通过实例化对象才可以进行定义，这样的限制有可能会导致项目中出现大量无意义的对象。本课程分析了"无用对象"并讲解了@staticmethod 装饰器的作用。

在类中默认定义的方法都需要传入一个当前对象，并且也都需要通过实例化对象进行调用。假设现在一个类中并没有提供任何属性，但在进行类中方法调用时就必须按照语法要求实例化类对象，这样就会造成内存空间的浪费。为了解决这一问题，可以在类中进行静态方法的定义，这类方法可以直接通过类名称进行调用，并且需要使用@staticmethod 装饰器定义。

实例：定义静态方法

```
# coding : UTF-8
class Message:                                          # 自定义 Messsage 类
    title = "沐言优拓"                                    # 定义属性
    @staticmethod                                        # 静态方法装饰器
    def get_info():                                      # 定义静态方法
        return "www.yootk.com"                           # 返回数据
def main():                                              # 主函数
    print("%s: %s" % (Message.title, Message.get_info()))  # 信息输出
if __name__ == "__main__":                               # 判断程序执行名称
    main()                                               # 调用主函数
程序执行结果：
沐言优拓: www.yootk.com
```

本程序在 Message 类中定义了 get_info()静态方法，这样在程序调用时就可以直接采用"类名称.静态方法()"的形式进行调用。

注意：关于静态方法的使用限制

在一个类中定义的非静态方法，彼此之间是可以进行互相调用的，但是如果类中定义了静态方法，则静态方法是不允许直接调用非静态方法的，而必须通过实例化对象的形式完成使用。

实例：静态方法调用非静态方法

```
# coding : UTF-8
class Message:                                          # 自定义 Message 类
    title = "沐言优拓"                                    # 属性定义
    @staticmethod                                        # 静态方法装饰器
    def get_info():                                      # 定义静态方法
        Message().hello()                               # 实例化对象调用静态方法
        return Message.title + "www.yootk.com"          # 返回数据
    def hello(self):                                     # 非静态方法
        print("Hello 小李老师")                           # 输出提示信息
def main():                                              # 主函数
    print(Message.get_info())                            # 信息输出
if __name__ == "__main__":                               # 判断程序执行名称
    main()                                               # 调用主函数
程序执行结果：
Hello 小李老师
沐言优拓 www.yootk.com
```

读者可以发现虽然静态方法定义在了一个类中，但是从严格意义上来讲，它是一个独立的结构体，不受类实例化对象的限制，而在实际的项目开发中，对于类中的方法首选的还是非静态方法（通过实例化对象调用的方法）。静态方法的定义原则为：类中不定义任何属性并且需要通过类名称调用方法。

11.2.2 类方法

视频名称	1106_类方法	
课程目标	掌握	
视频简介	类方法是一个需要接收本类对象的"静态方法"，可以丰富对象实例化操作手段。本课程主要讲解了类方法的作用，同时分析了类方法与静态方法的区别。	

类方法是一个可以被类名称直接调用的方法，类方法需要通过@classmethod 装饰器声明，同时在类方法中必须要接收有一个当前类的参数，开发者可以依据此参数进行当前类对象的实例化并调用类中的方法。

实例：定义类方法

```
# coding : UTF-8
class Message:                                  # 自定义 Message 类
    @classmethod                                # 静态方法装饰器
    def get_info(clazz):                        # 定义类方法
        clazz().hello()                         # 实例化类对象并调用类方法
    def hello(self):                            # 定义普通方法
        print("Hello 小李老师")                 # 输出提示信息
def main():                                     # 主函数
    Message.get_info()                          # 通过类名称直接调用类方法
if __name__ == "__main__":                      # 判断程序执行名称
    main()                                      # 调用主函数
程序执行结果：
Hello 小李老师
```

本程序将 get_info()方法定义为了类方法，在此方法定义时就必须传入一个 class 类型的对象，这样开发者就可以直接依据此对象实例化类对象并调用 hello()方法。

 提问：类方法有什么意义？

通过程序比较发现类方法和静态方法除了在接收参数上有所限制之外并没有其他的区别，那么为什么 Python 还要提供一个类方法呢？

 回答：弥补结构上设计的缺陷。

许多的编程语言都会提供有一个重载的概念，可以利用此概念为一个类定义多个构造方法。然而在 Python 中，每一个类只允许使用__init__()定义一个构造方法并且不允许重载，这样一来在实际开发中就有可能存在构造方法功能有限的问题，所以 Python 为了解决此类问题提供了类方法的定义，可以通过此方法实现构造方法的重载处理。

实例：观察类方法的作用

```
# coding : UTF-8
class Message:                                  # 自定义类
    def __init__(self, title, url):             # 需要两个参数
        self.__title = title                    # 属性设置
```

```
            self.__url = url                                   # 属性设置
        def __str__(self):                                     # 对象输出
            return "%s: %s" % (self.__title, self.__url)       # 返回属性内容
        @classmethod                                           # 内置装饰器
        def get_instance(clazz, info):                         # 定义类方法
            result = info.split("-")                           # 字符串拆分
            return clazz(result[0], result[1])                 # 实例化对象
    def main():                                                # 主函数
        msg = Message.get_instance("沐言优拓-www.yootk.com")    # 获取实例
        print(msg)                                             # 对象打印
    if __name__ == "__main__":                                 # 判断执行名称
        main()                                                 # 调用主函数
```

程序执行结果：
沐言优拓：www.yootk.com

本程序原始定义的构造方法中需要接收两个参数，但是假设现在的参数就是一个整体结构——title-url，则此时在构造方法不支持重载的情况下就只能够利用类方法进行数据处理后再实例化对象。

11.2.3　属性访问

视频名称	1107_属性访问
课程目标	掌握
视频简介	一个标准的程序类中往往都需要封装属性，在类中不能直接访问属性而必须通过方法。为了简化这些方法的调用使得程序可以"直接访问属性"，Python 提供了属性操作的访问装饰器。本课程分析了传统属性访问的弊端以及如何利用属性装饰器简化属性访问模式。

为了清晰地描述抽象事物，一个类中往往会提供大量的实例属性，同时通过封装来保护这些实例属性的操作安全，如果需要访问属性，则通过对应的 setter() 与 getter() 方法进行操作。然而这种访问属性的方式在类中属性很多的情况下会非常麻烦，因为访问属性就需要采用"对象.方法()"的形式，而这种方式会弱化类中的属性操作，因为在更多的情况下，很多的开发者会认为，直接利用"对象.属性"的操作方式要比通过方法调用更加方便。所以为了解决这一问题，Python 提供了属性范围的简化支持，即利用 @Property 来完成。

实例： 类属性操作简化

```
# coding : UTF-8
class Message:                                # 自定义 Message 类
    # 此时方法名称为 info，而后会依据此方法名称定义@info.setter 与@info.deleter，名称必须统一
    @property                                 # 该操作为一个类实例属性
    def info(self):                           # 定义访问属性名称
        return self.__info                    # 返回属性
    @info.setter                              # 属性内容设置
    def info(self,info):                      # 方法名称相同，但是表示设置属性内容
        self.__info = info                    # 修改属性
    @info.deleter                             # 属性删除
    def info(self):                           # 方法名称相同
```

213

```python
        del self.__info                          # 删除属性
    def main():                                  # 主函数
        msg = Message()                          # 实例化对象
        print("对象实例化后的属性列表内容：%s" % msg.__dict__)   # 提示信息
        msg.info = "www.yootk.com"               # 调用@info.setter 标记方法进行设置
        print(msg.info)                          # 获取属性内容，调用@property 标记方法获取
        print("追加实例属性后的属性列表内容：%s" % msg.__dict__)   # 提示信息
        del msg.info                             # 删除属性内容，调用@info.deleter 标记方法删除
        print("删除实例属性后的属性列表内容：%s" % msg.__dict__)   # 提示信息
    if __name__ == "__main__":                   # 判断执行名称
        main()                                   # 调用主函数
```
程序执行结果：
对象实例化后的属性列表内容：{}
www.yootk.com（"print(msg.info)"代码执行结果）
追加实例属性后的属性列表内容：{'_Message__info': 'www.yootk.com'}
删除实例属性后的属性列表内容：{}

本程序通过属性装饰器为类中私有属性的操作方法进行了简化操作定义，这样在访问私有属性时将不需要通过"对象.set_xxx()"与"对象.get_xxx()"的形式访问，简化了对象使用流程。

11.3　本章小结

1．装饰器的主要功能是在不改变已有程序结构的情况下对功能进行扩充支持。

2．在旧版本中装饰器需要在明确的函数引用后才可以使用，而新版本可以直接利用"@装饰器"的形式调用。

3．使用 wrapt 模块可以减少装饰器中的嵌套定义。

4．如果一个类中没有提供任何的实例属性，就可以将类中的方法定义为静态方法，以减少实例化对象的产生。

5．类方法要比静态方法多传递一个当前类的信息对象，可以通过类方法解决构造方法功能不足的问题。

6．利用@property、xx.setter、xx.deleter 可以简化外部实例化对象对封装属性的调用。

第12章 异常处理

学习目标

➥ 了解异常对程序执行的影响；
➥ 掌握异常处理语句格式，熟悉 try、except、finally、else 等异常处理关键字的使用；
➥ 掌握异常处理流程；
➥ 掌握 raise 关键字的使用；
➥ 掌握 with 语句的使用以及对应特殊方法的作用；
➥ 掌握自定义异常类型的作用与实现。

在程序运行时有可能出现各种各样的错误导致程序退出，这些错误在 Python 中统一称为异常，Python 提供非常方便的异常处理支持。本章将介绍异常的基本概念以及相关的处理方式。

12.1 异常处理语句

视频名称	1201_异常处理语句
课程目标	掌握
视频简介	即便是一个设计结构精良的程序，也会存在有各种意想不到的异常，为了帮助读者理解异常所带来的问题，本课程将通过实际的操作讲解异常对程序所带来的影响。

异常是指在程序执行时由于程序处理逻辑上的错误而导致程序中断的一种指令流。首先通过以下两个实例来分析异常所带来的影响。

实例：不产生异常的代码

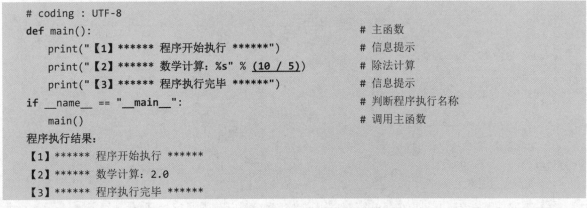

```
# coding : UTF-8
def main():                                        # 主函数
    print("【1】****** 程序开始执行 ******")         # 信息提示
    print("【2】****** 数学计算：%s" % (10 / 5))      # 除法计算
    print("【3】****** 程序执行完毕 ******")         # 信息提示
if __name__ == "__main__":                         # 判断程序执行名称
    main()                                         # 调用主函数
程序执行结果：
【1】****** 程序开始执行 ******
【2】****** 数学计算：2.0
【3】****** 程序执行完毕 ******
```

本程序并没有异常产生，所以程序会按照既定的逻辑顺序执行完毕，然而在有异常产生的情况下，程序的执行就会在异常产生处被中断。

实例：产生异常的代码

```
# coding : UTF-8
def main():                                               # 主函数
    print("【1】****** 程序开始执行 ******")               # 信息提示
    print("【2】****** 数学计算：%s" % (10 / 0))            # 除法计算
    print("【3】****** 程序执行完毕 ******")                # 信息提示
if __name__ == "__main__":                                # 判断程序执行名称
    main()                                                # 调用主函数
程序执行结果：
Traceback (most recent call last):
【1】****** 程序开始执行 ******
  File "D:/workspace/pycharm/yootk/main.py", line 7, in <module>
    main()
  File "D:/workspace/pycharm/yootk/main.py", line 4, in main
    print("【2】****** 数学计算：%s" % (10 / 0))            # 除法计算
ZeroDivisionError: division by zero
```

在本程序中产生有数学异常（10/0 的计算将产生 ZeroDivisionError 异常），由于程序没有对异常进行任何处理，所以默认情况下，系统会打印异常信息，同时终止执行产生异常之后的代码。

通过观察以上实例可以发现，如果没有正确的异常处理操作，程序的执行会被异常终止，为了让程序在出现异常后依然可以正常执行完毕，所以必须引入异常处理语句来完善程序代码。

12.1.1 处理异常

	视频名称	1202_处理异常
	课程目标	掌握
	视频简介	为了简化程序异常处理操作，Python 提供了方便的异常处理支持。本课程主要讲解异常处理关键字 try、except、finally、else 的作用。

在 Python 中，可以使用 try、except、else、finally 几个关键字的组合来实现异常处理操作，其完整的语法定义格式如下：

```
try:
    有可能产生异常的语句
[except 异常类型 [as 对象]:
    异常处理
except 异常类型 [as 对象]:
    异常处理
…] [else:
    异常未处理时的执行语句]
[finally:
    异常统一出口]
```

在异常处理中需要将有可能产生异常的语句定义在 try 语句中，当通过 try 捕获到异常后，会与 except 语句中的异常类型进行匹配，如果匹配成功，则执行相应的 except 语句代码；如果 try 语句没有捕获到异常，则会执行 else 语句中的代码。无论是否出现异常以及异常是否被处理，程序最终都会统一执行 finally 语句代码。异常处理的操作流程如图 12-1 所示。

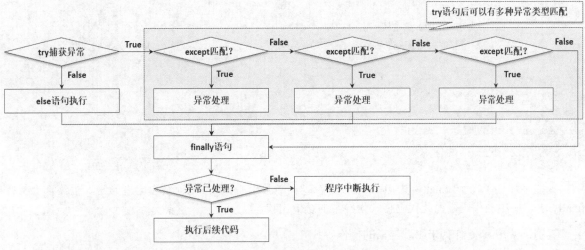

图 12-1　异常处理的操作流程

实例：处理程序中产生的 ZeroDivisionError 异常

```
# coding : UTF-8
def main():                                         # 主函数
    print("【1】****** 程序开始执行 ******")           # 信息提示
    try:                                            # 捕获可能出现的异常
        result = 10 / 0                             # try 语句中异常之后的代码将不再执行
        print("【2】****** 数学计算：%s" % (result))    # 除法计算
    except ZeroDivisionError as err:                # 当出现 ZeroDivisionError 异常时执行
        print("程序出现异常：%s" % err)                 # 异常处理
    print("【3】****** 程序执行完毕 ******")            # 信息提示
if __name__ == "__main__":                          # 判断程序执行名称
    main()                                          # 调用主函数
程序执行结果：
【1】****** 程序开始执行 ******
程序出现异常：division by zero
【3】****** 程序执行完毕 ******
```

　　本程序将有可能产生异常的语句定义在了 try 语句中，这样，当程序产生异常时会自动匹配相应的 except 语句进行异常处理。

　　异常处理除了使用 try…except 结构外，也可以使用 try…except…finally 结构，使用后者可以定义异常处理的统一出口，这样，在程序执行时无论是否出现异常都会执行 finally 语句。

实例：使用 finally 定义异常统一出口

```
# coding : UTF-8
def main():                                         # 主函数
    print("【1】****** 程序开始执行 ******")           # 信息提示
    try:                                            # 捕获可能出现的异常
        result = 10 / 0                             # try 语句中异常之后的代码将不再执行
        print("【2】****** 数学计算：%s" % (result))    # 除法计算
    except ZeroDivisionError as err:                # 当出现 ZeroDivisionError 异常时执行
        print("【except】程序出现异常：%s" % err)        # 异常处理
```

```
    finally:                                            # 不管是否有异常处理都执行
        print("【finally】异常统一出口!")               # 异常统一出口
    print("【3】****** 程序执行完毕 ******")            # 不管是否出现异常，都执行此语句
if __name__ == "__main__":                              # 判断程序执行名称
    main()                                              # 调用主函数
```

程序执行结果：

```
【1】****** 程序开始执行 ******
【except】程序出现异常: division by zero
【finally】异常统一出口!
【3】****** 程序执行完毕 ******
```

本程序增加了一个 finally 语句，这样在整个异常处理过程中，无论是否出现异常，最终都会执行finally 语句块中的代码，而此代码将成为异常的统一出口。

实例： 使用 else 作为未出现异常的操作

```
# coding : UTF-8
def main():                                              # 主函数
    print("【1】****** 程序开始执行 ******")             # 信息提示
    try:                                                 # 捕获可能出现的异常
        result = 10 / 0                                  # try 语句中异常之后的代码将不再执行
        print("【2】****** 数学计算: %s" % (result))     # 除法计算
    except ZeroDivisionError as err:                     # 当出现 ZeroDivisionError 异常时执行
        print("【except】程序出现异常: %s" % err)        # 异常处理
    else:                                                # 未出现异常时执行
        print("【else】程序未出现异常，正常执行完毕。")   # 提示信息
    finally:                                             # 最终会执行的代码
        print("【finally】异常统一出口!")                # 异常统一出口
    print("【3】****** 程序执行完毕 ******")             # 不管是否出现异常，都执行此语句
if __name__ == "__main__":                               # 判断程序执行名称
    main()                                               # 调用主函数
```

程序执行结果：

```
【1】****** 程序开始执行 ******
【except】程序出现异常: division by zero
【finally】异常统一出口!
【3】****** 程序执行完毕 ******
```

本程序在 try 语句中定义的代码不会产生任何异常，所以在 try 语句中的代码执行完毕会自动执行 else语句，而不管是否产生异常，最终也会执行 finally 语句。

12.1.2 处理多个异常

视频名称	1203_处理多个异常
课程目标	掌握
视频简介	一个程序代码有可能会产生多种类型的异常。本课程主要讲解在 try 语句中处理多个 except 操作的情况以及存在的问题分析。

在项目开发中，一段代码有可能会产生若干个异常，为了保证程序可以正常执行，就需要在项目中对多个异常进行相应的处理。

实例：通过键盘输入计算数字

```
# coding : UTF-8
def main():                                          # 主函数
    print("【1】****** 程序开始执行 ******")          # 信息提示
    try:                                             # 捕获可能出现的异常
        num_a = int(input("请输入第一个数字："))       # 输入数据并转为整型
        num_b = int(input("请输入第二个数字："))       # 输入数据并转为整型
        result = num_a / num_b                        # try 语句中异常之后的代码将不再执行
        print("【2】****** 数学计算：%s" % (result))   # 除法计算
    except ZeroDivisionError as err:                 # 当出现 ZeroDivisionError 异常时执行
        print("【except】程序出现异常：%s" % err)      # 异常处理
    except ValueError as err:                        # 当出现 ValueError 异常时执行
        print("【except】程序出现异常：%s" % err)      # 异常处理
    else:                                            # 未出现异常时执行
        print("【else】程序未出现异常，正常执行完毕。") # 提示信息
    finally:                                         # 最终会执行的代码
        print("【finally】异常统一出口！")            # 异常统一出口
    print("【3】****** 程序执行完毕 ******")          # 不管是否出现异常，都执行此语句
if __name__ == "__main__":                           # 判断程序执行名称
    main()                                           # 调用主函数
```

本程序利用 input() 函数实现了键盘数据的输入，并且利用 int() 函数将输入的字符串数据转为整型数据，此时在程序中就有可能出现两类异常：输入的字符串不是由数字组成（ValueError 异常），被除数为 0（ZeroDivisionError 异常）。为了保证程序的正常执行，本程序使用了两个 except 语句捕获异常。

12.1.3　异常统一处理

视频名称	1204_异常统一处理
课程目标	掌握
视频简介	为了简化用户的异常处理，Python 提供了完善的异常类的继承逻辑。本课程将通过流程图的形式讲解异常产生、捕获、处理等操作流程，同时依据对象多态性的特点讲解了如何实现异常的简化处理。

为了保证程序可以正常执行完毕，往往会在 try 语句中定义一系列的 except 语句对有可能产生的异常类型进行捕获与处理，然而此时会出现这样一个问题：如果每次处理异常的时候都要去考虑所有的异常种类，那么直接使用 if 判断是否更加方便？为了回答这个问题，首先来研究一下 Python 中的异常处理流程，如图 12-2 所示。

从图 12-2 可以看出，Python 的异常处理流程如下：

（1）在 Python 中可以处理的异常全部都是在程序运行中产生的，当程序执行到某行代码并且此代码产生异常时，会由 Python 虚拟机动态地进行相应异常类型的对象实例化操作。

（2）如果此时在代码中没有提供异常处理语句，则 Python 虚拟机会采用默认的异常处理方式，即输出异常信息，随后中断程序的执行。

（3）产生异常的代码需要定义在 try 语句中，如果此时项目中存在有异常处理，则该异常类的实例化对象会自动被捕获并交由 except 语句处理；如果没有产生异常，则执行 else 语句。

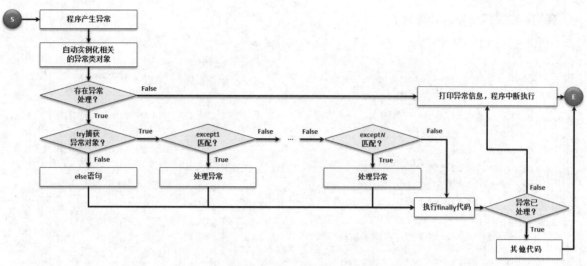

图 12-2　Python 异常处理流程

（4）except 负责将 try 捕获到的异常类实例化对象进行异常类型的匹配，如果匹配成功，则进行相应的异常处理；如果没有匹配成功，则继续匹配后续的 except 异常类型；如果所有异常类型都不匹配，则表示该异常无法处理。

（5）不管是否产生异常，最终都要执行 finally 语句，当执行完 finally 语句后，程序会进一步判断当前的异常是否已经被处理了，如果已经处理完毕，则继续执行其他代码；如果没有处理，则交由 Python 虚拟机进行默认处理。

通过分析可以发现在整个的异常处理流程中，所有的操作围绕的是一个异常类的实例化对象，那么这个异常类的实例化对象的类型就成了理解异常处理的核心关键所在。之前接触过的两种异常继承关系如图 12-3 所示。

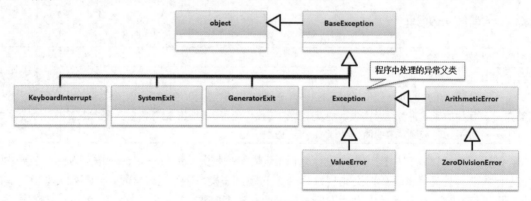

图 12-3　异常继承结构

通过图 12-3 可以发现 Python 中的异常全部都继承自 BaseException 父类，程序中可以处理的异常全部都是 Exception 子类，按照对象的多态性原则，此时 except 语句就可以利用 Exception 类来简化异常捕获操作。

实例：使用 Exception 类捕获异常

```
# coding : UTF-8
def main():                                          # 主函数
    print("【1】****** 程序开始执行 ******")            # 信息提示
```

```
    try:                                          # 捕获可能出现的异常
        num_a = int(input("请输入第一个数字："))     # 输入数据并转为整型
        num_b = int(input("请输入第二个数字："))     # 输入数据并转为整型
        result = num_a / num_b                    # try 语句中异常之后的代码将不再执行
        print("【2】****** 数学计算：%s" % (result))  # 除法计算
    except Exception as err:                      # 当出现异常时执行
        print("【except】程序出现异常：%s" % err)     # 异常处理
    else:                                         # 未出现异常时执行
        print("【else】程序未出现异常，正常执行完毕。")  # 信息输出
    finally:                                      # 最终会执行的代码
        print("【finally】异常统一出口！")            # 异常统一出口
    print("【3】****** 程序执行完毕 ******")          # 不管是否出现异常，都执行此语句
if __name__ == "__main__":                        # 判断程序执行名称
    main()                                        # 调用主函数
```

本程序在 except 语句后直接捕捉了 Exception 异常类型，这样，当 try 语句中出现任何异常时，就都可以使用同一个 except 语句进行异常处理。

 提示：获取完整异常信息

在进行异常处理时，如果直接输出异常对象，那么所能够得到的只是最为基础的异常信息，为了可以更加详细地获取异常的相关内容，Python 提供了一个 traceback 模块。

实例：使用 traceback 模块输出异常信息

```
import traceback                                  # 导入模块
def main():                                       # 主函数
    try:                                          # 捕获可能出现的异常
        # 产生异常的语句
    except Exception as err:                      # 匹配任意异常
        print(traceback.format_exc())             # 获取异常详细信息
```

此时的程序在出现异常之后将会打印所有的异常信息以及出错的代码。

提问：异常是一起处理好，还是分开处理好？

虽然可以使用 Exception 简化异常的处理操作，但是从实际的开发上来讲，所有产生的异常是应该统一处理，还是每种异常应该分开处理？

回答：根据实际的开发要求是否严格来决定。

在实际的项目开发工作中，所有的异常是统一使用 Exception 处理还是分开处理，完全是由各个项目开发标准来决定的。如果项目开发环境严谨，那么就应该要求对每一种异常分别进行处理，并且要详细记录下异常产生的时间以及产生的位置，以方便程序维护人员进行代码的维护。考虑到篇幅问题，本书讲解时所有的异常会统一使用 Exception 来进行处理。

12.2 异常控制

在异常处理中，除了可以使用标准异常结构保证程序的正确执行外，用户也可以独立创建异常对象、自定义异常类型。

12.2.1　raise 关键字

	视频名称	1205_raise 关键字
	课程目标	掌握
	视频简介	在异常处理中程序会自动实例化异常类的对象，而项目开发者在对程序进行更加深入设计时往往需要进行手工的异常处理，这就需要 raise 关键字。本课程主要讲解 raise 关键字的使用，同时讲解了如何使用 raise 实现子类强制覆写父类方法的操作。

异常产生后，Python 会自动实例化指定异常类的对象，以方便用户进行异常处理，但是在一些时候开发者也可以手工实例化异常类对象，并通过 raise 关键字抛出异常。

实例： 观察 raise 关键字的使用

```
# coding : UTF-8
def main():                                          # 主函数
    try:                                             # 捕获可能出现的异常
        raise NameError("NameError - 名称错误!")      # 手工抛出异常类实例化对象
    except Exception as err:                         # 异常捕获
        print("【except】程序出现异常: %s" % err)      # 输出异常信息
if __name__ == "__main__":                           # 判断程序执行名称
    main()                                           # 调用主函数
程序执行结果：
【except】程序出现异常: NameError - 名称错误!
```

本程序中使用 raise 关键字手工抛出了一个异常类的实例化对象，这样本程序就会产生异常，为了保证程序可以正常执行完毕，就需要通过 try…except 语句进行异常的捕获与处理。

> **提示：使用 raise 控制方法覆写**
>
> 在很多语言中都会提供有接口的概念，接口的主要作用是规定所有子类必须遵循的方法标准（强制要求子类覆写父类方法），但是 Python 为了降低开发的复杂性，并未提供有接口概念，所以这时就可以利用 raise 关键字在需要覆写的方法上进行一些限定。

实例： 使用 raise 对父类方法进行限定

```
# coding : UTF-8
class Connect:                                       # 定义父类
    def build(self):                                 # 父类不提供此方法实现
        raise NotImplementedError("【Connect】build()方法未实现。")# 手工抛出异常
class ServerConnect(Connect):                        # 定义子类
    def build(self):                                 # 方法覆写
        print("【ServerConnect】连接网络服务器…")        # 提示信息
def main():                                          # 主函数
    conn = ServerConnect()                           # 实例化对象
    conn.build()                                     # 调用被覆写过的方法
if __name__ == "__main__":                           # 判断程序执行名称
    main()                                           # 调用主函数
程序执行结果：
【ServerConnect】连接网络服务器…
```

本程序在 Connect 类中定义的 build()方法内部使用 raise 抛出了一个异常，如果开发者直接调用父类的 build()
方法，就会出现 NotImplementedError 异常，而只有在子类中正确覆写此方法后才可以正常调用，这样就对子类方
法的覆写进行了约定。

在使用 raise 关键字抛出异常时也可以利用基于一个已经存在的异常，此时会自动将该异常附加到引
发异常的__cause__属性中。

实例：基于存在的异常

```
# coding : UTF-8
def fun():                                          # 自定义函数
    try:                                            # 捕获可能产生的异常
        raise NameError("NameError - 名称错误!")      # 手工抛出异常类实例化对象
    except Exception as err:                        # 异常捕获
        print("【except-fun】程序出现异常: %s" % err)   # 输出异常信息
        raise TypeError("TypeError - 类型错误!") from err  # 依据 NameError 实例抛出新的异常
def main():                                         # 主函数
    try:                                            # 捕获可能产生的异常
        fun()                                       # 函数调用
    except Exception as err:                        # 异常捕获
        print("【except-main】程序出现异常: %s、cause = %s" %
                (err, err.__cause__))               # 输出异常信息
if __name__ == "__main__":                          # 判断程序执行名称
    main()                                          # 调用主函数
程序执行结果:
【except-fun】程序出现异常: NameError - 名称错误!
【except-main】程序出现异常: TypeError - 类型错误!、cause = NameError - 名称错误!
```

本程序在 fun()函数中进行异常处理时，根据已经产生的 NameError 实例化对象附加了一个新的
TypeError 实例化对象，这样就可以在 main()函数进行异常处理时通过__cause__获取异常来源信息。

提示：不附加__cause__属性

如果现在不希望通过 raise 抛出的异常附加到__cause__中，则可以使用 None 定义来源。

```
raise TypeError("TypeError - 类型错误!") from None
```

此时的程序抛出的 TypeError 异常不会将其产生来源附加到__cause__属性中。

12.2.2 with 关键字

视频名称	1206_with 关键字	
课程目标	掌握	
视频简介	在进行资源访问处理过程中都需要进行资源的开启以及释放，本课程从传统资源的处理操作中分析了程序的问题，同时讲解了 with 处理的意义以及与之匹配的两个特殊方法的作用。	

在程序进行资源访问的过程中，为了保证资源不被浪费，往往需要及时释放资源。以客户端向服务
器端发送信息为例，如图 12-4 所示，在消息发送前应该建立服务器连接通道，而消息发送完毕不管是否
产生异常都应该自动地关闭服务器连接通道。此时的程序逻辑如果使用传统的异常处理语句进行编写则

会非常烦琐，为了解决这一问题，Python 提供了 with 语句，以实现对象的上下文管理。

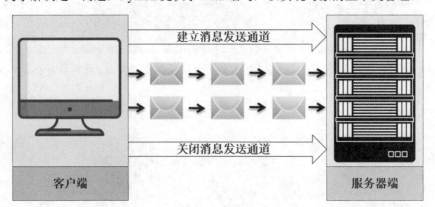

图 12-4　客户端与服务器端信息发送

程序中利用 with 结构可以方便地执行一些程序功能的初期操作与收尾处理，这就需要两个特殊方法的支持。

* ↘ __enter__(self)：当 with 语句开始执行时触发此方法执行。
* ↘ __exit__(self, type, value, trace)：当 with 语句结束后触发此方法执行，该方法有三个参数，作用如下。
  * ➢ type：如果抛出异常，此处用于接收异常类型。
  * ➢ value：如果抛出异常，此处用于接收异常内容。
  * ➢ trace：如果抛出异常，此处显示异常所在的位置。

实例：使用 with 进行对象上下文管理

```python
# coding : UTF-8
class Message:                                          # 自定义 Message 类
    class __Connect:                                    # 定义网络连接内部类
        def build(self):                                # 通道连接
            print("【Connect 类】建立消息发送通道。")     # 输出提示信息
            return True                                 # 通道创建成功返回 True
        def close(self):                                # 通道关闭
            print("【Connect 类】关闭消息连接通道。")     # 输出提示信息
    def send(self, msg):                                # 消息发送
        print("【Message 类】发送消息：%s" % msg)        # 发送消息
    def __enter__(self):                                # with 进入时执行
        print("【enter】with 语句开始执行")              # 输出提示信息
        self.__conn = Message.__Connect()              # 创建消息连接通道
        if not self.__conn.build():                    # 判断连接是否建立成功
            print("〖ERROR〗消息通道创建失败，无法进行消息发送。"  # 输出错误信息
        return self                                     # 需要返回当前对象
    def __exit__(self, type, value, trace):             # with 退出时执行
        print("【exit】with 语句执行完毕")               # 输出提示信息
        self.__conn.close()                             # 释放资源
def main():                                             # 主函数
    with Message() as message:                          # 使用 with 结构
        message.send("www.yootk.com")                   # 直接调用类方法
```

```
        message.send("www.yootk.com")                      # 直接调用类方法
if __name__ == "__main__":                                 # 判断程序执行名称
    main()                                                 # 调用主函数
```

程序执行结果:
【enter】with 语句开始执行(with 语句刚执行时触发)
【Connect 类】建立消息发送通道。(__enter__()调用 Connect.build()方法)
【Message 类】发送消息: www.yootk.com
【Message 类】发送消息: www.yootk.com
【exit】with 语句执行完毕(with 语句执行完毕后触发)
【Connect 类】关闭消息连接通道。(__exit__()调用 Connect.close()方法)

本程序通过 with 定义了一个 message 对象,这样在该对象调用类中的方法前会自动调用 Message 类中定义的__enter__()方法进行资源初始化,当 with 语句中的全部代码执行完毕或者执行方法产生异常后将自动调用__exit__()方法释放资源。

12.2.3　自定义异常类

视频名称	1207_自定义异常类	
课程目标	掌握	
视频简介	项目设计是一个长期的过程,项目中可能产生的异常也是无法预估的,而 Python 所能够提供的只是符合 Python 需求的异常类,这些异常类在实际项目开发中并不能完全满足需求,因此项目中需要用户自定义属于本项目业务需求的合理异常类。本课程主要讲解了自定义异常类的实现。	

为了方便开发,Python 已经提供了大量的异常类,但是这些异常类在实际的工作中往往并不完全满足需求。例如,假设要定义一个吃饭的操作,有可能会产生"吃撑炸肚"(BombException)的异常,而 Python 并不会提供该类异常,这就需要开发者根据业务需要自定义异常类。自定义异常类可以通过继承 Exception 父类来实现。

实例: 自定义业务异常类

```
# coding : UTF-8
class BombException(Exception):                           # 自定义异常类
    def __init__(self, msg = "BombException"):            # 接收提示信息
        self.msg = msg                                    # 保存提示信息
    def __str__(self):                                    # 返回对象信息
        return self.msg                                   # 返回属性内容
class Food:                                                # 自定义业务类
    @staticmethod                                         # 减少实例化对象个数使用静态装饰
    def eat(num):                                         # 吃饭方法
        if num > 999:                                     # 异常触发条件
            raise BombException("吃太多了,肚子进入爆炸倒计时…")  # 向上抛出异常
        else:                                             # 条件不满足
            print("敞开吃,我有万人羡慕的身材,吃多少都不胖…")      # 输出提示信息
def main():                                                # 主函数
    try:                                                  # 捕获可能出现的异常
        Food.eat(1000)                                    # 调用 Food.eat()并传入参数
    except BombException as err:                          # 异常处理
```

```
        print("【except】异常处理：%s" % err)          # 输出提示信息
if __name__ == "__main__":                           # 判断程序执行名称
    main()                                           # 调用主函数
```
程序执行结果：
【except】异常处理：吃太多了，肚子进入爆炸倒计时…

本程序设计了一个自定义的异常类型，当满足指定条件时就可以手工抛出异常，利用自定义异常机制可以更加清晰、准确地描述当前的业务场景，所以实际项目开发都会根据自身的业务需求自定义大量的异常类型。

12.3 本 章 小 结

1．异常是导致程序中断运行的一种指令流，当异常发生的时候，如果没有进行良好的处理，则程序将会中断执行。

2．异常处理关键字为 try、except、finally、else，在 try 语句中捕捉异常（如果没有异常，则执行 else 语句）；然后在 except 中处理异常；finally 作为异常的统一出口，不管是否发生异常，都要执行此段代码。

3．Python 中异常的最大父类是 BaseException，其中 Exception 是程序运行中出现的主要异常。

4．发生异常后，Python 虚拟机会自动产生一个异常类的实例化对象，并匹配相应的 except 语句中的异常类型，由于对象多态性的支持，所有产生的异常类实例都可以通过 Exception 接收。

5．在 Python 中除了可以自动实例化异常类对象之外，也可以利用 raise 手工抛出异常。

6．with 语句定义了一个对象的上下文管理，在此结构执行时会自动调用__enter__()进行上下文初始化，当调用结束后也会自动调用__exit__()释放相应资源。

7．为了明确地描述与业务相关的异常，实际项目开发往往会采用自定义异常的形式，使用特定的类来标注异常。

第 13 章　程序结构扩展

 学习目标

➜ 掌握 set 集合、deque 双端队列、heapq 堆的特点与使用；
➜ 掌握 yield 关键字的作用以及与传统 return 的区别；
➜ 掌握时间戳、时间元组以及时间格式化字符串间的转换处理；
➜ 掌握 datetime 模块的使用，并可以利用 datetime 模块进行日期、时间、间隔计算等操作；
➜ 掌握正则表达式的使用。

在进行 Python 项目开发中，开发人员除了考虑内部提供的基本数据类型外，还需要考虑到各种存储结构的扩展，以及程序性能问题。本章将讲解序列结构扩展、生成器、日期时间以及正则表达式的相关操作。

13.1　序列结构扩展

在 Python 中，利用序列可以实现对多个数据内容的存储，但是为了方便开发，Python 又提供了 set 无重复集合、deque 双端队列、heapq 堆、enum 枚举。下面将分别讲解这些内容。

13.1.1　set 集合

视频名称	1301_set 集合
课程目标	掌握
视频简介	Python 内置的序列结构允许保存重复数据，但是在一些特殊的计算环境中可能需要剔除掉重复内容后才可以进行相应的操作。本课程讲解了 set 集合的特点以及如何利用内置的方法实现数据处理。

set 是 Python 中提供的一个集合定义类，其最大的特点是不保存重复数据。使用该类可以实现对数据的动态存储，由于其不保存数据的存储索引，所以 set 集合中保存的数据是无序的。set 集合中的常用操作方法如表 13-1 所示。

表 13-1　set 集合中的常用操作方法

序　号	方　法	描　述
1	add(self, element)	向集合追加数据
2	clear(self)	清空集合数据
3	copy(self)	集合浅拷贝
4	difference(self, t)	计算两个集合的差集，等价于 s − t
5	intersection(self, t)	计算两个集合的交集，等价于 s & t

续表

序　号	方　法	描　述
6	symmetric_difference(self, t)	计算两个集合的对称差集，等价于 s ^ t
7	union(self, t)	计算两个集合的并集，等价于 s | t
8	discard(self, element)	如果元素存在，则进行删除
9	update(self, seq)	更新集合数据
10	remove(self, element)	从集合删除元素
11	pop(self)	从集合弹出一个元素

在 set 集合创建时可以直接将所有要保存的数据定义在序列中，也可以创建一个空的 set 集合并利用 add() 方法动态地添加数据。

实例：定义 set 集合并保存数据

```
# coding : UTF-8
def main():                                                    # 主函数
    info_set = set(["hello", "yootk", "Yootk", "hello", "小李老师"]) # 定义 set 集合，并保存数据
    info_set.add("www.yootk.com")                              # 追加数据
    print(info_set)                                            # 直接输出数据
if __name__ == "__main__":                                     # 判断程序执行名称
    main()                                                     # 调用主函数
程序执行结果：
{'www.yootk.com', 'yootk', '小李老师', 'hello', 'Yootk'}
```

本程序通过 set 类的构造方法将一个序列数据转为 set 集合，通过输出的结果可以发现，重复的数据内容自动被删除，同时采用无序的方式进行数据存储。

使用 set 集合存储数据有一个最为重要的操作就是可以进行集合的运算处理，实现"交集""差集""并集"的计算。

实例：集合运算

```
# coding : UTF-8
def main():                                                    # 主函数
    set_a = set("abcd")                                        # 定义 set 集合，并保存序列数据
    set_b = set("acxy")                                        # 定义 set 集合，并保存序列数据
    print("【交集】方法计算：%s、符号计算：%s" % (set_a.intersection(set_b) , set_a & set_b))
    print("【差集】方法计算：%s、符号计算：%s" % (set_a.difference(set_b) , set_a - set_b))
    print("【对称差集】方法计算：%s、符号计算：%s" % (set_a.symmetric_difference(set_b) , set_a ^ set_b))
    print("【并集】方法计算：%s、符号计算：%s" % (set_a.union(set_b) , set_a | set_b))
if __name__ == "__main__":                                     # 判断程序执行名称
    main()                                                     # 调用主函数
程序执行结果：
【交集】方法计算：{'a', 'c'}、符号计算：{'a', 'c'}
【差集】方法计算：{'b', 'd'}、符号计算：{'b', 'd'}
【对称差集】方法计算：{'b', 'x', 'y', 'd'}、符号计算：{'b', 'x', 'y', 'd'}
【并集】方法计算：{'a', 'c', 'b', 'x', 'y', 'd'}、符号计算：{'a', 'c', 'b', 'x', 'y', 'd'}
```

本程序直接利用字符串定义了两个 set 集合，随后分别利用 set 类提供的方法和简化符号实现了集合的运算。

13.1.2 deque 双端队列

视频名称	1302_deque 双端队列
课程目标	掌握
视频简介	队列是一种顺序式的操作结构，队列数据的保存顺序即为队列数据的获取顺序。本课程分析了双端队列的操作结构，同时讲解了 deque 类的相关操作方法的使用。

双端队列是一种线性存储结构，在双端队列的前端和后端都可以进行数据的存储与弹出操作，这样就可以方便地实现数据的 FIFO（First Input First Output，先进先出）与 FILO（First Input Last Output，先进后出），如图 13-1 所示。

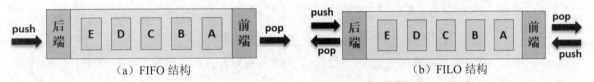

（a）FIFO 结构　　　　　　　　　　　　（b）FILO 结构

图 13-1　双端队列

Python 中将双端队列（deque）定义在 collections 模块中，用户可以直接利用表 13-2 所示的方法进行队列操作。

表 13-2　collections.deque 操作方法

序　号	方　　法	描　　述
1	append(self, element)	向队列后端添加数据
2	appendleft(self, element)	向队列前端添加数据
3	clear(self)	清空队列数据
4	count(self, element)	获取指定元素在队列中的出现次数
5	pop(self)	从队列前端弹出数据
6	popleft(self)	从队列后端弹出数据
7	remove(self, element)	删除队列中的指定数据
8	reverse(self)	队列反转

实例：实现双端队列操作

```
# coding : UTF-8
from collections import deque                                    # 模块导入
def main():                                                       # 主函数
    info_deque = deque(("Hello", "Yootk"))                        # 创建双端队列并保存数据
    info_deque.append("小李老师")                                 # 在队列后端添加数据
    info_deque.appendleft("沐言优拓")                             # 在队列前端添加数据
    print("队列数据：%s，队列长度：%s" % (info_deque, info_deque.__len__()))
    print("从前端弹出数据：%s，从后端弹出数据：%s" % (info_deque.pop(), info_deque.popleft()))
    print("弹出数据后的队列长度：%s" % info_deque.__len__())
if __name__ == "__main__":                                       # 判断程序执行名称
    main()                                                        # 调用主函数
程序执行结果：
```

队列数据：deque(['沐言优拓', 'Hello', 'Yootk', '小李老师'])，队列长度：4
从前端弹出数据：小李老师、从后端弹出数据：沐言优拓
弹出数据后的队列长度：2

本程序实现了一个双端队列的操作，利用 deque 类给定的方法可以实现前端和后端数据的保存与弹出处理。

13.1.3 heapq 堆

视频名称	1303_heapq 堆
课程目标	掌握
视频简介	堆实现了一种二叉树的操作结构，可以使得序列中的无序存放内容变为有序存放。本课程主要讲解 heapq 模块与序列数据的操作关系，以及其相关操作方法的使用。

heapq 堆是一种基于数组实现的完全二叉树，其最大的特点是其所存储的数据内容为有序存储，所以又可以将堆称为优先队列。heapq 的操作方法如表 13-3 所示。

表 13-3　heapq 的操作方法

序　号	方　　法	描　　述
1	heapify(iterable)	向堆中追加一个可迭代对象，例如：列表
2	heappush(heap, element)	向堆中保存数据
3	heappop(heap)	从堆中移除并弹出一个最小值
4	heappushpop(heap, ele)	先执行 push 操作，再执行 pop 操作
5	heapreplace(heap, ele)	先执行 pop 操作，再进行替换
6	nlargest(n, heap, key = fun)	获取前 n 个最大值
7	nsmallest(n, heap, key = fun)	获取前 n 个最小值

实例： 使用 heapq 进行操作

```
# coding : UTF-8
import heapq                                              # 模块导入
def main():                                               # 主函数
    data = [6, 1, 3, 8, 9, 7]                             # 定义一个列表里面的数据无序存储
    heapq.heapify(data)                                   # 基于迭代对象（iterable）创建堆
    heapq.heappush(data, 0)                               # 向堆中进行数据保存
    print("保存并弹出数据：%s" % heapq.heappushpop(data, 5))   # 弹出最小值
    print(heapq.nlargest(2,data))                         # 获取堆中前 2 个最大数据
    print(heapq.nsmallest(3,data))                        # 获取堆中前 3 个最小数据
if __name__ == "__main__":                                # 判断程序执行名称
    main()                                                # 调用主函数
```

程序执行结果：
保存并弹出数据：0（"heapq.heappushpop(data, 5)"代码执行结果）
[9, 8]（获取前 2 个最大的数据）
[1, 3, 5]（获取前 3 个最小的数据）

本程序利用 heapq 模块并基于 data 列表序列创建了一个堆存储，这样在进行数据保存时会自动实现数据的有序存储，同时在每次进行数据弹出时都会弹出最小值。

13.1.4 enum 枚举

视频名称	1304_enum 枚举
课程目标	掌握
视频简介	枚举是一种对象可用范围的控制结构。本课程讲解了枚举结构存在的意义，以及 @enum.unique 装饰器与枚举数据的对应关系。

枚举是一系列常量的集合，通常用于表示某些特定的有限对象的集合。例如，定义一周时间数信息（范围：周一至周日）、定义性别信息（范围：男、女）、定义表示颜色基色信息（范围：红色、绿色、蓝色）。Python 提供了 enum 模块帮助用户实现枚举类的定义。

实例：定义枚举类

```python
# coding : UTF-8
import enum                                    # 导入枚举模块
@enum.unique                                   # 防止枚举内容重复
class Week(enum.Enum):                         # 定义枚举子类
    MONDAY = 0                                 # 定义枚举项
    TUESDAY = 1                                # 定义枚举项
    WEDNESDAY = 2                              # 定义枚举项
    THURSDAY = 3                               # 定义枚举项
    FRIDAY = 4                                 # 定义枚举项
    SATURDAY = 5                               # 定义枚举项
    SUNDAY = 6                                 # 定义枚举项
def main():                                    # 主函数
    monday = Week.MONDAY                       # 获取枚举对象
    print("枚举对象名称：%s、枚举对象内容：%s" %
        (monday.name, monday.value))           # 信息提示
if __name__ == "__main__":                     # 判断程序执行名称
    main()                                     # 调用主函数
```
程序执行结果：
枚举对象名称：MONDAY、枚举对象内容：0

本程序定义了一个描述一周时间数的 Week 枚举类，同时在枚举类中定义了若干个枚举对象，这样当用户在使用 Week 类时就只能通过有限的几个对象进行操作。

13.2 生 成 器

视频名称	1305_生成器问题引出
课程目标	掌握
视频简介	在程序中为了方便对收集数据进行保存控制，往往需要对数据行进行统一的编号。本课程通过实例分析了传统数据生成方式存在的问题。

程序的主要功能是进行数据的处理，在实际项目中，为了方便数据的管理，程序往往会对每一条数据进行编号。现在假设该编号由程序生成，按照目前所学习到的知识来讲，此时的代码实现如下。

实例：实现原始的生成器

```python
# coding : UTF-8
```

```
def generator():                                          # 生成数据编号
    # 生成的数据编号要求数据长度保持一致，所以使用 0 进行填充
    num_list = ("yootk-{num:0>20}".format(num=item) for item in range(99999999))  # 生成数据
    return num_list                                       # 返回生成的编号
def main():                                               # 主函数
    result = generator()                                  # 获取生成编号
    for item in result:                                   # 编号处理
        print(item)                                       # 打印列表项
if __name__ == "__main__":                                # 判断程序执行名称
    main()                                                # 调用主函数
程序执行结果：
yootk-00000000000000000001
yootk-00000000000000000002
…（内容相似，略）
```

本程序通过一个 generator()函数生成了一个数据列表，但是这种列表生成的模式会产生大量不会使用到的数据，同时这些生成的数据 ID 又全部保存在内存中，这样就会对程序所在主机的性能产生影响。

13.2.1　yield 实现生成器

视频名称	1306_yield 实现生成器
课程目标	掌握
视频简介	yield 关键字的作用类似于 return，方便地实现数据的返回与接收，并且在返回后依然可以与原始操作位置产生关联。本课程分析了 yield 的使用以及操作原理。

yield 主要是用于生成器操作中，与传统的操作相比，yield 的最大特点在于不会生成全部的数据，而是根据需要动态地控制生成器的数据，这样的好处是避免生成的数据占用过多的内存，从而影响到程序的执行性能。yield 的作用与 return 类似，最大的区别在于，yield 调用是需要通过外部提供的 next()控制，当调用 next()方法后才可以触发 yield 返回数据，同时外部也可以利用 "生成器对象.send()" 方法向 yield 调用处发送信息，并返回下一次的 yield 内容。为了加强读者理解，下面通过一个具体的程序进行操作展示。

实例： 观察 yield 关键字基本使用

```
# coding : UTF-8
def generator():                                          # 生成器
    print("【generator()】yield 代码执行前。")               # 提示信息
    res = yield "yootk-001"                                # 返回数据并接收发送来的内容
    print("【generator()】yield 代码执行后，res = %s" % res)  # 接收到发送来的数据后继续执行
    yield "yootk-%s" % res                                 # 返回数据
def main():                                               # 主函数
    result = generator()                                  # 获取生成器对象
    print("【main()】调用 next()函数获取 yield 返回内容：%s" % next(result))   # 接收 yield 返回数据
    print("【main()】向 yield 发送数据：%s" % result.send(125))              # yield 发送并返回数据
if __name__ == "__main__":                                # 判断程序执行名称
    main()                                                # 调用主函数
程序执行结果：
```

【generator()】yield 代码执行前。
【main()】调用 next()函数获取 yield 返回内容：yootk-001
【generator()】yield 代码执行后，res = 125
【main()】向 yield 发送数据：yootk-125

本程序在 generator()函数中通过 yield 返回数据，当外部调用 next(result)函数时就可以接收返回数据，由于 yield 本身还可以在内部接收外部传递的数据，所以当执行 result.send(125)函数时会将数字 125 传递给 generator()函数的 res 变量，由于本次 yield 已经执行完毕，所以会返回下一个 yield 内容。本程序的执行流程如图 13-2 所示。

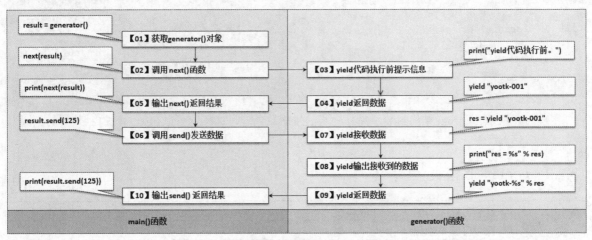

图 13-2　yield 执行流程

实例： 使用 yield 实现生成器

```python
# coding : UTF-8
def generator(maxnum):                                    # 生成器
    for num in range(1, maxnum):                          # 不会一次性生成
        yield "yootk-{num:0>20}".format(num=num)         # yield 返回生成结果
def main():                                               # 主函数
    for item in generator(10):                           # for 循环调用
        print(item)                                       # 直接输出生成器返回结果
if __name__ == "__main__":                               # 判断程序执行名称
    main()                                                # 调用主函数
程序执行结果：
yootk-00000000000000000001
yootk-00000000000000000002
…（内容相似，略）
```

本程序利用 yield 实现了一个主键生成器，此时的生成器操作在每一次执行 for 循环时才会执行并返回数据，所以不会造成占用过多内存的问题，从而提升了程序执行性能。

在使用 yield 生成器的同时也可以使用 "yield from iterable（可迭代对象，例如：生成器、列表、元组）" 的形式返回另外一个生成器，该语法等价于 for item in iterable: yield item。

实例： 使用 yield from 生成一个斐波那契数列

```python
# coding : UTF-8
def fibonacci(max = 99):                                  # 斐波那契数列生成器
```

```
        num_a, num_b = 0, 1                                  # 定义初始化输出值
        while num_b < max:                                   # 数列生成结束条件
            yield num_b                                      # 返回生成数据
            num_a, num_b = num_b, num_a + num_b              # 数据计算
    def fibonacci_wrapper(fun_iterable):                     # 生成器包装
        # 等价于 for item in iterable: yield item
        yield from fun_iterable                              # 此处必须是一个迭代对象
    def main():                                              # 主函数
        wrap = fibonacci_wrapper(fibonacci(66))             # 可迭代对象包装
        for item in wrap:                                    # 生成数据
            print(item, end='、')                            # 输出列表项
    if __name__ == "__main__":                              # 判断程序执行名称
        main()                                               # 调用主函数
程序执行结果:
1、1、2、3、5、8、13、21、34、55、
```

本程序使用 yield from 结构封装了另外一层的生成器处理，这样就可以在循环时控制数据的生成，减少过多数据的产生。

13.2.2 contextlib 模块

	视频名称	1307_contextlib 模块
	课程目标	掌握
	视频简介	为了简化传统 with 结构所设计的上下文管理模块，Python 提供了 contextlib 模块，将其与 yield 结合可以方便地进行上下文的状态管理。本课程讲解了 contextlib 模块的作用以及相关操作方法。

为了方便上下文管理，Python 提供了 with 结构，但是传统的 with 结构是基于类的定义形式，并且需要在类中提供__enter__()和__exit__()两个特殊方法才可以使用，为了简化这一结构（不强制性使用__enter__()和__exit__()两个特殊方法），Python 从 Python 2.5 开始提供了 contextlib 模块，随后可以使用@contextmanager 装饰器将一个函数作为上下文管理器。

实例：使用 contextlib 实现上下文管理

```
# coding : UTF-8
from contextlib import contextmanager                       # 模块导入
class Message:                                               # 消息发送类
    def send(self, info):                                    # 消息发送
        print("【Message】消息发送: %s" % info)              # 提示信息
@contextmanager                                              # 将函数定义为上下文管理器
def message_wrap():                                          # 上下文管理装饰器
    class __Connect:                                         # 定义一个连接工具类
        def build(self):                                     # 创建连接
            print("【Connect】建立网络连接…")                # 提示信息
            return True                                      # 返回连接状态
        def close(self):                                     # 关闭连接
            print("【Connect】关闭网络连接…")                # 提示信息
    try:                                                     # 捕获可能产生的异常
        conn = __Connect()                                   # 实例化连接类对象
```

```
            if conn.build():                              # 判断连接状态
                # 执行到 yield 代码时后续代码将不再执行，一直到 with 结构操作完毕再继续执行
                yield Message()                            # 返回一个 Message 类实例
            else:                                          # 连接失败
                yield None                                 # 返回空对象
        except:                                            # 异常处理
            print("【except】连接出现异常…")               # 提示信息
        finally:                                           # 连接通道必须关闭
            conn.close()                                   # 释放资源
def main():                                                # 主函数
    with message_wrap() as msg:                            # 定义上下文管理
        msg.send("www.yootk.com")                          # 调用 Message 类的 send()方法
if __name__ == "__main__":                                 # 判断程序执行名称
    main()                                                 # 调用主函数
```
程序执行结果：
【Connect】建立网络连接…
【Message】消息发送：www.yootk.com
【Connect】关闭网络连接…

本程序针对 message_wrap()函数实现了一个上下文管理结构，当连接创建时将通过 yield 返回一个 Message 类的实例，由于存在 yield 关键字，所以当所有消息发送完毕才会继续执行 message_wrap()函数的后续部分。

提示：自动关闭处理

contextlib 模块除了给了一个方便的上下文管理结构之外，还提供了一个 closing 类，该类在上下文操作完成后会自动调用类中提供的 close()方法释放资源。

实例：自动释放资源

```
# coding : UTF-8
from contextlib import closing                            # 导入所需要模块中的类
class Connect:                                             # 定义一个连接工具类
    def __init__(self):                                    # 构造方法实现连接
        print("【Connect】建立网络连接…")                 # 输出提示信息
    def close(self):                                       # 关闭连接
        print("【Connect】关闭网络连接…")                 # 输出提示信息
def main():                                                # 主函数
    with closing(Connect()) as conn:                       # 定义上下文管理
        print("消息发送：www.yootk.com")                   # 消息发送
if __name__ == "__main__":                                 # 判断程序执行名称
    main()                                                 # 调用主函数
```
程序执行结果：
【Connect】建立网络连接…
消息发送：www.yootk.com
【Connect】关闭网络连接…

本程序直接利用 closing 类实现了 Connect 连接类的操作管理，这样操作的方便之处在于只要类中提供了 close()方法名称，开发者将不再需要显式调用此方法，而会由 closing 类自动调用。

在本节第一个实例中，为了保证代码执行的正确性使用了以下的分支结构。

```
if conn.build():                                    # 判断连接状态
    yield Message()                                 # 返回一个 Message 类实例
else:                                               # 连接失败
    yield None                                      # 返回空对象
```

该结构操作的特点在于，如果网络连接建立失败，为了避免程序出现 RuntimeError 异常，所以返回了一个空对象。如果用户已经明确知道操作中可能会产生此异常，并且不希望自己处理，那么就可以利用 contextlib 模块中提供的 suppress 类压制异常。

实例：压制异常

```
# coding : UTF-8
from contextlib import contextmanager,suppress          # 模块导入
class Message:                                           # 消息发送类
    def send(self, info):                               # 消息发送
        print("【Message】消息发送：%s" % info)          # 提示信息
@contextmanager                                          # 将函数定义为上下文管理器
def message_wrap():                                      # 自定义函数
    class __Connect:                                     # 定义一个连接工具类
        def build(self):                                 # 创建连接
            print("【Connect】建立网络连接…")             # 提示信息
            return False                                 # 返回连接状态
        def close(self):                                 # 关闭连接
            print("【Connect】关闭网络连接…")             # 提示信息
    try:                                                 # 捕获可能产生的异常
        conn = __Connect()                               # 实例化连接类对象
        if conn.build():                                 # 判断连接状态
            # 执行到 yield 代码时后续代码将不再执行，一直到 with 结构操作完毕再继续执行
            yield Message()                              # 返回一个 Message 类实例
    finally:                                             # 连接通道必须关闭
        conn.close()                                     # 调用类方法
def main():                                              # 主函数
    with suppress(RuntimeError, TypeError):              # 可以压制多种异常
        with message_wrap() as msg:                      # 定义上下文管理
            msg.send("www.yootk.com")                    # 调用 Message 类的 send()方法
if __name__ == "__main__":                               # 判断程序执行名称
    main()                                               # 调用主函数
```
程序执行结果：
```
【Connect】建立网络连接…
【Connect】关闭网络连接…
```

此时的程序利用 suppress 压制了程序中可能产生的异常，如果产生了异常，将不执行消息发送处理。

13.3　日　期　时　间

日期时间是程序开发中的重要单元，为了方便开发者进行日期时间的处理操作，Python 提供了 time 模块、datetime 模块、calendar 模块。本节将分别讲解这几个模块的使用。

13.3.1　time 模块

视频名称	1308_time 模块
课程目标	掌握
视频简介	time 是 Python 内置的日期时间管理模块，其内部定义有时间元组、时间戳、格式化字符串三种日期时间保存结构。本课程讲解了 time 模块中三种数据结构的作用，并通过 time 模块提供的函数实现了三种数据信息的转换处理。

在 Python 中，日期时间的处理操作可以利用 time 模块来完成，在 time 模块中日期时间的表示格式一共有三种。

- ☞ 时间戳（timestamp）：表示从 1970 年 1 月 1 日 00 时 00 分 00 秒（北京时间 1970 年 01 月 01 日 00 时 00 分 00 秒）开始按秒计算的偏移量，时间戳是一个经加密后形成的凭证文档，包括三个组成部分。
  - ➢ 需加时间戳的文件摘要（digest）。
  - ➢ DTS（Decode Time Stamp，解码时间戳）收到文件的日期和时间。
  - ➢ DTS 的数字签名。
- ☞ 时间元组（struct_time）：用于保存日期时间数字的元组结构，该结构由 9 个元素所组成，如表 13-4 所示。
- ☞ 格式化日期时间（format time）：利用如表 13-5 所示的格式化标记，提高日期时间的可读性。

表 13-4　时间元组元素描述

序　号	属　性	描　述	数　值
1	tm_year	年（4 位数字）	2008
2	tm_mon	月（1~2 位数字）	1~12
3	tm_mday	日（1~2 位数字）	1~31
4	tm_hour	时（1~2 位数字）	0~23
5	tm_min	分（1~2 位数字）	0~59
6	tm_sec	秒（1~2 位数字）	0~61（60 或 61 是闰秒）
7	tm_wday	一周第几天	0~6（0 表示周一）
8	tm_yday	一年第几天	1~366
9	tm_isdst	夏令时	是否为夏令时，设置内容为：1（夏令时）、0（非夏令时），默认为 1

表 13-5　日期时间格式化标记

序　号	格式化标记	描　述
1	%a	星期数简写，返回数据范围：Mon~Sun
2	%A	星期数完整编写，返回数据范围：Monday~Sunday
3	%b	月份简写，返回数据范围：Jan~Dec
4	%B	月份完整编写，返回数据范围：January~December
5	%c	简写星期、月份、日、时
6	%C	世纪（N 个百年），从 0 开始定义，比当前世纪少 1，例如现在是 21 世纪，%C 输出为 20
7	%d	一个月中第几天，返回数据范围：01~31
8	%D	短时间格式输出，例如：17/02/87（格式为：月/日/年）

续表

序　号	格式化标记	描　述
9	%e	短格式天数，返回数据范围：1～31
10	%F	日期数据显示，例如：2017-02-17（格式为：年-月-日）
11	%g	年份最后两位，例如：当前年份为2017年，则显示为17
12	%G	显示4位年份数据，例如：2017
13	%h	等于%b标记
14	%H	24小时制小时数字，返回数据范围：00～23
15	%I	12小时制小时，返回数据范围：01～12
16	%j	一年中第几天，返回数据范围：001～366
17	%m	月份数字，返回数据范围：01～12
18	%M	分钟数字，返回数据范围：00～59
19	%n	换行，例如：\n转义字符
20	%p	输出大写，例如：AM（上午）、PM（下午）
21	%r	输出12小时制时间，例如：09:15:32 PM
22	%R	输出24小时制时间，例如：21:15
23	%S	秒，例如：00～59
24	%t	制表符tab（\t转义字符）
25	%T	24小时制时间，例如：21:15:32
26	%u	一周中的第几天，返回数据范围：1（星期一）～7（星期日）
27	%U	以周日为一周第一天，一年中的第几周，返回数据范围：00～53
28	%V	以周一为一周第一天，一年中的第几周，返回数据范围：00～53
29	%w	一周中的第几天，返回数据范围：0（星期一）～6（星期日）
30	%W	等同于%V
31	%x	返回短格式日期，例如：02/17/83（格式为：月/日/年）
32	%X	等同于%T
33	%y	年份的最后两位，等同于%g
34	%Y	年份完整，等同于%G
35	%z	时区
36	%Z	时区字母缩写（EDT、CST）

　　time模块中定义的函数主要的功能就是实现时间戳、时间元组、格式化日期字符串三者的转换处理操作。常用函数如表13-6所示。

表13-6　time模块常用函数

序　号	函　数	描　述
1	asctime([t])	将时间元组转为日期时间字符串，若未设置时间元组，则取出当前日期时间
2	ctime([secs])	将一个时间戳转为日期时间字符串，若未设置时间戳，则取出当前日期时间
3	time()	返回时间戳（自1970-1-1 0:00:00至今所经历的秒数）
4	localtime([secs])	返回时间戳的本地时间元组，若未设置时间戳，则返回当前时间元组
5	gmtime([secs])	返回指定时间戳对应的UTC时区（0时区）时间元组
6	strptime(time_str, time_format_str)	将日期时间字符串转为时间元组，同时设置转换格式

序　号	函　　数	描　　述
7	mktime(struct_time_instance)	将时间元组转为时间戳
8	strftime(time_format_str, struct_time_instance)	将时间元组转为日期时间字符串
9	process_time()	返回 CPU 耗时时间，第一次调用返回进程时间，第二次调用描述的是距离第一次调用所耗费的时间

时间戳是日期时间的基本描述单位，每一个时间戳在产生时，首先通过 Hash 编码进行加密形成摘要，然后将该摘要发送到 DTS，DTS 加入收到文件摘要的日期和时间信息后再对该文件加密（数字签名），最后将数据送回给用户。

实例：获取当前时间戳

```
# coding : UTF-8
import time                                            # 导入 time 模块
def main():                                            # 主函数
    start_timestamp = time.time()                      # 操作开始前获取时间戳
    print("【开始】程序执行开始时间戳：%s" % start_timestamp)# 提示信息
    info = "www.yootk.com"                             # 定义变量
    for item in range(999999):                         # 设置一个循环实现延迟操作
        info += str(item)                              # 字符串连接
    end_timestamp = time.time()                        # 操作结束后获取时间戳
    print("【结束】程序执行完毕时间戳：%s" % end_timestamp) # 提示信息
    print("【统计】本次操作执行所花费的时间为：%5.2f 秒。" % (end_timestamp - start_timestamp))
if __name__ == "__main__":                             # 判断程序执行名称
    main()                                             # 调用主函数
程序执行结果：
【开始】程序执行开始时间戳：1549965857.4118524
【结束】程序执行完毕时间戳：1549965859.5850418
【统计】本次操作执行所花费的时间为：2.17 秒。
```

本程序在 for 循环开始前通过 time() 函数获取了相应的时间戳数据，这样，在程序执行完毕只需要将开始和结束时获取的两个时间戳的信息进行减法操作就可以得出本次操作所耗费的时间。

> **提示：通过 CPU 执行时间获取程序耗时统计**
>
> 在项目开发中可以利用时间戳的信息实现某些操作的耗时统计处理，此时只需要在开始和结束时分别获取一次时间戳，随后通过减法计算即可。

实例：时间操作耗时统计

```
# coding : UTF-8
import time                                            # 导入 time 模块
def main():                                            # 主函数
    start_time = time.process_time()                   # 程序启动 CPU 耗时统计
    print("【开始】程序启动耗时：%s" % start_time)        # 打印提示信息
    info = "www.yootk.com"                             # 字符串变量
    for item in range(999999):                         # 设置一个循环实现延迟操作
        info += str(item)                              # 字符串连接
    end_time = time.process_time()                     # 程序执行耗时
```

```
        print("【结束】程序执行完毕耗时：%s" % end_time)       # 提示信息
    if __name__ == "__main__":                              # 判断程序执行名称
        main()                                              # 调用主函数
```

程序执行结果：

【开始】程序启动耗时：0.046875

【结束】程序执行完毕耗时：2.078125

本程序在 for 循环开始前实现了时间戳的记录，这样在最终只需要将两个时间戳的信息进行减法操作就可以得出本次操作所耗费的时间。

时间元组是 Python 提供的一个描述日期时间数据的基本保存结构，开发者可以获取当前的时间元组也可以定义指定日期时间的时间元组，时间元组的定义格式如下，其中每一个组成的表示含义如表 13-7 所示。

```
(tm_year , tm_mon , tm_mday , tm_hour , tm_min , tm_sec , tm_wday , tm_yday , tm_isdst )
```

表 13-7　时间元组单位说明

索　引	单　位	描　述	属　性　取　值
0	tm_year	4 位数年份	0000～9999
1	tm_mon	月	1～12
2	tm_mday	日	1～31
3	tm_hour	小时	0～23
4	tm_min	分钟	0～59
5	tm_sec	秒	0～61（60、61 是闰秒）
6	tm_wday	星期几	0-6，0 是周一
7	tm_yday	一年的第几天	1～366（366 描述闰年）
8	tm_isdst	夏令标识	1 表示夏令时，0 表示非夏令时

实例： 时间戳与时间元组转换

```
# coding : UTF-8
import time                                                        # 导入 time 模块
def main():                                                        # 主函数
    current_timestamp = time.time()                               # 获取当前时间戳
    current_time_tuple = time.localtime(current_timestamp)        # 将时间戳转为时间元组
    print("时间戳转为时间元组：%s" % str(current_time_tuple))        # 时间戳转为时间元组
    default_time_tuple = (2017, 2, 17, 21, 15, 32, 4, 48, 0)      # 自定义时间元组
    print("时间元组转为时间戳：%s" % time.mktime(default_time_tuple)) # 时间元组转为时间戳
if __name__ == "__main__":                                         # 判断程序执行名称
    main()                                                         # 调用主函数
```

程序执行结果：

时间戳转为时间元组：time.struct_time(tm_year=2019, tm_mon=6, tm_mday=17, tm_hour=23, tm_min=20, tm_sec=22, tm_wday=1, tm_yday=43, tm_isdst=0)

时间元组转为时间戳：1487337332.0

本程序通过 time() 函数获取了当前系统的时间戳，利用 localtime() 函数将其转为时间元组并进行输出。Python 允许用户按照指定格式自定义时间元组，使用 mktime() 函数可以将时间元组转为时间戳格式。

时间戳与时间元组本质上是属于系统内部的数据存储结构，但是这样的存储结构并不适合用户的阅读，所以在 Python 中可以对日期时间进行格式化处理。

实例：格式化日期显示

```
# coding : UTF-8
import time                                                    # 导入 time 模块
def main():                                                    # 主函数
    default_time_tuple = (2017, 2, 17, 21, 15, 32, 4, 48, 0)   # 自定义时间元组
    print("时间元组格式化: %s" % time.strftime("%Y-%m-%d %H:%M:%S", default_time_tuple)) # 提示信息
    print("获取时间元组中的日期数据: %s" % time.strftime("%F", default_time_tuple))      # 提示信息
    print("获取时间元组中的时间数据: %s" % time.strftime("%T", default_time_tuple))      # 提示信息
    default_date_time = "2017-02-17 21:15:32"                   # 字符串
    print("字符串转为时间戳: %s" % str(time.strptime(default_date_time, "%Y-%m-%d %H:%M:%S")))
if __name__ == "__main__":                                     # 判断程序执行名称
    main()                                                     # 调用主函数
程序执行结果:
时间元组格式化: 2017-02-17 21:15:32
获取时间元组中的日期数据: 2017-02-17
获取时间元组中的时间数据: 21:15:32
字符串转为时间戳: time.struct_time(tm_year=2017, tm_mon=2, tm_mday=17, tm_hour=21, tm_min=15,
tm_sec=32, tm_wday=4, tm_yday=48, tm_isdst=-1)
```

本程序利用格式化字符串的操作形式实现了时间元组与日期时间字符串之间的转换处理操作。在 Python 中，除了使用自定义转换格式外，也可以使用内置的转换格式将时间元组转换为日期时间字符串。

实例：使用内置结构格式化时间元组

```
# coding : UTF-8
import time                                                    # 导入 time 模块
def main():                                                    # 主函数
    print(time.asctime())                                      # 获取当前日期时间
    print(time.asctime((2017, 2, 17, 21, 15, 32, 4, 48, 0)))   # 时间元组转换
if __name__ == "__main__":                                     # 判断程序执行名称
    main()                                                     # 调用主函数
程序执行结果:
Fri Jun 17 23:55:32 2019
Fri Feb 17 21:15:32 2017
```

本程序利用 asctime()函数采用内置的结构将时间元组格式化，如果没有设置时间元组，则将会通过 localtime()函数获取当前系统时间元组并进行转换。在 time 模块中的三种日期时间格式转换流程如图 13-3 所示。

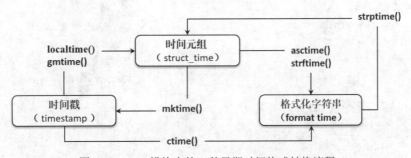

图 13-3　time 模块中的三种日期时间格式转换流程

13.3.2　calendar 模块

视频名称	1309_calendar 模块
课程目标	理解
视频简介	calendar 实现了一个内置的日历管理模块，利用其可以方便地显示年历和月历结构。本课程讲解了日历信息的显示，以及如何使用日历信息实现闰年的相关判断。

　　calendar 提供了一个日历模块，开发者可以利用此模块显示年历或月历。calendar 常用方法如表 13-8 所示。

表 13-8　calendar 常用方法

序　号	方　　法	描　　述
1	calendar(year, w=2, l=1, c=6, m=3)	返回指定年份的年历，用户可以设置相关格式参数。 ➡ w：每个单元格宽度 ➡ l：每列换行数 ➡ c：月份之间的间隔宽度 ➡ m：12 个月显示的列数
2	firstweekday()	返回每周起始星期数，默认返回 0（星期一）
3	isleap(year)	判断指定年份是否为闰年，如果是闰年，则返回 True
4	leapdays(y1, y2)	返回两个年份之间的闰年总和
5	month(year, month, w=2, l=1)	返回指定年和月的月历
6	monthcalendar(year,month)	返回一个整数单层嵌套列表。每个子列表表示一个星期的数据。该月之外的日期数都为 0，该月之内的日期从 1 开始编号
7	monthrange(year, month)	返回两个整数组成的元组，第一个数表示该月的第一天是星期几，第二个数表示该月的总天数
8	prcal(year, w=2, l=1, c=6)	输出年历，等价于 calendar.calendar(year)返回信息
9	prmonth(year, month)	输出月历，等价于 calendar. month(year, month)返回信息
10	setfirstweekday(weekday)	设置每周起始日期码，设置范围：0（星期一）～6（星期日）
11	timegm(tupletime)	接收一个时间元组，返回该时刻的时间戳
12	weekday(year, month, day)	返回给定日期的星期码，设置范围：0（星期一）～6（星期日）

实例：显示指定月份日历

```
# coding : UTF-8
import calendar                          # 导入 calendar 模块
def main():                              # 主函数
    cal = calendar.month(2017, 2)        # 获取 2017 年 2 月的日历
    print(cal)                           # 日历显示
if __name__ == "__main__":               # 判断程序执行名称
    main()                               # 调用主函数
程序执行结果：
    February 2017
Mo Tu We Th Fr Sa Su
       1  2  3  4  5
 6  7  8  9 10 11 12
```

```
13 14 15 16 17 18 19
20 21 22 23 24 25 26
27 28
```

此时获取了 2017 年 2 月的日历信息，而在输出 calendar 对象时会自动调整格式。另外，需要提醒读者的是，如果此时使用了 calendar(2017)方法，则会列出指定年份全部 12 个月的日历信息。

 提示：关于中文显示

如果开发者需要将日历的星期数显示为中文，则可以利用 locale 模块设置文字编码。

实例：设置文字编码

```
import locale                                    # 导入 locale 模块
locale.setlocale(locale.LC_ALL, "zh_CN.UTF-8")   # 获取 calendar 前设置中文
calendar.prmonth(2017, 2)                        # 获取 2017 年 2 月的日历
```

此时就可以将日历显示为中文，但是中文显示时会由于文字长度问题导致数据显示错位。

13.3.3　datetime 模块

视频名称	1310_datetime 模块	
课程目标	掌握	
视频简介	datetime 模块是对 time 模块的包装，其主要目的是简化开发者对于日期时间等相关内容的操作。本课程讲解了 datetime 模块中的五个组成类，并且通过实例的形式讲解了这五个类的操作。	

datetime 模块是对 time 模块的重新封装，包括五个类：date（日期类）、time（时间类）、datetime（日期时间类）、timedelta（时间间隔类）、tzinfo（时区类）。

（1）datetime.date 类是进行日期信息描述的类，利用此类可以获取或构造一个日期对象，也可以通过一个时间戳抽取日期信息。date 类中定义的常用属性与方法如表 13-9 所示。

表 13-9　datetime.date 类常用属性与方法

序　　号	属性与方法	类　　型	描　　　　述
1	max	属性	获取 date 可以描述的最大日期
2	min	属性	获取 date 可以描述的最小日期
3	resolution	属性	获取 date 表示日期的最小单位（天）
4	date(year, month, day)	构造	传入年、月、日构造日期类实例
5	today()	方法	返回当前系统日期
6	fromtimestamp(timestamp)	方法	通过给定时间戳抽取日期数据
7	replace(year, month, day)	方法	替换日期数据并生成新的日期
8	weekday()	方法	返回星期数据，返回数据范围：0（星期一）～6（星期日）
9	isoweekday()	方法	返回星期数据，返回数据范围：1（星期一）～7（星期日）
10	isocalendar()	方法	返回日期数据元组
11	isoformat()	方法	返回格式化日期数据，格式为：YYYY-MM-DD

实例：使用 date 类操作日期

```
# coding : UTF-8
from datetime import date                              # 导入 date 模块
import time                                            # 导入 time 模块
def main():                                            # 主函数
    print("最小描述日期：%s、最大描述日期：%s、日期单位：%s" %
                (date.min, date.max, date.resolution))  # 信息输出
    print("今天的日期：%s" % date.today())              # 获取当前日期
    time_tuple = (2017, 2, 17, 21, 15, 32, 4, 48, 0)   # 定义时间元组
    print("抽取时间元组中的日期：%s" %
                .fromtimestamp(time.mktime(time_tuple))) # 信息输出
if __name__ == "__main__":                             # 判断程序执行名称
    main()                                             # 调用主函数
程序执行结果：
最小描述日期：0001-01-01、最大描述日期：9999-12-31、日期单位：1 day, 0:00:00
今天的日期：2019-06-18
抽取时间元组中的日期：2017-02-17
```

本程序通过 date 类获取了当前系统日期，由于 date 类无法通过时间元组直接获取日期数据，所以先利用 time 模块中的 mktime()方法将时间元组转为时间戳，再通过 fromtimestamp()方法获取日期数据。

实例：实例化 date 类对象

```
# coding : UTF-8
from datetime import date                              # 导入 date 类
import time                                            # 导入 time 模块
def main():                                            # 主函数
    default_date = date(2017, 2, 17)                   # 构造 date 类实例
    print("返回星期数：%s、返回 ISO 星期数：%s" %
        (default_date.weekday(), default_date.isoweekday())) # 信息输出
    print("格式化日期显示：%s" % default_date.isoformat())    # 信息输出
    print("日期元组：%s" % str(default_date.isocalendar()))  # 信息输出
    print("日期替换：%s" % default_date.replace(1987, 9, 15)) # 信息输出
if __name__ == "__main__":                             # 判断程序执行名称
    main()                                             # 调用主函数
程序执行结果：
返回星期数：4、返回 ISO 星期数：5
格式化日期显示：2017-02-17
日期元组：(2017, 7, 5)
日期替换：1987-09-15
```

本程序直接通过 date 类的构造方法构造了一个自定义的日期对象，随后可以利用 date 类中的方法直接获取该日期的元组、格式化、星期数等内容。

（2）datetime.time 类是进行时间信息描述的类，在该类中时间单元的基本组成为时、分、秒、微秒。time 类中定义的常用属性与方法如表 13-10 所示。

表 13-10　datetime.time 类常用属性与方法

序　号	属性与方法	类　型	描　　述
1	max	属性	获取 time 可以描述的最大时间
2	min	属性	获取 time 可以描述的最小时间
3	resolution	属性	获取 time 表示时间的最小单位（微秒）
4	time([hour, [minute, [second, [microsecond, [tzinfo]]]]])	构造	传入时、分、秒、毫秒构造时间对象
5	replace([hour, [minute, [second, [microsecond, [tzinfo]]]]])	方法	替换对象中的时、分、秒、毫秒信息
6	isoformat()	方法	获取格式化时间字符串，格式为 HH:MM:SS.ssssss
7	strftime(fmt)	方法	通过格式化字符串，获取时间

实例：使用 time 类

```
# coding : UTF-8
from datetime import time                                    # 导入 time 类
def main():                                                   # 主函数
    print("最小时间：%s、最大时间：%s、时间单位：%s（微秒）" %
        (time.min, time.max, time.resolution))               # 信息输出
    time_data = time(21, 15, 32, 123678)                     # 实例化时间对象
    print("时：%s、分：%s、秒：%s、微秒：%s" %
        (time_data.hour, time_data.minute, time_data.second, time_data.microsecond))
    print("格式化时间：%s" % time_data.isoformat())           # 获取格式化时间
if __name__ == "__main__":                                    # 判断程序执行名称
    main()                                                    # 调用主函数
程序执行结果：
最小时间：00:00:00、最大时间：23:59:59.999999、时间单位：0:00:00.000001（微秒）
时：21、分：15、秒：32、微秒：123678
格式化时间：21:15:32.123678
```

本程序实例化了 time 类对象，这样就可以直接利用 time 类中提供的 isoformat()方法格式化显示时间数据。

（3）datetime.datetime 类是日期与时间操作类，相当于 date 类与 time 类的信息总和，利用此类可以方便地获取日期时间。datetime 类的常用方法如表 13-11 所示。

表 13-11　datetime.datetime 类常用方法

序　号	方　　法	类　型	描　　述
1	datetime (year, month, day[, hour[, minute[, second[, microsecond[, tzinfo]]]]])	构造	实例化日期时间类 datetime 对象
2	today()	方法	获取本地当前日期时间类 datetime 对象
3	now([tzinfo])	方法	获取本地当前日期时间或指定时区日期时间对象
4	utcnow()	方法	获取当前 utc 日期时间对象（格林尼治时间）
5	fromtimestamp(timestamp[, tz])	方法	根据时间戳创建日期时间类 datetime 对象
6	utcfromtimestamp(timestamp)	方法	根据时间戳创建一个 datetime 对象
7	combine(date, time)	方法	根据 date 和 time 类实例创建 datetime 对象
8	strptime(date_string, format)	方法	将格式化字符串转为 datetime 对象

实例： 使用 datetime 类

```
# coding : UTF-8
from datetime import datetime                              # 导入 datetime 类
def main():                                                # 主函数
    date_obj_a = datetime.today()                          # 获取当前系统日期时间
    print("当前日期时间：%s" % date_obj_a)                  # 输出当前日期时间
    date_obj_b = datetime(2017, 2, 17, 21, 15, 32)         # 指定日期时间数据
    print("指定日期时间：%s" % date_obj_b)                  # 信息输出
if __name__ == "__main__":                                 # 判断程序执行名称
    main()                                                 # 调用主函数
程序执行结果：
当前日期时间：2019-06-19 06:28:07.437489
指定日期时间：2017-02-17 21:15:32
```

本程序利用 datetime 类获取了当前的系统时间，在进行 datetime 类输出时可以直接按照内置格式进行字符串转换。

（4）datetime.timedelta 是可以对指定日期时间单元数据进行加法和减法计算的类。例如，可以通过 datetime.timedelta 计算出距离指定日期时间几天前或几个小时后的日期时间数据。

实例： 使用 timedelta 类进行日期计算

```
# coding : UTF-8
from datetime import datetime, timedelta                   # 导入 datetime 类和 timedelta 类
def main():                                                 # 主函数
    datetime_obj = datetime(2017, 2, 17, 21, 15, 32)        # 指定日期时间数据
    dt_obj_a = datetime_obj + timedelta(hours=30)           # 计算 30 小时之后的日期时间
    dt_obj_b = datetime_obj + timedelta(days=-20)           # 计算 20 天前的日期时间
    print("30 个小时之后的日期时间为：%s" % dt_obj_a)        # 信息输出
    print("20 天前的日期时间为：%s" % dt_obj_b)              # 信息输出
if __name__ == "__main__":                                  # 判断程序执行名称
    main()                                                  # 调用主函数
程序执行结果：
30 个小时之后的日期时间为：2017-02-19 03:15:32
20 天前的日期时间为：2017-01-28 21:15:32
```

本程序通过一个 datetime 对象实例结合 timedelta 对象实例实现了 30 个小时后以及 20 天前的日期时间计算。

（5）在日期时间定义之外还有一个最为重要的就是时区的概念，例如：德国是东一区，中国是东八区，德国比中国的时间慢 7 个小时（夏令时比中国慢 6 个小时）。在 Python 中可以通过 datetime.tzinfo 类来进行时区的设置，但是此类是一个在使用时需要定义的子类，并且在该子类中需要覆写 tzname()、utcoffset()、dst() 三个方法。

实例： 中德时区操作

```
# coding : UTF-8
from datetime import datetime, tzinfo, timedelta           # 导入模块相关类
class UTC(tzinfo):                                          # 定义时区子类
    def __init__(self,offset = 0):                         # 设置时区偏移量
```

```
                self.__offset = offset                              # 保存属性
        def tzname(self, dt):                                       # 时区名称
            return "UTC +%s" % self._offset                         # 获取时区名称
        def utcoffset(self, dt):                                    # 时区偏移量
            return timedelta(hours=self.__offset)                   # 返回偏移量
        def dst(self, dt):                                          # 获取夏时制
            return timedelta(hours=self.__offset)                   # 返回偏移量
def main():                                                         # 主函数
    china_datetime = datetime(2017, 2, 17, 21, 15, 32, tzinfo=UTC(8))    # 中国时区
    germany_datetime = datetime(2017, 2, 17, 21, 15, 32, tzinfo=UTC(1))  # 德国时区
    print("北京日期时间：%s" % china_datetime)                       # 信息输出
    print("德国日期时间：%s" % germany_datetime)                     # 信息输出
    print("北京时间转为德国时间：%s" % (china_datetime.astimezone(UTC(1))))  # 时区转换
if __name__ == "__main__":                                         # 判断程序执行名称
    main()                                                         # 调用主函数
程序执行结果：
北京日期时间：2017-02-17 21:15:32+08:00
德国日期时间：2017-02-17 21:15:32+01:00
北京时间转为德国时间：2017-02-17 14:15:32+01:00
```

本程序定义了一个表示时区的 UTC 子类，可以在该子类中设置时区偏移量，同时在 datetime 类中也提供有时区的转换操作。

13.4　正则表达式

正则表达式（regular expression）是一种由特殊符号组成的序列，可以帮助用户检查某一个字符串是否与某种结构匹配，不可以完成按照规则从某个字符串中截取或替换子字符串操作。

13.4.1　正则匹配函数

视频名称	1311_正则匹配函数
课程目标	掌握
视频简介	为了方便用户进行正则表达式的编写，Python 提供了 re 模块。本课程介绍了 re 模块中提供的主要操作函数，并且讲解了 match() 与 search() 函数的区别。

正则表达式并不属于 Python 的原生语法，但可以利用正则表达式方便字符串的处理操作。在 Python 中如果要使用正则表达式，则必须依靠 re 模块。该模块中定义的常用函数如表 13-12 所示。

表 13-12　re 模块常用函数

序　号	函　数	描　述
1	compile(pattern, flags=0)	编译正则表达式
2	escape(pattern)	正则符号转义处理
3	findall(pattern, string, flags=0)	匹配正则符号，并且将匹配的内容以列表的形式返回
4	finditer(pattern, string, flags=0)	匹配正则符号，并且将匹配的内容以迭代对象的形式返回
5	match(pattern, string, flags=0)	从头开始进行匹配

续表

序 号	函 数	描 述
6	purge()	清除缓存中的正则表达式
7	search(pattern, string, flags=0)	在任意位置上进行匹配
8	split(pattern, string, maxsplit=0, flags=0)	按照给定匹配符号拆分字符串
9	sub(pattern, repl, string, count=0, flags=0)	正则匹配替换，count 表示替换次数
10	subn(pattern, repl, string, count=0, flags=0)	正则匹配替换，并返回替换结果

表 13-12 中定义的函数为正则操作的主要函数，这些函数的主要作用就是进行正则的匹配（查找）、拆分和替换等操作，同时这些函数也可以进行子字符串的匹配处理，具体如以下几个实例所示。

实例：使用 match()函数匹配

```
# coding : UTF-8
import re                                                            # 模块导入
def main():                                                          # 主函数
    print("从头匹配：%s" % re.match("yootk", "yootk.com"))           # 正则匹配
    print("从头匹配：%s" % str(re.match("yootk", "yootk.com").span()))# 正则匹配
    print("不匹配：%s" % re.match("小李老师", "yootk.com"))          # 正则匹配
    print("忽略大小写匹配：%s" % re.match("YOOTK", "yootk.com", re.I)) # re.I 表示忽略大小写
if __name__ == "__main__":                                          # 判断程序执行名称
    main()                                                           # 调用主函数
程序执行结果：
从头匹配：<re.Match object; span=(0, 5), match='yootk'>
从头匹配：(0, 5)
不匹配：None
忽略大小写匹配：<re.Match object; span=(0, 5), match='yootk'>
```

使用 match()函数会从头进行匹配，如果匹配成功，则会返回有一个 Match 类的对象，在该对象中可以使用 span()函数获取匹配的索引元组对象；如果匹配不成功，则会返回 None。

实例：使用 search()函数匹配

```
# coding : UTF-8
import re                                                            # 模块导入
def main():                                                          # 主函数
    print("字符串匹配：%s" % re.search("yootk", "www.yootk.com"))     # 匹配任意位置
    print("字符串匹配：%s" % re.search("YOOTK", "www.yootk.com", re.I)) # 忽略大小写匹配
if __name__ == "__main__":                                          # 判断程序执行名称
    main()                                                           # 调用主函数
程序执行结果：
字符串匹配：<re.Match object; span=(4, 9), match='yootk'>
字符串匹配：<re.Match object; span=(4, 9), match='yootk'>
```

search()函数与 match()函数最大的区别在于可以匹配一个字符串中的任意位置，同时也会返回匹配结果的索引位置。

13.4.2　常用正则匹配符

视频名称	1312_常用正则匹配符
课程目标	掌握
视频简介	正则是一组特殊符号的应用，本课程讲解了常用的正则符号（范围匹配、量词设置等），并且通过具体实例讲解了这些符号与 re 模块中函数的结合使用。

正则表达式在字符串处理方面提供了强大支持，处理的核心就是字符串的内容匹配，因此在正则表达式中定义有大量的匹配符号。下面将讲解一些常见正则匹配符。

字符匹配的主要功能是匹配指定的字符内容，这些内容可能是一个具体的字母、数字或者一些转义符。字符匹配符号如表 13-13 所示。

表 13-13　字符匹配符号

序　号	字符匹配符号	描　　述
1	x	表示匹配任意的一位字符
2	\\	匹配转义字符 "\\"
3	\t	匹配转义字符 "\t"
4	\n	匹配转义字符 "\n"
5	\r	匹配转义字符 "\r"

实例：匹配任意字符

```
# coding : UTF-8
import re                                        # 模块导入
def main():                                       # 主函数
    str = "y\n"                                   # 定义字符串
    pattern = "Y\n"                               # 匹配两个字符"Y"和"\n"
    print(re.match(pattern, str, re.I))           # 忽略大小写匹配
    print(re.match(pattern, "yootk", re.I))       # 匹配更多内容失败
if __name__ == "__main__":                        # 判断程序执行名称
    main()                                        # 调用主函数
程序执行结果：
<re.Match object; span=(0, 2), match='y\n'>（匹配成功）
None（匹配失败）
```

在进行单个字符匹配时，要匹配的字符串组成必须与单个字符的内容以及顺序保持一致，否则将无法进行匹配。

除了单个字符之外，也可以设置要匹配的字符范围。范围匹配符号如表 13-14 所示。

表 13-14　范围匹配符号

序　号	范围匹配符号	描　　述
1	[abc]	可能是字母 a、b、c 中的任意一位
2	[^abc]	范围取反，字母不是 a、b、c 中的任意一位
3	[a-zA-Z]	表示全部由字母所组成，包括小写字母与大写字母
4	[0-9]	表示由数字所组成

实例：字符范围匹配

```
# coding : UTF-8
import re                                            # 模块导入
def main():                                          # 主函数
    str = "food"                                     # 定义匹配字符串
    pattern = "fo[ol][dlk]"                          # 可以匹配 food、fool、folk
    print(re.match(pattern, str, re.I))              # 正则匹配
if __name__ == "__main__":                           # 判断程序执行名称
    main()                                           # 调用主函数
程序执行结果：
<re.Match object; span=(0, 4), match='food'>
```

本程序在定义正则匹配符号时使用了两个范围定义"[ol]"和"[dlk]"，这样就可以实现 food 字符串的匹配。

默认情况下，正则表达式进行字符串匹配时都是由头开始匹配，但如果此时字符串的内容超过了匹配表达式定义的长度，那么超过长度之后的字符串将无法进行匹配，此时就需要设置匹配边界。边界匹配符号如表 13-15 所示。

表 13-15　边界匹配符号

序　　号	边界匹配符号	描　　述
1	^	设置正则匹配开始，忽略多行模式
2	$	设置正则匹配结束，忽略多行模式

实例：观察正则边界匹配

```
# coding : UTF-8
import re                                            # 模块导入
def main():                                          # 主函数
    str_a = "hello food"                             # 匹配单词写在最后
    pattern_a = "fo[ol][dlk]$"                       # 可以匹配 food、fool、folk 结尾内容
    print(re.findall(pattern_a, str_a, re.I))        # 正则匹配
    str_b = "Food is very important."                # 单词写在最前面
    pattern_b = "^fo[ol][dlk]"                       # 可以匹配 food、fool、folk 结尾内容
    print(re.findall(pattern_b, str_b, re.I))        # 正则匹配
if __name__ == "__main__":                           # 判断程序执行名称
    main()                                           # 调用主函数
程序执行结果：
['food']（food 单词结尾）
['Food']（food 单词开头）
```

为了方便观察边界的效果，本程序使用了 findall() 函数将符合要求的内容进行了匹配抽取，当设置边界后表达式将只会在指定的范围内进行内容匹配。

以上所讲解的正则标记都只能表示一位的字符，如果要想描述多位字符，就可以通过如表 13-16 所示的标记进行匹配数量的定义。

表 13-16 正则数量匹配

序 号	正则数量匹配符号	描 述
1	正则表达式?	匹配字符出现 0 次或 1 次
2	正则表达式*	匹配字符出现 0 次、1 次或多次
3	正则表达式+	匹配字符出现 1 次或多次
4	正则表达式{n}	匹配字符出现正好 n 次
5	正则表达式{n,}	匹配字符出现 n 次以上
6	正则表达式{n,m}	匹配字符出现 n~m 次

实例：匹配一个人的生日数据（格式为 yyyy-mm-dd）

```
# coding : UTF-8
import re                                                   # 模块导入
def main():                                                 # 主函数
    input_data = input("请输入您的生日：")                   # 定义字符串
    pattern = "[0-9]{4}-[0-9]{2}-[0-9]{2}"                  # 可以匹配日期结构
    if re.match(pattern, input_data, re.I):                # 正则匹配
        print("日期格式输入正确!")                           # 提示信息
    else:                                                   # 匹配失败
        print("日期格式输入错误!")                           # 提示信息
if __name__ == "__main__":                                  # 判断程序执行名称
    main()                                                  # 调用主函数
程序执行结果:
请输入您的生日：2017-02-17
日期格式输入正确!
```

本程序通过键盘接收了一个生日的字符串数据，由于用户输入的数据内容多样，所以在接收输入字符串后就需要利用正则表达式进行数据结构的判断。

为了简化正则匹配符号的定义，在正则中又提供有一些简化表达式，利用这些简化表达式可以方便地进行数字、字母、空格等内容的匹配。简化正则表达式如表 13-17 所示。

表 13-17 简化正则表达式

序 号	简化正则表达式	描 述
1	\A	匹配开始边界，等价于 "^"，忽略多行模式
2	\Z	匹配结束边界，等价于 "$"，忽略多行模式
3	\b	匹配开始或结束位置的空字符串
4	\B	匹配不再开始或结束位置的空字符串
5	\d	匹配一位数字，等价于 "[0-9]"
6	\D	匹配一位非数字，等价于 "[^0-9]"
7	\s	匹配任意的一位空格，等价于 "[\t\n\r\f\v]"
8	\S	匹配任意的一位非空格，等价于 "[^\t\n\r\f\v]"
9	\w	匹配任意的一位字母（大小写）和非数字、_，等价于 "[a-zA-Z0-9_]"
10	\W	匹配任意的一位非字母（大小写）和非数字、_，等价于 "[^a-zA-Z0-9_]"
11	.	表示任意一位字符

实例：实现数据拆分

```
# coding : UTF-8
import re                                              # 模块导入
def main():                                            # 主函数
    str = "y1o22o333t4444k55555.666666com"            # 定义要拆分的字符串
    pattern = r"\d+"                                   # 若不写 r，则正则定义为"\\d+"，需要转义
    result = re.split(pattern, str)                    # 利用正则拆分，结果为列表
    print("正则匹配拆分结果：%s" % result)              # 信息输出
if __name__ == "__main__":                             # 判断程序执行名称
    main()                                             # 调用主函数
```
程序执行结果：
正则匹配拆分结果：['y', 'o', 'o', 't', 'k', '.', 'com']

本程序利用简化的数字正则表达式并结合量词表达式"+"对字符串中的一位或多位数字进行匹配与拆分。

在进行正则表达式定义中，为了描述更加复杂的匹配结构，也可以通过括号"()"将若干个匹配符号定义在一起，这样就可以为这个整体的表达式定义量词。

实例：判断输入内容是否为数字

```
# coding : UTF-8
import re                                              # 模块导入
def main():                                            # 主函数
    input_data = input("输入考试成绩：")                # 定义字符串
    # 如果此时在字符串前定义 r，那么正则表达式编写为""^[+-]?\\d+(\\.\\d+)?$""，符号都需要转义处理
    pattern = r"^[+-]?\d+(\.\d+)?$"                    # 正则匹配符号
    if re.match(pattern, input_data, re.I):           # 正则匹配
        print("成绩数据输入正确，内容为：%s" % input_data)  # 信息输出
    else:                                              # 匹配失败
        print("成绩数据输入错误！")                      # 信息输出
if __name__ == "__main__":                             # 判断程序执行名称
    main()                                             # 调用主函数
```
程序执行结果：
输入考试成绩：20.17
成绩数据输入正确，内容为：20.17

正则表达式中允许存在"与"和"或"的逻辑关系，"与"关系表示要同时满足多个正则匹配要求，而"或"关系表示只要求匹配其中的一个正则匹配即可。正则逻辑表达式如表 13-18 所示。

表 13-18　正则逻辑表达式

序　　号	正则逻辑表达式	描　　述
1	正则表达式 A 正则表达式 B …	表达式 A 之后紧跟着表达式 B
2	正则表达式 A│正则表达式 B│…	表示表达式 A 或者表达式 B，二者任选一个出现

实例：判断电话号码格式是否正确

在本程序中电话号码的内容有以下三种类型。

➥　电话号码类型一（7～8 位数字）。例如，51283346，正则判断："\d{7,8}"。

- 电话号码类型二（在电话号码前追加区号）。例如，01051283346，正则判断："(\d{3,4})?\d{7,8}"。
- 电话号码类型三（区号单独包裹）。例如，(010)-51283346，正则判断："((\d{3,4})|(\(\d{3,4}\\)-))?\d{7,8}"。

```
# coding : UTF-8
import re                                              # 模块导入
def main():                                            # 主函数
    tel = input("请输入电话号码：")                      # 要验证的电话号码
    pattern = r"((\d{3,4})|(\(\d{3,4}\)-))?\d{7,8}"    # 正则匹配符号
    if re.match(pattern, tel):                          # 正则匹配判断
        print("电话号码输入正确，内容为：%s" % tel)       # 信息输出
    else:                                               # 匹配失败
        print("电话号码输入错误!")                        # 信息输出
if __name__ == "__main__":                              # 判断程序执行名称
    main()                                              # 调用主函数
程序执行结果：
请输入电话号码：(010)-51283346
电话号码输入正确，内容为：(010)-51283346
```

本程序实现了对键盘输入电话号码数据的格式验证，当符合正则表达式要求时，则提示正确信息；否则提示错误信息。

13.4.3 正则匹配模式

视频名称	1313_正则匹配模式
课程目标	掌握
视频简介	在正则匹配中除了正则符号与操作函数之外，最为重要的就是匹配模式，利用匹配模式可以对传统正则标记的功能进行补充。本课程介绍了 re 模块中的匹配模式定义，并且通过实例重点分析了 I 与 X 两种模式的作用。

在进行正则表达式匹配时也可以通过正则匹配模式进行匹配控制，例如在之前使用过的 re.I（忽略大小写）就属于一种匹配模式。re 模块中定义的正则匹配模式如表 13-19 所示。

表 13-19 正则匹配模式

序 号	常 量	类 型	描 述
1	I, IGNORECASE	常量	忽略大小写
2	L, LOCALE	常量	字符集本地化表示，可以匹配不同语言环境下的符号
3	M, MULTILINE	常量	多行匹配模式
4	S, DOTALL	常量	修改 "." 匹配任意模式，可匹配任何字符，包括换行符
5	X, VERBOSE	常量	此模式忽略正则表达式中的空白和注释（#）
6	U, UNICODE	常量	\w、\W、\b、\B、\d、\D、\s、\S 这些匹配符号将按照 Unicode 定义

这些正则匹配模式在开发中可以单独使用，也可以使用 "|" 进行若干个匹配模式的共同设置。

实例：多行匹配

```
# coding : UTF-8
import re                                              # 模块导入
```

```
    def main():                                                # 主函数
        data = """
            Food is very important
            Food is very delicious
            Food needs cooking
        """                                                    # 多行字符串
        pattern = "fo{2}d"                                     # 正则匹配符号
        result = re.findall(pattern, data, re.I | re.M)        # 忽略大小写并且支持多行匹配
        print("匹配多行字符串首部: %s" % result)                 # 信息输出
    if __name__ == "__main__":                                 # 判断程序执行名称
        main()                                                 # 调用主函数
程序执行结果：
匹配多行字符串首部: ['Food', 'Food', 'Food']
```

本程序使用了两个正则匹配模式 re.I | re.M（忽略大小写以及多行匹配），这样会自动以换行作为分隔符，匹配多行字符串中每一行的内容。

实例：修改".."匹配模式

```
# coding : UTF-8
import re                                                      # 模块导入
def main():                                                    # 主函数
    data = """
        Food is very important
        Food is very delicious
        Food needs cooking
    """                                                        # 多行字符串
    pattern = ".+"                                             # 正则匹配符号
    print("不修改".."匹配: %s" % re.findall(pattern, data))      # "."匹配任意字符串，包括换行符
    print("修改".."匹配: %s" % re.findall(pattern, data, re.S))  # 取消"."匹配
if __name__ == "__main__":                                     # 判断程序执行名称
    main()                                                     # 调用主函数
程序执行结果：
不修改"."匹配: ['Food is very important', 'Food is very delicious', 'Food needs cooking', '    ']
修改"."匹配: ['\n Food is very important\n Food is very delicious\n Food needs cooking\n']
```

本正则操作中，"."表示任意的字符，所以在不设置 re.S 匹配模式时，会自动按照换行（"\n" 也可以通过 "."）进行匹配，但是如果取消掉了 "." 匹配任意字符的限制后，可以发现此时返回列表中只有一个元素。

在一些较长的正则符号中，为了方便开发者阅读，往往需要添加一些注释信息，此时可以使用 re.X 模式忽略掉正则表达式中出现的空格以及注释信息，这样既可保证良好的可阅读性又可保证程序的正确执行。

实例：验证 Email 格式

现在要求一个合格的 Email 地址的组成规则如下：
- ➥ Email 的用户名可以由字母、数字、"_" 所组成（开头不能使用 "_"）。
- ➥ Email 的域名可以由字母、数字、"_" 和 "-" 所组成。
- ➥ 域名的后缀必须是 .cn、.com、.net、.com.cn、.gov。

```
# coding : UTF-8
import re                                          # 模块导入
def main():                                        # 主函数
    email = input("请输入您的 Email 地址：")          # 键盘输入邮箱地址
    pattern = r"""
        [a-zA-Z0-9]                                # 匹配第一个字母，由非数字所组成
        \w+@\w+                                    # 用户名中间部分由字母、数字、"_"所组成
        \.                                         # 匹配邮箱中出现的"."
        (cn|com|com.cn|net|gov)                    # 匹配邮箱域名，只允许设置指定的几个内容
        """                                        # 正则匹配符号
    if re.match(pattern, email, re.I | re.X):      # 正则匹配判断
        print("Email 邮箱输入正确，内容为: %s" % email)  # 信息输出
    else:                                          # 匹配失败
        print("Email 数据输入错误！")                 # 信息输出
if __name__ == "__main__":                         # 判断程序执行名称
    main()                                         # 调用主函数
```
程序执行结果：
请输入您的 Email 地址：Yootk_lixinghua888@yootk.com
Email 邮箱输入正确，内容为: Yootk_lixinghua888@yootk.com

本程序由用户通过键盘输入 Email 地址，随后按照定义的规则进行正则验证。本实例正则匹配结构如图 13-4 所示。

Y	ootk_lixinghua888	@	yootk	.	com
[a-zA-Z0-9]	\\w+	@	\\w+	.	(cn|com|com.cn|gov)

图 13-4　Email 邮箱正则匹配结构

13.4.4　分组

视频名称	1314_分组	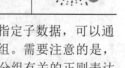
课程目标	掌握	
视频简介	利用正则可以实现对部分数据的匹配获取，而通过分组则可以更加方便地直接获取指定子数据。本课程讲解了正则分组的意义与分组的实现。	

一个正则表达式可以匹配任意多个数据内容，为了清晰地从这些数据中获取指定子数据，可以通过分组的形式对数据进行归类。在正则表达式中通过圆括号 "()" 就可以定义分组。需要注意的是，在没有使用分组时，整个正则表达式默认为是一个隐含的全局分组（索引 0）。与分组有关的正则表达式如表 13-20 所示。

表 13-20　分组正则表达式

序　号	分组正则表达式	描　述
1	(...)	默认分组捕获模式，可以单独取出分组内容，索引值从 1 开始
2	(?iLmsux)	设置分组模式 i、L、m、s、u、x
3	(?:...)	分组不捕获模式，计算索引时会跳过该分组
4	(?P<name>...)	分组命名模式，可以通过索引编号或 name 名称获取内容
5	(?P=name)	分组引用模式，可以在一个正则表达式中引用前面命名过的正则表达式

实例：定义分组表达式

```python
# coding : UTF-8
import re                                          # 模块导入
def main():                                        # 主函数
    info = "id:yootk,phone:110120119,birthday:1978-09-19"   # 字符串
    pattern = r"(\d{4})-(\d{2})-(\d{2})"           # 匹配生日数据，进行数据分组
    match = re.search(pattern,info)                # 获取匹配对象
    print("获取所有分组数据：%s" % match.group())      # 与 group(0) 相同
    print("获取第 1 组数据：%s" % match.group(1))      # 获取分组内容
    print("获取第 2 组数据：%s" % match.group(2))      # 获取分组内容
    print("获取第 3 组数据：%s" % match.group(3))      # 获取分组内容
if __name__ == "__main__":                         # 判断程序执行名称
    main()                                         # 调用主函数
程序执行结果：
获取所有分组数据：1978-09-19
获取第 1 组数据：1978
获取第 2 组数据：09
获取第 3 组数据：19
```

本程序在正则表达式中定义了 3 个 "()"，此时就表示将数据分为 3 组，匹配后就可以利用 group() 函数按照分组索引获取数据。

 提示：关于 "()" 作用的说明

如果在定义正则表达式时没有使用 "()"，则会将整体正则表达式作为一个分组。

实例：不加 "()" 时的正则分组匹配

```python
# coding : UTF-8
import re                                          # 模块导入
def main():                                        # 主函数
    info = "id:yootk,phone:110120119,birthday:1978-09-19"   # 匹配字符串
    pattern = r"\d{4}-\d{2}-\d{2}"                 # 匹配生日数据
    print(re.search(pattern,info).group())        # 整个表达式为一组
if __name__ == "__main__":                         # 判断程序执行名称
    main()                                         # 调用主函数
程序执行结果：
1978-09-19
```

通过本程序的执行结果可以发现，此时在正则表达式中并没有使用 "()" 定义，这样会将整个正则表达式作为一个分组使用。

使用 group() 函数需要通过索引来获取数据，但是在分组过多时就有可能造成索引混乱的问题。为了解决这一问题，用户可以在进行分组时对分组进行命名，然后就可以直接通过分组名称获取数据。

实例：分组命名

```python
# coding : UTF-8
import re                                          # 模块导入
def main():                                        # 主函数
```

```
        info = "id:yootk,phone:110120119,birthday:1978-09-19"            # 匹配字符串
        pattern = r"(?P<year>\d{4})-(?P<month>\d{2})-(?P<day>\d{2})"      # 匹配生日数据,进行数据分组
        match = re.search(pattern,info)                                  # 正则处理
        print("获取"year"数据: %s" % match.group("year"))                 # 根据名称获取内容
        print("获取"month"数据: %s" % match.group("month"))               # 根据名称获取内容
        print("获取"day"数据: %s" % match.group("day"))                   # 根据名称获取内容
if __name__ == "__main__":                                               # 判断程序执行名称
    main()                                                               # 调用主函数
程序执行结果:
获取"year"数据: 1978
获取"month"数据: 09
获取"day"数据: 19
```

本程序在进行分组时使用 "?P<名称>" (大写字母 P) 为每一个分组定义了名称,这样 group()函数就可以通过名称获取数据。

13.4.5 环视

视频名称	1315_环视	
课程目标	掌握	
视频简介	正则匹配分为结构匹配与关系匹配,环视属于关系匹配,利用左右关系结构匹配所需要的数据。本课程通过实例讲解了环视匹配的操作。	

环视是一种特殊的正则表达式,它所匹配的并不是内容,而是字符串所在的位置,根据左边或右边的内容来进行匹配。环视正则的匹配符号如表 13-21 所示。

表 13-21 环视正则的匹配符号

序　号	环视正则的匹配符号	描　　述
1	(?=...)	顺序肯定环视,表示所在位置右侧能够匹配括号内正则表达式
2	(?!...)	顺序否定环视,表示所在位置右侧不能够匹配括号内正则表达式
3	(?<=...)	逆序肯定环视,表示所在位置左侧能够匹配括号内正则表达式
4	(?<!...)	逆序否定环视,表示所在位置左侧不能够匹配括号内正则表达式

实例:左边匹配

```
# coding : UTF-8
import re                                               # 模块导入
def main():                                             # 主函数
    info = "id:yootk,tel:110;id:lixinghua,tel:120"      # 正则数据
    pattern = r'(?<=id:)(?P<name>\w+)'                  # 匹配左边为"id:"的数据
    print(re.findall(pattern, info))                    # 正则处理
if __name__ == "__main__":                              # 判断程序执行名称
    main()                                              # 调用主函数
程序执行结果:
['yootk', 'lixinghua']
```

本程序中的数据组成为 "id:名称,tel:电话;",所以现在只需要匹配左边内容为 "id:" 结构就可以从里面获取相应数据。

实例：右边匹配

```
# coding : UTF-8
import re                                                    # 模块导入
def main():                                                  # 主函数
    info = "id:yootk,tel:110;id:lixinghua,tel:120"           # 正则数据
    pattern = r'(?=y)(?P<name>\w+)'                          # 匹配右边为 y 的内容
    print(re.findall(pattern, info))                        # 正则处理
if __name__ == "__main__":                                   # 判断程序执行名称
    main()                                                   # 调用主函数
程序执行结果：
['yootk']
```

本程序匹配了数据的右边内容，如果右边是以字母 y 开头的，则内容将会被取出。

13.5　本　章　小　结

1．set 集合提供了一种无序无重复的存储结构。

2．deque 可以实现双端队列，队列前端和后端都可以进行数据的保存与弹出操作。

3．heapq 可以将给定的列表对象进行排序，并且弹出最小值。

4．当一个类只允许有若干个指定对象时，就可以将其定义为枚举类型，枚举定义需要有 enum 模块的支持。

5．生成器可以解决因数据产生过多而造成内存占用过大的问题，yield 实现的生成器可以返回和接收数据。

6．contextlib 提供了一个方便的上下文管理工具，进一步实现代码结构的优化。

7．time 模块中有三类日期时间数据：时间元组、时间戳、时间字符串。

8．calendar 模块提供了一个日历组件，可以实现年历与月历的展示。

9．datetime 模块对 time 模块进行了重新包装，可以方便地获取和操作日期时间数据。

10．正则表达式提供了对字符串的强大处理功能，利用正则规则可以方便地实现数据匹配、数据拆分与替换等操作。

第 14 章 程序测试

学习目标

➡ 掌握 doctest、unittest 测试工具的使用；
➡ 掌握性能测试工具的使用；
➡ 理解代码规范性检测工具的使用。

程序开发不但需要实现业务所要求的功能，而且不需要保证代码的稳定性、高效性以及可读性，因此各种语言均提供了对程序测试的支持。本章将讲解 Python 中各个测试模块的使用。

14.1 功能测试

视频名称	1401_认识功能测试	
课程目标	理解	
视频简介	程序的稳定运行需要良好的测试支持，功能测试的主要目的是保证核心业务方法的正确执行。本课程分析了传统程序执行测试存在的问题，并介绍了两种常用测试组件。	

在程序交付其他开发者使用之前，为了保证程序执行的正确性，往往需要对程序提供的功能进行测试。在开发中最简单的测试就是直接定义一个主函数并传入相应的数据实现测试需求。例如：有一个 yootk_util.py 模块文件，其功能是实现乘法计算，现在对其进行测试。

实例：定义 yootk_util.py 模块文件

```
# coding : UTF-8
def multiply(v1, v2):                          # 实现乘法计算
    return v1 * v2
```

在本模块中只定义了一个 multiply() 函数，该函数可以实现数据的乘法计算（如果传入的是字符串，则会进行字符串内容的重复定义），此时按照传统的做法，可以定义一个 test_util.py 的程序启动模块以实现测试。

实例：定义 test_util.py 进行测试

【测试一】两个整数相乘	【测试二】字符串上使用乘法

<pre># coding : UTF-8 	
from yootk_util import multiply
def main():
    if multiply(5, 6) == 30:
        print("数字乘法计算通过!")
    else:
        print("数字乘法计算失败!")
if __name__ == "__main__":</pre>
	<pre># coding : UTF-8
	from yootk_util import multiply
	def main():
	    if multiply("yootk,", 3) == "yootk,yootk,yootk,":
	        print("字符串乘法计算通过!")
	    else:
	        print("字符串乘法计算失败!")
	if __name__ == "__main__":</pre>

	main()		main()
程序执行结果	数字乘法计算通过！	程序执行结果	字符串乘法计算通过！

此时程序采用原生技术实现了相应的测试功能，但是这种测试的形式不具备通用性。为了保证功能测试的操作标准，在开发中可以借助于第三方的测试工具，此类工具有两种。

➷ 基于文档编写的测试模块：doctest。

➷ 基于测试类编写的测试模块：unittest。

14.1.1 doctest 文档测试

视频名称	1402_doctest 文档测试
课程目标	掌握
视频简介	doctest 是 Python 内置的文档测试工具，即通过文档的形式模拟代码的执行操作。本课程讲解了 doctest 的代码测试的相关操作。

doctest 是以一种文档编写的形式实现指定程序文件的功能测试，可以模拟交互式 Python 执行环境下的代码执行方式，同时测试文档可以直接定义在要测试的函数中。

实例：修改 yootk_util.py 模块并追加文档测试模块

```
# coding : UTF-8
import doctest                              # 导入测试模块
# 在程序中对于程序的执行部分用">>>程序语句"的形式进行定义，而执行结果可以直接编写
def multiply(v1, v2):                        # 实现乘法计算
    """
    >>> multiply(5, 6)
    30
    >>> multiply("yootk,", 3)
    'yootk,yootk,yootk,'
    """
    return v1 * v2                          # 数学计算
def main():                                 # 主函数
    doctest.testmod(verbose=True)           # verbose=True 表示执行测试的时候会输出详细信息
if __name__ == "__main__":                  # 判断程序执行名称
    main()                                  # 调用主函数
程序执行结果：
Trying:（执行">>> multiply(5, 6)"测试定义）
    multiply(5, 6)
Expecting:
    30
ok
Trying:（执行"multiply("yootk,", 3)"测试定义）
    multiply("yootk,", 3)
Expecting:
    'yootk,yootk,yootk,'
ok
2 items had no tests:
    __main__
```

```
     __main__.main
 1 items passed all tests:
    2 tests in __main__.multiply
 2 tests in 3 items.
 2 passed and 0 failed.
 Test passed.（测试通过）
```

此时程序配置了 doctest 的测试操作，开发者按照传统方式执行程序时，会自动测试代码，但是将测试代码直接写在功能函数中会造成代码阅读不便，为此可以将测试部分的内容单独定义在一个文件中，在程序运行时通过指定的测试文件实现功能测试。

实例：将测试内容定义在文件中

模块文件：yootk_util.py	测试文件：test_multiplyl.txt

# coding : UTF-8 	
def multiply(v1, v2): # 实现乘法计算
    return v1 * v2
	>>> from yootk_util import multiply
	>>> multiply(5, 6)
	30
	>>> multiply("yootk,", 3)
	'yootk,yootk,yootk,'

程序执行命令	python -m doctest -v test_multiplyl.txt

由于 doctest 模块不在程序中引入，所以在命令执行时要通过-m 参数引入该模块，同时调用-v 参数获得详细输出（等价于 verbose=True 代码）。

14.1.2　unittest 用例测试

视频名称	1403_unittest 用例测试	
课程目标	掌握	
视频简介	unittest 实现了代码的用例测试，利用用例测试可以建立更加灵活的测试程序。本课程讲解了测试用例的编写、前后置操作以及自动测试的实现。	

unittest 是一种由用户定义的灵活度较高的测试框架，开发者可以直接利用 unittest 实现用例测试以判断操作功能是否正确。unittest 模块的常用方法如表 14-1 所示。

表 14-1　unittest 模块的常用方法

序　号	方　法	描　述
1	setUpClass(self)	【前置处理】整体测试代码执行之前调用
2	tearDownClass(self)	【后置处理】整体测试代码执行之后调用
3	setUp(self)	【前置处理】每个测试用例代码执行之前调用
4	tearDown(self)	【后置处理】每个测试用例代码执行之后调用
5	id(self)	获取要测试的方法名称
6	assertXxx(first, [second,] msg)	对代码执行结果进行测试

unittest 中的测试有两种形式：TestCase（单个测试功能）、TestSuite（一组测试用例），所有的测试用例都需要定义在一个测试类中，同时该类要求继承 unittest.TestCase 父类。

实例： 定义 yootk_math.py 模块和一个数学计算类

```
# coding : UTF-8
class Math:                              # 定义工具类
    def add(self, num_a, num_b):         # 定义操作函数
        return num_a + num_b             # 加法计算
    def sub(self, num_a, num_b):         # 定义操作函数
        return num_a - num_b             # 减法计算
```

Math 类提供有两个数学计算方法：add() 与 sub()，随后针对此类的功能编写测试程序类。

实例： 定义 test_math.py 测试类

```
# coding : UTF-8
from yootk_math import Math                    # 导入模块组件
import unittest                                # 导入模块
class TestMath(unittest.TestCase):             # 定义测试类
    @classmethod                               # 类方法
    def setUpClass(self):                      # 全局前置处理
        print("【unittest】程序测试开始。")        # 提示信息
    @classmethod                               # 类方法
    def tearDownClass(self):                   # 全局后置处理
        print("【unittest】程序测试全部。")        # 提示信息
    def tearDown(self):                        # 每个测试用例执行之后做操作
        print("【%s】测试结束" % self.id())       # 提示信息
    def setUp(self):                           # 每个测试用例执行之前做操作
        print("【%s】测试开始" % self.id())       # 提示信息
    def test_add(self):                        # 测试 add() 方法，必须以 testXxx() 命名
        self.assertEqual(Math().add(1, 2), 3)  # 功能测试
    def test_sub(self):                        # 测试 sub() 方法，必须以 testXxx() 命名
        self.assertEqual(Math().sub(10, 7), 3) # 功能测试
if __name__ == "__main__":                     # 判断程序执行名称
    unittest.main()                            # 启动测试用例
```
程序执行结果：
```
Ran 2 tests in 0.001s
OK
【unittest】程序测试开始。
【test_math.TestMath.test_add】测试开始
【test_math.TestMath.test_add】测试结束
【test_math.TestMath.test_sub】测试开始
【test_math.TestMath.test_sub】测试结束
【unittest】程序测试全部。
```

在默认情况下程序执行 unittest.main() 以启动测试类中的全部测试方法（按照名称顺序执行测试），如果希望某些测试方法不被执行，则可以通过 @unittest.skip 装饰器跳过测试操作。

实例： 跳过测试

```
# coding : UTF-8
from yootk_math import Math                    # 导入模块组件
```

```python
import unittest                                          # 模块导入
class TestMath(unittest.TestCase):                       # 定义测试类
    def test_add(self):                                  # 测试 add()方法
        self.assertEqual(Math().add(1, 2), 3)            # 功能测试
    @unittest.skip("Math.sub()方法功能简单，不需要进行测试")
    def test_sub(self):                                  # 测试 sub()方法
        self.assertEqual(Math().sub(10, 7), 3)           # 功能测试
if __name__ == "__main__":                               # 判断程序执行名称
    unittest.main()                                      # 启动测试用例
程序执行结果:
Ran 2 tests in 0.000s
OK (skipped=1)
Skipped: Math.sub()方法功能简单，不需要进行测试
```

此时在进行测试启动时将跳过 Math.sub()，同时也会输出相应的跳过提示信息。

 提问：测试文件过多时可以自动执行吗？

一个项目中往往会存在大量的程序测试文件，那么这些测试文件需要一个一个执行吗？Python 有没有提供自动执行全部测试文件的支持？

回答：未提供原生支持，可以自行实现。

在编写测试代码时往往会将测试文件保存在同一路径下，这样就可以利用通配符加载与执行测试文件。

实例：加载当前目录中的测试文件

```python
# coding : UTF-8
import os, unittest                                      # 模块导入
class RunAllTest(unittest.TestCase):                     # 定义测试类
    def test_run(self):                                  # 测试函数
        case_path = os.getcwd()                          # 获取目录
        # 目录进行测试文件的名称匹配，以"test_"开头的均为测试文件
        discover = unittest.defaultTestLoader.discover(
                case_path, pattern="test_*.py")
        # 详细程度控制，内容包括 0（简单）、1（默认值）、2（详细）
        runner = unittest.TextTestRunner(verbosity=2)
        runner.run(discover)                             # 运行测试
if __name__=='__main__':                                 # 判断程序执行名称
    unittest.main()                                      # 启动测试用例
```

本程序利用 os 模块获取了当前程序的工作目录，随后加载并执行了所有以 "test_" 前缀命名的测试文件进行测试功能的调用。

14.2 性能测试

为了保证程序的高效执行，在程序项目正式上线运行以前都需要通过自动化工具模拟程序执行峰值。Python 默认提供了性能分析工具，利用这些工具，开发者可以方便地对自己所开发的程序进行性能分析。

14.2.1 cProfile 性能分析

	视频名称	1404_cProfile 性能测试
	课程目标	理解
	视频简介	在保证项目功能正确实现的前提下，程序代码还需要良好的性能。本课程讲解了 cProfile 模块的使用，并且通过实例讲解了 cProfile 组件的使用。

cProfile 是一个由 C 语言编写的 Python 性能测试模块，利用它可以方便地对代码的执行性能进行分析，但是 cProfile 只是对程序代码占用的 CPU 时间进行统计，并不关心内存消耗和其他与内存相关联的信息。

实例： 使用 cProfile 测试代码性能

```python
# coding : UTF-8
import cProfile                                    # 模块导入
def accumulation(num):                             # 定义一个累加操作函数
    sum = 0                                        # 保存累加结果
    for item in range(num):                        # 迭代
        sum += item                                # 数据累加
    return sum                                     # 返回计算结果
if __name__ == "__main__" :                        # 判断程序执行名称
    cProfile.run("accumulation(109999990)")        # 调用 cProfile 测试方法
```

本程序导入了 cProfile 模块，随后利用该模块中提供的 run()方法调用 accumulation()函数，当程序运行后就可以输出如图 14-1 所示的执行结果。

```
        4 function calls in 8.383 seconds

   Ordered by: standard name

   ncalls  tottime  percall  cumtime  percall filename:lineno(function)
        1    0.000    0.000    8.383    8.383 <string>:1(<module>)
        1    8.383    8.383    8.383    8.383 yootk_math.py:2(accumulation)
        1    0.000    0.000    8.383    8.383 {built-in method builtins.exec}
        1    0.000    0.000    0.000    0.000 {method 'disable' of '_lsprof.Profiler' objects}
```

图 14-1　cProfile 测试结果

图 14-1 中给出了相应的统计操作，这些统计信息的含义如表 14-2 所示。

表 14-2　统计信息含义

序　号	名　称	描　述
1	ncalls	函数调用次数
2	tottime	函数总共运行时间
3	percall	函数运行一次的平均时间，等同于 "tottime ÷ ncalls"
4	cumtime	函数总计运行时间
5	percall	函数运行一次的平均时间，等同于 "cumtime ÷ ncalls"
6	filename:lineno(function)	函数所在的文件名称、代码行号、函数名

14.2.2　pstats 报告分析

视频名称	1405_pstats 报告分析	
课程目标	理解	
视频简介	项目性能测试往往需要执行较长的时间才可以得到最终的测试报告，为了方便测试结果的使用，开发者往往会将测试结果单独保存并使用 pstats 组件加载。本课程主要讲解使用 pstats 读取测试报告的操作实现。	

在使用 cProfile 模块进行性能测试时，除了可以直接观察到测试结果的测试程序，还有些程序的性能测试需要花费较长的时间，这时就可以考虑将测试结果保存在一个统计文件中。

实例：保存测试结果到文件

```
if __name__ == "__main__" :                          # 判断程序执行名称
    cProfile.run("accumulation(109999990)", "yootk.result")   # 调用 cProfile 测试方法
```

这样当程序执行完毕后会形成一个 yootk.result 的二进制文件，而要想执行此二进制文件，就可以使用 pstats 模块进行分析。

实例：使用 pstats 模块分析

```
# coding : UTF-8
import pstats                                         # 模块导入
if __name__ == "__main__":                            # 判断程序执行名称
    stats = pstats.Stats("yootk.result")              # 加载分析文件
    stats.sort_stats("time")                          # 结果排序
    stats.print_stats()                               # 打印统计报告
```

此时程序自动加载了 yootk.result 的二进制统计文件，同时为了方便阅读，又对数据进行了排序显示，最后就可以得到类似于图 14-1 所示的测试结果。

> **提示：不编写统计程序**
>
> 本程序在统计时明确定义了一个 Python 程序文件，但是如果开发者不希望按照此形式运行，则也可以通过 Python 命令进行性能测试。假设程序保存在了 yootk_math.py 模块中。
>
> **实例：生成性能测试统计文件**
>
> ```
> python -m cProfile -o yootk.result yootk_math.py
> ```
>
> 参数作用：-m 表示要导入的模块，-o 表示保存统计结果文件名称。
>
> **实例：使用 pstats 显示统计结果**
>
> ```
> python -c "import pstats; p=pstats.Stats('yootk.result'); p.sort_stats('time').print_stats()"
> ```
>
> 参数作用：-c 表示定义程序执行代码。

14.3　代码规范性检测

程序代码的编写都有着严格的规定，例如：程序中不允许导入不需要的模块，所有的代码必须按照要求编写等。为了防止代码中出现这些不规范的问题，可以利用规范性的代码检测工具进行问题排查。

14.3.1 pylint

	视频名称	1406_pylint
	课程目标	理解
	视频简介	Python 的代码规范遵循 PEP 开发标准，本课程介绍了 PEP 标准的定义，以及通过 pylint 组件如何实现代码格式检测，并通过具体实例讲解了 pylint 与 PyCharm 工具的整合。

Python 代码编写需要遵从 PEP（Python Enhancement Proposals，Python 增强建议）规范标准，为了检测开发者编写的代码是否符合此规范，可以借助于 pylint 工具实现检测。利用 pylint 工具可以分析 Python 中代码的错误，查找所有不符合代码风格标准和有潜在问题的代码。下面通过具体详细的操作步骤进行讲解。

（1）默认安装的 Python 并不支持 pylint 工具，需要通过 pip 命令安装此工具。

```
pip install pylint
```

（2）工具安装完成之后，如果需要检测其能否使用，可以查看 pylint 版本。

```
pylint --version
程序执行结果:
pylint 2.2.2
astroid 2.1.0
Python 3.7.2 (tags/v3.7.2:9a3ffc0492, Dec 23 2018, 22:20:52) [MSC v.1916 32 bit (Intel)]
```

（3）在项目中创建一个 yootk_info.py 模块，此模块按照编码规范进行编写。

```
# coding : UTF-8
"""该模块主要实现信息的相关处理操作
"""
# pylint: disable=too-few-public-methods
class Message:                                      # 自定义 Message 类
    """定义信息操作类
    """
    # pylint: disable=R0201
    def echo(self, msg):                            # 定义函数
        """实现操作信息的回应显示
        :param msg: 要回应的原始内容
        :return: 数据前加"【ECHO】"标注返回
        """
        return "【ECHO】" + msg                      # 返回函数处理结果
```

在 pylint 工具进行代码规范检测时，一般会有 4 个提示级别（使用首字母标记）：Error（错误）、Warning（警告）、Refactor（重构）、Convention（规范），如果不希望受到提示影响，则可以在代码中使用"# pylint: disable=错误编号 | 错误信息"进行信息屏蔽。

（4）代码结构测试。

```
pylint yootk_info.py
程序执行结果:
Your code has been rated at 10.00/10 (previous run: 10.00/10, +0.00)
```

如果此时出现有代码规范化的检测错误，则会进行相应的错误编号显示。

（5）如果开发者需要在 PyCharm 工具中集成 pylint 工具，则可以按照以下步骤进行：选择 File→Settings→Tools→External Tools→【添加一个新的执行工具】，随后配置好相应的信息，如图 14-2 所示，这样就可以直接在 PyCharm 中通过 External Tools 运行程序了。

图 14-2　PyCharm 配置 pylint 工具

14.3.2　flake8

视频名称	1407_flake8
课程目标	理解
视频简介	flake8 是由 Python 官方推荐的一款规范化检测工具。本课程讲解了 flake8 组件的使用、PyCharm 工具整合以及如何通过程序代码实现 flake8 检测功能的调用。

flake8 是由 Python 官方发布的一款 Python 代码规范性的检测工具，与 pylint 组件相比，flake8 的检查规则更加灵活，同时有较强的可扩展性，可以方便地集成额外的插件。flake8 工具需要单独下载。

（1）通过 pip 工具下载 flake8 组件。

```
pip install flake8
```

（2）定义程序源代码 yootk_info.py（在规范标准中，类前面需要加两个空行）。

```
# coding : UTF-8
class Message:                              # 自定义程序类
    def echo(self, msg):                    # 函数定义
        return "【ECHO】" + msg              # 返回结果
```

（3）通过 flake8 进行代码规范化检测。

```
flake8 yootk_info.py
```

此时就可以实现 yootk_info.py 代码的检测，如果有错误信息，将会显示相关错误编码，而对于某些错误编码如果需要忽略，则也可以在执行时追加"--ignore"参数。

忽略 E301、E302 错误：flake8 --ignore E301,E302 yootk_info.py。

（4）在 PyCharm 工具上配置 flake8 扩展工具，如图 14-3 所示。

图 14-3　PyCharm 配置 flake8 工具

在执行参数中可以配置分析与排除目录：-m flake8 --statistics $ProjectFileDir$ --exclude $ProjectFileDir$/venv。

（5）除了可以直接调用 flake8 命令进行检测外，在 Python 中，也可以通过 flake8 提供的类库编写代码进行监测。

```python
# coding : UTF-8
from flake8.api import legacy                                    # 模块导入
if __name__ == "__main__":                                        # 判断程序执行名称
    check_style = legacy.get_style_guide(ignore=["E301","E302"])  # 忽略的错误编码
    check_style.excluded("flake_check.py")                        # 设置不排查路径
    check_style.check_files(["yootk_info.py"])                    # 要检查的文件匹配
```

代码执行后会自动对指定路径下的程序文件进行检测，如果出现规范性的错误，则会自动打印错误编码提示用户。

14.4　本章小结

1. doctest 是通过文档定义的形式实现代码功能测试，而 unittest 需要单独编写测试工具类。

2. Python 程序发布前需要进行性能检测，这样可以提前发现有问题的程序代码。

3. 一个良好的 Python 程序文件的代码编写需要符合编码规范，通过 pylint 和 flake8 可以实现对源代码的规范化检测。

第3篇

实 践 篇

第 15 章 并 发 编 程

学习目标

- 理解操作系统中多进程、多线程、多协程的概念，以及彼此之间的关联；
- 掌握进程的概念，同时可以使用 multiprocessing 模块实现多进程与同步处理；
- 掌握多进程的各个控制方法，并可以定义守护进程；
- 理解 psutil 模块的作用，可以使用此模块获取系统进程、磁盘等数据统计信息；
- 理解进程通信处理，可以使用管道、队列进行通信管理，并可以使用 subprocess 创建子进程；
- 掌握进程同步处理支持工具类：Lock、Semaphore、Event、Barrier 工具的使用；
- 掌握线程的概念，以及 threading 模块对多线程的实现与同步处理；
- 理解生产者与消费者模型以及线程通信队列在模型中的作用；
- 掌握协程的概念，并可以使用 yield、greenlet、gevent 实现多协程处理。

　　并发编程是一种充分发挥硬件性能的多任务程序设计模式，Python 的并发编程有三种形式：多进程编程、多线程编程与多协程编程。本章将讲解这三类并发编程的实现以及并发访问下的资源同步处理。

15.1　多进程编程

视频名称	1501_多进程简介
课程目标	理解
视频简介	多进程是现代操作系统发展的标志性的技术产物，使用多进程技术可以充分地发挥硬件的全部性能，Python 提供了对多进程编程的支持。本课程将详细地讲解多进程的相关概念。

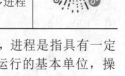

　　在操作系统中每当运行一个程序时，系统都会为其分配一个进程（Process），进程是指具有一定独立功能的、关于某个数据集合的一次运行活动，是系统进行资源分配和调度运行的基本单位，操作系统中每一个进程都是独立的，一个进程实体中包含有三个组成部分：程序、数据、进程控制块（PCB）。

提示：关于进程控制块（PCB）的作用

　　为了管理和控制进程，操作系统会在创建每个进程时都为其开辟一个专用的存储区，用以记录它在系统中的动态特性，这一存储区就是进程控制块（PCB）。系统根据存储区的信息对进程实施控制管理，进程任务完成后，系统收回该存储区，进程也随之消亡。

　　所有的 PCB 随着进程的创建而自动建立，随着进程的销毁而自动撤销，操作系统会根据 PCB 来获取相应的进程信息，PCB 是进程存在的唯一物理标识。不同的操作系统中 PCB 的格式、大小及内容也有所不同，一般都包含以下四个信息。

- 标识信息：进程名。
- 说明信息：进程状态、程序存放位置。

> ↳ **现场信息**：通用寄存器内存、控制寄存器内存、断点地址。
> ↳ **管理信息**：进程优先数、队列指针。

操作系统的发展经历了单进程与多进程时代，单进程操作系统最大的特点是同一个时间段内只允许有一个程序执行；而多进程操作系统的最大特点在于，同一个时间段内可以有多个程序并行执行，由于 CPU 执行速度非常快，使得所有程序好像是在"同时"运行一样。单进程与多进程系统运行示意图如图 15-1 所示。

> **提示：单进程系统的弊病**
>
> 早期的磁盘操作系统（Disk Operating System，DOS）采用的是单进程的处理模式，即同一个时间段上系统的所有资源（如 CPU、IO、内存等）均为一个程序进程服务。在单进程模式下，一旦系统中出现了病毒（病毒自动运行并霸占所有资源），则操作系统将无法使用。Windows 系统采用了多进程的设计，计算机可并行执行多个程序。

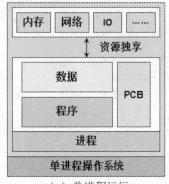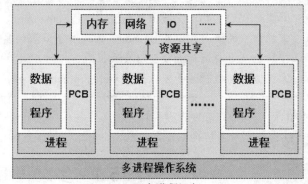

（a）单进程运行　　　　　　　　　　　（b）多进程运行

图 15-1　单进程与多进程系统运行示意图

进程是操作系统实现并发执行的重要技术手段，任何进程的执行都需要 CPU 的支持，而 CPU 属于无法共享的资源。在传统单核 CPU 的硬件环境下，多个执行进程会按照"先进先出"的原则保存在一个执行队列中，每当 CPU 对进程执行调度时，就会获取队首的执行进程，该进程在一个时间片单元（例如，10～100ms 运行时间）内可以获得 CPU 以及程序上下文（内存、显卡、磁盘等资源的统称）的操作，随后系统会自动保存此进程的上下文环境，同时中断此进程的执行，最后将此进程保存到进程队列的尾部等待下次调用。多进程调度操作如图 15-2 所示。

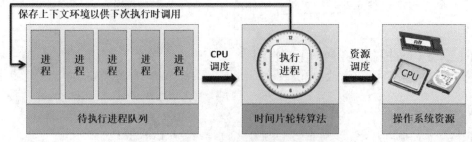

图 15-2　多进程调度操作

在单核心 CPU 环境下一个时间段上会有多个程序并行执行，但是在同一个时间点上只允许执行一个进程，这样的进程运行模式称为并发进程；而在多核心 CPU 硬件环境下，由于处理器的可用数量得到提升，所以多个进程可以并行执行。

> **提示：获取本机 CPU 内核数量**
>
> 　　不同的计算机硬件配置有所不同，Python 提供了 multiprocessing（多进程模块）可以动态获取本机的 CPU 内核数量。
>
> **实例：获取 CPU 内核数量**
>
> ```
> # coding:UTF-8
> from multiprocessing import cpu_count           # 导入模块
> print("CPU 内核数量: %s" % cpu_count())          # 获取 CPU 个数
> ```
> **程序执行结果：**
> CPU 内核数量: 6
>
> 　　由于笔者当前使用的是 6 核 CPU，所以此时返回的 CPU 数量为 6。另外，需要提醒读者的是，关于 CPU 的核心处理数量有如下计算方式。
>
> ↳ 　CPU 总核数 = 物理 CPU 个数 × 每颗物理 CPU 的核数。
> ↳ 　总逻辑 CPU 数量 = 物理 CPU 个数 × 每颗物理 CPU 的核数 × 超线程数。

　　进程是一个动态的实体，从创建到消亡要经历若干种状态的变化（如图 15-3 所示），这些状态会随着进程的执行和外界条件的变化而转换。

　　（1）**创建状态：** 系统已为其分配了 PCB，但进程所需的程序上下文资源尚未分配，该进程还不能被调度运行。

　　（2）**就绪状态：** 进程已分配到除 CPU 以外的所有程序上下文资源，等待 CPU 调度。

　　（3）**执行状态：** 进程已获得 CPU，程序正在执行。

　　（4）**阻塞状态：** 正在执行的进程由于某些事件而暂时无法继续执行时，放弃处理机而自行进入到阻塞状态。

　　（5）**终止状态：** 进程到达自然结束点或者因意外被终结，将进入终止状态。进入终止状态的进程不会再被执行，但在操作系统中仍然保留着一个记录，其中保存状态码和一些计时统计数据，供其他进程收集。

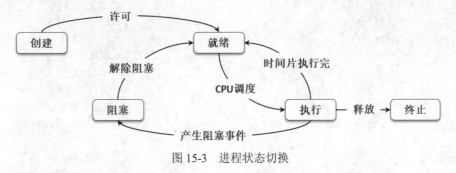

图 15-3　进程状态切换

15.1.1　Process 类

视频名称	1502_Process 类
课程目标	掌握
视频简介	Python 提供了专门的进程处理 Process 类，在进程开发中只需要设置好处理函数就可以直接实现多进程处理，同时在 Python 中也可以通过提供的操作方法获取进程信息以及进程启动等操作。本课程通过代码详细分析了多进程的实现方式，同时也阐述了主进程与子进程之间的关联。

Python 多进程编程可以通过 multiprocessing 模块实现，在该模块中提供有专门的进程处理类 Process。该类中定义的常用属性与方法如表 15-1 所示。

表 15-1　Process 类的常用属性与方法

序　号	属性与方法	描　　述
1	pid	获取进程 ID
2	name	获取进程名称
3	def __init__([group [, target [, name [, args [, kwargs, [,daemon]]]]]])	创建一个执行进程，参数作用如下。 ➥ group：分组定义 ➥ target：进程处理对象（代替 run()方法） ➥ name：进程名称，若不设置，则自动分配一个名称 ➥ args：进程处理对象所需要的执行参数 ➥ kwargs：调用对象字典 ➥ daemon：是否设置为后台进程
4	start(self)	进程启动，进入进程调度队列
5	run(self)	进程处理（不指定 target 时起效）

在创建多进程时可以单独设置进程的处理函数（target 参数），也可以定义多进程执行类，在进行进程处理时可以通过 multiprocessing.current_process()函数动态获取当前正在执行的进程对象。由于多进程的执行状态是不确定的，所以每一个进程的名称就成了唯一的区分标记，在进行多进程名称定义时一定要在进程启动前设置名称，并且不能重名，同时已经启动的进程不能修改名称。

实例：创建多进程

```python
# coding:UTF-8
import multiprocessing, time                          # 模块导入
def worker(delay, count):                              # 设置进程处理函数
    for num in range(count):                           # 迭代输出
        print("【%s】进程 ID：%s、进程名称：%s" %
            (num, multiprocessing.current_process().pid,
            multiprocessing.current_process().name))   # 输出进程信息
        time.sleep(delay)                              # 延迟，减缓程序执行
def main():                                            # 主函数
    for item in range(3):                              # 创建 3 个进程
        # 创建进程对象，将 worker 函数设置为进程处理函数，args 表示 worker 函数需要接收的参数
        process = multiprocessing.Process(target=worker, args=(1,10,), name="Yootk 进程-%s" % item)
        process.start()                                # 进程启动
if __name__ == "__main__":                             # 判断程序执行名称
    main()                                             # 调用主函数
```
程序执行结果（随机抽取）：
【0】进程 ID：4632、进程名称：Yootk 进程-0
【0】进程 ID：4628、进程名称：Yootk 进程-2
【0】进程 ID：4224、进程名称：Yootk 进程-1
【1】进程 ID：4632、进程名称：Yootk 进程-0
【1】进程 ID：4224、进程名称：Yootk 进程-1
【1】进程 ID：4628、进程名称：Yootk 进程-2
后续重复内容略

本程序创建了三个进程，在创建的同时设置了进程处理函数（target=worker）、worker()函数参数（args=(1,10,)）、线程名称（name="Yootk 进程-%s" % item）三个参数内容，随后通过 start()方法启动进程，这样所有的进程会在 worker()函数中交替执行，如图 15-4 所示。

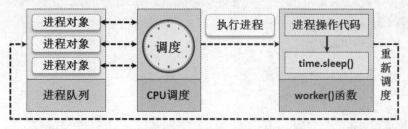

图 15-4 多进程处理

提示：关于主进程

在 Python 程序启动时，会自动启动一个主进程以执行相关程序，这一点可以通过以下代码验证。

实例：观察主进程

```python
# coding:UTF-8
import multiprocessing                              # 模块导入
def main():                                          # 主函数
    print("进程 ID: %s、进程名称: %s" % (
            multiprocessing.current_process().pid,
            multiprocessing.current_process().name))  # 输出进程信息
if __name__ == "__main__":                           # 判断程序执行名称
    main()                                           # 调用主函数
程序执行结果:
进程 ID: 3452、进程名称: MainProcess
```

通过本程序的执行可以发现，每一个执行的 Python 程序都属于一个进程。

在多进程编程中为了方便进程操作的统一管理，也可以将进程的执行操作封装在一个类中，此进程操作类要求继承 Process 父类，同时需要将该进程类的执行操作定义在 run()方法中。

实例：定义进程处理类

```python
# coding:UTF-8
import multiprocessing, time                         # 模块导入
class MyProcess(multiprocessing.Process):            # 进程处理类
    def __init__(self, name, delay, count):          # 构造方法
        super().__init__(name=name)                  # 调用父类构造，设置进程名称
        self.__delay = delay                         # 进程操作延迟
        self.__count = count                         # 循环次数
    def run(self):                                    # 进程运行方法
        for num in range(self.__count):              # 迭代输出
            print("【%s】进程 ID: %s、进程名称: %s" % (
                    num, multiprocessing.current_process().pid,
                    multiprocessing.current_process().name))
```

```
                time.sleep(self.__delay)                    # 延迟，减缓程序执行
    def main():                                             # 主函数
        for item in range(3):                               # 迭代运行
            process = MyProcess(name="Yootk 进程-%s" % item, delay=1, count=10) # 创建进程对象
            process.start()                                 # 进程启动，调用 run()
    if __name__ == "__main__":                              # 判断程序执行名称
        main()                                              # 调用主函数
```

程序执行结果（随机抽取）：

【0】进程 ID：3568、进程名称：Yootk 进程-0

【0】进程 ID：3908、进程名称：Yootk 进程-1

【0】进程 ID：128、进程名称：Yootk 进程-2

【1】进程 ID：3908、进程名称：Yootk 进程-1

【1】进程 ID：3568、进程名称：Yootk 进程-0

【1】进程 ID：128、进程名称：Yootk 进程-2

后续重复内容略

本程序将进程的执行操作封装在了 MyProcess 类中，并且在 run()方法内定义了进程的相关操作代码。但是，需要注意的是，run()方法不能启动直接进程，进程的启动必须依靠 start()方法，而 start()方法会自动调用 run()方法。

 提示：直接调用 run()方法分析

如果现在通过"进程对象.run()"的形式调用 run()方法，实质上就表示执行当前进程。

实例：观察直接调用 run()方法的进程信息

```
# coding:UTF-8
import multiprocessing                                      # 模块导入
class MyProcess(multiprocessing.Process):                   # 自定义进程类
    def __init__(self, name):                               # 构造方法
        super().__init__(name=name)                         # 设置进程名称
    def run(self):                                          # 进程执行
        print("进程 ID：%s、进程名称：%s" % (
            multiprocessing.current_process().pid,
            multiprocessing.current_process().name))        # 输出进程信息
def main():                                                 # 主函数
    process = MyProcess(name="Yootk 进程")                   # 进程类对象
    process.start()                                         # 启动新进程
    process.run()                                           # 主进程调用
if __name__ == "__main__":                                  # 判断程序执行名称
    main()                                                  # 调用主函数
```

程序执行结果：

进程 ID：2288、进程名称：MainProcess（"process.run()"调用）

进程 ID：128、进程名称：Yootk 进程（"process.start()"调用）

通过本程序的执行结果可以发现，由于在主进程中创建了 process 对象，所以此时如果执行了 process.run()，则就表示由主进程执行了该方法。

15.1.2　进程控制

视频名称	1503_进程控制
课程目标	掌握
视频简介	进程虽然属于一种不确定的状态，但是通过 Process 类创建多进程也可以通过提供的方法进行控制。本课程讲解了进程的中断以及强制执行操作的实现。

在多进程编程中，所有的进程都会按照既定的代码顺序执行，但是某些进程有可能需要强制执行，或者由于某些问题需要被中断，那么就可以利用 Process 类中提供的方法进行控制，这些方法如表 15-2 所示。

表 15-2　Process 类进程控制方法

序　号	方　　法	描　　述
1	terminate(self)	关闭进程
2	is_alive(self)	判断进程是否存活
3	join(self, timeout)	进程强制执行

所有的进程对象通过 start()方法启动之后都将进入到进程等待队列，如果此时某个进程需要优先执行，则可以通过 join()方法进行控制。

实例：进程强制运行

```
# coding:UTF-8
import multiprocessing, time                          # 模块导入
def send(msg):                                         # 函数定义
    time.sleep(5)                                      # 进程操作延迟
    print("【进程ID：%s、进程名称：%s】消息发送：%s" % (
        multiprocessing.current_process().pid,
            multiprocessing.current_process().name, msg))# 进程信息
def main():                                            # 主函数
    process = multiprocessing.Process(target=send,name="发送进程",args=("www.yootk.com",))
    process.start()                                    # 启动进程
    process.join()                                     # 进程强制运行（执行完毕后向下执行）
    print("【进程ID：%s、进程名称：%s】信息发送完毕…" % (
        multiprocessing.current_process().pid,
        multiprocessing.current_process().name))       # 输出进程信息
if __name__ == "__main__":                             # 判断程序执行名称
    main()                                             # 调用主函数
程序执行结果：
    【进程ID：2656、进程名称：发送进程】消息发送：www.yootk.com
    【进程ID：3364、进程名称：MainProcess】信息发送完毕…
```

本程序创建了两个进程：主进程和 process 进程，process 进程启动后使用 join()方法定义了进程的强制执行，这样在 process 进程未执行完毕时，主进程将暂时退出 CPU 资源竞争，并将资源交由 process 进程控制。进程强制运行流程如图 15-5 所示。

多进程的执行中，一个进程可以被另外的一个进程中断执行，此时只需要获取相应的进程对象并调用 terminate()方法即可。操作如图 15-6 所示。

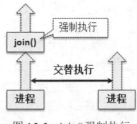

图 15-5　join()强制执行

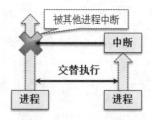

图 15-6　进程中断

实例：进程中断

```
# coding:UTF-8
import multiprocessing, time                        # 模块导入
def send(msg):                                       # 定义函数
    time.sleep(10)                                   # 进程操作延迟
    print("【进程 ID：%s、进程名称：%s】消息发送：%s" %
        (multiprocessing.current_process().pid,
        multiprocessing.current_process().name, msg)) # 输出进程信息
def main():
    process = multiprocessing.Process(target=send, name="发送进程", args=("www.yootk.com",))
    process.start()                                  # 启动进程
    time.sleep(2)                                    # 保证进程先运行一会儿
    if process.is_alive():                           # 进程还存活
        process.terminate()                          # 进程中断执行
        print(""%s"进程执行被中断…" % process.name)    # 输出提示信息
if __name__ == "__main__":                           # 判断程序执行名称
    main()                                           # 调用主函数
```

程序执行结果：
"发送进程"进程执行被中断…（执行 2 秒后中断）

本程序定义了一个 process 进程，但是在该进程执行过程中，使用主进程实现了进程的中断，由于不确定进程的执行状态，所以在中断前先使用 is_alive()方法判断进程是否处于存活状态。

15.1.3　守护进程

	视频名称	1504_守护进程
	课程目标	掌握
	视频简介	在项目中除了处理核心业务的进程外，还会提供一些后台的辅助进程，这样的进程被称为守护进程，守护进程可以提供非核心业务之外的支持服务数据。本课程详细讲解了守护进程的作用以及具体实现。

守护进程（Daemon）是一种运行在后台的特殊进程，守护进程为专属的进程服务，并且当该专属进程中断后，守护进程也同时中断，在开发中可以利用守护进程做一些特殊的系统任务。例如：如果现在要搭建一个 HTTP 服务器，则一定要有一个专属的 HTTP 请求处理的工作进程，同时为了监控该工作进

程的状态，可以为其配置一个守护进程，所有的监控服务器通过守护进程就可以确定服务器的状态，如图 15-7 所示。

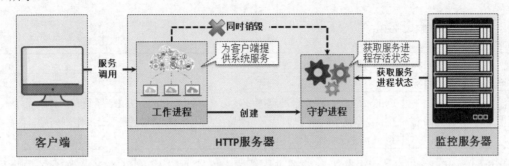

图 15-7 守护进程

实例：创建守护进程

```python
# coding:UTF-8
import time, multiprocessing                          # 模块导入
def status():                                          # 守护进程处理函数
    item = 1                                           # 定义变量进行累加统计
    while True:                                        # 持续运行
        print("【守护进程 ID：%s、守护进程名称：%s】item = %s" %
            (multiprocessing.current_process().pid,
            multiprocessing.current_process().name, item))# 输出进程信息
        item += 1                                      # 数据累加
        time.sleep(1)                                  # 延迟
def worker():                                          # 工作进程处理函数
    # 为工作进程创建一个守护进程，只要工作进程不结束，守护进程将一直在后台运行
    daemon_process = multiprocessing.Process(target=status, name="守护进程", daemon=True)
    daemon_process.start()                             # 启动守护进程
    for item in range(10):                             # 工作进程运行期间，守护进程始终存在
        print("【工作进程 ID：%s、工作进程名称：%s】item = %s" %
            (multiprocessing.current_process().pid,
            multiprocessing.current_process().name, item))# 输出进程信息
        time.sleep(2)                                  # 延迟
def main():                                            # 主函数
    worker_process = multiprocessing.Process(target=worker, name="工作进程")
    worker_process.start()                             # 启动工作进程
if __name__ == "__main__":                             # 判断程序执行名称
    main()                                             # 调用主函数
```

程序执行结果（随机抽取）：

【工作进程 ID：5100、工作进程名称：工作进程】item = 0

【守护进程 ID：4436、守护进程名称：守护进程】item = 1

【守护进程 ID：4436、守护进程名称：守护进程】item = 2

【工作进程 ID：5100、工作进程名称：工作进程】item = 1

【守护进程 ID：4436、守护进程名称：守护进程】item = 3

后续重复内容略

本程序为 worker_process 创建了一个守护进程，这样在该进程存活过程中守护进程将一直在后台工作，当工作进程结束后，守护进程也同时销毁。

15.1.4 fork 创建子进程

视频名称	1505_fork 创建子进程
课程目标	理解
视频简介	Python 是一门跨平台的程序开发语言，针对 Linux/UNIX 系统专门提供了 fork 处理支持，利用 fork 可以实现子进程的创建。本课程考虑到平台的限制问题，将在 Linux 系统上进行操作演示。

multiprocessing 提供的是一个跨平台的多进程解决方案，而在 Linux/UNIX 操作系统中提供了一个 fork()函数，利用此函数可以创建子进程。fork()函数的本质就是克隆已有的父线程，这样就会实现父子两个进程异步执行的操作。Python 通过 os.fork()函数实现了 fork()系统函数的调用，该函数有三种返回结果：子进程创建失败（返回"<0"），在子进程中获取数据（返回"=0"），在父进程中获取数据（返回">0"）。

> ### 注意：Windows 系统不支持 fork()函数
>
> fork()属于 Linux/UNIX 系统提供的函数，在 Windows 系统下使用，则会出现以下错误信息。
>
> ```
> AttributeError: module 'os' has no attribute 'fork'
> ```
>
> 在 Windows 版本的 Python 虚拟机中无法使用 fork()，而在 Linux/UNIX 环境下可以正常执行，如果想在 CentOS 中安装 Python，只需要执行 yum -y install python 3 即可，执行时需要使用 python 3 作为命令开头；而如果在 UBuntu 系统中，则直接执行 apt-get -y install python 3 命令即可。这是由于 CentOS 内置了 Python 2，而 UBuntu 系统没有，所以 CentOS 系统可以直接使用 Python 命令操作。对这两个系统不熟悉的同学可以参考本书附赠的 CentOS、UBuntu 系统的教学视频自行学习。

实例： 创建子进程

```python
import multiprocessing, os                          # 模块导入
def child():                                         # 子进程函数
    print("【child()】父进程 ID：%s，子进程 ID：%s" % (os.getppid(), os.getpid()))
def main():                                           # 主函数
    print("【main()】进程 ID：%s、进程名称：%s" %
        (multiprocessing.current_process().pid,
        multiprocessing.current_process().name))      # 输出进程信息
    newpid = os.fork()                                # 创建新进程
    print("【fork()】新的子进程 ID = %s" % newpid)      # 提示信息
    if newpid == 0:                                   # 执行子进程
        child()                                       # 子进程执行函数
    else:                                             # 执行父进程
        print("父进程执行，父进程 ID：%s" % os.getpid()) # 提示信息
if __name__ == "__main__":                            # 判断程序执行名称
    main()                                            # 调用主函数
```

程序执行结果：

【main()】进程 ID：6621、进程名称：MainProcess

【fork()】新的子进程 ID = 6622（第一次执行，新的子进程 ID）

父进程执行，父进程 ID：6621（父进程执行）

【fork()】新的子进程 ID = 0（第二次执行子进程）

【child()】父进程 ID：6621，子进程 ID：6622（子进程执行）

本程序利用 os.fork()创建了一个新的子进程，此时父子两个进程将同时执行，并且可以根据 fork()
函数的返回数值来判断要执行的进程。

15.1.5　psutil 模块

视频名称	1506_psutil 模块	
课程目标	理解	
视频简介	操作系统往往都会提供进程管理、磁盘监控的工具，利用这些工具可以帮助管理人员进行系统维护，Python 提供了跨平台支持的 psutil 模块。本课程将使用此模块讲解如何获取进程信息、磁盘信息以及 CPU 信息的操作。	

Python 提供了一个 psutil（Process and System Utilities，进程和系统工具）的第三方模块，该模块
可以跨平台使用（支持 Linux、UNIX、OSX、Windows 等常见系统），可以极大地简化进程信息的获
取操作。

实例：获取全部的进程信息

```
# coding:UTF-8
import psutil                                # psutil 需要单独安装（pip install psutil）
def main():                                  # 主函数
    for process in psutil.process_iter():    # 生成器操作
        print("进程编号：%d、进程名称：%s、创建时间：%s" %
        (process.pid, process.name(), process.create_time()))    # 输出进程信息
if __name__ == "__main__":                   # 判断程序执行名称
    main()                                   # 调用主函数
```
程序执行结果：

进程编号：772、进程名称：csrss.exe、创建时间：1568765028.0

进程编号：10068、进程名称：pycharm64.exe、创建时间：1568765132.0

…（其他进程信息自行观察，不同的用户得到的进程信息也有所不同）

在 psutil 模块里面提供有 process_iter()方法，该方法会返回一个生成器对象，用户可以直接进行迭代
以获取每一个进程的详细内容。

提示：进程列表

当用户使用 psutil 模块时，可以直接利用模块中提供的 test()方法实现一个与 Linux 中 ps 命令类似的处理效果。
图 15-8 所示为使用 test()方法输出了在交互式环境下的进程信息列表。

```
>>> import psutil
>>> psutil.test()
USER        PID   %MEM    VSZ     RSS   NICE STATUS  START  TIME  CMDLINE
SYSTEM        0    0.0   56.0K   8.0K        runni   08:03  00:33 System Idle Process
SYSTEM        4    0.0  212.0K   9.7M        runni   08:03  01:22 System
             84    0.0    2.0M   4.7M        runni   08:03  00:00 fontdrvhost.exe
```

图 15-8　进程列表（部分显示）

使用 psutil 模块除了可以获取进程的相关信息之外，实际上也可以用它来获取 CPU、内存、磁盘、网络等硬件的相关信息，这样的支持极大地方便了系统管理人员实现服务监控操作，同时也可以利用 psutil 模块关闭指定的功能进程。

实例：杀死系统进程

```
# coding:UTF-8
import psutil                                         # 第三方模块
def main():                                           # 主函数
    for proc in psutil.process_iter():               # 获取全部系统进程
        try:                                         # 捕获可能产生的异常
            if proc.name() == "notepad.exe":         # 判断进程名称
                proc.terminate()                     # 进程强制结束
                print("发现"notepad.exe"程序进程，已经强制关闭...")  # 提示信息
        except psutil.NoSuchProcess:                 # 异常处理
            pass                                     # 未定义具体操作
if __name__ == "__main__":                           # 判断程序执行名称
    main()                                           # 调用主函数
程序执行结果：
发现"notepad.exe"程序进程，已经强制关闭...
```

本程序通过 psutil.process_iter()操作函数将当前全部的进程信息以 iterable 可迭代对象的形式返回，随后在循环中依次判断每一个进程的名称，当进程名称为 notepad.exe（记事本），则使用 terminate()方法进行中断。

实例：获取 CPU 信息

```
# coding:UTF-8
import psutil                                               # pip install psutil
def main():                                                 # 主函数
    print("物理 CPU 数量：%d" % psutil.cpu_count(logical=False))   # 提示信息
    print("逻辑 CPU 数量：%d" % psutil.cpu_count(logical=True))    # 提示信息
    print("用户 CPU 使用时间：%f、系统 CPU 使用时间：%f、CPU 空闲时间：%f" % (
        psutil.cpu_times().user, psutil.cpu_times().system,
        psutil.cpu_times().idle))                           # 提示信息
    for x in range(10):  # 循环监控 CPU 使用率，每 1 秒获取一次 CPU 信息，一共获取 10 次信息
        print("CPU 使用率监控：%s" % psutil.cpu_percent(interval=1, percpu=True))
if __name__ == "__main__":                                  # 判断程序执行名称
    main()                                                  # 调用主函数
程序执行结果：
物理 CPU 数量：6（根据实际情况内容会有所不同）
逻辑 CPU 数量：6（根据实际情况内容会有所不同）
用户 CPU 使用时间：1742.921875、系统 CPU 使用时间：1046.671875、CPU 空闲时间：52340.828125
CPU 使用率监控：[14.9, 1.6, 6.2, 3.1, 0.0, 7.8]
...（其他监控信息不再列出，可自行观察各自计算机的内容）
```

本程序通过 psutil 模块分别获取了 CPU 的物理数量与逻辑数量，由于笔者所使用的计算机硬件为 6 核 CPU，所以此时返回的内容为 6。同时利用该模块也可以准确地获取 CPU 的使用率信息，在进行系

统管理过程中，经常需要对 CPU 的状态进行监控，所以本程序利用 for 循环并结合 psutil.cpu_percent()
方法每隔 1 秒获取当前系统中的 CPU 占用率信息。

实例：获取内存信息

```
# coding:UTF-8
import psutil                                                    # pip install psutil
def main():                                                      # 主函数
    print("【物理内存】内存总量：%d、可用内存：%d、已使用内存：%d、空闲内存：%d" % (
        psutil.virtual_memory().total, psutil.virtual_memory().available,
        psutil.virtual_memory().used, psutil.virtual_memory().free)) # 信息输出
    print("【swap 内存】内存总量：%d、已使用内存：%d、空闲内存：%d" % (
        psutil.swap_memory().total, psutil.swap_memory().used,
        psutil.swap_memory().free))                              # 信息输出
if __name__ == "__main__":                                       # 判断程序执行名称
    main()                                                       # 调用主函数
程序执行结果：
【物理内存】内存总量：34276925440、可用内存：27087724544、已使用内存：7189200896、空闲内存：27087724544
【swap 内存】内存总量：39377199104、已使用内存：9425248256、空闲内存：29951950848
```

此时获取的内存数据信息都以字节的形式返回，例如：当前的总内存为 34276925440 字节，那么通
过计算（34276925440 ÷ 1024 ÷ 1024 ÷ 1024）可以得出 32GB 物理内存。通过同样的方式可以输出
交换空间（可以简单地理解为 Windows 虚拟内存）的内存总量为 36GB。

实例：获取磁盘信息

```
# coding:UTF-8
import psutil                                                    # pip install psutil
def main():
    print("【磁盘分区】获取全部磁盘信息：%s" % psutil.disk_partitions())       # 信息输出
    print("【磁盘使用率】获取磁盘 D 使用率：%s" % str(psutil.disk_usage("d:")))  # 默认为 C 盘
    print("【磁盘 IO】获取磁盘 IO 使用率：%s" % str(psutil.disk_io_counters())) # 信息输出
if __name__ == "__main__":                                       # 判断程序执行名称
    main()                                                       # 调用主函数
程序执行结果：
【磁盘分区】获取全部磁盘信息：[sdiskpart(device='C:\\', mountpoint='C:\\', fstype='NTFS',
opts='rw,fixed') …
【磁盘使用率】获取磁盘 D 使用率：sdiskusage(total=240038965248, used=99919405056, free=140119560192,
percent=41.6)
【磁盘 IO】获取磁盘 IO 使用率：sdiskio(read_count=210294, write_count=105757, read_bytes=5797242368,
write_bytes=4601181696, read_time=137, write_time=58)
```

本程序直接利用 psutil 提供的处理方法获取了当前系统磁盘的分区类型、使用率、读写 IO 率等相关
信息。

实例：获取网络信息

```
# coding:UTF-8
import psutil                                                    # pip install psutil
```

```python
def main():
    print("【数据统计】网络数据交互信息：%s" % str(psutil.net_io_counters()))    # 信息输出
    print("【接口统计】网络接口信息：%s" % str(psutil.net_if_addrs()))        # 信息输出
    print("【接口状态】网络接口状态：%s" % str(psutil.net_if_stats()))        # 信息输出
if __name__ == "__main__":                                             # 判断程序执行名称
    main()                                                              # 调用主函数
```

程序执行结果：

【数据统计】网络数据交互信息：snetio(bytes_sent=278365, bytes_recv=530196, packets_sent=6810,
packets_recv=3547, errin=0, errout=0, dropin=0, dropout=0)

【接口统计】网络接口信息：{'以太网 2': [snicaddr(family=<AddressFamily.AF_LINK: -1>,
address='0C-9D-92-BC-1F-63', netmask=None, broadcast=None, ptp=None)…

【接口状态】网络接口状态：{'以太网 2': snicstats(isup=False, duplex=<NicDuplex.NIC_DUPLEX_FULL: 2>,
speed=0, mtu=1500), …

本程序通过 psutil 模块提供的方法实现了对相关的网络数据信息的统计，同时又准确地获得了不同
的网络设备信息。

15.1.6　进程池

视频名称	1507_进程池
课程目标	掌握
视频简介	操作系统运行中往往会产生大量的进程，进程的无限制增长也必将导致系统性能的下降，为了更加方便地管理多个进程可以使用进程池。本课程分析了进程池的作用，并使用具体的程序代码实现了进程池的操作。

使用多进程技术可以提高程序的运行性能，但传统的多进程开发模型只适合于并发进程数量不多的
情况，如果说此时需要产生成百上千个进程进行并发处理，那么就有可能造成资源不足的问题，同时也
有可能造成因进程过多而导致执行性能下降的问题。为了便于系统进程的管理，开发中可以利用进程池
以提高进程对象的可复用性。

进程池的主要设计思想是将系统可用的进程对象放在一个对象池中进行管理，当需要创建子进程时，
就通过该进程池获取一个进程对象，然而进程池中的对象并不是无限的，当进程池无可用对象时，新的
进程将进入到阻塞队列进行等待，一直等到其他进程执行完毕将进程归还到进程池后才可以继续执行。
进程池操作原理如图 15-9 所示。

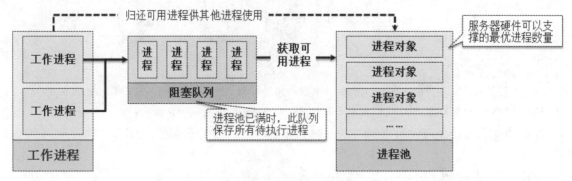

图 15-9　进程池操作原理

在 Python 中，进程池的创建可以通过 multiprocessing.Pool 类完成，该类中的常用方法如表 15-3 所示。

表 15-3 Pool 类常用操作方法

序 号	方 法	描 述
1	apply(self, func, args=(), kwds={})	采用阻塞模式创建进程并接收返回结果
2	apply_async(func[, args[, kwds[, callback]]])	采用非阻塞模式创建进程，并且可以接收工作函数返回结果
3	apply_async(self, func, args=(), kwds={})	采用非阻塞模式进行数据处理
4	map_async(self, func, iterable)	采用非阻塞模式进行数据处理
5	close(self)	关闭进程池，不再接收新的进程
6	terminate(self)	中断进程
7	join(self)	进程强制执行

实例： 创建两个大小的进程池

```python
# coding:UTF-8
import multiprocessing, time                              # 模块导入
def work (item):                                           # 进程处理函数
    time.sleep(1)                                          # 延迟
    return "【工作进程 ID：%s、工作进程名称：%s】item = %s" % (
        multiprocessing.current_process().pid,
        multiprocessing.current_process().name, item)      # 返回进程信息
def main():                                                # 主函数
    pool = multiprocessing.Pool(processes=2)               # 定义两个大小的进程池
    for item in range(10):                                 # 创建 10 个进程
        result = pool.apply_async(func=work, args=(item,)) # 非阻塞形式执行进程
        print(result.get())                                # 获取进程返回结果
    pool.close()                                           # 执行完毕后关闭进程池
    pool.join()                                            # 等待进程池执行完毕
if __name__ == "__main__":                                 # 判断程序执行名称
    main()                                                 # 调用主函数
程序执行结果（随机抽取）：
【工作进程 ID：8564、工作进程名称：SpawnPoolWorker-1】item = 0
【工作进程 ID：10044、工作进程名称：SpawnPoolWorker-2】item = 1
【工作进程 ID：8564、工作进程名称：SpawnPoolWorker-1】item = 2
后续重复内容略
```

本程序创建了一个两个大小的进程池（Pool(processes=2)），这样所有通过 apply_async() 方法创建的子进程会共享进程池中的资源，同时这些进程会采用非阻塞的方式执行，为了防止主函数提前结束，所以在程序中使用 pool.join() 等待进程池任务全部执行完并关闭后才会继续执行后续代码。

15.2 进 程 通 信

操作系统中的每一个进程都拥有自己的程序单元与数据单元，这些内容在默认情况下不能够直接共享，所以为了解决进程间的数据交互问题，就可以依靠管道、队列等相关技术来实现。

15.2.1 Pipe 进程通信管道

	视频名称	1508_Pipe 进程通信管道
	课程目标	掌握
	视频简介	系统中的每一个进程都是一个独立的单元，拥有自己的资源信息，为了可以使不同进程之间进行数据交换就需要提供有通信管道。本课程通过具体的实例讲解了进程管道通信的操作实现。

管道（Pipe）是系统进程通信的一种技术手段，开发者可以利用管道创建两个通信连接对象，这两个连接对象可以实现单端通信，也可以实现双端通信，如图 15-10 所示。

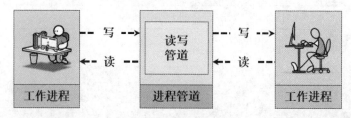

图 15-10　进程通信管道

进程通信管道的实现可以通过 multiprocessing.Pipe 类完成，可以通过 Pipe 类提供的构造方法 def Pipe(duplex)创建接收管道（conn_recv）与发送管道（conn_send）两个管道连接对象，构造方法中参数 duplex 有两种取值。

- duplex = True：默认设置，允许两个连接进行双向通信。
- duplex = False：连接 1（conn_recv）只允许接收数据，连接 2（conn_send）只允许发送数据。

实例： 创建进程通信管道

```
# coding:UTF-8
import multiprocessing                                          # 模块导入
def send_data(conn, data):                                      # 管道数据发送
    conn.send(["李兴华", "沐言优拓", data])                        # 发送列表数据
def receive_data(conn):                                         # 管道数据接收
    print("【数据接收】%s" % conn.recv())                          # 输出接收到的数据
def main():                                                     # 主函数
    conn_recv, conn_send = multiprocessing.Pipe()               # 产生两个连接对象
    # 创建两个子进程，分别设置好进程的处理函数与连接对象
    process_send = multiprocessing.Process(target=send_data, args=(conn_send, "www.yootk.com",))
    process_recv = multiprocessing.Process(target=receive_data, args=(conn_recv,))
    process_recv.start()                                        # 启动接收进程
    process_send.start()                                        # 启动发送进程
if __name__ == "__main__":                                      # 判断程序执行名称
    main()                                                      # 调用主函数
程序执行结果:
【数据接收】['李兴华', '沐言优拓', 'www.yootk.com']
```

本程序利用 Pipe 类的构造方法创建了两个连接通道对象，随后分别将这两个连接通道引用设置到不同的进程中，并利用 send()与 recv()两个方法就可以实现数据的发送与接收处理。

15.2.2　进程队列

视频名称	1509_进程队列
课程目标	掌握
视频简介	队列是一种实用的数据缓冲机制，为了解决因频繁的进程通信所造成的通道拥堵问题，可以引入进程队列进行数据管理。本课程讲解了进程队列的作用，并通过具体代码实现了进程队列。

multiprocessing.Queue 是多进程编程中提供的进程队列结构，该队列采用 FIFO 的形式实现不同进程间的数据通信，这样可以保证多个数据按序实现发送与接收处理。进程队列操作如图 15-11 所示。

图 15-11　进程队列操作

在队列操作中往往会分为队列生产者与队列消费者，生产者主要是向进程队列中保存数据，而消费者是通过队列获取数据。Queue 类的常用操作方法如表 15-4 所示。

表 15-4　Queue 类常用操作方法

序　号	方　法	类　型	描　述
1	def __init__(self, maxsize=0, *, ctx)	构造	开辟队列，并设置队列保存的最大长度
2	put(self, obj, block=True, timeout=None)	方法	插入数据到队列，block 为队列满时的阻塞配置（默认为 True），timeout 为阻塞超时时间（单位是"秒"）
3	get(self, block=True, timeout=None)	方法	从队列获取数据，block 为队列空时的阻塞配置（默认为 True），timeout 为阻塞超时时间（单位是"秒"）
4	qsize(self)	方法	获取队列保存数据个数
5	empty(self)	方法	是否为空队列
6	full(self)	方法	是否为满队列

在进行进程队列操作中主要使用的是 put() 与 get() 两个方法，这两个方法中存在有两个配置参数：阻塞（block）、超时时间（timeout）。这两个参数的配置意义如下（操作流程如图 15-12 所示）。

➥　配置一（block = True、timeout=时间）：当数据保存发现队列已满或数据取出发现队列为空时，会对当前操作进行阻塞，阻塞时间为 timeout，如果过了超时时间，则抛出异常。

➥　配置二（block = False）：当数据保存发现队列已满或数据取出发现队列为空时直接抛出异常。

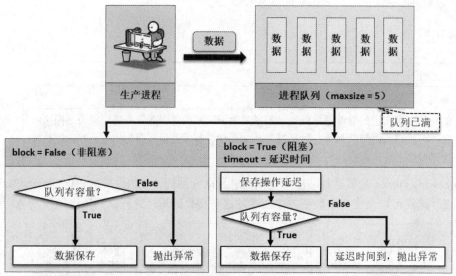

（a）数据保存阻塞操作

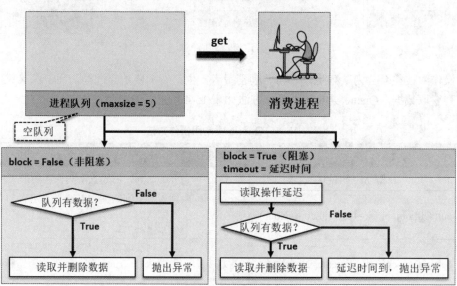

（b）数据获取阻塞操作

图 15-12　队列操作延迟

实例：使用进程队列操作数据

```python
# coding:UTF-8
import multiprocessing, time                              # 模块导入
def put_worker(queue):                                    # 生产者操作函数
    for item in range(50):                                # 迭代操作
        time.sleep(1)                                     # 生产延迟
        print("【%s】生产数据, item = %s" %
            (multiprocessing.current_process().name, item))   # 信息提示
        queue.put("item = %s" % item)                     # 向队列写入数据
def get_worker(queue):                                    # 消费者操作函数
```

```
    while True:                                                    # 不断重复
        try:    # 通过队列获取数据，如果超过 2 秒，队列数据为空，则抛出异常
            print("〖%s〗消费数据：%s" % (multiprocessing.current_process().name,
                queue.get(block=True, timeout=2)))                 # 信息输出
        except:                                                    # 捕获异常
            pass                                                   # 暂不处理
def main():                                                        # 主函数
    queue = multiprocessing.Queue()                               # 创建队列
    # 创建生产者与消费者进程，两个进程的处理函数都需要接收相同的队列引用
    producer_process = multiprocessing.Process(target=put_worker, name="生产者进程",
args=(queue,))
    consumer_process = multiprocessing.Process(target=get_worker, name="消费者进程",
args=(queue,))
    producer_process.start()                                      # 启动生产者进程
    consumer_process.start()                                      # 启动消费者进程
    consumer_process.join()                                       # 等待生产者进程执行完毕
    producer_process.join()                                       # 等待消费者进程执行完毕
if __name__ == "__main__":                                        # 判断程序执行名称
    main()                                                        # 调用主函数
```
程序执行结果：
【生产者进程】生产数据，item = 0
〖消费者进程〗消费数据：item = 0
【生产者进程】生产数据，item = 1
〖消费者进程〗消费数据：item = 1
【生产者进程】生产数据，item = 2
〖消费者进程〗消费数据：item = 2
后续重复内容略

本程序创建了两个进程，分别用于队列数据的生产与消费，这两个进程之间的通信依靠 Queue 队列来实现，所以这两个进程的处理函数都分别拥有 queue 对象的引用。

> 🧍 **提示：多个消费端**
>
> 　在使用队列进行通信的过程中，如果生产者的执行速度较快，也可以配置多个消费者，如图 15-13 所示，此时多个消费进程并行执行，并且队列中同样的数据只允许消费一次。

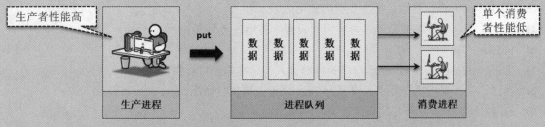

图 15-13　多个消费进程

反之，开发者为了提高生产性能也可以设置多个生产者，所有生产的数据会由进程队列依序保存后进行顺序消费。

15.2.3　subprocess

视频名称	1510_subprocess
课程目标	掌握
视频简介	一个进程可以继续创建新的子进程，这样就可以利用通信管道进行所有子进程的通信，在 Python 中提供了 subprocess 模块可以直接启动系统子进程，并且可以获取相应的数据信息。本课程讲解如何在 Python 中执行系统命令与命令信息的获取。

subprocess 模块的主要功能是启动一个新的系统应用进程，同时也可以利用输入输出管道连接这些子进程，获得子进程的返回内容。在 subprocess 模块中提供了 call()函数，使用该函数可以直接调用系统命令。call()函数定义如下：

```
def call(*popenargs, timeout=None, **kwargs)
```

实例：通过 subprocess 调用系统 dir 命令

```
# coding:UTF-8
import subprocess                                        # 模块导入
def main():                                              # 主函数
    subprocess.call("dir /a", shell=True)               # 执行系统 dir 命令，shell 表示允许直接执行命令
if __name__ == "__main__":                              # 判断程序执行名称
    main()                                              # 调用主函数
```

本程序通过 call()函数调用了 Windows 系统中的 dir 命令，这样就可以在程序中返回当前目录详细列表。

在 subprocess 类中提供有一个 Popen 类，该类的主要功能是可以实现子进程的命令交互。该类构造方法定义如下：

```
def __init__(self, args, bufsize=-1, executable=None,
            stdin=None, stdout=None, stderr=None,
            preexec_fn=None, close_fds=True,
            shell=False, cwd=None, env=None, universal_newlines=None,
            startupinfo=None, creationflags=0,
            restore_signals=True, start_new_session=False,
            pass_fds=(), *, encoding=None, errors=None, text=None)
```

在该类中定义有多个参数，核心参数的作用如下。

- ↘ args：要执行的 shell 命令，内容可以设置字符串或者列表。
- ↘ bufsize：缓冲区大小。
- ↘ stdin、stdout、stderr：表示程序的标准输入、标准输出以及错误输出。
- ↘ shell：是否直接执行命令，设置为 True 表示直接接收命令。
- ↘ cwd：设置子进程所在的工作目录。
- ↘ env：设置子进程的环境变量（默认从父进程继承环境变量）。
- ↘ universal_newlines：设置系统换行符，当参数为 True 时，表示使用"\n"作为换行符。

实例：调用本地子命令进程创建目录

```
# coding:UTF-8
import subprocess                                           # 模块导入
def main():                                                 # 主函数
    subprocess.Popen("md yootk", shell=True, cwd="d:/")     # 创建新的目录
if __name__ == "__main__":                                  # 判断程序执行名称
    main()                                                  # 调用主函数
```

本程序利用 Popen 类的构造方法在 "D:" 盘下创建了一个 yootk 子目录，由于当前的操作系统为 Windows，所以创建目录的操作使用 md 命令完成。

提示：进程关闭操作

在使用 subprocess.Popen 创建进程时也可以直接获取当前的进程对象，随后就可以利用 subprocess 模块中提供的 kill()方法杀死进程。

实例：进程定时关闭

```
# coding:UTF-8
import subprocess, time                                     # 模块导入
def main():                                                 # 主函数
    notepad_process = subprocess.Popen("notepad.exe")       # 启动进程
    time.sleep(3)                                           # 让该进程运行 3 秒时间
    notepad_process.kill()                                  # 关闭进程
if __name__ == "__main__":                                  # 判断程序执行名称
    main()                                                  # 调用主函数
```

本程序启动了 Windows 系统中的 notepad.exe，并获得了一个进程对象，延迟 3 秒后实现了对指定进程的自动关闭。

实例：向进程写入数据

```
# coding:UTF-8
import subprocess                                                   # 模块导入
def main():                                                         # 主函数
    open_process = subprocess.Popen("python.exe", stdin=subprocess.PIPE,
        stdout=subprocess.PIPE, stderr=subprocess.PIPE)             # 创建子进程
    # 通过 stdin 向 subprocess 子进程发送执行命令，数据必须使用 encode()编码、decode()解码
    open_process.stdin.write("print('沐言优拓：www.yootk.com')\n".encode())  # 【正确】输出提示信息
    open_process.stdin.write("name = '李兴华'\n".encode())          # 【正确】声明变量
    open_process.stdin.write("print('课程讲师：%s' % name)\n".encode())  # 【正确】格式化输出
    open_process.stdin.write("print(10 + 20)\n".encode())           # 【正确】数学计算
    open_process.stdin.write("'No.' + 1".encode())                  # 【错误】类型不匹配
    open_process.stdin.close()                                      # 关闭进程输入
    # 通过 stdout 获取 subprocess 子进程执行后的提示信息
    cmd_out = open_process.stdout.read()                            # 获取进程输出内容
    open_process.stdout.close()                                     # 关闭进程输出
    print(cmd_out.decode())                                         # 输出进程返回结果
```

```
    cmd_error = open_process.stderr.read()                    # 获取进程错误信息
    open_process.stderr.close()                               # 关闭进程输出
    print(cmd_error.decode())                                 # 获取进程错误信息
if __name__ == "__main__":                                   # 判断程序执行名称
    main()                                                   # 调用主函数
```

程序执行结果：

沐言优拓：www.yootk.com（"子进程执行结果"）
课程讲师：李兴华（"子进程执行结果"）
30（"子进程执行结果"）
Traceback (most recent call last): （"子进程错误信息"）
  File "<stdin>", line 5, in <module>
TypeError: can only concatenate str (not "int") to str

本程序通过 subprocess 模块启动了一个 Python 命令子进程，并且利用 stdin 向子进程输入了若干命令语句，而子进程中的执行结果可以通过 stdout 获取，子进程的错误信息可以通过 stderr 获取。

15.2.4 Manager

	视频名称	1511_Manager
	课程目标	掌握
	视频简介	不同进程之间通过管道频繁地进行交互对程序的开发很不利，为了简化进程数据通信的操作，Python 提供了 Manager 类，利用此类可以实现进程间列表和字典数据的共享操作。本课程将通过具体的代码详细讲解 Manager 类在多进程中的应用。

在 Python 中，为了更加方便地实现多进程的数据共享支持，multiprocessing 模块提供了一种数据共享进程的实现，该类进程可以通过 Manager 类创建，主要支持有两类操作数据形式：列表（list）、字典（dict）。操作关系如图 15-14 所示。

图 15-14 多进程数据共享

实例：在进程间共享列表集合

```
# coding:UTF-8
import multiprocessing,time                                  # 模块导入
def worker(list, item):                                      # 数据处理函数
    list.append("【%s】item = %s" % (multiprocessing.current_process().name, item)) # 信息提示
def main():                                                  # 主函数
    manager = multiprocessing.Manager()                      # 获取 Manager 对象实例
    main_item = "【%s】www.yootk.com" % multiprocessing.current_process().name
    mgr_list = manager.list([main_item])                     # 创建共享列表
    job_process = [multiprocessing.Process(target=worker, args=(mgr_list, item,),
```

```
                name="数据操作进程 - %s" % item) for item in range(3)]      # 创建 3 个进程
        for process in job_process:                                    # 循环进程列表
            process.start()                                            # 进程启动
        for process in job_process:                                    # 循环进程列表
            process.join()                                             # 进程等待执行完毕
        print("所有进程执行完毕，列表最终数据：%s" % mgr_list)              # 输出处理后的列表内容
if __name__ == "__main__":                                             # 判断程序执行名称
    main()                                                             # 调用主函数
```
程序执行结果：
所有进程执行完毕，列表最终数据：['【MainProcess】www.yootk.com', '【数据操作进程 - 2】item = 2',
'【数据操作进程 - 1】item = 1', '【数据操作进程 - 0】item = 0']

　　本程序获取了一个 Manager 类的实例化对象，随后利用此对象构造了一个可以适用于进程共享的列表集合，这样多个进程将可以对同一个列表的数据进行操作。

实例：在进程间共享字典集合

```
# coding:UTF-8
import multiprocessing,time                                           # 模块导入
def worker(dict, item):                                               # 数据处理函数
    dict.update({multiprocessing.current_process().name: item})        # 为字典追加数据
def main():                                                           # 主函数
    manager = multiprocessing.Manager()                               # 获取 Manager 对象实例
    mgr_dict = manager.dict(main_name="www.yootk.com")                # 创建共享字典
    job_process = [multiprocessing.Process(target=worker, args=(mgr_dict, item,),
            name="数据操作进程 - %s" % item) for item in range(3)]      # 创建三个进程
    for process in job_process:                                       # 循环进程列表
        process.start()                                               # 进程启动
    for process in job_process:                                       # 循环进程列表
        process.join()                                                # 进程等待执行完毕
    print("所有进程执行完毕，列表最终数据：%s" % mgr_dict)                # 输出处理后的列表内容
if __name__ == "__main__":                                            # 判断程序执行名称
    main()                                                            # 调用主函数
```
程序执行结果：
所有进程执行完毕，列表最终数据：{'main_name': 'www.yootk.com', '数据操作进程 - 1': 1, '数据操作进程 - 0': 0, '数据操作进程 - 2': 2}

　　本程序利用 Manager 类对象创建了一个字典集合，这样多进程处理函数就可以共享这一字典集合同时实现数据的更新。

15.3　进 程 同 步

视频名称	1512_进程同步	
课程目标	理解	
视频简介	在进程之间进行数据共享时，由于所有的进程都可以同时对数据进行操作，那么就会产生数据操作和预期不一致的问题。本课程通过一个具体的售票程序分析了多进程同步时对数据产生的影响。	

多进程的执行可以提高程序的运行效率，而在多进程处理中往往会有并发资源的处理操作形式，那么在这样的处理过程中就有可能需要进行访问同步处理。为了帮助读者理解这一问题，下面先通过一个卖票的程序来观察多进程执行的问题所在，假设一共有 5 张票要通过 10 个进程卖出，代码的基本实现如下。

实例： 多进程并发卖票处理

```python
# coding:UTF-8
import multiprocessing, time                          # 模块导入
def worker(dict, item):                                # 售票进程
    while True:                                        # 持续卖票
        number = dict.get("ticket")                    # 获取字典数据
        if number > 0:                                 # 当前还有票
            number -= 1                                # 修改当前票数
            print("【%s】ticket = %s" % (multiprocessing.current_process().name, number)) # 信息输出
            time.sleep(0.1)                            # 操作延迟
            dict.update({"ticket":number})             # 更新字典数据
        else:                                          # 条件不满足
            break                                      # 结束循环
def main():                                            # 主函数
    manager = multiprocessing.Manager()                # 获取 Manager 对象实例
    mgr_dict = manager.dict(ticket=5)                  # 一共卖出 5 张票
    job_process = [multiprocessing.Process(target=worker, args=(mgr_dict, item,),
        name="售票员 - %s" % item) for item in range(10)]   # 创建进程
    for process in job_process:                        # 循环进程列表
        process.start()                                # 进程启动
    for process in job_process:                        # 循环进程列表
        process.join()                                 # 进程等待执行完毕
    print("所有进程执行完毕，最终剩余票数：%s" % mgr_dict.get("ticket")) # 观察最终剩余票数
if __name__ == "__main__":                             # 判断程序执行名称
    main()                                             # 调用主函数
```
程序执行结果（随机抽取）：
【售票员 - 1】ticket = 4
【售票员 - 4】ticket = 4
后续重复内容略
所有进程执行完毕，最终剩余票数：0

通过本程序执行结果可以发现，多个进程出现了重复卖票的情况，为了方便读者明显地观察程序问题，在每一次进行售票的操作中都使用 time.sleep(0.1)实现了字典数据获得与修改的延迟处理，而通过最终的结果可以发现，此时卖票的数量和次数明显是有错误的，而造成这种错误的根本原因在于数据的不同步。原因分析如图 15-15 所示。

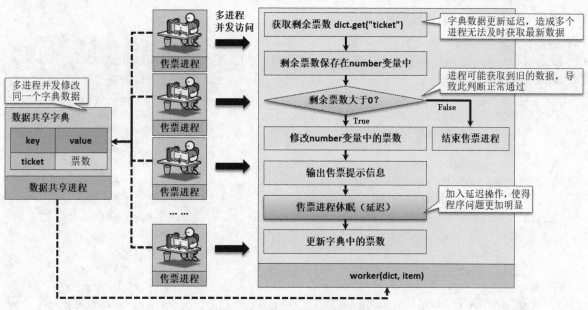

图 15-15 数据不同步原因分析

15.3.1 Lock

	视频名称	1513_Lock
	课程目标	掌握
	视频简介	Lock 是 Python 提供的一种锁处理机制，其采用锁定与解锁的操作形式对共享数据进行保护。本课程将针对卖票程序的实现机制进行修改，通过具体的操作实现数据同步处理。

如果要想解决并发进程访问下的数据同步问题，最好的方案就是对操作进行"锁定控制"以保证只有一个进程进入到锁定区域并执行相关操作，而其他后续进程则要等待当前进程解锁后才可以进入程序进行操作，如图 15-16 所示。

（a）无锁定时直接进入操作　　　　　　　　　　（b）操作锁定后等待

图 15-16 进程同步锁定

在 Python 中锁的实现可以利用 multiprocessing.Lock 类完成，通过该类可以获取和释放一个进程锁。Lock 类定义的常用方法如表 15-5 所示。

表 15-5 Lock 类的常用方法

序　　号	方　　法	描　　述
1	def acquire(self, blocking=True, timeout=−1)	获取锁，如果当前没有可用锁资源，则进行等待
2	def release(self)	操作完毕，释放锁资源

实例：使用 Lock 类实现数据同步操作

```python
# coding:UTF-8
import multiprocessing, time                              # 模块导入
def work(lock, dict):                                     # 售票进程
    while True:                                           # 持续卖票
        lock.acquire(timeout=5)                           # 获取锁，超过 5 秒放弃
        number = dict.get("ticket")                       # 获取字典数据
        if number > 0:                                    # 当前还有票
            number -= 1                                    # 修改当前票数
            print("【%s】ticket = %s" % (multiprocessing.current_process().name, number))
            time.sleep(0.1)                                # 操作延迟
            dict.update({"ticket":number})                # 更新字典数据
        else:                                             # 判断不满足
            break                                         # 结束循环
        lock.release()                                    # 操作完毕释放锁
def main():                                               # 主函数
    manager = multiprocessing.Manager()                   # 获取 Manager 对象实例
    lock = multiprocessing.Lock()                         # 实例化锁对象
    mgr_dict = manager.dict(ticket=5)                     # 一共卖出 5 张票
    job_process = [multiprocessing.Process(target=work, args=(lock, mgr_dict,),
      name="售票员 - %s" % item) for item in range(10)]     # 多个进程共用一个锁
    for process in job_process:                           # 循环进程列表
        process.start()                                   # 进程启动
    for process in job_process:                           # 循环进程列表
        process.join()                                    # 进程等待执行完毕
    print("所有进程执行完毕，最终剩余票数：%s" % mgr_dict.get("ticket")) # 观察最终剩余票数
if __name__ == "__main__":                                # 判断程序执行名称
    main()                                                # 调用主函数
程序执行结果（随机抽取）：
【售票员 - 5】ticket = 4
【售票员 - 7】ticket = 3
【售票员 - 6】ticket = 2
【售票员 - 9】ticket = 1
【售票员 - 8】ticket = 0
所有进程执行完毕，最终剩余票数：0
```

本程序创建了 10 个进程，但是由于 Lock 锁的同步管理，所以这 10 个进程在进行售票时只允许有一个进程操作，而其他进程则等待锁资源释放后再抢占操作资源，这样就在锁控制的区域内实现了单进程的执行模式，虽然访问的数据安全了，但是执行的性能也会有所降低。

> **注意：锁定与释放次数一定要一致**
>
> 在使用 Lock 类进行同步处理时，每调用一次 acquire()方法锁定当前操作资源后，一定要调用一次 release()方法释放锁定。如果此时调用了两次 acquire()方法，那么相应的 release()方法也要调用两次；否则资源将一直被锁定，同时其他进程也无法进行操作。
>
> 为了解决重复锁定以及释放资源不及时的问题，在 multiprocessing 模块中提供了一个与 Lock 对应的 RLock 类，此类的最大特点是即便调用了多次 acquire()方法进行锁定，那么只要调用一次 release()方法就可以解除锁定。

15.3.2 Semaphore

视频名称	1514_Semaphore
课程目标	掌握
视频简介	进程间的共享资源可能是一个，也有可能是多个，为了保证有限的共享资源可以被所有的操作进程在操作的同时保持数据的同步，Python 提供了信号量的概念。本课程通过具体的程序代码演示基于信号量的资源同步操作。

在大多数情况下，服务器能提供的资源是有限的，所以当并发访问线程量较大时就需要针对所有的可用资源进行线程调度，这一点类似于现实生活中的银行业务办理。例如：在银行里并不是所有的业务窗口都会开启，往往只开几个窗口，如果现在办理银行业务的人较多，那么这些人将会通过依次叫号的功能获取业务办理资格，这样就可以实现有限资源的分配与调度。信号量调度如图 15-17 所示。

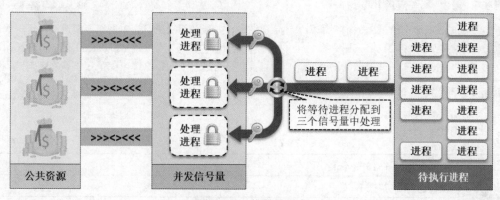

图 15-17　信号量调度

信号量可以通过 multiprocessing 模块中的 Semaphore 类实现，该类的操作方法与 Lock 类似。Semaphore 类本质上是一种带有计数功能的进程同步机制（acquire()方法为减少计数，release()方法为增加计数），当可用信号量的计数为 0 时，则意味着后续进程将被阻塞。下面通过具体代码进行演示。

实例：使用 Semaphore 同步操作

```python
# coding:UTF-8
import multiprocessing, time                                       # 模块导入
def work(sema):                                                     # 售票进程
    if sema.acquire():                                             # 等待获取信号量
        print("【%s】进程开始进行业务处理…" % multiprocessing.current_process().name)  # 提示信息
        time.sleep(2)                                              # 延迟
        sema.release()                                            # 释放锁
def main():                                                        # 主函数
    sema = multiprocessing.Semaphore(3)                           # 设置 3 个信号量
    job_process = [multiprocessing.Process(target=work, args=(sema,),
      name="业务客户 - %s" % item) for item in range(10)]          # 多个进程共用一个信号量对象
    for process in job_process:                                    # 循环进程列表
```

```
        process.start()                                    # 进程启动
    for process in job_process:                            # 循环进程列表
        process.join()                                     # 进程等待执行完毕
if __name__ == "__main__":                                 # 判断程序执行名称
    main()                                                 # 调用主函数
```

程序执行结果（随机抽取）：

【业务客户 - 5】进程开始进行业务处理...

【业务客户 - 9】进程开始进行业务处理...

【业务客户 - 2】进程开始进行业务处理...

后续重复内容略

本程序创建了 3 个信号量，这样在程序进行并发处理时，只允许 3 个进程同时操作，而未获得操作资格的其他进程则需要等待在线进程释放资源后再进行调度。

> **提示：关于多次释放的问题**
>
> 在调用 Semaphore 类中的 release()方法释放锁定资源时，如果调用次数不当，则有可能造成可用的信号量范围会超过既定范围。为了解决这一问题，在 multiprocessing 模块中又提供了一个 BoundedSemaphore 类，该类最大的特点是在使用 release()方法释放锁定资源时会查看计数是否超过上限，这样就保证了正确的可用信号量个数不超过限定范围。

15.3.3 Event

	视频名称	1515_Event
	课程目标	掌握
	视频简介	Event 是一种基于状态变量管理的进程同步机制，可以利用状态管理实现若干进程之间互相等待与唤醒的处理机制。本课程通过一个点餐的同步程序讲解了 Event 操作的使用。

multiprocessing.Event 类提供了一个进程通信事件的管理操作，多个进程利用 Event 提供的阻塞标记实现等待与唤醒机制。Event 类的常用方法如表 15-6 所示。

表 15-6 Event 类的常用方法

序 号	方 法	描 述
1	def is_set(self)	获取当前阻塞状态
2	def wait(self, timeout=None)	进入阻塞状态，将阻塞标记设置为 False，等待阻塞标记为 True 时进行解锁
3	def set(self)	解除阻塞，将阻塞标记设置为 True
4	def clear(self)	清除所有的阻塞标记，阻塞标记设置为 False

在 Event 类同步处理时，多个进程将拥有同一个 Event 实例，当调用 wait()方法时将进入到阻塞状态，同时会将阻塞标记设置为 False（待阻塞标记为 True 后才会解除阻塞状态），与此同时，另外一个进程可以继续工作，并且通过 set()方法将阻塞标记设置为 True，这样之前阻塞的进程也会继续执行。Event 操作流程如图 15-18 所示。

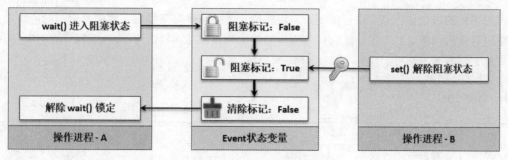

图 15-18　Event 操作流程

实例：使用 Event 实现进程操作同步

```
# coding:UTF-8
import multiprocessing, time                              # 模块导入
def restaurant_handle(event):                             # 餐厅
    print("1.【餐厅】为食客安排座位，并在一旁等待食客点餐…")       # 提示信息
    time.sleep(1)                                         # 延迟，模拟用户点餐时间
    event.set()                                           # 解除阻塞状态，阻塞标记设置为 True
    event.clear()                                         # 清除所有的阻塞标记，防止出现标记错乱问题
    event.wait()                                          # 进入阻塞状态，阻塞标记为 False
    print("3.【餐厅】厨师接到菜单，开始烹饪美食…")               # 提示信息
    event.set()                                           # 解除阻塞状态，阻塞标记变为 True
    event.clear()                                         # 清除所有的事件标记，防止出现标记错乱问题
def diners_handle(event):                                 # 食客
    event.wait()                                          # 进入阻塞状态，阻塞标记为 False
    print("2.【食客】食客看完菜单，选好了自己心仪的美食…")
    time.sleep(1)                                         # 延迟，模拟餐厅烹饪时间
    event.set()                                           # 解除阻塞状态，阻塞标记变为 True
    event.clear()                                         # 清除所有的阻塞标记，防止出现标记错乱问题
    event.wait()                                          # 进入阻塞状态，阻塞标记为 False
    print("4.【食客】享用丰盛的美食…")                        # 提示信息
def main():                                               # 主函数
    event = multiprocessing.Event()                       # 实例化 Event 类对象
    # 创建两个处理进程，并且这两个进程将操作同一个 Event 类实例
    restaurant_process = multiprocessing.Process(target=restaurant_handle,
        args=(event,), name="餐厅服务进程")                  # 创建进程
    diners_process = multiprocessing.Process(target=diners_handle, args=(event,), name="食客进程")
    restaurant_process.start()                            # 进程启动
    diners_process.start()                                # 进程启动
if __name__ == "__main__":                                # 判断程序执行名称
    main()                                                # 调用主函数
```

程序执行结果：

1.【餐厅】为食客安排座位，并在一旁等待食客点餐…

2.【食客】食客看完菜单，选好了自己心仪的美食…

3.【餐厅】厨师接到菜单，开始烹饪美食…

4.【食客】享用丰盛的美食…

为了对不同的进程操作顺序进行限制，本程序使用了 Event 类来控制阻塞的开启与解除。需要注意的是，在进行阻塞解除时，为了防止有可能出现的阻塞标记混乱，要调用 clear()方法清空所有阻塞标记（将阻塞标记设置为 False）。

15.3.4　Barrier

	视频名称	1516_Barrier
	课程目标	理解
	视频简介	Barrier 是一种栅栏的同步管理机制，利用屏障点的同步机制实现了多进程操作的并行控制。本课程通过具体的程序案例讲解如何利用 Barrier 屏障实现多进程控制。

multiprocessing.Barrier 可以保证多个进程达到某一个公共屏障点（Common Barrier Point）的时候才进行执行，如果没有达到此屏障点，那么进程将持续等待。这就好比现在有一队士兵，长官要求所有士兵整理装备后分组行动，每组必须凑齐三个人后自动出发。Barrier 操作流程如图 15-19 所示。

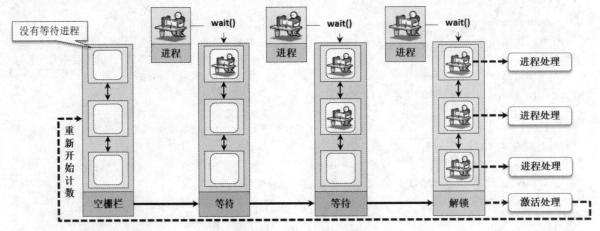

图 15-19　Barrier 操作流程

Barrier 的作用类似于栅栏，这样既可以保证若干个进程的并行执行，又可以利用方法更新屏障点的状态进行更加方便的控制。Barrier 类的常用方法如表 15-7 所示。

表 15-7　Barrier 类的常用方法

序　号	方　　法	描　　述
1	def __init__(self, parties, action=None, timeout=None)	构建 Barrier 实例，其中参数 parties 为边界数量，action 为边界处理行为
2	def abort(self)	中断执行
3	def reset(self)	重置计数
4	def wait(self, timeout=None)	计数等待

实例： 使用 Barrier 设置边界锁定

```
# coding:UTF-8
import multiprocessing, time                          # 模块导入
def barrier_handle():                                 # 栅栏处理函数
```

```
        print("当前战斗组士兵整装完毕，出发执行任务…")                    # 信息提示
    def arrangement(barrier):                                        # 进程处理函数
        print("【%s】开始收拾行军准备…" % multiprocessing.current_process().name)
        time.sleep(2)                                               # 模拟延迟时间
        barrier.wait()                                             # 等待栅栏唤醒
        print("【%s】装备整理完毕和同组人员出发…" % multiprocessing.current_process().name)
    def main():                                                     # 主函数
        barrier = multiprocessing.Barrier(parties=3, action=barrier_handle)
        process_list = [multiprocessing.Process(target=arrangement, args=(barrier,),
            name="士兵 - %s" % item) for item in range(9)]           # 创建进程列表
        for pro in process_list:                                   # 迭代进程列表
            pro.start()                                            # 进程启动
        for pro in process_list:                                   # 迭代进程列表
            pro.join()                                             # 等待进程执行完毕
        barrier.abort()                                           # 结束同步栅栏处理
    if __name__ == "__main__":                                     # 判断程序执行名称
        main()                                                     # 调用主函数
```
程序执行结果：
【士兵 - 5】开始收拾行军准备…
【士兵 - 0】开始收拾行军准备…
后续重复内容略
当前战斗组士兵整装完毕，出发执行任务…
【士兵 - 6】装备整理完毕和同组人员出发…
【士兵 - 0】装备整理完毕和同组人员出发…
【士兵 - 5】装备整理完毕和同组人员出发…
后续重复内容略

　　本程序创建了 9 个进程实例，并且这 9 个进程在执行 arrangement()函数时都触发了等待操作，由于设置的栅栏边界为 3，所以每当凑足 3 个进程后就会继续向后执行。

15.4　多线程编程

视频名称	1517_多线程编程简介	
课程目标	掌握	
视频简介	线程是对进程的一种结构细分，属于一种更加小巧的程序控制单元，利用线程可以实现进程内的资源共享。本课程讲解了多线程的概念，同时分析了 Python 中多线程编程的问题。	

　　操作系统中会存在一个或多个进程，而每一个进程都拥有各自独占的 CPU 资源，所以不同的进程之间无法进行资源共享（可以通过管道、套接字等其他手段来实现）。但是如果现在需要实现 CPU 资源共享，就可以通过线程技术来完成。

　　线程（Thread）是操作系统能够进行运算调度的最小单位，一个线程实体有三个组成部分：当前指令指针、寄存器集合、堆栈组合。线程是比进程更轻量级控制单元，创建和销毁线程的代价更小，利用线程可以提高进程的处理性能，在很多操作系统中，创建一个线程要比一个进程快 10～100 倍。

沐言科技
www.yootk.com

👔 **提示：内核线程与用户线程**

线程在一些操作系统（如 UNIX 或 SunOS）中也被称为轻量进程（Light Weight Process，LWP），而轻量进程更多是指系统内核线程（Kernel Thread），而用户线程（User Thread）才被称为线程。

从资源分配的角度看，进程是所有资源分配的基本单位，而线程则是 CPU 调度的基本单位，即使在单线程进程中也是如此。

所有的线程都是程序中一个单一的顺序控制单元，一个进程可以创建多个线程实例，不同线程之间可以共享进程的相关资源，同时一个线程也可以创建并销毁其他线程，如图 15-20 所示。

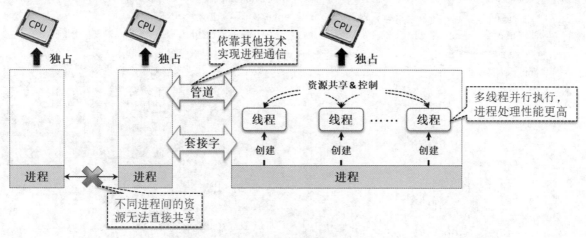

图 15-20 进程与线程

👔 **提示：关于系统可以处理的线程数**

一台计算机可以并行执行的线程数是一种逻辑的概念，简单地说，就是对 CPU 核心数的模拟。例如，可以通过一个 CPU 核心数模拟出 2 线程的 CPU，即这个单核心的 CPU 就被模拟成了一个类似双核心 CPU 的功能，从任务管理器的性能标签页中可以看到相应的信息，具体如图 15-21 所示。一块 CPU 核心可以模拟出来的线程数量也是由硬件厂商定义的。

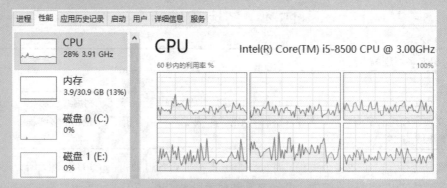

图 15-21 系统性能管理器

对于一个 CPU 而言，可以处理的线程数总是大于或等于核心数。一个核心至少对应一个线程，但通过超线程技术，一个核心可以对应两个线程，也就是说，它可以同时运行两个线程。如果要想查询当前系统的 CPU 的可用数量，可以采用以下命令。

（1）【Windows 系统】输入"wmic"命令，进入到 Windows 管理工具，随后使用以下子命令。

查看物理 CPU 个数	cpu get Name
查看 CPU 核心数量	cpu get NumberOfCores
查看核心数量	cpu get NumberOfLogicalProcessors

（2）【Linux 系统】通过以下 grep 命令查看信息。

查看物理 CPU 个数	grep 'physical id' /proc/cpuinfo | sort -u
查看 CPU 核心数量	grep 'core id' /proc/cpuinfo | sort -u | wc -l
查看线程数	grep 'processor' /proc/cpuinfo | sort -u | wc -l

通过以上命令就可以分别获取当前系统所在硬件环境下的线程数量。

线程依赖进程创建，没有进程就不存在线程，线程一般具有 5 种基本状态，即创建、就绪、运行、阻塞、终止。线程状态的转移与方法之间的关系如图 15-22 所示。

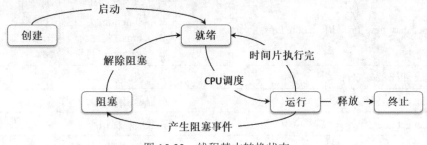

图 15-22　线程基本转换状态

（1）**创建状态**：在程序中用构造方法创建了一个线程对象后，新的线程对象便处于创建状态，此时，它已经有了相应的内存空间和其他资源，但还处于不可运行状态。

（2）**就绪状态**：新建线程对象后就可以启动线程，这样线程将进入就绪状态，即进入线程等待排队，等待 CPU 调度服务，这表明它已经具备了运行条件。

（3）**运行状态**：当就绪状态的线程被调用并获得处理器资源时，线程就进入了运行状态。

（4）**阻塞状态**：一个正在执行的线程在某些特殊情况下，如被挂起或去执行耗时的输入输出操作时，将释放 CPU 资源并暂时中止自己的执行，进入阻塞状态，此时的线程不能进入等待队列，只有当引起阻塞的原因被消除后，线程才可以转入就绪状态。

（5）**终止状态**：当线程体中的操作方法执行结束后，线程即处于终止状态，处于终止状态的线程不具有继续运行的能力。

> **提示：关于 Python 多线程编程的弊端**
>
> 　　Python 的代码执行均由 Python 虚拟机（又称为"解释器主循环"）来进行控制，不管多进程还是多线程，一个 CPU 只能够运行一个进程或一个线程。为了保证同一时刻只能有一个线程在运行，Python 虚拟机的访问由全局解释器锁（Global Interpreter Lock，GIL）来控制，在 Python 虚拟机中对于多线程的操作采用以下方式。
> - ↘ 设置全局排他 GIL 锁。
> - ↘ 切换到一个运行线程。
> - ↘ 运行线程指令，运行一段时间后需要让出资源。
> - ↘ 把线程设置为暂停状态。
> - ↘ 解锁 GIL。
>
> 　　综合来讲，GIL 本质上属于一把全局的排它锁，这类全局锁的存在会对多个线程的执行造成影响，所以 Python 的多线程更像是单线程，正因为如此，Python 更加提倡使用多进程编程模型。

15.4.1　_thread 实现多线程

	视频名称	1518_thread 实现多线程
	课程目标	理解
	视频简介	线程的创建是直接在程序进程上实现的，Python 早期的版本提供了_thread 模块，可以实现多线程编程。本课程将通过实例的方式讲解如何使用此模块进行多线程开发。

Python 的多线程编程最早是依靠_thread 模块实现的，利用该模块中提供的函数可以方便地进行线程的创建、线程同步锁的操作。该模块常用函数如表 15-8 所示。

表 15-8　_thread 模块常用函数

序　号	函　　数	描　　述
1	def start_new_thread(function, args, kwargs=None)	启动一个新的线程，参数作用如下。 ➥　function：线程处理函数 ➥　args：传递给线程函数的参数（tuple 类型） ➥　kwargs：可选参数
2	def allocate_lock()	分配锁对象
3	def exit()	线程退出
4	def get_ident()	获取线程标识符
5	def interrupt_main()	终止主线程，会产生 KeyboardInterrupt 异常

实例： 利用_thread 模块创建多线程

```
# coding:UTF-8
import _thread, time                                    # 导入线程实现模块
def thread_handle(thread_name, delay):                  # 线程处理函数
    for num in range(5):                                # 迭代处理
        time.sleep(delay)                               # 操作延迟
        print("【%s】num = %s" % (thread_name, num))     # 输出线程提示信息
def main():                                             # 主函数
    for item in range(10):                              # 迭代处理
        _thread.start_new_thread(thread_handle, ("Thread - %s" % item, 1))  # 启动新线程
    time.sleep(500)                                     # 主进程添加延迟，保证子线程执行完成
if __name__ == "__main__":                              # 判断程序执行名称
    main()                                              # 调用主函数
程序执行结果（随机抽取）：
【Thread - 4】num = 0
【Thread - 5】num = 0
【Thread - 3】num = 0
后续重复内容略
```

本程序利用_thread.start_new_thread()函数实现了子线程的启动，在子线程创建中将 print_thread()函数作为每个子线程的处理函数，并且多个子线程采用交替形式并发执行。

提示：_thread 属于早期的线程模块

在 Python 3.x 中，_thread 模块前追加了一个 "_"（而在 Python 2.x 中并没有），这样做的目的在于不建议读者继续使用此模块实现多线程，而建议使用新的 threading 模块实现多线程，原因如下：

- threading 模块设计更为先进，对线程的支持更加完善。
- _thread 支持的同步处理较少，而 threading 同步处理支持较多（Event、Lock、Semaphore 等）。
- _thread 在主线程结束后会强制结束所有的子线程，没有警告也不会有正常的清除处理，而 threading 模块能确保子线程结束后主线程才结束。

15.4.2　threading 实现多线程

视频名称	1519_threading 实现多线程	
课程目标	理解	
视频简介	threading 是 Python 提供的新的线程开发模块，除了支持基本的线程处理外，也提供了大量的工具类。本课程使用此模块讲解了多线程的实现以及线程相关信息的获取。	

threading 是一个最新的多线程实现模块，拥有更加方便的线程控制以及线程同步支持，在此模块中提供了一个 Thread 类实现线程的相关处理操作。Thread 类的常用方法如表 15-9 所示。

表 15-9　threading.Thread 类常用方法

序　号	方　法	描　述
1	def __init__(self, group=None, target=None, name=None, args=(), kwargs=None, *, daemon=None)	构建一个线程对象，参数作用如下。 - group：分组定义 - target：线程处理对象（代替 run()方法） - name：线程名称，若不设置，则自动分配一个名称 - args：线程处理对象所需要的执行参数 - kwargs：调用对象字典 - daemon：是否设置为后台线程
2	def start(self)	线程启动
3	def run(self)	线程操作主体，若没设置 target 处理函数，则执行此方法
4	def join(self, timeout=None)	线程强制执行
5	def name(self)	获取线程名称
6	def ident(self)	获取线程标识
7	def is_alive(self)	判断线程存活状态

使用 threading.Thread 实现的多线程可以设置线程的执行函数，也可以定义单独的线程处理类。由于多线程的运行状态不确定，所以可以利用 threading.current_thread()函数动态获取当前正在执行方法体的线程对象。

实例： 使用 threading 创建多线程

```
# coding:UTF-8
import threading, time                          # 导入线程实现模块
def thread_handle(delay):                        # 线程处理函数
    for num in range(5):                         # 迭代操作
```

```
            time.sleep(delay)                                    # 操作延迟
            print("【%s】num = %s" % (
                threading.current_thread().getName(), num))       # 输出线程提示信息
    def main():                                                   # 主函数
        for item in range(10):                                    # 迭代操作
            thread = threading.Thread(target=thread_handle, args=(1,), name="执行线程 - %s" % item)
            thread.start()                                        # 启动子线程
    if __name__ == "__main__":                                    # 判断程序执行名称
        main()                                                    # 调用主函数
    程序执行结果（随机抽取）：
    【执行线程 - 3】num = 0
    【执行线程 - 0】num = 0
    【执行线程 - 2】num = 0
    后续重复内容略
```

本程序实例化了 10 个 threading.Thread 类对象，并且为每一个 Thread 类设置了线程处理函数（target=thread_handle），当获取 Thread 类实例后可以通过 start()方法启动多线程，这样若干个线程将并发执行。

 提示：获取活跃线程信息

在 Python 中可以创建多个线程，开发者可以利用 threading 模块中的两个函数获取活跃线程信息。

↘ 获取当前活跃线程个数：threading.active_count()。

↘ 获取活跃线程信息：threading.enumerate()，返回一个列表序列。

实例：获取线程信息

```
    # 重复代码结构略
    def main():                                                   # 主函数
        for item in range(10):                                    # 迭代产生线程
            thread = threading.Thread(target=thread_handle, args=(1,),
                    name="执行线程 - %s" % item)                   # 创建线程
            thread.start()                                        # 启动子线程
        print("主线程 ID: %s、主线程名称：%s" % (threading.current_thread().ident,
                threading.current_thread().name))                 # 信息输出
        print("当前活跃线程个数：%s" % threading.active_count())    # 信息输出
        print("当前活跃线程信息：%s" % threading.enumerate())      # 信息输出
    if __name__ == "__main__":                                    # 判断程序执行名称
        main()                                                    # 调用主函数
    程序执行结果：
    主线程 ID: 3304、主线程名称：MainThread
    当前活跃线程个数：11
    当前活跃线程信息：[<_MainThread(MainThread, started 11304)>, <Thread(执行线程 - 0, started
    1096)>, …]
```

本程序一共创建了 10 个子线程，再加上默认启动的主线程，在子线程未执行完后，该程序一共会有 11 个活跃线程。

为了方便进行多线程的操作管理，可以将多线程的执行操作封装在一个线程处理类中，此线程类要求继承 Thread 父类，同时要将线程的执行操作定义在 run()方法中。

实例： 线程执行类

```python
# coding:UTF-8
import threading, time                              # 导入线程实现模块
class MyThread(threading.Thread):                    # 线程执行类
    def __init__(self, thread_name, delay):          # 构造方法
        super().__init__(name=thread_name)           # 调用父类构造
        self.__delay = delay                         # 保存延迟属性
    def run(self):                                   # 线程执行函数
        for num in range(5):                         # 线程迭代执行
            time.sleep(self.__delay)                 # 操作延迟
            print("【%s】num = %s" % (
                threading.current_thread().getName(), num))  # 输出线程提示信息
def main():                                          # 主函数
    for item in range(10):                           # 迭代创建线程
        thread = MyThread("执行线程 - %s" % item, 1)  # 实例化线程类对象
        thread.start()                               # 启动子线程
if __name__ == "__main__":                           # 判断程序执行名称
    main()                                           # 调用主函数
程序执行结果（随机抽取）：
【执行线程 - 1】num = 0
【执行线程 - 2】num = 0
【执行线程 - 6】num = 0
后续重复内容略
```

本程序创建了一个 MyThread 线程类，该类必须继承 threading.Thread 父类，同时需要覆写 run()
方法（定义线程执行主体）。当在主函数中创建 MyThread 子类实例时就可以通过继承的 start()方法启
动多线程。

程序创建的线程分为用户线程与守护线程，之前所创建的全部都属于用户线程，所有的用户线程
都是进行核心操作的处理，而守护线程（Daemon）是一种运行在后台的线程服务线程，当用户线程存
在时，守护线程也可以同时存在，如果用户线程全部消失（程序执行完毕，JVM 进程结束），则守护
线程也会消失。

实例： 创建守护线程

```python
# coding:UTF-8
import threading, time                              # 导入线程实现模块
class MyThread(threading.Thread):                    # 线程类
    def __init__(self, thread_name, delay, count):   # 构造方法
        super().__init__(name=thread_name)           # 调用父类构造
        self.__delay = delay                         # 保存延迟属性
        self.__count = count                         # 循环次数
    def run(self):                                   # 线程运行方法
        for num in range(self.__count):              # 依据循环次数执行循环
            time.sleep(self.__delay)                 # 操作延迟
            print("【%s】num = %s" % (
                threading.current_thread().getName(), num))  # 输出线程提示信息
def main():                                          # 主函数
```

```
        user_thread = MyThread("用户线程", 2, 5)              # 实例化线程对象
        daemon_thread = MyThread("守护线程", 1, 999)          # 实例化线程对象
        daemon_thread.setDaemon(True)                       # 设置守护线程
        user_thread.start()                                 # 启动用户线程
        daemon_thread.start()                               # 启动守护线程
if __name__ == "__main__":                                  # 判断程序执行名称
        main()                                              # 调用主函数
```
程序执行结果（随机抽取）：
【守护线程】num = 0
【用户线程】num = 0
【守护线程】num = 1
【守护线程】num = 2
后续重复内容略

　　本程序创建了两个线程，其中一个线程为守护线程，在用户线程未执行完毕前守护线程将持续执行，而当用户线程结束后守护线程也将停止运行。

15.4.3　线程同步

	视频名称	1520_线程同步
	课程目标	理解
	视频简介	由于多线程都处于一个进程中，这样就使得数据的共享操作更加简单，但同时也带来了数据同步的操作问题，所以在 threading 模块中也提供了类似进程同步的工具类。本课程将通过程序讲解线程同步操作的实现。

　　一个进程中的多个线程资源可以直接实现访问共享的资源，为了保证操作的正确性，在进行共享资源操作时就需要进行同步处理。在 threading 类中定义了相应的同步处理类：Event（同步事件）、Semaphore&BoundedSemaphore（信号量）、Barrier（栅栏）、Lock&RLock（锁），这些线程同步类的操作与多进程的同步处理操作流程类似。下面通过具体实例为读者演示多线程同步操作。

　　实例：使用信号量（Semaphore）实现资源并发控制

```
# coding:UTF-8
import threading, time                                     # 导入线程实现模块
def bank_handle(semaphore):                                 # 线程处理函数
    if semaphore.acquire():                                 # 获取资源
        print("【%s】资源抢占成功，开始办理个人相关业务…" %
                (threading.current_thread().name))          # 输出提示信息
        time.sleep(2)                                       # 模拟业务办理延迟时间
        semaphore.release()                                 # 释放资源
def main():                                                 # 主函数
    semaphore = threading.Semaphore(2)                      # 两个业务资源
    thread_list = [threading.Thread(target=bank_handle, args=(semaphore,),
      name="银行客户 - %s" % item) for item in range(10)]     # 创建 10 个线程
    for thread in thread_list:                              # 迭代线程列表
        thread.start()                                      # 多人同时涌进银行开始办理业务
if __name__ == "__main__":                                  # 判断程序执行名称
    main()                                                  # 调用主函数
```

程序执行结果（随机抽取）：
【银行客户 - 0】资源抢占成功，开始办理个人相关业务 ...
【银行客户 - 2】资源抢占成功，开始办理个人相关业务 ...
后续重复内容略

　　本程序创建了 10 个线程对象，随后利用 Semaphore 控制了可以同时操作的资源数量，在进行操作中会使用 acquire()方法尝试获取可用资源，如果资源已经被占满，则等待其他线程使用 release()方法释放资源后才可以继续操作。

　　实例： 使用 RLock 实现资源处理的多线程同步处理

```python
# coding:UTF-8
import threading, time                              # 导入线程实现模块
ticket = 3                                           # 定义总票数
def sale(lock):                                      # 售票操作
    global ticket                                    # 使用全局变量
    if lock.acquire():                               # 获取锁
        if ticket > 0:                               # 现在有剩余票数
            time.sleep(2)                            # 模拟售票延迟
            ticket -= 1                              # 票数减1
            print("【%s】卖票，剩余票数：%s" % (threading.current_thread().name, ticket)) # 信息输出
        lock.release()                               # 释放锁
def main():                                          # 主函数
    lock = threading.RLock()                         # 两个业务资源
    thread_list = [threading.Thread(target=sale, args=(lock,),  # 创建线程列表
        name="售票员 - %s" % item) for item in range(10)]  # 创建 10 个售票线程
    for thread in thread_list:                       # 迭代线程列表
        thread.start()                               # 多线程卖票
if __name__ == "__main__":                           # 判断程序执行名称
    main()                                           # 调用主函数
```

程序执行结果（随机抽取）：
【售票员 - 0】卖票，剩余票数：2
【售票员 - 2】卖票，剩余票数：1
【售票员 - 5】卖票，剩余票数：0
后续重复内容略

　　多线程可以共享程序的资源，所以本程序中创建的 10 个线程可以共享同一个 ticket 变量，为了保证售票操作的正确执行，在售票处理 sale()函数中都会进行售票操作的锁定，这样就可以保证只有一个线程执行售票处理。为了避免多次锁定造成的解锁问题，本次使用了 RLock 类实现同步锁定处理。

15.4.4　定时调度

视频名称	1521_定时调度	
课程目标	掌握	
视频简介	定时调度是一种基于线程任务的操作管理，可以实现在某段时间任务的重复执行。本课程采用实例的方式讲解了如何通过 sched 模块实现线程定时调度操作。	

定时调度是指可以根据设定的时间安排自动执行程序任务，Python 提供了 sched 模块以实现定时调度，sched 模块采用单进程模式实现调度处理。

实例： 实现定时调度

```python
# coding:UTF-8
import sched, threading                                    # 模块导入
def event_handle(schedule):                                # 线程处理函数
    print("【%s】优拓软件学院：www.yootk.com" % threading.current_thread().name)  # 获取线程信息
    schedule.enter(delay=1, priority=0, action=event_handle, argument=(schedule,))  # 延迟1秒后执行
def main():                                                # 主函数
    schedule = sched.scheduler()                           # 实例化调度对象
    # 线程调度操作，参数作用如下。
    # "delay=0"：调度任务启动的延迟时间，如果设置为 0，表示立即启动；
    # "priority=0"：多个调度任务的执行优先级，优先级越高，越有可能（不是一定）先被执行；
    # "action=event_handle"：设置任务调度处理函数；
    # "argument=(schedule,)"：调度处理函数相关参数（必须为可迭代对象）
    schedule.enter(delay=0, priority=0, action=event_handle, argument=[schedule,])
    schedule.run()                                         # 启动调度线程
if __name__ == "__main__":                                 # 判断程序执行名称
    main()                                                 # 调用主函数
```

程序执行结果：

```
【MainThread】优拓软件学院：www.yootk.com
【MainThread】优拓软件学院：www.yootk.com
【MainThread】优拓软件学院：www.yootk.com
后续重复内容略
```

本程序利用了 sched.scheduler 类实现了调度线程的创建，每当使用 enter()方法设置调度任务时，该任务会执行一次，所以需要在调度处理函数中重复使用 enter()方法才可以实现定时任务的操作。

15.5　生产者与消费者模型

视频名称	1522_生产者与消费者模型
课程目标	掌握
视频简介	在一些程序场景中多个线程之间是需要进行通信的，如果要考虑到执行顺序的问题，就必须在两个线程上进行处理，在线程开发中有一个基础的"生产者与消费者"通信模型。本课程主要是讲解该模型的基本实现，同时对存在的问题进行分析。

在多线程并发编程中有一个经典的案例程序——生产者和消费者问题，其操作流程为：生产者进行指定数据的创建，每当生产者线程将数据创建完成后，消费者线程才可以获取生产的数据进行处理，如图 15-23 所示。

在图 15-23 所给出的操作流程之中，生产者与消费者分别为两个线程对象，这两个对象同时向公共区域进行数据的保存与读取。下面先来观察程序的基本实现模型。

图 15-23　生产者与消费者

实例：生产者与消费者基本程序实现模型

```
# coding:UTF-8
import threading, time                                    # 导入线程实现模块
class Message:                                             # 消息保存类
    def __init__(self):                                    # 构造方法
        self.__title = None                                # 初始化属性
        self.__content = None                              # 初始化属性
    def set_info(self, title, content):                    # 属性设置
        self.__title = title                               # 设置数据
        time.sleep(1)                                      # 模拟操作延迟
        self.__content = content                           # 设置数据
        print("【%s】title = %s、content = %s" % (threading.current_thread().name,
                self.__title, self.__content))             # 输出提示信息
    def __str__(self):                                     # 获取对象信息
        time.sleep(0.8)                                    # 模拟操作延迟
        return "〖%s〗title = %s、content = %s" % (threading.current_thread().name,
                self.__title, self.__content)              # 返回数据信息
def producer_handle(message):                              # 生产者线程处理函数
    for num in range(50):                                  # 生产 50 次数据
        if num % 2 == 0:                                   # 交替生产
            message.set_info("李兴华", "软件技术讲师")      # 生产数据一
        else:                                              # 条件不满足
            message.set_info("yootk", "www.yootk.com")     # 生产数据二
def consumer_handle(message):                              # 消费者线程处理函数
    for num in range(50):                                  # 消费 50 次数据
        print(message)                                     # 输出信息
def main():                                                # 主函数
    message = Message()                                    # 实例化 Message 类对象
    producer_thread = threading.Thread(target=producer_handle, name="生产者线程", args=(message,))
    consumer_thread = threading.Thread(target=consumer_handle, name="消费者线程", args=(message,))
    producer_thread.start()                                # 启动生产者线程
    consumer_thread.start()                                # 启动消费者线程
if __name__ == "__main__":                                 # 判断程序执行名称
    main()                                                 # 调用主函数
```

程序执行结果（随机抽取）：

〖消费者线程〗title = 李兴华、content = None

【生产者线程】title = 李兴华、content = 软件技术讲师
〖消费者线程〗title = yootk、content = 软件技术讲师
【生产者线程】title = yootk、content = www.yootk.com
〖消费者线程〗title = 李兴华、content = www.yootk.com
后续重复内容略

本程序利用多线程实现了一个基本的线程交互模型，在程序中生产者与消费者拥有同一个 message 实例，但是通过程序的执行结果可以发现，此时生产者与消费者存在以下两个问题。

- ↘ **数据错位**：假设生产者线程刚向数据存储空间添加了信息的名称，但还没有加入该信息的内容，此时如果程序切换到了消费者线程，消费者线程将把这条信息的名称和上一条信息的内容联系到一起。
- ↘ **重复操作**：一种情况是生产者放了若干次的数据后，消费者才开始取数据；另一种情况是消费者取完一个数据后，还没等到生产者放入新的数据，又重复取出已取过的数据。

15.5.1 Condition 同步处理

视频名称	1523_Condition 同步处理
课程目标	掌握
视频简介	线程同步问题的关键是进行线程等待与唤醒机制，在 threading 模块中提供了 Condition 处理类，该类提供有锁的处理支持。本课程将通过具体的程序代码解决基本模型中的同步问题。

在生产者与消费者模型中，为了实现两个操作线程的同步处理，则需要进行等待与唤醒的同步操作。当生产者未执行完毕，消费者应该等待生产者执行完毕后才可以消费数据；同理，在消费者未消费完数据后，生产者也应该进行等待，当各自的线程操作完毕，则应该唤醒其他等待线程以继续执行后续操作。同步处理流程如图 15-24 所示。

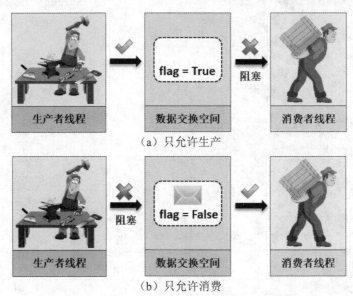

（a）只允许生产

（b）只允许消费

图 15-24　生产者与消费者模型同步处理

为了实现等待与唤醒的机制，threading 模块提供了一个 Condition 的条件同步类。该类的常用操作方法如表 15-10 所示。

表 15-10　threading.Condition 类的常用操作方法

序　号	方　　法	类　型	描　　述
1	def __init__(self, lock=None)	构造	设置锁类型，如不设置，则使用 RLock 锁
2	def acquire(self, blocking=True, timeout=-1)	方法	获取同步锁
3	def wait(self, timeout=None)	方法	线程等待
4	def notify(self, n=1)	方法	唤醒一个等待线程对象
5	def notify_all(self)	方法	唤醒所有等待线程

　　Condition 通常与一个锁进行关联，如果开发者在实例化 Condition 类对象时没有设置锁，则会默认使用 RLock 锁对象实现锁定控制，所以在 Condition 类中会存在有一个锁队列，同时还会存在有一个等待条件锁队列，所有执行了 wait()操作的线程都在等待条件锁队列中等待唤醒（使用 notify()或 notify_all() 方法唤醒）。

实例：使用 Condition 实现生产者与消费者模型数据同步操作

```
# coding:UTF-8
import threading, time                                    # 导入线程实现模块
class Message:                                            # 消息保存类
    def __init__(self, condition):                       # 构造方法
        self.__title = None                              # 初始化属性
        self.__content = None                            # 初始化属性
        self.__condition = condition                     # 实例化锁
        # flag 用于进行生产者和消费者线程的切换：其值为 True 时可以生产（不能消费），为 False 时可以消
          费（不能生产）
        self.__flag = True                               # 默认可以生产
    def set_info(self, title, content):                  # 属性设置
        self.__condition.acquire()                       # 获取同步锁
        if self.__flag == False:                         # 判断当前状态
            self.__condition.wait()                      # 当前线程等待
        self.__title = title                             # 设置数据
        time.sleep(1)                                    # 模拟操作延迟
        self.__content = content                         # 设置数据
        print("【%s】title = %s、content = %s" % (threading.current_thread().name,
            self.__title, self.__content))               # 信息输出
        self.__flag = False                              # 无法生产
        self.__condition.notify()                        # 唤醒等待线程
        self.__condition.release()                       # 释放锁
    def __str__(self):                                   # 获取对象信息
        self.__condition.acquire()                       # 获取同步锁
        if self.__flag == True:                          # 判断当前状态
            self.__condition.wait()                      # 当前线程等待
        try:                                             # 捕获可能产生的异常
            time.sleep(0.8)                              # 模拟操作延迟
            return "〖%s〗title = %s、content = %s" % (threading.current_thread().name,
                self.__title, self.__content)            # 返回信息
```

```
        finally:                                               # 终会执行的代码
            self.__flag = True                                 # 无法消费
            self.__condition.notify()                          # 唤醒等待线程
            self.__condition.release()                         # 释放锁
def producer_handle(message):                                  # 生产者线程处理函数
    for num in range(50):                                      # 生产 50 次数据
        if num % 2 == 0:                                       # 交替生产
            message.set_info("李兴华", "软件技术讲师")            # 生产数据一
        else:                                                  # 条件不满足
            message.set_info("yootk", "www.yootk.com")         # 生产数据二
def consumer_handle(message):                                  # 消费者线程处理函数
    for num in range(50):                                      # 消费 50 次数据
        print(message)                                         # 输出信息
def main():                                                    # 主函数
    condition = threading.Condition()                          # 实例化条件锁
    message = Message(condition)                               # 实例化 Message 类对象
    producer_thread = threading.Thread(target=producer_handle, name="生产者线程", args=(message,))
    consumer_thread = threading.Thread(target=consumer_handle, name="消费者线程", args=(message,))
    producer_thread.start()                                    # 启动生产者线程
    consumer_thread.start()                                    # 启动消费者线程
if __name__ == "__main__":                                     # 判断程序执行名称
    main()                                                     # 调用主函数
```

程序执行结果（随机抽取）：
【生产者线程】title = 李兴华、content = 软件技术讲师
〖消费者线程〗title = 李兴华、content = 软件技术讲师
【生产者线程】title = yootk、content = www.yootk.com
〖消费者线程〗title = yootk、content = www.yootk.com
后续重复内容略

本程序定义了一个 Condition 条件锁，为了方便判断当前的操作模式，所以利用一个 flag 变量实现生产者与消费者的操作切换，当无法生产或无法消费时，将利用 wait()方法将当前线程设置为阻塞状态，当某一操作完毕，则可以使用 notify()或 notify_all()方法唤醒等待线程。

15.5.2　线程操作队列

视频名称	1524_线程操作队列
课程目标	理解
视频简介	在线程交互模型中，为了防止数据过多造成的数据拥堵问题，往往会通过队列来进行缓冲，在 threading 模块中提供了 3 种队列。本课程将讲解队列和通信模型的结合使用。

在生产者与消费者模型中引入了线程同步处理，虽然可以保证程序执行的正确性，但是也会带来执行性能下降的问题。假设生产者线程执行速度较快，而消费者线程执行速度较慢，这样生产者就需要一直等到消费者消费完成后才可以进行后续生产，造成执行效率低下的问题，为了解决这类问题，可以在生产者与消费者之间设置一个数据缓冲区，生产者将生产的数据保存在缓冲区内，这样既可以保证连续生产，又可以让消费者通过缓冲区消费数据。其操作流程如图 15-25 所示。

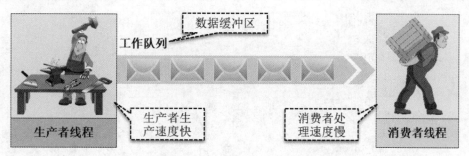

图 15-25　生产者与消费者模型改进

数据缓冲区的实现可以依靠 queue 模块来实现，此模块提供了 3 种线程同步队列类的定义。

➥ queue.Queue：先进先出（FIFO）同步队列。

➥ queue.LifoQueue：后进先出（LIFO）同步队列。

➥ queue.PriorityQueue：优先级队列。

queue 模块中提供的队列都提供同步锁处理，可以直接在多线程编程中使用。常用操作方法如表 15-11 所示。

表 15-11　线程队列操作方法

序　号	方　　法	类　型	描　　述
1	def __init__(self, maxsize=0)	构造	实例化队列并设置最大保存长度
2	def put(self, item, block=True, timeout=None)	方法	向队列保存数据
3	def get(self, block=True, timeout=None)	方法	从队列获取数据
4	def qsize(self)	方法	返回队列大小
5	def empty(self)	方法	判断是否为空队列，队列为空返回 True，否则返回 False
6	def full(self)	方法	判断队列是否已满，队列满时返回 True，否则返回 False
7	def join(self)	方法	强制等待队列为空后再执行后续操作

实例：利用队列修改生产者与消费者模型

```
# coding:UTF-8
import threading, time, queue                              # 导入线程实现模块
class Message:                                              # 消息保存类
    def __init__(self):                                    # 构造方法
        self.__title = None                                # 初始化属性
        self.__content = None                              # 初始化属性
    def set_info(self, title, content):                    # 设置属性
        self.__title = title                               # 设置数据
        time.sleep(0.1)                                    # 模拟操作延迟
        self.__content = content                           # 设置数据
        print("【%s】title = %s、content = %s" % (threading.current_thread().name,
                self.__title, self.__content))            # 信息输出
    def __str__(self):                                     # 获取对象信息
        time.sleep(1)                                      # 模拟操作延迟
        return "〖%s〗title = %s、content = %s" % (threading.current_thread().name,
```

```python
                    self.__title, self.__content)          # 数据返回
def producer_handle(queue):                                # 生产者线程处理函数
    for num in range(50):                                  # 生产 50 次数据
        message = Message()                                # 创建消息对象
        if num % 2 == 0:                                   # 交替生产
            message.set_info("李兴华", "软件技术讲师")        # 生产数据一
        else:                                              # 条件不满足
            message.set_info("yootk", "www.yootk.com")     # 生产数据二
        queue.put(message)                                 # 追加队列
def consumer_handle(queue):                                # 消费者线程处理函数
    for num in range(50):                                  # 消费 50 次数据
        print(queue.get())                                 # 通过队列获取数据
def main():                                                # 主函数
    work_queue = queue.Queue(5)                            # 创建操作队列
    producer_thread = threading.Thread(target=producer_handle, name="生产者线程",
                    args=(work_queue,))
    consumer_thread = threading.Thread(target=consumer_handle, name="消费者线程",
                    args=(work_queue,))
    producer_thread.start()                                # 启动生产者线程
    consumer_thread.start()                                # 启动消费者线程
if __name__ == "__main__":                                 # 判断程序执行名称
    main()                                                 # 调用主函数
```

程序执行结果（随机抽取）：

【生产者线程】title = 李兴华、content = 软件技术讲师

【生产者线程】title = yootk、content = www.yootk.com

【生产者线程】title = 李兴华、content = 软件技术讲师

〖消费者线程〗title = 李兴华、content = 软件技术讲师

【生产者线程】title = yootk、content = www.yootk.com

〖消费者线程〗title = yootk、content = www.yootk.com

后续重复内容略

本程序在生产者与消费者之间设置了一个先进先出队列，此时生产者在队列未满时会将生产的数据保存在队列中，由于队列本身具有同步支持功能，所以消费者可以通过该队列依次取出生产者生产的数据。

15.6 多协程编程

视频名称	1525_多协程简介
课程目标	掌握
视频简介	Python 是为数不多的支持多协程开发的编程语言，协程是一种基于程序实现的切换模式。本课程讲解了协程的概念，同时总结了多进程、多线程以及多协程三种并发编程之间的关系。

协程（Coroutine）即协作式程序，又可以称为"微线程"或"纤程"。所有的协程都是通过线程创建的，协程与进程或线程最大的区别就是进程与线程为系统级实现，而协程为程序级实现。三者关系如图 15-26 所示。

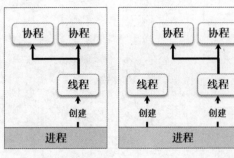
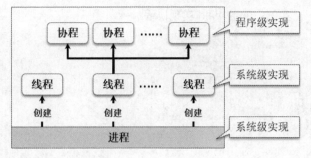

图 15-26　进程、线程与协程的关系

协程本质上可以理解为一个特殊的函数，所有的调度完全由开发者进行控制。每个协程都有自己的寄存器上下文和栈，在协程调度切换执行时，会自动保存当前协程的寄存器上下文和栈，当重新调度时，会自动恢复先前保存的寄存器上下文和栈，由于协程是直接进行栈操作，所以基本上没有内核切换的开销，所以上下文的切换速度很快。进程、线程和协程的上下文切换比较如表 15-12 所示。

表 15-12　进程、线程与协程的比较

项　　目	进　　程	线　　程	协　　程
切换者	操作系统	操作系统	开发者
切换时机	由操作系统的切换策略决定	由操作系统的切换策略决定	开发者切换
切换内容	页全局目录 内核栈 硬件上下文	内核栈 硬件上下文	硬件上下文
切换内容保存	保存于内核栈中	保存于内核栈中	开发者定义保存位置
切换过程	用户态→内核态→用户态	用户态→内核态→用户态	用户态
切换效率	低	中	高

15.6.1　yield 实现多协程

视频名称	1526_yield 实现多协程
课程目标	掌握
视频简介	协程是程序级上的处理逻辑，在 Python 中使用 yield 可以实现延缓执行的功能，所以基于 yield 也可以实现协程开发。本课程讲解了基于 Python 原生支持实现多协程的并发操作。

协程操作的实现主要是通过程序的协作来实现的，在任一时刻只允许一个协程在运行，所以实现协程最简单的方法就是利用 yield 关键字。操作如图 15-27 所示。

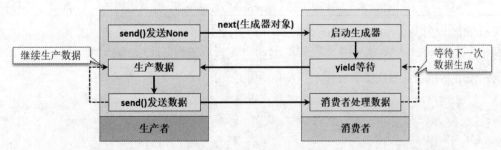

图 15-27　yield 实现协程处理

实例： 使用 yield 实现协程

```python
# coding:UTF-8
def producer(cons):                                      # 协程处理函数
    info = None                                           # 保存生成信息
    cons.send(info)                                       # 必须首先发送一个 None
    for item in range(10):                               # 循环发送数据
        if item % 2 == 0:                                # 发送数据判断
            info = "title = 李兴华、content = 软件技术讲师"    # 生产数据
        else:                                            # 条件不满足
            info = "title = yootk、content = www.yootk.com"  # 生产数据
        print("【生产者】%s" % info)                        # 输出提示信息
        cons.send(info)                                   # 发送数据
def consumer():                                          # 协程处理函数
    while True:                                          # 持续消费
        receive = yield                                  # 等待接收数据
        print("〖消费者〗%s" % receive)                    # 输出数据
def main():                                              # 主函数
    con = consumer()                                     # 定义消费者
    producer(con)                                        # 启动生产者
if __name__ == "__main__":                               # 判断程序执行名称
    main()                                               # 调用主函数
```
程序执行结果：
【生产者】title = 李兴华、content = 软件技术讲师
〖消费者〗title = 李兴华、content = 软件技术讲师
【生产者】title = yootk、content = www.yootk.com
〖消费者〗title = yootk、content = www.yootk.com
后续重复内容略

本程序利用 yield 生成器的特点实现了一个线程内部的程序交互，生产者与消费者之间依靠 yield 等待与接收数据，从而实现两个协程的处理操作。

15.6.2 greenlet

视频名称	1527_greenlet
课程目标	理解
视频简介	为了简化协程开发，解决 yield 操作引发的问题，可以使用 greenlet 组件实现协程处理。本课程主要讲解了 greenlet 组件的使用，并且通过具体代码演示了多协程开发。

使用 yield 实现的多协程编程需要开发者定义相关的处理函数，而后还需要手工执行 send() 方法，为了简化协程开发的难度，可以使用第三方模块 greenlet 来完成协程，此模块是针对 yield 操作的封装。

实例： 使用 greenlet 模块实现协程

```python
# coding:UTF-8
import greenlet, time                                    # 单独安装模块
info = None                                               # 保存数据
def producer_handle():                                   # 生产协程处理函数
```

```
        global info                                             # 使用全局变量
        for item in range(10):                                  # 循环发送数据
            if item % 2 == 0:                                   # 发送数据判断
                info = "title = 李兴华、content = 软件技术讲师"     # 生成数据
            else:                                               # 条件不满足
                info = "title = yootk、content = www.yootk.com"  # 生成数据
            print("【生产者】%s" % info)                           # 输出提示信息
            time.sleep(1)                                       # 操作延迟
            consumer_greenlet.switch()                          # 切换到消费者
    def consumer_handle():                                      # 消费协程处理函数
        while True:                                             # 持续消费
            print("〖消费者〗%s" % info)                          # 消费者获取数据
            time.sleep(1)                                       # 操作延迟
            producer_greenlet.switch()                          # 切换到生产者
    producer_greenlet = greenlet.greenlet(run=producer_handle)  # 定义协程切换
    consumer_greenlet = greenlet.greenlet(run=consumer_handle)  # 定义协程切换
    def main():                                                 # 主函数
        producer_greenlet.switch()                              # 生产者运行
    if __name__ == "__main__":                                  # 判断程序执行名称
        main()                                                  # 调用主函数
程序执行结果:
【生产者】title = 李兴华、content = 软件技术讲师
〖消费者〗title = 李兴华、content = 软件技术讲师
【生产者】title = yootk、content = www.yootk.com
〖消费者〗title = yootk、content = www.yootk.com
后续重复内容略
```

本程序为生产者与消费者定义了两个不同的 greenlet 对象,并指定了不同的处理函数,在进行切换时,直接利用 switch()方法即可。

15.6.3　gevent

视频名称	1528_gevent	
课程目标	掌握	
视频简介	手工的协程切换操作过于烦琐,一旦处理不当,就有可能出现死锁的问题。本课程讲解了 gevent 的协程开发组件,并且通过具体的代码演示了该组件的自动协程切换操作。	

虽然 greenlet 组件可以实现多协程开发,但是需要由开发者明确地获取指定的切换对象后才可以进行处理,这样的操作会比较麻烦,而在第三方 Python 模块中还提供了一个 gevent 模块,利用此模块可以实现自动切换处理。

实例:使用 gevent 模块自动切换

```
# coding:UTF-8
import gevent                                                   # pip install gevent
info = None                                                     # 保存数据
```

```python
def producer_handle():                                          # 协程处理函数
    global info                                                 # 使用全局变量
    for item in range(10):                                      # 循环发送数据
        if item % 2 == 0:                                       # 发送数据判断
            info = "title = 李兴华、content = 软件技术讲师"      # 数据生产
        else:                                                   # 条件不满足
            info = "title = yootk、content = www.yootk.com"     # 数据生产
        print("【生产者】%s" % info)                            # 输出提示信息
        gevent.sleep(1)                                         # 切换延迟
def consumer_handle():                                          # 协程处理函数
    for item in range(10):                                      # 迭代生成数据
        print("〖消费者〗%s" % info)                            # 消费者获取数据
        gevent.sleep(1)                                         # 切换延迟
def main():                                                     # 主函数
    producer_gevent = gevent.spawn(producer_handle)             # 创建协程对象
    consumer_gevent = gevent.spawn(consumer_handle)             # 创建协程对象
    producer_gevent.join()                                      # 协程启动
    consumer_gevent.join()                                      # 协程启动
if __name__ == "__main__":                                      # 判断程序执行名称
    main()                                                      # 调用主函数
```
程序执行结果：
【生产者】title = 李兴华、content = 软件技术讲师
〖消费者〗title = 李兴华、content = 软件技术讲师
【生产者】title = yootk、content = www.yootk.com
〖消费者〗title = yootk、content = www.yootk.com
后续重复内容略

　　本程序利用 gevent 分别设置了两个协程管理对象，只需要使用 sleep()方法就可以自动实现不同协程的操作切换。

15.7　本章小结

　　1．并发编程是完全发挥硬件资源性能的一种程序模型，可以实现多进程、多线程、多协程操作。

　　2．Python 中由于存在有 GIL 锁问题，会导致线程并发执行性能降低，所以提倡多进程编程模型。

　　3．multiprocessing.Process 类可以实现进程操作对象的定义，在多进程实现中可以单独设置进程函数，也可以直接定义一个进程类，此类需要继承 Process 父类，同时覆写 run()方法。

　　4．守护进程是运行在后台的一种进程，随着主进程的启动而启动、主进程的消亡而结束。

　　5．os.fork()提供了 Linux 下的 fork()函数实现，可以直接进行子进程的创建，但是无法在 Windows 系统中使用。

　　6．进程池可以提高系统进程资源的复用性，避免因过多进程所造成的性能下降问题。

　　7．每一个进程都是独立的实体，无法直接进行数据共享，可以利用管道流、进程队列、Manager 实现不同进程间的数据交互处理。

　　8．subprocess 可以直接启动子进程并模拟程序的输入与输出操作。

　　9．多进程进行共享数据操作时，为了保证数据操作的正确性，可以通过同步锁对操作进程进行控制，

multiprocessing 模块提供的同步锁类型有 Lock、Semaphore、Event、Barrier。

10．线程是比进程更小的处理单元，可以直接实现同一进程中的数据共享，多线程的实现可以依靠 _thread 与 threading 两个模块实现，其中 threading 提供了更加方便的线程同步操作，所以开发中建议多使用 threading 模块实现多线程。

11．sched 可以启动定时线程，实现定时任务的处理。

12．生产者与消费者模型是多线程的主要操作案例，利用 Condition 可以方便地实现数据同步处理，如果生产者性能较高，也可以利用线程队列进行数据保存。

13．协程是进程上的更小处理单元的划分，依靠程序来实现协同控制，可以利用 greenlet 与 gevent 简化协程操作。

第16章　IO 编 程

学习目标

- ➥ 掌握 open()函数的使用，可以使用文件对象对文件内容进行输入与输出操作；
- ➥ 掌握随机读写操作的意义，可以使用 seek()函数实现文件内的读取索引定位；
- ➥ 掌握字符编码的作用以及不同文字编码的转换处理；
- ➥ 掌握文件缓冲的作用以及缓冲刷新操作的使用；
- ➥ 掌握 os.path 模块的使用，并且可以使用该模块提供的方法实现跨平台的文件路径定义；
- ➥ 掌握文件目录的列表访问；
- ➥ 掌握 CSV 文件的主要作用，并且可以通过 csv 模块实现*.csv 文件的读写访问；
- ➥ 理解 fileinput、io、shutil、pickle 模块的使用。

在操作系统中，IO 属于最为重要的操作资源，利用 IO 可以实现数据的输入与输出标准操作，为了方便用户实现 IO 处理，Python 提供了一系列的内部以及扩展支持。本章将讲解磁盘目录与文件操作、随机读取、跨平台路径访问以及各种文件的 IO 操作支持。

16.1　文　件　操　作

文件是进行数据记录的基本操作单元，在程序中可以利用文件记录一些重要数据信息，在 Python 内部直接提供有文件的读写操作。下面通过具体的代码来为读者进行讲解。

16.1.1　打开文件

视频名称	1601_打开文件
课程目标	掌握
视频简介	Python 提供了内置的 open()函数，该函数可以直接创建一个文件对象。本课程通过代码实例的方式详细讲解了 open()函数相关的操作以及文件状态属性的使用。

Python 中的文件操作需要一个文件对象（类型为 TextIOWrapper）才可以进行，如果要想获得此文件对象，则必须利用内建模块（builtins）中提供的 open()函数完成，此函数定义如下：

```
def open(file, mode='r', buffering=None, encoding=None, errors=None, newline=None, closefd=True)
```

在 open()函数中参数的作用如下。

- ➥ **file**：定义要操作文件的相对或绝对路径，该参数必须传递。
- ➥ **mode**：文件操作模式，默认为读取模式（其值为 r），可选操作模式如表 16-1 所示。
- ➥ **buffering**：设置缓冲区大小。
- ➥ **encoding**：文件操作编码，一般使用 UTF8 编码。
- ➥ **errors**：设置报错级别，是需要强制处理（其值为 strict）还是忽略错误（其值为 ignore），当为 None 时，则表示不进行任何处理。

➥ **newline**：设置换行符。
➥ **closefd**：设置文件关闭模式，如果传进来的路径是文件，则表示结束时要关闭文件（设置为 True）。

表 16-1　文件操作模式标记

序　号	模　式	描　述
1	r	使用只读模式打开文件，此为默认模式
2	w	写模式，如果文件存在，则覆盖；如果文件不存在，则创建
3	x	写模式，新建一个文件，如果该文件已存在，则会报错
4	a	内容追加模式
5	b	二进制模式
6	t	文本模式（默认）
7	+	打开一个文件进行更新（可读可写）

当获取到文件对象之后，就可以通过表 16-2 所示的文件属性获取相关的文件信息。

表 16-2　文件属性

序　号	属　性	描　述
1	file.closed	如果文件已经关闭，则返回 True；否则返回 False
2	file.mode	返回被打开文件的访问模式
3	file.name	返回文件的名称

文件操作属于资源的访问，文件操作完成后一定要使用 close()方法关闭文件。下面代码演示了文件的基本操作形式。

实例：获取文件相关信息

```
# coding:UTF-8
def main():                                                    # 主函数
    try:                                                       # 捕获可能产生的异常
        file = open("d:\\info.txt", "r")                       # 采用只读模式打开文件
        print("文件名称：%s" % file.name)                       # 获取文件名称
        print("文件是否已关闭：%s" % file.closed)               # 判断文件状态
        print("文件访问模式：%s" % file.mode)                   # 获取访问模式
    finally:                                                   # 资源操作必须释放
        file.close()                                           # 关闭文件
        print("调用 close()方法后的关闭状态：%s" % file.closed)  # 文件关闭后的状态
if __name__ == "__main__":                                     # 判断程序执行名称
    main()                                                     # 调用主函数
程序执行结果：
文件名称：d:\info.txt
文件是否已关闭：False
文件访问模式：r
调用 close()方法后的关闭状态：True
```

本程序利用 try…finally 的语法形式实现了文件的打开与关闭控制，在通过 open()函数打开文件时将获得一个 file 的文件操作对象，利用此对象的属性就可以获取当前文件的相关信息。

16.1.2 文件读写

视频名称	1602_文件读写
课程目标	掌握
视频简介	利用 open()函数创建的文件对象可以进行文件的输入与输出操作。本课程通过代码讲解了如何通过程序向文件输出内容和读取文件数据的相关操作。

文件对象除了可以获取文件的基本信息之外，也可以实现文件内容的读写操作，文件操作的相关方法如表 16-3 所示。

表 16-3　文件操作方法

序　号	方　　法	描　　述
1	def close(self)	关闭文件资源
2	def fileno(self)	获取文件描述符，返回内容为：0（标准输入，stdin）、1（标准输出，stdout）、2（标准错误，stderr）、其他数字（映射打开文件的地址）
3	def flush(self)	强制刷新缓冲区
4	def read(self, n: int = −1)	数据读取，默认读取全部内容，也可以设置读取个数
5	def readlines(self, hint: int = −1)	读取所有数据行，并以列表的形式返回
6	def readline(self, limit: int = −1)	读取每行数据（"\n" 为结尾），也可以设置读取个数
7	def truncate(self, size: int = None)	文件截取
8	def writable(self)	判断文件是否可以写入
9	def write(self, s: AnyStr)	文件写入
10	def writelines(self, lines: List[AnyStr])	写入一组数据

实例： 写入单行文件

```
# coding:UTF-8
def main():                                          # 主函数
    try:                                             # 捕获可能产生的异常
        file = open(file="d:\\info.txt", mode="w")   # 采用写入模式打开文件
        file.write("沐言优拓：www.yootk.com")          # 写入文件
    finally:                                         # 资源操作必须释放
        file.close()                                 # 关闭文件
if __name__ == "__main__":                           # 判断程序执行名称
    main()                                           # 调用主函数
```

程序执行结果（记事本观察）：

```
📄 info.txt - 记事本                    —    □    ×
文件(F)  编辑(E)  格式(O)  查看(V)  帮助(H)
沐言优拓：www.yootk.com
```

本程序创建了一个写入模式的文件对象，随后通过文件操作对象 file 调用了 write()方法实现了文件内容的写入操作，如果此时重复执行此代码，则新的内容会覆盖掉已有的文件数据。

提示：通过 with 简化操作流程

　　在资源访问结束后一定要通过 close()方法进行资源释放，如果开发者认为每一次都需要手工调用 close()方法进行资源关闭过于复杂，则可以通过 with 进行文件对象的管理，这样将会在文件资源访问结束后自动调用 close()方法关闭资源。

实例：使用 with 管理文件对象

```python
# coding:UTF-8
def main():                                        # 主函数
    with open(file="d:\\info.txt", mode="w") as file:   # with 管理
        file.write("沐言优拓：www.yootk.com")          # 写入文件
if __name__ == "__main__":                         # 判断程序执行名称
    main()                                         # 调用主函数
```

此时程序利用 with 实现了文件操作的上下文管理，这样在文件访问结束后会自动调用 close()关闭文件资源。

　　在对文件对象进行操作过程中，如果现在不希望文件原有内容被覆盖，则可以使用 a 内容追加模式，则新的内容会在已有内容后追加。

实例：追加文件信息

```python
# coding:UTF-8
def main():                                        # 主函数
    with open(file="d:\\info.txt", mode="a") as file:   # 读方式打开文件
        file.write("沐言优拓：www.yootk.com\n")         # 写入文件
if __name__ == "__main__":                         # 判断程序执行名称
    main()                                         # 调用主函数
```

程序执行结果（记事本观察）：

```
info.txt - 记事本
文件(F)  编辑(E)  格式(O)  查看(V)  帮助(H)
沐言优拓：www.yootk.com
沐言优拓：www.yootk.com
沐言优拓：www.yootk.com
```

本程序使用追加模式 a 实现了文件写入，这样新写入的内容将自动追加在已有内容之后。

实例：读取文件内容

```python
# coding:UTF-8
def main():                                        # 主函数
    with open(file="d:\\info.txt", mode="r") as file:   # 创建文件对象
        val = file.readline()                      # 读取一行数据
        while val:                                 # 数据不为空则继续读取
            print(val, end="")                     # 输出每行数据
            val = file.readline()                  # 继续读取下一行
if __name__ == "__main__":                         # 判断程序执行名称
    main()                                         # 调用主函数
```

程序执行结果：

沐言优拓：www.yootk.com

多行数据都可以读取出来，显示略

本程序使用只读模式 r 打开了文件，随后使用 while 循环和 readline()方法获取并输出该文件中的每一行内容。

 提示：文件操作对象支持迭代操作

当获取了一个文件对象并且需要得到里面全部内容时，可以直接对文件对象进行迭代，这样每次迭代都会获取一行数据（以 "\n" 作为读取分隔符），实现代码如下所示。

实例：迭代文件对象读取全部数据

```python
# coding:UTF-8
def main():                                      # 主函数
    with open(file="d:\\info.txt", mode="r") as file:    # 创建文件对象
        for line in file:                        # 迭代文件对象
            print(line, end="")                  # 输出读取数据
if __name__ == "__main__":                       # 判断程序执行名称
    main()                                       # 调用主函数
```

程序执行结果：

沐言优拓：www.yootk.com

多行数据都可以读取出来，显示略

本程序直接进行文件对象迭代，利用循环读取文件中的每行数据内容。

16.1.3　随机读取

视频名称	1603_随机读取
课程目标	掌握
视频简介	为了便于数据读取，IO 流内部一般都会提供数据读取的操作指针，Python 针对文件对象提供了 seek()指针定位操作。本课程通过具体的实例讲解了文件定位操作的要求以及定位读取的功能实现。

在使用文件对象读取数据时，Python 也提供了对数据随机读取的操作支持，即可以利用 seek()函数进行数据读取索引的定位，而后再利用 read()方法读取指定长度的文件内容，在每一次读取时也可以通过 tell()方法获取当前的位置。随机读取操作的具体方法定义如表 16-4 所示。

表 16-4　随机读取操作方法

序　号	方　法	描　述
1	def seek(self, offset: int, whence: int = 0)	设置文件读取位置标记，该方法可以接收两个参数。 ➦ offset：读取偏移量（字节数） ➦ whence：可选参数，默认值为 0。offset 参数表示要从哪个位置开始偏移：0 代表从文件开头开始，1 代表从当前位置开始，2 代表从文件末尾开始
2	def seekable(self)	判断是否可以偏移
3	def tell(self)	获取当前文件标记

在进行文件随机读取操作中，如果要想准确实现数据的随机读取，则一定要对数据保存的长度进行限制。例如，本次将保存多组数据，每组数据包含有姓名（长度为 10 位）和年龄（长度为 4 位）。数据存储结构如图 16-1 所示。

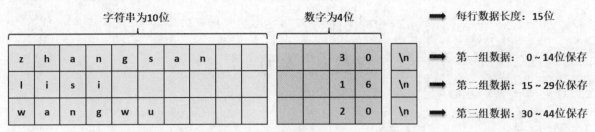

图 16-1　数据保存

为了保证每组数据长度一致，可以使用字符串函数对缺少的位数补充空格；同时为了方便数据存储，字符串采用左对齐（右面补充空格），数字采用右对齐（左边补充空格）；为了便于浏览，在每行数据之后都追加有一个换行符"\n"。下面首先实现文件数据的存储。

实例：按照数据长度写入数据文件

```python
# coding:UTF-8
NAMES = ("zhangsan", "lisi", "wangwu")          # 定义一个姓名常量元组
AGES = (30, 16, 20)                             # 定义一个年龄常量元组
def main():                                     # 主函数
    with open(file="d:\\info.txt", mode="a") as file:   # 打开操作文件
        for foot in range(len(NAMES)):          # 循环元组获取数据
            content = "{name:<10}{age:>4}\n".format(    # 姓名 10 位，年龄 4 位，不够补充空格
                name=NAMES[foot], age=AGES[foot])       # 为数据设置长度
            file.write(content)                 # 写入数据内容
if __name__ == "__main__":                      # 判断程序执行名称
    main()                                      # 调用主函数
```

程序执行结果：

```
info.txt - 记事本
文件(F)  编辑(E)  格式(O)  查看(V)  帮助(H)
zhangsan    30
lisi        16
wangwu      20
```

本程序利用元组的形式定义了本次操作之中要向文件内部保存的姓名和年龄数据，由于需要进行随机读写的操作，那么在进行内容设置的同时就必须为数据设置保存长度，本次设置的姓名长度为 10（姓名数据采用左对齐的模式），年龄长度为 4（年龄数据采用右对齐的模式）。当有了准确的数据长度之后，就可以方便地进行数据内容的随机读取操作。

实例：随机读取数据

```python
# coding:UTF-8
def main():                                     # 主函数
    with open(file="d:\\info.txt", mode="r") as file:   # 打开操作文件
        file.seek(15)                           # 调整位置，读取第二行数据
        # tell()可以获取当前的操作位置（本次为每行的最后一个换行符）
        print("【第二行数据】当前位置：%s，姓名：%s，年龄：%d" % (
            file.tell(), file.read(10).strip(), int(file.read(5))))  # 信息输出
        file.seek(0)                            # 调整位置，读取第一行数据
        print("【第一行数据】当前位置：%s，姓名：%s，年龄：%d" % (
```

```
        file.tell(), file.read(10).strip(), int(file.read(5))))          # 信息输出
    file.seek(30)                                                  # 调整位置，读取第三行数据
    print("【第三行数据】当前位置：%s，姓名：%s，年龄：%d" % (
        file.tell(), file.read(10).strip(), int(file.read(5))))          # 信息输出
if __name__ == "__main__":                                        # 判断程序执行名称
    main()                                                         # 调用主函数
```
程序执行结果：
【第二行数据】当前位置：15，姓名：lisi，年龄：16
【第一行数据】当前位置：0，姓名：zhangsan，年龄：30
【第三行数据】当前位置：30，姓名：wangwu，年龄：20

本程序利用了 seek()函数实现了对数据读取位置的更改，通过这种方式每一次进行数据读取时，用户都可以随机修改读取位置以读取不同数据行的内容。本次数据的读取操作流程如图 16-2 所示。

图 16-2　随机读取流程

使用随机读取最大的好处在于可以方便地对指定范围内数据进行读取。如果此时要处理的文件数据量较大，则可以利用 seek()函数随机读取的特点并结合 yield 关键字，将每次读取到的部分数据返回后再处理，这样就可以避免因文件过大而造成内存资源过多占用的问题。具体操作如图 16-3 所示。

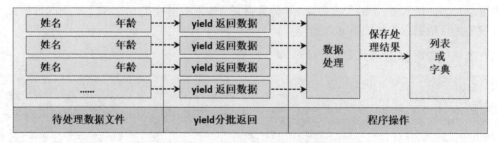

图 16-3　使用 yield 并结合 seek()读取处理数据

实例： 使用 yield 结合 seek()分批读取数据并统计所有人员的平均年龄

```
# coding:UTF-8
NAME_LENGTH = 10                                                  # 姓名数据的保存长度
```

```
READ_LENGTH = 5                                      # 设置每次读取数据的个数
line_count = 0                                        # 保存数据读取的行数
def get_age():                                        # 数据获取函数
    seek_offset = 0                                   # 当前的偏移量
    with open(file="d:\\info.txt", mode="r") as file: # with 管理
        while True:                                   # 持续进行数据读取
            file.seek(seek_offset + NAME_LENGTH)      # 设置读取位置
            data = file.read(READ_LENGTH)             # 读取年龄数据
            if data:                                  # 如果数据存在
                global line_count                     # 引用全局变量
                line_count = line_count + 1           # 数据行统计数量加 1
                seek_offset = file.tell()             # 修改当前文件偏移量
                yield int(data)                       # 返回读取到的数据等待处理
            else:                                     # 数据全部读取完毕
                return                                # 结束函数调用
def main():                                           # 主函数
    sum = 0;                                          # 保存总年龄数据
    for age in get_age():                             # 通过生成器获取数据
        sum = sum + age                               # 保存每一次读取到的年龄数据
    print("一共读取了%d 条数据信息，用户平均年龄为：%3.2f" %
        (line_count, sum / line_count))               # 信息输出
if __name__ == "__main__":                            # 判断程序执行名称
    main()                                            # 调用主函数
```
程序执行结果：
一共读取了 3 条数据信息，用户平均年龄为：22.00

　　本程序的主要功能是针对给出的数据实现了一个平均年龄的统计操作，在本程序处理过程中，考虑到读取的文件数量有可能较大，并没有一次性地将全部数据读取进来，而是利用了 seek()方法定位的形式读取年龄范围的数据内容，同时将每一次读取到的数据利用 int()转换为整型后返回给外部程序进行累加处理，全部读取完成后利用除法计算的形式获取了用户的平均年龄。

16.1.4　文件编码

视频名称	1604_文件编码	
课程目标	掌握	
视频简介	计算机世界中最为基础的编码就是 0 和 1，而后在此基础上开发出了更加丰富的编码集，长期的发展过程中形成了不同的编码集。本课程介绍了常用的几种计算机编码，同时通过代码讲解了编码与解码操作以及乱码问题。	

　　在计算机的世界中，所有的显示文字都是按照一定的数字编码进行保存的，在以后进行程序的开发之中，会经常见到一些常见的编码，具体如下。

▶ **ISO 8859-1**：是一种国际通用单字节编码，最多只能表示 0～255 的字符范围，主要在英文传输中使用。

▶ **GBK / GBK2312**：中文的国标编码，专门用来表示汉字，是双字节编码，其中 GBK 可以表示简体中文和繁体中文，而 GB2312 只能表示简体中文，GBK 兼容 GB2312。

▶ **UNICODE**：十六进制编码，可以准确地表示出世界上任何的文字信息，但是需要较大的存储

空间。

➥ **UTF 编码：** 由于 UNICODE 容易占用过多的存储空间，即使英文字母也需要使用两个字节编码，
不便于传输和存储，因此产生了 UTF 编码。UTF 编码兼容了 ISO 8859-1 编码，同时也可以用
来表示所有的语言字符，不过 UTF 编码是不定长编码，每一个字符的长度从 1～6 个字节不等，
一般在中文网页中较为常用的是 UTF-8 编码，因为这种编码既可以节省空间又可以准确地描述
文字信息。

提示：关于 ANSI 编码

如果开发者使用的是 Windows 系统，则默认采用的编码形式为 ANSI，这一点可以直接通过 Windows 命令行
工具提供的 chcp 命令查看。

实例： 查看 Windows 当前系统

```
chcp
程序执行结果：
活动代码页：936（即为 GBK 编码）
```

此时返回的是 GBK 编码，但是这种编码处理比较麻烦，一般不适合于代码编写，所以在 Windows 上编写代
码时如果采用了 UTF-8 编码，则通过命令行方式执行时就有可能出现无法正确执行的问题。

在 Python 中，由于所有的文字信息都可以使用字符串进行定义，那么使用者也可以直接利用字符串
中提供的 encode()函数在程序上执行编码的转换。

实例： 观察编码转换（本次采用 GBK 编码处理）

```
# coding:UTF-8
def main():                                                     # 主函数
    message = "沐言优拓 - 李兴华".encode("GBK")# 使用"GBK"编码
    print("编码后的数据类型：%s" % type(message))                # 获取变量类型
    print(message)                                              # 输出编码后的信息
if __name__ == "__main__":                                      # 判断程序执行名称
    main()                                                      # 调用主函数
程序执行结果：
编码后的数据类型：<class 'bytes'>
b'\xe3\xe5\xd1\xd4\xd3\xc5\xcd\xd8 - \xc0\xee\xd0\xcb\xbb\xaa'
```

此时的程序将一个默认的字符串利用 encode()方法转换成 GBK 的编码内容（编码转换之后的数
据类型为字节数组）。同理，如果现在需要对已编码的文本进行解码操作，可以直接使用 decode()方
法完成。

```
# coding:UTF-8
def main():                                                     # 主函数
    message = "沐言优拓 - 李兴华".encode("GBK")                   # 使用 GBK 编码
    print(message.decode("GBK"))                                # 解码操作
if __name__ == "__main__":                                      # 判断程序执行名称
    main()                                                      # 调用主函数
程序执行结果：
沐言优拓 - 李兴华
```

本程序利用 decode()方法对 GBK 编码的字节数组进行了解码操作，只要编码和解码的类型相同就可以得到正确的数据内容。

 提问：如何获取当前默认编码？

以上的程序是通过指定的编码类型进行的数据处理，但是在实际开发中，我们该如何知道当前系统的默认编码？

 回答：使用 chardet 第三方组件。

在使用 encode()方法编码的过程中，如果没有设置任何的编码信息，则会使用当前的默认编码对数据内容进行处理；而对于获取到的二进制数据，就可以直接通过 chardet 这样的第三方组件获取编码信息。

实例：获取当前默认编码信息

```
# coding:UTF-8
import chardet                              # 第三方组件
def main():                                 # 主函数
    message = "沐言优拓 - 李兴华".encode()    # 使用默认编码
    print(chardet.detect(message))          # 检测当前编码
if __name__ == "__main__":                  # 判断执行名称
    main()                                  # 调用主函数
```
程序执行结果：
```
{'encoding': 'utf-8', 'confidence': 0.505, 'language': ''}
```

为了获取默认编码的信息，本程序导入了一个第三方组件，并且利用 chardet.detect()方法获取了指定字节数据的编码信息，由于本程序在使用 encode()方法时并没有设置具体的编码类型，所以会采用默认的 UTF-8 编码。

在程序中如果没有正确处理字符的编码，则就有可能出现乱码问题。假设本机的默认编码是 GBK，但在程序中使用了 UTF-8 编码，则会出现字符的乱码问题，如图 16-4 所示。就好比两个人交谈，一个人说的是中文，另外一个人说的是其他语言，如果语言不同，则肯定无法正确沟通。

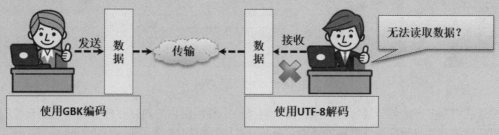

图 16-4　乱码产生分析

在开发中如果要避免乱码的产生，则让程序的编码与本地的默认编码保持一致就可以了，而开发中使用最广泛的编码为 UTF-8。

在实际项目开发过程中，为了方便文件数据的正确解读，一般建议统一使用 UTF-8 编码，这样只需要在打开操作文件时利用 encoding 参数配置即可。

实例：设置文件保存编码

```
# coding:UTF-8
def main():                                                          # 主函数
```

```
    with open(file="d:\\info.txt", mode="w", encoding="UTF-8") as file:    # 定义文件编码
        file.write("沐言优拓：www.yootk.com")                               # 写入文件
if __name__ == "__main__":                                                  # 判断执行名称
    main()                                                                  # 调用主函数
```

本程序在文件打开时直接使用 encoding 设置了操作的编码为 UTF-8，这样在进行写入时就会使用 UTF-8 编码对数据内容进行编码处理。

16.1.5 文件缓冲

视频名称	1605_文件缓冲
课程目标	掌握
视频简介	项目开发中一定会面临大规模的 IO 数据的写入操作，为了减少频繁的磁盘输入和输出操作所造成的性能低的问题，可以设置不同的输出缓存。本课程讲解了 Python 中缓存的分类、开启以及缓存清空操作。

在使用 open()函数创建文件的时候可以直接使用 write()方法进行写入，而在写入的过程中，是 Python 程序调用了 CPU 中的数据写入指令，而后 CPU 会将内容直接写入存储终端，但是如果每一次写入的数据量很小，那么就会造成 IO（Input 与 Output 的简写）性能的严重浪费。此时可以考虑将要写入的内容通过一定的算法先保存在内存缓冲区中，随后将缓冲区中的数据一次性写入磁盘，这样就可以提高 IO 性能，如图 16-5 所示。

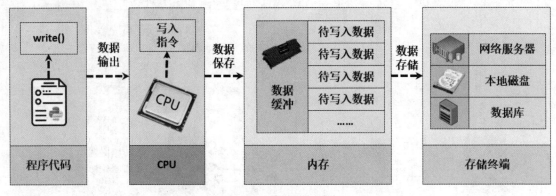

图 16-5 数据写入缓冲

缓冲是在内存中开辟的一块特殊区域，是针对某一个进程提供的内存存储空间，通过合理的缓冲操作可以提升数据写入与数据读取操作的性能，是在开发中常用的技术手段。在 Python 中每当使用 open() 函数创建操作文件对象时都可以通过 buffering 实现缓冲的配置。根据 buffering 设置内容的不同，缓冲区又分为以下 3 种。

- ❧ **全缓冲（buffering 内容大于 1）**：当标准 IO 缓存被填满后才会进行真正 IO 操作，全缓冲的典型代表就是对磁盘文件的读写操作。
- ❧ **行缓冲（buffering 设置为 1）**：在 IO 操作中遇见换行符时才执行真正的 IO 操作。例如：在使用网络聊天工具时所编辑的文字在没有发送前是不会进行 IO 操作的。
- ❧ **不缓冲（buffering 设置为 0）**：直接进行终端设备的 IO 操作，数据不经过缓冲保存。例如：当程序发生错误时希望可以立即将错误信息显示给用户，那么此时就不需要进行缓存的设置。需要注意的是，只有二进制文件可以设置为 0，而普通的文本文件不可以设置为 0。

实例：设置行缓冲（如表 16-5 所示）

表 16-5　设置行缓冲

No.	操　　作	代　　码
步骤 1	打开操作文件，由于采用写入模式，所以此时已有的文件内容会被删除	file = open(file="d:\\info.txt", mode="w", encoding="UTF-8", buffering=1)
步骤 2	写入数据，但是不换行，由于缓冲区的存在，所以该数据不会被保存在文件中	file.write("沐言优拓：www.yootk.com")
步骤 3	写入换行数据实现真正 IO 操作	file.write("\n")

为了方便读者观察缓冲区的操作效果，本程序只能够利用交互界面的形式完成，由用户写入换行符，实际上内容不会真正地保存到文件之中。

> **注意：缓冲清空**
>
> 在进行文件缓冲处理的过程中，如果现在使用者没有输出换行符 file.write("\n")，则当使用 file.close() 方法关闭文件时也会自动进行缓冲区的刷新；而对于不能关闭的文件同时又使用到了缓冲区的操作，可以通过 file.flush() 方法进行缓冲区的强制清空处理，这一点读者可以自行实验。

16.2　os 模 块

视频名称	1606_os 模块简介
课程目标	掌握
视频简介	为了方便系统操作，Python 提供了 os 模块，该模块可以与操作系统进行交互。本课程介绍了 os 模块的相关操作方法，同时使用 os 模块实现了对操作系统命令的调用。

在 Python 中如果要想与操作系统进行交互，则可以通过 os（Operation System）模块完成，在 os 模块提供有方便的系统命令操作方法，这样开发者就可以直接通过 Python 程序进行操作系统的功能调用。os 模块的基本操作方法如表 16-6 所示。

表 16-6　os 模块的基本操作方法

序　号	方　　法	描　　述
1	getcwd()	获取当前的工作目录
2	chdir(path)	修改工作目录
3	system()	执行操作系统命令
4	popen(cmd, mode="r", buffering=-1)	开启一个命令管道，方法中参数作用如下。 ➥　cmd：要执行的程序命令 ➥　mode：操作权限模式，可以是 r 或 w ➥　buffering：设置缓冲大小，0 表示不缓冲，1 表示行缓存，大于 1 表示全缓冲
5	symlink(src, dst)	创建软链接
6	link(src, dst)	创建硬链接

在 os 模块中提供有 system() 方法，利用此方法可以直接在程序中执行操作系统中提供的相关处理命令（相当于启动了一个 Shell 子进程）。例如：通过程序创建目录、删除文件等操作。下面将使用此方法在 Windows 系统的磁盘中创建一个 hello 子目录。

实例： 利用 Windows 的 md 命令创建子目录

```
# coding:UTF-8
import os                                          # 模块导入
def main():                                        # 主函数
    os.chdir("d:/")                                # 切换的操作目录
    os.system("md hello")                          # 创建目录
    print("在%s 路径中创建 hello 子目录。" % os.getcwd())  # 获取当前工作目录
if __name__ == "__main__":                         # 判断执行名称
    main()                                         # 调用主函数
程序执行结果：
在 d:\路径中创建 hello 子目录。
```

本程序利用 os 模块中的 system() 方法直接启动了一个新的进程，并执行了本地系统中提供的 md 命令（如果是在 Linux 下创建目录，则可以使用 mkdir hello 的命令形式）。

> **提示：进程关闭操作**
>
> 　　在 os 模块中提供有 kill() 方法，可以根据编号直接杀死指定的进程，但是通过 os.system() 方法启动的进程是无法获取进程编号的，此时可以采用 psutil 模块并利用迭代判断的形式获取进程编号。如果在 Linux 下可以直接使用 os.system("killall 程序名称") 的形式执行系统命令。

除了可以执行系统指令之外，也可以利用 os 模块中的 popen() 方法调用本地命令。如果该操作需要返回数据，则可以直接使用读模式的方式进行接收。

实例： 读取 echo 命令执行结果

```
# coding:UTF-8
import os                                                                      # 模块导入
def main():                                                                    # 主函数
    fd = os.popen(cmd="echo 沐言优拓：www.yootk.com", mode="r", buffering=1)    # 获取文件对象
    val = fd.readline()                                                        # 读取一行数据
    while val:                                                                 # 数据不为空，则继续读取
        print(val, end="")                                                     # 输出每行数据
        val = fd.readline()                                                    # 继续读取数据
if __name__ == "__main__":                                                     # 判断执行名称
    main()                                                                     # 调用主函数
程序执行结果：
沐言优拓：www.yootk.com
```

本程序通过 Python 执行系统中的 echo 指令，由于 echo 执行会返回数据，所以采用了读模式，随后利用文件对象实现了信息的读取。

为了方便使用，系统往往都会为一些目录或程序设置一些快捷链接的处理操作，在 os 模块里面为了便于系统管理，也提供有链接的创建方法。下面实现一个软链接的定义。

> **提示：系统创建软链接命令**
>
> 　　在实际系统管理的过程之中，软链接是一种较为常用的技术手段，软链接类似于 Windows 系统中的快捷方式，可以方便地找到目标路径。下面列出了在 Windows 和 Linux 中软链接的创建命令。

➥ Windows 系统：创建 d:\yootk 的软链接并指向 D:\Python\Python37-32\路径。

```
mklink /J d:\yootk D:\Python\Python37-32\
```

➥ Linux 系统：创建 "/yootk" 的软链接并指向 "/usr/local/python" 路径。

```
ln -s /usr/local/python/ /yootk
```

使用软链接可以非常方便地实现数据存储路径的控制，有兴趣的读者可以自行研究相关概念。

实例：创建软链接

```
# coding:UTF-8
import os                                      # 模块导入
def main():                                    # 主函数
    src_path = "D:\Python\Python37-32"         # 定义数据源路径
    dst_path = "d:\yootk"                      # 定义数据目标路径
    os.symlink(src_path, dst_path)             # 创建软链接
if __name__ == "__main__":                     # 判断执行名称
    main()                                     # 调用主函数
```

本程序利用 os 模块实现了软链接的定义，当程序执行完毕后就可以利用 d:\yootk 快捷链接访问 Python 程序路径。

16.2.1　os.path 子模块

视频名称	1607_os.path 子模块
课程目标	掌握
视频简介	文件 IO 操作中，除了考虑核心的读写功能之外，还需要更多地考虑不同操作系统之间的路径适应问题，为了解决跨平台的路径统一操作，Python 提供了 os.path 模块。本课程讲解了如何利用此模块实现路径的定义与路径信息的获取。

在 os 模块中提供有一个 os.path 的子模块，该模块的主要功能是进行路径的处理操作，可以根据一个路径获取该路径对应的父目录和子文件的信息，也可以对给定路径的类型进行判断。os.path 模块中提供的常用方法如表 16-7 所示。

表 16-7　os.path 模块提供的常用方法

序　号	方　法	描　述
1	abspath(path)	获得绝对路径
2	basename(path)	获得文件名称
3	dirname(path)	返回父路径
4	exists(path)	判断路径是否存在
5	expanduser(path)	将路径中包含的 "~" 更换为用户目录
6	getatime(path)	返回最近访问时间
7	getmtime(path)	返回最近一次修改时间
8	getctime(path)	返回创建时间
9	getsize(path)	返回文件大小

续表

序 号	方 法	描 述
10	isabs(path)	判断给定路径是否为绝对路径
11	isfile(path)	判断给定路径是否为文件
12	isdir(path)	判断给定路径是否为目录
13	islink(path)	判断给定路径是否为链接
14	ismount(path)	判断给定路径是否为挂载点
15	join(path1[, path2[, …]])	路径合并
16	normcase(path)	规范化给定路径中的大小写和斜杠
17	normpath(path)	规范化给定路径
18	realpath(path)	返回给定路径的真实路径
19	samefile(path1, path2)	判断两个路径是否相同
20	split(path)	将路径分隔为 dirname 和 basename 元组

在进行路径处理的过程中，用户可以直接使用相对路径或绝对路径进行定义，使用相对路径时是从当前目录中进行定位的，可以直接通过 abspath() 方法获取绝对路径，每一个操作路径一般都会有父路径与子路径的定义，这些信息也可以直接通过 dirname() 与 basename() 两个方法获得。

实例：获取路径信息

```python
# coding:UTF-8
import os, time, datetime                                    # 模块导入
PATH = "d:\yootk.jpg"                                         # 文件路径
def main():                                                   # 主函数
    if os.path.exists(PATH):                                  # 判断路径是否存在
        print("绝对路径：%s" % os.path.abspath(PATH))          # 信息输出
        print("父路径：%s" % os.path.dirname(PATH))            # 信息输出
        print("文件名称：%s" % os.path.basename(PATH))         # 信息输出
        print("文件大小：%s" % os.path.getsize(PATH))          # 信息输出
        print("当前路径是否为文件：%s" % os.path.isfile(PATH))  # 信息输出
        print("当前路径是否为目录：%s" % os.path.isdir(PATH))   # 信息输出
if __name__ == "__main__":                                   # 判断执行名称
    main()                                                    # 调用主函数
```

程序执行结果：

绝对路径：d:\yootk.jpg
父路径：d:\
文件名称：yootk.jpg
文件大小：298087
当前路径是否为文件：True
当前路径是否为目录：False

本程序采用了绝对路径的形式进行操作文件的定义，随后在程序执行中分别利用 os.path 模块中提供的方法获取了路径的相应信息以及路径类型的判断。

提示：获取用户根目录

在使用 Linux 系统操作时，往往会通过 "cd~" 实现用户根路径的切换，所以在 os.path 模块内部提供了一个 expanduser()方法，使用该方法可以方便地找到当前所在系统的用户根路径。

实例：找到用户根路径

```python
# coding:UTF-8
import os                                              # 模块导入
def main():                                            # 主函数
    print("未格式化路径：%s" % os.path.expanduser("~/yootk/logo.jpg")) # 信息输出
    print("格式化路径：%s" % os.path.normpath(
            os.path.expanduser("~/yootk/logo.jpg")))   # 信息输出
if __name__ == "__main__":                             # 判断执行名称
    main()                                             # 调用主函数
```

程序执行结果：

未格式化路径：C:\Users\yootk/yootk/logo.jpg
格式化路径：C:\Users\yootk\yootk\logo.jpg

本程序通过了 expanduser()方法将给定路径中的 "~" 更换为用户工作目录，由于是在 Windows 系统下执行的（可以通过 os.name 变量确定当前使用的操作系统名称，如果是 Windows 系统则返回 nt 信息），所以此时的路径为 C 盘下的用户路径。在进行路径处理时，为了便于路径的标准定义，也可以使用 normpath()对给定路径进行格式化处理，利用该方法可以方便地解决不同操作系统中路径分隔符不同的问题（也可以使用 os.path.seq 变量来代替路径分隔符）。

所有的文件除了路径和大小之外，实际上自身还带有时间戳的信息，例如：创建时间或修改时间，而这些时间戳的信息获取也可以直接通过 os.path 模块提供的方法完成。

实例：获取文件时间戳信息

```python
# coding:UTF-8
import os, time, datetime                              # 模块导入
PATH = "d:\yootk.jpg"                                  # 文件路径
def main():                                            # 主函数
    if os.path.exists(PATH):                           # 如果给出的不是绝对路径，则列出绝对路径
        # 获得的文件创建时间为浮点数据类型，所以需要将其进行格式化处理才可以得到正确的日期时间信息
        print("文件创建时间：%s" % datetime.datetime.strptime(
            time.ctime(os.path.getctime(PATH)), "%a %b %d %H:%M:%S %Y")) # 信息输出
        print("最近修改时间：%s" % datetime.datetime.strptime(
            time.ctime(os.path.getmtime(PATH)), "%a %b %d %H:%M:%S %Y")) # 信息输出
if __name__ == "__main__":                             # 判断执行名称
    main()                                             # 调用主函数
```

程序执行结果：

文件创建时间：2015-03-12 15:39:52
最近修改时间：2020-02-14 14:13:49

本程序获取了指定文件的创建和修改时间，由于返回的数据类型为浮点型的时间戳数据，所以要想正常显示，则需要通过 datetime 和 time 模块中提供的方法进行格式化显示。

Python 程序本身具有跨平台的操作特点，所以在使用过程中，由于文件路径分隔符在不同的操作系统中而有所区分。为了解决这样的设计问题，在定义操作路径时，建议使用表 16-8 所示 os.path 模块提供的路径变量来进行访问路径的拼凑处理。

表 16-8　os.path 模块提供的路径变量

序　号	变　　量	描　　述
1	curdir	表示当前文件夹 "."，一般可以省略
2	pardir	上一层文件夹，例如：""
3	sep	获取系统路径分隔符号，例如：Windows 为 "\"、Linux 为 "/"
4	extseq	获取文件名称和后缀之间的间隔符号 "."

实例：使用 os.path 路径变量

```
# coding:UTF-8
import os                                                    # 模块导入
# Windows 和 Linux 的文件后缀分隔符均为"."，所以即便不使用"extsep"，也没有任何问题
PATH_A = "d:" + os.path.sep + "yootk" + os.path.extsep + "jpg"    # 文件路径
PATH_B = "d:" + os.path.sep + "yootk.jpg"                    # 文件路径
def main():                                                  # 主函数
    if os.path.samefile(PATH_A, PATH_B):                    # 文件路径相同判断
        print("两个不同的路径指向了同一个文件。")               # 提示信息
if __name__ == "__main__":                                  # 判断执行名称
    main()                                                   # 调用主函数
程序执行结果：
两个不同的路径指向了同一个文件。
```

本程序重点的操作在于 os.path.sep 路径分隔符的使用，由于不同操作系统路径分隔符有不同的定义，所以，这样的路径定义才可以方便地实现跨平台的开发要求。

16.2.2　目录操作

	视频名称	1608_目录操作
	课程目标	掌握
	视频简介	操作系统中通过目录可以实现文件资源的统一管理，在 os 模块中提供了目录相关的操作方法，可以实现目录的创建、删除、列表等功能。本课程通过一些实例的程序代码分析了目录的相关操作。

为了规范化文件的存储，在操作系统中往往会将不同类型的文件保存在不同的目录中，如果要想实现磁盘目录的操作，只能够通过 os 模块提供的方法来完成。这些方法如表 16-9 所示。

表 16-9　os 目录操作方法

序　号	方　　法	描　　述
1	listdir(path)	列出当前目录中的所有子路径（单级）
2	mkdir(path, mode)	创建单级目录

续表

序　号	方　　法	描　　述
3	makedirs(name, mode=0o777, exist_ok=False)	创建多级目录
4	rename(src, dst)	为目录或文件进行重命名
5	remove(path)	删除当前目录
6	removedirs(path)	删除目录
7	walk(path)	列出指定目录中的内容结构

当项目运行在生产环境中时，经常会产生大量的文件，这个时候往往会根据文件功能的不同定义不同的目录。同时目录也有可能是多级的，那么此时最佳的做法就是使用 os.makedirs() 方法创建目录。可以直接使用 os.removedirs() 实现对目录的删除操作。

实例： 创建与删除目录

```
# coding:UTF-8
import os                                              # 模块导入
# os 模块中也存在有 sep 系统分隔符变量，与 os.path 子模块定义的系统分隔符相同，开发者可以随意使用
PATH = "d:" + os.sep + "yootk" + os.path.sep + "hello" + os.path.sep + "message"  # 路径
def main():
    if not os.path.exists(PATH):                       # 目录不存在
        os.makedirs(PATH)                              # 创建多级目录
    else:                                              # 目录存在
        os.removedirs(PATH)                            # 删除指定目录及相关子目录
if __name__ == "__main__":                             # 判断执行名称
    main()                                             # 调用主函数
```

本程序演示了一个多级目录的创建与删除操作，当指定路径存在时，则直接进行目录的删除，如果不存在，则进行目录的创建。本程序的操作流程如图 16-6 所示。

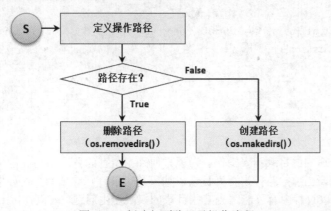

图 16-6　创建与删除目录操作流程

在 os 模块中提供有 listdir() 方法，利用该方法可以列出指定目录中所有子路径，但是该方法只能够列出单级路径的内容，如果要想列出所有嵌套子路径的信息，则可以采用递归的形式操作。操作流程如图 16-7 所示。

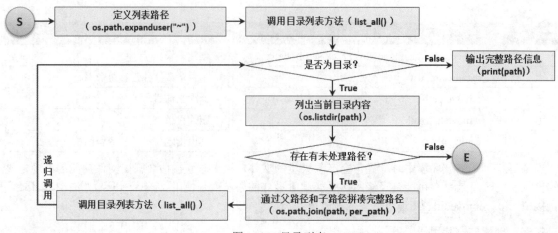

图 16-7　目录列表

实例：目录列表

```python
# coding:UTF-8
import os                                           # 模块导入
PATH = os.path.expanduser("~")                       # 用户目录
def main():                                          # 主函数
    list_all(PATH)                                  # 列出指定路径中的全部内容
def list_all(path):                                  # 列表函数
    """
        根据给定的路径判断类型，如果是目录，则继续列出子目录的相关信息
        :param path 要进行列出的路径（必须是一个完整路径）
    """
    if os.path.isdir(path):                          # 给定的路径为目录
        try:                                         # 捕获有可能产生的异常
            for per_path in os.listdir(path) :       # 目录列表
                list_all(os.path.join(path, per_path)) # 递归列出，通过 os.path 整合完整路径
        except PermissionError as err :              # 防止某些目录无法列出所造成的权限异常
            pass                                     # 对于产生的异常不进行处理
    else:                                            # 如果不是目录，则路径为文件
        print(path)                                  # 文件直接列出
if __name__ == "__main__":                           # 判断执行名称
    main()                                           # 调用主函数
```

　　本程序实现了一个递归的目录列表操作，为了方便列出所有的目录结构，定义了一个 list_all()函数，该函数的主要功能是判断当前的路径是否为目录，如果是目录，则继续列出；如果不是目录，则直接输出完整路径。在目录列表过程中有可能因为某些目录的权限产生问题，所以使用 try…except 进行了异常处理。由于 listdir()方法只能够简单地获取子路径信息，所以在每一次迭代前都使用 os.path.join()方法拼凑出完整路径才可以继续向下列出。

> **提示：使用 os.walk()简化列表操作**
>
> 　　在进行目录列出的操作中，os 模块提供了一个非常简单的处理方法——walk()，此方法可以直接列出指定目录中的全部内容，同时会将所有的列出结果以元组对象的形式返回（内容包括路径、子目录列表、文件名称列表）。

实例：使用 walk()实现目录列表

```
# coding:UTF-8
import os                                          # 模块导入
DIR_PATH = "D:" + os.sep + "message"               # 列表目录
def main():                                         # 主函数
    for path, dirnames, filenames in os.walk(DIR_PATH):   # 列出目录的全部文件
        print("文件路径：%s、子目录列表：%s、子文件列表：%s" %
              (path, str(dirnames), str(filenames)))  # 信息输出
if __name__ == "__main__":                         # 判断执行名称
    main()                                          # 调用主函数
```

程序执行结果：

文件路径：D:\message、子目录列表：['test']、子文件列表：['happy.txt', 'hello.txt', 'yootk.txt']

文件路径：D:\message\test、子目录列表：[]、子文件列表：['happy.txt', 'hello.txt', 'yootk.txt']

通过本程序的执行结果可以发现，在使用 walk()方法列出目录时，可以对指定目录自动进行递归列表处理，并且列出了该目录的全部内容结构。

在目录的管理过程中，还存在有目录更名的操作，为此在 os 模块里提供了 rename()方法，该方法在设置好源路径和更名后的路径后即可实现目录更名处理。

实例：目录重命名

```
# coding:UTF-8
import os                                          # 模块导入
SRC_PATH = "d:" + os.sep + "yootk"                 # 定义源路径
DST_PATH = "d:" + os.sep + "李兴华"                 # 定义重命名路径
def main():                                         # 主函数
    if os.path.exists(SRC_PATH):                   # 目录存在
        os.rename(SRC_PATH, DST_PATH)              # 目录更名
if __name__ == "__main__":                         # 判断执行名称
    main()                                          # 调用主函数
```

本程序为了保证重命名操作的合理性，在名称修改之前利用了 os.path.exists()方法判断源路径是否存在，如果存在，则调用 os.rename()方法实现目录名称的修改。

16.2.3　授权管理

视频名称	1609_授权管理	
课程目标	掌握	
视频简介	为了磁盘文件的安全操作系统内部有权限的划分，在实际开发中，Python 除了可以作为常规的编程开发语言外，也可以实现自动化运维的开发，这样就需要与操作系统进行大量的交互，在 os 模块里面提供了授权管理的相关操作方法。本课程为读者讲解了授权的管理操作、权限描述以及权限和所有者变更操作的实现。	

现代操作系统中都存在有角色与权限的划分定义，利用这种机制可以决定某个用户对于某种文件或目录进行读、写、执行等操作的控制，这样就可以有效地实现系统安全的相关定义。

👨‍💼 **提示：关于操作系统的权限管理**

　　本次所讨论的系统权限是基于 Linux 系统进行讲解的，在 Linux 系统中使用 ll（Mac 系统使用 ls -l）命令可以清楚地发现目录中每一个文件、子目录或者链接都会有相应的权限信息，如图 16-8 所示。

```
root@yootk-server:/usr/local/jdk# ll
drwxr-xr-x  7 uucp  143     4096 Sep 19 10:56 ./
drwxr-xr-x 17 root  root    4096 Jul 10 18:02 ../
drwxr-xr-x  2 uucp  143     4096 Oct  6  2018 bin/
-r--r--r--  1 uucp  143     3244 Oct  6  2018 COPYRIGHT
drwxr-xr-x  3 uucp  143     4096 Oct  6  2018 include/
-rw-r--r--  1 uucp  143  5207154 Sep 12  2018 javafx-src.zip
drwxr-xr-x  5 uucp  143     4096 Oct  6  2018 jre/
```

图 16-8　目录列表

　　通过图 16-8 可以发现，在操作系统中的第一位描述的是文件类型，目录使用 d、文件使用-、链接使用 l，随后才是具体的权限定义（结构如图 16-9 所示）。需要提醒读者的是，这样的权限结构信息在 Windows 中并不明显，所以对于本次的讲解将通过 Linux 系统完成。

图 16-9　系统权限组成

　　在操作系统中的权限一共由 11 位组成，如图 16-9 所示，其中真正与用户权限有关的只有中间的 9 位，而这 9 位又分为三组，每一组表示一种权限集合。权限标记的作用如表 16-10 所示。

表 16-10　操作系统权限标记

序　号	标　记	数　值	二进制	描　　述
1	r	4	00000100	读取权限（read）。当前用户是否可以读取文件内容或浏览目录
2	w	2	00000010	写入权限（write）。当前用户是否可以创建或修改文件及目录内容
3	x	1	00000001	执行权限（execute）。当前用户可以执行文件或进入目录

　　根据表 16-10 所描述的权限标记，开发者可以任意组合使用。在 Linux 系统中可以直接使用 chmod 命令进行权限的定义，而在授权的时候往往会直接使用具体的数值来描述权限。常见的权限组合形式如表 16-11 所示。

表 16-11　常见权限组合形式

序　号	标记组合	数　值	描　　述
1	-rw-------	600	文件拥有者拥有读写权限
2	-rw-r--r--	644	文件拥有者拥有读写权限，所属用户组和其他用户只有读权限
3	-rw-rw-rw-	666	文件拥有者、所属用户组和其他用户都拥有读写权限
4	-rwx------	700	文件拥有者拥有读、写、执行权限，所属组和其他用户无权操作
5	-rwx--x--x	711	文件拥有者拥有读、写、执行权限，所属组和其他用户拥有执行权限
6	-rwxr-xr-x	755	文件拥有者拥有读、写、执行权限，所属组和其他用户拥有读和执行权限
7	-rwxrwxrwx	777	所有用户都拥有读、写、执行权限

根据表 16-11 所示的组合数值，如果一个用户需要对整个系统进行完全的授权管理，则可以通过如下的命令完成。

实例： 在 Linux 系统下对整个系统进行完全控制授权

```
chmod -R 777 /
```

其中给定的-R 参数描述的是对于给定路径的所有子目录也授予同样的权限。而除了这样的授权之外，在 Linux 下还可以通过 chown 命令将指定文件的所有者改为指定的用户或用户组，命令格式为：

```
chown [选项] [所有者][:[组]] 文件...
```

为了方便使用者通过程序实现文件或目录的权限管理，在 Python 的 os 模块里面，提供有相应的授权管理的操作方法（相当于提供了 chmod 和 chown 命令的调用支持），如表 16-12 所示，通过这些方法可以实现授权检测或者针对文件、目录、链接的授权操作。

表 16-12　授权操作方法

序　号	方　　法	描　　述
1	access(path, mode)	检测授权模式
2	chmod(path, mode)	修改权限，mode 可以设置数值，也可以设置如下常量内容。 stat.S_IXOTH：其他用户有执行权限（0o001） stat.S_IWOTH：其他用户有写权限（0o002） stat.S_IROTH：其他用户有读权限（0o004） stat.S_IRWXO：其他用户有全部权限（0o007） stat.S_IXGRP：组用户有执行权限（0o010） stat.S_IWGRP：组用户有写权限（0o020） stat.S_IRGRP：组用户有读权限（0o040） stat.S_IRWXG：组用户有全部权限（0o070） stat.S_IXUSR：拥有者有执行权限（0o100） stat.S_IWUSR：拥有者有写权限（0o200） stat.S_IRUSR：拥有者有读权限（0o400） stat.S_IRWXU：拥有者有全部权限（0o700） 如果要设置多个权限，则中间使用"|"分隔
3	chown(path, uid, gid)	更改路径所有者
4	fchmod(fd, mode)	修改文件权限
5	fchown(fd, uid, gid)	修改文件的所有权
6	lchmod(path, mode)	修改链接文件的权限
7	lchown(path, uid, gid)	更改链接文件所有者

为了便于读者理解权限变更的操作，本次将在/usr/local/src 目录中直接创建一个新的 info.txt 文本文件。为了简化操作，将直接利用系统中提供的 echo 命令将特定的内容保存在文本之中。

实例： 创建 info.txt 文件并观察默认权限

```
echo www.yootk.com >> /usr/local/src/info.txt
```

程序执行结果：

```
root@yootk-server:/usr/local/src# ll
drwxr-xr-x  2 root root 4096 Sep 19 14:42 ./
drwxr-xr-x 17 root root 4096 Jul 10 18:02 ../
-rw-r--r--  1 root root   14 Sep 19 14:41 info.txt
```

文件创建完成后可以发现，此时的文件权限数值为 644，并且该文件属于 root 用户所有（root 用户拥有该文件的读写操作权限）。下面通过 Python 程序将该文件的权限数值修改为 754。

实例：为文件授予 754 控制权限

```
# coding:UTF-8
import os, stat                                              # 模块导入
PATH = os.sep + "usr" + os.sep + "local" + os.sep + "src" + os.sep + "info.txt" # 操作路径
def main():                                                  # 主函数
    if os.path.exists(PATH):                                 # 文件存在
        if not os.access(PATH,754):                          # 当前权限不是 754，则授权
            os.chmod(PATH, stat.S_IRWXU | stat.S_IXGRP | stat.S_IRGRP | stat.S_IROTH) # 权限变更
if __name__ == "__main__":                                   # 判断执行名称
    main()                                                   # 调用主函数
```

本程序实现了一个文件授权的处理操作，当指定路径的文件存在并且没有 754 权限（也可以使用 stat 模块提供的常量来组合描述）时，则通过 os.chmod() 方法为路径的文件进行授权处理。

权限修改完成之后，如果此时要把 info.txt 文件的所有权交给 message 组中的 yootk 账户，那么就可以使用 chown 指令或 os.chown() 方法完成操作。

提示：在 Linux 下的操作命令

如果要想通过使用 os.chown() 方法进行操作，则还需为当前的 Linux 系统创建一个新的 message 用户组，同时为该组配置一个 yootk 的用户信息，具体操作步骤如下：

创建 message 用户组	groupadd message
添加 yootk 账户到 message 组	useradd -r -g message -s /bin/false yootk
更改 info 所有者	chown -R yootk:message /usr/local/src/info.txt

为方便读者理解，以上的代码给出了在 Linux 下的文件所有者的变更指令，而同样的操作也可以通过 Python 程序的执行来完成，而这个时候所操作的是用户 id 和用户组 id（不是字符串的名称），所以首先要确认好当前的用户组信息，可以使用 id 命令完成。

实例：查询 yootk 账户的 id 信息

```
id yootk
程序执行结果：
uid=998(yootk) gid=1001(message) groups=1001(message)
```

此时返回的信息结果为 yootk 的用户 id 即 998，message 用户组的 id 为 1001，而后在程序中就可以直接使用当前的 id 实现操作。

实例：更改文件所有者

```
# coding:UTF-8
import os                                                    # 模块导入
PATH = os.sep + "usr" + os.sep + "local" + os.sep + "src" + os.sep + "info.txt" # 操作路径
def main():                                                  # 主函数
    if os.path.exists(PATH):                                 # 文件存在
        # 998 为用户 yootk ID，1001 为用户组 message ID
        os.chown(PATH, 998, 1001)                            # 更改文件所有者
```

```
    if __name__ == "__main__":                            # 判断执行名称
        main()                                            # 调用主函数
```

程序执行结果：

```
root@yootk-server:/usr/local/src# ll
drwxr-xr-x  3 root    root      4096 Sep 19 11:42 ./
drwxr-xr-x 17 root    root      4096 Jul 10 18:02 ../
--wxrw--wT  1 yootk  message      14 Sep 19 11:42 info.txt*
```

本程序通过 os.chown()方法传入了用户 ID 和用户组 ID，当程序执行完成后可以发现 info.txt 文件的所有者已经由 root 账户变更为了 yootk 账户。

16.2.4　文件操作

视频名称	1610_文件操作
课程目标	掌握
视频简介	为了方便进行文件操作，os 模块提供了文件描述对象的创建操作，开发者可以利用文件对象方便地实现读写以及随机读的操作。本课程通过具体的程序代码演示了 os 模块对文件的操作。

在 Python 中可以直接利用 open()函数实现文件的操作，为了进一步规范文件的处理操作，在 os 模块中对文件处理定义了新的操作方法。操作方法如表 16-13 所示。

表 16-13　文件操作方法

序　号	方　　法	描　　述
1	open(file, flags[, mode])	获取一个 fd（文件描述对象），该方法中的参数作用如下。 ➥ file：文件路径。 ➥ flags：打开方式，有多个选项可以使用"|"分隔。 ➤ os.O_RDONLY：以只读的方式打开 ➤ os.O_WRONLY：以只写的方式打开 ➤ os.O_RDWR：以读写的方式打开 ➤ os.O_APPEND：以追加的方式打开 ➤ os.O_CREAT：创建并打开一个新文件 ➥ mode：stat 模块中定义的权限描述
2	write(fd, str)	向指定文件描述对象中写入字符串数据
3	read(fd, n)	从指定文件描述对象中读取指定长度的数据
4	lseek(fd, pos, how)	随机读写，参数作用如下。 ➥ fd：要操作的文件对象。 ➥ pos：索引位置。 ➥ how：位置计算模式，可以使用如下几种配置。 ➤ os.SEEK_SET：从文件开始位置计算（等价数值为 0） ➤ os.SEEK_CUR：从当前位置开始计算（等价数值为 1） ➤ os.SEEK_END：从结尾开始计算（等价数值为 2）
5	close(fd)	关闭文件描述对象
6	dup(fd)	复制文件描述符对象

在 os 模块中提供的所有文件操作方法都是基于文件描述对象（fd）的形式完成的，该对象可以通过 os.open()方法进行创建，在写入、跳转或读取的时候传入相应的 fd 对象即可完成文件操作。

实例： 创建并向文件写入数据

```
# coding:UTF-8
import os                                           # 模块导入
PATH = "d:" + os.sep + "info.txt"                   # 操作文件路径
def main():                                         # 主函数
    fd = os.open(PATH, os.O_RDWR | os.O_CREAT)      # 创建并以读写模式打开文件
    os.write(fd, "沐言优拓：www.yootk.com".encode("UTF-8"))  # 写入数据信息
    os.close(fd)                                    # 关闭文件流
if __name__ == "__main__":                          # 判断执行名称
    main()                                          # 调用主函数
```

本程序采用读写与创建的模式打开了 d:\info.txt 文件，这样即使文件不存在，也会自动进行创建，随后利用 os.write()方法向指定的 fd 对象中输出数据信息。除了可以写入数据之外，也可以使用 os.read()读取指定文件描述对象的数据。

实例： 随机读写文件内容

```
# coding:UTF-8
import os                                           # 模块导入
PATH = "d:" + os.sep + "info.txt"                   # 操作文件路径
def main():                                         # 主函数
    fd = os.open(PATH, os.O_RDWR | os.O_CREAT)      # 创建并以读写模式打开文件
    os.lseek(fd, 15, os.SEEK_SET)                   # 从文件开始位置计算偏移量
    content = os.read(fd,13).decode()               # 将读取到的二进制数据转为字符串
    print("文件中的网址路径为：%s" % content)           # 输出读取结果
    os.close(fd)                                    # 关闭文件流
if __name__ == "__main__":                          # 判断执行名称
    main()                                          # 调用主函数
```
程序执行结果：
文件中的网址路径为：www.yootk.com

本程序利用 os.lseek()方法实现了内部文件的读取定位（定位时需要考虑到中文占位长度问题），由于读取到的数据为二进制信息，所以需要使用 decode()方法进行解码处理后才可以获取正确的数据内容。

16.3　IO 功能模块

为了进一步方便用户对 IO 的处理操作，在 Python 中，除了原生提供的输入和输出功能之外，也有许多的第三方模块可以供用户使用。本节将讲解 fileinput、io、shutil、pickle 等模块的使用。

16.3.1　fileinput 模块

	视频名称	1611_fileinput 模块
	课程目标	掌握
	视频简介	为了统一文件的读取处理，提供了 fileinput 数据读取模块。本课程讲解了 fileinput 模块数据读取，并且结合 glob 模块实现了文件目录中所有文件的统一读取。

为了方便文件数据信息的读取，在 Python 中提供有 fileinput 模块，该模块可以对一个或多个文件的内容进行迭代读取操作，从而使不同的文件可以使用统一的方式进行操作。fileinput 模块中的常用操作函数如表 16-14 所示。

表 16-14　fileinput 模块常用函数

序　号	函　数	描　述
1	input(files=None, inplace=False, backup="", bufsize=0, mode="r", openhook=None)	返回一个可以直接用于迭代的输入对象，该函数中的参数作用如下。 ➥ files：读取文件的路径列表 ➥ inplace：是否将标准输出的结果写回文件 ➥ backup：备份文件的扩展名 ➥ bufsize：缓冲区大小 ➥ mode：读写模式 ➥ openhook：设置钩子函数　（回调处理）
2	filename()	返回当前操作的文件名称
3	lineno()	返回当前已经读取的数据行号（总的数据行数）
4	filelineno()	返回当前所在数据行号（每个文件读取的行数）
5	isfirstline()	检查当前是否为文件第一行
6	isstdin()	判断是否为 stdin（标准输入）中读取数据
7	close()	关闭输入流

在实际使用中，直接利用 fileinput.input()函数就可以根据设置的路径创建一个可迭代对象，在每次迭代时会自动进行文件内容的加载。需要注意的是，如果是中文文件，则需要保证编码的统一性；否则读取内容将会产生乱码。

实例： 使用 fileinput 模块读取文件

```
# coding:UTF-8
import os, fileinput                                              # 模块导入
PATH = "d:" + os.sep + "info.txt"                                 # 操作文件路径
def main():                                                       # 主函数
    # 使用 fileinput.input()函数加载要读取的文件，同时指定读取文件的编码为 UTF-8
    for data in fileinput.input(files=PATH, openhook=fileinput.hook_encoded("UTF-8")):
        print(data)                                               # 输出文件内容
    fileinput.close()                                             # 关闭文件
if __name__ == "__main__":                                        # 判断执行名称
    main()                                                        # 调用主函数
程序执行结果：
沐言优拓：www.yootk.com
沐言优拓：www.yootk.com
…（其他数据内容省略）
```

本程序使用 fileinput 模块提供的方法实现了指定文件内容的加载，由于该文件使用了 UTF-8 编码，所以在创建迭代对象时就必须通过 openhook 设置文件采用的编码，这样就可以保证每次读取到正确的数据信息。

 提问：如果要加载目录中的全部内容该如何处理？

现在假设有一个 d:\message 目录，里面保存有若干个*.txt 文件，如 hello.txt、yootk.txt、happy.txt，那么如何加载该目录下的全部文本数据？

 回答：可以通过 fileinput.input()配置路径列表，而某一目录下所有的路径列表可以使用 glob 模块处理。

此时在 d:\message 目录中由于所有的文件后缀名称都是*.txt，那么最简单的做法是使用正则匹配符的形式进行处理，而要想使用这种正则匹配符，则可以使用 glob 模块中提供的 glob()函数来完成文件列表的转换。

实例：批量读取目录中的文件数据

```python
# coding:UTF-8
import os, fileinput, glob                              # 模块导入
PATH = "d:" + os.sep + "message" + os.sep + "*.txt"     # 路径
def main():
    for data in fileinput.input(files=glob.glob(PATH),
        openhook=fileinput.hook_encoded("UTF-8")):
            print("文件名称：%s，数据行号：%d，文件内容：%s" %
            (fileinput.filename(), fileinput.lineno(), data))
    fileinput.close()                                   # 关闭文件
if __name__ == "__main__":                              # 判断执行名称
    main()                                              # 调用主函数
```
程序执行结果：
文件名称：d:\message\happy.txt，数据行号：1，文件内容：沐言优拓：www.yootk.com
文件名称：d:\message\hello.txt，数据行号：2，文件内容：沐言优拓：www.yootk.com
文件名称：d:\message\yootk.txt，数据行号：3，文件内容：沐言优拓：www.yootk.com

本程序通过 glob.glob()函数将指定路径通过通配符转为了一个文件列表，随后将此文件列表直接传入了 fileinput.input()函数中，这样就可以采用统一的形式加载全部文件内容。

16.3.2　io 模块

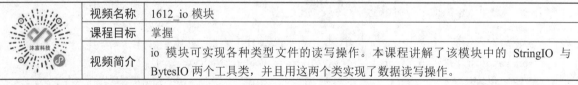

视频名称	1612_io 模块
课程目标	掌握
视频简介	io 模块可实现各种类型文件的读写操作。本课程讲解了该模块中的 StringIO 与 BytesIO 两个工具类，并且用这两个类实现了数据读写操作。

为了方便各种数据的 IO 操作，在 Python 中提供有 io 模块，利用此模块可以方便地处理文本数据、二进制数据，在 io 模块内部提供有方便的内存 IO 操作类，可以使用 StringIO 类操作字符串数据，或者使用 BytesIO 类操作字节数据。

实例：StringIO 操作字符串数据

```python
# coding:UTF-8
import io                                               # 模块导入
def main():                                             # 主函数
    str_io = io.StringIO()                              # 创建 StringIO 对象
    str_io.write("李兴华老师带你玩转 Python 编程\n")       # 将数据写入内存，换行为结束符
    str_io.write("沐言优拓：www.yootk.com\n")            # 将数据写入内存，换行为结束符
    print(str_io.getvalue())                            # 通过内存获取数据
if __name__ == "__main__":                              # 判断执行名称
    main()                                              # 调用主函数
```

程序执行结果：

李兴华老师带你玩转 Python 编程

沐言优拓：www.yootk.com

本程序实例化了一个 io.StringIO 类的对象，这样当调用 write()方法时就表示将所有的字符串信息保存在内存中，如果要获取这些数据，直接利用 getvalue()方法即可。

实例：BytesIO 操作

```python
# coding:UTF-8
import io                                                          # 模块导入
def main():                                                        # 主函数
    byte_io = io.BytesIO()                                         # 二进制内存流
    byte_io.write("李兴华老师带你玩转 Python 编程\n".encode("UTF-8"))   # 写入二进制数据
    byte_io.write("沐言优拓：www.yootk.com\n".encode("UTF-8"))        # 写入二进制数据
    print(byte_io.getvalue().decode("UTF-8"))                      # 二进制解码
if __name__ == "__main__":                                         # 判断执行名称
    main()                                                         # 调用主函数
```

程序执行结果：

李兴华老师带你玩转 Python 编程

沐言优拓：www.yootk.com

本程序实现了与 StringIO 类似的功能，唯一的区别在于本次进行的是字节数据的内存操作，所以在保存和获取数据时都必须进行编码与解码操作。

16.3.3 shutil 模块

视频名称	1613_shutil 模块
课程目标	掌握
视频简介	shutil 是 Python 对 IO 的一个扩展支持，在此模块中可以实现文件或目录的递归操作，本课程通过具体的代码演示了复制以及删除目录的相关操作。

shutil 模块提供多个针对文件或目录的高级操作，例如：文件或目录的复制、目录移动等操作。shutil 模块中的常见函数如表 16-15 所示。

表 16-15 shutil 模块常用函数

序 号	函 数	描 述
1	copyfile(src, dst)	文件拷贝，如果目标文件已存在，则覆盖
2	move(src, dst)	文件移动
3	copymode(src, dst)	复制源文件 mode
4	copystat(src, dst)	复制源文件信息
5	copy(src, dst)	文件或目录拷贝
6	copytree(src, dst, symlinks)	目录拷贝，如果 symlinks 为 True，则保持原目录的符号链接
7	rmtree(src)	删除目录中的全部内容

通过表 16-15 所示的操作函数可以发现，shutil 提供了强大的文件拷贝、移动和删除的操作，开发者只需要在操作中传入相应的路径即可轻松操作。

实例：文件拷贝

```
# coding:UTF-8
import shutil, os                              # 模块导入
SRC_PATH = "D:" + os.sep + "yootk.jpg"         # 源文件路径
DST_PATH = "D:" + os.sep + "logo.jpg"          # 目标文件路径
def main():                                    # 主函数
    shutil.copyfile(SRC_PATH, DST_PATH)        # 文件拷贝
if __name__ == "__main__":                     # 判断执行名称
    main()                                     # 调用主函数
```

本程序利用 shutil.copyfile()函数实现了文件的拷贝处理，只要设置好拷贝的源文件路径和目标文件路径即可完成。

实例：目录内容拷贝

```
# coding:UTF-8
import shutil, os                              # 模块导入
SRC_PATH = "D:" + os.sep + "message"           # 源文件路径
DST_PATH = "D:" + os.sep + "test"              # 目标文件路径
def main():                                    # 主函数
    shutil.copytree(SRC_PATH, DST_PATH)        # 目录拷贝
if __name__ == "__main__":                     # 判断执行名称
    main()                                     # 调用主函数
```

本程序实现了目录的拷贝，在使用 shutil.copytree()进行目录拷贝时会自动采用递归的形式将源目录中的全部子路径进行拷贝处理。除了可以进行目录的拷贝之外，也可以通过递归实现目录的删除操作。

实例：删除目录

```
# coding:UTF-8
import shutil, os                              # 模块导入
PATH = "D:" + os.sep + "test"                  # 操作路径
def main():                                    # 主函数
    shutil.rmtree(PATH)                        # 删除目录
if __name__ == "__main__":                     # 判断执行名称
    main()                                     # 调用主函数
```

在传统程序删除目录时，必须保证目录中没有任何的内容，而使用 shutil.rmtree()删除时，会自动采用递归的形式清空指定父目录中的全部子路径内容，随后再进行父目录删除。

16.3.4　pickle 模块

	视频名称	1614_pickle 模块
	课程目标	掌握
	视频简介	序列化可以将内存中的信息以二进制字节流的形式进行传输，利用反序列化进行解码操作。本课程讲解了序列化操作的意义以及序列化和反序列化的具体操作实现。

在进行数据存储过程中，有时为了方便一些特殊的数据传递，例如：列表、字典、自定义类对象，则可以采用序列化的机制来进行处理。利用序列化处理可以方便地将数据以二进制的形式进行传输，在

需要的时候可以再利用反序列化机制获取数据内容，这样相应的数据就可以与服务器交互，或者将其存储到持久化设备中，如图 16-10 所示。

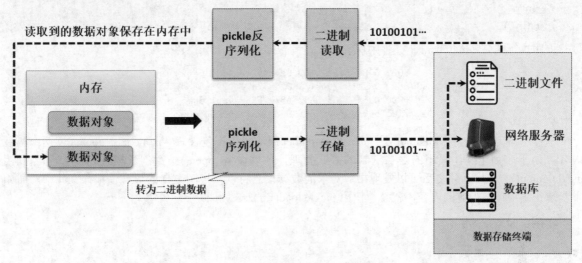

图 16-10　序列化与反序列化

为了实现这种序列化与反序列化的操作机制，Python 提供了 pickle 模块，使用该模块提供的方法可以方便地将 Python 支持的各种数据类型转为二进制数据（或者将二进制数据转为 Python 数据类型）。pickle 模块的常用方法如表 16-16 所示。

表 16-16　pickle 模块常用方法

序　号	方　法	描　述
1	dump(obj, file)	将对象序列化的二进制数据保存到文件中
2	dumps(obj)	返回序列化后的二进制数据
3	load(file)	通过指定的二进制文件反序列化对象
4	loads(bytes_object)	从二进制数据中反序列化对象

在使用 pickle 组件序列化 Python 数据时，可以直接将序列化的二进制保存到文件之中，也可以直接返回。为便于说明，本次将通过文件的形式存储序列化数据信息。

实例：对象序列化

```
# coding:UTF-8
import pickle, os                                    # 模块导入
PATH = "D:" + os.sep + "member.ser"                  # 对象存储文件
class Member:                                        # 定义操作类
    __slots__ = ("__name", "__company")             # 该类存在两个私有属性
    def __init__(self):                             # 构造方法初始化属性内容
        self.__name = "李兴华"                        # 属性定义
        self.__company = "沐言优拓"                   # 属性定义
    def __str__(self):                              # 获取对象信息
        return "姓名：%s、公司：%s" % (self.__name, self.__company)
def main():                                          # 主函数
    mem = Member()                                   # 实例化对象
```

```
        obj_file = open(file=PATH, mode="w+b")              # 创建文件
        pickle.dump(mem, obj_file)                          # 序列化操作
    if __name__ == "__main__":                              # 判断执行名称
        main()                                              # 调用主函数
```

程序执行结果（member.ser 文件中保存的二进制数据）：

```
8003 635f 5f6d 6169 6e5f 5f0a 4d65 6d62
6572 0a71 0029 8171 014e 7d71 0228 580d
0000 005f 4d65 6d62 6572 5f5f 6e61 6d65
7103 5809 0000 00e6 9d8e e585 b4e5 8d8e
```

本程序自定义了一个 Member 类，每一个 Member 类对象中都包含有__name 和__company 两个属性内容。由于序列化操作采用的是二进制的方式处理，所以设置 open()函数创建模式为 w+b，当利用 pickle.dump()方法序列化之后可以发现相应对象的数据信息将以二进制数据的形式保存在文件中，而如果要想正确地读取当前的内容，就必须使用 pickle.load()方法来完成。

实例：对象反序列化

```
# coding:UTF-8
import pickle, os                                           # 模块导入
PATH = "D:" + os.sep + "member.ser"                         # 对象存储文件
… Member 类不再重复定义(略)
def main():                                                 # 主函数
    obj_file = open(file=PATH, mode="r+b")                 # 创建文件
    mem = pickle.load(obj_file)                            # 从二进制文件中加载数据
    print(mem)                                              # 输出对象信息
if __name__ == "__main__":                                 # 判断执行名称
    main()                                                 # 调用主函数
程序执行结果：
姓名：李兴华、公司：沐言优拓
```

由于对象的序列化存储结构是由 pickle.dump()定义的，所以要想反序列化这些数据，就必须通过 pickle.load()方法完成。本程序通过 load()方法读取了 Member 类对象，通过输出结果可以发现，此时的内容就是之前所保存的信息。

16.4　csv 模 块

视频名称	1615_csv 文件简介
课程目标	掌握
视频简介	在项目开发中经常会面临数据采集的需求，所以在项目开发中会将采集到的数据以一定的顺序进行存储，这种顺序一般就是 csv 文件格式。本课程从项目设计架构的方面分析了项目中数据采集的架构以及 csv 文件的作用。

逗号分隔值或字符分隔值（Comma-Separated Values，csv）是一种以纯文件方式进行数据记录的存储格式，在 csv 文件内部使用不同的数据行记录数据内容，每行数据使用特定的符号（一般是逗号）进行数据项的拆分，这样就形成了一种相对简单且通用的数据格式。在实际开发中，利用 csv 数据格式可以方便地实现大数据系统中对于数据采集结果的信息记录，也可以方便地进行数据文件的传输，同时，这种 csv 文件格式也可以方便地被 Excel 工具所读取。csv 文件作用如图 16-11 所示。

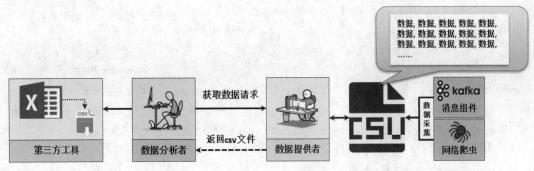

图 16-11　csv 文件作用

csv 文件内容可以直接通过文件对象进行处理，也可以使用 Python 提供的 csv 模块完成，在该模块中可以结合文件对象以实现 csv 数据文件的读写操作。

16.4.1　csv 读写操作

视频名称	1616_csv 读写操作
课程目标	掌握
视频简介	csv 文件不仅仅是一种文本数据，同时该文件也可以被 Excel 直接使用。本课程通过 csv 模块讲解了该文件的输出与读取操作。

在创建 csv 文件时，一般都需要为其规定好相关数据的存储格式，所有的保存数据项都以字符串的形式保存在文件中，而且不同数据项之间使用逗号分隔。下面将创建一个保存有订单数据信息的 csv 内容。该订单存储结构如图 16-12 所示。

用户ID	,	省份	,	城市	,	总额	,	数量
yootk-x	,	北京	,	北京-x	,	999	,	x
yootk-x	,	北京	,	北京-x	,	999	,	x
yootk-x	,	北京	,	北京-x	,	999	,	x

图 16-12　订单存储结构

在 csv 模块中提供有两个最为基础的操作函数：csv.reader()、csv.writer()，利用这两个函数可以直接基于已有的文件对象创建 csv 读写对象，这样就会由 csv 模块方便地帮助用户进行分隔符的处理。

实例：创建 csv 文件

```python
# coding:UTF-8
import csv, os                                              # 模块导入
FILE_PATH = "D:" + os.sep + "orders.csv"                    # 文件保存路径
HEADERS = ["用户", "省份", "城市", "总额", "数量"]             # 设置头部信息
def main():                                                  # 主函数
    # 如果需要通过 Excel 打开，则建议加上一个 newline 选项，否则会出现空行问题
    with open(file=FILE_PATH, mode="w", newline="", encoding="UTF-8") as file:  # 文件写入
        csv_file = csv.writer(file)                          # 创建 csv 文件写入对象
        csv_file.writerow(HEADERS)                          # 写入头部信息
```

```
        for num in range(20):                               # 循环写入每行数据内容
            csv_file.writerow(["yootk-%d" % num, "北京",
                    "北京-%d" % num, 999 * (num + 1), num + 1])   # 输出数据
if __name__ == "__main__":                                  # 判断执行名称
    main()                                                  # 调用主函数
```

本程序通过 csv.writer()函数基于已有的文件对象创建了一个 csv 操作对象，随后可以使用 writerow() 函数进行标题行与数据行的数据写入，最终形成 orders.csv 文件，该文件内容如图 16-13 所示。同时该文件也可以使用 Excel 工具打开，打开的内容如图 16-14 所示。

```
用户,省份,城市,订单金额,商品数量
yootk-0,北京,北京-0,999,1
yootk-1,北京,北京-1,1998,2
yootk-2,北京,北京-2,2997,3
```

图 16-13　记事本打开的文件内容

	用户	省份	城市	订单金额	商品数量
1	用户	省份	城市	订单金额	商品数量
2	yootk-0	北京	北京-0	999	1
3	yootk-1	北京	北京-1	1998	2
4	yootk-2	北京	北京-2	2997	3

图 16-14　Excel 打开的文件内容

提示：关于 Excel 文件打开的设置

如果开发者使用的计算机上已经安装了 Excel 工具，则在 orders.csv 文件生成完毕会自动与 Excel 工具产生关联。由于当前的程序使用了 UTF-8 编码，所以直接打开后显示的文字内容为乱码（如果不设置编码，在 Windows 下可以通过 Excel 正常打开）。要想读取正确的数据，就可以采用 Excel 数据导入的形式进行处理，如图 16-15 所示。对此操作不熟悉的读者，建议通过本节的讲解视频学习。

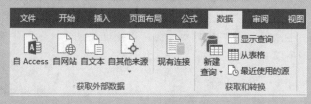

图 16-15　Excel 数据导入

除了可以使用循环的方式向 csv 写入每一行数据之外，也可以将保存在列表中的多个数据写入 csv，此时可以直接使用 csv 输出对象中提供的 writerows()函数完成。

实例：写入列表数据

```
# coding:UTF-8
import csv, os                                              # 模块导入
FILE_PATH = "D:" + os.sep + "orders_list.csv"               # 文件保存路径
HEADERS = ["用户", "省份", "城市", "总额", "数量"]            # 设置头部信息
def main():                                                 # 主函数
    orders_rows = [["yootk-a", "北京", "北京", 987.56, 20],
                ["yootk-b", "河北", "邯郸", 3512.39, 1],
                ["yootk-c", "河南", "洛阳", 9532.12, 3]]      # 要写入的数据行
    with open(file=FILE_PATH, mode="w", newline="", encoding="UTF-8") as file:  # 进行文件写入
        csv_file = csv.writer(file)                         # 创建 csv 文件写入对象
        csv_file.writerow(HEADERS)                          # 写入头部信息
        csv_file.writerows(orders_rows)                     # 写入列表数据
if __name__ == "__main__":                                  # 判断执行名称
    main()                                                  # 调用主函数
```

本程序在列表中定义了 3 行数据信息，在进行数据写入时，直接将数据集合通过 writerows()函数输出即可。形成的数据信息如图 16-16 所示。

	A	B	C	D	E
1	用户	省份	城市	总额	数量
2	yootk-a	北京	北京	987.56	20
3	yootk-b	河北	邯郸	3512.39	1
4	yootk-c	河南	洛阳	9532.12	3

图 16-16　将列表数据写入 csv 文件

csv 文件生成之后，如果需要被程序所读取，就可以使用 csv.reader()函数进行处理，该函数会将所有的文件内容以可迭代对象的形式返回，用户就可以通过迭代操作的形式获取每一行数据。但是需要注意的是，由于标题项与数据项都保存在 csv 文件中，所以，如果直接迭代，则会返回标题信息；如果要想分开处理，则可以使用 next()函数获取首行（标题行在首行）数据后再进行迭代操作。

实例： 读取 csv 文件内容

```
# coding:UTF-8
import csv, os                                                # 模块导入
FILE_PATH = "D:" + os.sep + "orders_list.csv"                 # 文件保存路径
def main():                                                   # 主函数
    with open(file=FILE_PATH, mode="r", encoding="UTF-8") as file:  # 文件读取
        csv_file = csv.reader(file)                           # 创建 csv 读取对象
        header_row = next(csv_file)                           # 读取标题信息
        print(header_row)                                     # 输出标题信息
        for row in csv_file:                                  # 循环读取数据信息
            print(row)                                        # 输出数据行
if __name__ == "__main__":                                    # 判断执行名称
    main()                                                    # 调用主函数
```

程序执行结果：
```
['用户', '省份', '城市', '总额', '数量']（"print(header_row)"输出）
['yootk-a', '北京', '北京', '987.56', '20']
['yootk-b', '河北', '邯郸', '3512.39', '1']
['yootk-c', '河南', '洛阳', '9532.12', '3']
```

本程序利用 csv.reader()函数返回了一个 csv 数据内容的迭代对象，由于需要分离出标题与数据，所以在对该对象进行迭代前先使用 next()函数获取了首行标题信息，然后再通过迭代获取每个数据行的信息。如果有需要，也可以使用 "row[索引]" 的形式获取每一个数据行中指定索引项的内容。

 提问：文件中的数据能否以列表返回？

在使用 csv.writer()创建的 csv 写对象时，可以直接将一个列表写入文件中，那么能否将文件中的数据以列表的形式返回呢？

回答：数量较少的数据 Python 可以以列表形式返回。

在 csv.reader()创建的 csv 读对象中并没有提供直接返回全部数据的操作函数，这是因为在实际开发中，csv 数据的内容一般都会比较庞大，而把如此庞大的数据全部读取到内存中势必会造成系统的崩溃。如果读者确定要读取的数据量较小，则可以采用如下形式实现数据的列表返回。

实例：以列表的形式接收全部数据

```python
def main():                                     # 主函数
    with open(file=FILE_PATH, mode="r",
              encoding="UTF-8") as file:        # 文件读取
        csv_file = csv.reader(file)             # csv 读对象
        rows = [row for row in csv_file]        # 数据转列表
```

本程序利用 Python 提供的语法将 csv 文件的全部数据信息转为了列表序列，这样就可以直接利用序列中提供的方法获取数据中的标题与数据信息。

16.4.2　csv 与字典操作

	视频名称	1617_csv 与字典操作
	课程目标	掌握
	视频简介	csv 文件内部可以提供对标题行的支持，除了使用顺序的方式读取文件数据之外，也可以通过标题行的名称进行读取。本课程分析了字典类型与 csv 文件的操作关联。

csv 文件中的每一项数据都有其特定的意义，为了标记出每一个数据项的作用，在 csv 模块中可以利用字典序列对输入和输出的数据项进行标记，为此 csv 模块提供了两个与字典有关的处理类：csv.DictWriter（字典写入）和 csv.DictReader（字典读取）。

实例：csv 文件写入字典数据

```python
# coding:UTF-8
import csv, os                                  # 模块导入
FILE_PATH = "D:" + os.sep + "orders_dict.csv"   # 文件保存路径
HEADERS = ["用户", "省份", "城市", "总额", "数量"]   # 设置头部信息
def main():                                      # 主函数
    orders_rows = [                             # 要写入的数据行
        {"用户":"yootk-a","省份":"北京","城市":"北京","总额":987.56,"数量":20},
        {"用户": "yootk-b", "省份": "河北", "城市": "邯郸", "总额": 3512.39, "数量": 1},
        {"用户": "yootk-c", "省份": "河南", "城市": "洛阳", "总额": 9532.12, "数量": 3}]
    with open(file=FILE_PATH, mode="w", newline="",
              encoding="UTF-8") as file:        # 进行文件写入
        csv_file = csv.DictWriter(file, HEADERS) # 创建字典写入
        csv_file.writeheader()                   # 写入头部信息
        csv_file.writerows(orders_rows)          # 写入字典数据
if __name__ == "__main__":                      # 判断执行名称
    main()                                      # 调用主函数
```

本程序通过字典将要写入的每一行数据内容的每一个数据项进行标注，随后将这些标注的字典信息保存在列表后直接通过 csv.DictWriter 类对象的 writerows()方法进行写入。

注意：字典名称要与标题一致

在数据生成时，如果使用字典进行定义，则字典中出现的 key 必须是标题信息中存在的项；如果不存在，则会出现 ValueError 异常；同时，标题内容必须写入 csv 文件中；否则，在数据读取时将无法根据给定的 key 获取数据项内容。

实例：使用字典形式读取 csv 数据

```
# coding:UTF-8
import csv, os                                                    # 模块导入
FILE_PATH = "D:" + os.sep + "orders_dict.csv"                     # 文件保存路径
def main():                                                       # 主函数
    with open(file=FILE_PATH, mode="r", encoding="UTF-8") as file:   # 进行文件写入
        csv_file = csv.DictReader(file)                           # 创建字典读取
        for row in csv_file:                                      # 读取文件中的数据信息
            print(row.get("用户"), row.get("省份"), row.get("城市"))    # 输出信息
if __name__ == "__main__":                                        # 判断执行名称
    main()                                                        # 调用主函数
程序执行结果：
yootk-a 北京 北京
yootk-b 河北 邯郸
yootk-c 河南 洛阳
```

本程序通过 csv.DictReader 类创建了一个字典读取迭代对象，这样在每一次数据迭代时就可以根据文件中标题的名称获取指定数据项的内容。

16.5　本章小结

1. Python 中提供的 open()函数可以直接打开文件，在文件打开时可以使用不同的 mode 设置文件的操作格式，使用 r 表示只读模式，使用 w 表示只写模式，也可以使用"+"定义多种模式，例如：w+表示读写模式。

2. 通过 open()函数可以获取一个文件操作对象，利用文件对象中提供的 read()方法实现文件数据的输入，利用 write()方法实现文件数据的输出。

3. 在文件对象中可以通过 seek()函数实现读取索引的定位，利用这种定位机制以及保存数据定长的操作，可以方便地读取一个文件中的部分数据，实现随机读取功能。

4. 为了提高磁盘数据的写入效率，可以在数据输出时提供一个写缓冲操作，这样可以将多行数据一次性写入磁盘，在 Python 中针对缓冲提供了 3 类模式：不缓冲、行缓冲、全缓冲，在文件关闭时会自动清空缓冲，开发者也可以使用 flush()函数强制性清空缓冲区。

5. 在 Python 程序开发过程中需要考虑跨平台的技术特点，访问路径要通过 os.path 进行拼凑组合。

6. os 模块提供有与系统操作交互的支持，利用 os 模块可以实现目录操作、文件操作以及授权管理。

7. fileinput 模块可以实现多个不同文件数据的统一读取操作。

8. io 模块可以实现对内存流的处理，其中，StringIO 可以实现字符串内存流操作，BytesIO 实现二进制内存操作。

9. shutil 模块可以方便地实现文件或目录的复制操作。

10. 序列化可以将内存中保存的数据以二进制数据流的形式进行传输，为了便于序列化处理操作，可以通过 pickle 模块中提供的方法对数据进行处理。

11. csv 是一种通用的数据文件记录格式，在大数据信息采集以及网络爬虫中都被大量地采用，Python 中提供的 csv 模块默认使用逗号","进行数据项的拆分。

12. csv 模块提供对字典数据的操作支持，但是在通过字典写入数据时，要求字典中设置的 key 为标题项中定义的名称，而在通过字典读取数据时，可以根据标题项的名称获取具体的数据信息。

第 17 章 网 络 编 程

学习目标

- 掌握网络通信的操作流程以及数据的交互处理方式；
- 掌握 Socket 模块的作用，可以实现 TCP 和 UDP 程序的开发；
- 理解 HTTP 服务器的开发，可以实现静态文件与动态程序文件的处理操作；
- 理解 twisted 模块的作用，可以使用 twisted 模块实现异步通信。

网络通信是现代程序开发的主要形式，为了简化网络通信的复杂度，Python 提供了对 Socket 的抽象支持。本章将详细讲解网络编程的意义，同时通过具体的实例分析 Socket 的各种通信应用。

17.1 网络编程简介

视频名称	1701_网络编程简介
课程目标	理解
视频简介	网络通信是现代应用程序开发的主要应用领域，如果要想充分地理解网络程序开发，则必须清楚网络通信的相关协议和开发模式。本课程详细讲解了网络编程的分类和 OSI 七层模型的作用。

将地理位置不同、具有独立功能的多台计算机连接在一起就形成了网络，网络形成后网络中的各个主机就需要具有通信功能，所以才为网络创造有一系列的通信协议，在整个通信过程中往往会分为两种端点：服务端与客户端，所以围绕着服务端和客户端的程序开发就有了两种模式。

- 客户端与服务器端架构（Client/Server，C/S）：该设计架构需要开发两套程序，一套针对服务器端，另外一套针对与之对应的客户端（一般客户端的程序较大）。操作架构如图 17-1 所示。因为 C/S 架构的客户端程序与服务器端程序的版本需要同步更新，所以在进行维护时需要同时维护两套程序代码。由于 C/S 使用的是专有传输协议，数据的传输较为安全。
- 浏览器端与服务器端架构（Browser/Server，B/S）：该设计架构主要针对 Web 服务器开发一套程序代码即可，而客户端可以直接使用浏览器技术进行访问，如图 17-2 所示。由于 B/S 架构基于公版的 HTTP 协议进行数据交互，所以在程序维护的时候只需要维护一套服务器端程序代码即可。但是由于使用的是公共数据交互协议，所以安全性较差。

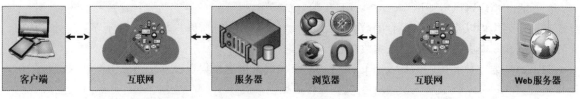

图 17-1　C/S 架构　　　　　　　　　　　　　　　图 17-2　B/S 架构

 提问：HTTP 是什么?

在日常使用网络时，经常通过 HTTP 访问网站，那么 HTTP 是什么？HTTP 通信和 TCP 通信有什么联系吗？

 回答：TCP 是 HTTP 通信的基础协议。

实际上 HTTP 通信也是基于 TCP 协议的一种应用，是在 TCP 协议基础上追加了一些 HTTP 标准后形成的 HTTP 通信。HTTP 通信不仅仅在 B/S 结构上被广泛使用，同时在一些分布式开发中也被广泛使用。

在进行网络数据交互的过程中，为了保证数据传输的可靠性，就必须对所有的网络硬件设备厂商进行标准限定，所以才有了开放式系统互联（Open System Interconnection，OSI）七层协议模型。这七层模型的名称与作用如表 17-1 所示。

表 17-1　OSI 七层模型的名称和作用

序　号	协议层名称	描　述
1	应用层	提供网络服务操作接口
2	表示层	对要传输的数据进行处理，例如：数据编码
3	会话层	管理不同通信节点之间的连接信息
4	传输层	建立不同节点之间的网络连接
5	网络层	将网络地址映射为 mac 地址实现数据包转发
6	数据链路层	将要发送的数据包转为数据帧，使其在不可靠的物理链路上进行可靠的数据传输
7	物理层	利用物理设备实现数据的传输

在网络通信的过程中，所有的数据发送与接收操作都必须基于这七层模型进行数据包装与拆包处理，这样，对于所有网络数据交互的基本操作流程如图 17-3 所示，而每一层包装数据头信息如图 17-4 所示。

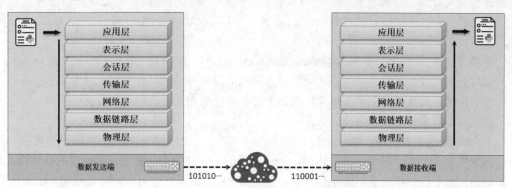

图 17-3　OSI 七层模型操作流程

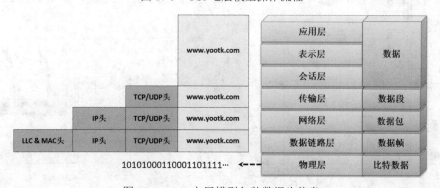

图 17-4　OSI 七层模型包装数据头信息

17.2 Socket 编程

	视频名称	1702_Socket 简介
	课程目标	理解
	视频简介	Socket 是对网络编程标准的统一。本课程介绍了 Socket 的作用以及 TCP 和 UDP 通信协议的区别。

　　套接字（Socket）提供了一种进程间通信的数据交互模式，这样就意味着在单一的主机上的不同进程之间可以基于 Socket 实现网络通信，而将这种进程的机制延伸到外部网络后（例如：Internet 互联网），就可以实现不同主机间的进程通信与数据交换，如图 17-5 所示。

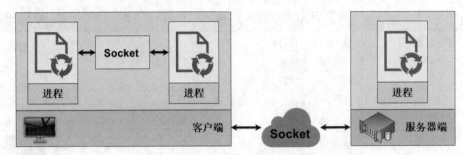

图 17-5　Socket 操作机制

　　Socket 是一个对于 TCP/IP 网络通信的抽象层，提供一系列的数据交互操作接口，这样就可以将所有数据的传输以及处理协议进行包装，使得开发者可以不再关注具体的协议处理细节就可以轻松地实现网络数据交互。Socket 程序开发操作如图 17-6 所示。在 Socket 编程中一般分为 TCP 和 UDP 两种通信协议。

　　☛　传输控制协议（Transmission Control Protocol，TCP）：采用有状态的通信机制进行传输。在通信时会通过 3 次握手机制保证与一个指定节点的数据传输的可靠性，在通信完毕会通过 4 次挥手的机制关闭连接。由于在每次数据通信前都需要消耗大量的时间进行连接控制，所以执行性能较低，且系统资源占用较大。

　　☛　用户数据报协议（User Datagram Protocol，UDP）：采用无状态的通信机制进行传输。没有了 TCP 中复杂的握手与挥手处理机制，这样就节约了大量的系统资源，同时数据传输性能较高，但是由于不保存单个节点的连接状态，所以发送的数据不一定可以被全部接收。UDP 不需要连接就可以直接发送数据，并且多个接收端都可以接收到同样的信息，所以使用 UDP 适合广播操作。

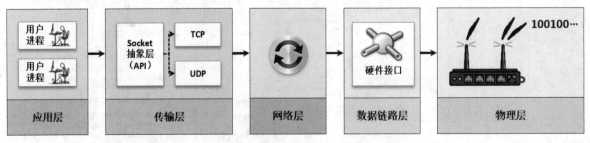

图 17-6　Socket 程序开发操作

提示：套接字起源

套接字起源于 20 世纪 70 年代加利福尼亚大学伯克利分校版本的 UNIX（即 BSD UNIX）。因此有些人也会把套接字称为"伯克利套接字"或"BSD 套接字"。

最初套接字被设计用于一台主机中多个应用进程之间的通信，随后才扩展到网络通信，所以套接字有两种操作类型：基于文件、基于网络。

17.2.1　TCP 通信

视频名称	1703_TCP 通信
课程目标	掌握
视频简介	TCP 是面向连接的可靠的网络通信协议。本课程通过 TCP 协议实现了服务器端与客户端程序的定义，并利用 IO 流的模式实现了数据的传输。

　　TCP 程序采用的是一对一的通信机制实现的网络传输，在 TCP 程序中需要首先创建并开启服务器端程序，随后客户端依据指定的 IP 地址和监听端口号进行连接从而实现数据的传输处理。在 Python 中使用 socket.socket 类即可实现 TCP 程序开发，该类的常用构造与方法如表 17-2 所示。

表 17-2　socket.socket 类常用构造与方法

序　号	构造与方法	描　　述
1	socket()	获取 socket 类对象
2	bind((hostname, port))	在指定主机的端口绑定监听
3	listen()	在绑定端口上开启监听
4	accept()	等待客户端连接，连接后返回客户端地址
5	send(data)	发送数据
6	recv(buffer)	接收数据
7	close()	关闭套接字连接
8	connect((hostname, port))	设置要连接的主机名称与端口号

　　在使用 socket.socket 类构建 C/S 应用结构时，服务器端一定要在主机上绑定一个监听端口，随后客户端要依据服务器端的 IP 地址和绑定的端口才可以连接，当连接建立完成后就可以实现数据的通信。程序的基本开发流程如图 17-7 所示。

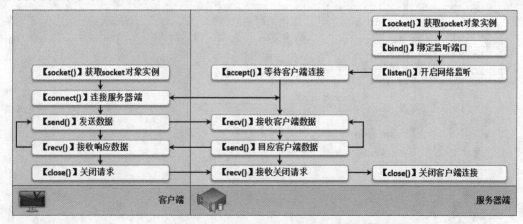

图 17-7　socket 网络程序基本开发流程

实例： 定义服务器端程序

```python
import socket                                                    # 导入 socket 组件
SERVER_HOST = "localhost"                                        # 或者为"127.0.0.1"
SERVER_PORT = 8080                                               # 监听端口
def main():                                                      # 主函数
    with socket.socket() as server_socket:                       # 创建 Socket 对象
        server_socket.bind((SERVER_HOST, SERVER_PORT))           # 绑定端口
        server_socket.listen()                                   # 端口监听
        print("服务器启动完毕，在"%s"端口上监听，等待客户端连接 …" % SERVER_PORT)
        client_conn, address = server_socket.accept()            # 客户端连接，进入阻塞状态
        with client_conn:                                        # 通过客户端连接操作
            print("客户端连接地址：%s、连接端口：%s" % address)      # 返回一个元组
            client_conn.send("沐言优拓：www.yootk.com".encode("UTF-8")) # 向客户端发送字节数据
if __name__ == "__main__":                                       # 判断执行名称
    main()                                                       # 调用主函数
```

程序执行结果：

服务器启动完毕，在"8080"端口上监听，等待客户端连接 …
客户端连接地址：127.0.0.1、连接端口：61413（客户端连接后输出信息）

本程序在本机（即 localhost 主机名称或 127.0.0.1 的 IP 地址）的 8080 端口上绑定了一个监听服务，这样当程序代码启动之后会持续等待客户端连接（accept()方法会使程序进入阻塞状态，一直等到客户端连接后才解除阻塞），当客户端连接成功后可以直接获取客户端的地址信息，随后就可以通过 send()方法向客户端发送数据。

提示： 使用 telnet 测试

为了便于网络测试，操作系统提供了 telnet 命令，在客户端程序没有开发完成时可以采用如表 17-3 所示的命令测试当前的服务器端是否可以正常使用。

表 17-3 测试当前服务器端是否可以正常使用的命令

功　　能	命　　令
启动 telnet	telnet
连接服务器	open localhost 8080

当服务器可以正常访问时就会直接在屏幕上显示接收到的数据信息，由于当前的服务器只提供有一次输出（随后就关闭了），所以接收完毕后就会断开与服务器端的连接。另外，需要提醒读者的是，如果使用的是 Windows 系统，那么有可能不会默认安装 telnet 命令，此时可以通过控制面板手工安装。操作方式如图 17-8 所示。

图 17-8　安装 telnet 命令的操作方式

当服务器端程序开发完成后就需要编写可以获取数据的客户端程序，在 Python 中客户端程序依然通过 socket.socket 类进行操作。与服务器端的最大区别在于不再需要强制性进行监听端口绑定，只需要通过 connect()方法进行连接，随后使用 recv()方法接收返回数据即可。

实例：定义客户端程序

```python
import socket                                              # 导入 socket 组件
SERVER_HOST = "localhost"                                  # 连接主机名
SERVER_PORT = 8080                                         # 连接端口
def main():                                                # 主函数
    with socket.socket() as client_socket:                 # 创建 socket 对象
        client_socket.connect((SERVER_HOST, SERVER_PORT))  # 连接服务器端
        print("服务器端响应数据：%s" % client_socket.recv(30).decode("UTF-8")) # 接收返回数据
if __name__ == "__main__":                                 # 判断执行名称
    main()                                                 # 调用主函数
程序执行结果：
沐言优拓：www.yootk.com
```

本程序通过 connect()方法进行指定主机和端口的连接，随后利用 recv()方法接收返回数据，由于返回数据为二进制的编码内容，所以需要通过 decode()方法进行解码操作。

17.2.2　Echo 程序模型

视频名称	1704_Echo 程序模型
课程目标	掌握
视频简介	Echo 是一种回应的操作模型，也是一种网络通信的基础模型。本课程讲解了如何开发网络应答程序，同时详细分析了多进程在网络通信上的作用。

Echo 是一个在操作系统中较为常见的命令，该命令的主要特点是可以直接将给定的数据进行回显。在网络编程中可以利用 Echo 的操作命令形式实现数据交互的处理操作，即客户端通过键盘输入数据，随后将此数据发送到服务器端，服务器端接收到数据后在数据前面追加【ECHO】的前缀标记后将数据返回给客户端。操作流程如图 17-9 所示。

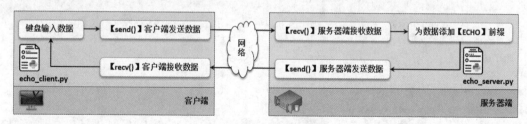

图 17-9　Echo 程序模型

实例：创建 Echo 服务器端

```python
import socket                                              # 导入相关组件
SERVER_HOST = "localhost"                                  # 或者为"127.0.0.1"
SERVER_PORT = 8080                                         # 监听端口
def main():                                                # 主函数
    with socket.socket() as server_socket:                 # 创建 socket 对象
        server_socket.bind((SERVER_HOST, SERVER_PORT))     # 绑定端口
```

```python
        server_socket.listen()                                              # 端口监听
        print("服务器启动完毕，在"%s"端口上监听，等待客户端连接 …" % SERVER_PORT)
        client_conn, address = server_socket.accept()                       # 客户端连接，进入阻塞状态
        with client_conn:                                                   # 通过客户端连接操作
            print("客户端连接地址：%s、连接端口：%s" % address)                  # 返回一个元组
            while True:                                                     # 持续进行数据交互
                data = client_conn.recv(100).decode("UTF-8")                # 接收客户端发送的请求数据
                if data.upper() == "BYEBYE":                                # 信息结束标记
                    client_conn.send("exit".encode("UTF-8"))                # 发送结束标记
                    break                                                   # 退出当前循环
                else:                                                       # 当前为普通数据
                    client_conn.send(("【ECHO】%s" % data).encode("UTF-8")) # 回应数据
if __name__ == "__main__":                                                  # 判断执行名称
    main()                                                                  # 调用主函数
```

本程序实现了一个循环接收客户端数据的服务端程序，每当客户端发送数据后会在数据前追加【ECHO】标记信息后返回，如果客户端发出的是一个结束命令，则会退出循环，同时向客户端发送一个 exit 的结束命令。

实例： 创建 Echo 客户端

```python
import socket                                                          # 导入 socket 组件
SERVER_HOST = "localhost"                                              # 服务器主机名称
SERVER_PORT = 8080                                                     # 监听端口
def main():                                                            # 主函数
    with socket.socket() as client_socket:                             # 创建 socket 实例
        client_socket.connect((SERVER_HOST, SERVER_PORT))              # 连接服务器端
        while True:                                                    # 客户端持续操作
            input_data = input("请输入要发送的数据：")                   # 键盘数据输入
            client_socket.send(input_data.encode("UTF-8"))             # 向服务器端发送数据
            echo_data = client_socket.recv(100).decode("UTF-8")        # 接收回应数据
            if echo_data.upper() == "EXIT":                            # 操作结束
                break                                                  # 结束循环
            print(echo_data)                                           # 输出返回数据
if __name__ == "__main__":                                             # 判断执行名称
    main()                                                             # 调用主函数
```
程序执行结果：
请输入要发送的数据：沐言优拓：www.yootk.com（客户端发送数据）
【ECHO】沐言优拓：www.yootk.com（服务器端回应数据）
请输入要发送的数据：沐言优拓技术讲师：李兴华（客户端发送数据）
【ECHO】沐言优拓技术讲师：李兴华（服务器端回应数据）
请输入要发送的数据：byebye（结束交互）

本程序实现一个 Echo 程序的客户端。由于程序需要进行多次的数据交互，所以设置了一个 while 循环，每次循环时用户都通过键盘输入要发送的数据，并将该数据发送到服务器端处理后返回，当服务器端返回数据为 exit 时，客户端将结束交互操作并断开与服务器端的连接。

此时实现的 Echo 模型是基于单进程机制实现的网络通信，这样就会造成一个问题，在同一段时间之内只允许一个客户端连接到服务器端进行通信处理，并且当此客户端退出之后服务器端也将随之关闭。为了提升服务器端的处理性能，可以利用多进程机制来处理多个客户端的通信需求。多进程操作模型基

本结构如图 17-10 所示。

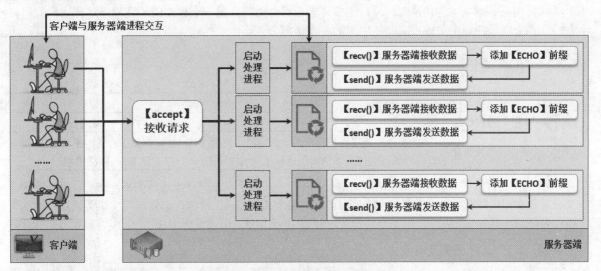

图 17-10　多进程操作模型的基本结构

实例：修改服务器端代码（采用多进程模式处理用户请求）

```python
import socket, multiprocessing, os                              # 导入相关组件
SERVER_HOST = "localhost"                                        # 监听主机
SERVER_PORT = 8080                                              # 监听端口
def echo_handle(client_conn, address):                          # ECHO 处理进程
    print("客户端连接地址：%s、连接端口：%s" % address)            # 打印提示信息
    with client_conn:                                           # 通过客户端连接操作
        while True:                                             # 持续进行数据交互
            data = client_conn.recv(100).decode("UTF-8")        # 接收客户端发送的请求数据
            if data.upper() == "BYEBYE":                        # 信息结束标记
                client_conn.send("exit".encode("UTF-8"))        # 发送结束标记
                break                                           # 退出当前循环
            else:                                               # 当前为普通数据
                client_conn.send(("【ECHO】%s" % data).encode("UTF-8"))  # 回应数据
def main():
    with socket.socket() as server_socket:                      # 创建 socket 对象
        server_socket.bind((SERVER_HOST, SERVER_PORT))          # 绑定端口
        server_socket.listen()                                  # 端口监听
        print("服务器启动完毕，在"%s"端口上监听，等待客户端连接 …" % SERVER_PORT)
        while True:                                             # 持续等待客户端连接
            client_conn, address = server_socket.accept()       # 客户端连接，进入阻塞状态
            # 客户端连接到服务器端时，将启动一个新的进程，同时设置请求处理函数
            process = multiprocessing.Process(target=echo_handle, args=(client_conn, address,),
                                name="客户端进程-%s" % address[1])
            process.start()                                     # 进程启动
if __name__ == "__main__":                                      # 判断执行名称
    main()                                                      # 调用主函数
```

本程序采用多进程的模式修改了服务器端的程序代码，由于需要同时处理多个用户的 Echo 交互请求，所以每当服务器端主进程接收到用户连接请求后都会为其分配一个独立的子进程，这样用户的所有交互操作都会在子进程中完成，实现多用户的并行访问。

17.2.3　UDP 通信

视频名称	1705_UDP 通信
课程目标	掌握
视频简介	UDP 是一种处理更加快捷的通信模型，使用 UDP 协议避免了连接所带来的性能损耗。本课程通过具体的实例讲解了如何使用 UDP 程序实现 Echo 网络模型。

UDP 工作在传输层，采用数据报的形式进行数据交互，由于其是一种无连接的处理协议，所以发送的报文有可能会根据网络环境而出现丢失的情况。但是由于 UDP 占用资源少、处理速度快等特点，所以在一些即时通信工具中较为常用。为了方便读者理解 UDP 的实现，下面基于 UDP 协议实现 Echo 交互操作。

实例：创建 UDP 服务器端

```python
import socket                                                 # 导入 socket 组件
SERVER_HOST = "localhost"                                     # 或者为 "127.0.0.1"
SERVER_PORT = 8080                                            # 监听端口
def main():                                                   # 主函数
    with socket.socket(socket.AF_INET, socket.SOCK_DGRAM) as server_socket: # 创建 UDP 服务
        server_socket.bind((SERVER_HOST, SERVER_PORT))        # 绑定端口
        print("服务器启动完毕，在"%s"端口上监听，等待客户端连接 …" % SERVER_PORT) # 提示信息
        while True:                                           # 服务器端持续提供服务
            data, addr = server_socket.recvfrom(30)           # 接收客户端发送的信息
            echo_data = ("【ECHO】%s" % data.decode("UTF-8")).encode("UTF-8") # 回应信息
            server_socket.sendto(echo_data, addr)             # 数据发送
if __name__ == "__main__":                                    # 判断执行名称
    main()                                                    # 调用主函数
```

本程序通过 socket.socket 类创建了一个数据报 "socket.SOCK_DGRAM" 形式的服务器端通信对象，并且将此服务器端的监听端口绑定在了本机的 8080 中，每当客户端发送数据后，将通过 sendto()方法将回应数据处理后发送回客户端。

实例：创建 UDP 客户端

```python
import socket                                                 # 导入 socket 组件
SERVER_HOST = "localhost"                                     # 或者为 "127.0.0.1"
SERVER_PORT = 8080                                            # 监听端口
def main():                                                   # 主函数
    with socket.socket(socket.AF_INET, socket.SOCK_DGRAM) as client_socket: # UDP 客户端
        while True:                                           # 持续交互
            input_data = input("请输入要发送的数据：")            # 键盘输入
            if input_data:                                    # 有数据输入
                client_socket.sendto(input_data.encode("UTF-8"),
                    (SERVER_HOST, SERVER_PORT))               # 发送数据
                print("服务器端响应数据：%s" %
                    client_socket.recv(30).decode("UTF-8"))   # 接收返回数据
```

```
        else:                                                    # 没有数据输入
            break                                                # 结束交互操作
if __name__ == "__main__":                                       # 判断执行名称
    main()                                                       # 调用主函数
```

本程序创建了一个 UDP 的通信对象,在进行网络通信时并不需要与服务器端进行连接,只需要知道服务器端的地址即可实现数据通信。

17.2.4　UDP 广播

视频名称	1706_UDP 广播	
课程目标	理解	
视频简介	除了可以使通信更快捷之外,UDP 也提供了网络的广播操作支持。本课程通过程序为读者讲解了 UDP 广播操作中客户端和服务器端的程序实现。	

使用 UDP 协议除了可以实现数据的交互之外,也可以实现局域网内部的数据广播操作,这样整个局域网中的所有监听服务器相应的客户端都可以收到相同的信息。

如果要想实现 UDP 广播的处理操作,则需要为实例化的 Socket 类对象设置相关的 UDP 属性,此时可以使用 setsockopt()方法完成。此方法定义如下:

```
setsockopt(self, level: int, optname: int, value: Union[int, bytes])
```

该方法主要包含有 3 个参数。

❏ level:设置选项所在的协议层编号,有以下四个可用的配置项。
  ➢ socket.SOL_SOCKET:基本套接字接口。
  ➢ socket.IPPROTO_IP:IPv4 套接字接口。
  ➢ socket.IPPROTO_IPV6:IPv6 套接字接口。
  ➢ socket.IPPROTO_TCP:TCP 套接字接口。
❏ optname:设置选项名称。例如,如果要进行广播,则可以使用 socket.BROADCAST。
❏ value:设置选项的具体内容。

实例:定义广播接收端

```
import socket                                                          # 导入相关组件
BROADCAST_CLIENT_ADDR = ("0.0.0.0", 21567)                             # 客户端绑定地址
def main():                                                            # 主函数
    with socket.socket(socket.AF_INET, socket.SOCK_DGRAM) as client_socket:   # 创建广播 socket
        client_socket.setsockopt(socket.SOL_SOCKET, socket.SO_BROADCAST, 1)   # 设置广播模式
        client_socket.bind(BROADCAST_CLIENT_ADDR)                      # 绑定监听地址
        while True:                                                    # 持续接收
            message, address = client_socket.recvfrom(100)             # 接收广播消息
            print("消息内容:%s、消息来源 IP:%s、消息来源端口:%s" %
                (message.decode("UTF-8"), address[0], address[1]))     # 打印消息及来源
if __name__ == "__main__":                                             # 判断执行名称
    main()                                                             # 调用主函数
```
程序执行结果:
消息内容:沐言优拓:www.yootk.com、消息来源 IP:192.168.113.17、消息来源端口:60136

本程序实现了一个 UDP 客户端的定义。由于当前为 UDP 数据报模式,所以在创建 socket 对象实例时必须将类型设置为 socket.SOCK_DGRAM,同时将 socket 类型设置为广播模式,这样每当有广播消息

输出后，只要客户端启动就可以接收到消息。

实例：定义广播发送端

```python
# coding : UTF-8
import socket                                                           # 导入相关组件
BROADCAST_SERVER_ADDR = ("<broadcast>", 21567)                          # 广播地址
def main():                                                             # 主函数
    with socket.socket(socket.AF_INET, socket.SOCK_DGRAM) as server_socket:   # 服务器端 Socket
        server_socket.setsockopt(socket.SOL_SOCKET, socket.SO_BROADCAST, 1)   # 设置广播模式
        server_socket.sendto("沐言优拓：www.yootk.com".encode("UTF-8"),
                BROADCAST_SERVER_ADDR)                                  # 数据发送
if __name__ == "__main__":                                              # 判断程序执行名称
    main()                                                              # 调用主函数
```

本程序实现了一个广播消息的发送处理，由于是广播消息，所以可以将发送的地址设置为"<broadcast>"，如果此时 UDP 客户端正在运行，那么就可以接收到此消息内容；而如果客户端关闭了，那么将无法接收到广播内容，所以 UDP 属于不可靠的连接模式。

17.3　开发 HTTP 服务器

视频名称	1707_HTTP 简介
课程目标	掌握
视频简介	HTTP 是较为常见的 TCP 扩展协议，也是网络通信中使用最多的协议。本课程讲解了 HTTP 协议的操作流程，同时分析了 HTTP 请求和回应处理的相关头部信息的说明以及回应状态码的作用。

超文本传输协议（HyperText Transfer Protocol，HTTP）是一种应用在 WWW（World Wide Web，万维网）上实现数据传输的数据交互协议。客户端基于浏览器向服务器端发送 HTTP 服务请求，服务器端会根据用户的请求进行数据文件的加载，并将要回应的数据信息以 HTML（HyperText Markup Language，超文本标记语言）文件格式进行传输，当浏览器接收到此数据信息时就可以直接进行代码的解析并将数据信息显示给用户浏览。操作流程如图 17-11 所示。

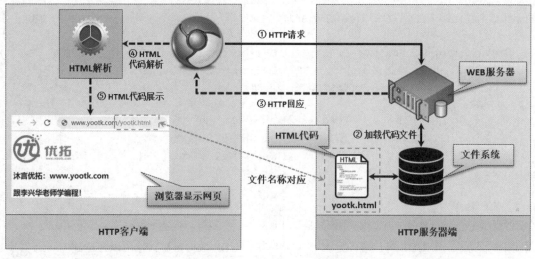

图 17-11　HTTP 访问流程

www.yootk.com

 提问：HTTP 与 TCP 有什么关系？

在图 17-11 所示的操作流程中可以发现，HTTP 访问中也需要请求和应答，这样的处理形式和 TCP 很相似，那么 HTTP 和 TCP 之间有什么关系呢？

 回答：HTTP 是基于 TCP 协议开发的扩展协议。

在网络数据交互过程中，请求和应答是其最为基础的操作模型，HTTP 协议是在 TCP 协议的基础上开发的，与 TCP 相比，HTTP 协议定义的规范会更多，并且在 HTTP 协议中设置了默认的 80 端口，在请求和响应时除了数据本身还会包含有一系列的头部信息内容作为客户端或服务器端的标记。

HTTP 虽然使用 TCP 协议作为通信基础，但是其采用的是无连接状态的模式，每当客户端发出请求时才会创建连接；而当客户端响应完毕就会自动断开与服务器端的连接，这样的方式可以节约服务器端系统资源。

HTTP 是一个被广泛使用的 Web 交互，所以在 HTTP 客户端与服务器端交互过程中，HTTP 协议针对客户端的请求以及服务器端的响应都有数据格式的要求。一般来讲，在 HTTP 请求的时候可以设置不同的请求模式，如 GET、POST 请求。HTTP 常用请求模式如表 17-4 所示。在发送请求时除了数据本身之外，还需要携带头部信息。常见的请求头部信息如表 17-5 所示。在服务器端响应完成后首要设置一个 HTTP 响应状态码。常见的状态码如表 17-6 所示。客户端会根据状态码的结果来判断请求的处理是否正确，当响应的状态码为 200 时，就表示响应成功，客户端浏览器就可以根据服务器响应的头部信息（常见的响应头部信息如表 17-7 所示）进行客户端设置，同时将响应的 HTML 代码进行显示。HTTP 请求和响应的全流程如图 17-12 所示。

提示：关于 HTTP 协议的理解

如果读者刚刚开始接触到网络协议，可能会被许多的概念弄糊涂，实际上读者可以把所谓的协议理解为规范，即通信双方都必须遵守的守则，也就是关于传递或接收哪些数据的约定。

考虑到本书的篇幅以及知识结构的问题，本处所讲解的只是 HTTP 协议的基本概念，所以读者学习到此处时，只需要对 HTTP 协议的概念有个基本的认识即可，等读者学习到 Web 开发知识的时候，很多问题就可以得到详细的解释。

表 17-4　HTTP 常用请求模式

序　号	方　法	描　述
1	GET	请求指定的页面信息，并返回实体主体
2	HEAD	类似于 GET 请求，只不过返回的响应中没有具体的数据内容，用于获取请求头部数据
3	POST	向指定资源提交数据进行处理请求（例如提交表单或者上传文件）
4	PUT	从客户端向服务器端传送的数据取代指定的文档内容
5	DELETE	请求服务器端删除指定的页面
6	CONNECT	HTTP/1.1 协议中预留给能够将连接改为管道方式的代理服务器
7	OPTIONS	允许客户端查看服务器的性能
8	TRACE	回显服务器端收到的请求，主要用于测试或诊断

在进行请求处理时，除了设置请求模式外，还提供有许多的头部信息，随着每一次请求的发出自动地进行数据的传输，所有的 HTTP 传输的数据都分为头部信息和真实数据。HTTP 常用请求头部信息如表 17-5 所示。

表 17-5　HTTP 常用请求头部信息

序　号	头 部 信 息	描　　　　述	示　　　　例
1	Accept	设置客户端显示类型	Accept: text/plain, text/html
2	Accept-Encoding	设置浏览器可以支持的压缩编码类型	Accept-Encoding: compress, gzip
3	Accept-Language	浏览器可接收的语言	Accept-Language: en,zh
4	Cookie	将客户端保存的数据发送到服务器端	Cookie: name=lxh; pwd=yootk;
5	Content-Length	请求内容长度	Content-Length: 348
6	Content-Type	请求与实体对应的 MIME 信息	Content-Type: application/x-www-form-urlencoded
7	Host	请求主机	Host: www.yootk.com
8	Referer	访问来路	Referer: http://www.yootk.com/hello.html

当 HTTP 服务器处理完所有的请求之后就需要对请求的内容进行回应，而在回应的时候除了要回应的真实数据（HTML 数据）之外，还需要提供响应状态码、响应头部信息等内容，客户端将基于响应状态码来确定服务的处理结果。HTTP 响应状态码如表 17-6 所示。

表 17-6　HTTP 响应状态码

序　号	分　　类	描　　　　述
1	1**	信息，服务器收到请求，需要请求者继续执行操作
2	2**	成功，操作被成功接收并处理
3	3**	重定向，需要进一步的操作以完成请求
4	4**	客户端错误，请求包含语法错误或无法完成请求
5	5**	服务器端错误，服务器端在处理请求的过程中发生了错误

表 17-6 给出的只是响应状态码的一些公共标记，在开发中最为常见的错误回应如下。

- 200：服务器端成功地处理了用户请求，并且开始返回处理结果。
- 404：客户端错误，表示访问页面路径有错误。
- 500：服务器端错误，程序执行出现异常。

在很多的 HTTP 客户端的组件里面实际上都应该首先判断响应状态码，随后再接收响应内容。而在响应的时候除了响应的编码外，还有一些响应的头部信息。常见的响应头部信息如表 17-7 所示。

表 17-7　HTTP 常用响应头部信息

序　号	头 部 信 息	描　　　　述	示　　　　例
1	Content-Encoding	返回压缩编码类型	Content-Encoding: gzip
2	Content-Language	响应内容支持的语言	Content-Language: en,zh
3	Content-Length	响应内容的长度	Content-Length: 348
4	Content-Type	响应数据的 MIME 类型	Content-Type: text/html; charset=utf-8
5	Last-Modified	请求资源的最后修改时间	Last-Modified: Tue, 15 Nov 2020 12:45:26 GMT
6	Location	重定向路径	Location: http://www.yootk.com/python
7	refresh	资源定时刷新配置	Refresh: 5; url=http://www.yootk.com/show.html
8	Server	Web 服务器软件名称	Server: Apache/1.3.27 (UNIX) (Red-Hat/Linux)
9	Set-Cookie	设置 HTTP Cookie	Set-Cookie: name=yootk; pwd=hello

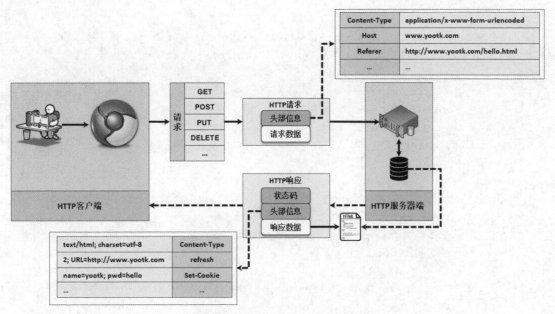

图 17-12　HTTP 请求与响应流程

实际上，开发 HTTP 服务器，最佳的做法是使用一些第三方服务器组件或者采用一些对 HTTP 协议封装好的组件来完成，这样可以极大地提升开发效率。为了方便读者理解 HTTP 协议基本概念，本节将通过几个具体的案例演示如何自定义 HTTP 服务器实现请求接收与响应处理。

17.3.1　HTTP 基础响应

视频名称	1708_HTTP 基础响应
课程目标	掌握
视频简介	HTTP 协议只需要设置相关的头部信息就可以直接在 TCP 协议上进行构建。本课程通过一个具体的实例讲解了 HTTP 服务器的创建以及 HTML 代码回应显示。

在实际项目开发中，每一个 HTTP 服务器都可以同时处理多个用户的请求，所以在自定义 HTTP 服务器操作过程中针对用户的每一次请求一般都需要启动一个新的进程，在每一次请求处理完毕，需要设置响应状态码、头部信息以及响应内容。下面将实现一个固定 HTML 数据信息的返回。

实例：定义 HTTP 服务器

```python
# coding:UTF-8
import socket                                        # HTTP 服务器基于 socket 组件开发
import multiprocessing                               # 多进程管理
class HTTPServer:                                     # 服务器类
    def __init__(self, port):                        # 构造方法
        self.server_socket = socket.socket(socket.AF_INET, socket.SOCK_STREAM)
        # socket.SO_REUSEADDR 可以方便地将应用绑定在系统核心端口上
        self.server_socket.setsockopt(socket.SOL_SOCKET, socket.SO_REUSEADDR, 1)
        self.server_socket.bind(("0.0.0.0", port))   # 在当前主机的指定端口绑定服务
        self.server_socket.listen()                  # 开启监听
    def start(self):                                 # 服务器提供服务
```

```python
        while True:                                          # 持续提供服务
            client_socket, client_address = self.server_socket.accept() # 等待客户端连接
            print("【新的客户端连接】客户 IP：%s、访问端口：%s" % client_address)
            # 为每一个客户请求开启一个新的子进程，同时设置不同的进程处理函数
            handle_client_process = multiprocessing.Process(target=self.handle_response,
                    args=(client_socket,))                   # 创建新进程
            handle_client_process.start()                    # 进程启动
            client_socket.close()                            # 进程执行完毕，关闭当前的 socket 连接
    def handle_response(self, client_socket):                # 处理用户响应
        request_headers = client_socket.recv(1024)           # 接收 HTTP 发送来的数据信息
        print(request_headers.decode())                      # 获取客户端发送的头部信息
        response_start_line = "HTTP/1.1 200 OK\r\n"          # 响应状态码
        response_headers = "Server: Yootk Server\r\nContent-Type: text/html\r\n" # 响应头部信息
        response_body = "<html>" \
                        "<head>" \
                        "<title>沐言优拓 Python 教程</title>" \
                        "<meta charset='UTF-8'/>" \
                        "</head>" \
                        "<body>" \
                        "<h1>沐言优拓：www.yootk.com</h1>" \
                        "<h1>沐言优拓技术讲师：李兴华（江湖人称"小李老师"）</h1>" \
                        "</body>" \
                        "</html>"                            # 构造 HTML 数据
        response = response_start_line + response_headers + "\r\n" + response_body # 响应数据
        client_socket.send(bytes(response, "utf-8"))         # 向客户端返回响应数据
        client_socket.close()                                # 关闭客户端连接
def main():                                                  # 主函数
    http_server = HTTPServer(80)                             # 创建 HTTP 服务器并设置监听端口
    http_server.start()                                      # 启动 HTTP 服务器
if __name__ == "__main__":                                   # 判断执行名称
    main()                                                   # 调用主函数
```

本程序基于 socket 组件实现了 HTTP 服务器的搭建，由于 HTTP 协议是基于 TCP 协议之上的，所以程序在处理请求时依然采用了与传统 TCP 程序同样的监听操作，每当有新的用户请求连接后都将开启一个新的进程，并对该请求进行 HTTP 请求响应，在数据响应时需要按照 HTTP 协议标准设置响应状态码、响应头部信息以及响应的 HTML 数据，程序运行完毕可以直接通过浏览器进行访问。输入访问的 URL 地址（http://localhost）后页面显示效果如图 17-13 所示，同时也可以在浏览器中观察到服务器所设置的响应头部信息内容，如图 17-14 所示。

图 17-13　服务器数据响应

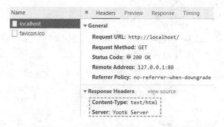

图 17-14　HTTP 响应头部信息

17.3.2　建立响应目录

视频名称	1709_建立响应目录	
课程目标	掌握	
视频简介	为了方便用户显示响应内容，往往会建立一个 HTTP 服务器，并且通过 HTML 文件定义响应内容。本课程利用 socket 模块模拟了一个 HTTP 服务器的开发，利用 IO 流的形式实现了 HTML 文件的加载以及内容响应。	

　　一个方便的 HTTP 服务器是不可能让用户直接将响应的代码放置在程序中的，而是设置一个专属的工作目录，将需要的 HTML 文件编辑完成后保存在目录里。在用户发送请求时可以根据用户访问地址加载所需要的文件内容再进行响应。响应目录如图 17-15 所示。本节将采用文件 IO 流的形式实现响应目录的创建。

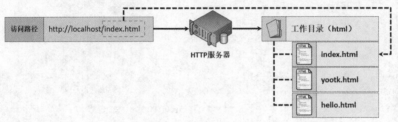

图 17-15　响应目录

实例：通过目录响应请求

```python
# coding:UTF-8
import socket, re, multiprocessing, os                    # 模块导入
HTML_ROOT_DIR = os.getcwd() + os.sep + "html"             # 设置 HTML 静态文件保存目录
class HTTPServer:                                          # 定义 HTTP 服务类
    def __init__(self, port):                             # 设置监听端口
        self.server_socket = socket.socket(socket.AF_INET, socket.SOCK_STREAM)
        # socket.SO_REUSEADDR 可以方便地将应用绑定在系统核心端口上
        self.server_socket.setsockopt(socket.SOL_SOCKET, socket.SO_REUSEADDR, 1)
        self.server_socket.bind(("0.0.0.0", port))        # 在当前主机的指定端口绑定服务
        self.server_socket.listen()                       # 开启监听
    def start(self):                                      # 启动服务监听
        while True:                                       # 持续监听用户请求
            client_socket, client_address = self.server_socket.accept() # 等待客户端连接
            print("【新的客户端连接】客户 IP：%s、访问端口：%s" % client_address)
            # 为每一个客户请求开启一个新的子进程，同时设置不同的进程处理函数
            handle_client_process = multiprocessing.Process(target=self.handle_response,
                    args=(client_socket,))                # 构造进程
            handle_client_process.start()                 # 进程启动
            client_socket.close()                         # 进程执行完毕，关闭当前的 socket 连接
    def handle_response(self, client_socket):             # 处理用户响应
        request_headers = client_socket.recv(1024)        # 接收 HTTP 发送来的数据信息
        # 利用正则进行拆分，通过客户端发送的头信息获取客户端要访问的文件名称
        file_name = re.match(r"\w+ +(/[^ ]*) ",
                request_headers.decode().split("\r\n")[0]).group(1)
        if "/" == file_name:                              # 访问的是根路径
            file_name = "/index.html"                     # 定义真实文件名称
```

```python
        if file_name.endswith(".html") or file_name.endswith(".htm"):
            client_socket.send(bytes(self.get_html_data(
                file_name), "UTF-8"))                      # 文本响应数据
        else:                                              # 二进制响应数据
            client_socket.send(self.get_binary_data(file_name)) # 响应二进制数据
        client_socket.close()                              # 关闭客户端连接
    def read_file(self, file_name):                        # 根据文件名称加载数据
        file_path = os.path.normpath(HTML_ROOT_DIR + file_name)
        file = open(file_path, "rb")                       # 二进制读取模式
        file_data = file.read()                            # 读取文件内容
        file.close()                                       # 关闭文件流
        return file_data                                   # 返回二进制数据
    def get_binary_data(self, file_name):                  # 加载二进制文件
        response_body = self.read_file(file_name)          # 加载文件内容
        return response_body                               # 返回文件数据
    def get_html_data(self, file_name):                    # 通过给定的路径进行数据加载
        response_start_line = "HTTP/1.1 200 OK\r\n"        # 响应状态码
        response_headers = "Server: Yootk Server\r\nContent-Type: text/html\r\n"  # 响应头部信息
        response_body = self.read_file(file_name).decode("UTF-8")  # 响应数据信息
        response = response_start_line + response_headers + \
                "\r\n" + response_body                     # 定义响应数据
        return response                                    # 返回响应数据
def main():                                                # 主函数
    http_server = HTTPServer(80)                           # 创建 HTTP 服务器并设置监听端口
    http_server.start()                                    # 启动 HTTP 服务器
if __name__ == "__main__":                                 # 判断执行名称
    main()                                                 # 调用主函数
```

本程序为了方便直接引用当前项目中的 HTML 目录作为所有网页文件的响应目录，在每一次 HTTP 请求访问时都会发送两个访问地址。以 http://localhost 为例，该请求会根据地址访问两次服务器，这两个访问地址分别为：路径地址"/"和图标地址/favicon.ico。本程序针对不同的访问地址进行了判断，如果是/favicon.ico，则采用二进制的形式直接进行内容的加载与响应；如果文件后缀为*.html，则表示返回的是网页文件，该文件需要处理后返回。如果要想正确地执行该程序，还需要在 HTML 目录中建立相应的网页文件。

实例：在项目的 HTML 目录中创建 index.html 文件

```html
<html>
<head>
    <title>沐言优拓 Python 教程</title>
    <meta charset='UTF-8'/>
</head>
<body>
    <h1>沐言优拓：www.yootk.com</h1>
    <h1>沐言优拓技术讲师：李兴华（江湖人称"小李老师"）</h1>
</body>
</html>
```

本程序建立了一个 index.html 文件，每当用户访问根路径"/"时，将自动在此文件内容中进行响应。

17.3.3 动态请求处理

视频名称	1710_动态请求处理	
课程目标	掌握	
视频简介	动态处理是现代 Web 开发的主流模式。本课程利用 Python 中动态模块导入特点实现相应的动态处理操作，从而模拟动态执行环境，即根据用户请求实现不同响应内容的处理。	

在 Python 中对于模块的操作调用除了直接使用 import 语句处理外，也可以通过 "__import__ (模块名称)" 函数动态进行加载，那么本次就可以考虑直接使用 Python 源程序进行动态资源处理。假设要处理的动态资源所在存储目录为 pages 程序包，里面有一个 echo.py 程序，代码如下。

实例： 定义动态处理程序 echo.py

```python
# coding:UTF-8
def service(param):                                    # 服务处理函数
    """
    实现动态 Web 请求处理，本程序返回的内容为最终 HTML 显示内容，service()为自定义方法名称
    :param: 要处理的参数内容
    :return: 如果有参数，传递则处理；如果没有参数传递，则直接返回"NOPARAM"信息
    """
    if param:                                          # 有传递参数
        return "<h1>" + param + "</h1>"                # HTML 数据
    else:                                              # 没有传递参数
        return "<h1>NOPARAM</h1>"                      # HTML 数据
```

本程序在 pages 包中定义了一个可以被动态加载的 echo.py 模块，同时内部提供有一个自定义的 service()函数，对于此模块中的函数调用，可以直接通过路径的形式进行指定。例如：/echo/service 路径中的 echo 为模块名称，service 为函数名称。HTTP 的动态调用原理如图 17-16 所示。

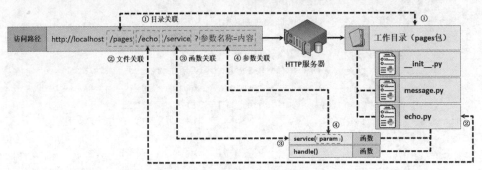

图 17-16 HTTP 动态调用原理

实例： 实现动态程序加载

```python
# coding:UTF-8
import socket, re, multiprocessing, os, sys              # 模块导入
HTML_ROOT_DIR = os.getcwd() + os.sep + "html"            # 设置 HTML 静态文件保存目录
sys.path.append("pages")                                 # 设置模块加载路径
class HTTPServer:                                         # HTTP 服务处理类
    def __init__(self, port):                            # 构造方法
        self.server_socket = socket.socket(socket.AF_INET, socket.SOCK_STREAM)
        # socket.SO_REUSEADDR 可以方便地将应用绑定在系统核心端口上
```

```python
        self.server_socket.setsockopt(socket.SOL_SOCKET, socket.SO_REUSEADDR, 1)
        self.server_socket.bind(("0.0.0.0", port))          # 在当前主机的指定端口绑定服务
        self.server_socket.listen()                          # 开启监听
    def start(self):                                          # 服务器提供服务
        while True:                                           # 持续监听用户请求
            client_socket, client_address = self.server_socket.accept() # 等待客户端连接
            print("【新的客户端连接】客户 IP：%s、访问端口：%s" % client_address)
            # 为每一个客户请求开启一个新的子进程，同时设置不同的进程处理函数
            handle_client_process = multiprocessing.Process(target=self.handle_response,
                    args=(client_socket,))                   # 创建进程
            handle_client_process.start()                    # 进程启动
            client_socket.close()                            # 进程执行完毕，关闭当前的 socket 连接
    def handle_response(self, client_socket):                # 处理用户响应
        request_headers = client_socket.recv(1024)           # 接收 HTTP 发送来的数据信息
        # 利用正则进行拆分，通过客户端发送的头部信息获取客户要访问的地址以及参数信息
        file_name = re.match(r"\w+ +(/[^ ]*) ",
                request_headers.decode().split("\r\n")[0]).group(1)
        if file_name.startswith("/pages"):                   # 以"/pages"路径开头的路径为动态路径
            request_name = file_name[file_name.index("/", 1) + 1 : ] # 获取请求模块与函数名称
            param_value = ""                                 # 保存传递的参数名称
            if request_name.__contains__("?"):               # 如果有传递参数
                request_param = request_name[request_name.index("?") + 1 : ] # 获取参数字符串
                param_value = request_param.split("=")[1]    # 获取参数内容
                request_name = request_name[0 : request_name.index("?")] # 获取模块与函数名称
            model_name = request_name.split("/")[0]          # 获取模块名称
            method_name = request_name.split("/")[1]         # 获取处理函数名称
            model = __import__(model_name)                   # 加载模块
            method = getattr(model, method_name)             # 加载模块中的函数
            response_body = method(param_value)              # 处理模块响应
            response_start_line = "HTTP/1.1 200 OK\r\n"      # 响应状态码
            response_headers = "Server: Yootk Server\r\nContent-Type: text/html\r\n" # 头部信息
            response = response_start_line + response_headers + "\r\n" + response_body # 回应信息
            client_socket.send(bytes(response, "UTF-8"))     # 响应数据
        client_socket.close()                                # 关闭客户端连接
def main():                                                  # 主函数
    http_server = HTTPServer(80)                             # 创建 HTTP 服务器并设置监听端口
    http_server.start()                                      # 启动 HTTP 服务器
if __name__ == "__main__":                                   # 判断执行名称
    main()                                                   # 调用主函数
```

带参访问地址：

http://localhost/pages/echo/service?param=www.yootk.com

无参访问地址：

http://localhost/pages/echo/service

　　本程序实现了一个基础的动态 HTTP 响应操作。由于本程序需要进行模块的动态加载操作，所以在程序执行时必须设置模块的加载路径 sys.path.append("pages")，在请求发送到服务器后需要根据路径判断请求类型（/pages 为动态请求，本程序未考虑 "/" 和 "/favicon.ico" 路径），随后利用正则拆分出的路径获取了模块名称以及调用的函数名称，利用函数调用动态获取响应数据信息。程序的运行结果如图 17-17 所示。

NOPARAM

（a）未传递参数

www.yootk.com

（b）传递参数

图 17-17　处理动态程序运行结果

17.3.4　urllib3

视频名称	1711_urllib3
课程目标	理解
视频简介	Web 程序中客户端都会依据 URL 地址进行访问，除了使用浏览器之外，也可以利用程序模拟请求处理。本课程通过 urllib3 组件实现了 HTTP 请求发送与响应内容接收。

urllib3 是 Python 提供的一个用于发送 URL 请求的官方标准库，利用 urllib3 可以模拟浏览器请求访问，向服务器发送请求的同时也可以进行头部信息的传递。

　　实例： 通过 urllib3 发送请求

```
# coding:UTF-8
import urllib3                                          # 模块导入
YOOTK_URL = "http://www.yootk.com/video/3"              # 请求的服务器地址
def main():                                             # 主函数
    request_headers = {'User-Agent': 'Yootk Python'}    # 请求头部信息
    # PoolManager 实现请求的发送，实例化对象时可以设置缓冲区的大小以及请求所需要携带的头部信息
    http = urllib3.PoolManager(num_pools=5, headers=request_headers)
    response = http.urlopen("GET", YOOTK_URL)           # 发送 GET 请求
    print(response.headers)                             # 获取响应头部信息
    print(response.data.decode("UTF-8"))                # 获取响应的 HTML 数据
if __name__ == "__main__":                              # 判断执行名称
    main()                                              # 调用主函数
程序执行结果：
HTTPHeaderDict({'Server': 'nginx'/'Content-Type': 'text/html; charset=utf-8', 'Content-Length':
'442790', 'Connection': 'keep-alive',略})
<html data-n-head-ssr data-n-head="">
  <head data-n-head="">
    <title data-n-head="true">沐言优拓（www.yootk.com）</title>
（其他页面内容略）
```

本程序直接利用 urllib3 模块中的 PoolManager 类构造了一个请求对象，随后利用 urlopen() 向指定的路径发出了一个 GET 请求，当服务器端成功接收到请求后可以直接获取响应的头部信息与数据信息。

17.4　twisted 模块

视频名称	1712_twisted 模块
课程目标	掌握
视频简介	为了尽可能提高服务器的处理性能，现代项目开发中往往都会节约线程的损耗，为此高级的编程语言都提供有异步处理支持。本课程分析了单线程、多线程以及异步处理操作的模式，同时介绍了 twisted 的工作模型。

在网络编程中，经常需要考虑资源的合理占用问题，通过之前的分析可以发现，如果一个服务器的程序代码没有采用多进程或多线程的模式，则所有的操作都是以单进程或单线程的模式运行，这样服务器将无法执行并行处理，所有的任务都需要依次执行完毕，操作如图 17-18 所示。此时引入并发处理的概念可以使得服务器同时处理多个用户的请求处理任务，并且每个任务彼此之间不会影响，如图 17-19 所示。引入多进程或多线程虽然提供了良好的并发性，而一旦处理不当，就有可能造成死锁的问题，或由于互相等待出现性能问题，从而导致服务器出错，所以为了解决这样的设计，Python 提供了 twisted 异步编程模块。

twisted 是一个事件驱动型的网络引擎，其最大的特点是提供了一个事件循环处理，当外部事件发生时，使用回调机制来触发相应的处理操作，多个任务在一个线程中执行，如图 17-20 所示。这种方式可以使程序尽可能地减少对其他线程的依赖，也使得程序开发人员不用再关注线程安全问题。

图 17-18　单线程

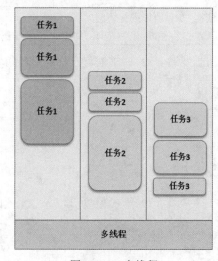

图 17-19　多线程

图 17-20　异步处理

twisted 中所有处理事件（注册、注销、运行、回调处理等）全部交由 reactor 进行统一管理，在整个程序运行的过程中，reactor 循环会以单线程的模式持续运行，当需要执行回调处理时，reactor 会暂停循环，当回调操作执行完毕将继续采用循环的形式执行其他任务。由于这种操作是从平台行为中抽象出来的，这样就使得在网络协议栈的任何位置都很容易进行事件响应。

17.4.1　使用 twisted 开发 TCP 程序

视频名称	1713_使用 twisted 开发 TCP 程序
课程目标	掌握
视频简介	twisted 简化了多线程模型的切换以及性能损耗问题，基于异步实现服务器处理。本课程通过具体的代码以及运行操作实现了新的 Echo 服务器端与客户端的开发。

使用 twisted 模块最大的特点是优化服务器端的处理资源，下面将使用 twisted 实现一个 TCP 的 Echo 程序模型。在本模型中首先针对数据交互定义专属的处理协议类，在该类中定义所有的回调处理事件；而如果要想将此协议类在 Reactor 中注册，还需要提供一个 Factory 工厂类，该类的主要功能是进行客户端的连接管理。服务器端程序的实现结构如图 17-21 所示。

实例： 编写服务器端程序

```
import twisted                              # pip install twisted
import twisted.internet.protocol            # 事件处理
```

```python
import twisted.internet.reactor                              # reactor 处理
SERVER_PORT = 8080                                           # 监听端口
class Server(twisted.internet.protocol.Protocol):           # 定义回调处理类
    def connectionMade(self):                                # 客户端连接时触发
        print("客户端地址：%s" % self.transport.getPeer().host)  # 提示信息
    def dataReceived(self, data):                            # 客户端发送数据时触发
        print("【服务器】接收到数据：%s" % data.decode("UTF-8"))    # 提示信息
        self.transport.write(("【ECHO】%s" %
            data.decode("UTF-8")).encode("UTF-8"))           # 向客户端回应信息
class DefaultServerFactory(twisted.internet.protocol.Factory):  # 定义工厂类
    protocol = Server                                        # 注册事件回调处理类
def main():
    twisted.internet.reactor.listenTCP(SERVER_PORT, DefaultServerFactory())  # 服务监听
    print("服务器启动完毕，等待客户端连接…")                        # 提示信息
    twisted.internet.reactor.run()                           # 事件循环
if __name__ == "__main__":                                   # 判断执行名称
    main()                                                   # 调用主函数
```

图 17-21　twisted 实现 TCP 程序

本程序实现了一个 TCP 服务器端，在本程序开发中并没有进行任何有关多进程与多线程的处理，所有的程序都是在单线程环境下运行，每当有新的客户端连接之后，reactor 会监听到此事件，随后触发 Server.connectionMade()方法。当客户端发送数据给服务器端时该事件也会被 reactor 监听到，并且调用 Server.dataReceived()方法进行请求回应。

实例：编写客户端程序

```python
import twisted                                               # pip install twisted
import twisted.internet.protocol                             # 事件处理
import twisted.internet.reactor                              # reactor 处理
SERVER_HOST = "localhost"                                    # 监听地址
SERVER_PORT = 8080                                           # 监听端口
class Client(twisted.internet.protocol.Protocol):           # 定义客户端回调
    def connectionMade(self):                                # 连接触发
        print("服务器连接成功，可以进行数据交互，如果要结束通信，则请直接按 Enter 键。")
        self.sendData()                                      # 连接成功后发送数据
    def sendData(self):                                      # 发送数据
        input_data = input("请输入要发送的数据：")                # 接收键盘数据
        if input_data:                                       # 数据不为空，则进行发送
            self.transport.write(input_data.encode("UTF-8"))  # 向服务器发送数据
        else:                                                # 输入数据为空
```

```
                self.transport.loseConnection()               # 断开服务器连接
        def dataReceived(self, data):                          # 接收到服务器端响应
            print(data.decode("UTF-8"))                        # 打印接收到的信息
            self.sendData()                                    # 重新输入
class DefaultClientFactory(twisted.internet.protocol.ClientFactory): # 定义客户端工厂类
    protocol = Client                                          # 设置回调程序类
    # 当客户端断开连接或者连接失败时，停止 reactor 循环监听
    clientConnectionLost = clientConnectionFailed = lambda self, connector, reason: \
                twisted.internet.reactor.stop()
def main():                                                    # 主函数
    twisted.internet.reactor.connectTCP(SERVER_HOST,
                SERVER_PORT, DefaultClientFactory())           # 连接服务器
    twisted.internet.reactor.run()                             # 运行程序
if __name__ == "__main__":                                     # 判断执行名称
    main()                                                     # 调用主函数
```

程序执行结果：

服务器连接成功，可以进行数据交互，如果要结束通信，则请直接按 Enter 键。

请输入要发送的数据：**沐言优拓（www.yootk.com）**（键盘输入数据）

【ECHO】沐言优拓（www.yootk.com）（服务器回应数据）

请输入要发送的数据：（不输入数据而直接按 **Enter** 键表示关闭连接）

本程序通过 twisted 实现了一个客户端程序，与服务器端的处理形式相同，客户端需要有一个专属的 Client 类定义所有的回调处理函数。当客户端连接成功之后开始进行数据交互，如果客户端向服务器端输入的数据为空，则断开连接，停止 reactor 循环监听，客户端结束通信。

17.4.2   使用 twisted 开发 UDP 程序

视频名称	1714_使用 twisted 开发 UDP 程序
课程目标	掌握
视频简介	因为 UDP 避免了烦琐的可靠连接步骤，所以其性能要高于基于 TCP 协议的服务器，在 twisted 模块内部也同样提供了对 UDP 的异步支持。本课程通过具体代码实现了基于 UDP 的 Echo 服务器端与客户端开发。

使用 twisted 实现的 TCP 程序需要进行连接的操作控制，所以在处理时往往需要一个工厂类负责连接管理。但是 UDP 的实现方式有所不同，因为 UDP 不需要进行连接处理，一个 UDP 套接字可以接收来自网络上任何一台主机的报文数据，如果要想实现 UDP，只需要继承 DatagramProtocol 类并覆写相应方法，即可实现事件回调处理。

实例： 建立服务器端信息

```
import twisted                                                # pip install twisted
import twisted.internet.protocol                              # 事件处理
import twisted.internet.reactor                               # reactor 处理
SERVER_PORT = 8080                                            # 监听端口
class EchoServer(twisted.internet.protocol.DatagramProtocol): # 继承数据报协议
    def datagramReceived(self, datagram, addr):               # 接收数据处理
        print("接收到消息，消息来源 IP：%s、消息来源端口：%s" % addr) # 信息输出
```

```
        print("接收到数据信息：%s" % datagram.decode("UTF-8"))      # 信息输出
        echo_data = "【ECHO】%s" % datagram.decode("UTF-8")         # 回应消息
        self.transport.write(echo_data.encode("UTF-8"), addr)      # 发送消息
def main():                                                        # 主函数
    twisted.internet.reactor.listenUDP(SERVER_PORT, EchoServer())  # 服务监听
    print("服务器启动完毕，等待客户端连接…")                            # 提示信息
    twisted.internet.reactor.run()                                 # 事件循环
if __name__ == "__main__":                                         # 判断执行名称
    main()                                                         # 调用主函数
```

程序执行结果：

服务器启动完毕，等待客户端连接…

接收到消息，消息来源 IP：127.0.0.1、消息来源端口：64317（客户端交互时输出）

接收到数据信息：沐言优拓（www.yootk.com）（客户端交互时输出）

本程序通过 twisted 实现了一个 UDP 程序模型，这样在进行事件处理时不再需要处理连接的相关回调操作，只需要对数据的交互进行操作即可。

实例：建立 UDP 客户端

```
import twisted                                                     # pip install twisted
import twisted.internet.protocol                                  # 事件处理
import twisted.internet.reactor                                   # reactor 处理
SERVER_HOST = "127.0.0.1"                                          # 连接主机地址
SERVER_PORT = 0                                                    # 连接端口号
class EchoClient(twisted.internet.protocol.DatagramProtocol):     # 定义 UDP 回调
    def startProtocol(self):                                      # 连接回调
        self.transport.connect(SERVER_HOST, 8080)                 # 指定对方的地址和端口
        print("服务器连接成功，可以进行数据交互，如果要结束通信，则请输入空数据。")
        self.sendData()                                           # 连接成功后发送数据
    def datagramReceived(self, datagram, addr):                   # 接收数据回调
        print(datagram.decode("UTF-8"))                           # 打印接收到的信息
        self.sendData()                                           # 重新输入
    def sendData(self):                                           # 发送数据
        input_data = input("请输入要发送的数据：")                    # 接收键盘数据
        if input_data:                                            # 数据不为空，则进行发送
            self.transport.write(input_data.encode("UTF-8"))      # 向服务器发送数据
        else:                                                     # 输入数据为空
            twisted.internet.reactor.stop()                       # 关闭监听
def main():                                                        # 主函数
    twisted.internet.reactor.listenUDP(SERVER_PORT, EchoClient())  # 连接服务器
    twisted.internet.reactor.run()                                 # 运行程序
if __name__ == "__main__":                                         # 判断执行名称
    main()                                                         # 调用主函数
```

程序执行结果：

服务器连接成功，可以进行数据交互，如果要结束通信，请输入空数据。

请输入要发送的数据：沐言优拓（www.yootk.com）（键盘输入数据）

【ECHO】沐言优拓（www.yootk.com）（服务器回应数据）
请输入要发送的数据：（不输入数据而直接回车表示关闭连接）

本程序实现了 UDP 客户端操作，在进行客户端访问时，如果可以连接主机，则会触发 EchoClient.startProtocol() 回调方法；而当客户端接收到服务器端响应时，则会触发 EchoClient.datagramReceived()方法进行数据处理。

17.4.3　Deferred

	视频名称	1715_Deferred
	课程目标	掌握
	视频简介	使用传统网络模型进行 IO 处理时，经常会出现由于传输文件过大而导致阻塞加大的问题，所以在 twisted 模块中提供了回调异步 Deferred 模型。本课程通过具体的代码讲解了该模型的基本结构，同时结合网络传输实现了回调操作。

在客户端与服务器通信过程中，如果需要下载某个大型的图片或者视频，则可以采用 Deferred 对象来进行处理。此对象是由 twisted 提供的异步请求对象，利用该对象可以保证在数据传输完成以前当前下载线程不会出现阻塞，这样客户端就可以节约资源进行其他逻辑的处理，当数据传输完成时会自动调用 Deferred 的回调操作。本操作结构如图 17-22 所示。

在 Deferred 对象创建时存在两个回调阶段，如图 17-23 所示。第一个回调处理阶段是服务正确处理时的回调操作；第二个回调处理是服务处理失败时的操作。为了便于读者理解，下面通过一个简单的延时操作实例进行说明。

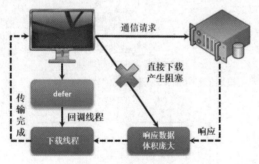

图 17-22　defer 操作

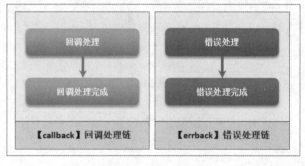

图 17-23　defer 回调链

实例：defer 基础调用

```python
import twisted.internet.reactor              # reactor 处理
import twisted.internet.defer                # defer 处理
import time                                   # 延迟处理
class DeferHandle:                            # 设置一个 Defer 处理类
    def __init__(self):                       # 提示信息
        self.defer = twisted.internet.defer.Deferred()    # 获取 Defer 对象
    def get_defer(self):                      # 获取 Deferred 对象
        return self.defer                     # 返回 Defer 对象实例
    def work(self):                           # 模拟网络下载
        print("模拟网络延迟操作，等待 3 秒时间。")    # 提示信息
        time.sleep(3)                         # 延迟 3 秒
        self.defer.callback("finish")         # 模拟完成后手工触发
```

```python
        def handle_success(self, result):                              # 处理完成回调
            print("处理完成，进行参数接收：%s" % result)                  # 提示信息
        def handle_error(self, d):                                      # 处理失败回调
            print("程序出错：%s" % d)                                    # 提示信息
    def stop():                                                         # 处理函数
        twisted.internet.reactor.stop()                                 # 结束 reactor 监听
        print("服务调用结束！")                                          # 提示信息
    def main():                                                         # 主函数
        defer_client = DeferHandle()                                    # 实例化 Defer 处理类
        twisted.internet.reactor.callWhenRunning(defer_client.work)     # reactor 调用耗时任务
        defer_client.get_defer().addCallback(defer_client.handle_success)  # 添加处理回调
        defer_client.get_defer().addErrback(defer_client.handle_error)     # 添加错误回调
        twisted.internet.reactor.callLater(5, stop)                     # 5 秒后停止 reactor 循环
        twisted.internet.reactor.run()                                  # 运行程序
    if __name__ == "__main__":                                          # 判断执行名称
        main()                                                          # 调用主函数
```

程序执行结果：
模拟网络延迟操作，等待 3 秒时间。
处理完成，进行参数接收：finish
服务调用结束！

　　本程序通过一个简单的网络环境模拟了一次 defer 调用操作，通过程序的执行可以发现，在 defer 中需要注册成功与失败两个回调处理操作。当 work() 方法执行完毕，会手工调用 defer.callback("finish") 方法，这样就会触发设置的 handle_success() 方法的执行，同时该方法还可以接收 callback() 传递的参数。

　　defer 的最佳用途是在网络通信上，下面将通过一次网络的 Echo 调用来讲解 defer 的用法（使用前 twisted 实现的 TCP 服务端已完成）。本程序将采用 TCP 的方式完成通信，客户端代码如下。

实例：通过 defer 实现服务器数据交互

```python
import twisted.internet.reactor                                        # reactor 处理
import twisted.internet.threads                                        # defer 线程处理
import twisted.internet.defer                                          # defer 处理
import time                                                            # 模拟延迟
SERVER_HOST = "localhost"                                              # 服务主机
SERVER_PORT = 8080                                                     # 连接端口
class DeferClient(twisted.internet.protocol.Protocol):                 # 定义客户端监听
    def connectionMade(self):                                          # 连接成功时调用
        print("服务器连接成功，可以进行数据交互，如果要结束通信，则请输入空数据。")
        self.sendData()                                                # 连接成功后发送数据
    def dataReceived(self, data):                                      # 数据接收时调用
        content = data.decode("UTF-8")                                 # 接收数据解码
        # 在每一次进行数据处理时都启动一个 defer 线程，同时设置好相应的回调方法
        twisted.internet.threads.deferToThread(self.handle_request, content)
            .addCallback(self.handle_success)                          # 回调处理
    def handle_request(self, content):                                 # 客户端处理
        print("【客户端】对服务器端回应的数据（%s）进行处理，此处产生 1 秒延迟…" % content)
        time.sleep(1)                                                  # 客户端操作模拟延迟
        return content                                                 # 返回处理内容
```

```python
        def handle_success(self, result):                                # 处理完成
            print("处理完成，进行参数接收：%s" % result)                    # 提示信息
            self.sendData()                                              # 继续输入数据
        def sendData(self):                                              # 发送数据
            input_data = input("请输入要发送的数据：")                     # 接收键盘数据
            if input_data:                                               # 数据不为空，则进行发送
                self.transport.write(input_data.encode("UTF-8"))         # 向服务器发送数据
            else:                                                        # 输入数据为空
                self.transport.loseConnection()                          # 断开服务器连接
class DefaultClientFactory(twisted.internet.protocol.ClientFactory):     # 定义客户端工厂类
    protocol = DeferClient                                               # 设置回调程序类
    # 当客户端断开连接或者连接失败时，则停止 reactor 循环监听
    clientConnectionLost = clientConnectionFailed = lambda self, connector, reason: \
            twisted.internet.reactor.stop()                              # 失败结束
def main():                                                              # 主函数
    twisted.internet.reactor.connectTCP(SERVER_HOST,
            SERVER_PORT, DefaultClientFactory())                         # 连接服务器
    twisted.internet.reactor.run()                                       # 运行程序
if __name__ == "__main__":                                               # 判断执行名称
    main()                                                               # 调用主函数
```

程序执行结果：
服务器连接成功，可以进行数据交互，如果要结束通信，则请输入空数据。（回调处理）
请输入要发送的数据：yootk（键盘输入数据）
【客户端】对服务器端回应的数据（【ECHO】yootk）进行处理，此处产生 1 秒延迟…
处理完成，进行参数接收：【ECHO】hello（客户端处理后的数据）
请输入要发送的数据：（不输入数据而直接回车表示关闭连接）

本程序在网络的通信环境中使用了 defer 模式，在程序执行中利用 time.sleep()模拟了本地操作的延迟，在本地操作完成后才会将处理后的数据交由 handle_success()方法进行处理。

17.5 本 章 小 结

1．socket 是对网络通信的抽象管理，利用 socket 模块可以方便地实现 TCP、UDP 协议的通信。

2．TCP 采用面向连接的通信模式，在通信前需要建立可靠连接，这样会造成极大的性能浪费；而 UDP 采用无连接的模式进行处理，可以节约资源，但是唯一的缺陷在于数据传输的可靠性差。

3．在编写服务器端程序代码时，为了充分发挥主机的硬件性能，可以采用多进程或多线程的方式处理客户端请求。

4．HTTP 是基于 TCP 的一种扩展协议，使用特定的格式进行传输，并且默认的服务端口为 80，用户可以直接通过浏览器访问 HTTP 服务器，也可以通过 urllib3 模块提供的函数进行访问。

5．FTP 可以实现服务器的远程文件管理，在 Python 中提供有 ftplib 的组件可以实现 FTP 服务器上的文件操作。

6．Email 是在项目开发中较为常见的一种通信形式，用户如果想通过程序发送 Email，则必须使用 SMTP 协议，如果想进行邮箱管理，则可以使用 POP3 或 IMAP 协议。

7．twisted 提供了一个异步的网络模型，采用单线程模式结合回调的方式进行通信管理，这样避免了因复杂的线程管理造成的问题，提高了程序的稳定性与服务器的处理性能。

第 18 章　数据库编程

 学习目标

- 掌握 MySQL 数据库的安装以及相关操作命令；
- 掌握 pymysql 组件的使用，并且可以使用此组件执行 SQL 命令；
- 掌握事务的概念以及 pymysql 组件对事务的相关处理方法；
- 掌握数据库连接池的概念，并可以使用连接池进行数据库连接管理；
- 掌握 ORM 设计思想，并可以使用 SQLAlchemy 进行数据表映射与相关数据操作；
- 掌握 SQLAlchemy 组件提供的对象状态，可以理解并使用持久态进行数据更新处理；
- 理解 SQLAlchemy 组件实现的一对多与多对多数据关联操作。

数据库是最为常用的结构化存储工具，也是现代项目开发中必然要使用到的存储终端，在 Python 语言中提供了方便的数据库支持组件。本章将讲解 MySQL 数据库的使用，以及如何通过 pymysql 组件实现数据库开发。

18.1　数据库编程概述

视频名称	1801_数据库编程概述	
课程目标	理解	
视频简介	项目中需要进行大量的数据管理，而数据管理最有效的模式就是基于数据库管理软件。本课程分析了项目开发中数据库的作用以及编程开发的意义。	

数据库（Database）是现代项目开发中所不可或缺的重要数据管理软件，在数据库中提供了数据的标准存放结构，这样所有的数据都可以按照有序的方式进行存储，同时也可以使用 SQL 实现数据查询操作。

> **提示：关于 SQL**
>
> 结构化查询语句（Structured Query Language，SQL）是由 IBM 开发并推广的数据库操作标准语言，可以针对数据库实现数据查询、数据更新、数据库对象定义以及授权管理等操作。如果读者不熟悉 SQL 语法的相关知识，可以通过本书附赠的资源自行学习，本章只是为读者讲解基本的 SQL 操作。
>
> 另外，需要提醒读者的是，数据库分为 SQL 数据库（传统的关系型数据库）和 NoSQL 数据库（非关系型数据库）两种，本章中所讲解的数据库主要围绕 SQL 数据库展开。

在一个数据库中最为基础的数据存储单元为数据表（Table），每张数据表中会有若干个数据列（Column），每一个数据列有其对应的数据类型，较为常用的数据类型有数字、字符串、日期、文本等，详细定义如表 18-1 所示。在进行数据操作时，数据必须依据数据类型进行存放。数据库基本的存储结构如图 18-1 所示。

表 18-1　MySQL 常用数据类型

序　号	数 据 类 型	关 键 字	长　度	范　围
1	整型	INT	4 字节	−2147483648 ~ 2147483647
2	大整型	BIGINT	8 字节	−9223372036854775808 ~ 9223372036854775807
3	单精度浮点型	FLOAT	4 字节	(−3.402823466351 E+38，−1.175494351 E−38)，0，(1.175494351 E−38，3.402823466351 E+38)
4	双精度浮点型	DOUBLE	8 字节	(−1.7976931348623157 E+308，−2.2250738585072014 E−308)，0，(2.2250738585072014 E−308，1.7976931348623157 E+308)
5	字符串	VARCHAR	自定义	默认范围：0 ~ 65535 字节
6	长文本	TEXT	自定义	默认范围：0 ~ 65535 字节
7	极大文本	LONGTEXT	自定义	默认范围：0 ~ 4294967295 字节
8	日期	DATE	—	1000-01-01 ~ 9999-12-31
9	时间	TIME	—	'−838:59:59' ~ '838:59:59'
10	日期时间	DATETIME	—	1000-01-01 00:00:00 ~ 9999-12-31 23:59:59

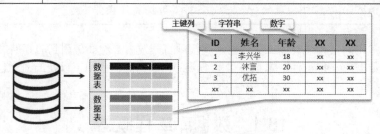

图 18-1　数据库核心存储结构

　　在实际项目开发中，数据库中数据表的设计往往需要根据具体的业务需求，即根据项目的功能进行设计，如果让使用者直接操作数据库，则会出现严重的安全问题，为此在实际使用中往往都利用程序来进行数据库操作，用户通过程序获取数据或者更新数据。在 Python 中针对不同的数据库提供了不同的模块组件，利用这些组件可以对数据库进行连接与数据操作。为了方便本章的讲解，将使用 MySQL 数据库，并通过 Python 程序进行 MySQL 数据库操作。程序的开发结构如图 18-2 所示。

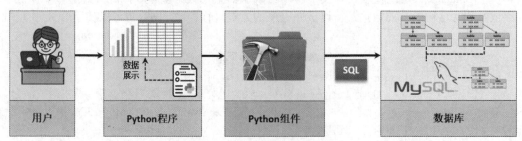

图 18-2　Python 数据库项目开发结构

18.2　MySQL 数据库

	视频名称	1802_MySQL 数据库简介
	课程目标	理解
	视频简介	MySQL 是全球使用最广泛的开源数据库。本课程介绍了 MySQL 数据库的发展历史以及当前应用状况。

MySQL 是一个小型关系型数据库管理系统，由瑞典 MySQL AB 公司开发，目前属于 Oracle 公司的数据库产品。在实际使用中，由于 MySQL 数据库体积小、速度快、开源等众多优点被许多互联网公司所使用。开发者如果想使用 MySQL 数据库产品，直接登录 MySQL 数据库官网即可进行下载，官网首页如图 18-3 所示，本书使用的是 MySQL 8.0 版本。

图 18-3　MySQL 数据库首页

> **提示：关于 MySQL 的经历**
>
> 　MySQL 的第一个版本由 Monty Widenius（如图 18-4 所示）在 1996 年发布，Monty Widenius 同时创办了 MySQL AB 公司，2008 年 1 月 MySQL AB 公司被 SUN 公司以 10 亿美元收购，但是 SUN 公司并没有大力推广 MySQL 数据库，而只是将其作为企业技术平台的推广技术。
>
> 　2009 年 4 月 Oracle 公司又以 74 亿美元收购了 SUN 公司，所以现在 Oracle 是 MySQL 数据库的所有者。在 MySQL 数据库被收购之后，考虑到其可能面临闭源的风险，MySQL 数据库之父——Monty Widenius 又重新推出了一款新的 MariaDB 数据库作为 MySQL 替代品，如图 18-5 所示，并且 MariaDB 也提供了与 MySQL 兼容的操作支持。
>
> 　　　　　　
>
> 　　图 18-4　MySQL 作者　　　　　　　图 18-5　MariaDB 与 MySQL 图标

18.2.1　MySQL 数据库安装与配置

视频名称	1803_MySQL 数据库安装与配置	
课程目标	掌握	
视频简介	MySQL 数据库安装需要开发者进行大量的手工配置，其操作步骤非常烦琐。本课程采用分布的形式详细地讲解了 MySQL 数据库的获取、安装以及初始化配置的相关操作。	

　　MySQL 是开源的免费数据库，如果开发者需要使用 MySQL 数据库，则可以直接通过官网进行下载，下载地址为 https://dev.mysql.com/downloads/mysql/8.0.html，在进行下载时需要根据用户所使用的操作系统选择不同的 MySQL 版本，如图 18-6 所示。由于本次是在 Windows 上进行 MySQL 安装，所以下载的

开发包为 Windows (x86, 64-bit), ZIP Archive，如图 18-7 所示。

图 18-6　选择操作系统版本　　　　　　　　　　　　　　　　图 18-7　选择开发包

> **提示：MySQL 安装建议以视频学习为主**
>
> 　　MySQL 数据库不是所有的版本都提供有自动化的 Windows 安装版，本次所使用的 MySQL 数据库就需要由用户自己进行配置，而关于这部分的配置较为烦琐，建议读者根据本节的视频讲解进行操作。另外，如果读者使用的操作系统比较古老，也有可能会出现一些缺少支持库的错误，此时只能够根据自己的错误找到相应的补丁进行处理，所以笔者建议读者最好使用 Windows 10 系统安装 MySQL，这样问题会相对少一些。

　　MySQL 下载完成后可以获得一个 mysql-8.0.17-winx64.zip 压缩包文件，里面包含有 MySQL 数据库运行的相关文件项，读者可以按照下面的步骤进行 MySQL 数据库的安装与配置操作。

　　（1）【解压缩】为了便于 MySQL 程序包的管理，可以将下载的 MySQL 工具包直接解压缩到 c:\tools 目录中，随后将其更名为 mysql8，完整路径为 c:\tools\mysql8。

　　（2）【配置路径】在解压缩完成后，mysql8 目录下会提供有 bin 目录，里面包含有全部的 MySQL 的执行程序，为了方便使用，可以将此路径添加到系统的 PATH 属性之中。操作步骤：【此电脑】→【属性】→【高级系统设置】→【高级】→【环境变量】→【系统环境变量】→【编辑 PATH 属性】→【添加 mysql 执行目录】，如图 18-8 所示。

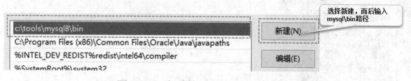

图 18-8　为系统添加 MySQL 环境

　　（3）【数据目录】在进行 MySQL 配置时需要提供一个数据目录保存所有的数据和日志文件，本次数据目录创建的路径为 E:\mysql-dc，同时在该目录下创建有 data 与 logs 两个子目录。

　　（4）【编辑配置文件】在 mysql8 目录下创建 my.ini 文件，此文件将作为 MySQL 的核心配置文件，用于进行数据库环境的设置以及 MySQL 相关目录的定义，如图 18-9 所示。

图 18-9　my.ini 配置文件

实例： 定义 my.ini 配置文件

```
[mysqld]
# 设置 3306 端口
port=3306
# 设置 mysql 的安装目录
basedir=C:\tools\mysql8
# 设置 mysql 数据库的数据的存放目录
datadir=E:\mysql-dc\data
# mysqlsock 存储目录
socket=E:\mysql-dc\data\mysql.sock
# 允许最大连接数
max_connections=10000
# 允许连接失败的次数。这是为了防止有人从该主机试图攻击数据库系统
max_connect_errors=10
# 服务器端使用的字符集默认为 UTF8
character-set-server=UTF8MB4
# 创建新表时将使用的默认存储引擎
default-storage-engine=INNODB
# 默认使用"mysql_native_password"插件认证
default_authentication_plugin=mysql_native_password
[mysql]
# 设置 mysql 客户端默认字符集
default-character-set=UTF8MB4
# mysqlsock 存储目录
socket=E:\mysql-dc\data\mysql.sock
[client]
# 设置 mysql 客户端连接服务器端时默认使用的端口
port=3306
default-character-set=utf8
[mysqld_safe]
log-error=E:\mysql-dc\logs\mysql.log
pid-file=E:\mysql-dc\logs\mysql.pid
# mysqlsock 存储目录
socket=E:\mysql-dc\data\mysql.sock
```

（5）【数据库初始化】在 MySQL 软件包中提供有 mysqld 的初始化命令，开发者只要配置好 my.ini 文件，就可以直接使用此命令进行数据库的初始化，在数据库初始化的时候会生成一个临时密码，该密码为超级管理员密码，一定要记住。

```
mysqld --initialize --console
初始化密码:
[Note] [MY-010454] [Server] A temporary password is generated for root@localhost: 5w;drsLf_qx;
```

（6）【服务安装】为了方便 MySQL 使用，将 MySQL 服务安装到系统服务中（使用管理员方式运行 cmd）。

```
mysqld install
程序执行结果:
Service successfully installed.
```

如果在以后系统中不再需要使用 MySQL 数据库的服务，也可以使用"mysqld remove"命令卸载此服务项。

（7）【服务控制】当命令执行完毕会自动在系统服务中进行 MySQL 服务的注册，如图 18-10 所示。这样就可以直接由 Windows 系统进行 MySQL 服务器的启动与停止进行管理。

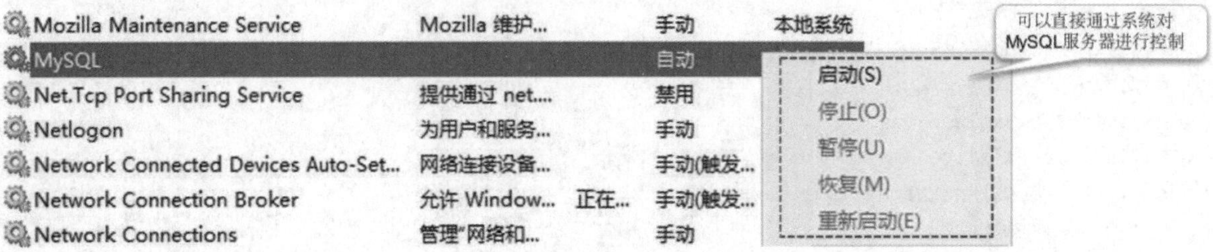

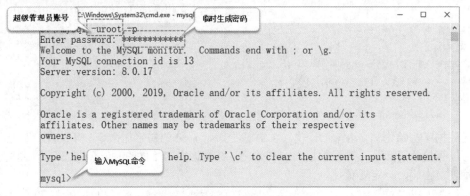

图 18-10　Windows 服务项

提示：命令启动

如果现在不想通过 Windows 服务管理界面进行 MySQL 的控制，也可以通过如下两个命令完成。

启动 MySQL 服务	net start mysql
关闭 MySQL 服务	net stop mysql

这两个命令的执行效果和直接在界面中操作是完全相同的。

（8）【MySQL 登录】MySQL 服务启动之后就可以使用 MySQL 内置的命令进行登录。

命令格式	mysql -u 用户名　-p 密码
执行命令	mysql -uroot -p

在 MySQL 安装完成之后会有一个默认的用户名为 root（拥有 MySQL 的最高控制权限），而此用户的默认登录密码为 MySQL 安装时生成的临时密码 5w;drsLf_qx;。登录成功之后的界面如图 18-11 所示。

图 18-11　MySQL 命令行管理界面

（9）【修改密码】虽然此时已经登录成功，但是所使用的是默认临时生成的 MySQL 密码，这种密码对后续的数据库管理非常不便，这时可以通过命令手工设置新的密码，例如设置为"mysqladmin"。

```
alter user 'root'@'localhost' IDENTIFIED WITH mysql_native_password BY 'mysqladmin';
```
程序执行结果：
```
Query OK, 0 rows affected (0.08 sec)
```

（10）【远程登录配置】此时的 MySQL 数据库所提供的 root 账户只允许被本机用户所访问，但

是在实际项目中，经常需要单独搭建 MySQL 数据库服务器，而后程序通过远程连接访问数据库，所以还需要开启远程访问支持。

进入数据库	use mysql
设置远程访问	update user set user.Host='%'where user.User='root';
配置生效	flush privileges;

经过以上一系列的配置步骤之后，当前的 MySQL 数据库就配置完成，开发者可以直接使用命令行工具进行各种操作，如果有需要，也可以使用一些 MySQL 第三方客户端程序进行数据库操作。

18.2.2 MySQL 操作命令

视频名称	1804_MySQL 操作命令
课程目标	掌握
视频简介	MySQL 数据库采用了命令行的模式进行操作，本课程讲解了 MySQL 的常用命令，并且利用 SQL 语句实现了数据表的创建、更新与查询操作。

MySQL 数据库为了方便用户进行操作，当用户登录成功后就可以直接使用 MySQL 操作命令进行数据库的管理与相关信息的获取，同时在 MySQL 数据库里面也可以直接使用 SQL 语句进行数据表的创建、查询、更新等操作。下面通过具体的实例来对这些命令进行说明。

> **提示：关于命令的编写**
>
> 为了更加便于读者理解 MySQL 或 SQL 相关命令，在本节中所编写的命令语句将采用大小写混合的模式进行定义（注意，MySQL 命令不区分大小写），所有固定的语法部分将使用大写字母表示，而所有可以由用户随意定义的部分将使用小写字母表示。

（1）【SQL 命令】在 MySQL 数据库中用户可以根据需要创建属于自己的数据库，下面将通过命令创建一个 yootk 数据库。

```
CREATE DATABASE yootk CHARACTER SET UTF8 ;
程序执行结果：
Query OK, 1 row affected
```

数据库成功创建后会返回执行成功的信息，如果要想删除数据库，则可以使用 "DROP DATABASE yootk ;" 命令。

（2）【MySQL 命令】为了方便用户管理，MySQL 数据库提供有数据库的查看命令，通过该命令可以列出已有的全部数据库名称。

```
SHOW DATABASES;
```

程序执行结果：

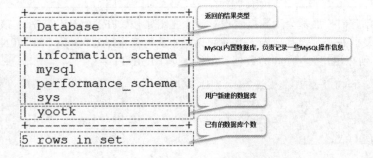

（3）【MySQL 命令】在 MySQL 中，如果要想使用某一个数据库，则必须通过 USE 命令来进行切换，下面将通过此命令将当前默认使用的数据库切换为 yootk。

```
USE yootk;
程序执行结果:
Database changed
```

（4）【MySQL 命令】数据库中数据表是非常重要的组成单元，在 MySQL 数据库里面针对数据的存储提供有不同的数据引擎，常用的数据引擎一共包含有四种。

➲ **MyISAM**：该类数据引擎不支持事务控制，但是访问速度非常快，这类数据引擎只适合执行 SELECT、INSERT 之类的数据操作，不能够进行并发事务的修改控制（UPDATE、DELETE）。

➲ **INNODB**：支持事务控制（事务回滚与事务提交），但是相比较 MyISAM 引擎来讲，数据的写入性能会比较差，同时会占用更多的磁盘空间以保留数据和索引内容。

➲ **MEMORY**：所有的数据都直接在内存中进行处理，访问速度非常快，但是服务一旦关闭，数据则会丢失。

➲ **Archive**：支持高并发的数据插入操作，主要用于日志数据记录的形式。

用户可以直接在 my.ini 配置文件里面设置默认的数据引擎，只需要通过 default-storage-engine=INNODB 修改配置项即可，如果要想知道当前的数据引擎，则可以采用以下命令完成。

```
SHOW ENGINES;
```

程序执行结果:

```
+--------------------+---------+----------------------------------------------------------------+--------------+------+------------+
| Engine             | Support | Comment                                                        | Transactions | XA   | Savepoints |
+--------------------+---------+----------------------------------------------------------------+--------------+------+------------+
| MEMORY             | YES     | Hash based, stored in memory, useful for temporary tables      | NO           | NO   | NO         |
| MRG_MYISAM         | YES     | Col        my.ini配置文件中的定义：                               | NO           | NO   | NO         |
| CSV                | YES     | CSV        default-storage-engine=INNODB                        | NO           | NO   | NO         |
| FEDERATED          | NO      | Fede                                                            | NULL         | NULL | NULL       |
| PERFORMANCE_SCHEMA | YES     | Perf                                                           | NO           | NO   | NO         |
| MyISAM             | YES     | MyISAM storage engine                                          | NO           | NO   | NO         |
| InnoDB             | DEFAULT | Supports transactions, row-level locking, and foreign keys     | YES          | YES  | YES        |
| BLACKHOLE          | YES     | /dev/null storage engine (anything you write to it disappears) | NO           | NO   | NO         |
| ARCHIVE            | YES     | Archive storage engine                                         | NO           | NO   | NO         |
+--------------------+---------+----------------------------------------------------------------+--------------+------+------------+
9 rows in set
```

（5）【SQL 命令】一个数据库内部可以创建多张数据表，数据表的创建属于 DDL 语法的定义范畴，下面将在 yootk 数据库里面创建一张 user 数据表，用于保存用户信息。user 数据表结构如表 18-2 所示。

表 18-2 用户表（user）结构

user		序 号	字段名称	类 型	描 述
uid	BIGINT ⟨pk⟩	1	uid	大整型	用户编号，自动增长，主键
name	VARCHAR (30)	2	name	字符串	用户的真实姓名，不能为空
age	INT	3	age	整型	用户年龄，不能为空
birthday	DATE	4	birthday	日期	用户生日
salary	FLOAT	5	note	文本	用户备注
note	TEXT				

在进行数据表创建时一般都会为数据表设置一个主键字段（PRIMARY KEY），该字段所描述的数据列的内容不能够重复而且必须设置。为了方便起见，本次将使用 AUTO_INCREMENT 实现一个可以自动增长的主键 ID，所以用户表中 uid 的数据类型使用了 BIGINT。

```
-- 【注释】判断 user 表是否存在，如果存在，则进行删除
DROP TABLE IF EXISTS user;
-- 【注释】创建 user 表，同时为每一个列设置说明信息
CREATE TABLE user(
```

```
    uid        BIGINT          AUTO_INCREMENT      COMMENT '主键列（自动增长）',
    name       VARCHAR(30)                         COMMENT '用户姓名' ,
    age        INT                                 COMMENT '用户年龄' ,
    birthday   DATE                                COMMENT '用户生日' ,
    salary     FLOAT                               COMMENT '用户月薪' ,
    note       TEXT                                COMMENT '用户说明' ,
    CONSTRAINT pk_uid PRIMARY KEY(uid)
) engine=INNODB ;
```

（6）【MySQL 命令】数据表创建完成之后，用户可以直接使用 MySQL 数据库提供的 SHOW 命令查看当前数据库中所有已经存在的用户表名称。

```
SHOW TABLES;
```

程序执行结果：

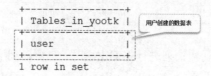

```
+----------------+
| Tables_in_yootk |      用户创建的数据表
+----------------+
| user           |
+----------------+
1 row in set
```

（7）【MySQL 命令】除了可以获取表名称的信息之外，也可以通过 DESC 命令查看指定数据表的结构。

```
DESC user;
```

程序执行结果：

```
+----------+-------------+------+-----+---------+----------------+
| Field    | Type        | Null | Key | Default | Extra          |
+----------+-------------+------+-----+---------+----------------+
| uid      | bigint(20)  | NO   | PRI | NULL    | auto_increment |
| name     | varchar(30) | YES  |     | NULL    |                |
| age      | int(11)     | YES  |     | NULL    |                |
| birthday | date        | YES  |     | NULL    |                |
| salary   | float       | YES  |     | NULL    |                |
| note     | text        | YES  |     | NULL    |                |
+----------+-------------+------+-----+---------+----------------+
6 rows in set
```
（该列不允许为空 → Null；主键标记 → Key；列内容自动增长 → Extra）

（8）【SQL 命令】向数据库进行数据增加，其命令格式如下：

```
INSERT INTO 表名称[(字段 1,字段 2,字段 3,…,字段 n)] VALUES (值 1,值 2,值 3,…,值 n) ;

INSERT INTO user (name, age, birthday, salary, note) VALUES ('李兴华', 18, '2000-08-13', 8000.0,
'www.yootk.com') ;
INSERT INTO user (name, age, birthday, salary, note) VALUES ('沐言优拓', 18, '2000-09-15', 9000.0,
'www.yootk.com') ;
```
程序执行结果：
Query OK, 1 row affected（执行两次会出现两次返回信息）

在本程序进行数据增加时，由于 uid 字段采用了主键自动生成的方式，所以不需要进行用户设置。

（9）【SQL 命令】数据增加后，可以直接对数据表进行查询操作，其命令格式如下：

```
SELECT * | 列名称 [别名] , 列名称 [别名] , … FROM 表名称 [别名] [WHERE 数据筛选条件(s)] ;

SELECT * FROM user ;
```

程序执行结果：

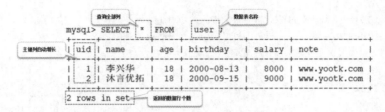

（10）【SQL 命令】数据表中的数据除了可以进行全部查询之外，也可以设置一些过滤条件进行部分查询。例如，要查询姓名中带有"沐言"的同时年龄为 18 岁的用户信息。

```
SELECT * FROM user WHERE name LIKE '%沐言%' AND age=18;
```

程序执行结果：

（11）【SQL 命令】在使用自动增长列进行主键生成时，也可以利用 MySQL 提供的函数获取当前最后一次增长列的数值。

```
SELECT LAST_INSERT_ID();
程序执行结果：
2
```

（12）【SQL 命令】在数据表数据较多时，为了便于用户进行数据浏览，可以采用分页的方式进行部分数据的查询，在 MySQL 中提供有 LIMIT 的分页处理支持。其命令格式如下：

```
SELECT * | 列名称 [别名] ,… FROM 表名称 [别名] [WHERE 条件(s)] LIMIT 开始行, 长度;

SELECT * FROM user LIMIT 0, 1 ;
```

程序执行结果：

```
    +-----+--------+-----+------------+--------+---------------+
    | uid | name   | age | birthday   | salary | note          |
    +-----+--------+-----+------------+--------+---------------+
    |   1 | 李兴华 | 18  | 2000-08-13 |   8000 | www.yootk.com |   长度为1
    +-----+--------+-----+------------+--------+---------------+
```
"0"为首行

（13）【SQL 命令】在数据库中提供有 COUNT() 函数，可以实现表中所有数据行的统计。

```
SELECT COUNT(*) FROM user;
程序执行结果：
2
```

（14）【SQL 命令】数据表中的数据信息也可以进行修改，在修改时一般都会针对某几列的内容进行变更，在数据修改时一般都会通过 WHERE 设置修改条件，如果不设置，则意味着要进行全表内容的变更。其命令格式如下：

```
UPDATE 表名称 SET 字段1=值1, …,字段n=值1 [WHERE 更新条件];

UPDATE user SET age=20, salary=65391.23 WHERE uid=1;
程序执行结果：
Query OK, 1 row affected
Rows matched: 1  Changed: 1  Warnings: 0（返回更新的数据行数）
```

本程序针对用户编号为 1（uid=1）的用户更新了 age 和 salary 字段的内容。

（15）【SQL 命令】当数据表中的某些数据不再需要时，可以进行删除，在删除时一般都会设置删除条件，如果不设置，则会删除数据表中的全部数据记录。其命令格式如下：

```
DELETE FROM 表名称 [WHERE 删除条件];

DELETE FROM user WHERE uid IN (1, 2);
程序执行结果：
Query OK, 2 rows affected（返回更新的数据行数）
```

本程序删除了 user 表中用户编号（uid）为 1 和 2 的用户信息，当数据成功删除后会返回所影响的数据行数，即增加、修改、删除这样的数据更新操作在每一次执行完毕都会返回受影响的数据行数，而查询操作只会返回符合条件的数据。

（16）【MySQL 命令】当数据库执行完毕，可以直接使用 quit 命令退出命令环境。

18.2.3 PyCharm 数据库管理

视频名称	1805_PyCharm 数据库管理	
课程目标	理解	
视频简介	PyCharm 作为流行的 Python 开发工具，为了便于开发其内部，也提供了数据库操作客户端。本课程通过具体的操作步骤演示了如何在 PyCharm 工具中进行 MySQL 连接配置以及命令的执行。	

在 Python 项目开发中，PyCharm 是比较常见的开发工具，为了方便代码编写，在 PyCharm 开发工具内部默认提供有数据库的连接管理工具，开发者直接利用此工具就可以连接 MySQL 数据库，并且可以在 PyCharm 工具内部直接执行相关的数据库操作命令。

> **提示：PyCharm 数据库连接基于 JDBC 管理**
>
> 在 PyCharm 开发工具内部提供的数据库管理操作主要是基于 Java 数据库连接（Java Database Connectivity，JDBC）技术，如果读者有兴趣研究此技术，可以参考笔者的《Java 从入门到项目实战》一书。

在 PyCharm 开发工具的右边栏中提供有 Database 的工具选项，如图 18-12 所示，使用者可以直接打开此工具选择要进行管理的数据库，随后输入数据库相关的配置信息（如图 18-13 所示），就可以将数据库连接配置到 PyCharm 工具中。但是在进行数据库连接配置时需要通过网络下载相应的 JDBC 数据库驱动程序，如果一切配置正确，则在使用 Test Connection 进行连接测试时会返回成功的信息。

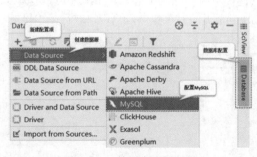

图 18-12 数据库配置工具

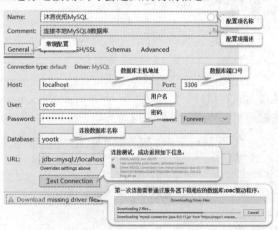

图 18-13 数据库连接配置

注意：关于测试失败

　　如果开发者在进行数据库连接测试时出现了以下的错误信息：Server returns invalid timezone. Go to 'Advanced' tab and set 'serverTimezone' property manually.，则表示数据库的时区设置有问题，中国属于+8 时区，此时只要在数据库中执行 "set global time_zone='+8:00';" 命令即可。

　　数据库连接信息配置完成后就可以直接使用开发工具进行数据库连接，随后会出现一个命令窗口，如图 18-14 所示，开发者可以直接在此处输入要执行的 SQL 命令。

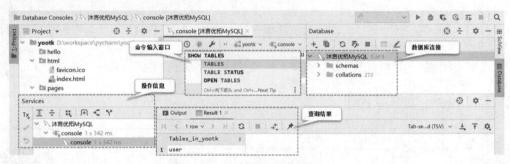

图 18-14　PyCharm 执行数据库命令

18.3　Python 操作 MySQL 数据库

　　在 Python 中，为了方便进行 MySQL 数据库的连接与 SQL 操作提供了 pymysql 操作组件，本节将通过具体的案例讲解该组件的使用。

提示：关于 Python 进行 MySQL 数据库操作

　　在 Python 3 中使用的 MySQL 数据库操作组件为 pymysql，而在 Python 2 中使用的是 mysqldb 组件。需要注意的是，MySQL 官方还提供了一个 mysql-connector 组件，这个组件使用与 pymysql 类似。

18.3.1　连接 MySQL 数据库

	视频名称	1806_连接 MySQL 数据库
	课程目标	掌握
	视频简介	Python 提供 pymysql 组件可以方便地进行 MySQL 数据库的开发。本课程分析了使用 pymysql 组件实现数据库连接操作的步骤，并且通过具体代码实现了指定服务器中数据库的连接。

　　数据库操作需要数据库连接的支持，在 Python 中，可以直接利用 pymysql.connect() 函数获取数据库连接对象，这样就会直接返回一个 pymysql.connections.Connection 类的对象实例，当用户获得了连接对象之后就可以直接进行数据库的相关操作。流程如图 18-15 所示。

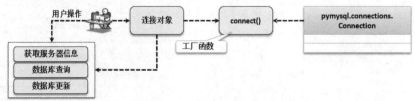

图 18-15　用户使用 pymysql 组件连接数据库操作流程

使用 pymysql.connect()函数获取数据库连接时，需要向函数传递数据库的主机地址（host）、连接端口（port）、操作编码（charset）、用户名（root）、密码（passwd）、数据库名称（该名称也可以在获取连接对象后手工设置）等信息，当用户获取连接对象实例之后，就可以使用表 18-3 定义的方法获取相关的连接信息。

表 18-3 获取数据库连接信息的方法

序　号	方　　法	描　　述
1	def cmd_ping()	数据库连接测试
2	def get_server_info()	获得数据库的版本编号
3	def get_host_info(self)	获取主机信息
4	def get_proto_info(self)	获取协议信息
5	def cursor()	创建一个数据库操作对象
6	def select_db(self, db)	设置要使用的数据库
7	def close()	关闭 MySQL 数据库连接

实例：连接 MySQL 数据库并返回数据库信息

```python
import pymysql                                    # pip install pymysql
import traceback                                  # 获取详细信息
def main():                                       # 主函数
    try:                                          # 捕获可能产生的异常
        conn = pymysql.connect(
            host="localhost",                     # 数据库主机地址
            port=3306,                            # 数据库连接端口
            charset="UTF8",                       # 数据库编码
            user="root",                          # 数据库用户名
            passwd="mysqladmin",                  # 数据库密码
            database="yootk"                      # 数据库名称
        )                                         # 连接 MySQL 数据库
        print("MySQL 数据库连接成功，当前的数据库版本为：%s" %
            conn.get_server_info())               # 获取数据库版本信息
    except Exception:                             # 异常处理
        print("处理异常：" + traceback.format_exc()) # 打印异常信息
    finally:                                      # 异常处理统一出口
        conn.close()                              # 关闭数据库连接
if __name__ == "__main__":                        # 判断执行名称
    main()                                        # 调用主函数
```
程序执行结果：
MySQL 数据库连接成功，当前的数据库版本为：8.0.17

本程序利用 MySQL 的主机名称、端口、编码、用户名和密码获取了一个 MySQL 的连接对象，当获取之后就可以调用连接对象中的方法来获取相应的数据库版本信息。由于数据库资源非常宝贵，所以在使用完数据库后一定要使用 close()方法关闭数据库的连接。

18.3.2 数据更新操作

视频名称	1807_数据更新操作	
课程目标	掌握	
视频简介	PyMySQL 组件中的数据更新需要数据操作指针的支持。本课程通过数据的增加、修改、删除等操作详细地演示了 PyMySQL 组件中 SQL 执行方法的使用。	

在 SQL 语句中数据的更新操作一共分为三种：增加（INSERT）、修改（UPDATE）、删除（DELETE），如果要通过 pymysql 组件进行数据库的更新操作，则必须通过连接对象的 cursor()函数创建一个数据库操作 Cursor 对象，随后就可以通过 SQL 执行数据操作。数据库操作结构如图 18-16 所示。

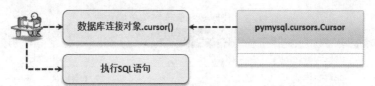

图 18-16　数据库操作结构

利用 cursor()方法可以获取一个 MySQLCursor 类的对象实例，利用该实例的相关属性和方法可以直接进行数据库的更新与查询操作。数据库操作常用属性和方法如表 18-4 所示。

表 18-4　数据库操作常用属性和方法

序　号	属性和方法	类　型	描　述
1	rowcount	属性	返回影响的数据行数
2	lastrowid	属性	返回 LAST_INSERT_ID()函数执行结果
3	def execute(self, query, args=None)	方法	执行单行 SQL 语句并传入相关参数
4	def executemany(self, query, args)	方法	执行多行 SQL 语句并传入相关参数
5	def callproc(self, procname, args=())	方法	调用数据库存储过程并传入相关参数
6	def nextset(self)	方法	移动到下一个结果集
7	def fetchone(self)	方法	返回一条查询结果
8	def fetchmany(self, size=1)	方法	返回多行查询结果，行数由 size 设置
9	def fetchall(self)	方法	返回全部查询数据

实例：数据增加

```python
import pymysql, traceback                           # pip install pymysql
SQL = "INSERT INTO user (name, age, birthday, salary, note) " \
    "VALUES ('李兴华', 18, '2000-08-13', 8000.0, 'www.yootk.com')" # SQL 语句
def main():                                         # 主函数
    try:                                            # 捕获可能产生的异常
        conn = pymysql.connect(
            host="localhost",                       # 数据库主机地址
            port=3306,                              # 数据库连接端口
            charset="UTF8",                         # 数据库编码
            user="root",                            # 数据库用户名
            passwd="mysqladmin",                    # 数据库密码
            database="yootk")                       # 数据库名称
        cmd = conn.cursor()                         # 创建数据库操作对象
        cmd.execute(SQL)                            # 执行数据增加操作
        conn.commit()                               # 提交事务
        print("更新影响的数据行数：%s" % cmd.rowcount)    # 获取更新行数
        print("最后一次增长 ID：%s" % cmd.lastrowid)      # 最后一次自增长 ID
    except Exception:                               # 异常处理
```

```
        print("处理异常: " + traceback.format_exc())          # 打印异常信息
    finally:                                                   # 异常处理统一出口
        conn.close()                                           # 关闭数据库连接
if __name__ == "__main__":                                     # 判断执行名称
    main()                                                     # 调用主函数
```
程序执行结果:
更新影响的数据行数: 1
最后一次增长 ID: 1

```
mysql> SELECT * FROM user ;
+-----+--------+-----+------------+--------+---------------+
| uid | name   | age | birthday   | salary | note          |
+-----+--------+-----+------------+--------+---------------+
|   1 | 李兴华 | 18  | 2000-08-13 |   8000 | www.yootk.com |
+-----+--------+-----+------------+--------+---------------+
1 row in set
```

getlastrowid() 返回结果

增加1行数据 SQL影响行数为1

　　本程序实现了一个数据的增加操作,在执行时只需要将要执行的数据拼凑为 SQL 语句,就可以直接通过数据库操作对象执行更新,在更新时由于事务的问题,所以需要手工调用 conn.commit()方法才可以将数据真正保存在数据库中(关于事务的概念将在 18.3.6 小节为读者讲解)。

实例:实现数据修改操作

```
import pymysql, traceback                                      # 模块导入
SQL = "UPDATE user SET name='沐言优拓', age=30 WHERE uid=1"     # SQL 语句
def main():                                                    # 主函数
    try:                                                       # 捕获可能产生的异常
        conn = pymysql.connect(
            host="localhost",                                  # 数据库主机地址
            port=3306,                                         # 数据库连接端口
            charset="UTF8",                                    # 数据库编码
            user="root",                                       # 数据库用户名
            passwd="mysqladmin",                               # 数据库密码
            database="yootk" )                                 # 数据库名称
        cmd = conn.cursor()                                    # 创建数据库操作对象
        cmd.execute(SQL)                                       # 执行数据修改操作
        conn.commit()                                          # 提交事务
        print("更新影响的数据行数: %s" % cmd.rowcount)          # 获取更新行数
    except Exception:                                          # 异常捕获
        print("处理异常: " + traceback.format_exc())          # 打印异常信息
    finally:                                                   # 异常统一出口
        conn.close()                                           # 关闭数据库连接
if __name__ == "__main__":                                     # 判断执行名称
    main()                                                     # 调用主函数
```
程序执行结果:
更新影响的数据行数: 1

```
mysql> SELECT * FROM user ;
+-----+----------+-----+------------+--------+---------------+
| uid | name     | age | birthday   | salary | note          |
+-----+----------+-----+------------+--------+---------------+
|   1 | 沐言优拓 | 30  | 2000-08-13 |   8000 | www.yootk.com |
+-----+----------+-----+------------+--------+---------------+
1 row in set
```

本程序采用同样的形式实现了数据的修改操作，通过程序代码可以发现，该程序仅仅是更换了执行的 SQL 语句，而程序的主体结构并没有发生任何的改变，按照同样的道理也可以使用 DELETE 语句实现数据的删除操作。

 提问：能否执行 DDL 处理？

通过 pymysql 组件中的 execute()方法可以执行 SQL 语句，那么如果要想执行多条 SQL 语句该如何处理？

 回答：pymysql 可以支持 DDL 处理。

数据库的 DDL 操作主要是进行数据表的删除以及数据表创建的操作处理，实际上这就是数据库脚本的功能。下面通过 pymysql 组件实现一个数据库脚本功能。

实例：通过程序执行数据库脚本

```python
import pymysql, traceback                                    # 模块导入
DROP_SQL = "DROP TABLE IF EXISTS company"                    # 删除表
CREATE_SQL = """
    CREATE TABLE company(
        cid BIGINT AUTO_INCREMENT COMMENT '公司ID',
        name VARCHAR(30) COMMENT '公司名称',
        loc VARCHAR(100) COMMENT '公司位置',
        note TEXT COMMENT '公司介绍',
        CONSTRAINT pk_uid PRIMARY KEY(cid)
    ) engine=INNODB;
"""                                                          # 创建数据表
DATA_SQL = """INSERT INTO company(name, loc, note) VALUES
    ('沐言优拓（沐言童趣旗下品牌）', '北京', 'www.yootk.com')"""
def main():                                                  # 主函数
    try:                                                    # 捕获可能产生的异常
        conn = pymysql.connect(
            host="localhost",                               # 数据库主机地址
            port=3306,                                      # 数据库连接端口
            user="root",                                    # 数据库用户名
            passwd="mysqladmin",                            # 数据库密码
            database="yootk"                                # 数据库名称
        )                                                   # 连接 MySQL 数据库
        cmd = conn.cursor()                                 # 数据库操作对象
        cmd.execute(DROP_SQL)                               # 执行 SQL
        cmd.execute(CREATE_SQL)                             # 执行 SQL
        cmd.execute(DATA_SQL)                               # 执行 SQL
    except Exception:                                       # 异常捕获
        print("处理异常：" + traceback.format_exc())         # 打印异常信息
    finally:                                                # 异常统一出口
        conn.close()                                        # 关闭数据库连接
if __name__ == "__main__":                                  # 判断执行名称
    main()                                                  # 调用主函数
```

程序执行结果：

```
mysql> DESC company ;
+-------+--------------+------+-----+---------+----------------+
| Field | Type         | Null | Key | Default | Extra          |
+-------+--------------+------+-----+---------+----------------+
| cid   | bigint(20)   | NO   | PRI | NULL    | auto_increment |
| name  | varchar(30)  | YES  |     | NULL    |                |
| loc   | varchar(100) | YES  |     | NULL    |                |
| note  | text         | YES  |     | NULL    |                |
+-------+--------------+------+-----+---------+----------------+
4 rows in set
```

此时的程序通过三次的 execute()方法调用实现了数据表的删除、创建和测试数据的添加，虽然 pymysql 支持有这样的处理，但是在实际开发中这样的做法还是比较少见的，这一点可以随着读者经验的累积以及技术的深入慢慢理解。

18.3.3 数据查询操作

视频名称	1808_数据查询操作
课程目标	掌握
视频简介	结构化数据的存储提供了对数据查询的支持。本课程分析了数据查询的操作流程，并且通过代码实现了多行记录返回与单行记录返回的操作。

数据查询操作主要是以 SELECT 查询为主，程序通过 pymysql 组件向数据库中发出一条查询语句，当数据库接收到此语句后会返回与之匹配的数据内容，这些数据会以序列的形式返回给程序，并且保存在内存中。当用户需要对数据进行处理时，可以利用迭代的形式依次取出每一行数据（每一行数据为一个元组），而后再利用索引的形式获取每一个数据列的内容。操作流程如图 18-17 所示。

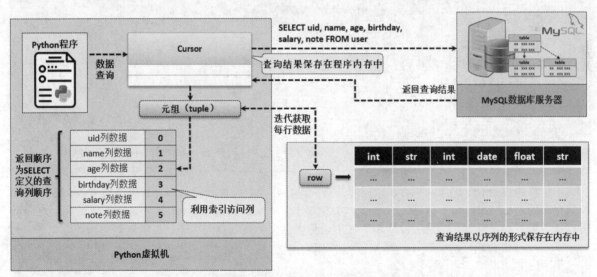

图 18-17 数据查询及处理操作流程

注意：不要一次查询过多数据

在进行数据库数据查询时，由于所有的数据内容最终都会返回到程序内存中，如果数据表中的数据量过大，那么就有可能造成内存溢出，导致程序崩溃，所以尽量避免一次查询过多的数量，同时可以采用分页查询的形式部分加载数据。

实例：查询表中全部数据

```
import pymysql, traceback                                        # 模块导入
SQL = "SELECT uid, name, age, birthday, salary, note FROM user"  # 数据查询
def main():                                                      # 主函数
    try:                                                         # 捕获可能产生的异常
        conn = pymysql.connect(
            host="localhost",                                    # 数据库主机地址
            port=3306,                                           # 数据库连接端口
            charset="UTF8",                                      # 数据库编码
            user="root",                                         # 数据库用户名
            passwd="mysqladmin",                                 # 数据库密码
            database="yootk")                                    # 数据库名称
        cmd = conn.cursor()                                      # 数据库操作对象
        cmd.execute(query=SQL)                                   # 执行数据查询操作
        # 使用 fetchall()获取全部数据迭代对象，利用 for 循环取出每一行数据，类型为元组
        for user_row in cmd.fetchall():                          # 迭代获取数据
            uid = user_row[0]                                    # 获取第 1 列数据
            name = user_row[1]                                   # 获取第 2 列数据
            age = user_row[2]                                    # 获取第 3 列数据
            birthday = user_row[3]                               # 获取第 4 列数据
            salary = user_row[4]                                 # 获取第 5 列数据
            note = user_row[5]                                   # 获取第 6 列数据
            print("用户 ID：%s、姓名：%s、年龄：%s、生日：%s、月薪：%s、备注：%s" % \
                (uid, name, age, birthday, salary, note))        # 信息输出
    except Exception:                                            # 异常处理
        print("处理异常：" + traceback.format_exc())              # 打印异常信息
    finally:                                                     # 异常统一出口
        conn.close()                                             # 关闭数据库连接
if __name__ == "__main__":                                       # 判断执行名称
    main()                                                       # 调用主函数
```

程序执行结果：

用户 ID：1、姓名：沐言优拓、年龄：30、生日：2000-08-13、月薪：8000.0、备注：www.yootk.com
用户 ID：2、姓名：李兴华、年龄：18、生日：2000-08-13、月薪：8000.0、备注：www.yootk.com

　　本程序通过 execute()方法执行了数据库的查询操作，在程序执行完查询之后可以使用 fetchall()方法获取全部的查询结果，由于其返回的是一个可迭代对象，所以可以使用 for 循环进行迭代处理，这样就可以获取每一行元组数据，最后按照 SELECT 语句中定义的查询列的顺序就可以获取对应的数据。

 提问：能否使用"*"代替列名称？

　　在本程序编写查询语句的时候使用了具体的列名称，请问能否使用"*"代替要查询的列呢？例如：SQL 查询语句为 SELECT * FROM user。

 回答：使用具体列名称的查询更加适合于程序维护。

　　在进行数据查询中，每一行的数据都以一个元组的形式进行返回，假设在编写 SELECT 语句的时候没有明确地写上查询列，则会使用数据库默认的数据列的顺序，那么在获取数据时就必须和数据库进行比对，如果数据库同时进行了更新，也有可能造成程序出错，所以这样对于程序的维护是非常不利的。实际开发中一般不提倡使用"*"，而且一些要求严格的项目团队更是禁止 SELECT 子句使用"*"进行查询。

实例：统计表中数据量

```python
import pymysql, traceback                           # 模块导入
SQL = "SELECT COUNT(*) FROM user"                    # 数据查询
def main():                                          # 主函数
    try:                                             # 捕获可能产生的异常
        conn = pymysql.connect(
            host="localhost",                        # 数据库主机地址
            port=3306,                               # 数据库连接端口
            charset="UTF8",                          # 数据库编码
            user="root",                             # 数据库用户名
            passwd="mysqladmin",                     # 数据库密码
            database="yootk")                        # 数据库名称
        cmd = conn.cursor()                          # 创建数据库操作对象
        cmd.execute(query=SQL)                       # 执行数据查询操作
        print("user 表数据行数: %s" % cmd.fetchone()) # 获取统计结果
    except Exception:                                # 异常捕获
        print("处理异常: " + traceback.format_exc())  # 打印异常信息
    finally:                                         # 异常统一处理
        conn.close()                                 # 关闭数据库连接
if __name__ == "__main__":                           # 判断执行名称
    main()                                           # 调用主函数
```
程序执行结果：
user 表数据行数: 2

　　本程序使用"COUNT(*)"函数实现了数据表中数据行的数量统计，由于该查询只返回单行单列（一个整型数字）的数据，所以使用 fetchone()进行了接收。

18.3.4　预处理

视频名称	1809_预处理	
课程目标	掌握	
视频简介	预处理是一种安全的数据更新操作形式，利用占位符与数值定义的形式实现 SQL 语句与数据的分离，同时也可以保证程序的执行安全。本课程通过实例讲解了预处理存在的意义，并且演示了如何通过预处理实现数据更新和查询操作。	

　　在进行数据库开发过程中，数据库中的数据大多数需要由用户自行输入，那么在这种情况下，如果采用的是之前方式实现，则就有可能会出现以下的一种问题。

实例：观察程序问题（只列出部分代码）

```python
name = "Mr'Yootk"                                    # 姓名
age = 16                                             # 年龄
birthday = "2016-06-28"                              # 生日
salary = 5600.00                                     # 月薪
note = "www.yootk.com"                               # 备注
sql = "INSERT INTO user (name, age, birthday, salary, note) " \
    "VALUES ('%s', %s, '%s', %s, '%s')" % \
    (name, age, birthday, salary, note)              # SQL 语句
```

此时的程序将所有要增加的数据都定义为了变量，这样就需要将这些内容直接填充到 SQL 内，与已有的字符串常量一起拼凑出完整的 SQL 语句，但是这样一来在姓名处（name = "Mr'Yootk"）的内容就会出现问题，如下所示。

生成的 SQL	INSERT INTO user (name, age, birthday, salary, note) VALUES ('Mr'Yootk', 16, '2016-06-28', 5600.0, 'www.yootk.com')
程序错误	pymysql.err.ProgrammingError: (1064, "You have an error in your SQL syntax; check the manual that corresponds to your MySQL server version for the right syntax to use near 'Yootk', 16, '2016-06-28', 5600.0, 'www.yootk.com')' at line 1")

在 SQL 语句中如果要定义字符串，则字符串必须使用 "'" 进行声明，但是如果说现在所操作的数据本身也包含有 "'"，就会造成语法错误，而此时的数据也不能被成功保存到数据库中。所以传统 SQL 字符串拼凑的方式既不美观，同时也会存在安全问题。为了解决这种问题，在 pymysql 中支持对占位符的处理，开发者只需要在 SQL 中使用 "%" 定义占位符，在使用 execute()方法执行时对占位符的数据进行填充即可，具体如下面代码所示。

实例： 使用占位符的方式增加数据

```python
import pymysql, traceback                                    # 模块导入
SQL = "INSERT INTO user (name, age, birthday, salary, note) " \
    "VALUES (%s, %s, %s, %s, %s)"                            # 占位符 SQL
def main():                                                  # 主函数
    try:                                                     # 捕获可能产生的异常
        name = "Mr'Yootk"                                    # 姓名
        age = 16                                             # 年龄
        birthday = "2016-06-28"                              # 生日
        salary = 5600.00                                     # 月薪
        note = "www.yootk.com"                               # 备注
        conn = pymysql.connect(
            host="localhost",                                # 数据库主机地址
            port=3306,                                       # 数据库连接端口
            charset="UTF8",                                  # 数据库编码
            user="root",                                     # 数据库用户名
            passwd="mysqladmin",                             # 数据库密码
            database="yootk")                                # 数据库名称
        cmd = conn.cursor()                                  # 创建数据库操作对象
        cmd.execute(query=SQL, args=[name,age,birthday,salary,note])  # 执行数据增加操作
        conn.commit()                                        # 提交事务
        print("更新影响的数据行数：%s" % cmd.rowcount)         # 获取更新行数
        print("最后一次增长 ID：%s" % cmd.lastrowid)          # 最后一次自增长 ID
    except Exception:                                        # 捕获异常
        print("处理异常：" + traceback.format_exc())          # 打印异常信息
    finally:                                                 # 异常统一出口
        conn.close()                                         # 关闭数据库连接
if __name__ == "__main__":                                   # 判断执行名称
    main()                                                   # 调用主函数
程序执行结果：
更新影响的数据行数：1
最后一次增长 ID：3
```

```
mysql> SELECT * FROM user ;
+-----+-----------+-----+------------+--------+---------------+
| uid | name      | age | birthday   | salary | note          |
+-----+-----------+-----+------------+--------+---------------+
|   1 | 沐言优拓  | 30  | 2000-08-13 | 8000   | www.yootk.com |
|   2 | 李兴华    | 18  | 2000-08-13 | 8000   | www.yootk.com |
|   3 | Mr'Yootk  | 16  | 2016-06-28 | 5600   | www.yootk.com |
+-----+-----------+-----+------------+--------+---------------+
3 rows in set
```

　　本程序在定义 SQL 语句时使用%s 设置了相应的占位符，由于此时的 SQL 语句并不完整，所以在执行前通过列表保存了占位符对应的参数数据，通过执行结果可以发现，利用占位符可以更加方便地实现数据的处理，所以在开发中一般都会采用此类方式进行代码编写。

实例：根据 ID 查询数据

```python
import pymysql, traceback                                          # 模块导入
SQL = "SELECT uid, name, age, birthday, salary, note FROM user WHERE uid=%s" # 数据查询
def main():                                                        # 主函数
    try:                                                           # 捕获可能产生的异常
        conn = pymysql.connect(
            host="localhost",                                      # 数据库主机地址
            port=3306,                                             # 数据库连接端口
            charset="UTF8",                                        # 数据库编码
            user="root",                                           # 数据库用户名
            passwd="mysqladmin",                                   # 数据库密码
            database="yootk")                                      # 数据库名称
        cmd = conn.cursor()                                        # 创建数据库操作对象
        cmd.execute(query=SQL, args=[1])                           # 执行 SQL 操作
        for user_row in cmd.fetchall():                            # 迭代每一行数据
            uid = user_row[0]                                      # 获取第 1 列数据
            name = user_row[1]                                     # 获取第 2 列数据
            age = user_row[2]                                      # 获取第 3 列数据
            birthday = user_row[3]                                 # 获取第 4 列数据
            salary = user_row[4]                                   # 获取第 5 列数据
            note = user_row[5]                                     # 获取第 6 列数据
            print("用户 ID: %s、姓名: %s、年龄: %s、生日: %s、月薪: %s、备注: %s" %
                (uid, name, age, birthday, salary, note))          # 输出查询结果
    except Exception:                                              # 捕获异常
        print("处理异常: " + traceback.format_exc())               # 打印异常信息
    finally:                                                       # 异常统一出口
        conn.close()                                               # 关闭数据库连接
if __name__ == "__main__":                                         # 判断执行名称
    main()                                                         # 调用主函数
```

程序执行结果：

用户 ID: 1、姓名: 沐言优拓、年龄: 30、生日: 2000-08-13、月薪: 8000.0、备注: www.yootk.com

　　本程序利用预处理的方式实现了指定 ID 的数据查询，由于 SQL 上只存在一个占位符，所以在 execute()方法执行时只需要在列表设置一个数据即可。由于本程序只会有一行数据满足查询结果，所以即使使用 fetchall()方法，循环也只会执行一次。

实例： 分页模糊查询

```python
import pymysql, traceback                               # 模块导入
SQL = "SELECT uid, name, age, birthday, salary, note FROM user " \
    "WHERE name LIKE %s LIMIT %s, %s"                   # 数据分页查询
def main():                                             # 主函数
    keyword = "%沐言%"                                   # 查询关键字
    current_page = 1                                    # 当前页
    line_size = 2                                       # 每页数据行
    try:                                               # 捕获可能产生的异常
        conn = pymysql.connect(
            host="localhost",                          # 数据库主机地址
            port=3306,                                 # 数据库连接端口
            charset="UTF8",                            # 数据库编码
            user="root",                               # 数据库用户名
            passwd="mysqladmin",                       # 数据库密码
            database="yootk")                          # 数据库名称
        cmd = conn.cursor()                            # 创建数据库操作对象
        cmd.execute(query=SQL, args=[keyword,
                (current_page - 1) * line_size , line_size])  # 执行 SQL 操作
        for user_row in cmd.fetchall():                # 迭代每一行数据
            uid = user_row[0]                          # 获取第 1 列数据
            name = user_row[1]                         # 获取第 2 列数据
            age = user_row[2]                          # 获取第 3 列数据
            birthday = user_row[3]                     # 获取第 4 列数据
            salary = user_row[4]                       # 获取第 5 列数据
            note = user_row[5]                         # 获取第 6 列数据
            print("用户 ID：%s、姓名：%s、年龄：%s、生日：%s、月薪：%s、备注：%s" %
                    (uid, name, age, birthday, salary, note))  # 输出查询结果
    except Exception:                                  # 捕获异常
        print("处理异常：" + traceback.format_exc())      # 打印异常信息
    finally:                                           # 异常统一出口
        conn.close()                                   # 关闭数据库连接
if __name__ == "__main__":                             # 判断执行名称
    main()                                             # 调用主函数
```

程序执行结果：
用户 ID：1、姓名：沐言优拓、年龄：30、生日：2000-08-13、月薪：8000.0、备注：www.yootk.com

　　本程序实现了一个数据的模糊查询，同时考虑到数据量的问题，使用了分页的方式加载部分数据。在模糊查询时，如果要想进行关键字的设置，则必须在其前后追加 "%" 通配符。

18.3.5　批处理

	视频名称	1810_批处理
	课程目标	掌握
	视频简介	数据库采用文件的形式在磁盘中进行存储，在数据更新时就需要进行磁盘 IO 处理，而频繁的 IO 一定会产生性能问题，所以在 Python 中提供了批处理支持。本课程通过实例实现了海量数据的存储操作。

在项目开发中，可能经常需要一次性向数据库中存放成千上万的数据，在这样的情况下，如果使用 execute()方法进行追加，由于每执行一次只能够写入一条数据，那么就有可能因为 IO 资源紧张造成程序的操作失败，如图 18-18 所示。为了避免频繁的 IO 操作对资源的占用，可以考虑采用批处理的方式进行数据的添加，如图 18-19 所示，而这样的处理就可以使用 executemany()方法来实现。

图 18-18　单条数据写入　　　　　　　　　　图 18-19　数据批量写入

> **提示：关于批量写入的简单理解**
>
> 不理解单条执行操作问题的读者可以换一个思路，假设你帮助学校的图书馆搬家，那么请问在搬书的时候是每一次搬一本节约成本还是一次搬多本节约成本？把搬书的过程理解为输入和输出，两种操作所耗费的路程是相同的，但是效率却大为不同，这就是批处理的意义。

实例： 实现批处理

```python
import pymysql, traceback
SQL = "INSERT INTO user(name, note) VALUES (%s, %s)"        # SQL 模板
def main():                                                 # 主函数
    try:                                                    # 捕获可能产生的异常
        conn = pymysql.connect(
            host="localhost",                               # 数据库主机地址
            port=3306,                                      # 数据库连接端口
            charset="UTF8",                                 # 数据库编码
            user="root",                                    # 数据库用户名
            passwd="mysqladmin",                            # 数据库密码
            database="yootk")                               # 数据库名称
        cmd = conn.cursor()                                 # 创建数据库操作对象
        data_list = []                                      # 保存数据列表
        for num in range(1001):                             # 增加 1000 条数据
            data_list.append(("沐言优拓-%s" % num, "www.yootk.com"))# 添加批处理数据
            if num % 20 == 0:                               # 每 20 条执行批处理
                cmd.executemany(SQL, data_list)             # 执行数据增加操作
                data_list.clear()                           # 清除数据
        conn.commit()                                       # 提交事务
    except Exception:                                       # 捕获异常
        print("处理异常：" + traceback.format_exc())         # 打印异常信息
    finally:                                                # 异常统一出口
        conn.close()                                        # 关闭数据库连接
if __name__ == "__main__":                                  # 判断执行名称
    main()                                                  # 调用主函数
```

本程序向 user 数据表中添加了 1000 条数据，考虑到数据存储性能问题，本次操作使用了 executemany() 方法进行数据的批量执行，在使用前需要设置一个 SQL 操作模板，所有要批量增加的数据需要保存在列表中（列表中保存有若干个元组）。考虑到列表容量过大会造成内存占用的问题，所以以每 20 条数据执行一次批处理操作。

18.3.6　事务处理

	视频名称	1811_事务处理
	课程目标	掌握
	视频简介	事务是关系型数据库中的重要技术组成。本课程详细讲解了事务的主要作用，并且利用程序分析了 pymysql 提供的事务相关方法的使用。

事务处理在数据库开发中有着非常重要的作用，所谓事务，就是所有的操作要么一起成功，要么一起失败。事务本身具有原子性（Atomicity）、一致性（Consistency）、隔离性或独立性（Isolation）、持久性（Durabilily）4 个特征，以上的 4 个特征也被称为 ACID 特征。

- **原子性**：原子性是事务最小的单元，是不可再分割的单元，相当于一个个小的数据库操作，这些操作必须同时完成，如果有一个失败了，则一切的操作将全部失败。如图 18-20 所示，A 转账和 B 接账分别是两个不可再分的操作，但是如果 A 的转账失败，则 B 的操作也肯定无法成功。
- **一致性**：是指数据库在操作的前后是完全一致的，为保证数据的有效性，如果事务正常操作，则系统会维持有效性；如果事务出现了错误，则回到最原始状态，也要维持其有效性，这样保证事务开始时和结束时系统处于一致状态。如图 18-20 所示，如果 A 和 B 转账成功，则保持其一致性；如果现在 A 和 B 的转账失败，则保持操作之前的一致性，即 A 的钱不会减少，B 的钱不会增加。
- **隔离性**：多个事务可以同时进行且彼此之间无法访问，只有当事务完成最终操作时，才可以看见结果。
- **持久性**：当一个系统崩溃时，一个事务依然可以坚持提交，当一个事务完成后，操作的结果保存在磁盘中，永远不会被回滚。如图 18-20 所示，所有的资金数都是保存在磁盘中，所以，即使系统发生了错误，用户的资金也不会减少。

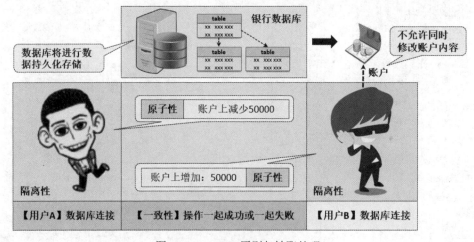

图 18-20　ACID 原则与转账处理

在之前程序代码执行数据库更新时所使用的 conn.commit()方法实际上就属于事务的控制方法。表 18-5 列出了 pymysql 组件中与事务相关的处理方法定义。

表 18-5　事务相关方法

序　号	方　法	描　述
1	def autocommit(self, value)	设置是否为自动提交，True 为自动提交
2	def get_autocommit(self)	获取当前自动提交配置，默认为 False
3	def commit(self)	事务提交
4	def rollback(self)	事务回滚

实例：使用自动事务提交

```python
import pymysql, traceback                                          # 模块导入
SQL = "INSERT INTO user (name, note) VALUES ('李兴华', 'www.yootk.com')"  # SQL 语句
def main():                                                        # 主函数
    try:                                                           # 捕获可能产生的异常
        conn = pymysql.connect(
            host="localhost",                                      # 数据库主机地址
            port=3306,                                             # 数据库连接端口
            charset="UTF8",                                        # 数据库编码
            user="root",                                           # 数据库用户名
            passwd="mysqladmin",                                   # 数据库密码
            database="yootk")                                      # 数据库名称
        conn.autocommit(True)                                      # 事务自动提交
        cmd = conn.cursor()                                        # 创建数据库操作对象
        cmd.execute(SQL)                                           # 直接发出更新指令
    except Exception:                                              # 捕获异常
        print("处理异常：" + traceback.format_exc())               # 打印异常信息
    finally:                                                       # 异常统一出口
        conn.close()                                               # 关闭数据库连接
if __name__ == "__main__":                                         # 判断执行名称
    main()                                                         # 调用主函数
```

程序执行结果：

```
mysql> SELECT * FROM user ;
+------+--------+------+----------+--------+---------------+
| uid  | name   | age  | birthday | salary | note          |
+------+--------+------+----------+--------+---------------+
| 2987 | 李兴华 | NULL | NULL     | NULL   | www.yootk.com |
+------+--------+------+----------+--------+---------------+
1 row in set
```

本程序由于使用了事务的自动提交（conn.autocommit(True)），这样在执行 SQL 更新语句后即使没有使用 commit()方法提交事务，所有的更新操作也会自动向数据库中发出，但是从实际的使用来讲，这样相当于丢弃了事务的操作，有可能造成数据不一致问题。

实例：手工事务处理

```python
import pymysql, traceback                                          # 模块导入
```

```python
SQL_A = "INSERT INTO user (name, note) VALUES ('李兴华', 'www.yootk.com')"    # SQL 语句
SQL_B = "INSERT INTO user (name, note) VALUES ('Mr'Yootk', 'www.yootk.com')"  # 错误的 SQL
SQL_C = "INSERT INTO user (name, note) VALUES ('沐言优拓', 'www.yootk.com')"    # SQL 语句
def main():                                                 # 主函数
    try:                                                    # 捕获可能产生的异常
        conn = pymysql.connect(
            host="localhost",                               # 数据库主机地址
            port=3306,                                      # 数据库连接端口
            charset="UTF8",                                 # 数据库编码
            user="root",                                    # 数据库用户名
            passwd="mysqladmin",                            # 数据库密码
            database="yootk")                               # 数据库名称
        conn.autocommit(False)                              # 默认为不自动提交
        cmd = conn.cursor()                                 # 创建数据库操作对象
        cmd.execute(SQL_A)                                  # 执行 SQL
        cmd.execute(SQL_B)                                  # 执行 SQL，出错
        cmd.execute(SQL_C)                                  # 执行 SQL
        conn.commit()                                       # 执行正确，提交事务
    except Exception:                                       # 异常捕获
        print("处理异常: " + traceback.format_exc())         # 打印异常信息
        conn.rollback()                                     # 事务回滚
    finally:                                                # 异常统一出口
        conn.close()                                        # 关闭数据库连接
if __name__ == "__main__":                                  # 判断执行名称
    main()                                                  # 调用主函数
```

程序执行结果：

```
处理异常: Traceback (most recent call last):
File "D:/workspace/pycharm/yootk/pymysql_demo.py", line 19, in main
cmd.execute(SQL_B)  # 执行 SQL，出错
pymysql.err.ProgrammingError: (1064, "You have an error in your SQL syntax;…
```

本程序手工实现了事务处理，所以必须关闭自动提交（conn.autocommit(False)，默认就是关闭状态）。在执行的 SQL 语句正确时，可以执行 commit()提交更新；而如果出现了错误，则执行 rollback()进行事务回滚，这样所有的更新操作将都不会被执行（包括那些正确的 SQL 的更新也将不会被执行）。

18.3.7　数据库连接池

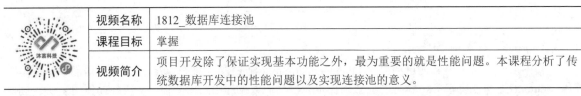

视频名称	1812_数据库连接池
课程目标	掌握
视频简介	项目开发除了保证实现基本功能之外，最为重要的就是性能问题。本课程分析了传统数据库开发中的性能问题以及实现连接池的意义。

项目开发中，数据库的资源是非常宝贵的，大部分的系统都会围绕着数据库开展操作，这样一来就会频繁地出现数据库打开与关闭处理，而传统数据库的打开与关闭都会存在网络延迟以及资源损耗，如图 18-21 所示，这样在用户访问量大的执行环境下程序的性能一定会严重下降。

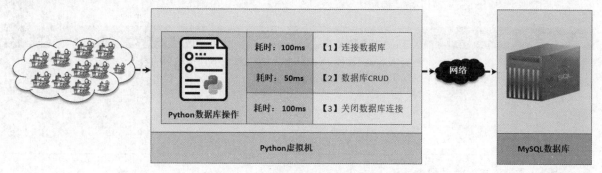

图 18-21 传统数据库开发

如果要想解决此时的程序性能问题,那么就需要对结构进行优化。既然每一次数据库的连接与关闭都属于重复的操作,那么最佳的实现方式就是将所有的数据库连接保存在一个连接池(可以理解为序列存储)中,每当要使用数据库操作时并不建立新的连接,而是直接引用已有的连接;在关闭数据库连接时,不是真正断开网络连接,而是将连接归还到连接池中;当连接池的所有连接都被用户使用时,新的用户还可以利用等待机制等待其他用户归还连接。数据库连接池操作如图 18-22 所示。基于此种操作模型就解决了无用的性能开销,同时还可以保证数据库操作的最大连接数维持在一个合理的状态。

图 18-22 数据库连接池操作

Python 中的数据库连接池可以基于 DBUtils 组件实现,DBUtils 是一套基于线程的数据库连接池管理包,为高频度、高并发的数据库访问提供更好的性能,可以自动管理连接对象的创建和释放。开发者可以直接使用 DBUtils.PooledDB 来创建一个多线程共享的数据库连接池,而在创建时需要注意设置好如表 18-6 所示的相关配置参数。

表 18-6 连接池配置参数

序　号	参 数 名 称	描　　述
1	creator	使用连接池的数据库组件,当前为 pymysql
2	mincached	最小维持连接数,如果连接数不足,则创建新的连接
3	maxcached	最大维持连接数,如果超过此连接数,则会关闭部分连接
4	maxshared	连接池中最多可以共享的连接数量,0 表示全部共享
5	maxconnections	连接池维护的最大连接数
6	blocking	是否引入阻塞队列,如果设置为 True,则在连接池已满时会进行等待;如果设置为 False,则不进行等待并报错
7	maxusage	一个连接最多被重复使用的次数
8	setsession	会话开始前的操作命令列表

续表

序　号	参数名称	描　述
9	ping	检查服务是否可用（默认值为1），有以下几个常用的数值。 ↘ 0：不进行服务器连接检查 ↘ 1：默认值，请求时进行服务器连接检查 ↘ 2：当创建 Cursor 数据库操作对象时检查 ↘ 4：当执行查询时检查 ↘ 7：任何操作都进行检查

实例： 通过连接池管理数据库连接

```python
import pymysql, traceback, DBUtils.PooledDB  # pip install DBUtils
SQL = "INSERT INTO user (name, note) VALUES (%s, %s)"   # SQL 语句
def main():                                             # 主函数
    try:                                                # 捕获可能产生的异常
        pool = DBUtils.PooledDB.PooledDB(
            creator=pymysql,                            # 数据库连接池组件
            mincached=2,                                # 空闲时维持两个连接，不足时创建新连接
            maxcached=5,                                # 空闲时不超过 5 个数据库连接，超过则关闭
            maxconnections=20,                          # 连接池最大连接数量为 20
            blocking=True,                              # 如果连接池已满，则等待
            host="localhost",                           # 数据库地址
            port=3306,                                  # 数据库端口
            user="root",                                # 用户名
            passwd="mysqladmin",                        # 密码
            db="yootk",                                 # 数据库名称
            charset="utf8")                             # 数据库编码
        conn = pool.connection()                        # 获取连接
        cmd = conn.cursor()                             # 创建数据库操作对象
        cmd.execute(query=SQL,args=["李兴华","www.yootk.com"])  # 直接发出更新指令
        conn.commit()                                   # 提交事务
        print("更新影响的数据行数: %s" % cmd.rowcount)      # 获取更新行数
        print("最后一次增长 ID: %s" % cmd.lastrowid)       # 最后一次自增长 ID
    except Exception:                                   # 异常捕获
        print("处理异常: " + traceback.format_exc())       # 打印异常信息
    finally:                                            # 异常统一处理出口
        conn.close()                                    # 关闭数据库连接
if __name__ == "__main__":                              # 判断执行名称
    main()                                              # 调用主函数
```

程序执行结果：

更新影响的数据行数：1

最后一次增长 ID：998

本程序利用 DBUtils.PooledDB.PooledDB 类的构造方法设置了数据库连接池的相关参数，这样每当用户要进行数据库操作时，直接通过连接池即可获取连接对象 pool.connection()，而当用户关闭连接时，会将连接归还到连接池。

18.4 SQLAlchemy

视频名称	1813_SQLAlchemy 简介
课程目标	掌握
视频简介	除了直接使用 SQL 开发数据库软件外，Python 还提供了更为高级的 ORM 开发框架。本课程分析了 ORM 开发框架的作用，同时介绍了 SQLAlchemy 组件的实现架构。

SQLAlchemy 是 Python 中一款开源的 ORM 工具，是一种高效且简单的企业级数据模型操作技术，SQLAlchemy 针对数据库的开发提供了更加丰富的处理功能，对外部隐藏了 SQL 语句，而后利用对象的形式进行数据库操作。SQLAlchemy 实现架构如图 18-23 所示。

> **提示：关于 ORM 组件**
>
> 对象关系映射（Object Relational Mapping，ORM）是一种基于面向对象设计思想实现的数据库操作组件，开发者可以基于对象实现对数据实体（单行记录）的管理，所有的操作可以在没有 SQL 出现的情况下由组件自动生成以完成操作，但是需要注意的是，ORM 仅仅是对数据库操作的一种包装，而包装的目的是让程序的结构更加清晰，代码更加容易。

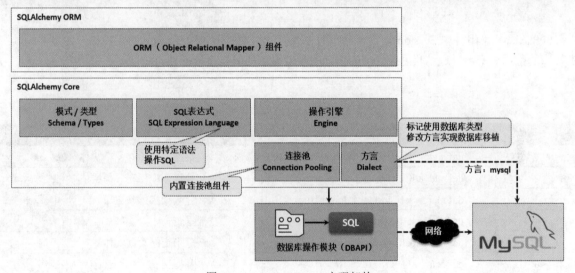

图 18-23 SQLAlchemy 实现架构

18.4.1 SQLAlchemy 实现 CRUD

视频名称	1814_SQLAlchemy 实现 CRUD
课程目标	掌握
视频简介	ORM 组件的特点就是隐藏 SQL 语句，使开发者专注于对象的操作。本课程分析了 SQLAlchemy 开发的流程，并且利用 SQLAlchemy 组件实现了数据的 CRUD 操作。

使用 SQLAlchemy 进行数据库开发，一般都需要指定特定的数据库访问组件，随后通过 SQLAlchemy 操作引擎管理数据库组件（管理数据库连接），在进行数据操作时可以创建若干个 Session，这样就能够基于数据表的映射实体类进行数据操作。SQLAlchemy 处理流程如图 18-24 所示。

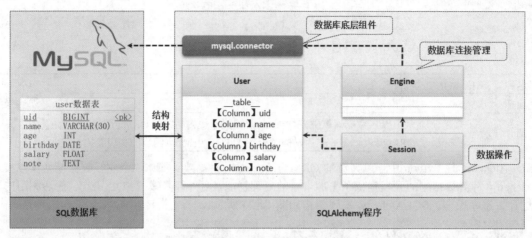

图 18-24　SQLAlchemy 处理流程

 提示：关于 CRUD 说明

在项目开发中 CRUD 是四个单词的组成，分别为增加（Create）、读取（Read）、更新（Update）和删除（Delete），简单的意思就是"增读改删"（习惯的说法为"增删改查"，这样读起来会比较押韵），任何的数据库程序都是围绕这几个核心展开的。

SQLAlchemy 组件中 Session 是数据操作的主要类，如果要想创建 Session 对象，则一定需要为其绑定相应的数据引擎，再通过映射类提供的方法实现数据的更新与查询操作。Session 类常用方法如表 18-7 所示。

表 18-7　Session 类常用方法

序　号	方　法	描　述
1	def add(self, instance, _warn=True)	向数据库中保存一个实体对象
2	def add_all(self, instances)	向数据库中保存一组实体
3	def merge(self, instance, load=True)	合并数据实体（更新）
4	def query(self, *entities, **kwargs)	数据查询
5	def delete(self, instance)	删除指定的数据实体
6	def commit(self)	事务提交
7	def rollback(self)	事务回滚

使用 Session 类对象进行数据操作时，所有的方法都需要接收映射类的对象实例，即每一个映射类的实例化对象相当于数据表的一行记录，在映射类定义时需要明确地设置映射表的名称，同时类中的属性名称要与数据列的名称保持一致，并设置相应的数据类型。

实例：实现数据保存

```
# coding:UTF-8
import datetime, sqlalchemy                                    # pip install SQLAlchemy
import sqlalchemy.ext.declarative, sqlalchemy.orm, sqlalchemy.orm.session
# 连接时必须明确设置数据库方言（MySQL）、底层数据库操作组件（mysql-connector）和数据库连接信息
MYSQL_URL = "mysql+mysqlconnector://root:mysqladmin@localhost:3306/yootk"
class User(sqlalchemy.ext.declarative.declarative_base()):     # 定义数据表映射类
```

```
        __tablename__ = "user"                                          # 映射表名称
        uid = sqlalchemy.Column(sqlalchemy.BIGINT, primary_key=True)    # 映射 user.uid 字段
        name = sqlalchemy.Column(sqlalchemy.String)                     # 映射 user.name 字段
        age = sqlalchemy.Column(sqlalchemy.Integer)                     # 映射 user.age 字段
        birthday = sqlalchemy.Column(sqlalchemy.Date)                   # 映射 user.birthday 字段
        salary = sqlalchemy.Column(sqlalchemy.Float)                    # 映射 user.salary 字段
        note = sqlalchemy.Column(sqlalchemy.String)                     # 映射 user.note 字段
def main():                                                             # 主函数
        engine = sqlalchemy.create_engine(MYSQL_URL, encoding="utf8", echo=True)
        sqlalchemy.orm.session.Session = sqlalchemy.orm.sessionmaker(bind=engine) # 获得 Session 类
        session = sqlalchemy.orm.session.Session()                      # 实例化 Session 对象
        bir_date = datetime.datetime.strptime("2016-11-30", "%Y-%m-%d") # 字符串转日期
        user = User(name="沐言优拓", age=3, birthday=bir_date, salary=5900, note="www.yootk.com")
        session.add(user)                                               # 保存数据
        session.commit()                                                # 提交事务
        print("数据保存成功，当前 ID 为：%s" % user.uid)                  # 增加数据 id
        session.close()                                                 # 关闭 Session
if __name__ == "__main__":                                              # 判断执行名称
        main()                                                          # 调用主函数
```

程序执行结果：
```
数据保存成功，当前 ID 为：1
```

　　本程序定义了一个 User 的映射类，该类主要与 user 表的结构对应，所有的映射类都要求继承有一个父类，同时该父类可以通过 sqlalchemy.ext.declarative.declarative_base()函数获得，在进行数据保存时需要明确地实例化 User 类对象并设置相应的属性内容。由于默认情况下关闭了自动提交操作，所以必须手工调用 commit()才可以向数据库中保存数据。

　　实例：根据 id 查询数据

```
# coding:UTF-8
import sqlalchemy, sqlalchemy.ext.declarative, sqlalchemy.orm, sqlalchemy.orm.session
MYSQL_URL = "mysql+mysqlconnector://root:mysqladmin@localhost:3306/yootk"
class User(sqlalchemy.ext.declarative.declarative_base()):              # 定义数据表映射类
        __tablename__ = "user"                                          # 映射表名称
        uid = sqlalchemy.Column(sqlalchemy.BIGINT, primary_key=True)    # 映射 user.uid 字段
        name = sqlalchemy.Column(sqlalchemy.String)                     # 映射 user.name 字段
        age = sqlalchemy.Column(sqlalchemy.Integer)                     # 映射 user.age 字段
        birthday = sqlalchemy.Column(sqlalchemy.Date)                   # 映射 user.birthday 字段
        salary = sqlalchemy.Column(sqlalchemy.Float)                    # 映射 user.salary 字段
        note = sqlalchemy.Column(sqlalchemy.String)                     # 映射 user.note 字段
        def __repr__(self) -> str:                                      # 对象输出
            return "用户编号：%s、姓名：%s、年龄：%s、生日：%s、月薪：%s、备注：%s" % \
                    (self.uid, self.name, self.age, self.birthday, self.salary, self.note)
def main():                                                             # 主函数
        engine = sqlalchemy.create_engine(MYSQL_URL, encoding="utf8", echo=True) # 数据库引擎
        sqlalchemy.orm.session.Session = sqlalchemy.orm.sessionmaker(bind=engine) # 获得 Session
        session = sqlalchemy.orm.session.Session()                      # 实例化 Session
```

```
    user = session.query(User).get(1)                          # 根据 id 查询数据
    print(user)                                                # 输出对象
    session.close()                                            # 关闭 Session
if __name__ == "__main__":                                     # 判断执行名称
    main()                                                     # 调用主函数
```

程序执行结果：

用户编号：1、姓名：沐言优拓、年龄：3、生日：2016-11-30、月薪：5900.0、备注：www.yootk.com

本程序实现了一个数据查询操作，利用 session.query()方法以 User 实体创建了查询结构，随后利用 get()获取里面的第一个查询结果，同时为了方便对象输出，在 User 类中覆写了 __repr__ 与 __str__ 两个特殊方法。

实例：修改数据

```
# coding:UTF-8
import datetime, sqlalchemy, sqlalchemy.ext.declarative, sqlalchemy.orm, sqlalchemy.orm.session
MYSQL_URL = "mysql+mysqlconnector://root:mysqladmin@localhost:3306/yootk"
略，User 类定义相同，不再重复声明
def main():                                                    # 主函数
    engine = sqlalchemy.create_engine(MYSQL_URL, encoding="utf8", echo=True)  # 数据库引擎
    sqlalchemy.orm.session.Session = sqlalchemy.orm.sessionmaker(bind=engine)  # 获得 Session
    session = sqlalchemy.orm.session.Session()                 # 实例化 Session
    bir_date = datetime.datetime.strptime("1990-12-31", "%Y-%m-%d")  # 字符串转日期
    user = User(uid=1, name="沐言童趣", age=33, birthday=bir_date,
        salary=9900, note="www.yootk.com")                    # 定义新对象
    session.merge(user)                                        # 数据更新
    session.commit()                                           # 事务提交
    session.close()                                            # 关闭 Session
if __name__ == "__main__":                                     # 判断执行名称
    main()                                                     # 调用主函数
```

本程序实现了数据的更新操作，在数据更新时需要将更新的数据内容设置到映射类的实例化对象之中。由于该对象已经设置了 id 属性内容，所以可以使用 merge()方法实现内容的更新。

实例：删除数据

```
# coding:UTF-8
import sqlalchemy, sqlalchemy.ext.declarative, sqlalchemy.orm, sqlalchemy.orm.session
MYSQL_URL = "mysql+mysqlconnector://root:mysqladmin@localhost:3306/yootk"
略，User 类定义相同，不再重复声明
def main():                                                    # 主函数
    engine = sqlalchemy.create_engine(MYSQL_URL, encoding="utf8", echo=True)  # 数据库引擎
    sqlalchemy.orm.session.Session = sqlalchemy.orm.sessionmaker(bind=engine)  # 获得 Session
    session = sqlalchemy.orm.session.Session()                 # 实例化 Session
    user = session.query(User).get(1)                          # 根据 id 查询数据
    session.delete(user)                                       # 删除对象（持久态）
    session.commit()                                           # 提交更新
    session.close()                                            # 关闭 Session
if __name__ == "__main__":                                     # 判断执行名称
    main()                                                     # 调用主函数
```

本程序实现了数据删除操作，在使用 delete() 方法删除时，必须是一个通过数据查询操作获取的持久化对象才可以根据 id 删除数据。

18.4.2　SQLAlchemy 数据查询

视频名称	1815_SQLAlchemy 数据查询
课程目标	掌握
视频简介	数据查询是数据库操作的主要功能，基于对象管理的数据查询操作可以使用内置的方法实现 SQL 生成。本课程通过代码讲解了 Session 类中关于数据查询的相关操作。

使用 ORM 组件最大的特点在于所有的数据操作都基于对象的形式完成，除了基本的 CRUD 功能之外，实际项目开发中最多的数据库操作就在于数据查询。本节将讲解数据查询的相关定义。

> **提示：关于 user 表中的数据**
>
> 从本章开始一直使用 user 表进行讲解，为了便于读者理解当前的数据查询结果，可以考虑将 user 表删除后重新创建，再添加以下的数据信息。
>
> **实例：** user 表数据内容
>
> ```
> INSERT INTO user (name, age, birthday, salary, note) VALUES
>         ('李兴华', 18, '2000-08-13', 8000.0, 'www.yootk.com') ;
> INSERT INTO user (name, age, birthday, salary, note) VALUES
>         ('沐言童趣', 20, '2000-09-15', 9000.0, 'www.yootk.com') ;
> INSERT INTO user (name, age, birthday, salary, note) VALUES
>         ('沐言优拓', 19, '2001-10-19', 6500.0, 'www.yootk.com') ;
> ```

程序执行结果：

```
mysql> SELECT * FROM user ;
+-----+----------+-----+------------+--------+---------------+
| uid | name     | age | birthday   | salary | note          |
+-----+----------+-----+------------+--------+---------------+
|   1 | 李兴华    | 18  | 2000-08-13 | 8000   | www.yootk.com |
|   2 | 沐言童趣  | 20  | 2000-09-15 | 9000   | www.yootk.com |
|   3 | 沐言优拓  | 19  | 2001-10-19 | 6500   | www.yootk.com |
+-----+----------+-----+------------+--------+---------------+
3 rows in set
```

此时 user 表一共增加了 3 条数据项，读者可以依据这些内容来比对数据查询结果。

SQLAlchemy 的数据查询主要通过 Session 类中提供的 query() 方法进行创建，在使用 query() 方法时需要明确地设置要使用的实体类型，随后会返回一个 sqlalchemy.orm.query.Query 对象实例。Query 类常用方法如表 18-8 所示。

表 18-8　Query 类常用方法

序　号	方　法	描　述
1	def get(self, ident)	获取指定 ID 数据
2	def all(self)	获取全部查询结果
3	def one(self)	获取一个查询结果
4	def filter_by(self, **kwargs)	根据指定字段设置过滤条件

续表

序　号	方　　法	描　　述
5	def filter(self, *criterion)	设置过滤条件
6	def slice(self, start, stop)	设置分页查询
7	def offset(self, offset)	设置分页开始点
8	def limit(self, limit)	设置获取的结果数量
9	def distinct(self, *expr)	消除重复数据行

实例： 根据 ID 查询数据

```
# coding:UTF-8
import sqlalchemy, sqlalchemy.ext.declarative, sqlalchemy.orm, sqlalchemy.orm.session
MYSQL_URL = "mysql+mysqlconnector://root:mysqladmin@localhost:3306/yootk"
略，User 类定义相同，不再重复声明
def main():                                                      # 主函数
    engine = sqlalchemy.create_engine(MYSQL_URL, encoding="utf8", echo=True)  # 数据库引擎
    sqlalchemy.orm.session.Session = sqlalchemy.orm.sessionmaker(bind=engine) # 获得 Session
    session = sqlalchemy.orm.session.Session()                   # 实例化 Session
    result = session.query(User).filter_by(uid=3).all()         # 获取指定 uid 字段内容
    print(result)                                                # 输出查询结果
    session.close()                                              # 关闭 Session
if __name__ == "__main__":                                       # 判断执行名称
    main()                                                       # 调用主函数
程序执行结果：
[用户编号：1、姓名：李兴华、年龄：18、生日：2000-08-13、月薪：8000.0、备注：www.yootk.com]
```

本程序依据 User 实体类创建了一个查询对象，随后利用 filter_by()方法查询出 uid 为 3 的全部用户信息。需要注意的是，在使用 filter_by()方法设置过滤条件时，只能够使用相等判断，如果要想设置一些其他的关系符号，则需要使用 filter()方法。

实例： 查询工资大于 7000 元的用户信息

```
# coding:UTF-8
import sqlalchemy, sqlalchemy.ext.declarative, sqlalchemy.orm, sqlalchemy.orm.session
MYSQL_URL = "mysql+mysqlconnector://root:mysqladmin@localhost:3306/yootk"
略，User 类定义相同，不再重复声明
def main():                                                      # 主函数
    代码相同，略
    result = session.query(User).filter(User.salary>7000.0).all()    # 查询过滤
    print(result)                                                # 输出查询结果
    session.close()                                              # 关闭 Session
if __name__ == "__main__":                                       # 判断执行名称
    main()                                                       # 调用主函数
程序执行结果：
[用户编号：1、姓名：李兴华、年龄：18、生日：2000-08-13、月薪：8000.0、备注：www.yootk.com,
用户编号：2、姓名：沐言童趣、年龄：20、生日：2000-09-15、月薪：9000.0、备注：www.yootk.com]
```

本程序使用比较运算符设置了工资收入大于 7000 元的过滤条件，由于直接使用的是 filter()方法，所以必须明确采用"实体类.属性"的形式定义查询列。

分页是数据查询中最为重要的操作功能，在使用 SQLAlchemy 组件进行查询时提供有两种不同的分页实现方式。

- **方法组合：** 利用 offset()方法设置数据的加载位置，随后通过 limit()方法设置每次查询的数据量。
- **切片处理：** 使用 slice(start, stop)来进行切片操作，或者直接使用[start:stop]进行切片处理，实际开发中的常见实现方案是通过[start:stop]完成分页。

实例： 分页查询

```
# coding:UTF-8
import sqlalchemy, sqlalchemy.ext.declarative, sqlalchemy.orm, sqlalchemy.orm.session
MYSQL_URL = "mysql+mysqlconnector://root:mysqladmin@localhost:3306/yootk"
略，User 类定义相同，不再重复声明
def main():                                                          # 主函数
    代码相同，略
    # result = session.query(User).filter(User.name.like("%沐言%")).offset(0).limit(2).all()
    # result = session.query(User).filter(User.name.like("%沐言%")).slice(0, 2).all()
    result = session.query(User).filter(User.name.like("%沐言%"))[0:2]   # 数据查询
    print(result)                                                    # 输出查询结果
    session.close()                                                  # 关闭 Session
if __name__ == "__main__":                                           # 判断执行名称
    main()                                                           # 调用主函数
```

程序执行结果：

[用户编号：2、姓名：沐言童趣、年龄：20、生日：2000-09-15、月薪：9000.0、备注：www.yootk.com,
用户编号：3、姓名：沐言优拓、年龄：19、生日：2001-10-19、月薪：6500.0、备注：www.yootk.com]

本程序实现了数据的分页查询，利用切片的方式直接设置了查询的开始数据行和结束数据行。

实例： 查询指定 ID 范围的数据

```
# coding:UTF-8
import sqlalchemy, sqlalchemy.ext.declarative, sqlalchemy.orm, sqlalchemy.orm.session
MYSQL_URL = "mysql+mysqlconnector://root:mysqladmin@localhost:3306/yootk"
略，User 类定义相同，不再重复声明
def main():                                                          # 主函数
    代码相同，略
    result = session.query(User).filter(User.uid.in_([1,3])).all()   # 数据查询
    print(result)                                                    # 输出查询结果
    session.close()                                                  # 关闭 Session
if __name__ == "__main__":                                           # 判断执行名称
    main()                                                           # 调用主函数
```

程序执行结果：

[用户编号：1、姓名：李兴华、年龄：18、生日：2000-08-13、月薪：8000.0、备注：www.yootk.com,
用户编号：3、姓名：沐言优拓、年龄：19、生日：2001-10-19、月薪：6500.0、备注：www.yootk.com]

IN 操作可以设置一系列的数据范围，本程序通过 filter()方法并且结合"实体类.属性.in_()"的形式将需要查询的 ID 以列表的形式进行定义，这样当有相应数据存在时就会返回查询结果。

实例：统计数据量

```
# coding:UTF-8
import sqlalchemy, sqlalchemy.ext.declarative, sqlalchemy.orm, sqlalchemy.orm.session
MYSQL_URL = "mysql+mysqlconnector://root:mysqladmin@localhost:3306/yootk"
略，User 类定义相同，不再重复声明
def main():                                                       # 主函数
    代码相同，略
    result = session.query(sqlalchemy.func.count(User.uid)).one()  # 数据查询
    print(result)                                                  # 输出查询结果
    session.close()                                                # 关闭 Session
if __name__ == "__main__":                                         # 判断执行名称
    main()                                                         # 调用主函数
程序执行结果：
(3,)
```

本程序实现了 COUNT()函数的调用，调用该函数时需要引入 sqlalchemy.func 模块中的相关函数。

18.4.3 对象状态

	视频名称	1816_对象状态
	课程目标	掌握
	视频简介	ORM 最大的使用特点是可以进行对象状态的维护。本课程讲解了 SQLAlchemy 中五种对象状态的定义以及转换原则，并且利用代码分析了这五种状态的转换操作和存在意义。

在 ORM 中每一张实体表都需要有一个与之对应的实体类存在，而每一个实体类的对象都描述表中的一条数据信息，ORM 开发框架针对每一个实体对象都存在有状态的维护以保证数据的同步性，在 SQLAlchemy 中一共提供有以下五种实体对象状态（五种状态的切换如图 18-25 所示）。

➥ **瞬时态（transient）**：新创建的实体对象，该对象没有与 session 产生关联。

➥ **预备态（pending）**：与 session 产生关联，但是该数据未更新到数据库中。

➥ **持久态（persistant）**：更新到数据库，所做的修改会与数据库中的数据同步。

➥ **删除态（deleted）**：从数据库中删除对象实体。

➥ **游离态（detached）**：session 关闭后该对象与数据库持久化数据之间断开连接，所做的修改不会同步到数据表中。

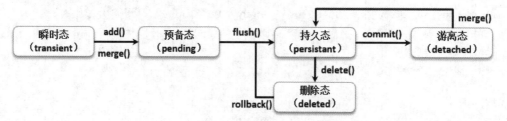

图 18-25　实体对象状态切换

在 SQLAlchemy 给定的五种状态中，最具有代表性的状态为持久态，在持久态下，相同 ID 的数据查询不会重复发出查询指令，同时持久态下进行的对象属性修改也可以自动同步到数据表中。

实例：观察数据查询

```
# coding:UTF-8
import sqlalchemy, sqlalchemy.ext.declarative, sqlalchemy.orm, sqlalchemy.orm.session
MYSQL_URL = "mysql+mysqlconnector://root:mysqladmin@localhost:3306/yootk"
略，User 类定义相同，不再重复声明
def main():                                                              # 主函数
    engine = sqlalchemy.create_engine(MYSQL_URL, encoding="utf8", echo=True) # 数据库引擎
    sqlalchemy.orm.session.Session = sqlalchemy.orm.sessionmaker(bind=engine) # 创建 Session
    session = sqlalchemy.orm.session.Session()                           # 实例化 Session
    user_a = session.query(User).get(1)                                 # 持久态
    user_b = session.query(User).get(1)                                 # 持久态
    user_c = session.query(User).get(1)                                 # 持久态
    session.close()                                                     # 游离态
if __name__ == "__main__":                                              # 判断执行名称
    main()                                                              # 调用主函数
程序执行结果：
SELECT user.uid AS user_uid, user.name … FROM user WHERE user.uid = %(param_1)s
```

此时的程序通过一个 Session 对象发出了 3 次根据 ID 查询的执行指令，而且查询的 ID 为 1，但是通过执行结果可以发现，此时只出现了一次查询语句，即持久态下的对象相同 ID 不会重复发出查询指令。

 提示：游离态操作

在以上的程序中，如果在关闭了 session 之后还要进行多次数据查询，由于之前的对象已经成了游离态，则会重复发出查询指令，如以下代码所示。

实例：观察游离态

```
user_a = session.query(User).get(1)                    # 持久态，发出 SQL 查询
user_b = session.query(User).get(1)                    # 持久态，不会发出 SQL 查询
session.close()                                        # 游离态
user_c = session.query(User).get(1)                    # 发出 SQL 查询
```

本程序中在进行 user_b 查询时，由于已经存在有持久态对象，将不会发出查询指令，但是当 session 关闭，对象变为游离态后，再次查询数据时就会发出 SQL 查询指令。

在持久态下，除了可以避免重复查询所造成的资源浪费外，还有一个最为重要的用途就是可以通过对属性的更新实现相关的自动更新处理。

实例：持久态下的数据更新

```
# coding:UTF-8
import sqlalchemy, sqlalchemy.ext.declarative, sqlalchemy.orm, sqlalchemy.orm.session
MYSQL_URL = "mysql+mysqlconnector://root:mysqladmin@localhost:3306/yootk"
略，User 类定义相同，不再重复声明
def main():                                                              # 主函数
    代码相同，略
    user = session.query(User).get(1)                                   # 持久态
    user.name = "小李老师"                                               # 更新属性
```

```
            user.age = 16                                        # 更新属性
            session.commit()                                     # 数据库更新，执行 UPDATE 命令
            session.close()                                      # 游离态
    if __name__ == "__main__":                                   # 判断执行名称
            main()                                               # 调用主函数
```

执行 SQL 语句：

使用"user = session.query(User).get(1)"进行数据查询时产生的 SQL 语句。

SELECT user.uid AS user_uid, user.name … FROM user WHERE user.uid = %(param_1)s

使用"session.commit()"提交更新时产生的 SQL 语句。

UPDATE user SET name=%(name)s, age=%(age)s WHERE user.uid = %(user_uid)s

数据库信息：

```
mysql> SELECT * FROM user WHERE uid=1 ;
+-----+----------+-----+------------+--------+---------------+
| uid | name     | age | birthday   | salary | note          |
+-----+----------+-----+------------+--------+---------------+
|   1 | 小李老师  | 16  | 2000-08-13 |   8000 | www.yootk.com |
+-----+----------+-----+------------+--------+---------------+
1 row in set
```

本程序实现了一个持久化状态下的数据更新处理操作，在使用数据查询后 user 对象属于持久态，这样在 session 没有关闭前（处于持久态），对 user 对象属性所做的修改都会影响到数据库中的内容。

实例： 瞬时态转为持久态

```
# coding:UTF-8
import sqlalchemy, sqlalchemy.ext.declarative, sqlalchemy.orm, sqlalchemy.orm.session
MYSQL_URL = "mysql+mysqlconnector://root:mysqladmin@localhost:3306/yootk"
略，User 类定义相同，不再重复声明
def main():                                                      # 主函数
    代码相同，略
    user = User(name="小李老师", age=3, note="www.yootk.com")      # 瞬时态
    session.add(user)                                            # 预备态
    session.commit()                                            # 数据库更新，执行 INSERT 命令
    user.age = 16                                               # 更新属性
    user.salary = 8000                                         # 更新属性
    session.commit()                                           # 持久态更新
    session.close()                                            # 游离态
if __name__ == "__main__":                                     # 判断执行名称
    main()                                                     # 调用主函数
```

程序执行结果：

执行"session.add(user)、session.commit()"产生的 SQL 语句。

INSERT INTO user (name, age, …) VALUES (%(name)s, %(age)s, …)

数据维持持久态时自动出现的查询语句。

SELECT user.uid AS user_uid, … FROM user WHERE user.uid = %(param_1)s

执行"属性更新与事务提交"产生的 SQL 语句。

UPDATE user SET age=%(age)s, salary=%(salary)s WHERE user.uid = %(user_uid)s

本程序创建了一个新的 User 类对象，在 ORM 开发中新的对象处于瞬时态，当使用 add()方法后，由于数据库中并没有存在该数据信息，所以该对象会变为预备态，当成功保存后就将该对象转为持久态。

> ### 提示：瞬时态转为持久态
>
> 在瞬时态转为持久态操作下，除了使用 add()方法外，还可以使用 merge()方法完成，但是在使用 merge()方法处理时需要通过 commit()让瞬时态变为持久态。
>
> **实例：通过 merge()方法实现瞬时态转为持久态**
>
> ```
> user = User(uid=3, name="小李老师", age=3)          # 瞬时态
> session.merge(user)                                # 预备态
> session.commit()                                   # 瞬时态变为持久态
> user.age = 16                                      # 更新属性
> user.salary = 8000                                 # 更新属性
> session.commit()                                   # 持久态更新
> session.close()                                    # 游离态
> ```
>
> 程序执行结果：
> 确定数据持久态执行的查询。
> ```
> SELECT user.uid AS user_uid, … FROM user WHERE user.uid = %(param_1)s
> ```
>
> 执行"属性更新与事务提交"产生的 SQL 语句。
> ```
> UPDATE user SET name=%(name)s, age=%(age)s WHERE user.uid = %(user_uid)s
> ```
>
> 本程序利用 merge()实现了瞬时态到持久态的转换处理，随后在持久态下可以直接实现属性更新。

实例：游离态转为持久态

```
# coding:UTF-8
import sqlalchemy, sqlalchemy.ext.declarative, sqlalchemy.orm, sqlalchemy.orm.session
MYSQL_URL = "mysql+mysqlconnector://root:mysqladmin@localhost:3306/yootk"
略，User 类定义相同，不再重复声明
def main():                                                          # 主函数
    engine = sqlalchemy.create_engine(MYSQL_URL, encoding="utf8", echo=True) # 创建引擎
    sqlalchemy.orm.session.Session = sqlalchemy.orm.sessionmaker(bind=engine) # 创建 Session
    session_a = sqlalchemy.orm.session.Session()                     # 实例化 Session
    user = session_a.query(User).get(1)                             # 持久态
    session_a.close()                                                # 游离态
    session_b = sqlalchemy.orm.session.Session()                     # 实例化 Session
    user.age = 19                                                    # 更新属性
    user.salary = 9000                                               # 更新属性
    session_b.merge(user)                                            # 游离态转为持久态
    session_b.commit()                                               # 持久态更新
    session_b.close()                                                # 游离态
if __name__ == "__main__":                                          # 判断执行名称
    main()                                                           # 调用主函数
```

程序执行结果：
执行"session_a.query(User).get(1)"根据 ID 查询。
```
SELECT user.uid AS user_uid, … FROM user WHERE user.uid = %(param_1)s
```

执行"session_b.merge(user)"将游离态变为持久态。

```
SELECT user.uid AS user_uid, … FROM user WHERE user.uid = %(param_1)s
```

执行"session_b.merge(user)、session_b.commit()"将持久态变为游离态。

```
UPDATE user SET age=%(age)s, salary=%(salary)s WHERE user.uid = %(user_uid)s
```

　　本程序首先根据 ID 获取了一个 user 对象，将 session 关闭后该对象转为游离态，为了让 user 对象重新变为持久态，所以使用了 merge() 方法进行处理，随后实现数据更新。

18.4.4　执行原生 SQL

	视频名称	1817_执行原生 SQL
	课程目标	掌握
	视频简介	ORM 需要维护状态，这样就会额外占用资源，为了提高程序效率，ORM 一般都会提供有原生 SQL 的执行能力。本课程通过代码讲解如何实现删除操作以及批处理操作。

　　在 SQLAlchemy 组件里面如果要想实现数据删除操作，必须首先获得一个持久化对象才可以实现，但是这样的做法由于需要多执行一次查询，从而对性能产生影响。为了解决这种问题，在 Session 类中提供有一个 execute() 方法，该方法可以直接执行 SQL 语句，在 SQL 语句定义时需要利用"：占位符名称"形式实现预处理操作，而占位符的内容可以通过字典进行设置。

　　实例：使用原生 SQL 实现数据删除

```python
# coding:UTF-8
import sqlalchemy, sqlalchemy.ext.declarative, sqlalchemy.orm, sqlalchemy.orm.session
MYSQL_URL = "mysql+mysqlconnector://root:mysqladmin@localhost:3306/yootk"
SQL = "DELETE FROM user WHERE uid=:uid"                                    # SQL 语句
def main():                                                                # 主函数
    engine = sqlalchemy.create_engine(MYSQL_URL, encoding="utf8", echo=False)  # 数据库引擎
    sqlalchemy.orm.session.Session = sqlalchemy.orm.sessionmaker(bind=engine)  # 创建 Session
    session = sqlalchemy.orm.session.Session()                             # 实例化 Session 对象
    result = session.execute(SQL, [{"uid": 1}])                           # 执行数据删除操作
    print("删除数据行数：%s" % result.rowcount)                              # 影响数据行
    session.commit()                                                       # 事务提交
    session.close()                                                        # 关闭 session
if __name__ == "__main__":                                                 # 判断执行名称
    main()                                                                 # 调用主函数
```

程序执行结果：

删除数据行数：1

　　本程序使用原生 SQL 实现了数据删除操作，在编写 SQL 语句时需要对传入的参数进行占位符处理，随后利用字典设置相应的占位符数据。这样的操作不再需要维护对象状态，可以得到最好的执行性能。

　　实例：数据批量增加

```python
# coding:UTF-8
import random, sqlalchemy, sqlalchemy.ext.declarative, sqlalchemy.orm, sqlalchemy.orm.session
MYSQL_URL = "mysql+mysqlconnector://root:mysqladmin@localhost:3306/yootk"
略，User 类定义相同，不再重复声明
```

```
def main():                                                    # 主函数
    engine = sqlalchemy.create_engine(MYSQL_URL, encoding="utf8", echo=False) # 创建引擎
    sqlalchemy.orm.session.Session = sqlalchemy.orm.sessionmaker(bind=engine) # 创建 Session
    session = sqlalchemy.orm.session.Session()                 # 实例化 Session
    session.execute(                                           # 执行原生 SQL
        User.__table__.insert(),                               # 获取内部生成的 SQL
        [{"name": "【YOOTK】沐言优拓-%s" % random.randint(1, 999),
                "note": "www.yootk.com"} for i in range(10000)]) # 数据生成
    session.commit()                                           # 事务提交
    session.close()                                            # 关闭 Session
if __name__ == "__main__":                                     # 判断执行名称
    main()                                                     # 调用主函数
```

本程序实现了一个数据的批量处理操作，之所以采用这样的操作，主要是为了避免 ORM 组件中对于状态维护所造成的额外性能开销。在本程序执行时，对于执行的 SQL 语句并没有手工定义，而是直接利用了实体类中提供的 insert()方法自动生成，而增加的数据将利用循环的形式以字典集合的方式进行设置。

除了数据更新操作之外，针对数据的查询也可以采用原生 SQL 的模式来进行处理，这样就可以避免对象状态所带来的内存占用过多的问题。下面通过原生 SQL 执行了一个数据的分页查询操作。

实例：通过原生 SQL 执行数据分页查询

```
# coding:UTF-8
import sqlalchemy, sqlalchemy.ext.declarative, sqlalchemy.orm, sqlalchemy.orm.session
MYSQL_URL = "mysql+mysqlconnector://root:mysqladmin@localhost:3306/yootk"
SQL = "SELECT uid,name,note FROM user LIMIT :start, :size "    # 查询语句
def main():                                                    # 主函数
    engine = sqlalchemy.create_engine(MYSQL_URL, encoding="UTF8", echo=True) # 返回所有的操作信息
    sqlalchemy.orm.session.Session = sqlalchemy.orm.sessionmaker(bind=engine) # 创建 Session 类型
    session = sqlalchemy.orm.session.Session()                 # 实例化 Session 对象
    result = session.execute(SQL, [{"start":0, "size": 20}])   # 执行 SQL 处理
    for row in result.fetchall():                              # 获取数据
        print(row)                                             # 数据输出
    session.close()                                            # 关闭连接
if __name__ == "__main__":                                     # 判断执行名称
    main()  # 调用主函数
生成 SQL 语句：
SELECT uid,name,note FROM user LIMIT %(start)s, %(size)s
```

本程序直接通过原生 SQL 操作实现了一个数据的分页查询处理操作，在进行 SQL 定义时依然使用了占位符的形式，当设置了相关参数后就可以执行正确的 SQL 查询。

18.4.5　一对多数据关联

视频名称	1818_一对多数据关联	
课程目标	掌握	
视频简介	一对多是在项目开发中最为常见的表关联定义，基于 ORM 开发框架管理的一对多可以通过其内部的机制简化数据更新以及数据查询操作。本课程通过代码演示了一对多结构中增加与数据查询的操作。	

一对多数据关联指的是两张数据表的关联结构，例如：一个人有多本书、一个学校有多个学生等，这些都是一对多的关联操作。为了便于读者理解，本次将实现"一家公司有多个部门"信息定义，这样就需要定义公司（company）与部门（dept）两张数据表，同时在部门表中应该保留有公司表中的 ID，以方便管理。一对多表结构的定义及说明如表 18-9 所示。

表 18-9　一对多表结构的定义及说明

序　号	数　据　表	字段名称	类　型	描　　　述
1	公司表（company）	cid	字符串	公司 ID，手工设置
2		cname	字符串	公司名称
3		site	字符串	公司网址
4	部门表（dept）	did	大整型	部门 ID，自动增长
5		cid	字符串	部门所属公司，与 company.cid 对应
6		dname	字符串	部门名称

实例： 定义一对多关联数据库，创建脚本

```
-- 【注释】判断数据表是否存在，如果存在，则进行删除
DROP TABLE IF EXISTS dept;
DROP TABLE IF EXISTS company;
-- 【注释】创建数据表，同时为每一个列设置说明信息
CREATE TABLE company(
    cid     VARCHAR(20)     COMMENT '主键列（以字母 C 开头）',
    cname   VARCHAR(50)     COMMENT '公司名称',
    site    VARCHAR(200)    COMMENT '公司网址',
    CONSTRAINT pk_cid PRIMARY KEY(cid)
) engine=INNODB;
CREATE TABLE dept(
    did     BIGINT          AUTO_INCREMENT COMMENT '主键列（自动增长）',
    dname   VARCHAR(50)     COMMENT '部门名称',
    cid     VARCHAR(20)     COMMENT '公司编号，对应 company.cid',
    CONSTRAINT pk_did PRIMARY KEY(did),
    CONSTRAINT fk_cid FOREIGN KEY(cid) REFERENCES company(cid) ON DELETE CASCADE
) engine=INNODB;
-- 【注释】向表中追加测试数据
INSERT INTO company(cid,cname,site) VALUES ('C-001', '沐言童趣科技公司', 'www.kidhalo.com') ;
INSERT INTO dept(dname,cid) VALUES ('教学管理部', 'C-001') ;
INSERT INTO dept(dname,cid) VALUES ('教材研发部', 'C-001') ;
INSERT INTO dept(dname,cid) VALUES ('软件工程部', 'C-001') ;
-- 【注释】提交事务
COMMIT;
```

在进行数据表创建时，为方便数据的级联管理，可以利用外键实现数据关联，即当公司表中数据被删除后会自动删除对应的部门数据信息。此时数据库中的公司表（company）的数据信息如图 18-26 所示，部门表（dept）的数据信息如图 18-27 所示。

```
mysql> SELECT * FROM company ;
+-------+------------------+-------------------+
| cid   | cname            | site              |
+-------+------------------+-------------------+
| C-001 | 沐言童趣科技公司 | www.kidhalo.com   |
+-------+------------------+-------------------+
1 row in set
```

图 18-26　company 表数据

```
mysql> SELECT * FROM dept ;
+-----+------------+-------+
| did | dname      | cid   |
+-----+------------+-------+
|   1 | 教学管理部 | C-001 |
|   2 | 教材研发部 | C-001 |
|   3 | 软件工程部 | C-001 |
+-----+------------+-------+
3 rows in set
```

图 18-27　dept 表数据

实例：定义关联映射类并实现数据增加

```python
# coding:UTF-8
import sqlalchemy, sqlalchemy.ext.declarative, sqlalchemy.orm, sqlalchemy.orm.session
MYSQL_URL = "mysql+mysqlconnector://root:mysqladmin@localhost:3306/yootk"
Base = sqlalchemy.ext.declarative.declarative_base()          # 实体类继承父类
class Company(Base):                                          # 定义数据表映射类
    __tablename__ = "company"                                 # 映射数据表
    cid = sqlalchemy.Column(sqlalchemy.String, primary_key=True)   # 映射 company.cid 字段
    cname = sqlalchemy.Column(sqlalchemy.String)             # 映射 company.cname 字段
    site = sqlalchemy.Column(sqlalchemy.String)              # 映射 company.site 字段
    depts = sqlalchemy.orm.relationship("Dept", order_by="Dept.cid",
            backref="company")                               # 关联实体
    def __repr__(self) -> str:                               # 获取对象信息
        return "公司编号：%s、名称：%s、网址：%s" % (self.cid, self.cname, self.site)
class Dept(Base):                                           # 定义数据表映射类
    __tablename__ = "dept"                                  # 映射数据表
    did = sqlalchemy.Column(sqlalchemy.BIGINT, primary_key=True)    # 映射 dept.did 字段
    dname = sqlalchemy.Column(sqlalchemy.String)           # 映射 dept.dname 字段
    cid = sqlalchemy.Column(sqlalchemy.String, sqlalchemy.
            ForeignKey("company.cid"))                     # 外键关联
    def __repr__(self) -> str:                             # 获取对象信息
        return "部门编号：%s、名称：%s、公司编号：%s" % (self.did, self.dname, self.cid)
def main():                                                 # 主函数
    engine = sqlalchemy.create_engine(MYSQL_URL, encoding="utf8", echo=True)
    sqlalchemy.orm.session.Session = sqlalchemy.orm.sessionmaker(bind=engine)
    session = sqlalchemy.orm.session.Session()             # 实例化 Session 对象
    dept_list = [Dept(dname="软件部") , Dept(dname="信息部") , Dept(dname="客服部")]
    company = Company(cid="C-002", cname="小李老师科技公司",
                site="www.yootk.com", depts=dept_list)     # 定义 Company 实例
    session.add(company)                                   # 实现关联数据保存
    session.commit()                                       # 事务提交
    for dept in dept_list:                                 # 迭代输出
        print("【新增部门编号】did = %s" % dept.did)        # 获得数据 ID
    session.close()                                        # 关闭 Session
if __name__ == "__main__":                                 # 判断执行名称
    main()                                                 # 调用主函数
```

程序执行结果：

```
【新增部门编号】did = 4
【新增部门编号】did = 5
【新增部门编号】did = 6
```

　　本程序实现了公司和部门数据的级联操作，由于部门数据要与公司数据一同处理，这样就需要在实例化公司对象时明确设置所需要的部门数据信息，当数据增加成功后，可以发现所有设置的部门对象中都已经自动为 did 填充了数据。使用级联关系最重要的一个特点在于数据的加载操作上，即如果在查询部门数据时需要加载部门信息，只需要使用"部门对象.depts"即可。

实例：数据查询

```
# coding:UTF-8
import sqlalchemy, sqlalchemy.ext.declarative, sqlalchemy.orm, sqlalchemy.orm.session
MYSQL_URL = "mysql+mysqlconnector://root:mysqladmin@localhost:3306/yootk"
Base = sqlalchemy.ext.declarative.declarative_base()        # 实体类继承父类
略，Company 类与 Dept 类定义相同，不再重复声明
def main():                                                  # 主函数
    engine = sqlalchemy.create_engine(MYSQL_URL, encoding="utf8", echo=True)
    sqlalchemy.orm.session.Session = sqlalchemy.orm.sessionmaker(bind=engine)
    session = sqlalchemy.orm.session.Session()              # 实例化 session 数据
    company = session.query(Company).get("C-001")          # 只查询 company 表
    print(company)                                          # 信息输出
    print(company.depts)                                    # 需要时再查询 dept 表
    session.close()                                         # 关闭 session
if __name__ == "__main__":                                  # 判断执行名称
    main()                                                  # 调用主函数
```

程序执行结果：

执行"session.query(Company).get("C-001")"时只查询 company 表信息
SELECT company.cid … FROM company WHERE company.cid = %(param_1)s
公司编号：C-001、名称：沐言童趣科技公司、网址：www.kidhalo.com

执行"print(company.depts)"时会查询 dept 表信息
SELECT dept.did … FROM dept WHERE %(param_1)s = dept.cid ORDER BY dept.cid
[部门编号：1、名称：教学管理部、公司编号：C-001, 部门编号：2、名称：教材研发部、公司编号：C-001, 部门编号：3、名称：软件工程部、公司编号：C-001]

　　本程序实现了一个公司数据的查询，利用公司 ID 查询了该公司的信息，但是通过查询结果可以发现，查询公司信息时并不会查询对应的部门信息，只有当加载部门信息时才会根据公司编号查询相应的部门数据。

提示：使用内连接的形式查询

　　在进行一对多关联数据查询时，默认的做法是先查询出"一方"数据（本次为 Company），而后再查询"多方"数据（本次为 Dept），而除了这种方式之外，实际上也可以采用内连接的模式处理。

实例：使用内连接的形式查询

```
company = session.query(Company).join(Dept).\
    filter(Company.cid == Dept.cid).filter(Company.cid == "C-001").one()
print(company)                                              # 信息输出
for dept in company.depts:                                  # 列表迭代输出
    print("\t" + str(dept))                                 # 输出列表项
生成 SQL 语句：
```

```
SELECT company.cid AS company_cid, company.cname AS company_cname, company.site AS company_site
FROM company INNER JOIN dept ON company.cid = dept.cid
WHERE company.cid = dept.cid AND company.cid = %(cid_1)s
```
程序执行结果：
公司编号：C-001、名称：沐言童趣科技公司、网址：www.kidhalo.com
  部门编号：1、名称：教学管理部、公司编号：C-001
  部门编号：2、名称：教材研发部、公司编号：C-001
  部门编号：3、名称：软件工程部、公司编号：C-001

在多表查询中使用内连接是一种性能相对较好的处理方式，实际开发中，这种操作只适合于数据全部加载时使用。

18.4.6 多对多数据关联

视频名称	1819_多对多数据关联
课程目标	掌握
视频简介	多对多是一种较为复杂的处理形式，由于其需要使用中间关联表进行处理，所以在进行数据维护和数据查询时都较为烦琐，而在 ORM 组件里可以利用映射的形式方便地实现对关联配置以及中间表的自动维护。本课程通过具体的代码讲解了多对多结构中数据更新与数据查询操作的实现。

多对多数据关联可以理解为"一对多"与"多对一"的关联组成，在进行多对多配置中往往都会引入一张关联表作为保存两张实体表的关系。例如，现在想描述系统中用户所具有的角色信息，则就会存在有如下关系：一个用户有多个角色，一个角色属于多个用户。多对多关联关系如表 18-10 所示。

表 18-10 多对多关联关系

序 号	数 据 表	字 段 名 称	类 型	描 述
1	用户表（user）	uid	字符串	用户 ID，手工设置
2		name	字符串	用户姓名
3	角色表（role）	rid	大整型	角色 ID，手工设置
4		title	字符串	角色名称
5	用户-角色表（user_role）	uid	字符串	用户 ID，与 user.uid 关联
6		rid	大整型	角色 ID，与 role.rid 关联

实例：定义多对多关联数据库，创建脚本

```
-- 【注释】判断数据表是否存在，如果存在，则进行删除
DROP TABLE IF EXISTS user_role;
DROP TABLE IF EXISTS user;
DROP TABLE IF EXISTS role;
-- 【注释】创建数据表，同时为每一列设置说明信息
CREATE TABLE user(
    uid    VARCHAR(50)    COMMENT '用户 ID',
    name   VARCHAR(50)    COMMENT '用户姓名',
    CONSTRAINT pk_uid PRIMARY KEY(uid)
) engine=INNODB;
```

```
CREATE TABLE role(
    rid    VARCHAR(50)    COMMENT '角色 ID',
    title VARCHAR(50)     COMMENT '角色名称',
    CONSTRAINT pk_rid PRIMARY KEY(rid)
) engine=INNODB;
CREATE TABLE user_role(
    uid    VARCHAR(50)    COMMENT '用户 ID, 对应 user.uid',
    rid    VARCHAR(50)    COMMENT '角色 ID, 对应 role.rid',
    CONSTRAINT fk_uid FOREIGN KEY(uid) REFERENCES user(uid) ON DELETE CASCADE,
    CONSTRAINT fk_rid FOREIGN KEY(rid) REFERENCES role(rid) ON DELETE CASCADE
) engine=INNODB;
-- 【注释】向表中追加测试数据
INSERT INTO user(uid,name) VALUES ('yootk','沐言优拓');
INSERT INTO role(rid,title) VALUES ('admin','超级管理员');
INSERT INTO role(rid,title) VALUES ('audit','信息审核员');
INSERT INTO user_role(uid,rid) VALUES ('yootk','admin');
INSERT INTO user_role(uid,rid) VALUES ('yootk','audit');
-- 【注释】提交事务
COMMIT;
```

本数据库脚本实现了多对多关联，同时为了方便维护，设置了级联删除，即当某一个用户或角色被删除之后，对应的 user_role 关联表中的数据也会被删除。

实例： 实现关联映射与数据增加

```
# coding:UTF-8
import sqlalchemy, sqlalchemy.ext.declarative, sqlalchemy.orm, sqlalchemy.orm.session
MYSQL_URL = "mysql+mysqlconnector://root:mysqladmin@localhost:3306/yootk"
Base = sqlalchemy.ext.declarative.declarative_base()                 # 实体类继承父类
user_role = sqlalchemy.Table(                                        # 定义表关联映射
    "user_role",                                                     # 关联表名称
    Base.metadata,
    sqlalchemy.Column("uid", sqlalchemy.String, sqlalchemy.ForeignKey("user.uid"),
        nullable=False, primary_key=True),                           # 关联表字段
    sqlalchemy.Column("rid", sqlalchemy.BigInteger, sqlalchemy.ForeignKey("role.rid"),
        nullable=False, primary_key=True))                           # 关联表字段
class User(Base):                                                    # 定义数据表映射类
    __tablename__ = "user"                                           # 映射数据表
    uid = sqlalchemy.Column(sqlalchemy.String, primary_key=True)     # 映射 user.uid 字段
    name = sqlalchemy.Column(sqlalchemy.String)                      # 映射 user.name 字段
    roles = sqlalchemy.orm.relationship("Role",
        secondary=user_role, backref="user")                        # 角色关联
    def __repr__(self) -> str:                                       # 获取对象信息
        return "用户 ID: %s、姓名: %s" % (self.uid, self.name)          # 返回对象数据
class Role(Base):                                                    # 定义数据表映射类
    __tablename__ = "role"                                           # 映射数据表
    rid = sqlalchemy.Column(sqlalchemy.String, primary_key=True)     # 映射 role.rid 字段
    title = sqlalchemy.Column(sqlalchemy.String)                     # 映射 role.title 字段
```

```python
    def __repr__(self) -> str:                                    # 获取对象信息
        return "角色 ID: %s、名称: %s" % (self.rid, self.title)    # 返回对象数据
def main():                                                       # 主函数
    engine = sqlalchemy.create_engine(MYSQL_URL, encoding="utf8", echo=True)
    sqlalchemy.orm.session.Session = sqlalchemy.orm.sessionmaker(bind=engine)
    session = sqlalchemy.orm.session.Session()                    # 实例化 Session 对象
    roles = session.query(Role).filter(
        Role.rid_in_(['admin','audit'])).all()                   # 获取角色实体
    user = User(uid="python", name="小李老师", roles=roles)       # 创建新用户
    session.add(user)                                            # 增加用户信息
    session.commit()                                            # 提交事务
    session.close()                                             # 关闭 Session
if __name__ == "__main__":                                       # 判断执行名称
    main()                                                      # 调用主函数
```

程序执行结果:

执行 **filter(Role.rid_in_(['admin','audit']))**,获取用户的角色信息
```
SELECT 'role'.rid AS role_rid, 'role'.title AS role_title
FROM 'role' WHERE 'role'.rid IN (%(rid_1)s, %(rid_2)s)
```

用户表追加新用户信息
```
INSERT INTO user (uid, name) VALUES (%(uid)s, %(name)s)
```

自动维护 **user_role** 关联信息
```
INSERT INTO user_role (uid, rid) VALUES (%(uid)s, %(rid)s)
```

本程序实现了多对多的数据添加操作,在用户添加数据时需要设置相关联的角色实体,所以首先根据 ID 进行数据查询获取了两个 Role 实例,这样在保存用户信息时会自动向 user 表添加数据信息,而向 user_role 表自动设置关联信息。

实例:数据查询

```python
# coding:UTF-8
import sqlalchemy, sqlalchemy.ext.declarative, sqlalchemy.orm, sqlalchemy.orm.session
MYSQL_URL = "mysql+mysqlconnector://root:mysqladmin@localhost:3306/yootk"
Base = sqlalchemy.ext.declarative.declarative_base()             # 实体类继承父类
略, User 类、Role 类以及 user_role 关联配置定义相同,不再重复声明
def main():                                                       # 主函数
    engine = sqlalchemy.create_engine(MYSQL_URL, encoding="utf8", echo=True)
    sqlalchemy.orm.session.Session = sqlalchemy.orm.sessionmaker(bind=engine)
    session = sqlalchemy.orm.session.Session()                    # 实例化 Session 对象
    user = session.query(User).get("yootk")                      # 根据 ID 查询数据
    print(user)                                                 # 获得用户信息
    for role in user.roles:                                     # 获得用户对应的角色信息
        print("\t" + str(role))                                 # 输出列表项
    session.close()                                            # 关闭 session
if __name__ == "__main__":                                       # 判断执行名称
    main()                                                      # 调用主函数
```

程序执行结果：
执行 query(User).get("yootk")，根据用户 ID 查询用户信息
SELECT user.uid AS user_uid, user.name AS user_name
FROM user WHERE user.uid = %(param_1)s
用户 ID: yootk、姓名：沐言优拓

执行 **user.roles**，获取用户对应的角色信息
SELECT 'role'.rid AS role_rid, 'role'.title AS role_title FROM 'role', user_role
WHERE %(param_1)s = user_role.uid AND 'role'.rid = user_role.rid
　　　　角色 ID: admin、名称：超级管理员
　　　　角色 ID: audit、名称：信息审核员

　　本程序通过用户 ID 查询了用户对应的所有角色信息，通过执行结果可以发现，本次的查询是分两次完成的，第一次只查询用户信息，而当用户需要角色信息时（user.roles 代码调用），则采用内连接的形式实现查询。

18.5　本　章　小　结

　　1. 现代项目开发需要利用数据库进行项目维护，不同的数据库需要下载不同的开发组件，如果在 Python 3 中要进行 MySQL 数据库的操作，则可以使用 pymysql 组件。

　　2. MySQL 是一个免费的开源数据库，其最大的特点是占用资源少且使用范围广泛，在进行 MySQL 数据库安装时需要手工配置 my.ini 文件设置数据存储路径、日志存储路径、相关数据库参数。

　　3. MySQL 安装后会默认生成一个随机密码，用户第一次登录后可以对此密码进行修改。

　　4. MySQL 提供了数据库的核心功能，并没有前端工具的支持，较为常见的前端工具有 Navicat、SQLyog，也可以使用 PyCharm 内置的数据库工具进行操作。

　　5. 事务是数据库中保证数据一致性的重要技术手段，也是 SQL 数据库严谨性实现的重要依据，事务遵循 ACID 原则进行处理，所以在大规模并发访问下会由于事务处理而产生性能问题。在 MySQL 中必须使用 innodb 数据引擎才可以开启事务支持。

　　6. pymysql 在进行数据库更新操作时默认会取消自动提交，这就需要开发者在每次执行完更新语句后手工调用 commit()方法进行事务的手工提交，如果执行出现错误，也可以使用 rollback()进行回滚。

　　7. pymysql 组件提供有批处理的操作，批处理可以解决大规模数据写入时的性能与可靠性问题。在使用批处理操作时需要设置一个 SQL 执行模板，随后采用列表的形式设置相应参数。

　　8. 数据库的打开与连接都需要网络协议的支持，这样会造成大量的资源损耗，可以通过 DBUtils 连接池组件减少无谓的性能损耗，提升数据库的处理性能。

　　9. ORM 是一种设计思想，利用对象的形式实现数据的 CRUD 操作，同时也提供有对象状态的维护。

　　10. 在使用 SQLAlchemy 组件进行操作时，如果考虑到性能低下的问题，也可以直接使用 execute() 方法执行原生 SQL 语句。

　　11. 数据关联技术提供了方便的实体维护，但是由于其会造成额外开销，所以开发中要根据需求使用。考虑到性能问题建议以单表映射操作为主。

第19章 图形界面

学习目标

- 理解 GUI 图形界面编程的意义以及基本实现；
- 理解窗体、组件与布局管理器之间的关联；
- 理解 GUI 中的常用事件以及事件的处理；
- 理解 PyInstaller 模块的使用，并可以使用该模块创建可执行程序；
- 理解列表、单选按钮、复选框、滑块、菜单以及列表组件的使用；
- 了解图形绘制基本操作，并可以使用 Canvas、Graphics、Turtle 实现简单的图形绘制。

Python 是一门经过长期发展的编程语言，在 Python 内部提供有传统的单机版程序的 GUI 界面开发。本章将通过程序代码讲解通过 tkinter 模块实现图形界面的开发。

19.1 GUI 编程起步

视频名称	1901_GUI 编程入门	
课程目标	理解	
视频简介	为了便于人机交互，项目开发中可以通过图形界面简化软件的操作难度。本课程讲解了 GUI 编程的意义，同时介绍了 tkinter 模块中支持的 GUI 组件。	

图形用户接口（Graphical User Interface，GUI）是人机交互的重要技术手段，在 Python 中利用 tkinter 模块就可以方便地实现图形界面。在 tkinter 模块中提供了多种不同的窗体组件。这些组件如表 19-1 所示。

表 19-1　tkinter 模块中的窗体组件

序　号	组　　件	描　　述
1	Button	按钮控件，在界面中显示一个按钮
2	Canvas	画布组件，在界面中显示一个画布，而后在此画布上进行绘图
3	Checkbutton	多选框组件，可以实现多个选项的选定
4	Entry	输入控件，用于显示简单的文本内容
5	Frame	框架控件，在进行排版时实现子排版模型
6	Label	标签组件，可以显示文字或图片信息
7	Listbox	列表框组件，可以显示多个列表项
8	Menu	菜单组件，在界面上端显示菜单栏、下拉菜单或弹出菜单
9	Menubutton	菜单按钮组件，为菜单定义菜单项
10	Message	消息组件，用来显示提示信息

续表

序　号	组　　件	描　　述
11	Radiobutton	单选按钮组件，可以实现单个菜单项的选定
12	Scale	滑动组件，设置数值的可用范围，通过滑动切换数值
13	Scrollbar	滚动条组件，为外部包装组件，当有多个内容显示不下时，可以出现滚动条
14	Text	文本组件，可以实现文本或图片信息的显示
15	Toplevel	容器组件，可以实现对话框
16	Spinbox	输入组件，与 Entry 对应，可以设置数据输入访问
17	PanedWindow	窗口布局组件，可以在内部提供一个子容器实现子窗口定义
18	LabelFrame	容器组件，实现复杂组件布局
19	tkMessageBox	消息组件，可以进行提示框的显示

　　tkinter 组件为 Python 内置模块，不需要额外进行安装，而在使用 tkinter 模块开发图形界面时都需要设置一个基本的容器（例如：一个窗体本身就属于一个容器），在一个容器内还可以包含多个组件，为了便于组件管理，就需要有进行组件显示的布局管理。在一个容器内还可以设置许多的子容器，每个子容器也拥有独立的布局管理和组件，基于这样的嵌套关系就可以形成一个完整的图形界面开发。

> **提示：关于 Python 的图形编程**
>
> 　　在 Python 中，除了本次要讲解的 tkinter 模块之外，实际上还提供了 wxPython、PyQt5 模块，以及与 Java 图形界面组件衔接的 Jython 模块。由于图形编程一般都属于单机版程序，而 Python 技术的发展重点并不在此，所以考虑到读者知识体系的学习需求，本书只讲解了 tkinter 模块，而对其他模块有学习需求的读者也可以参考相关资料自行学习。

19.1.1　窗体显示

	视频名称	1902_窗体显示
	课程目标	理解
	视频简介	窗体是图形界面中的重要容器，每一个窗体都属于一个独立的 Python 进程。本课程通过 tkinter.Tk 类实现了窗体以及窗体相关属性的定义。

　　任何一个图形界面都会包含有一个主窗体，在主窗体内可以设置不同的组件，在 tkinter 模块中提供了 Tk 类，该类可以负责窗体的创建以及相关的属性定义。tkinter.Tk 类中提供的常用方法如表 19-2 所示。

表 19-2　Tk 类常用方法

序　号	方　　法	描　　述
1	def title(self, string=None)	设置窗体显示标题
2	def iconbitmap(self, bitmap=None, default=None)	设置窗体 LOGO
3	def geometry(self, newGeometry=None)	设置窗体大小
4	def minsize(self, width=None, height=None)	设置窗体最小化尺寸
5	def maxsize(self, width=None, height=None)	设置窗体最大化尺寸
6	def mainloop(self, n=0)	界面循环及时显示窗体变化

实例：显示窗体

```
# coding:UTF-8
import tkinter, os                                              # 模块导入
LOGO_PATH = "resources" + os.sep + "yootk-logo.ico"            # 图标路径
class MainForm:                                                 # 定义主窗体类
    def __init__(self):                                        # 构造方法
        root = tkinter.Tk()                                    # 创建窗体
        root.title("沐言优拓：www.yootk.com")                  # 设置窗体标题
        root.iconbitmap(LOGO_PATH)                             # 设置窗体图标
        root.geometry("500x100")                               # 设置主窗体尺寸
        root.maxsize(1000, 400)                                # 设置窗体最大尺寸
        root["background"] = "LightSlateGray"                  # 设置背景颜色
        root.mainloop()                                        # 循环监听
def main():                                                    # 主函数
    MainForm()                                                 # 显示主窗体
if __name__ == "__main__":                                    # 判断执行名称
    main()                                                     # 调用主函数
```

程序执行结果：

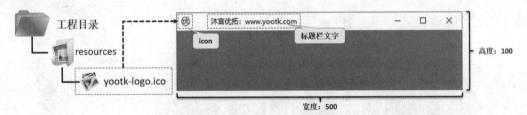

本程序实现了一个基础窗体的显示，在程序中设置了窗体的尺寸、图标路径以及图标（图标保存在项目的 resources 目录中）信息，同时又将主窗体的背景色设置为浅灰色。

19.1.2 标签

视频名称	1903_标签	
课程目标	理解	
视频简介	在图形界面中可以通过标签实现信息提示。本课程讲解了 tkinter.Label 类的使用，并且通过实例讲解了文字标签与图像标签的定义。	

标签的主要功能是定义文字和显示图片信息，在图形界面编程中，通过标签可以实现一些提示文字的定义，在 tkinter 模块中，标签可以通过 tkinter.Label 类进行定义，而组件的显示则需要通过 pack()方法来实现。

实例：定义文字与图片标签

```
# coding:UTF-8
import tkinter, os                                              # 模块导入
LOGO_PATH = "resources" + os.sep + "yootk-logo.ico"            # 图标
IMAGES_PATH = "resources" + os.sep + "yootk.png"               # 图片
class MainForm:                                                 # 主窗体
```

```
    def __init__(self):                                        # 构造方法
        root = tkinter.Tk()                                    # 创建窗体
        root.title("沐言优拓：www.yootk.com")                    # 设置窗体标题
        root.iconbitmap(LOGO_PATH)                             # 设置窗体图标
        root.geometry("500x300")                               # 设置主窗体大小
        root.maxsize(1000, 400)                                # 设置窗体最大尺寸
        root["background"] = "LightSlateGray"                  # 设置背景颜色
        label_text = tkinter.Label(root, text="沐言优拓：www.yootk.com",
            width=200, height=200, bg="#223011",
            font=("微软雅黑", 20), fg="#ffffff", justify="right")  # 文字标签
        photo = tkinter.PhotoImage(file=IMAGES_PATH)          # 图片
        label_photo = tkinter.Label(root, image=photo)        # 图片标签
        label_photo.pack()                                     # 显示图片
        label_text.pack()                                      # 显示文字
        root.mainloop()                                        # 循环监听
def main():                                                    # 主函数
    MainForm()                                                 # 显示主窗体
if __name__ == "__main__":                                    # 判断执行名称
    main()                                                     # 调用主函数
```

程序执行结果：

本程序在创建的主窗体内部设置了两个标签组件，一个标签组件为文字（设置了字体、颜色），另外一个为图片，而所有的组件要在主窗体中显示则必须执行 pack()方法。

19.1.3 文本

	视频名称	1904_文本
	课程目标	理解
	视频简介	人机交互环境中需要为用户设置输入信息的组件，而 tkinter.Text 就是一个功能强大的输入组件，可以实现文字或图片的输入。本课程讲解了如何在窗体中配置输入组件以及输入组件中文字与图像的设置。

图形界面最重要的作用是实现人机交互的处理，这样就必须在图形界面中提供有文本组件让用户可以实现数据的输入处理，tkinter 模块的 tkinter.Text 类可以实现输入组件的定义，该组件可以输入并显示单行文本、多行文本以及图片，所以其是一个支持类型丰富的文本编辑器。

文本编辑器在进行文字编辑的时候一般都会提供一个输入数据的光标，这样开发者就可以依据光标实现数据的输入设置。tkinter 通过 Marks 实现光标位置的确定，常见的光标形式为 current（当前位置）、end（结尾处）。

实例：定义文本组件

```python
# coding:UTF-8
import tkinter, os                                          # 模块导入
LOGO_PATH = "resources" + os.sep + "yootk-logo.ico"         # 图标
IMAGES_PATH = "resources" + os.sep + "yootk.png"            # 图片
class MainForm:                                              # 主窗体
    def __init__(self):                                     # 构造方法
        root = tkinter.Tk()                                 # 创建窗体
        root.title("沐言优拓：www.yootk.com")                 # 设置窗体标题
        root.iconbitmap(LOGO_PATH)                          # 设置窗体图标
        root.geometry("500x300")                            # 设置主窗体大小
        root.maxsize(1000, 400)                             # 设置窗体最大尺寸
        root["background"] = "LightSlateGray"               # 设置背景颜色
        text = tkinter.Text(root, width=50, height=15, font=("微软雅黑", 10))
        text.insert("current", "沐言优拓：")                  # 在光标处插入数据
        text.insert("end", "www.yootk.com")                 # 在最后插入数据
        photo = tkinter.PhotoImage(file=IMAGES_PATH, )      # 定义图片
        text.image_create("end", image=photo)              # 设置图片
        text.pack()                                         # 显示文字
        root.mainloop()                                     # 循环监听
def main():                                                 # 主函数
    MainForm()                                              # 显示主窗体
if __name__ == "__main__":                                  # 判断执行名称
    main()                                                  # 调用主函数
```

程序执行结果：

本程序在一个文本组件内实现了文本与图片信息内容的显示，在添加内容时利用 insert()方法并结合光标实现了对插入内容位置的定义。

19.1.4　按钮

视频名称	1905_按钮
课程目标	理解
视频简介	命令行中可以通过 Enter 键实现信息的录入，但是在图形界面中按钮就是最重要的执行组件。本课程讲解了 tkinter.Button 类的定义，并实现了文字按钮与图像按钮的定义。

按钮是一种常见的图形控制组件，通过按钮并结合特定的事件处理，可以方便地实现特定功能的定义，tkinter 模块中提供了 tkinter.Button 类以实现按钮定义，同时也可以在按钮上设置提示文字或图片。如果需要同时在按钮中进行文字和图片内容设置，则可以利用 compound 属性实现两者的位置关系定义，该属性可以设置的内容为 top（上）、bottom（下）、left（左）、right（右）、center（中）、none（不设置），如图 19-1 所示。

（a）图片位于文字下方

（b）图片位于文字上方

图 19-1　按钮组件 compound 属性

实例： 在窗体上定义按钮

```python
# coding:UTF-8
import tkinter, os                                              # 模块导入
LOGO_PATH = "resources" + os.sep + "yootk-logo.ico"             # 图标
IMAGES_PATH = "resources" + os.sep + "yootk.png"                # 图片
class MainForm:                                                 # 主窗体
    def __init__(self):                                         # 构造方法
        root = tkinter.Tk()                                     # 创建窗体
        root.title("沐言优拓：www.yootk.com")                    # 设置窗体标题
        root.iconbitmap(LOGO_PATH)                              # 设置窗体图标
        root.geometry("500x300")                                # 设置主窗体大小
        root.maxsize(1000, 400)                                 # 设置窗体最大尺寸
        root["background"] = "LightSlateGray"                   # 设置背景颜色
        photo = tkinter.PhotoImage(file=IMAGES_PATH)            # 定义图片
        button = tkinter.Button(root, text="沐言优拓", image=photo,
                compound="bottom", fg="black", font=("微软雅黑", 20))   # 定义按钮
        button.pack()                                           # 按钮显示
        root.mainloop()                                         # 循环监听
def main():                                                     # 主函数
    MainForm()                                                  # 显示主窗体
if __name__ == "__main__":                                      # 判断执行名称
    main()                                                      # 调用主函数
```

程序执行结果：

本程序定义了一个文字与图片的混合按钮，此时必须使用 compound 属性实现两者关系的定义，此时的按钮仅有显示功能，还不具备相应的事件处理支持。

19.1.5　pyinstaller 程序打包

视频名称	1906_pyinstaller 程序打包
课程目标	理解
视频简介	单机版的程序一般都需要提供方便的执行机制，即需要将 Python 程序代码转为操作系统的可执行程序。由于在图形界面开发中牵扯到众多的资源使用问题，所以本课程首先分析了打包操作的流程，而后通过具体的操作实现了打包处理，最后通过程序的执行分析了程序临时保存目录的操作。

pyinstaller 是 Python 官方提供的一个项目打包程序，可以直接将用户所开发的代码打包为可执行文件（Windows 的可执行文件为*.exe 文件），这样只要在有 Python 虚拟机的系统上就都可以方便地执行 Python 程序。

如果此时一个 Python 程序没有引用任何外部资源，则可以直接使用 pyinstaller 组件进行打包处理。但是如果程序需要引用 resources 目录中的若干资源，这时就必须多增加一步生成打包配置文件的操作步骤，在此文件中设置项目资源与程序运行时解压缩资源的路径，这样才可以正确执行该文件。Python 项目打包流程如图 19-2 所示，基本内容如下：

- ↘ 假设要打包的 Python 源代码程序文件为 yootk.py，该文件引用了 resources 目录中的 yootk-logo.ico 以及 yootk.png 文件，这样就必须先通过 pyi-makespec 生成一个 yootk.spec 文件。
- ↘ 使用记事本打开 yootk.spec 文件，为其设置相应的资源目录配置，此时需要定义项目和解压缩后的资源目录名称（一般名称相同）。这里统一称其为 resources。
- ↘ 使用修改后的 yootk.spec 配置文件并且利用 pyinstaller 组件即可实现项目打包，生成 yootk.exe 可执行文件，直接双击此文件即可执行（执行需要用户计算机中提供有 Python 虚拟机）。

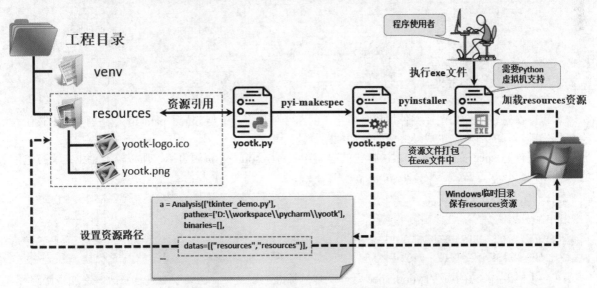

图 19-2　Python 项目打包流程

如果要想使用 pyinstaller 进行打包，则首先要通过 pip 安装 pyinstaller 组件，而后就可以获取相关系统的依赖环境支持。为了便于读者理解，下面将通过详细的步骤对本次打包操作进行说明。

（1）【安装组件】通过 pip 安装 pyinstaller 组件。

```
pip install pyinstaller
```

（2）【定义 Python 源代码】由于本程序在进行打包处理时会有资源定位的问题，所以本程序的资源需要依据环境进行判断后才可以生成最终的加载路径，具体代码如下：

```
# coding:UTF-8
import tkinter, sys, os                                              # 模块导入
def get_resource_path(relative_path):                                # 动态处理路径
    if getattr(sys, "frozen", False):                                # 是否绑定资源
        base_path = sys._MEIPASS                                      # 获取应用临时路径
    else:                                                            # 未绑定
        base_path = os.path.abspath(".")                             # 手工拼接路径
    return os.path.join(base_path, relative_path)                    # 返回处理后路径
LOGO_PATH = get_resource_path(os.path.join("resources", "yootk-logo.ico"))   # 图标
IMAGES_PATH = get_resource_path(os.path.join("resources", "yootk.png"))      # 图片
class MainForm:                                                      # 主窗体
    def __init__(self):                                             # 构造方法
        root = tkinter.Tk()                                         # 创建窗体
        root.title("沐言优拓：www.yootk.com")                        # 设置窗体标题
        root.iconbitmap(LOGO_PATH)                                  # 设置窗体图标
        root.geometry("500x300")                                    # 设置主窗体大小
        root.maxsize(1000, 400)                                     # 设置窗体最大尺寸
        root["background"] = "LightSlateGray"                       # 设置背景颜色
        photo = tkinter.PhotoImage(file=IMAGES_PATH)                # 定义图片
        button = tkinter.Button(root, text="沐言优拓：www.yootk.com", image=photo,
                        compound="bottom", fg="black", font=("微软雅黑", 10)) # 定义按钮
        button.pack()                                               # 按钮显示
        root.mainloop()                                             # 循环监听
def main():                                                         # 主函数
    MainForm()                                                     # 显示主窗体
if __name__ == "__main__":                                         # 程序启动
    main()
```

本程序在进行图标和图片文件加载时所定义的路径使用了 get_resource_path() 函数进行处理，该函数会根据当前运行的环境来生成最终资源的加载路径。

（3）【创建 spec 文件】由于本次打包的程序存在有 resources 资源引用，所以需要手工定义打包配置文件，而打包配置文件需要依据 yootk.py 源代码生成。

```
pyi-makespec -F yootk.py
程序执行结果：
wrote D:\workspace\pycharm\yootk\yootk.spec（文件保存路径）
now run pyinstaller.py to build the executable（后续执行提示）
```

（4）【修改 spec】生成的 yootk.spec 是一个打包标准配置文件，需要手工进行修改，追加资源路径。

```
a = Analysis(['tkinter_demo.py'],
            pathex=['D:\\workspace\\pycharm\\yootk'],
            binaries=[],
            datas=[("resources","resources")],       # 追加一个元组，配置两个相同的 resources 名称
```

（5）【创建 exec】yootk.spec 文件修改完成之后就可以基于此文件创建 yootk.exe 可执行程序文件。

```
pyinstaller -F yootk.spec
程序执行结果:
Appending archive to EXE D:\workspace\pycharm\yootk\dist\yootk.exe
```

（6）执行成功之后会在当前目录中的 dist 子目录下生成一个 yootk.exe 命令，而后用户就可以在任意一个安装 Python 虚拟机的系统中执行此程序文件。

> **提示：关于资源保存路径**
>
> 本程序是将所需要的全部资源打包到 yootk.exe 文件中，这样在文件启动时会自动将资源释放到临时目录，在 Windows 10 中资源释放的路径为 C:\Users\yootk\AppData\Local\Temp_MEIXxx，有兴趣的读者可以自行打开系统中的相应路径进行观察。

19.2　事件处理

视频名称	1907_事件处理简介	
课程目标	理解	
视频简介	事件不仅是提升图形界面动态操作的基础，同时也是人机交互比较常见的一种做法。本课程介绍了常见的事件，并通过具体代码演示了窗体单击事件的实现操作。	

图形界面中除了展示组件之外，最重要的事情就是要定义与组件有关的事件处理操作，以丰富窗体的行为。在 tkinter 组件中可以方便地为每一个组件进行事件绑定，并且设置了事件的相关处理函数，每当触发相应的事件就可以通过特定的函数实现事件处理。事件处理操作结构如图 19-3 所示。

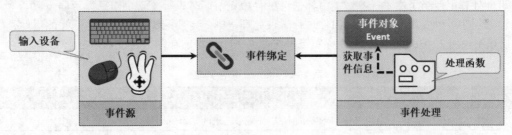

图 19-3　事件处理操作结构

实例：窗体事件监听

```python
# coding:UTF-8
import tkinter, tkinter.messagebox, os                          # 模块导入
LOGO_PATH = "resources" + os.sep + "yootk-logo.ico"             # 图标
class MainForm:                                                  # 主窗体
    def __init__(self):                                         # 构造方法
        self.root = tkinter.Tk()                               # 创建窗体
        self.root.title("沐言优拓：www.yootk.com")                # 设置窗体标题
        self.root.iconbitmap(LOGO_PATH)                       # 设置窗体图标
        self.root.geometry("500x150")                        # 设置主窗体大小
        self.root.maxsize(1000, 400)                         # 设置窗体最大尺寸
        self.root["background"] = "LightSlateGray"           # 设置背景颜色
        self.root.bind("<Button-1>", lambda event: self.event_handle(event,
```

```
                    "沐言优拓：www.yootk.com"))                      # 事件处理
            self.root.mainloop()                                   # 循环监听
    def event_handle(self, event, info):
        label_text = tkinter.Label(self.root, text="沐言优拓：www.yootk.com", width=200,
                            height=200, bg="#223011", font=("微软雅黑", 20),
                            fg="#ffffff", justify="right")         # 创建文本
        label_text.pack()                                          # 组件显示
        tkinter.messagebox.showinfo(title="YOOTK 信息提示", message=info)  # 对话框
def main():                                                        # 主函数
    MainForm()                                                     # 显示主窗体
if __name__ == "__main__":                                        # 判断执行名称
    main()                                                        # 调用主函数
```

程序执行结果：

本程序为了方便，直接在窗体中进行了鼠标左键单击事件的绑定；在进行事件绑定时需要明确地设置事件的处理函数；同时该函数需要接收一个明确的事件对象，该事件对象详细地记录了事件的相关信息；在事件处理中使用了文本标签对主窗体信息进行填充，同时设置了一个信息提示框。

通过本程序可以发现，如果要对组件进行事件处理，则一定要配置有一个与之匹配的事件类型。在tkinter 模块中使用了<Button-1>表示鼠标左键事件，而关于事件的详细描述可以参考表 19-3。

表 19-3　tkinter 事件列表

序　号	事件类型	描　　述
1	Active	当组件由"未激活"状态变为"激活状态"时触发
2	Button	当用户按下鼠标按键时触发，结构为<Button-details>，针对不同按键 details 有不同的取值，具体如下。 ⤷ <Button-1>：鼠标左键按下时触发 ⤷ <Button-2>：鼠标中键按下时触发 ⤷ <Button-3>：鼠标右键按下时触发 ⤷ <Button-4>：鼠标滚轮上滚时触发 ⤷ <Button-5>：鼠标滚轮下滚时触发
3	ButtonRelease	松开鼠标按键时触发
4	Configure	当组件尺寸改变时触发（界面移动或修改大小时会产生界面重绘事件）
5	Deactivate	当组件由"激活状态"变为"未激活状态"时触发
6	Enter	当鼠标指针进入组件时触发
7	Expose	当组件不再被覆盖时触发
8	FocusIn	当组件获得焦点时触发
9	FocusOut	当组件失去焦点时触发

序 号	事件类型	描 述
10	KeyPress	当键盘有按键按下时触发，结构为<KeyPress-details>，针对不同按键 details 有不同的取值，例如事件需要在按键 y 被按下时触发，则使用<KeyPress-y>或<Key-y>定义，事件在按下 Enter 键时触发使用<Key-Return>
11	KeyRelease	当按键松开时触发
12	Leave	当鼠标指针离开组件时触发
13	Map	当组件被映射时触发
14	Motion	当鼠标在组件内部移动时触发
15	MouseWheel	当鼠标在组件内部滚轮滚动时触发
16	Unmap	当组件被取消映射时触发
17	Visibility	当应用组件可见时触发

19.2.1 单击事件

视频名称	1908_单击事件	
课程目标	理解	
视频简介	单击事件是最为常用的一种事件操作，几乎可以在任何一个组件中使用。本课程基于单击事件以及弹出输入框的形式实现了一个信息输入与标签内容动态替换的操作程序。	

单击事件是在事件处理中较为常见的一种处理形式，在图形界面的操作系统中鼠标是比较常见的交互形式，所以可以直接使用鼠标按键进行界面操作，而通过鼠标按键就可以实现相应的监听操作。

实例： 在按钮上绑定单击事件

```python
# coding:UTF-8
import tkinter, tkinter.simpledialog, os                              # 模块导入
LOGO_PATH = "resources" + os.sep + "yootk-logo.ico"                   # 图标
class MainForm:                                                        # 主窗体
    def __init__(self):                                               # 构造方法
        self.root = tkinter.Tk()                                      # 创建窗体
        self.root.title("沐言优拓：www.yootk.com")                     # 设置窗体标题
        self.root.iconbitmap(LOGO_PATH)                              # 设置窗体图标
        self.root.geometry("500x150")                               # 设置主窗体大小
        self.root.maxsize(1000, 400)                                # 设置窗体最大尺寸
        self.root["background"] = "LightSlateGray"                  # 设置背景颜色
        button = tkinter.Button(self.root, text="按我输入信息", fg="black",
                font=("微软雅黑", 20))                               # 定义按钮
        button.bind("<Button-1>", lambda event: self.event_handle(event))  # 事件处理
        button.pack()                                               # 组件显示
        self.root.mainloop()                                        # 循环监听
    def event_handle(self, event):                                  # 事件处理函数
        input_message = tkinter.simpledialog.askstring("YOOTK 提示信息", "请输入要显示的信息：")
        label_text = tkinter.Label(self.root, text=input_message, width=200,
```

```
                              height=200, bg="#223011", font=("微软雅黑", 20),
                              fg="#ffffff", justify="right")              # 创建标签
        label_text.pack()                                                # 组件显示
def main():                                                              # 主函数
    MainForm()                                                           # 显示主窗体
if __name__ == "__main__":                                               # 判断执行名称
    main()                                                               # 调用主函数
```

程序执行结果：

本程序基于按钮实现了单击事件的监听与处理操作，在用户单击按钮时会自动弹出一个对话框，用户在此对话框中输入的数据信息会通过标签组件的形式在主窗体中进行显示。

19.2.2 键盘事件

视频名称	1909_键盘事件
课程目标	理解
视频简介	键盘事件可以在用户录入信息时实现监听与处理操作。本课程实现了一个通过键盘输入 Email 邮箱地址的动态验证的操作，即利用正则表达式对输入信息动态验证并将验证结果显示在标签中。

键盘事件可以对用户的每一次输入内容进行监听，而后可以利用产生的事件来获取用户执行的按键。下面通过键盘事件处理实现对输入 Email 邮箱的动态验证。

实例： 动态判断 Email 输入

```
# coding:UTF-8
import tkinter, os, re                                                   # 模块导入
LOGO_PATH = "resources" + os.sep + "yootk-logo.ico"                      # 图标
EMAIL_PATTERN = r"[a-zA-Z0-9]\w+@\w+\.(cn|com|com.cn|net|gov)"           # 正则匹配符号
class MainForm:                                                          # 主窗体
    def __init__(self):                                                  # 构造方法
        self.root = tkinter.Tk()                                         # 创建窗体
        self.root.title("沐言优拓：www.yootk.com")                        # 设置窗体标题
        self.root.iconbitmap(LOGO_PATH)                                  # 设置窗体图标
        self.root.geometry("500x150")                                    # 设置主窗体大小
        self.root.maxsize(1000, 400)                                     # 设置窗体最大尺寸
        self.root["background"] = "LightSlateGray"                       # 设置背景颜色
        self.text = tkinter.Text(self.root, width=500, height=2, font=("微软雅黑", 20))
```

```python
        self.text.insert("current", "请输入正确的 Email 地址…")        # 默认文字
        self.text.bind("<Button-1>", lambda event:
                self.text.delete("0.0","end"))                    # 单击时清空数据
        # 绑定键盘事件，考虑到数据处理的及时性，设置在键盘按下和键盘松开时都进行事件处理
        self.text.bind("<KeyPress>", lambda event:
                self.keyboard_event_handle(event))                # 键盘按下事件处理
        self.text.bind("<KeyRelease>", lambda event:
                self.keyboard_event_handle(event))                # 键盘松开事件处理
        self.content = tkinter.StringVar()                        # 修改标签文字对象
        self.label = tkinter.Label(self.root, textvariable=self.content,
            width=500, height=50, bg="#223011",
            font=("微软雅黑", 15), fg="#ffffff", justify="right")   # 创建标签
        self.text.pack()                                          # 显示文字
        self.label.pack()                                         # 显示标签
        self.root.mainloop()                                      # 循环监听
    def keyboard_event_handle(self, event):                       # 键盘事件处理
        email = self.text.get("0.0", "end")                       # 获取文本框输入内容
        if re.match(EMAIL_PATTERN, email, re.I | re.X):           # 正则匹配成功
            self.content.set("Email 邮箱输入正确，内容为：%s" % email) # 设置正确信息
        else:                                                     # 正则匹配失败
            self.content.set("Email 数据输入错误！")                # 设置错误信息
def main():                                                       # 主函数
    MainForm()                                                    # 显示主窗体
if __name__ == "__main__":                                        # 判断执行名称
    main()                                                        # 调用主函数
```

程序执行结果：

本程序在主窗体中定义了文本组件与标签组件，并且在文本组件中进行键盘事件绑定，即每当有键盘按下或松开时都会执行 keyboard_event_handle()事件处理函数，该函数可以实现对输入数据的正则判断，并输出判断结果。

19.2.3 protocol

视频名称	1910_protocol	
课程目标	理解	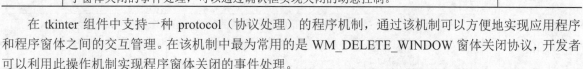
视频简介	protocol 是一种特殊的事件处理形式，主要针对窗体管理。本课程基于 protocol 实现了窗体关闭的事件处理，可以通过确认框实现关闭的动态控制。	

在 tkinter 组件中支持一种 protocol（协议处理）的程序机制，通过该机制可以方便地实现应用程序和程序窗体之间的交互管理。在该机制中最为常用的是 WM_DELETE_WINDOW 窗体关闭协议，开发者可以利用此操作机制实现程序窗体关闭的事件处理。

实例：窗体关闭监听

```python
# coding:UTF-8
import tkinter, os, tkinter.messagebox                         # 模块导入
LOGO_PATH = "resources" + os.sep + "yootk-logo.ico"            # 图标路径
class MainForm:                                                 # 定义主窗体类
    def __init__(self):                                        # 构造方法
        self.root = tkinter.Tk()                              # 创建窗体
        self.root.title("沐言优拓：www.yootk.com")              # 设置窗体标题
        self.root.iconbitmap(LOGO_PATH)                       # 设置窗体图标
        self.root.geometry("500x200")                         # 设置主窗体尺寸
        self.root["background"] = "LightSlateGray"            # 设置背景颜色
        self.root.protocol("WM_DELETE_WINDOW", self.close_handle)  # 设置 protocol 监听
        self.root.mainloop()                                  # 循环监听
    def close_handle(self):                                    # 事件处理函数
        if tkinter.messagebox.askyesnocancel("程序关闭确认", "这么好的程序真舍得关闭吗？"):
            self.root.destroy()                               # 关闭程序
def main():                                                    # 主函数
    MainForm()                                                 # 显示主窗体
if __name__ == "__main__":                                     # 判断执行名称
    main()                                                     # 调用主函数
```

程序执行结果：

本程序在主窗体中使用 protocol("**WM_DELETE_WINDOW**", self.close_handle)方法设置了窗体关闭监听处理操作方法，当用户执行窗体关闭操作时就会自动弹出一个对话框，如果此时选择了"是"，就会返回布尔值 True，即调用 destroy()方法关闭当前窗体。

19.3　GUI 布局管理

一个图形界面中往往会包含有多个组件，为了方便多个组件之间的位置排列，在 tkinter 模块中提供有 pack、grid、place 三种布局管理器。本节将对这三种布局管理器的使用进行讲解。

19.3.1　pack 布局

	视频名称	1911_pack 布局
	课程目标	理解
	视频简介	布局是组件显示的核心，在 tkinter 模块的每一个组件中都提供有 pack()方法，利用此方法可以实现布局操作。本课程通过代码讲解了 pack()方法中不同参数与布局显示的关联。

如果要显示窗体中的所有组件，则一定要使用 pack()方法进行处理，实际上这种操作就是 pack 布局。在默认情况下，如果用户未设置任何的 pack 参数，则所有追加的组件会由上至下进行顺序排列，如果需要改变布局，也可以通过 pack()方法中的参数来进行配置。pack()方法中常用的参数如表 19-4 所示。

表 19-4　pack()方法中常用的参数

序　号	参　　数	取 值 范 围	描　　述
1	fill	none、x、y、both	设置组件是否向水平或垂直方向填充，水平填充"fill="x""
2	expand	yes（1）、no（0）	设置组件是否可以展开，默认为不展开
3	side	left、right、top、bottom	设置组件的摆放位置
4	anchor	n、s、w、e、nw、ne、sw、se、center（默认）	可以在窗体中 8 个方位设置组件

实例：将标签文字向两边全部展开

```python
# coding:UTF-8
import tkinter, os, tkinter.messagebox                          # 模块导入
LOGO_PATH = "resources" + os.sep + "yootk-logo.ico"             # 图标路径
class MainForm:                                                 # 定义主窗体类
    def __init__(self):                                         # 构造方法
        self.root = tkinter.Tk()                                # 创建窗体
        self.root.title("沐言优拓：www.yootk.com")               # 设置窗体标题
        self.root.iconbitmap(LOGO_PATH)                         # 设置窗体图标
        self.root.geometry("500x200")                           # 设置主窗体尺寸
        self.root["background"] = "LightSlateGray"              # 设置背景颜色
        label = tkinter.Label(self.root, text="沐言优拓：www.yootk.com", bg="#223011",
                font=("微软雅黑", 20), fg="#ffffff", justify="right")  # 文字标签
        label.pack(fill="both", expand=1)                       # 显示标签
        self.root.mainloop()                                    # 循环监听
def main():                                                    # 主函数
    MainForm()                                                 # 显示主窗体
if __name__ == "__main__":                                     # 判断执行名称
    main()                                                     # 调用主函数
```

程序执行结果：

本程序在主窗体中使用了一个 pack(fill="both", expand=1)布局形式，这样对于设置的标签将会向 x 轴和 y 轴进行展开，所以实现了对整个窗体的显示填充。

实例：使用 side 设置组件位置

```python
# coding:UTF-8
import tkinter, os, tkinter.messagebox                          # 模块导入
LOGO_PATH = "resources" + os.sep + "yootk-logo.ico"             # 图标路径
IMAGES_PATH = "resources" + os.sep + "yootk-simple.png"         # 图片
```

```python
class MainForm:                                              # 定义主窗体类
    def __init__(self):                                     # 构造方法
        self.root = tkinter.Tk()                            # 创建窗体
        self.root.title("沐言优拓：www.yootk.com")            # 设置窗体标题
        self.root.iconbitmap(LOGO_PATH)                     # 设置窗体图标
        self.root.geometry("500x200")                       # 设置主窗体尺寸
        self.root["background"] = "LightSlateGray"          # 设置背景颜色
        photo = tkinter.PhotoImage(file=IMAGES_PATH)        # 设置图片
        label = tkinter.Label(self.root, image=photo)       # 文字标签
        text = tkinter.Text(self.root, font=("微软雅黑", 20)) # 文本输入框
        text.insert("current", "沐言优拓：www.yootk.com")     # 添加文本信息
        label.pack(side="left")                             # 显示标签
        text.pack(side="right")                             # 显示文本框
        self.root.mainloop()                                # 循环监听
def main():                                                 # 主函数
    MainForm()                                              # 显示主窗体
if __name__ == "__main__":                                  # 判断执行名称
    main()                                                  # 调用主函数
```

程序执行结果：

本程序在代码中定义了标签和输入框两个组件，在进行显示的时候分别使用 pack()方法中的 side 参数对各自位置进行了定义。

实例： 使用 anchor 设置组件位置

```python
# coding:UTF-8
import tkinter, os, tkinter.messagebox                      # 模块导入
LOGO_PATH = "resources" + os.sep + "yootk-logo.ico"         # 图标路径
IMAGES_PATH = "resources" + os.sep + "yootk-simple.png"     # 图片
class MainForm:                                              # 定义主窗体类
    def __init__(self):                                     # 构造方法
        self.root = tkinter.Tk()                            # 创建窗体
        self.root.title("沐言优拓：www.yootk.com")            # 设置窗体标题
        self.root.iconbitmap(LOGO_PATH)                     # 设置窗体图标
        self.root.geometry("500x200")                       # 设置主窗体尺寸
        self.root["background"] = "LightSlateGray"          # 设置背景颜色
        photo_west = tkinter.PhotoImage(file=IMAGES_PATH)   # 设置图片
        photo_east = tkinter.PhotoImage(file=IMAGES_PATH)   # 设置图片
        label_west = tkinter.Label(self.root, image=photo_west) # 文字标签
        label_east = tkinter.Label(self.root, image=photo_east) # 文字标签
        label_west.pack(anchor="w")                         # 显示标签
        label_east.pack(anchor="e")                         # 显示标签
        self.root.mainloop()                                # 循环监听
```

```
def main():                                # 主函数
    MainForm()                             # 显示主窗体
if __name__ == "__main__":                 # 判断执行名称
    main()                                 # 调用主函数
```

程序执行结果：

本程序定义了两个标签组件，而后使用了 anchor 参数，即根据方位进行了组件的定位，将一个组件放在界面的西边 label_west.pack(anchor="w")，另外一个组件放在了界面的东边 label_east.pack(anchor="e")。

19.3.2　grid 布局

视频名称	1912_grid 布局	
课程目标	理解	
视频简介	表格是界面排版中一种较为常见的组件管理形式，利用表格可以有序地实现组件布局管理，tkinter 中提供了 grid 布局。本课程讲解了如何通过 grid 布局实现组件的布局操作。	

grid 布局是一种表格式的布局管理形式，即将整个界面中的组件以行、列的形式进行管理，利用行、列的索引号（row 与 column 两个参数）实现了组件的布局管理，该布局适合于一组有序相关组件的布局管理。

实例： 根据行、列定义组件显示位置

```
# coding:UTF-8
import tkinter, os, tkinter.messagebox              # 模块导入
LOGO_PATH = "resources" + os.sep + "yootk-logo.ico"  # 图标路径
IMAGES_PATH = "resources" + os.sep + "yootk-simple.png" # 图片
class MainForm:                                       # 定义主窗体类
    def __init__(self):                              # 构造方法
        self.root = tkinter.Tk()                     # 创建窗体
        self.root.title("沐言优拓：www.yootk.com")     # 设置窗体标题
        self.root.iconbitmap(LOGO_PATH)              # 设置窗体图标
        self.root.geometry("500x200")                # 设置主窗体尺寸
        self.root["background"] = "LightSlateGray"   # 设置背景颜色
        photo_a = tkinter.PhotoImage(file=IMAGES_PATH) # 设置图片
        photo_b = tkinter.PhotoImage(file=IMAGES_PATH) # 设置图片
        label_a = tkinter.Label(self.root, image=photo_a) # 文字标签
```

```
        label_b = tkinter.Label(self.root, image=photo_b)    # 文字标签
        label_a.grid(row=0, column=0)                         # 显示标签
        label_b.grid(row=0, column=1)                         # 显示标签
        self.root.mainloop()                                  # 循环监听
def main():                                                   # 主函数
    MainForm()                                                # 显示主窗体
if __name__ == "__main__":                                    # 判断执行名称
    main()                                                    # 调用主函数
```

程序执行结果：

本程序定义了两个带有图片的标签，而后使用了 **grid** 布局设置两个组件摆放位置，如果有多个组件，就可以根据行、列的索引进行位置的设置。

19.3.3　place 布局

	视频名称	1913_place 布局
	课程目标	理解
	视频简介	一个窗体中存在有 X 和 Y 两个轴向，开发者可以利用坐标上的坐标点对组件进行定位。本课程讲解了坐标组件布局的实现。

每一个窗体中有自己独立的显示空间，如果要想精确地设置组件位置，则可以利用坐标点的形式进行标注，如图 19-4 所示。坐标布局一般不适合于需要经常改变界面大小的窗体组件，因为窗体的放大或缩小操作会造成坐标定位问题，从而导致组件布局混乱。

图 19-4　组件与窗体坐标

窗体中的组件可以依据坐标的不同而改变组件的位置，下面可以尝试通过鼠标的拖动事件实现组件在窗体内的移动操作。

实例： 实现鼠标拖动

```
# coding:UTF-8
import tkinter, os, tkinter.messagebox                        # 模块导入
LOGO_PATH = "resources" + os.sep + "yootk-logo.ico"           # 图标路径
IMAGES_PATH = "resources" + os.sep + "yootk-simple.png"       # 图片
class MainForm:                                                # 定义主窗体类
```

```python
    def __init__(self):                                          # 构造方法
        self.root = tkinter.Tk()                                 # 创建窗体
        self.root.title("沐言优拓：www.yootk.com")                  # 设置窗体标题
        self.root.iconbitmap(LOGO_PATH)                          # 设置窗体图标
        self.root.geometry("500x400")                            # 设置主窗体尺寸
        self.root["background"] = "LightSlateGray"               # 设置背景颜色
        self.photo = tkinter.PhotoImage(file=IMAGES_PATH)        # 图片
        self.label = tkinter.Label(self.root, image=self.photo)  # 标签
        self.label.bind("<B1-Motion>", self.motion_handle)       # 鼠标左键拖动
        self.label.place(x=200, y=100)                           # 显示标签
        self.root.mainloop()                                     # 循环监听
    def motion_handle(self, event):                              # 事件处理函数
        self.label.place(x=event.x, y=event.y)                   # 组件重新定位
def main():                                                      # 主函数
    MainForm()                                                   # 显示主窗体
if __name__ == "__main__":                                       # 判断执行名称
    main()                                                       # 调用主函数
```

程序执行结果：

本程序在窗体中定义了一个图片标签，并且为该标签绑定了一个鼠标拖动的事件，这样当鼠标移动后就可以通过事件对象获取当前的鼠标位置，实现组件摆放坐标的变更。

19.3.4　Frame

视频名称	1914_Frame
课程目标	理解
视频简介	在一个界面中如果存在有大量的组件，那么可以通过 Frame 将界面拆分为几个组成模块分别进行布局管理。本课程通过实例讲解了如何使用 Frame 进行布局管理。

在一个界面中不同组件采用同一种布局管理的方式并不适用于一些复杂的界面环境，因为同一种 UI 组件有可能会同时使用 pack 或 grid 布局，或者不同的组件也有可能使用同一种布局方式。为了解决这样的问题，在 GUI 图形界面中引入了 Frame 的概念，利用 Frame 可以将一个完整的窗体拆分为不同的子区域，而后每一个子区域内部可以使用不同的布局管理器，如图 19-5 所示，而整个主窗体中所有的组件和 Frame 就可以使用统一的布局管理器进行定义。

下面利用 Frame 的形式开发一个迷你的计算器程序（只实现两个数字的四则运算），在本程序中计算器的按键采用按钮实现，多个按键在 Frame 的内部形成一个表格布局，而计算器的输入回显将使用 tkinter.Entry 组件实现一个单行文本的定义。计算器布局如图 19-6 所示。

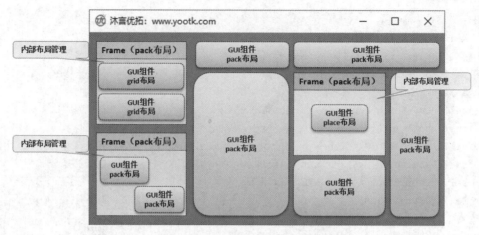

图 19-5　Frame 管理

图 19-6　计算器布局

实例： 迷你计算器

```
# coding:UTF-8
import tkinter, os, re                                        # 模块导入
LOGO_PATH = "resources" + os.sep + "yootk-logo.ico"          # 图标路径
class MainForm:                                               # 定义主窗体类
    def __init__(self):                                      # 构造方法
        self.root = tkinter.Tk()                            # 创建窗体
        self.root.title("沐言优拓：www.yootk.com")            # 设置窗体标题
        self.root.iconbitmap(LOGO_PATH)                     # 设置窗体图标
        self.root.geometry("231x280")                       # 设置主窗体尺寸
        self.root["background"] = "LightSlateGray"          # 设置背景颜色
        self.input_frame()                                  # 显示输入 Frame
        self.button_frame()                                 # 显示按钮组件 Frame
        self.root.mainloop()                                # 循环监听
    def input_frame(self):                                   # 输入和回显文本
        self.input_frame = tkinter.Frame(self.root, width=20) # 定义 Frame
        self.content = tkinter.StringVar()                  # 修改数据
        self.entry = tkinter.Entry(self.input_frame, width=14, font=("微软雅黑", 20),
```

```python
            textvariable=self.content)                          # 定义输入框
        self.entry.pack(fill="x", expand=1)                     # 文本显示
        self.clean = False                                      # 设置清除标记
        self.input_frame.pack(side="top")                       # Frame 显示
    def button_frame(self):                                     # 按钮组
        self.button_frame = tkinter.Frame(self.root, width=50)  # 创建 Frame
        self.button_list = [[], [], [], []]                     # 定义按钮组
        self.button_list[0].append(tkinter.Button(self.button_frame, text="1",
            fg="black", width=3, font=("微软雅黑", 20)))            # 计算器按键
        self.button_list[0].append(tkinter.Button(self.button_frame, text="2",
            fg="black", width=3, font=("微软雅黑", 20)))            # 计算器按键
        self.button_list[0].append(tkinter.Button(self.button_frame, text="3",
            fg="black", width=3, font=("微软雅黑", 20)))            # 计算器按键
        self.button_list[0].append(tkinter.Button(self.button_frame, text="+",
            fg="black", width=3, font=("微软雅黑", 20)))            # 计算器按键
        self.button_list[1].append(tkinter.Button(self.button_frame, text="4",
            fg="black", width=3, font=("微软雅黑", 20)))            # 计算器按键
        self.button_list[1].append(tkinter.Button(self.button_frame, text="5",
            fg="black", width=3, font=("微软雅黑", 20)))            # 计算器按键
        self.button_list[1].append(tkinter.Button(self.button_frame, text="6",
            fg="black", width=3, font=("微软雅黑", 20)))            # 计算器按键
        self.button_list[1].append(tkinter.Button(self.button_frame, text="-",
            fg="black", width=3, font=("微软雅黑", 20)))            # 计算器按键
        self.button_list[2].append(tkinter.Button(self.button_frame, text="7",
            fg="black", width=3, font=("微软雅黑", 20)))            # 计算器按键
        self.button_list[2].append(tkinter.Button(self.button_frame, text="8",
            fg="black", width=3, font=("微软雅黑", 20)))            # 计算器按键
        self.button_list[2].append(tkinter.Button(self.button_frame, text="9",
            fg="black", width=3, font=("微软雅黑", 20)))            # 计算器按键
        self.button_list[2].append(tkinter.Button(self.button_frame, text="*",
            fg="black", width=3, font=("微软雅黑", 20)))            # 计算器按键
        self.button_list[3].append(tkinter.Button(self.button_frame, text="0",
            fg="black", width=3, font=("微软雅黑", 20)))            # 计算器按键
        self.button_list[3].append(tkinter.Button(self.button_frame, text=".",
            fg="black", width=3, font=("微软雅黑", 20)))            # 计算器按键
        self.button_list[3].append(tkinter.Button(self.button_frame, text="=",
            fg="black", width=3, font=("微软雅黑", 20)))            # 计算器按键
        self.button_list[3].append(tkinter.Button(self.button_frame, text="/",
            fg="black", width=3, font=("微软雅黑", 20)))            # 计算器按键
        self.row = 0                                            # 布局行控制
        for group in self.button_list:                         # 循环所有按钮组
            self.column = 0                                     # 布局列控制
            for button in group:                               # 获取按钮组中的按钮
                button.bind("<Button-1>", lambda event: self.button_handle(event)) # 绑定事件
                button.grid(row=self.row, column=self.column)  # grid 布局
                self.column += 1                               # 修改布局列
            self.row += 1                                       # 修改布局行
```

```python
            self.button_frame.pack(side="bottom")      # grid 布局
    def button_handle(self, event):                    # 按钮处理
        oper = event.widget["text"]                    # 获得当前的操作符
        if self.clean:                                 # 第二次计算开始
            self.content.set("")                       # 删除输入框数据
            self.clean = False                         # 修改清除标记
        if oper != "=":                                # 没有计算
            self.entry.insert("end", oper)             # 追加信息
        elif oper == "=":                              # 计算结果
            result = 0                                 # 使用 result 保存计算结果
            exp = self.entry.get()                     # 获得输入表达式数据
            nums = re.split(r"\+|\-|\*|\\", exp)        # 获得输入的两个数据
            pattern = r"\+|\-|\*|\\"                    # 操作符提取正则
            flag = re.findall(pattern, exp)[0]         # 获取操作符
            if flag == "+":                            # 加法计算
                result = float(nums[0]) + float(nums[1])   # 加法
            elif flag == "-":                          # 减法计算
                result = float(nums[0]) - float(nums[1])   # 减法
            elif flag == "*":                          # 乘法计算
                result = float(nums[0]) * float(nums[1])   # 乘法
            elif flag == "/":                          # 除法计算
                result = float(nums[0]) / float(nums[1])   # 除法
            self.entry.insert("end", "=%s" % result)   # 文本框保存记录
            self.clean = True                          # 本次计算完毕
def main():                                            # 主函数
    MainForm()                                         # 显示主窗体
if __name__ == "__main__":                             # 判断执行名称
    main()                                             # 调用主函数
```

程序执行结果：

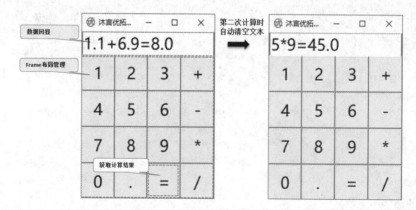

本程序实现了一个计算器布局，考虑到所有的按键使用表格布局管理最为方便，所以使用 Frame 进行了内部布局管理。当用户通过按键输入数据时会在 Entry 文本输入组件中回显数据，当按下 "=" 键时表示开始进行计算，则会通过正则表达式匹配 Entry 中输入的内容并根据输入的符号确定计算结果，最终会在 Entry 文本输入框中显示全部表达式的信息。

19.4 GUI 组 件

在 tkinter 模块中除了包含有基本的标签与文本组件之外，还有下拉列表、单选按钮、复选框、滚动条、菜单等实用组件。下面将通过具体的实例讲解每一个组件的使用。

19.4.1 Listbox

视频名称	1915_Listbox	
课程目标	理解	
视频简介	通过列表可以实现对多个信息项的管理，同时在列表中也可以动态地实现列表项添加或删除操作。本课程通过实例讲解了列表组件的使用以及相关操作。	

tkinter.Listbox 是实现列表的组件，开发者可以向列表中添加多个列表项，而后用户就可以通过这有限的列表项选择与自身相关的信息，开发者可以根据表 19-5 所示的常量与方法来实现列表组件的定义与操作。

表 19-5 Listbox 常量与方法

序 号	常量与方法	类 型	描 述
1	BROWSE	常量	browse，列表选择模式，每次只能够选择一项，可以拖动
2	SINGLE	常量	single，列表选择模式，每次只能够选择一项，不能拖动
3	MULTIPLE	常量	multiple，列表选择模式，每次可以选择多项
4	def insert(self, index, *elements)	方法	追加列表项
5	def curselection(self)	方法	获取选中列表项索引
6	def delete(self, first, last=None)	方法	删除指定索引的列表项

下面将通过 tkinter.Listbox 类定义两个列表项，当用户双击第一个列表的列表项时会删除此内容，并且将此内容同时加入第二个列表中，考虑到程序的实用性，本次同时实现多个列表项的处理。

实例： 动态变更列表项

```
# coding:UTF-8
import tkinter, os                                          # 模块导入
LOGO_PATH = "resources" + os.sep + "yootk-logo.ico"         # 图标路径
class MainForm:                                             # 定义主窗体类
    def __init__(self):                                     # 构造方法
        self.root = tkinter.Tk()                           # 创建窗体
        self.root.title("沐言优拓：www.yootk.com")           # 设置窗体标题
        self.root.iconbitmap(LOGO_PATH)                     # 设置窗体图标
        self.root.geometry("360x220")                       # 设置主窗体尺寸
        self.root["background"] = "LightSlateGray"          # 设置背景颜色
        self.src_listbox()                                  # 显示 A 列表
        self.oper_button()                                  # 显示操作按钮
        self.dest_listbox()                                 # 显示 B 列表
        self.root.mainloop()                                # 循环监听
```

```python
    def oper_button(self):                                      # 事件处理函数
        self.add_button = tkinter.Button(self.root, text="添加>>",
                fg="black", font=("微软雅黑", 10))                 # 批量操作按钮
        self.add_button.bind("<Button-1>", self.change_item_handle) # 事件绑定
        self.add_button.grid(row=1, column=1)                   # 组件显示
    def src_listbox(self):                                      # 定义列表
        self.language_label = tkinter.Label(self.root, text="请选择你擅长的编程语言：",
                bg="#223011", font=("微软雅黑", 9), fg="#ffffff", justify="left")   # 提示信息
        self.language_label.grid(row=0, column=0)               # 组件显示
        self.language_list = ["Java", "Python", "C", "GO", "SQL", "TypeScript"]     # 候选列表
        self.language_listbox = tkinter.Listbox(self.root, selectmode="multiple")   # 列表项
        for item in self.language_list:                         # 循环添加
            self.language_listbox.insert("end", item)           # 列表内容
        self.language_listbox.bind("<Double-Button-1>", self.change_item_handle)    # 双击修改
        self.language_listbox.grid(row=1, column=0)             # 组件显示
    def dest_listbox(self):                                     # 定义列表
        self.choose_label = tkinter.Label(self.root, text="擅长编程语言列表：", bg="#223011",
            font=("微软雅黑", 9), fg="#ffffff", justify="left")   # 提示信息
        self.choose_label.grid(row=0, column=3)                 # 组件显示
        self.choose_listbox = tkinter.Listbox(self.root,
                selectmode="multiple")                          # 列表项，多选模式
        self.choose_listbox.grid(row=1, column=3)               # 组件显示
    def change_item_handle(self, event):                        # 列表修改
        for index in self.language_listbox.curselection():      # 获取选定项索引
            self.choose_listbox.insert("end",
                self.language_listbox.get(index))               # 保存新增项
        while True:                                             # 循环处理
            if self.language_listbox.curselection():            # 找到选中项
                self.language_listbox.delete(
                    self.language_listbox.curselection()[0])    # 删除列表项
            else:                                               # 没有选中项
                break                                           # 结束循环
def main():                                                     # 主函数
    MainForm()                                                  # 显示主窗体
if __name__ == "__main__":                                      # 判断执行名称
    main()                                                      # 调用主函数
```

程序执行结果：

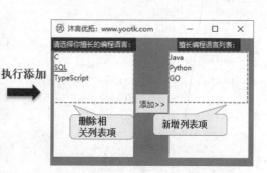

为了方便列表组件中列表项的定义，本程序采用循环的形式将一个列表转为了列表项，当用户双击列表项或者使用"添加"按钮操作时会自动改变列表项的存储位置。在进行列表项删除操作时，会造成因数据删除而导致选中索引发生变更的问题，所以本程序采用了循环的模式进行列表项的删除操作。

19.4.2　Radiobutton

视频名称	1916_Radiobutton	
课程目标	理解	
视频简介	图形界面中经常需要实现多选一的处理操作，在 tkinter 模块里面提供了 Radiobutton 组件以实现多选一的操作。本课程通过代码讲解了单选按钮的操作以及相关事件处理。	

在界面设计中，单选按钮是一种内容互斥的组件，在单选按钮中可以设置有许多的单选项，但是这些单选项每一次只能够选择一个，开发者可以使用 tkinter.Radiobutton 类实现单选按钮的定义。以下实例利用单选按钮实现一个用户性别选择的界面。

实例：单选按钮组件实现性别选择

```
# coding:UTF-8
import tkinter, os, re                                    # 模块导入
LOGO_PATH = "resources" + os.sep + "yootk-logo.ico"       # 图标路径
class MainForm:                                            # 定义主窗体类
    def __init__(self):                                   # 构造方法
        self.root = tkinter.Tk()                          # 创建窗体
        self.root.title("沐言优拓：www.yootk.com")         # 设置窗体标题
        self.root.iconbitmap(LOGO_PATH)                   # 设置窗体图标
        self.root.geometry("360x220")                     # 设置主窗体尺寸
        self.sex = [("男", 0), ("女", 1)]                  # 选项内容
        self.status = tkinter.IntVar()                    # 设置默认选中项
        self.label = tkinter.Label(self.root, text="请选择您的性别：",
                font=("微软雅黑", 12), justify="left")     # 提示标签
        self.label.grid(row=0, column=0)                  # 显示标签
        self.status.set(0)                                # 默认"男"
        item_column = 1                                   # 设置列索引
        for title, index in self.sex:                     # 定义单选项
            radio = tkinter.Radiobutton(self.root, text=title, value=index,
                variable=self.status, font=("微软雅黑", 9),
                command=self.sex_handle)                  # 单选按钮并设置处理事件
            radio.grid(row=0, column=item_column)         # 布局显示
            item_column += 1                              # 修改操作列
        self.content = tkinter.StringVar()                # 标签内容
        self.show_label = tkinter.Label(self.root, textvariable=self.content,
                font=("微软雅黑", 10), justify="left")     # 定义标签
        self.show_label.grid(row=1,column=0)              # 显示标签
        self.root.mainloop()                              # 循环监听
    def sex_handle(self):                                 # 操作处理
        for title, index in self.sex:                     # 确定选项
```

```
            if index == self.status.get():                # 选项值判断满足
                self.content.set("您选择的性别是：%s" % title)   # 设置标签内容
def main():                                                # 主函数
    MainForm()                                             # 显示主窗体
if __name__ == "__main__":                                 # 判断执行名称
    main()                                                 # 调用主函数
```

程序执行结果：

```
沐言优拓：www.yootk.com    —  □  ✕        沐言优拓：www.yootk.com    —  □  ✕

请选择您的性别：○ 男 ⦿ 女               请选择您的性别：⦿ 男 ○ 女

您选择的性别是：女                       您选择的性别是：男
```

本程序实现了一个单选按钮组件的定义，这样，当用户选择性别时会根据不同的选择结果得到不同的显示信息。

19.4.3　Checkbutton

	视频名称	1917_Checkbutton
	课程目标	理解
	视频简介	用复选框可以实现对多个信息项的处理操作。本课程讲解了 tkinter.Checkbutton 组件操作中默认选定功能、获取选定信息的操作。

复选框提供了多个选项的同时选定操作，tkinter 模块中提供了 Checkbutton 类可以实现复选框的定义，在进行复选框定义时需要设置复选框的显示标签以及具体的内容，同时复选框选中与否也需要有相应的数值来进行匹配。下面的代码实现了一个复选框的定义以及事件处理。

实例： 用复选框实现多兴趣选择

```
# coding:UTF-8
import tkinter, os                                         # 模块导入
LOGO_PATH = "resources" + os.sep + "yootk-logo.ico"        # 图标路径
class MainForm:                                             # 定义主窗体类
    def __init__(self):                                    # 构造方法
        self.root = tkinter.Tk()                           # 创建窗体
        self.root.title("沐言优拓：www.yootk.com")           # 设置窗体标题
        self.root.iconbitmap(LOGO_PATH)                    # 设置窗体图标
        self.root.geometry("360x230")                      # 设置主窗体尺寸
        self.language = [("Java", tkinter.IntVar()), ("Python", tkinter.IntVar()),
            ("GO", tkinter.IntVar()), ("C", tkinter.IntVar()), ("C++", tkinter.IntVar()),
            ("HTML", tkinter.IntVar())]                    # 定义选项
        self.label = tkinter.Label(self.root, text="请选择你擅长的技术领域：",
            font=("微软雅黑", 12), justify="left")           # 提示标签
        self.label.pack(anchor="w")                        # 显示标签
        item_row = 1                                       # 设置列索引
        for title, status in self.language:                # 定义单选项
            check = tkinter.Checkbutton(self.root, text=title, onvalue=1, offvalue=0,
                variable=status, command=self.choose_handle)  # 复选框
```

```python
        check.pack(anchor="w")                              # 布局显示
        item_row += 1                                       # 修改操作列
        self.language[1][1].set(1)                          # 设置默认选中
        self.content = tkinter.StringVar()                  # 标签内容
        self.show_label = tkinter.Label(self.root, textvariable=self.content,
            font=("微软雅黑", 10), justify="left")             # 定义标签
        self.show_label.pack(anchor="w")                    # 显示标签
        self.root.mainloop()                                # 循环监听
    def choose_handle(self):                                # 操作处理
        result = "所选择的擅长技术："                          # 保存处理结果
        for title, status in self.language:                 # 选项迭代
            if status.get() == 1:                           # 内容选中
                result += title + "、"                       # 修改显示内容
        self.content.set(result)                            # 设置标签内容
def main():                                                 # 主函数
    MainForm()                                              # 显示主窗体
if __name__ == "__main__":                                  # 判断执行名称
    main()                                                  # 调用主函数
```

程序执行结果：

本程序通过 tkinter.Checkbutton 实现了一个复选框的定义。为了便于复选框的数据获取与组件生成，采用列表定义了复选框的标签和内容变量（IntVar），这样在复选框组件定义时就可以通过此内容变量获取相应的内容（onvalue、offvalue），也可以利用此变量设置复选框默认选中项。

19.4.4 Scale

视频名称	1918_Scale
课程目标	理解
视频简介	利用滑块可以实现一种通过拖动改变数值的操作。本课程通过实例讲解了如何利用滑块拖动修改标签显示文字大小的操作。

tkinter.Scale 是一种通过滑块实现数据输入的组件，该组件的操作特点是可以基于一定数值范围内进行拖动选择。例如，假设需要动态调整标签文字的大小，那么就可以将允许设置的文字大小的数值定义在滑块中，并且为滑块绑定相应的处理事件，这样就可以较为直观地实现文字大小的修改。

实例： 通过滚动条修改文字大小

```python
# coding:UTF-8
import tkinter, os, re                                     # 模块导入
```

```python
LOGO_PATH = "resources" + os.sep + "yootk-logo.ico"          # 图标路径
class MainForm:                                              # 定义主窗体类
    def __init__(self):                                     # 构造方法
        self.root = tkinter.Tk()                           # 创建窗体
        self.root.title("沐言优拓：www.yootk.com")           # 设置窗体标题
        self.root.iconbitmap(LOGO_PATH)                    # 设置窗体图标
        self.root.geometry("500x300")                      # 设置主窗体尺寸
        self.label = tkinter.Label(self.root, text="沐言优拓：www.yootk.com",
                font=("微软雅黑", 1), fg="#ff0000")          # 文字标签
        self.label.pack(anchor="w")                        # 组件显示
        self.scale = tkinter.Scale(self.root, label="拖动调整文字大小",
                                    from_=1,                # 最小值
                                    to=100,                 # 最大值
                                    orient=tkinter.HORIZONTAL,  # 水平方向拖动
                                    length=500,             # 滑块长度
                                    showvalue=True,         # 显示当前值
                                    tickinterval=10,        # 选项间隔
                                    resolution=True)        # 整数显示
        self.scale.bind("<B1-Motion>", self.change_font_handle)  # 绑定拖动事件
        self.scale.pack(anchor="s")                        # 组件显示
        self.root.mainloop()                               # 循环监听
    def change_font_handle(self, event):                   # 操作处理
        self.label.configure(font=("微软雅黑", self.scale.get()))  # 修改字体
def main():                                                 # 主函数
    MainForm()                                              # 显示主窗体
if __name__ == "__main__":                                 # 判断执行名称
    main()                                                  # 调用主函数
```

程序执行结果：

本程序实现一个通过拖动滑块改变标签文字大小的操作控制，将可以修改的文字大小范围定义在了滑块组件内部，这样当拖动滑块时就可以直观地感受到文字大小的变化。

19.4.5　Scrollbar

	视频名称	1919_Scrollbar
	课程目标	理解
	视频简介	在组件显示时经常会由于组件内容过多而造成界面排版出现问题，为此可以利用 tkinter.Scrollbar 滚动条实现对多内容的组件包裹处理。本课程利用 Listbox 并结合滚动条组件实现了多信息的展示。

　　tkinter.Scrollbar 是一种滚动条组件，可以嵌套在任意的组件之中，当组件内容过多时，就可以通过滚动条的形式展示，这样可以极大地节约图形界面的空间。

　　实例：列表滚动显示

```python
# coding:UTF-8
import tkinter, os                                              # 模块导入
LOGO_PATH = "resources" + os.sep + "yootk-logo.ico"             # 图标路径
class MainForm:                                                  # 定义主窗体类
    def __init__(self):                                         # 构造方法
        self.root = tkinter.Tk()                                # 创建窗体
        self.root.title("沐言优拓：www.yootk.com")                # 设置窗体标题
        self.root.iconbitmap(LOGO_PATH)                         # 设置窗体图标
        self.root.geometry("460x220")                          # 设置主窗体尺寸
        self.create_widget()                                   # 创建组件
        self.root.mainloop()                                   # 循环监听
    def create_widget(self):                                    # 创建列表组件
        self.label = tkinter.Label(self.root, text="请选择你需要访问的网站：", font=("微软雅黑", 20))
        self.label.pack(anchor=tkinter.NW)                      # 标签显示
        self.frame = tkinter.Frame(self.root)                   # 创建一个 Frame
        self.listbox = tkinter.Listbox(self.frame, height=5, width=40) # 创建 Listbox
        for item in range(200):                                 # 添加列表项
            self.listbox.insert(tkinter.END, "【{info:0>3}】沐言优拓：www.yootk.com"
                    .format(info=item))                         # 追加列表项
        self.listbox.bind("<Double-Button-1>", self.listbox_handle) # 双击事件
        self.scrollbar = tkinter.Scrollbar(self.frame)          # 滚动条
        self.scrollbar.config(command=self.listbox.yview)       # 滚动条配置
        self.scrollbar.pack(side=tkinter.RIGHT, fill=tkinter.Y) # 滚动条显示
        self.listbox.pack()                                     # 列表框显示
        self.frame.pack(anchor=tkinter.W)                       # Frame 显示
        self.content = tkinter.StringVar()                      # 修改标签内容
        self.show = tkinter.Label(self.root, textvariable=self.content,
                font=("微软雅黑", 10))                            # 创建标签
        self.show.pack(anchor=tkinter.SW)                       # 标签显示
    def listbox_handle(self, event):                            # 处理列表事件
        item = self.listbox.get(self.listbox.curselection()) + "\n" # 获取选中的内容
        self.listbox.delete(self.listbox.curselection())        # 删除列表内容
        self.content.set(self.content.get() + item)             # 追加内容
def main():                                                     # 主函数
    MainForm()                                                  # 显示主窗体
if __name__ == "__main__":                                      # 判断执行名称
    main()                                                      # 调用主函数
```

程序执行结果：

本程序通过循环的方式定义了一个拥有 200 个列表项的列表组件，如果这些列表项全部展示在主窗体中，那么一定会造成窗体的显示问题，所以在本程序定义时将列表组件放在了滚动条中，这样就可以通过滚动条的形式实现不同列表项的展示。当双击某列表项时会自动将此列表项从列表中删除，并将其添加到底部的标签组件中进行显示。

19.4.6　Menu

视频名称	1920_Menu
课程目标	理解
视频简介	菜单是常见的组件，利用菜单可以实现多功能的统一布局与管理。本课程通过实例讲解了 tkinter.Menu 菜单的定义和事件处理。

在一个窗体中除了各个组件之外，还会提供有菜单的处理，利用菜单可以方便地实现所有功能的管理，同时可以利用下拉菜单与弹出菜单实现更加方便的交互界面的定义。开发者可以使用 tkinter.Menu 类实现菜单定义，此类提供的常用方法如表 19-6 所示。

表 19-6　tkinter.Menu 类的常用方法

序　　号	方　　法	描　　述
1	def add_command(self, cnf={}, **kw)	追加菜单项
2	def add_separator(self, cnf={}, **kw)	菜单分隔线
3	def add_cascade(self, cnf={}, **kw)	追加子菜单
4	def post(self, x, y)	弹出式菜单显示
5	def insert(self, index, itemType, cnf={}, **kw)	追加菜单项

菜单属于一个较为特殊的组件，因为其有固定的保存位置，所以在一个窗体中如果想进行菜单的显示配置，则必须通过主窗体类对象实例调用 config(menu=self.menu)方法完成。下面的程序实现了一组菜单、下拉菜单和弹出式菜单的定义。为了便于理解，本程序中的菜单项被选中后将使用一个统一的menu_handle()方法进行处理。

实例： 创建窗体菜单

```python
# coding:UTF-8
import tkinter, os                              # 模块导入
LOGO_PATH = "resources" + os.sep + "yootk-logo.ico"   # 图标路径
class MainForm:                                  # 定义主窗体类
    def __init__(self):                          # 构造方法
```

```
        self.root = tkinter.Tk()                                    # 创建窗体
        self.root.title("沐言优拓：www.yootk.com")                    # 设置窗体标题
        self.root.iconbitmap(LOGO_PATH)                             # 设置窗体图标
        self.root.geometry("460x220")                              # 设置主窗体尺寸
        self.create_menu()                                         # 创建菜单
        self.root.mainloop()                                       # 循环监听
    def create_menu(self):                                         # 创建菜单
        self.menu = tkinter.Menu(self.root)                        # 创建菜单
        self.file_menu = tkinter.Menu(self.menu, tearoff=False)     # 创建子菜单
        self.file_menu.add_command(label="打开", command=self.menu_handle)  # 菜单项
        self.file_menu.add_command(label="保存", command=self.menu_handle)  # 菜单项
        self.file_menu.add_separator()                             # 分隔线
        self.file_menu.add_command(label="关闭", command=self.root.quit)   # 菜单项
        self.menu.add_cascade(label="文件", menu=self.file_menu)     # 追加子菜单
        self.edit_menu = tkinter.Menu(self.menu, tearoff=False)     # 创建子菜单
        self.edit_menu.add_command(label="剪切", command=self.menu_handle)  # 菜单项
        self.edit_menu.add_command(label="复制", command=self.menu_handle)  # 菜单项
        self.edit_menu.add_command(label="粘贴", command=self.menu_handle)  # 菜单项
        self.edit_menu.add_separator()                             # 分隔线
        self.edit_menu.add_command(label="设置", command=self.menu_handle)  # 菜单项
        self.menu.add_cascade(label="编辑", menu=self.edit_menu)     # 追加子菜单
        self.root.config(menu=self.menu)                           # 菜单显示
        self.pop_menu = tkinter.Menu(self.root, tearoff=False)      # 弹出式菜单
        self.pop_menu.add_command(label="沐言优拓", command=self.menu_handle)  # 菜单项
        self.pop_menu.add_command(label="yootk.com", command=self.menu_handle)  # 菜单项
        self.root.bind("<Button-3>", self.popup_handle)            # 绑定事件
    def menu_handle(self):                                         # 菜单处理
        pass                                                       # 未定义处理函数体
    def popup_handle(self, event):                                 # 事件处理
        self.pop_menu.post(event.x_root, event.y_root)            # 菜单弹出
def main():                                                        # 主函数
    MainForm()                                                     # 显示主窗体
if __name__ == "__main__":                                         # 判断执行名称
    main()                                                         # 调用主函数
```

程序执行结果：

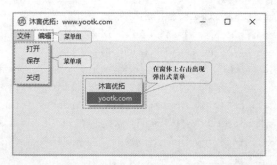

在本程序中为窗体定义了一组菜单，并且在每一个菜单下又分别创建了各自的下拉菜单，当用户通过鼠标右键在窗体上单击时就会出现弹出式菜单。

19.4.7 Treeview

	视频名称	1921_Treeview
	课程目标	理解
	视频简介	数据信息的列表展示是界面中最为重要的功能，在 tkinter 模块中提供了树状列表与普通列表两种不同的展示风格。本课程通过代码讲解了这两种列表的定义以及事件处理。

在进行界面管理中经常需要对一些信息进行列表管理，为此在 tkinter.ttk 子模块内部提供了 Treeview 组件，该组件可以建立树状列表或普通列表。tkinter.ttk.Treeview 类的常用方法如表 19-7 所示。

表 19-7 Treeview 类的常用方法

序 号	方 法	类 型	描 述
1	def __init__(self, master=None, **kw)	构造	定义树状列表并设置其所属容器，常用参数 columns 定义表格列，show 配置提示文字是否显示
2	def column(self, column, option=None, **kw)	方法	定义表格列及相关属性
3	def heading(self, column, option=None, **kw)	方法	定义列标题
4	def insert(self, parent, index, iid=None, **kw)	方法	配置列表项，通过 parent 设置树状关系
5	def get_children(self, item=None)	方法	获取指定父项的全部子列表项
6	def delete(self, *items)	方法	删除列表项
7	def item(self, item, option=None, **kw)	方法	根据索引获取列表项数据
8	def selection(self, selop=_sentinel, items=None)	方法	获取选中列表项索引

实例： 定义树状列表显示列表信息

```python
# coding:UTF-8
import tkinter, tkinter.ttk, os                                    # 模块导入
LOGO_PATH = "resources" + os.sep + "yootk-logo.ico"                 # 图标路径
class MainForm:                                                     # 定义主窗体类
    def __init__(self):                                            # 构造方法
        self.root = tkinter.Tk()                                   # 创建窗体
        self.root.title("沐言优拓：www.yootk.com")                   # 设置窗体标题
        self.root.iconbitmap(LOGO_PATH)                            # 设置窗体图标
        self.root.geometry("560x220")                             # 设置主窗体尺寸
        self.treeview = tkinter.ttk.Treeview(self.root, columns=("mid", "name")) # 创建列表树
        self.treeview.heading(column="mid", text="编号")           # 设置标题
        self.treeview.heading(column="name", text="姓名")          # 设置标题
        self.treeview.column("mid", width=200, anchor=tkinter.W)   # 配置列
        self.treeview.column("name", width=200, anchor=tkinter.W)  # 配置列
        self.level_a = self.treeview.insert(parent="", index=tkinter.END, text="董事长",
                values=("yootk-ceo", "沐言优拓首席执行官"))          # 列表组
        self.level_b = self.treeview.insert(parent="", index=tkinter.END,
                text="中层干部")                                     # 列表组
        self.treeview.insert(parent=self.level_b, index=tkinter.END, text="cfo",
                values=("yootk-cfo", "沐言优拓首席财务官"))          # 列表项
```

```
            self.treeview.insert(parent=self.level_b, index=tkinter.END, text="cto",
                values=("yootk-cto", "沐言优拓首席技术官"))            # 列表项
            self.level_c = self.treeview.insert(parent="", index=tkinter.END,
                text="部门员工")                                      # 列表组
            self.treeview.insert(parent=self.level_c, index=tkinter.END, text="lee",
                values=("yootk-lee", "小李老师"))                     # 列表项
            self.treeview.insert(parent=self.level_c, index=tkinter.END, text="java",
                values=("yootk-java", "首席 Java 讲师"))              # 列表项
            self.treeview.insert(parent=self.level_c, index=tkinter.END, text="python",
                values=("yootk-python", "首席 Python 讲师"))          # 列表项
            self.treeview.insert(parent=self.level_c, index=tkinter.END, text="go",
                values=("yootk-go", "首席 GO 讲师"))                  # 列表项
            self.treeview.insert(parent=self.level_c, index=tkinter.END, text="go",
                values=("yootk-go", "首席 GO 讲师"))                  # 列表项
            self.treeview.insert(parent=self.level_c, index=tkinter.END, text="go",
                values=("yootk-go", "首席 GO 讲师"))                  # 列表项
            self.treeview.pack()                                      # 列表显示
            self.root.mainloop()                                      # 循环监听
def main():                                                           # 主函数
    MainForm()                                                        # 显示主窗体
if __name__ == "__main__":                                            # 判断执行名称
    main()                                                            # 调用主函数
```

程序执行结果：

本程序实现了一个树状列表的定义，在定义具体内容前需要配置相应的列标记、标题名称以及对齐方式，随后在使用 insert() 方法添加列表项时，利用 parent 属性即可配置相应的父子节点关系。

使用 tkinter.ttk.Treeview 除了可以实现树状结构之外，也可以通过设置单层树状结构实现信息列表的展示。下面的程序演示了一个普通列表，同时为列表项绑定了双击事件，当用户双击列表项后会通过弹出窗口显示列表项内容。

实例：定义普通列表显示用户信息

```
# coding:UTF-8
import tkinter, tkinter.ttk, tkinter.messagebox, os                   # 模块导入
LOGO_PATH = "resources" + os.sep + "yootk-logo.ico"                   # 图标路径
class MainForm:                                                        # 定义主窗体类
    def __init__(self):                                               # 构造方法
        self.root = tkinter.Tk()                                      # 创建窗体
        self.root.title("沐言优拓：www.yootk.com")                     # 设置窗体标题
```

```
            self.root.iconbitmap(LOGO_PATH)                      # 设置窗体图标
            self.root.geometry("500x280")                        # 设置主窗体尺寸
            self.treeview = tkinter.ttk.Treeview(self.root, columns=("mid", "name"),
                show="headings")                                 # 创建普通列表
            self.treeview.column("mid", width=200,anchor=tkinter.CENTER)    # 配置列
            self.treeview.column("name", width=200,anchor=tkinter.CENTER)   # 配置列
            self.treeview.heading(column="mid", text="编号")     # 设置标题
            self.treeview.heading(column="name", text="姓名")    # 设置标题
            self.treeview.insert(parent="", index=tkinter.END,
                values=("yootk", "沐言优拓"))                    # 追加列表项
            self.treeview.insert(parent="", index=tkinter.END,
                values=("teacher", "李兴华"))                    # 追加列表项
            self.treeview.insert(parent="", index=tkinter.END,
                values=("lee", "小李老师"))                      # 追加列表项
            self.treeview.bind("<Double-Button-1>", self.item_handle) # 事件绑定
            self.treeview.pack(fill=tkinter.X)                   # 显示组件
            self.root.mainloop()                                 # 循环监听
        def item_handle(self, event):                            # 事件处理
            for index in self.treeview.selection():              # 获得选中项
                values = self.treeview.item(index, "values")     # 获得选中内容
                info = "用户ID：%s、姓名：%s" % values           # 对话框信息
                tkinter.messagebox.showinfo(title="YOOTK 信息提示", message=info)
def main():                                                      # 主函数
    MainForm()                                                   # 显示主窗体
if __name__ == "__main__":                                       # 判断执行名称
    main()                                                       # 调用主函数
```

程序执行结果：

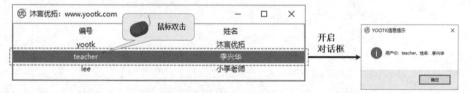

本程序采用普通列表结构显示用户信息，所以在构造 Treeview 类对象实例时使用了 show="headings" 属性进行配置，这样每一个列表项就不会显示 text 信息，而当用户双击某列表项后就可以利用 selection() 方法获取列表项的索引，并且可以依据此索引实现列表内容的获取。

19.4.8　Combobox

视频名称	1922_Combobox
课程目标	理解
视频简介	利用下拉列表可以实现多个内容的单行显示，这样有利于组件的布局管理。本课程讲解了 Combobox 下拉列表的实现以及事件处理的相关操作。

下拉列表可以将若干个选项的内容定义在一起显示，而后通过修改下拉列表项的形式实现内容的变更。在 tkinter 模块中可以使用 tkinter.ttk.Combobox 实现下拉列表。下拉列表的内容可以通过元组来定义，对应的事件为选项选定事件<<ComboboxSelected>>。

实例：定义下拉列表框

```python
# coding:UTF-8
import tkinter, tkinter.ttk, tkinter.messagebox, os          # 模块导入
LOGO_PATH = "resources" + os.sep + "yootk-logo.ico"          # 图标路径
class MainForm:                                               # 定义主窗体类
    def __init__(self):                                      # 构造方法
        self.root = tkinter.Tk()                            # 创建窗体
        self.root.title("沐言优拓：www.yootk.com")            # 设置窗体标题
        self.root.iconbitmap(LOGO_PATH)                     # 设置窗体图标
        self.root.geometry("500x100")                       # 设置主窗体尺寸
        self.frame = tkinter.Frame(self.root)               # 创建 Frame
        tkinter.Label(self.frame, text="请选择你所在的城市：",font=("微软雅黑", 15),
            justify="left").grid(row=0, column=0, sticky=tkinter.W)# 显示标签
        city_tuple = ("北京", "上海", "广州", "深圳", "洛阳")       # 下拉项
        self.city_combobox = tkinter.ttk.Combobox(self.frame, values=city_tuple) # 列表项
        self.city_combobox.bind("<<ComboboxSelected>>", self.show_data)    # 选项改变
        self.city_combobox.grid(row=0, column=1)            # 显示组件
        self.frame.pack()                                   # Frame 显示
        self.content = tkinter.StringVar()                  # 修改内容
        self.label = tkinter.Label(self.root, textvariable=self.content, width=500,
            height=50, font=("微软雅黑", 20), justify="right")   # 标签
        self.label.pack()                                   # 显示标签
        self.root.mainloop()                                # 循环监听
    def show_data(self, event):                             # 事件处理
        self.content.set("我的城市在：%s" % self.city_combobox.get())    # 内容显示
def main():                                                  # 主函数
    MainForm()                                              # 显示主窗体
if __name__ == "__main__":                                   # 判断执行名称
    main()                                                  # 调用主函数
```

程序执行结果：

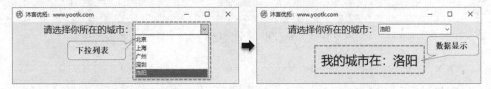

本程序实现了一个下拉列表组件的定义，每一次当组件内容变更后都会产生<<ComboboxSelected>>
事件，随后利用事件处理回显了用户选定的内容。

19.5　绘　图

视频名称	1923_Canvas 绘图	
课程目标	理解	
视频简介	图形界面内部是基于绘图实现的组件管理机制。本课程讲解了 Canvas 组件的作用，并实现了一组简单图形的绘制操作。	

图形界面中的所有组件实际上都是通过图形绘制的方式来实现的，当用户按下按钮或者是输入文本时本质上都属于绘图内容的变更，所以要想监控到这种变更就必须调用 mainloop()方法对主窗体进行循环监控。除了使用内置的组件之外，在 tkinter 模块中也提供了 Canvas 绘图类，使用该类可以方便地实现矩形、圆形、弧线、直线或图片的绘制显示。tkinter.Canvas 类的常用方法如表 19-8 所示。

表 19-8　tkinter.Canvas 类的常用方法

序　号	方　　　法	类　型	描　　述
1	def __init__(self, master=None, cnf={}, **kw)	构造	创建 Canvas，可以设置宽（width）、高（height）
2	def create_arc(self, *args, **kw)	方法	绘制弧线
3	def create_image(self, *args, **kw)	方法	绘制图片
4	def create_line(self, *args, **kw)	方法	绘制直线
5	def create_oval(self, *args, **kw)	方法	绘制椭圆形
6	def create_polygon(self, *args, **kw)	方法	绘制多边形
7	def create_rectangle(self, *args, **kw)	方法	绘制矩形
8	def create_text(self, *args, **kw)	方法	绘制文本

图形绘制是根据窗体的坐标进行填充的，如果要绘制直线，则需要指定开始坐标与结束坐标，而后将两个坐标点连线即可，如图 19-7 所示；而如果要绘制矩形，也需要采用类似的形式设置两个坐标点，如图 19-8 所示。

图 19-7　绘制直线　　　　　　　　　　　　　　图 19-8　绘制矩形

实例： Canvas 图形绘制

```python
# coding:UTF-8
import tkinter, os                                              # 模块导入
LOGO_PATH = "resources" + os.sep + "yootk-logo.ico"             # 图标路径
IMAGE_PATH = "resources" + os.sep + "canvas_star.png"           # 背景图片
class MainForm:                                                 # 定义主窗体类
    def __init__(self):                                        # 构造方法
        self.root = tkinter.Tk()                               # 创建窗体
        self.root.title("沐言优拓：www.yootk.com")              # 设置窗体标题
        self.root.iconbitmap(LOGO_PATH)                        # 设置窗体图标
        self.root.geometry("500x280")                          # 设置主窗体尺寸
        self.root.resizable(height=False, width=False)         # 禁止修改窗体尺寸
        self.canvas = tkinter.Canvas(self.root, height=500, width=200)   # 创建绘图板
        self.image = tkinter.PhotoImage(file=IMAGE_PATH)       # 底图对象
        self.canvas.create_image((0, 0), anchor=tkinter.NW, image=self.image)  # 图像
        self.canvas.create_rectangle(20, 20, 380, 85, fill="yellow")     # 矩形
        self.canvas.create_text(200, 50, text="沐言优拓：www.yootk.com",
                fill="red", font=("微软雅黑", 20))               # 文字
```

```
        self.canvas.pack(fill="both")                              # 画布显示
        self.root.mainloop()                                       # 循环监听
def main():                                                        # 主函数
    MainForm()                                                     # 显示主窗体
if __name__ == "__main__":                                         # 判断执行名称
    main()                                                         # 调用主函数
```

程序执行结果：

本程序采用绘图的方式从窗体原点位置(0,0)绘制了一张图片，然后又通过坐标的变更实现了文字以及矩形的绘制。

19.5.1　graphics

视频名称	1924_graphics	
课程目标	理解	
视频简介	graphics 是 Python 提供的第三方绘图模块。本课程通过实例讲解了此模块的特点，同时讲解了一个基本的四则运算的绘图界面实现。	

为了方便地实现图形绘制的管理，Python 提供了一个 graphics 的第三方绘图库，使用该模块最大的特点在于，可以基于面向对象的形式实现图形的绘制处理。下面通过 graphics 实现一个四则运算的界面显示。

实例：使用 graphics 实现四则运算

```
# coding:UTF-8
import graphics                                                    # pip install graphics.py
def main():                                                        # 主函数
    win = graphics.GraphWin("四则运算", 700, 230)                   # 定义界面标题和界面尺寸
    graphics.Text(graphics.Point(80, 50), "计算数字一：").draw(win) # 提示文字
    input_num_a = graphics.Entry(graphics.Point(160, 50), 8)       # 输入框
    input_num_a.setFill("white")                                   # 设置底色
    input_num_a.setText(0.0)                                       # 设置默认值
    input_num_a.draw(win)                                          # 追加组件
    graphics.Text(graphics.Point(280, 50), "计算数字二：").draw(win) # 提示文字
    input_num_b = graphics.Entry(graphics.Point(360, 50), 8)       # 输入框
    input_num_b.setFill("white")                                   # 设置底色
    input_num_b.setText(0.0)                                       # 设置默认值
    input_num_b.draw(win)                                          # 追加组件
    graphics.Text(graphics.Point(80, 100), "【四则运算】").draw(win) # 提示文字
    graphics.Text(graphics.Point(120, 150), "1.加法计算结果：").draw(win)  # 提示文字
```

```python
        output_add = graphics.Entry(graphics.Point(250, 150), 15)        # 输入框
        output_add.setFill("white")                                      # 设置底色
        output_add.draw(win)                                             # 追加组件
        graphics.Text(graphics.Point(400, 150), "2.减法计算结果：").draw(win)  # 提示文字
        output_sub = graphics.Entry(graphics.Point(530, 150), 15)        # 输入框
        output_sub.setFill("white")                                      # 设置底色
        output_sub.draw(win)                                             # 追加组件
        graphics.Text(graphics.Point(120, 200), "3.乘法计算结果：").draw(win)  # 提示文字
        output_mul = graphics.Entry(graphics.Point(250, 200), 15)        # 输入框
        output_mul.setFill("white")                                      # 设置底色
        output_mul.draw(win)                                             # 追加组件
        graphics.Text(graphics.Point(400, 200), "4.除法计算结果：").draw(win)  # 提示文字
        output_div = graphics.Entry(graphics.Point(530, 200), 15)        # 输入框
        output_div.setFill("white")                                      # 设置底色
        output_div.draw(win)                                             # 追加组件
        win.getMouse()                                                   # 等待鼠标事件
        add_result = eval(input_num_a.getText()) + eval(input_num_b.getText())  # 加法计算
        sub_result = eval(input_num_a.getText()) - eval(input_num_b.getText())  # 减法计算
        mul_result = eval(input_num_a.getText()) * eval(input_num_b.getText())  # 乘法计算
        div_result = eval(input_num_a.getText()) * eval(input_num_b.getText())  # 除法计算
        output_add.setText(add_result)                                   # 填充文本
        output_sub.setText(sub_result)                                   # 填充文本
        output_mul.setText(mul_result)                                   # 填充文本
        output_div.setText(div_result)                                   # 填充文本
        win.mainloop()                                                   # 界面保持显示
if __name__ == "__main__":                                               # 判断执行名称
    main()                                                               # 调用主函数
```

程序执行结果：

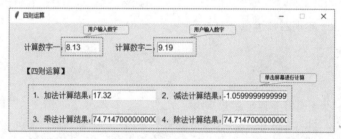

本程序基于 graphics 模块中提供的组件类实现了界面的定义，由于采用的是绘图机制进行管理，所以组件必须设置有相应坐标后才可以正常显示。当用户输入两个计算数字后，单击窗体的任意位置（由 win.getMouse()方法控制）就会自动执行计算以及结果的填充。

19.5.2 Turtle

视频名称	1925_Turtle
课程目标	理解
视频简介	海龟绘图是 Python 中著名的绘图组件，其具有良好的动画处理效果。本课程通过 Turtle 组件讲解了五角星的绘制操作。

在 Python 中提供的绘图机制大多都是以静态的方式实现的绘图操作，这样的绘图形式非常枯燥，为了使绘图更加具有视觉性，很多开发者都使用 Turtle 组件。该模块以 X 轴和 Y 轴为坐标原点进行定位，通过程序指定相应的坐标位置，在程序执行时就会以绘笔爬行的动画形式将每一步的绘图步骤详细地展示给用户。Turtle 组件中常用绘图函数如表 19-9 所示。

表 19-9　Turtle 组件中常用绘图函数

序　号	函　　数	描　　述
1	def shape(name)	设置绘图标记，如 arrow、turtle
2	def pensize(size)	设置绘图笔大小
3	def pencolor(color)	设置绘图笔颜色
4	def fillcolor(color)	设置填充颜色
5	def begin_fill()	绘图开始
6	def forward(point)	向前移动指定长度坐标
7	def right(point)	向右移动指针
8	def end_fill()	结束填充操作
9	def penup()	抬起画笔
10	def goto(x,y)	移动到指定坐标
11	def color(color)	设置颜色
12	def write(text, *kw)	绘制文字

Turtle 组件内部提供有方便的画笔绘图的操作，利用坐标的变更以及坐标长度和画笔角度的变更就可以以动画的形式展示出绘图的步骤。下面基于此组件实现一个五角星的绘制。

实例：绘制五角星

```
# coding:UTF-8
import turtle                                          # 模块导入
def main():                                            # 主函数
    turtle.shape(name="turtle")                        # 使用乌龟作为画笔
    turtle.Screen().bgcolor("red")                     # 背景颜色设置为红色
    turtle.Screen().title("沐言优拓：www.yootk.com")    # 设置窗口标题
    turtle.pensize(3)                                  # 设置画笔大小
    turtle.pencolor("yellow")                          # 设置画笔颜色
    turtle.fillcolor("yellow")                         # 设置填充颜色
    turtle.begin_fill()                                # 开始填充标记
    for num in range(5):                               # 绘制 5 条线
        turtle.forward(320)                            # 向前移动指针
        turtle.right(144)                              # 向右移动指针
    turtle.end_fill()                                  # 结束填充标记
    turtle.penup()                                     # 抬起画笔
    turtle.goto(-200, -120)                            # 向后一定到指定坐标
    turtle.color("White")                              # 设置颜色
    turtle.write("我爱你中国", font=("微软雅黑", 30))    # 绘制文字
    turtle.goto(-300, -150)                            # 画笔向后移动坐标
```

```
    turtle.mainloop()                                 # 保持绘图显示
if __name__ == "__main__":                            # 判断执行名称
    main()                                            # 调用主函数
```

程序执行结果：

　　本程序执行后，窗体就会出现一只乌龟（通过代码 name="turtle"设置）画笔，该画笔以爬行的形式绘制五角星直线，绘制完成后会进行颜色的填充，成功绘制了一个黄色的五角星。然后利用 goto()函数修改坐标位置后继续进行文字的绘制。本程序是采用动画形式执行的，但是受到图文限制，只能够展示最终的绘制效果。

19.6　本章小结

　　1．通过 tkinter.Tk 类可以定义主窗体，开发者可以通过其内置的方法设置窗体的标题、背景色、大小等属性。

　　2．在主窗体中可以实现不同的 UI 组件配置，所有的 UI 组件要想正确码放则必须使用相应的布局管理器，tkinter 提供了 pack、grid、place 三种布局管理器，也可以使用 Frame 定义独立的空间并实现独立布局。

　　3．用户在图形界面中的操作都会产生不同的事件，每一个事件都可以编写相应的函数进行事件处理，所有产生的事件都会以 event 对象的形式保存并传递到事件处理函数中供用户使用。

　　4．pyinstaller 是一个独立的第三方模块，利用此模块可以将 Python 程序转化为可执行文件（Windows 为 “.exe” 文件），在有 Python 虚拟机的环境下都可以直接执行。

　　5．图形界面是基于绘图的一种包装，开发者也可以使用 tkinter.Canvas 手工实现绘图，或者使用 Graphics、Turtle 等第三方模块实现绘图操作。

第 20 章 网 络 爬 虫

学习目标

- ▶ 掌握爬虫操作的意义，并可以使用 urllib3 模块爬取 Web 数据；
- ▶ 掌握 HTML 代码解析的意义，并可以通过 BeautifulSoup 解析网页获取所需数据；
- ▶ 理解 selenium 异步数据爬取的意义，并可以使用浏览器驱动模拟浏览器访问并加载数据；
- ▶ 可以利用爬虫工具分析并爬取豆瓣经典电影数据；
- ▶ 理解 jieba 分词的作用，并可以使用 jieba 进行分词统计；
- ▶ 理解 wordcloud 模块作用，并基于此模块实现数据统计图。

网络爬虫是现代项目设计中较为常见的一种技术，利用爬虫可以方便地获取所需要的第三方数据信息。本章将讲解网络爬虫的实现原理，并且利用各个工具对通过爬虫获得的代码与数据内容进行分析。

20.1 网络爬虫简介

视频名称	2001_网络爬虫简介
课程目标	掌握
视频简介	爬虫是一种通过 HTTP 直接获取数据的重要技术手段。本课程通过宏观的角度介绍了爬虫程序的处理流程，同时分析了如何通过 urllib3 模块实现数据获取的操作。

爬虫又被称为网页蜘蛛，是一种根据一定的规则自动地抓取网页信息的技术，在爬虫操作的实现过程中最为重要的就是要伪装 HTTP 客户端向服务器端请求数据，然后对服务器端返回的 HTML 代码进行分析，依据解析获取需要的信息或者再次请求，而获得的数据就可以直接进行持久化存储，当存储的数据达到一定的量级之后，就可以由数据分析人员对这些爬取到的数据进行分析统计。网络爬虫实现基本流程如图 20-1 所示。

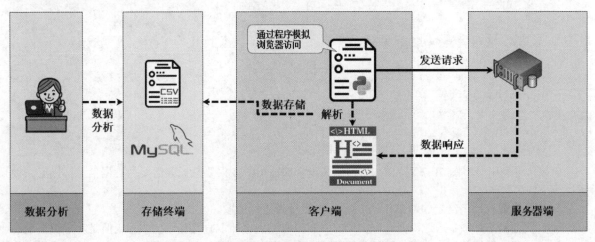

图 20-1 网络爬虫实现基本流程

> **提示：为什么需要爬虫**
>
> 现在是大数据时代，在大数据时代中最为重要的组成单元就是"数据"，不同的厂商都在想尽办法保护自己的数据，所以有些数据是无法直接获得的，但是项目开发中又经常需要使用到一些特定的数据，此时最简单明了的方法就是通过爬虫来实现。而各个数据厂商也都会想尽办法避免爬虫造成的数据泄漏，但事实上，只要是用户可以看见的信息几乎都可以被爬虫抓取到，所以很难有万全的防范措施。读者在掌握了爬虫技术之后，也应该遵循国家的法律法规，避免不正当的数据获取。

爬虫实现的关键步骤是需要设置一个抓取的开始页面，而后通过 urllib3 或者 requests 模块实现 HTTP 客户端的模拟访问来抓取相应的数据。例如，本节通过 requests 模块实现对豆瓣网的一个电影排行榜的页面的抓取。该页面的显示内容如图 20-2 所示。

图 20-2　豆瓣电影排行榜页面内容

实例：抓取豆瓣电影排行榜页面数据

```python
# coding:UTF-8
import requests                              # 模块导入
URL = "https://movie.douban.com/chart"       # 要爬取的页面
def main():                                   # 主函数
    request = requests.get(url=URL)           # 发送 HTTP 请求
    request.encoding = "UTF-8"                # 设置页面编码
    print(request.text)                       # 获取页面信息
if __name__ == "__main__":                    # 判断执行名称
    main()                                    # 调用主函数
```

程序执行完毕会将图 20-2 对应的 HTML 代码全部输出，如果要想抓取需要的数据信息，则必须要解决两个问题。

- ↘ **页面解析**：将给定的 HTML 代码数据按照规则进行抽取。
- ↘ **页面动态加载**：通过以上操作实现的页面抓取只能够抓取直接显示的内容，但是对于页面动态加载的数据却无法获取，所以需要解决动态加载的页面等待与数据获取问题。

提示：urllib3 实现数据抓取

为了方便，本程序使用 requests 模块中提供的函数进行了页面代码的抓取，实际上这部分的操作也可以通过 urllib3 模块来完成。

实例：通过 urllib3 模块实现页面抓取豆瓣页面

```
# coding:UTF-8
import urllib3                                          # 模块导入
URL = "https://movie.douban.com/chart"                  # 要爬取的页面
def main():                                             # 主函数
    http = urllib3.PoolManager()                        # 实例化请求对象
    request = http.request("GET", URL)                  # 发送请求
    print(request.data.decode())                        # 获取数据并解码
if __name__ == "__main__":                              # 判断执行名称
    main()                                              # 调用主函数
```

本程序如果直接使用 requests 模块实现，能避免对象的实例化处理操作，代码也更加简单一些。实际上 Python 中有大量功能相近的模块，其目的就是简化代码的开发。

20.1.1　BeautifulSoup 网页解析

视频名称	2002_BeautifulSoup 网页解析
课程目标	掌握
视频简介	爬虫会进行 HTML 数据的抓取，这样就必须对 HTML 文件进行解析，在 Python 中提供了 BeautifulSoup 工具完成解析操作。本课程讲解了如何通过此工具实现解析并获取相应的操作。

用户通过模拟 HTTP 发送请求后会将相应的 HTML 代码信息回传给用户，用户接收到此数据之后如果想获取相应的数据或者要获取后续请求链接，都必须对 HTML 代码内容进行解析。假设要获取豆瓣网中的全部电影分类排行榜的数据，那么此时就必须对这部分的 HTML 代码组成进行分析而后才可以获取内容。需要解析的代码如图 20-3 所示。

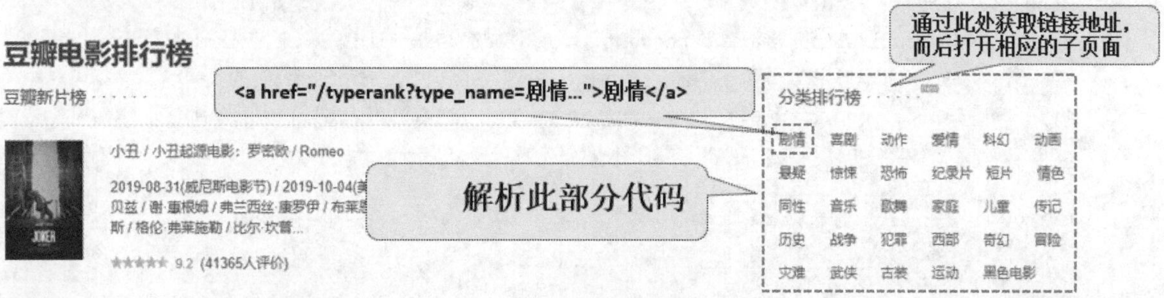

图 20-3　需要解析的代码

HTML 代码都是通过固定的标签组合来实现页面内容的展示，所以最方便的做法是可以依据标签来获取信息。为了实现这一操作，开发者可以通过 bs4 模块中的 BeautifulSoup 类来完成处理。本类常用方法如表 20-1 所示。

表 20-1　BeautifulSoup 类常用方法

序　号	方　　法	类　型	描　　述
1	def __init__(self, markup="", features=None)	构造	设置解析的 HTML
2	def find_all(self, name=None, attrs={}, recursive=True, text=None, limit=None, **kwargs):	方法	根据标签和属性内容获取数据
3	def select(self, selector, namespaces=None, limit=None, **kwargs)	方法	依据 CSS 选择器语法选择元素
4	def index(self, element)	方法	获取指定元素的索引
5	def prettify(self, encoding=None, formatter="minimal")	方法	输出 HTML 代码

使用 bs4. BeautifulSoup 类进行对象实例化构造时，必须明确设置要解析的 HTML 内容，才可以通过提供的方法获取相应的内容。本次所需要解析的代码如图 20-4 所示。

图 20-4　需要解析的 HTML 标签代码

实例：解析 HTML 数据

```python
# coding:UTF-8
import requests, bs4, re                                          # pip install bs4
BASE_URL = "https://movie.douban.com"                            # 定义基础路径
CHART_URL = BASE_URL + "/chart"                                   # 要爬取的页面
def main():                                                       # 主函数
    request = requests.get(url=CHART_URL)                        # 发送 HTTP 请求
    request.encoding = "UTF-8"                                    # 设置页面编码
    soup = bs4.BeautifulSoup(markup=request.text, features="lxml") # 使用 lxml 库解析
    # 找到指定的超链接（"<a>"）标签，当发现 href 属性可以匹配正则，则返回此标签的数据
    typerank_list = soup.find_all("a", href=re.compile("^/typerank")) # 获取所有分类信息
    for type in typerank_list:                                    # 迭代 URL 地址
        type_title = type.contents[0]                            # 获取类型标题
        print(BASE_URL + type["href"])                           # 处理链接
if __name__ == "__main__":                                        # 判断执行名称
    main()                                                        # 调用主函数
```

程序执行结果：

https://movie.douban.com/typerank?type_name=剧情&type=11&interval_id=100:90&action=

https://movie.douban.com/typerank?type_name=喜剧&type=24&interval_id=100:90&action=

https://movie.douban.com/typerank?type_name=动作&type=5&interval_id=100:90&action=

其他分类的路径不再重复出现，略

本程序通过 BeautifulSoup 类实现了对指定页面的内容解析，解析时只需要定义好标签名称以及相应属性的数据匹配正则表达式就可以获取相应的内容。

20.1.2 selenium 异步爬取

视频名称	2003_selenium 异步爬取
课程目标	掌握
视频简介	现代网站为了保护数据的安全，往往会利用延迟加载的形式进行数据的部分展示。本课程分析了这种数据部分展示对爬虫所带来的影响，同时利用本地浏览器驱动解决了异步数据获取以及数据解析的操作问题。

使用 urllib3 或 requests 模块只能够获取固定内容的 HTML 代码，而实际上许多网站为了防范数据盗窃都会采用延迟加载的形式完成，此时将无法直接进行数据获取。延迟加载对爬虫的影响如图 20-5 所示。

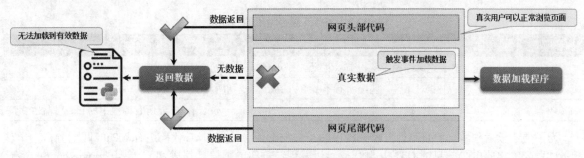

图 20-5　延迟加载对爬虫的影响

在真实用户进行页面访问时，由于用户本身会触发一系列的页面事件规则，这样就可以方便地获取所需要的数据。而程序是较为固定的操作，当无法进行这些事件处理时就无法获得所需要的数据，如果想解决这个问题，则可以通过 selenium 测试工具来模拟用户浏览器的操作，通过模拟页面事件实现数据加载，这样就可以获取到所需要的数据内容。

在 selenium 工具中需要设置一个模拟的浏览器调用，其支持的模拟浏览器有 PhantomJS、Firefox、Chrome 等，开发者可以根据自己当前系统的形式选择不同的模拟浏览器。本次直接利用 Chrome 浏览器进行模拟，需要通过 Google 官网下载所需要的 Web 驱动（网址为 https://sites.google.com/a/chromium.org/chromedriver/home），该网址由于防火墙的保护，会导致无法直接访问。下载时需要依据当前系统的浏览器版本找到与之匹配的驱动，如图 20-6 所示。

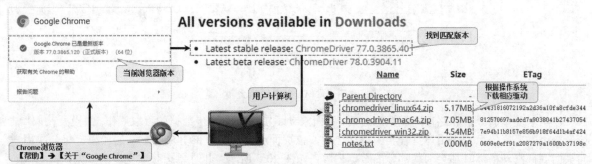

图 20-6　下载浏览器匹配的 Web 驱动

确定好模拟要使用的 selenium 浏览器驱动之后，就可以利用此驱动对象实现异步加载数据的解析操

作，根据相应的元素标签、样式属性等实现数据获取。常用方法如表 20-2 所示。

表 20-2　常用方法

序　号	方　法	描　述
1	def get(self, url)	加载指定 URL 的页面数据
2	def find_element_by_id(self, id_)	查找指定元素 ID
3	def execute_script(self, script, *args)	执行 JavaScript 脚本程序
4	def find_elements_by_xpath(self, xpath)	依据 XPath 路径查找与之匹配的全部元素
5	def find_element_by_class_name(self, name)	根据样式名称查找指定元素
6	def find_element_by_css_selector(self, css_selector)	根据 CSS 样式选择器查找指定元素

使用 selenium 驱动进行元素解析时最方便的操作就是基于 XPath 路径匹配模式进行相应元素的加载。XPath 路径常用的匹配符如表 20-3 所示。

表 20-3　XPath 路径常用的匹配符

序　号	匹　配　符	作　用	范　例
1	/	绝对路径，从根节点匹配	/body，从根元素下匹配
2	//	相对路径，匹配所有子节点	//div，找到所有的 div 子元素
3	@	属性选择	//*[@class='yootk']，匹配所有标签中的 class 属性内容

为了便于读者理解，下面通过豆瓣网提供的一部电影信息的 HTML 代码进行 XPath 匹配分析。开发者通过豆瓣给出的电影信息的 HTML 源代码可以发现，每部电影信息都在<div class="movie-content">元素中定义，所以这个时候就可以利用相对路径找到 div 元素，同时匹配样式属性，则当前的 XPath 为 //div[@class='movie-content']。如果要想获取里面的图片、影片名称或演员列表，则也可以通过相应的样式进行匹配。HTML 页面组成分析如图 20-7 所示。

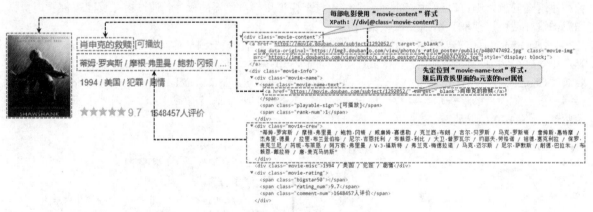

图 20-7　HTML 页面组成分析

理解了基本的分析和路径匹配概念之后，下面来动手实现一个异步数据的爬取操作。假设要获取"剧情"分类的电影信息，当用户打开相应链接之后，该页面会自动进行部分电影数据的加载，每一次用户向页面底部滑动鼠标时都会加载部分的数据内容，如图 20-8 所示。此时要想获取更多的数据，就必须通过 Chrome 驱动模拟多次的底部滑动操作，而这部分的操作可以通过 JavaScript 程序实现。下面通过具体的代码来实现分类数据的抓取。

图 20-8　Web 数据异步加载

实例：获取异步加载数据

```
# coding:UTF-8
import os, selenium.webdriver, time, re                       # pip install selenium
CHROME_DRIVER = "d:" + os.sep + "chromedriver.exe"            # Chrome 驱动路径
URL = "https://movie.douban.com/typerank?" \
      "type_name=剧情&type=11&interval_id=100:90&action="      # 爬取路径
class Movie:                                                   # 保存电影信息
    def __init__(self, type):                                 # 电影分类
        self.img = None                                       # 图片名称
        self.name = None                                      # 电影名称
        self.type = type                                      # 电影分类
        self.rank = None                                      # 电影评分
        self.crew = None                                      # 演员列表
        self.rating = None                                    # 平均分
        self.comment = None                                   # 评论人数
    def __repr__(self) -> str :                               # 信息输出
        return "【电影信息】分类：%s、名次：%d、名称：%s、评分：%f、评论人数：%d、图片：%s、演员列表：
        %s" % (self.type, self.rank, self.name, self.rating, self.comment, self.img, self.crew)
def main():                                                   # 主函数
    driver = selenium.webdriver.Chrome(executable_path=CHROME_DRIVER) # 配置浏览器驱动
    driver.get(url=URL)                                       # 加载页面
    # 页面数据加载需要异步完成，所以本次通过 JavaScript 程序模拟了浏览器的数据加载处理事件
    for item in range(5):                                     # 模拟鼠标拖动 3 次
        target = driver.find_element_by_id("footer")         # footer 定义在页面尾部
        driver.execute_script("arguments[0].scrollIntoView();", target) # 拖动指定元素
```

479

```
            time.sleep(2)                                      # 等待数据加载
        time.sleep(2)                                          # 等待数据接收
        count = 0                                              # 最多抓取 50 部电影
        try:                                                   # 捕获可能产生的异常
            for content in driver.find_elements_by_xpath(
                    "//div[@class='movie-content']"):          # 找到电影元素
                movie = Movie("剧情")                          # 实例化电影信息
                movie.img = content.find_element_by_class_name("movie-img")
                    .get_property("src")                       # 图片
                if movie.img:                                  # 可以加载到图片再获取后续元素
                    movie.name = content.find_element_by_class_name("movie-name-text").text # 名称
                    movie.rank = int(content.find_element_by_class_name("rank-num").text) # 名次
                    movie.crew = content.find_element_by_class_name("movie-crew")
                            .text.split("/")                   # 演员列表
                    movie.rating = float(content.find_element_by_class_name(
                            "rating_num").text)                # 评分
                    # 评分内容里面包含有中文，可以通过正则匹配的方式加载到里面的数字信息
                    movie.comment = int(re.sub("\D", "", content.find_element_by_class_name
                            ("comment-num").text))             # 评论人数
                    print(movie)                               # 输出电影信息
                    count += 1                                 # 统计计数
                    if count >= 50:                            # 设置采集上限
                        raise Exception("爬够了，休息了！")     # 结束采集
        except Exception:                                      # 异常捕获
            pass                                               # 未定义异常处理
if __name__ == "__main__":                                     # 判断执行名称
    main()                                                     # 调用主函数
```

程序执行结果：
【电影信息】分类：剧情、名次：1、名称：肖申克的救赎、评分：9.700000、评论人数：1648482、
图片：https://img3.doubanio.com/view/photo/s_ratio_poster/public/p480747492.jpg、
演员列表：['蒂姆·罗宾斯 ', …]
【电影信息】分类：剧情、名次：2、名称：霸王别姬、评分：9.600000、评论人数：1217884、
图片：https://img3.doubanio.com/view/photo/s_ratio_poster/public/p2561716440.jpg、
演员列表：['张国荣 ', …]
后续输出内容略

　　本程序利用 selenium 设置了浏览器的驱动，实现了异步数据的加载，针对所加载到的数据内容通过
XPath 设置匹配的电影元素集，随后就可以依据该元素下所有子元素的样式名称来获取相应的内容，在
程序运行中会自动启动一个 Chrome 的测试浏览器，并且依据定义的 JavaScript 脚本程序实现浏览器的自
动滚动。

> **提示：不一定可以抓取到所有数据**
>
> 　　通过观察，读者可以发现本程序使用了大量的延迟操作 time.sleep()，这是考虑到了异步数据加载所需要的时
> 间，如果没有设置或者延迟时间太短，则有可能出现数据还未加载完就读取响应内容的操作，这样是无法读取到
> 完整数据的。另外，也需要提醒读者的是，由于爬虫程序会受到很多方面的限制，例如：网络延迟、网站反窃取
> 等，所以抓取到的数据不一定是完整的。

20.1.3 爬取豆瓣经典电影

视频名称	2004_爬取豆瓣经典电影
课程目标	掌握
视频简介	豆瓣是中国的烂番茄，有着许多的评论信息，同时豆瓣网站也拥有良好的数据解析处理的问题。本课程通过具体的实例实现了豆瓣网数据的爬取以及爬虫数据的本地化文件存储。

通过之前的分析已经可以成功地实现对静态页面和异步加载页面内容的获取，那么本次将综合之前的程序代码实现一个获取所有经典电影的爬虫操作。由于本次要爬取的内容较多，为了方便后续处理，所有的电影信息将保存在相应的 csv 文件中，而电影图片将保存在 images 目录中。电影信息抓取流程与数据存储结构如图 20-9 所示。

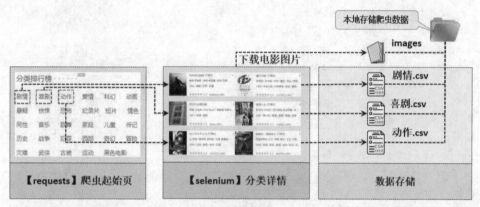

图 20-9　电影信息抓取流程与数据存储结构

实例：爬取豆瓣所有经典电影数据

```python
# coding:UTF-8
import requests, bs4, os, csv, threading                          # 模块导入
import selenium.webdriver, time, re                                # 模块导入
CHROME_DRIVER = "d:" + os.sep + "chromedriver.exe"                 # Chrome 驱动路径
BASE_URL = "https://movie.douban.com"                             # 基础路径
CHART_URL = BASE_URL + "/chart"                                    # 起始路径
driver = selenium.webdriver.Chrome(executable_path=CHROME_DRIVER)  # 浏览器驱动
SAVE_DIR = "e:" + os.sep + "douban"                                # 保存目录
IMAGE_PATH = SAVE_DIR + os.sep + "images"                          # 图片目录
HEADERS = ["type", "rank", "name", "rating", "comment", "img", "crew", "url"] # csv 标题
if not os.path.exists(IMAGE_PATH):                                 # 图片目录不存在
    os.makedirs(IMAGE_PATH)                                        # 创建目录
class Movie:                                                       # 影片信息
    def __init__(self, type):                                     # 构造方法
        self.img = None                                           # 影片图片
        self.name = None                                          # 影片名称
        self.type = type                                         # 影片分类
        self.rank = None                                         # 影片排名
        self.crew = None                                         # 演员列表
```

```python
        self.rating = None                                      # 评分
        self.comment = None                                     # 演员列表
        self.url = None                                         # 影片路径
    … __repr__()略，不再重复定义
    def get(self):                                              # 获得数据信息
        return [self.type, self.rank, self.name, self.rating,
                self.comment, self.img, self.crew, self.url]    # 返回数据
def main():                                                     # 主函数
    response = requests.get(CHART_URL)                          # 发送请求到首页
    soup = bs4.BeautifulSoup(response.content.decode("UTF-8"), "lxml")   # 解析返回数据
    typerank_list = soup.find_all("a", href=re.compile("^/typerank"))    # 获取所有分类信息
    for type_item in typerank_list:                             # 分类信息列表
        type = type_item.contents[0]                           # 获取类型标题
        download_type(type, type_item["href"])                 # 处理子链接
def download_movie_image(url, image_name):                     # 下载图片
    image_path = IMAGE_PATH + os.sep + image_name              # 图片保存路径
    response = requests.get(url)                                # 发送 HTTP 请求
    with open(file=image_path, mode="bw") as file:             # 文件写入
        file.write(response.content)                           # 图片写入文件
def download_type(type, url):                                  # 下载指定分类的电影
    driver.get(url=BASE_URL + url)                             # 定义页面路径
    save_path = SAVE_DIR + os.sep + type + ".csv"             # 保存文件路径
    for item in range(5):                                      # 模拟鼠标拖动 5 次
        target = driver.find_element_by_id("footer")          # 拖动到"<footer>"标签
        driver.execute_script("arguments[0].scrollIntoView();", target)  # 拖动到可见元素
        time.sleep(1)                                          # 加载等待
    time.sleep(2)                                              # 加载等待
    count = 0                                                  # 数量统计
    try:                                                       # 捕获可能出现的异常
        with open(file=save_path, mode="w", newline="", encoding="UTF-8") as file:  # 文件写入
            csv_file = csv.writer(file)                        # 创建 csv 输出
            csv_file.writerow(HEADERS)                         # 写入标题
            for content in driver.find_elements_by_xpath(
                "//div[@class='movie-content']"):             # 获取电影信息
                movie = Movie(type)                           # 保存类型
                movie.url = content.find_element_by_tag_name("a").get_property("href")  # 获取 URL
                image_url = content.find_element_by_class_name("movie-img")
                    .get_property("src")                      # 电影图片
                if image_url:                                 # 可以获取到图片信息
                    movie.img = image_url[image_url.rfind("/") + 1:]  # 图片名称
                    threading.Thread(target=download_movie_image,
                        args=(image_url, movie.img,)).start()  # 图片下载线程
                movie.name = content.find_element_by_class_name
                    ("movie-name-text").text                  # 名称
                movie.rank = int(content.find_element_by_class_name
```

```
                        ("rank-num").text)                        # 名次
            movie.crew = content.find_element_by_class_name
                ("movie-crew").text                              # 演员列表
            movie.rating = float(content.find_element_by_class_name
                ("rating_num").text)                             # 评分
            movie.comment = int(re.sub("\D", "", content.find_element_by_class_name
                ("comment-num").text))                           # 评价人数
            csv_file.writerow(movie.get())                       # 写入数据
            count += 1                                           # 统计计数
            if count >= 50:
                raise Exception("爬够了，休息了！")                  # 结束采集
    except Exception:                                            # 异常捕获
        pass                                                     # 未定义异常处理
if __name__ == "__main__":                                       # 判断执行名称
    main()                                                       # 调用主函数
```

程序执行结果：

本程序实现了豆瓣所有电影分类中的电影信息数据爬取（如果某一分类下经典电影很多，则最多爬取 50 部完整电影信息）。由于在进行数据爬取时还需要下载相应的图片，为解决图片下载延迟所有可能造成爬虫操作失败的问题，所以启动了单独的线程实现下载，最终所有的数据按照分类的形式保存在了相应的*.csv 文件中。

20.2　数据显示与处理

利用爬虫与页面的 HTML 代码分析的模式可以轻松地获取各个站点的数据，这样一来就一定会存在有数据显示或统计分析的需求。本节将通过实例讲解利用 GUI 实现数据显示以及通过 jieba 或 wordcloud 实现数据的统计分析。

20.2.1　数据图形展示

视频名称	2005_数据图形展示
课程目标	理解
视频简介	利用爬虫获取到的数据一般都与实际项目息息相关。本课程利用 tkinter 组件实现了本地文件数据的界面显示，利用表格、下拉列表框实现了经典电影的信息展示。

利用爬虫将数据抓取到本地后，一般都会由爬虫的设计者定义好数据的存储结构，而为了便于用户浏览，则可以利用图形界面的方式进行数据显示。本节实例将通过 tkinter 图形界面实现豆瓣电影数据的列表以及详情显示。

实例： 通过图形界面显示爬虫信息结果

```python
# coding:UTF-8
import tkinter, tkinter.ttk, os, csv, PIL.Image, PIL.ImageTk          # pip install pillow
LOGO_PATH = "resources" + os.sep + "yootk-logo.ico"                   # 图标路径
CSV_DIR = "E:" + os.sep + "douban"                                    # 数据目录
IMAGE_DIR = CSV_DIR + os.sep + "images" + os.sep                      # 图片目录
class MainForm:                                                       # 创建窗体
    def __init__(self):                                              # 构造方法
        self.image_dict = {}                                         # 电影名称和对应图片
        self.root = tkinter.Tk()                                     # 创建窗体
        self.root.title("沐言优拓：www.yootk.com")                   # 设置窗体标题
        self.root.iconbitmap(LOGO_PATH)                              # 设置窗体图标
        self.root.geometry("1200x290")                               # 设置主窗体尺寸
        self.type_data()                                             # 加载分类信息
        self.create_listbox()                                        # 创建下拉框
        self.create_init_table()                                     # 初始化列表
        self.root.mainloop()                                         # 循环监听
    def type_data(self):                                            # 加载分类数据
        self.type_dict = dict()                                      # 保存分类信息
        for type in os.listdir(CSV_DIR):                            # 类型列表
            if type.endswith(".csv"):                               # 分类文件
                self.type_dict.update({type.replace(".csv","") :
                                       CSV_DIR + os.sep + type})     # 下拉列表项
    def create_init_table(self):                                    # 创建表格
        self.treeview = tkinter.ttk.Treeview(self.root, columns=("name", "type", "rank", "crew",
            "rating", "comment","url"), show="headings", height=20)  # 创建普通列表
        self.treeview.column("name", width=120, anchor=tkinter.W)   # 配置列
        self.treeview.column("type", width=10, anchor=tkinter.CENTER)  # 配置列
        self.treeview.column("rank", width=5, anchor=tkinter.CENTER)   # 配置列
        self.treeview.column("crew", width=260, anchor=tkinter.W)   # 配置列
        self.treeview.column("rating", width=8, anchor=tkinter.CENTER)  # 配置列
        self.treeview.column("comment", width=10, anchor=tkinter.CENTER)  # 配置列
        self.treeview.column("url", width=100, anchor=tkinter.W)    # 配置列
        self.treeview.heading(column="name", text="名称")           # 设置标题
        self.treeview.heading(column="type", text="类型")           # 设置标题
        self.treeview.heading(column="rank", text="排名")           # 设置标题
        self.treeview.heading(column="crew", text="演员")           # 设置标题
        self.treeview.heading(column="rating", text="评分")         # 设置标题
        self.treeview.heading(column="comment", text="评论量")      # 设置标题
        self.treeview.heading(column="url", text="网址")            # 设置标题
        self.treeview.bind("<Double-Button-1>", self.movie_item_handle)  # 事件绑定
        self.treeview.pack(fill=tkinter.BOTH)                       # 显示组件
    def create_listbox(self):                                      # 创建下拉列表框
        self.type_frame = tkinter.Frame(self.root)                  # 创建 Frame
        self.type_label = tkinter.Label(self.type_frame, text="请选择你想浏览的电影类型：",
```

```python
            bg="#223011", font=("微软雅黑", 9), fg="#ffffff", justify="left")  # 提示信息
        self.type_label.grid(row=0, column=0)                                  # 显示组件
        self.type_combobox = tkinter.ttk.Combobox(self.type_frame,
                values=tuple(self.type_dict.keys()))                           # 列表项
        self.type_combobox.bind("<<ComboboxSelected>>", self.load_movie_data)  # 选项改变
        self.type_combobox.grid(row=0, column=1)                               # 显示组件
        self.type_frame.pack()                                                 # 显示 Frame
    def movie_item_handle(self, event):                                        # 电影列表项处理
        for index in self.treeview.selection():                                # 获得选中项
            values = self.treeview.item(index, "values")                       # 获得选中内容
            photo = self.image_dict.get(values[0])                             # 获取图片名称
            self.subroot = tkinter.Toplevel()                                  # 创建子窗体
            self.subroot.title("沐言优拓：www.yootk.com")                       # 设置子窗体标题
            self.subroot.iconbitmap(LOGO_PATH)                                 # 设置子窗体图标
            self.subroot.geometry("800x380")                                   # 设置主窗体尺寸
            img = IMAGE_DIR + self.image_dict.get(values[0])                   # 图片路径
            movie_photo = PIL.ImageTk.PhotoImage(image=PIL.Image.open(img),
                size="10x10")                                                  # 加载外部图片
            label_photo = tkinter.Label(self.subroot, image=movie_photo)       # 图片标签
            label_photo.grid(row=0, column=0)                                  # 显示图片
            sub_frame = tkinter.Frame(self.subroot)                            # 定义子 Frame
            tkinter.Label(sub_frame, text="【电影名称】" + values[0], font=("微软雅黑", 12),
                justify="left").grid(row=0, sticky=tkinter.W)                  # 标签
            tkinter.Label(sub_frame, text="【所属分类】" + values[1], font=("微软雅黑", 12),
                justify="left").grid(row=1, sticky=tkinter.W)                  # 标签
            tkinter.Label(sub_frame, text="【整体排名】" + values[2], font=("微软雅黑", 12),
                justify="left").grid(row=2, sticky=tkinter.W)                  # 标签
            tkinter.Label(sub_frame, text="【网友评分】" + values[4], font=("微软雅黑", 12),
                justify="left").grid(row=3, sticky=tkinter.W)                  # 标签
            tkinter.Label(sub_frame, text="【评论总数】" + values[5], font=("微软雅黑", 12),
                justify="left").grid(row=4, sticky=tkinter.W)                  # 标签
            tkinter.Label(sub_frame, text="【原文地址】" + values[6], font=("微软雅黑", 12),
                justify="left").grid(row=5, sticky=tkinter.W)                  # 标签
            tkinter.Label(sub_frame, text="【演员列表】", font=("微软雅黑", 12),
                justify="left").grid(row=6, sticky=tkinter.W)                  # 标签
            crew_frame = tkinter.Frame(sub_frame)                              # 创建一个 Frame
            crew_listbox = tkinter.Listbox(crew_frame, height=10, width=60)    # 创建 Listbox
            for item in values[3].split("/"):                                  # 添加列表项
                crew_listbox.insert(tkinter.END, item.strip())                 # 追加列表项
            crew_scrollbar = tkinter.Scrollbar(crew_frame)                     # 滚动条
            crew_scrollbar.config(command=crew_listbox.yview)                  # 滚动条配置
            crew_scrollbar.pack(side=tkinter.RIGHT, fill=tkinter.Y)            # 滚动条显示
            crew_listbox.pack()                                                # 列表框显示
            crew_frame.grid(row=7, sticky=tkinter.W)                           # Frame 显示
            sub_frame.grid(row=0, column=1, sticky=tkinter.N)                  # 显示图片
```

```
        self.subroot.mainloop()                                    # 显示子窗体
    def load_movie_data(self, event):                              # 读取电影信息
        for child in self.treeview.get_children():                 # 找到所有列表项
            self.treeview.delete(child)                             # 删除项
        self.image_dict.clear()                                    # 清空已有的信息
        csv_file_path = self.type_dict.get(self.type_combobox.get())  # 文件加载路径
        with open(file=csv_file_path, mode="r", encoding="UTF-8") as file:  # 打开文件
            csv_file = csv.reader(file)                             # 读取 csv
            header_row = next(csv_file)                             # 跨过标题行
            for row in csv_file:                                   # 读取文件中的数据信息
                type = row[0]                                       # 分类
                rank = row[1]                                       # 排名
                name = row[2]                                       # 名称
                rating = row[3]                                     # 平均分
                comment = row[4]                                    # 评论人数
                self.image_dict.update({name: row[5]})             # 图片
                crew = row[6]                                       # 演员
                url = row[7]                                        # 原文地址
                self.treeview.insert(parent="", index=tkinter.END,
                    values=(name, type, rank, crew, rating, comment,url))  # 列表项
def main():                                                        # 主函数
    MainForm()                                                     # 显示窗体
if __name__ == "__main__":                                         # 判断执行名称
    main()                                                         # 调用主函数
```

程序执行结果：

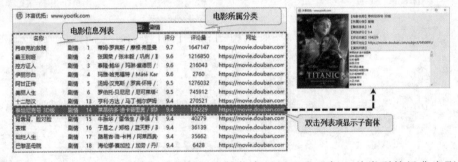

　　本程序通过一个列表操作实现了爬虫数据目录的信息显示，由于每一种类型的经典电影都保存在一个独立的 csv 文件里面，那么就可以将这些文件名称作为下拉列表项，当修改下拉列表项时就会加载里面的数据内容，每当双击列表项后就可以显示出电影的详细信息。

20.2.2　jieba 分词

	视频名称	2006_jieba 分词
	课程目标	掌握
	视频简介	使用爬虫获得的数据汇总到本地后，就可以对其进行分析了，国内有一款著名的 jieba 组件可以方便地实现对数据中词汇统计操作。本课程利用 jieba 组件实现了对数据爬取文件的单词统计。

　　分词是一种将整句按照一定规范进行拆分操作的统称，例如：英文句子会按照空格拆分单词，这样就会形成一系列独立的词语，有了这些独立的词语后就可以方便地进行数据处理。但是中文分词比较麻烦，因为中文一句话不可能按照每个字进行拆分，而是需要进行词汇的匹配。为了简化这样的分词操作，项目开发中一般都会使用一些开源的分词组件，在国内较为著名的分词工具就是 jieba（结巴分词）。

　　jieba 是在中文自然语言处理中用得最多的工具包之一，它以分词起家，目前已经能够实现包括分词、词性标注以及命名实体识别等多种功能。其常用函数如表 20-4 所示。考虑到分词的效果与性能，在 jieba 组件中提供有三种分词模式。

- ↘ **精确模式**：将句子进行最精确的切分，分词速度相对较低，但是较为准确。
- ↘ **全模式**：基于词汇列表将句子中所有可以成词的词语都扫描出来，该模式处理速度非常快，但是不能有效解决歧义的问题。
- ↘ **搜索引擎模式**：在精确模式的基础上，对长词进行再次切分，该模式适合用于搜索引擎构建索引的分词。

表 20-4　jieba 常用函数

序　号	函　　数	描　　述
1	def lcut(self, *args, **kwargs)	精确模式，返回一个列表类型的分词结果，如果设置了"cut_all=True"，则表示全模式
2	def lcut_for_search(self, *args, **kwargs)	搜索引擎模式
3	def add_word(self, word, freq=None, tag=None)	向分词词典追加新词

　　在使用 jieba 进行分词的时候需要将所有统计的数据写入到内存中，而后 jieba 就会按照其词库以及所选择的分词模式进行处理。下面针对之前爬虫爬取到的数据进行分词统计。

实例： 对经典电影进行数据统计

```python
# coding:UTF-8
import os, fileinput, glob, jieba                              # pip install jieba
PATH = "E:" + os.sep + "douban" + os.sep + "*.csv"             # 数据路径
def main():                                                     # 主函数
    results = {}                                                # 保存最终统计结果
    for data in fileinput.input(files=glob.glob(PATH),
            openhook=fileinput.hook_encoded("UTF-8")):          # 读取目录数据
        words = jieba.lcut(data, cut_all=True)                  # 进行精确匹配
        for word in words:                                      # 迭代所有
            if len(word) == 1:                                  # 单个词语不计算在内
                continue                                        # 继续执行
            else:                                               # 已有统计
                results[word] = results.get(word, 0) + 1        # 重复的词语累加统计量
    items = list(results.items())                               # 将键值对转换成列表
    items.sort(key=lambda x: x[1], reverse=True)                # 降序排列
    for i in range(50):                                         # 获取部分结果
        word, count = items[i]                                  # 获取单词和数量
        print("%s:%s" % (word, count))                          # 输出统计结果
if __name__ == "__main__":                                      # 判断执行名称
    main()                                                      # 调用主函数
程序执行结果：
周星驰:14
```

莱昂纳多:**17**
其他数据不显示

通过本程序的数据统计后发现，与"周星驰"有关的电影有 14 部，与"莱昂纳多"有关的电影有 17 部。但是需要注意的是，这是名称的统计，不一定是具体的某一位人员，而分词的准确性还是要看相关词库的支持。

20.2.3 wordcloud

	视频名称	2007_wordcloud
	课程目标	掌握
	视频简介	数据统计除了使用数字进行展示之外，还可以通过图形化的形式进行展示。词云是一款著名的 Python 模块，可以根据大小和统计结果进行统计图形的展示。

在进行信息统计时，如果都是以统计数字的形式给出最终的统计结果，那么往往是不清晰的，所以可以借助 wordcloud（词云）展示统计结果，该组件针对出现频率较高的"关键词"予以视觉化的展示，同时又会自动过滤掉大量的低频低质的词汇信息。

> **提示：关于 wordcloud 安装**
>
> Python 的组件常常使用 pip 工具进行安装，但是当读者使用 pip install wordcloud 命令操作时会发现无法安装 wordcloud。造成此问题的原因有可能是缺少一些与之相关的配置环境，所以此时建议读者手工下载组件包，下载网址为 https://www.lfd.uci.edu/~gohlke/pythonlibs/#wordcloud，而后下载与当前开发者 Python 相关的软件包后就可以直接在系统本地使用以下命令进行安装。
>
> **实例：安装 wordcloud 模块**
>
> ```
> pip install wordcloud-1.5.0-cp37-cp37m-win32.whl
> ```
>
> 安装完成之后，代码中再次导入 wordcloud 组件就可以正常使用了。

wordcloud 模块中主要通过 WordCloud 类实现统计的处理操作，WordCloud 类中的常用方法如表 20-5 所示。

表 20-5　WordCloud 类的常用方法

序　号	方　　法	类　型	描　　述
1	def __init__(self, font_path=None, width=400, height=200, margin=2, ranks_only=None, prefer_horizontal=.9, mask=None, scale=1, color_func=None, max_words=200, min_font_size=4, stopwords=None, random_state=None, background_color='black', max_font_size=None, font_step=1, mode="RGB", relative_scaling='auto', regexp=None, collocations=True, colormap=None, normalize_plurals=True, contour_width=0, contour_color='black', repeat=False):	构造	构造一个 WordCloud 类对象，主要参数作用如下。 ⮞ width：生成图片宽度 ⮞ height：生成图片高度 ⮞ min_font_size：最小字号 ⮞ max_font_size：最大字号，根据高度自动调节 ⮞ font_step：步进间隔 ⮞ font_path：字体路径 ⮞ max_words：最大单词量 ⮞ stopwords：不显示词汇列表 ⮞ mask：设置词云形状 ⮞ background_color：设置背景颜色
2	def generate(self, text):	方法	参与统计的数据信息，空格分隔
3	def to_file(self, filename)	方法	图片存储

词云在进行数据统计时需要通过 generate()方法设置要参与统计的数据，本次可以直接将 jieba 分词的结果作为参与统计的数据，这样就可以以图形的方式查看最终的统计结果。

实例：实现对电影词汇的统计

```python
# coding:UTF-8
import os, jieba, fileinput, glob, wordcloud          # 模块导入
SAVE_PATH = "d:" + os.sep + "movie.png"               # 统计结果保存路径
PATH = "E:" + os.sep + "douban" + os.sep + "*.csv"    # 数据输入路径
def main():                                            # 主函数
    results = {}                                       # 保存最终统计结果
    for data in fileinput.input(files=glob.glob(PATH),
            openhook=fileinput.hook_encoded("UTF-8")): # 读取内容
        words = jieba.lcut(data, cut_all=True)         # 进行精确匹配
        for word in words:                             # 迭代所有
            if len(word) == 1:                         # 单个词语不计算在内
                continue                               # 继续执行
            else:                                      # 已有统计
                results[word] = results.get(word, "") + " " + word   # 重复的词语累加统计量
    result_text = " ".join(results.values())          # 获取全部词汇
    cloud = wordcloud.WordCloud(
        collocations=False,                            # 避免重复数据
        # 设置字体路径、背景色、宽度、高度以及不参与统计的单词列表
        font_path="C:/Windows/Fonts/simfang.ttf",
        background_color="white", width=1000, height=380,
        stopwords=["jpg","http","https","movie","douban","subject","com"])
    cloud.generate(result_text)                        # 加载处理文本
    cloud.to_file(SAVE_PATH)                           # 保存处理结果
if __name__ == "__main__":                             # 判断执行名称
    main()                                             # 调用主函数
```

程序执行结果：

本程序利用 jieba 对数据文件进行分词处理后，将每一个单词都保存在了结果集中，由于所有的数据都以空格的形式分隔才能够通过词云进行统计，所以先通过 results.values()获取全部单词的数据，再通过词云处理后会滤除掉低频和排除列表中的信息，最终统计完成后会将统计结果保存在磁盘上。

20.3　本章小结

1．网络爬虫是自动进行链接访问并将数据保存在本地的一种技术统称。

2．requests 提供了简化的 HTTP 请求以及响应接收的操作方式。

3．通过 HTTP 响应接收到的数据，需要对 HTML 文件内容进行解析，可以通过 BeautifulSoup 工具并根据标签解析出需要的数据内容。

4．通过 requests 只能够实现静态页面的数据抓取，如果要实现动态页面数据抓取，则可以通过 selenium 调用本地浏览器驱动的方式进行异步加载与内容解析。

5．爬虫爬取到的数据经过整理后可以保存在数据库或者文件中。

6．对于保存在文件中的信息可以利用 jieba 工具进行分词统计处理，或者利用 wordcloud 直观地实现图形统计。

第 21 章　Flask

学习目标

- 掌握 WSGI 标准中的 WebServer 与 WebApplication 的概念并可以实现 Flask 项目部署；
- 掌握 Flask 路由的定义，并可以实现路由进行参数传递；
- 掌握 Flask 中请求与响应的处理，可以熟练使用 request、response、session 等概念进行 WEB 开发；
- 掌握 MVC 设计模式的定义，并深刻理解 MVC 设计模式的应用；
- 掌握 Jinja2 模板的定义，并可以实现参数传递以及视图程序逻辑处理；
- 掌握宏定义、include、模板继承的概念，并且可以在项目中通过这些技术实现代码的可重用设计；
- 掌握 Flask 中钩子函数的使用以及不同的钩子函数调用时机；
- 掌握蓝图的定义，并可以使用蓝图实现大型项目的模块拆分；
- 掌握 Flask 与 SQLAlchemy 组件的使用，并可以在 WEB 项目中通过 ORM 组件实现数据库操作；
- 掌握 FlaskWTF 组件，并可以通过此组件实现表单验证以及防范 CSRF 攻击。

　　Flask 是一个著名的 Python 开发框架，通过其可以方便地进行 WEB 程序的编写。本章将讲解 Flask 基本定义、请求与回应处理以及 Jinja2 模板的使用。

21.1　Flask 编程起步

视频名称	2101_Flask 与动态 WEB	
课程目标	理解	
视频简介	Flask 是动态 WEB 开发的 Python 实现。本课程解释了动态 WEB 和静态 WEB 的区别，同时从宏观角度介绍了 Flask 组件的组成。	

　　WEB（全球广域网或称为万维网）是建立在 Internet 上的一种网络服务器，其主要是依靠 HTTP 作为传输交互协议，同时使用 HTML 进行显示内容的标记。在 WEB 发展中经历了两个阶段：静态 WEB 和动态 WEB。

- 静态 WEB 是 WEB 的最初形式，传统的静态 WEB 由于其代码是固定的，所以不同的用户都只会看见相同的内容，这样就决定了其主要的应用方向是进行一些科研成果的展示，如图 21-1 所示。
- 动态 WEB 是现在 WEB 开发的主流形式，其最大的特点是程序拥有交互性，即可以根据用户的请求内容动态地响应不同的数据信息，同时动态 WEB 是基于 HTML 进行响应的一种操作，如图 21-2 所示。但是与传统静态 WEB 最大的区别在于动态 WEB 中的 HTML 代码都是动态拼凑的，所以不同的用户访问同一个路径也会看见不同的页面内容。

　　Flask 是一个基于 Python 编写的轻量级动态 WEB 应用微型框架，可以方便地实现 B/S 架构程序的开发与定义，同时又可以基于已有的 Python 语法进行各种程序功能的处理。Flask 是一个基于 WSGI 标准的 WEB 应用程序，其本身提供了方便的路由以及模板加载机制进行 WEB 的请求与响应处理，同时还针对 HTTP 协议中的各种数据操作进行了包装，提供了统一的操作对象和处理函数。为帮助读者快速理解 Flask 的使用，下面将通过基本的启动以及服务部署的形式为读者建立 Flask 应用的直观概念。

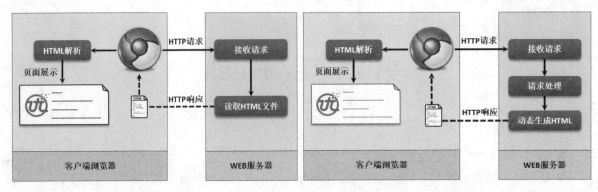

图 21-1　静态 WEB　　　　　　　　　　　图 21-2　动态 WEB

21.1.1　构建基础 WEB 应用

视频名称	2102_构建基础 WEB 应用
课程目标	掌握
视频简介	Flask 基于 Python 语法完成，可以方便地在 Python 程序中通过路由以及函数绑定的形式实现动态请求交互。本课程讲解了如何通过主函数以及 Flask 命令实现 Flask 程序启动的操作。

Flask 需要开发者单独进行模块的安装，随后就可以通过 flask.Flask 类的实例化对象实现来实现回应的信息函数以及路由信息。下面通过一个具体的程序实现一个 WEB 首页信息的定义。

实例： 编写第一个 Flask 程序

```
# coding:UTF-8
import flask                          # pip install Flask
app = flask.Flask(__name__)           # 创建一个 Flask 对象
@app.route("/")                       # 设置访问路径"/"为根路径（只支持 GET 请求）
def index():                          # 定义 HTTP 首页
    return "<h1>沐言优拓：www.yootk.com</h1>"   # 返回信息
if __name__ == "__main__":            # 程序启动
    app.run()                         # 运行 WEB 程序
```

程序执行结果：

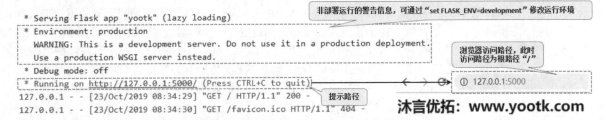

本程序实现一个最基础的 WEB 应用，在构建 WEB 应用时首先需要提供一个 Flask 类的实例化对象，随后就可以利用此对象进行路由访问定义。本程序定义了一个根路径的访问路径"@app.route("/")"，所以当用户输入访问地址后就返回 index()函数定义的 HTML 代码。

提示：通过 flask 命令执行

以上的程序是采用传统方式通过主函数定义的形式执行的，实际上当用户安装了 Flask 模块之后，就可以直接使用 flask 命令形式来执行。下面来观察具体的操作步骤。

（1）创建一个 app.py 程序（未修改环境变量时名称必须为 app.py）。

```
# coding:UTF-8
import flask                               # pip install Flask
app = flask.Flask(__name__)                # 创建一个 Flask 对象
@app.route("/")                            # 设置访问路径"/"为根路径
def index():                               # 定义 HTTP 首页
    return "<h1>沐言优拓: www.yootk.com</h1>"  # 返回信息
```

本程序创建了一个 Flask 应用，但是此时的程序并没有通过 main()函数运行，而是直接以普通代码的形式定义，这就需要通过外部启动，同时在 Flask 中默认的启动程序名称为 app.py（可修改）。

（2）Python 项目开发大多基于 venv 虚拟环境，本程序的 Flask 也安装在虚拟环境下，所以首先通过命令脚本启动虚拟环境：venv\Scripts\activate.bat。

（3）通过 Flask 提供的命令，启动程序：flask run。此时将得到与上一程序相同的提示信息，随后就可以通过浏览器输入地址进行访问。

（4）如果开发者希望自定义一个 Flask 的启动程序，则可以配置新的环境变量。

```
set FLASK_APP=yootk.py
```

这样当 Flask 程序执行时就会自动找到 yootk.py（不再使用 app.py）并执行程序。

21.1.2　Flask 运行参数

视频名称	2103_Flask 运行参数	
课程目标	掌握	
视频简介	Flask 可以直接以 WEB 程序的形式运行 Python 程序，这样就需要有大量的配置参数进行环境定义。本课程通过 run()方法的参数和 python-dotenv 实现了环境管理。	

当一个 Flask 程序定义完成之后就可以直接利用 Flask 类的实例化对象运行 WEB 服务器，这样所有的客户端就可以根据地址进行访问，而默认情况下，Flask 运行时会自动绑定本机的 5000 端口，如果需要修改这种默认配置，则可以使用三种配置方式：基于程序配置、基于 flask 命令配置、使用 python-dotenv 环境管理模块。

方式一： 在使用 Flask 实例化对象启动 WEB 应用时，可以在 run()方法中传递若干参数，如绑定主机（host）、绑定端口（port）、是否以调试模式启动（debug），如下面代码所示。

```
if __name__ == "__main__":                          # 程序启动
    app.run(host="0.0.0.0", port=8080, debug=True)  # 运行 WEB 程序
```

此时运行程序会将 WEB 服务直接绑定在本机的 8080 端口上运行，同时开启了调试模式，这样对用户的每一次请求都会进行跟踪并在后台输出相应信息。

方式二： 通过 Flask 启动应用，并设置相关运行参数。

SET FLASK_DEBUG=1	SET FLASK_DEBUG=1
flask run -h 0.0.0.0 -p 8080 --debugger	flask run --host 0.0.0.0 --port 8080

"flask run"是 Flask 程序启动的命令，在此命令后可以追加两个参数：绑定主机"-h 0.0.0.0"（或"--host 0.0.0.0"）、绑定端口"-p 8080"（或"--port 8080"），本次操作是将运行程序绑定在当前主机中的 8080 端口上运行。

方式三： 为了方便地进行 Flask 运行环境的管理，可以使用 python-dotenv 模块，这样只需要通过一个配置文件即可实现环境配置。

- 安装 python-dotenv 模块：pip install python-dotenv。
- 定义配置文件：在程序目录中定义.flaskenv 配置文件。配置信息如表 21-1 所示。
- 由于配置文件的存在，用户只需要执行 flask run 命令系统就会自动加载.flaskenv 配置文件定义的参数。

表 21-1　配置信息

序　号	配　置　信　息	描　　述
1	FLASK_APP=main.py	定义 Flask 默认执行程序名称
2	FLASK_RUN_HOST=0.0.0.0	定义 Flask 程序绑定主机名称
3	FLASK_RUN_PORT=8080	定义 Flask 程序运行端口号
4	FLASK_ENV=development	定义当前运行环境为开发环境，如果是生产环境，则设置为 production
5	FLASK_DEBUG=1	启用调试模式：1 为打开，0 为关闭

21.1.3　WSGI

视频名称	2104_WSGI
课程目标	掌握
视频简介	WSGI 是 Python 提供的 WEB 开发标准，Flask 是其应用程序的组成。本课程基于 Linux 操作系统实现了 WEB 程序的部署。

网络服务器网关接口（Web Server Gateway Interface，WSGI）是一个在网络服务器（Web Server）和网络程序（Web Application）之间设计的一套标准协议规范，其主要的目的就是服务于发布与应用开发的解耦合设计。在 WSGI 处理中，所有用户的请求要全部发送到 Web Server 中，由 Web Server 负责所有的进程管理并且将所有的用户请求交由 Web Application 负责处理，Web Application 将回应信息通过 Web Server 返回给客户端。WSGI 操作规范如图 21-3 所示。

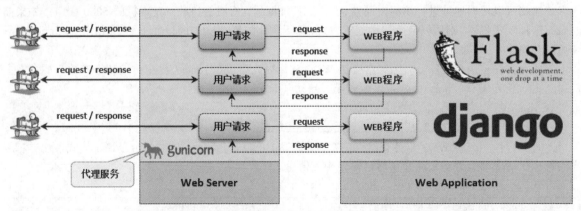

图 21-3　WSGI 操作规范

本章所讲解的 Flask 就属于一个实现了 Web Application 协议标准的开发框架，而本次所使用的 gunicorn 就是一个实现了 Web Server 协议标准的应用服务器，并且其在 UNIX 系统之中被广泛使用。下面将通过具体的操作步骤讲解 Flask 程序的发布操作流程。

> **提示：关于 gunicorn 的说明**
>
> 由于 gunicorn 只能够运行在 Linux/UNIX 系统中，所以本次的程序无法在 Windows 系统中完成，开发者也可以使用 CentOS 或 UBuntu 之类的系统完成。

（1）【CentOS 系统】通过 pip3 下载相关依赖库。

```
pip3 install gunicorn greenlet eventlet gevent Flask --user
```

在使用 gunicorn 服务器时需要协程的支持，所以本次也同时安装了 greenlet、gevent 依赖库，并将 gunicorn 命令自动保存在用户目录下的 ".local" 子目录中。

（2）【CentOS 系统】建立一个代码保存目录：mkdir -p /usr/local/code。

（3）【CentOS 系统】编写程序执行文件（main.py）：vi /usr/local/code/main.py。

```
# coding:UTF-8
import flask                                      # 模块导入
app = flask.Flask(__name__)                       # 创建一个 Flask 对象
@app.route("/")                                   # 设置访问路径"/"为根路径
def index():                                      # 定义 HTTP 首页
    return "<h1>沐言优拓：www.yootk.com</h1>"      # 返回信息
```

（4）【CentOS 系统】如果要想执行程序，则需要进入到程序所在的目录：cd /usr/local/code。

（5）【CentOS 系统】使用 gunicorn 启动程序。

```
~/.local/bin/gunicorn -w 4 -b 0.0.0.0:8080 main:app
```

此时的程序设置了 4 个工作进程，同时将服务绑定在了本地的 8080 端口上，这样在外部通过浏览器和指定服务端口就可以方便地进行程序访问。

（6）【CentOS 系统】如果每一次的服务启动都是通过命令参数的形式，那么肯定会非常不方便，所以一般在使用 gunicorn 服务器时都会创建一个服务的程序类（config.py），并使用表 21-2 所示的配置项进行相关定义。

表 21-2 gunicorn 服务配置项

序　号	配　置　项	参 数 名 称	描　　述
1	服务端 Socket	bind	服务监听地址和端口
2		backlog	设置客户端等待上限，若超过此上限则会报错
3	Worker 进程	workers	处理请求的进程数量，默认为 1
4		worker_class	进程工作方式，有 sync（默认）、eventlet、gevent、tornado、gthread
5		threads	工作线程数量，只适用于 gthread 模式
6		worker_connections	客户端最大连接数，只适用于 eventlet、gevent 模式
7		max_requests	重启前最大用户请求数量，默认为 0，过大会造成内存泄漏
8		max_requests_jitter	防止 worker 全部同时启动
9		timeout	访问超时时间
10		graceful_timeout	服务重启前提供的请求处理延迟时间
11		keepalive	服务端保持连接的时间
12		proc_name	设置进程名称
13	访问安全	limit_request_line	HTTP 请求最大字节数，设置 0 表示无限制

续表

序　号	配置项	参数名称	描　述
14	访问安全	limit_request_field	HTTP 请求 Header 中的数据个数，默认为 100，最大为 32768
15		limit_request_field_size	HTTP 请求 Header 的字节数，设置 0 表示无限制
16	调试	reload	自动加载修改后的代码，主要在开发环境下使用
17		reload_extra_files	reload 扩展配置
18		spew	跟踪每一行程序
19		check_config	配置检查
20	服务器配置	sendfile	系统底层数据复制方式
21		chdir	设置程序的加载目录
22		daemon	应用是否以后台方式运行
23		raw_env	采用 key=value 的模式传递环境参数
24		pidfile	进程编号保存文件路径
25		worker_tmp_dir	临时工作目录
26		user	设置 worker 进程运行的用户名
27		group	设置 worker 进程所在用户组
28		umask	文件创建权限
29		pythonpath	添加路径到 Python 目录列表
30	日志	accesslog	访问日志保存路径
31		access_log_format	日志记录格式
32		errorlog	错误日志路径
33		loglever	日志级别，分为 debug、info、warning、error、critical
34		capture_output	重定向 stdout/stderr 到错误日志文件
35		logger_class	日志实现类型，默认为 gunicorn.glogging.Logger
36		logconfig	日志配置文件

为了分别保存相关的配置文件以及日志文件，建议在工作目录中创建两个子目录：config、logs。

实例：创建两个子目录（用于保存 gunicorn 相关文件）

```
mkdir -p /usr/local/code/{config,logs}
```

（7）【CentOS 系统】定义 gunicorn 配置文件，配置服务器环境参数：vi /usr/local/code/config/config.py。

```python
import gevent.monkey                                    # 引入协程处理
import multiprocessing                                  # 设置服务进程数
gevent.monkey.patch_all()                               # 动态替换为非阻塞 socket
chdir="/usr/local/code/"                                # 程序启动前进入到指定目录
loglevel = "debug"                                      # 定义日志级别
bind = "0.0.0.0:8080"                                   # 绑定主机与端口
pidfile = "/usr/local/code/app.pid"                     # 进程 ID
accesslog = "/usr/local/code/logs/access.log"           # 访问日志保存路径
errorlog = "/usr/local/code/logs/error.log"             # 错误日志保存路径
daemon = True                                           # 后台运行
```

```
workers = multiprocessing.cpu_count()              # 启动的进程数
worker_class = "gevent"                             # 协程工作模式
```

（8）【CentOS 系统】直接通过配置文件实现程序运行。

```
~/.local/bin/gunicorn -c /usr/local/code/config/config.py main:app
```

本命令使用-c 参数加载了配置类，这样运行和出现错误后所有的信息都会保存在日志文件下，便于项目的修改与维护。

21.2　Flask 路 由

视频名称	2105_Flask 路由配置	
课程目标	掌握	
视频简介	Flask 内部除了使用装饰器的模式实现路由定义之外，也可以直接通过原生方法定义路由。本课程分析了路由定义方法，同时讲解了 endpoint 的作用以及其默认数据的定义。	

在 Flask 中，所有可以处理用户请求的路径都需要定义相应的处理函数，默认情况下通过 @app.route("/")装饰器实现路由定义，而实际上在 Flask 类中也提供有与之匹配的操作方法。此方法定义如下：

```
def add_url_rule(self, rule, endpoint=None, view_func=None,
    provide_automatic_options=None, **options)
```

在 add_url_rule()方法中有三个核心的处理参数。

➥　rule：定义路由规则（访问路径）。

➥　endpoint：定义该路由的唯一标识。

➥　view_func：与路由匹配视图显示函数。

实例： 使用 Flask 内置方法定义路由

```
# coding:UTF-8
import flask                                        # pip install Flask
app = flask.Flask(__name__)                         # 创建一个 Flask 对象
def index():                                        # 定义 HTTP 首页
    return "<h1>沐言优拓：www.yootk.com</h1>"         # 返回信息
if __name__ == "__main__":                          # 程序启动
    app.add_url_rule("/", "index", index, methods=["GET", "POST"])    # 定义路由
    app.run()                                       # 运行 WEB 程序
```

本程序并没有使用装饰器，而是基于 Flask 类的实例化对象通过 add_url_rule()定义访问路由，而最终的效果与之前完全相同。在进行路由定义时，endpoint 是一个路由的标识，开发者可以使用 flask.url_for() 根据标识反向获取 URL。

实例： 根据 endpoint 获取反向 URL

```
# coding:UTF-8
import flask                                        # pip install Flask
app = flask.Flask(__name__)                         # 创建一个 Flask 对象
def index():                                        # 定义 HTTP 首页
```

```
        print("反向 URL: %s" % flask.url_for("index"))          # 输出 url_for 处理结果
        return "<h1>沐言优拓: www.yootk.com</h1>"               # 返回信息
if __name__ == "__main__":                                      # 程序启动
        app.add_url_rule("/", "index", index, methods=["GET", "POST"])    # 定义路由
        app.run()                                               # 运行 WEB 程序
```

程序执行结果：

反向 URL: /（浏览器访问时输出）

本程序在进行视图函数调用时通过 endpoint 名称实现了路径的反向获取（获取到了一个相对路径），所以项目中的 endpoint 名称不能重复。

 提问：endpoint 的默认名称是什么？

在使用装饰器实现访问路由的定义中并没有设置 endpoint 内容，那么这个时候 endpoint 的默认名称是什么？

 回答：默认为函数名称。

如果在定义路由规则时没有设置 endpoint 名称，这时会以函数名称作为 endpoint 名称（函数名称不会重复，所以 endpoint 也就不会重复），这一点可以通过 add_url_rule() 方法定义的源代码观察到。

实例：add_url_rule() 方法部分源代码分析

```
if endpoint is None:                    # 没有设置 endpoint，使用函数名称表示
    endpoint = _endpoint_from_view_func(view_func)
```

通过源代码可以发现，在使用 add_url_rule() 方法时如果发现 endpoint 内容为空，则调用了 _endpoint_from_view_func() 函数，该函数会将函数名称作为默认的 endpoint 内容。

21.2.1　路由参数

视频名称	2106_路由参数
课程目标	掌握
视频简介	除了可以实现交互式访问外，路由也可以基于路由进行参数的传递。本课程讲解了路由参数的接收以及 Flask 内部提供的各个参数转换器的使用。

Flask 中最为核心的就是访问路由，不同的路由除了可以标记不同的视图显示代码之外，还可以进行参数的传递。在整个 WEB 开发中，最常见的参数类型就是字符串，但是为了便于用户接收参数数据，在 Flask 中提供了常见数据类型的转换器。这些转换器如表 21-3 所示。

表 21-3　Flask 提供的转换器

序　号	转换器类型	描　述	示　例
1	string	默认类型，接收不包含 "/" 字符串	\<username\>、\<string:username\>
2	int	接收正整数	\<int:age\>
3	float	接收正浮点数	\<float:salary\>
4	path	接收字符串，可以包含 "/"	\<path:subpath\>
5	uuid	接收 UUID 字符串	\<uuid:photo_name\>

对于要接收的参数可以直接利用 URL 访问地址来实现，为了确保参数可以被正常接收，接收的参数需要通过 "<数据类型:变量名称>" 的形式进行定义，同时在处理请求的函数中也需要设置匹配的变

量名称。

实例：通过 URL 传递字符串参数

```
# coding:UTF-8
import flask                                              # pip install Flask
app = flask.Flask(__name__)                              # 创建一个 Flask 对象
@app.route("/<username>", methods=["GET", "POST"])       # 访问路由
    def index(username):                                 # 接收路径参数
        return "<h1>%s</h1>" % username                  # 返回信息
if __name__ == "__main__":                               # 程序启动
    app.run()                                            # 运行 WEB 程序
```

程序执行结果：

沐言优拓: www.yootk.com

地址之后附加参数

index()函数处理后返回信息，动态返回

　　本程序实现了一个通过路径接收用户名参数的操作，由于用户名的数据类型为字符串，所以直接使用 "<变量>" 定义了路径接收参数的名称，同时在 index() 函数里面也设置了相同的参数名称。通过执行结果可以发现，用户通过指定路径输入的内容可以直接在 index() 函数中以 HTML 代码的形式响应给客户端。

> **提示：参数默认值**
>
> 　　为了方便起见，在一些程序调试过程中会使用一些默认的、固定不变的参数值，这时只需要在路由装饰器中使用 defaults 进行配置即可实现。
>
> **实例：使用 defaults 定义默认参数内容**
>
> ```
> @app.route("/<username>", defaults={"username": "yootk"})   # 访问路由
>     def index(username):                                    # 内容固定为 yootk
>         return "<h1>%s</h1>" % username                     # 返回信息
> ```
>
> 　　本程序设置了一个默认值，用户输入任何数据，username 的参数内容都是 yootk。

　　Flask 最灵活的地方是允许用户自定义参数接收的格式，这就是说，除了使用传统的路径分隔符的形式传递参数外，开发者也可以使用一些自定义的符号来实现多个参数的传输。

实例：通过自定义格式传递多个请求参数

```
# coding:UTF-8
import flask                                              # pip install Flask
app = flask.Flask(__name__)                              # 创建一个 Flask 对象
@app.route("/news/<logo>-<title>-<url>", methods=["GET", "POST"])  # 访问路由
    def index(logo, title, url):                         # 接收多个参数
        return "<h1>【%s】%s: %s</h1>" % (logo, title, url)  # 返回信息
if __name__ == "__main__":                               # 程序启动
    app.run()                                            # 运行 WEB 程序
```

程序执行结果：

本程序设置了一个多参数传递的规则，在一个/news 路径后使用"参数-参数-参数"的形式传递了多个数据。

字符串是路由参数最为常见的一种数据类型，所以接收字符串时只需要使用"<参数名称>"的格式即可，如果此时传递的是数字（整数或浮点数），就需要在参数前追加相应的转换器标记。

实例：接收并利用转换器处理数字类型参数

```
# coding:UTF-8
import flask                                                    # pip install Flask
app = flask.Flask(__name__)                                     # 创建一个 Flask 对象
@app.route("/<int:age>/<float:salary>", methods=["GET", "POST"]) # 访问路由
def index(age, salary):                                         # 接收数字参数
    return "<h1>年龄：%d、月薪：%10.2f</h1>" % (age, round(salary, 2))  # 返回信息
if __name__ == "__main__":                                      # 程序启动
    app.run()                                                   # 运行 WEB 程序
```

程序执行结果：

本程序利用路径的形式设置了两个数字参数，随后利用 int 和 float 转换器将提交的字符串内容转换为相应的数据类型，并拼凑为 HTML 数据进行返回。

实例：接收子路径

```
# coding:UTF-8
import flask                                                    # pip install Flask
app = flask.Flask(__name__)                                     # 创建一个 Flask 对象
@app.route("/<path:subpath>", methods=["GET", "POST"])          # 访问路由
def index(subpath):                                             # 接收子路径
    return "<h1>%s</h1>" % subpath                              # 返回信息
if __name__ == "__main__":                                      # 程序启动
    app.run()                                                   # 运行 WEB 程序
```

程序执行结果：

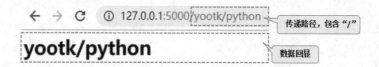

子路径是一个可以包含有路径分隔符 "/" 的字符串数据，所以需要使用 path 转换器才可以正常接收路径参数。除了路径这种特殊参数之外，还可以接收 UUID 结构的参数内容。

实例：接收 UUID 参数

```python
# coding:UTF-8
import flask                                              # pip install Flask
app = flask.Flask(__name__)                               # 创建一个 Flask 对象
@app.route("/<uuid:photo_name>.jpg", methods=["GET", "POST"])   # 访问路由
def index(photo_name):                                    # 接收 UUID 参数
    return "<h1>图片名称：%s</h1>" % photo_name            # 返回信息
if __name__ == "__main__":                                # 程序启动
    app.run()                                             # 运行 WEB 程序
```

程序执行结果：

← → C ① localhost:5000/f852c442-f57b-11e9-ad80-0c9d92bc1f63.jpg

图片名称： **f852c442-f57b-11e9-ad80-0c9d92bc1f63**

本程序实现了一个 UUID 匹配图片名称路径的处理操作，只要传递的 UUID 的格式正确，就可以通过转换器处理。

 提问：UUID 的作用是什么？

在 Flask 中提供了 UUID 的数据转换器，同时还需要符合数据格式要求，那么这个数据是如何生成的？实际中有什么用处？

 回答：UUID 可以随机生成唯一标记。

通用唯一识别码（Universally Unique Identifier，UUID）是一种利用时间戳、时钟序列、硬件识别号等随机生成的唯一编码的技术，利用此编码形式可以帮助开发者避免重复信息编号的出现。例如，在进行文件上传时可以通过此方式实现上传文件的统一命名。如果要想在 Python 中生成 UUID，可以直接使用 uuid 模块完成。

实例：根据时间戳和 MAC 地址生成 UUID

```python
# coding:UTF-8
import uuid                      # 模块导入
print(uuid.uuid1())             # 生成并输出 UUID 字符串
程序执行结果：
f852c442-f57b-11e9-ad80-0c9d92bc1f63
```

在 uuid 模块中提供了许多函数，其中 uuid1() 是根据时间戳和 MAC 地址来生成 UUID 的（也可以包含其他的 uuidX() 函数），此类数据一般不会有重复。

21.2.2　正则路由

视频名称	2107_正则路由
课程目标	掌握
视频简介	为了保证路由参数传递的正确性，除了使用内置的转换器外，也可以基于正则匹配的形式进行处理。本课程讲解了正则匹配路由的定义和使用。

利用 Flask 内置的转换器可以方便地实现路径参数的接收，但是内置的转换器功能有限，所以在 Flask

中提供了对扩展转换器的支持。开发者只需要定义一个 werkzeug.routing.BaseConverter 子类，同时在 Flask 类中注册后即可实现自定义转换器操作。

实例： 自定义转换器并实现正则路由

```
# coding:UTF-8
import werkzeug.routing, flask                          # pip install Flask
class RegexConverter(werkzeug.routing.BaseConverter):   # 正则转换器
    def __init__(self, url_map, *args):                 # 接收 url_map
        super(RegexConverter, self).__init__(url_map)   # 调用父类构造
        self.regex = args[0]                            # 第 1 个参数为匹配规则
app = flask.Flask(__name__)                             # 创建一个 Flask 对象
app.url_map.converters["regex"] = RegexConverter        # 注册转换器
@app.route("/news/edit-<regex('\d{3,6}'):nid>")        # 正则路由
def message(nid):                                        # 路由处理函数
    return "<h1>新闻编号：%s</h1>" % nid                 # 返回信息
if __name__ == "__main__":                              # 程序启动
    app.run()                                           # 运行 WEB 程序
```

程序执行结果：

本程序使用自定义转换器注册了一个 regex 正则路由规则，而要想让正则生效，则必须通过参数设置相应的正则表达式，当用户进行访问时，如果输入的内容符合正则要求，则可以匹配该路由。

21.2.3 多路由

视频名称	2108_多路由
课程目标	掌握
视频简介	在 Flask 程序中，按照指定的规则就可以实现多个路由的定义，多个路由之间可以互相跳转。本课程讲解了多路由的定义以及跳转的两种处理形式。

一个 WEB 程序中一定会包含有大量的访问路径，此时就需要在一个程序中设置多个不同的路由，并且需要为每一个路由绑定不同的处理函数。

实例： 定义两个路由

```
# coding:UTF-8
import flask                                            # pip install Flask
app = flask.Flask(__name__)                             # 创建一个 Flask 对象
@app.route("/message", methods=["GET", "POST"])        # 访问路由
def message():                                           # 路由处理函数
    return "<h1>沐言优拓：www.yootk.com</h1>"            # 返回信息
@app.route("/teacher/", methods=["GET", "POST"])       # 访问路由
def teacher():                                           # 路由处理函数
    return "<h1>沐言优拓讲师：小李老师</h1>"             # 返回信息
```

```
if __name__ == "__main__":                                      # 程序启动
    app.run()                                                   # 运行 WEB 程序
```

程序执行结果：

本程序定义了两个不同的访问路由，当程序启动后就可以依据路由名称来返回不同的视图代码。

 提问：如何理解路径结尾的分隔符？

在以上程序定义路径的时候使用了"/message"和"/teacher/"，在进行网页访问时，我个人输入的是"/teacher"，但是发现浏览器自动匹配"/teacher/"路径，如图 21-4 所示，而在使用"/message/"（结尾多输入了一个"/"）时却无法正常访问，这是什么原因？

图 21-4　路径结尾分隔符自动匹配

回答：通过 strict_slashes 严格斜线参数控制。

在 Flask 中定义访问路径时，都会自动设置一个 strict_slashes 配置选项，该选项默认值为 True，表示进行路径结尾严格的斜线控制"/"，所以在用户使用"/message/"路径时发现是无法找到"/message"路由。如果要想改变这种情况，则将 strict_slashes 的值设置为 False，即可关闭严格斜线控制。

实例：使用 strict_slashes 关闭结尾路径分隔符的严格匹配

```
@app.route("/message", strict_slashes=False)                    # 访问路由
def message():                                                  # message 路由
    return "<h1>沐言优拓：www.yootk.com</h1>"                    # 返回信息
```

此时程序关闭了严格匹配分隔斜线的控制，所以用户输入"/message"或"/message/"都可以访问同样的路径，从实际的开发来讲，建议使用默认的路由定义（即 strict_slashes 参数为 True），这样更加便于区分路径的作用。

在一个 Flask 程序中可以定义多个路由，那么这多个路由之间可以通过装饰器中定义的 redirect_to 参数实现不同路由之间的重定向（即路由跳转）。

实例：路径重定向

```
# coding:UTF-8
import flask                                                    # pip install Flask
app = flask.Flask(__name__)                                     # 创建一个 Flask 对象
@app.route("/message", methods=["GET", "POST"], redirect_to="/teacher")  # 访问路由
def message():                                                  # 路由处理函数
    return "<h1>沐言优拓：www.yootk.com</h1>"                    # 返回信息
@app.route("/teacher/", methods=["GET", "POST"])                # 访问路由
def teacher():                                                  # 路由处理函数
```

```
        return "<h1>沐言优拓讲师：小李老师</h1>"          # 返回信息
if __name__ == "__main__":                              # 程序启动
    app.run()                                           # 运行 WEB 程序
```

程序执行结果：

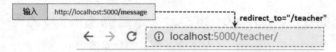

沐言优拓讲师：小李老师

本程序在定义"/message"路由时使用 redirect_to 参数将此路由重定向到了"/teacher"路由，实现了跳转。

> **提示：通过 Flask 函数实现跳转**
>
> 在 Flask 模块里面提供了一个 redirect()函数，利用该函数可以实现和 redirect_to 参数完全相同的处理效果。
>
> **实例：通过 redirect()函数实现重定向**
>
> ```
> @app.route("/message", methods=["GET", "POST"])     # 访问路由
> def message():                                        # 定义 message 路径
>     flask.redirect("/teacher")                        # 重定向
>     return "<h1>沐言优拓：www.yootk.com</h1>"          # 返回信息
> ```
>
> 本程序在"/message"路由处理函数中利用 redirect()函数跳转到了"/teacher"路由，程序最终运行结果与之前的实例相同。

21.2.4　子域名

	视频名称	2109_子域名
	课程目标	掌握
	视频简介	一个项目往往都会绑定一个处理域名，同时也会出现若干与操作有关的子业务程序绑定子域名，Flask 可以实现子域名的直接定义。本课程通过模拟域名的形式实现了子域名访问处理。

随着现代项目业务需求的不断扩大，在一个顶级域名下可能无法实现所有的业务分隔，所以此时会采用大量的二级域名（或称"子域名"）进行处理，如图 21-5 所示。

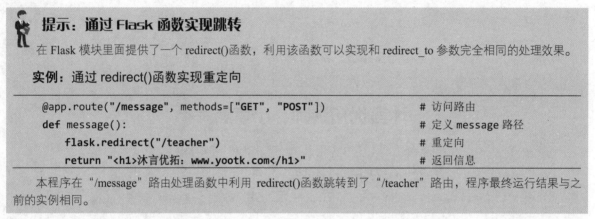

图 21-5　二级域名

在 Flask 中提供了方便的二级域名路由定义支持，而要想实现域名的使用，则首先应该在相应的域名管理平台下创建域名。为了便于读者模拟二级域名的使用，本次直接通过修改 hosts 主机文件来实现。

实例： 修改 hosts 主机文件并自定义域名

```
127.0.0.1   yootk.muyan
127.0.0.1   hello.yootk.muyan
127.0.0.1   kid.yootk.muyan
```

本次定义了一个虚拟的域名 yootk.muyan，同时为了进行验证，创建了 hello 与 kid 两个子域名。

> **注意：hosts 配置域名有可能会无法解析**
>
> 本次的程序开发是通过 Google Chrome 浏览器完成的，但是由于操作系统或者配置的问题可能会导致 Chrome 浏览器无法读取到 hosts 中的主机，从而造成访问失败。为了解决这个问题，笔者使用 Chrome 浏览器中的 Awesome Host Manager 插件进行域名管理，此插件配置的主机名称可以直接生效。配置效果如图 21-6 所示。

图 21-6　Chrome 浏览器插件管理 Hosts

实例： Flask 子域名配置路由

```python
# coding:UTF-8
import flask                                      # pip install Flask
app = flask.Flask(__name__)                       # 创建一个 Flask 对象
@app.route("/")                                   # 访问路由
def index():                                      # 路由处理函数
    return "<h1>沐言优拓：www.yootk.com</h1>"      # 返回信息
@app.route("/", subdomain="kid")                  # 子域名路径
def message():                                    # 路由处理函数
    return "<h1>沐言童趣：www.kidhalo.com</h1>"    # 返回信息
if __name__ == "__main__":                        # 程序启动
    app.config["SERVER_NAME"] = "yootk.muyan"     # 设置主机名称
    app.run(host="0.0.0.0", port=80, debug=True)  # 运行 WEB 程序
```

程序执行结果：

本程序定义了两个路由路径，一个是为主域名（yootk.muyan）服务，另外一个是为子域名（kid.yootk.muyan）服务，所以即便定义了两个相同的路径也不会有任何的冲突，当用户访问时会自动判断用户访问的路径找到不同的响应数据，而除了这些基本功能之外，也可以使用子域名动态路由的形式来进行处理。

实例： 利用动态路由处理不同的子域名访问

```python
# coding:UTF-8
import flask                                      # pip install Flask
app = flask.Flask(__name__)                       # 创建一个 Flask 对象
```

```
@app.route("/", subdomain="<subname>")                      # 动态匹配子域名
def index(subname):                                         # 路由处理函数
    return "<h1>访问域名：%s</h1>" % subname                  # 返回信息
if __name__ == "__main__":                                  # 程序启动
    app.config["SERVER_NAME"] = "yootk.muyan"               # 设置主机名称
    app.run(host="0.0.0.0", port=80, debug=True)            # 运行 WEB 程序
```

程序执行结果：

本程序在定义子域名路径名称时使用了参数的形式（subdomain="<subname>"），而路由中的 subname 参数内容会依据发出请求的子域名而动态改变。

21.3　请求与响应

WEB 是基于 B/S 架构的程序，在进行交互操作中客户端需要向服务器端发送请求数据，服务器端则可以对这些请求数据进行处理并响应，而在请求和响应的信息中除了基本的数据之外，还包括有许多重要的头部信息和相关概念。本节将详细讲解 Flask 请求和响应处理的相关操作与概念。

21.3.1　静态资源

视频名称	2110_静态资源
课程目标	掌握
视频简介	一个 WEB 程序除了基本的路由之外，一定还会提供有大量的静态资源（样式文件、图片文件）。本课程讲解静态资源的引用原则以及引用配置。

在一个 WEB 程序中，除了提供有基本的路由之外，一定还会包含有许多静态资源（如图片、CSS 样式、JavaScript 程序等），同时对于一个请求路径响应最佳的做法是：通过独立的 HTML 文件定义，而如果要想在项目中使用这些模板或者静态资源，则必须按照 Flask 技术要求进行存储。本程序的项目结构如图 21-7 所示，而对于这些目录以及各个文件的作用详解如图 21-8 所示。

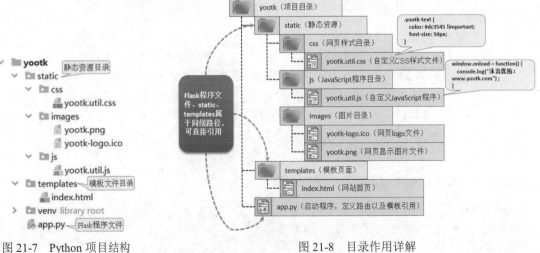

图 21-7　Python 项目结构　　　　　　　　　　图 21-8　目录作用详解

在进行请求响应过程中,最为重要的就是响应信息的模板文件的定义,这些文件需要保存在 templates 目录下才可以进行加载。响应模板的内部还需要使用各种程序资源,这些资源必须放在 static 目录下。下面将在程序的 templates 目录中创建一个 index.html 页面程序,并且利用模板语法实现 CSS 样式文件、JavaScript 程序文件、图片的资源定位。

实例:定义路由响应的首页模板程序

```html
<html>                                          <!-- HTML 根元素 -->
<head>                                          <!-- HTML 头部声明 -->
    <meta charset="UTF-8">                      <!-- 页面编码 -->
    <title>沐言优拓 Python</title>                <!-- 页面标题 -->
    <link rel="shortcut icon" href="/static/images/yootk-logo.ico">
    <link rel="stylesheet" type="text/css" href="/static/css/yootk.util.css"/>
    <script type="text/javascript" src="/static/js/yootk.util.js"></script>
</head>
<body>                                           <!--网页主体信息-->
<div style="float: left"><img src="/static/images/yootk.png"></div>
<div style="float: left"><div class="yootk-text">沐言优拓: www.yootk.com</div></div>
</body>
</html>
```

本程序实现了一个 Flask 模板页面的定义,但是如果要想让此页面正常运行,还需要通过 flask 模块中的模板加载函数(render_template())来完成。下面编写 Flask 启动程序 app.py,需要注意的是,此程序一定要与 static 以及 templates 两个目录保存在同级,否则将不能够实现模板的自动加载。

实例:通过 Flask 程序实现首页响应

```python
# coding:UTF-8
import os, flask                                # 模块导入
app = flask.Flask(__name__)                     # 创建一个 Flask 对象
@app.route("/")                                 # 首页路由
def index():                                    # 路由处理函数
    return flask.render_template("index.html")  # 加载模板页面
if __name__ == "__main__":                      # 程序启动
    app.run(host="0.0.0.0", port=80, debug=True)  # 运行 WEB 程序
```

程序执行结果:

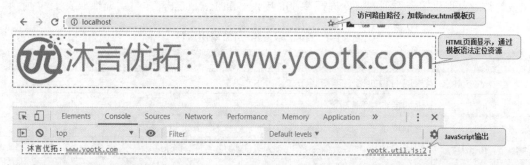

本程序设置了一个根路径的访问路由,与之前最大的区别在于,此时的程序不再直接返回 HTML 代码,而是使用模板程序文件 index.html 的内容进行请求响应。

 提问：响应模板文件不保存在 templates 目录中就不能响应加载了吗？

在进行响应模板文件定义时，如果这些文件不放在 templates 目录下难道就不能够响应加载了吗？

 回答：可以通过设置路径来加载。

假设现在开发者将模板程序文件保存在了 pages 目录下，这个时候如果要想进行模板文件的加载，就必须使用 "flask.send_from_directory(模板目录,"模板文件")" 函数来进行处理。

实例： 自定义模板路径加载模板文件

```python
# coding:UTF-8
import os, flask                                              # 模块导入
# 模板文件所在的完整路径，通过 "__file__" 获取程序路径
root = os.path.join(os.path.dirname(
        os.path.abspath(__file__)), "pages")                  # 加载路径
# 创建对象时指明静态资源的访问路径前缀，如果不设置，则默认为 "/static"
app = flask.Flask(__name__, static_url_path="/static")
@app.route("/")                                               # 路由
def index():                                                  # 路由处理函数
    return flask.send_from_directory(root, "index.html")
if __name__ == "__main__":                                    # 程序启动
    app.run(host="0.0.0.0", port=80, debug=True)              # 运行 WEB 程序
```

本程序实现了自定义模板文件保存目录的功能，虽然可以实现，但是这种操作在进行模板语法解析时（后续会讲解）可能会带来问题，所以建议读者按照 Flask 规范开发代码，不要进行变更。另外，还需要提醒读者的是，对于模板保存目录（templates）的定义实际上也可以在构建 Flask 类对象时通过 template_folder 参数进行配置。

21.3.2 request

视频名称	2111_request
课程目标	掌握
视频简介	动态 WEB 是根据用户请求来动态响应的。本课程讲解了如何利用 request 实现用户请求参数（地址参数、表单参数、文件参数）的获取。

在 WEB 开发中，客户端除了要通过路由地址访问服务器之外，还需要进行响应的参数传递，服务器端根据用户发送的请求参数来进行动态处理，对于客户端的请求处理，开发者可以通过 flask.request 对象完成，该对象提供了一系列的属性进行参数的接收。flask.request 对象常用属性如表 21-4 所示。

表 21-4　flask.request 对象常用属性

序 号	属 性	描 述
1	method	返回 HTTP 请求类型（GET、POST 等）
2	url	返回当前处理路径
3	args	返回地址字典参数（或者接收 GET 请求），字典 key 为参数名称、value 为内容
4	form	返回表单字典参数，字典 key 为表单控件名称、value 为输入内容
5	files	返回上传文件字典，字典 key 为表单名称，value 为 werkzeug.datastructures.FileStorage 对象实例，可以利用此类的 mimetype 属性获取上传类型、save() 方法保存上传文件

在 WEB 交互的过程中，用户会使用大量的表单输入数据。下面定义一个表单，在该表单中提供了文本组件和上传文件组件，并且使用 name 属性明确地设置了每一个表单控件的参数名称。

实例： 定义表单页面传递请求参数

```html
<html>
<head>
    <meta charset="UTF-8">
    <title>沐言优拓 Python</title>
    <link rel="shortcut icon" href="/static/images/yootk-logo.ico">
</head>
<body>
<form action="/handle" method="post" enctype="multipart/form-data">
    新闻标题：<input type="text" name="title" value="沐言优拓"/><br/>
    新闻图片：<input type="file" name="photo"/><br/>
    新闻内容：<textarea name="content" cols="21" rows="3">www.yootk.com</textarea><br/>
    <button type="submit">发布</button><button type="reset">重置</button>
</form>
</body>
</html>
```

本程序实现了一个完整的表单。由于该表单需要进行文件上传的处理，这样就必须使用 enctype 属性对表单进行封装，当前表单的请求模式必须为 POST。

　提问：表单模式为 POST 该如何理解？

在定义表单时使用 method 属性定义了表单模式为 POST，这样做的意义是什么？除此之外，还有哪些模式？

　回答：表单提交主要使用 GET 和 POST 两种模式。

在 HTTP 规范中定义有多种提交模式（GET、POST、HEAD、PUT 等），但是在进行表单定义时，一般只能采用 GET（默认）与 POST 两种。如果使用的是 GET 提交模式，则表单输入的内容会自动附加在地址栏之后，并会以"?"分隔地址和参数，同时多个参数中间使用"&"分隔，基本格式为"地址?参数名称=参数内容&参数名称=参数内容"。下面的请求路径就是将表单修改为 GET 模式后的效果。

```
http://localhost/handle?title=沐言优拓&photo=&content=www.yootk.com
```

通过这一点可以发现，如果使用 GET 模式，表单信息会以明文的形式出现在地址栏中，由于地址栏空间有限，如果传递的内容较大，那么会导致表单无法使用。因此表单的请求模式一般都设置为 POST，POST 提交之后地址栏只显示目标访问路径（而不会将参数附加在地址栏中），所以 POST 适合于传递较大的数据内容。假设表单中提供了上传组件功能，则一定要使用 POST 提交。

顺便提醒读者的是，在用户每一次输入地址进行访问时，实际上发送的都是 GET 请求，所以在 Flask 定义路由时，如果没有特别声明，则默认支持的就是 GET 请求模式。

以上实例的表单上定义了三个参数，同时设置了一个请求的处理地址"action="/handle""，如果要想接收这三个参数，那么就需要使用 flask.request 对象中提供的 args（GET 提交参数）或 form（POST 提交参数）属性完成。

下面编写一个程序，该程序可以根据用户请求的类型使用不同的方式进行参数接收，同时由于表单中的文件上传为可选内容，那么将通过 MIME 类型来判断是否存在上传内容。同时考虑到文件名称相同会有覆盖的问题，将自动为每一个上传文件进行更名，并保存在项目的 upload 目录中。

实例： 通过 flask.request 接收请求参数并保存上传文件

```python
# coding:UTF-8
import flask, uuid, os, os.path                                          # 模块导入
app = flask.Flask(__name__)                                              # 创建 Flask 对象
@app.route("/")                                                          # 路由地址
def index():                                                             # 路由处理函数
    return flask.render_template("index.html")                          # 返回模板
@app.route("/handle", methods=["GET", "POST"])                          # 定义路由
def form_handle():                                                       # 处理表单请求
    content = "<div>表单提交方式：%s</div>" % flask.request.method       # 响应内容
    content += "<div>请求路径：%s</div>" % flask.request.url             # 响应内容
    if flask.request.method == "GET":                                    # GET 请求参数
        content += "<div>【接收 GET 参数】title 参数内容：%s</div>" % flask.request.args.get("title")
        content += "<div>【接收 GET 参数】content 参数内容：%s</div>" % \
                flask.request.args.get("userpass")                       # 响应内容
    elif flask.request.method == "POST":                                 # POST 请求参数
        content += "<div>【接收 POST 参数】title 参数内容：%s</div>" % flask.request.form.get("title")
        content += "<div>【接收 POST 参数】content 参数内容：%s</div>" % \
                flask.request.form.get("content")                        # 响应内容
        file_name = save_file(flask.request.files.get("photo"))         # 获取上传文件，如果存在，则保存
        if file_name:                                                    # 现在有上传文件
            content += "<div>【接收上传文件】上传文件类型：%s、保存的文件名称：%s</div>" % \
                    (flask.request.files.get("photo").mimetype, file_name)
    return content                                                       # 返回 HTML 数据
def save_file(storage):                                                  # 保存上传文件
    if storage:                                                          # 文件对象不为空
        if not storage.mimetype == "application/octet-stream":           # 现在有文件上传
            # 利用 UUID 生成新的保存文件名称，使用上传文件类型作为后缀
            new_file_name = str(uuid.uuid1()) + "." + \
                    storage.mimetype[storage.mimetype.rindex("/") + 1:]  # 拼凑新文件名称
            save_dir = os.getcwd() + os.sep + "upload"                   # 获得文件保存目录
            storage.save(os.path.join(save_dir, new_file_name))          # 保存上传文件
            return new_file_name                                         # 返回文件名称
    else:                                                                # 没有上传文件
        return None                                                      # 返回 None
if __name__ == "__main__":                                               # 程序启动
    app.run(host="0.0.0.0", port=80, debug=True)                        # 运行 WEB 程序
```

程序执行结果：

本程序实现了客户端请求参数的接收,在程序中会依据客户端请求类型的不同自动使用不同的方式进行参数接收,在接收文件时如果发现文件存在,则会自动对文件进行更名后将其保存到 upload 目录下并返回文件名称。

21.3.3 response

视频名称	2112_response
课程目标	掌握
视频简介	动态 WEB 会对处理的结果进行响应(response),这样就需要开发者构建响应对象。本课程基于响应数据构建了响应对象,并且实现了响应头部信息的配置。

用户向服务器端发送请求后,服务器端需要依据客户端的请求进行响应,基础的响应就是返回 HTML 代码(或者通过模板返回 HTML 代码),但是在 HTTP 处理中,除了返回响应数据之外,服务器还有可能向客户端返回一些自定义的头部信息,如图 21-9 所示,这个时候就需要开发者借助 flask.make_response() 函数基于响应数据手工创建响应对象来进行处理。

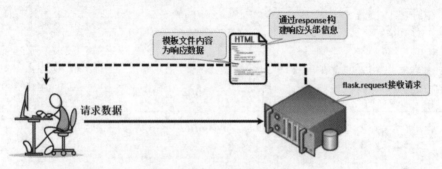

图 21-9 客户端请求和响应

实例:自定义响应对象并定义响应头部信息

```
# coding:UTF-8
import flask, uuid, os, os.path                              # 模块导入
app = flask.Flask(__name__)                                   # 创建 Flask 对象
@app.route("/")                                               # 路由地址
def index():                                                  # 路由处理函数
    response = flask.make_response(flask.render_template("index.html"))
    response.headers["Server"] = "YootkServer"                # 配置头部信息
    response.headers["refresh"] = "10"                        # 配置头部信息
    return response                                           # 响应
if __name__ == "__main__":                                    # 程序启动
    app.run(host="0.0.0.0", port=80, debug=True)              # 运行 WEB 程序
```

程序执行结果:

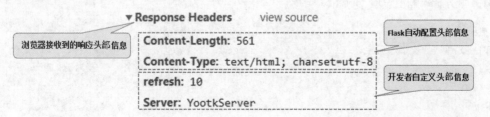

本程序通过 flask.make_response()函数基于响应的模板数据构建了一个 response 对象，并通过 headers 属性设置了两个头部信息数据。观察程序执行结果可以发现，除了页面本身的数据之外，开发者自定义的头部信息已经设置成功并成功返回。

 提问：如何获取请求头部信息？

以上程序实现了响应头部信息的定义，头部信息可分为请求头部信息和响应头部信息，那么服务器端该如何获取客户端的请求头部信息呢？

 回答：通过 flask.request 获取请求头部信息。

用户所有的请求头部信息都会随着每次请求一起发送到服务器端，服务器端要想获得这些请求内容，就需要使用 flask.request.headers 属性来完成。

实例：服务器端获取全部请求头部信息

```
for header in flask.request.headers:          # 请求头部信息
    print("%s = %s" % header)                 # 输出头部信息
程序执行结果：
Host = localhost
User-Agent = Mozilla/5.0 …
Accept = text/html,application/xhtml+xml,…
Referer = http://localhost/
其他头部信息输出略
```

所有的请求头部信息都是 werkzeug.datastructures.EnvironHeaders 对象实例，该对象是一个可迭代对象，每一组头部信息都包含"名称"和"内容"两部分。

21.3.4　Cookie

视频名称	2113_Cookie
课程目标	掌握
视频简介	Cookie 是客户端数据保存技术。本课程分析了 Cookie 的作用，并且通过具体的程序代码讲解了 Cookie 的设置、获取以及删除操作。

为了保障服务器的处理性能，HTTP 协议采用了无状态的连接模式，即无法记录用户的状态。为了方便地标记不同的客户端，服务器往往会在每一次响应时利用 Cookie 向客户端浏览器传递一些数据，并且设置这些数据在客户端上的保存时间，当用户每一次请求时会将这些数据通过头部信息发送给服务器端，服务器端就可以凭借客户端所传递的数据来进行相应的处理。

在 Flask 中如果要想进行 Cookie 的操作，可以直接通过 response 对象来完成。在 response 对象中可以利用 set_cookie()方法向客户端浏览器设置或更新 Cookie，也可以根据指定的名称（key）使用 delete_cookie()进行 Cookie 的删除。

实例：服务器端响应设置 Cookie

```
# coding:UTF-8
import flask                                  # 模块导入
app = flask.Flask(__name__)                   # 创建 Flask 对象
@app.route("/")                               # 路由地址
def index():                                  # 路由处理函数
```

```
        response = flask.make_response(flask.render_template("index.html"))        # 构造响应
        # 设置 Cookie 的名称、存储内容、有效时间（秒）、有效路径（"/"表示该站点所有路由均可使用）
        response.set_cookie(key="title", value="yootk", max_age=3600, path="/")
        response.set_cookie(key="info", value="www.yootk.com", max_age=7200, path="/")
        return response                                                    # 请求响应
if __name__ == "__main__":                                                # 程序启动
        app.run(host="0.0.0.0", port=80, debug=True)                      # 运行 WEB 程序
```

程序执行结果：

本程序利用 response.set_cookie()方法向客户端浏览器中设置了两个 Cookie 数据。需要注意的是，默认情况下如果没有进行任何的设置，Cookie 只会保留在当前浏览器中，一旦关闭浏览器，则所设置的 Cookie 就会消失，所以在设置时需要通过 max_age 参数设置 Cookie 的保留时间（单位：秒）。为了使得一个站点下的所有路径都可以共享此 Cookie 的内容，一般都会将 Cookie 设置在根路径（path="/"），当程序执行完毕，可以通过浏览器的响应头部信息以及 Cookie 列表查看。

> **提示：利用头部信息设置 Cookie**
>
> 通过本程序执行后的浏览器信息可以发现，所有通过 set_cookie()方法设置的 Cookie 内容实际上都是以头部信息的形式定义的，所以 Cookie 也可以利用头部信息的设置方式完成，如以下代码所示。
>
> ```
> response.headers["Set-Cookie"] = "title=yootk; Max-Age=3600; Path=/"
> ```
>
> 此时根据 HTTP 响应头部信息的形式向客户端设置了 Cookie（title=yootk），最终的效果与以上程序执行结果完全相同。本书建议读者尽量以给定的 set_cookie()方法进行设置。

所有的 Cookie 都保留在客户端浏览器中，它会随着每一次的请求头部信息发送到服务器端，所以要想接收这些 Cookie 的数据内容，就必须依靠 flask.request.cookies 对象完成。

实例： 通过用户请求获取客户端全部 Cookie 数据

```
# coding:UTF-8
import flask                                                    # 模块导入
app = flask.Flask(__name__)                                     # 创建 Flask 对象
@app.route("/")                                                 # 路由地址
def index():                                                    # 路由处理函数
    for cookie in flask.request.cookies:                        # 获取全部 Cookie
        print("%s = %s" % (cookie, flask.request.cookies.get(cookie)))  # 获取 Cookie 数据
    return flask.render_template("index.html")                  # 请求响应
if __name__ == "__main__":                                      # 程序启动
    app.run(host="0.0.0.0", port=80, debug=True)                # 运行 WEB 程序
程序执行结果：
info = www.yootk.com
title = yootk
```

本程序利用 request 对象获取了全部的 Cookie（返回一个字典类型），随后通过迭代的形式获取了 Cookie 的名称以及对应的内容。

所有的 Cookie 保存在客户端浏览器上，这样客户端可以随时进行本地清空，或者当 Cookie 的保存时间（max-age）到达后也会自动清除。为了便于服务器端对 Cookie 的控制，开发者也可以通过 delete_cookie()方法删除 Cookie。

实例：删除客户端 Cookie 数据

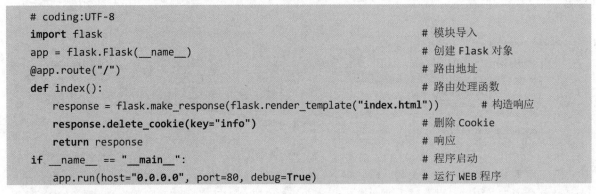

```
# coding:UTF-8
import flask                                              # 模块导入
app = flask.Flask(__name__)                               # 创建 Flask 对象
@app.route("/")                                           # 路由地址
def index():                                              # 路由处理函数
    response = flask.make_response(flask.render_template("index.html"))   # 构造响应
    response.delete_cookie(key="info")                    # 删除 Cookie
    return response                                       # 响应
if __name__ == "__main__":                                # 程序启动
    app.run(host="0.0.0.0", port=80, debug=True)          # 运行 WEB 程序
```

程序执行结果：

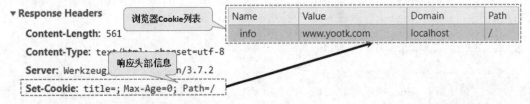

在进行 Cookie 删除的时候只需要通过 delete_cookie()方法传入要删除的 Cookie 名称（key）即可删除。而通过响应头部信息的内容可以发现，所谓的删除其实本质上就是对 Cookie 进行了重新设置，而重新设置的 Cookie 的保存时间为 0 秒（通过参数 Max-Age 设置）。

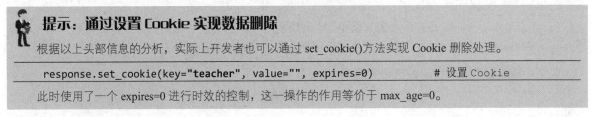

提示：通过设置 Cookie 实现数据删除

根据以上头部信息的分析，实际上开发者也可以通过 set_cookie()方法实现 Cookie 删除处理。

```
response.set_cookie(key="teacher", value="", expires=0)        # 设置 Cookie
```

此时使用了一个 expires=0 进行时效的控制，这一操作的作用等价于 max_age=0。

21.3.5　session

视频名称	2114_session
课程目标	掌握
视频简介	session 是服务器端保存数据的重要技术，而且 session 本身是需要 Cookie 支持的。本课程分析了 session 的实现原理以及与 Cookie 的区别，同时讲解了 session 数据的添加、获取以及删除操作的实现。

HTTP 属于无状态的传输协议，所以可以通过 Cookie 实现数据的客户端存储，但是这样一来就会出现一个问题：如果将所有的数据都放在客户端的 Cookie 中，那么是不是会非常不安全？为了解决这个问题，在 WEB 开发中又提供了 session 的概念，session 主要工作在服务器端，每一个连接到服务器端上的

用户都会自动分配一个 session，不同的用户都可以向 session 中保存数据，并且这些数据都将安全地保存在服务器中。在 Flask 模块中提供了 flask.session 对象实例，利用此对象可以实现 session 的数据操作。常用方法如表 21-5 所示。

表 21-5　session 常用方法

序　号	方　法	描　述
1	def get(self, k: _KT)	根据指定的 key 获取数据
2	def keys(self)	获取全部的 key
3	def values(self)	获取全部的 value
4	def items(self)	获取保存的全部项（key:value）
5	def pop(self, key, default=_missing)	弹出指定 key 的 session 数据（弹出后删除）
6	def update(self, name)	更新指定 session 数据

> **提示：初学者关于 session 的简化理解**
>
> 　　session 是 WEB 开发中的重要技术组成，其最大的功能是进行登录检测，读者可以试着回想一下，在使用 Email 发送邮件之前一定要进行登录，而登录后不管跳转了多少个页面，那么浏览器中都只会是当前登录后的用户信息，实际上这些数据就是保存在了 session 中。有的邮箱在浏览器关闭后还需要用户重新登录，实际上这就是 session 失效造成的。

　　既然 HTTP 本身是不保留用户状态的，那么服务器端是如何区分不同用户存储的数据的呢？实际上服务器端借助 Cookie 的功能实现了对用户身份的标记（假设其为 sid），基本操作步骤如下（存储形式如图 21-10 所示）。

　　（1）当用户第一次向客户端发出请求时，由于服务器端还未进行任何设置，所以此时客户端不会携带有 sid 的数据内容（实际的 Cookie 存储名称为 session），这样服务器端就认为该用户是第一次进行访问，在对用户数据进行响应时会自动将 sid 随着请求头部信息设置到客户端浏览器。

　　（2）在用户不关闭浏览器的情况下，用户发出第二次请求时，会利用请求头部信息将服务器端设置的 sid 信息发送到服务器端，此时服务器端就可以确认用户身份。

　　（3）如果服务器端程序利用 session 对象进行了数据的保存，那么这些数据会统一保存在服务器端，不同用户的数据利用 sid 进行区分，这样每一次用户请求都附带有 sid，那么就可以获取相应的数据内容。

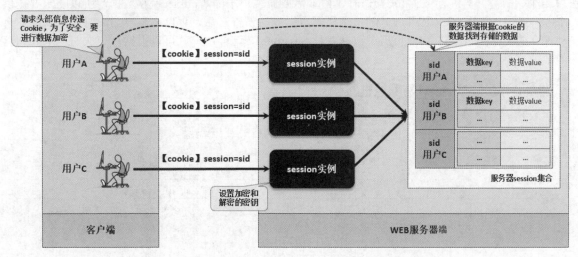

图 21-10　Cookie 与 session 的存储形式

实例：通过 flask.session 实现用户会话数据的操作

```
# coding:UTF-8
import flask, datetime                                              # 模块导入
app = flask.Flask(__name__)                                         # 创建 Flask 对象
# session 一定要设置一个加密的密钥，同样的程序如果该密钥不同，则会导致已有的 session 失效
app.config["SECRET_KEY"] = "www.yootk.com"                          # 设置 Session 密钥
app.config["PERMANENT_SESSION_LIFETIME"] = datetime.timedelta(days=7)  # 设置 session 的保存时间
@app.route("/set")                                                  # 路由地址
def set():                                                          # 路由处理函数
    flask.session["username"] = "yootk"                            # 保存 session 数据
    return "<h1>session 设置成功</h1>"                              # 响应
@app.route("/update")                                               # 路由地址
def update():                                                       # 路由处理函数
    flask.session.update({"username":"小李老师"})                   # 更新 session 数据
    return "<h1>session 数据更新成功</h1>"                          # 响应
@app.route("/get")                                                  # 路由地址
def get():                                                          # 路由处理函数
    return "<h1>获取 Session 数据：%s</h1>" % flask.session.get("username")  # 响应
@app.route("/clear")                                                # 路由地址
def clear():                                                        # 路由处理函数
    flask.session.clear()                                           # 清空 session 数据
    return "<h1>session 数据已清空，用户注销成功！</h1>"             # 响应信息
if __name__ == "__main__":                                          # 程序启动
    app.run(host="0.0.0.0", port=80, debug=True)                    # 运行 WEB 程序
```

程序执行结果：

Name	Value	Domain	Path	Expires / Max-Age
session	eyJ1c2VybmFtZSI6Inlvb3R...	localhost	/	Session

本程序使用 flask.session 对象实现了属性设置、属性获取、属性更新以及清空（注销）操作。特别需要注意的是，当进行 session 操作时，由于需要向客户端的 Cookie 保存数据，所以一定要提供一个 session 的密钥（SECRET_KEY），这样当数据成功设置之后，可以在客户端浏览器中发现一个自动保存的 Cookie 数据，实际上这个数据就是 SessionId，这样用户就可以根据每一次的请求找到存储的数据信息。

> **提示：关于 session 数据的更新**
>
> 在本程序中更新数据使用了 "flask.session.update({"username":"小李老师"})" 语句，在更新时将所需要修改的内容以字典的方式进行设置。用户也可以使用设置 session 数据的方式更新数据。

实例：利用数据设置实现 session 内容修改

```
flask.session["username"] = "小李老师"                    # 更新 session 数据
```

此时通过设置 session 数据的形式完成更新，这种方式只能够更新一个数据，而 update() 可以同时更新多个 session 数据。

21.4　Jinja2 模 板

视频名称	2115_MVC 设计模式与模板显示
课程目标	掌握
视频简介	动态 WEB 中最为重要的开发模式就是 MVC 设计模式，而 Flask 内置了良好的 MVC 实现支持。本课程讲解了 MVC 设计模式的意义，以及 MVC 设计模式中的各个组成部分的详细说明。

模型-视图-控制器（Model View Controller，MVC）是现代项目开发中进行有效项目组织与管理的设计模式，利用 MVC 设计模式可以实现对代码层次结构的控制，使代码结构清晰，便于维护。MVC 设计模式的基本结构如图 21-11 所示。

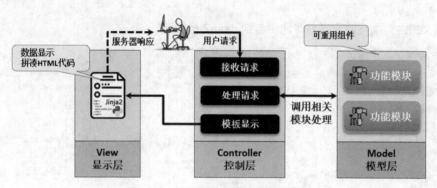

图 21-11　MVC 设计模式的基本结构

Flask 是基于 MVC 设计模式的 WEB 程序开发框架，即 Flask 中所有的 Flask 路由控制都属于控制层，控制层可以进行用户请求的接收并且调用其他的程序模块（这些模块都是独立的、可以被重复使用的）来实现用户请求处理，而最终的处理结果则可以通过模板进行视图显示。

在使用 Flask 进行页面响应时一般都会通过 "flask.render_template("模板页面")" 函数进行处理，这个操作就是实现模板页的显示。在 Flask 中默认使用的为 Jinja2 模板，此模板可以实现数据接收、if 判断、for 循环等操作语法，利用这些逻辑操作就可以很好地完成视图显示功能。

21.4.1　模板参数传递

视频名称	2116_模板参数传递
课程目标	掌握
视频简介	MVC 设计中，会将处理完成的数据交由模板显示，这样模板和控制层之间就需要进行参数传递，所以 Flask 内置了 Jinja2 模板，通过变量的形式实现交互。本课程通过具体的操作讲解了在 Jinja2 模板中进行参数的传递以及内容显示。

用户发送请求会根据 Flask 定义的路由发送到指定的处理函数中，而在函数中处理完成后往往需要将一些处理的结果交由模板进行显示，那么此时就可以使用 "flask.render_template("模板页面",变量名称=数值,...)" 函数来完成，而模板页面则可以使用 "{{变量名称}}" 的形式来进行数据的输出。

实例：定义 Jinja2 模板显示页

```
<html>
<head>
```

```
    <meta charset="UTF-8">
    <title>沐言优拓 Python</title>
    {# 【注释】通过{{url_for('static')}}找到/static 路径，并通过 filename 定位具体资源 #}
    <link rel="shortcut icon" href="{{ url_for('static', filename='images/yootk-logo.ico') }}">
</head>
<body>
    <h1>参数内容：{{content}}</h1>     {# 【注释】控制层传递的 content 变量 #}
</body>
</html>
```

在本程序中通过{{content}}模板语法实现了变量的输出，如果 Flask 程序跳转时传递了 content 变量的内容，则会进行输出；如果没有传递 content 变量，则使用空字符串（非 None）输出。在使用 Jinja2 模板操作时，也可以通过 url_for 语句加载指定名称路径，这样将极大地方便路径的维护与资源定位。

实例：定义路由页面接收参数并传递内容到 Jinja2 模板页

```python
# coding:UTF-8
import flask                                              # 模块导入
app = flask.Flask(__name__)                               # 创建 Flask 对象
@app.route("/<param>")                                    # 路由地址
def show(param):                                          # 路由处理函数
    return flask.render_template("show.html", content=param)   # 传递 content 参数
if __name__ == "__main__":                                # 程序启动
    app.run(host="0.0.0.0", port=80, debug=True)          # 运行 WEB 程序
```

程序执行结果：

访问路径：http://localhost/www.yootk.com

本程序通过 Flask 路由接收了一个用户请求参数（通过 param 接收路由参数），随后将此参数的内容传递到模板页中进行显示（使用 content 作为参数的变量名称，并且在模板页中输出 content 变量的内容）。

21.4.2 定义模板变量

视频名称	2117_定义模板变量
课程目标	掌握
视频简介	Jinja2 模板拥有一套完善的语法体系，除了可以接收控制层变量外，也可以实现本地变量的定义。本课程讲解了使用 set 与 with 定义变量的区别和两者的关联使用。

在模板页面中显示的变量内容除了可以通过控制层传递之外，也可以在模板中进行定义。Jinja2 模板提供了两种页面变量定义的语法：定义全局变量（set）、定义局部变量（with）。

实例：通过 Flask 向模板页面传递一个变量内容

```python
# coding:UTF-8
import flask                                              # 模块导入
app = flask.Flask(__name__)                               # 创建 Flask 对象
@app.route("/")                                           # 访问路径
def index():                                              # 路由处理函数
    return flask.render_template("index.html", teacher="李兴华")  # 模板显示
if __name__ == "__main__":                                # 程序启动
    app.run(host="0.0.0.0", port=80, debug=True)          # 运行 WEB 程序
```

为了便于读者理解模板页面的操作，本程序在控制层中传递了一个 teacher 变量内容，而后将在模板页中通过 set 和 with 进行页面变量的定义。

实例：在模板页面中定义全局和局部变量

```html
<html>
<head>
    <meta charset="UTF-8">
    <title>沐言优拓 Python</title>
    <link rel="shortcut icon" href="{{ url_for('static', filename='images/yootk-logo.ico') }}">
</head>
<body>
{% set title="沐言优拓" %}                {# title 变量在页面中到处可以使用 #}
<h1>{{title}}-{{teacher}}</h1>            {# 变量输出 #}
{% with url="www.yootk.com" %}          {# url 变量只允许在 with 范围内使用 #}
    <h2>学习网站：{{url}}</h2>            {# 输出 url 变量 #}
{% endwith %}                            {# with 定义结束标记 #}
</body>
</html>
```

程序执行结果：

本程序利用 set 定义了一个全局变量 title，同时使用 with 定义了一个局部变量 url，由于 with 存在有变量范围的定义，所以定义完成后必须使用 endwith 作为结束标记。

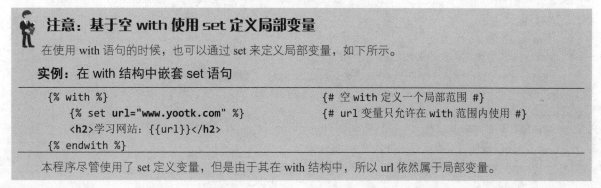

注意：基于空 with 使用 set 定义局部变量

在使用 with 语句的时候，也可以通过 set 来定义局部变量，如下所示。

实例：在 with 结构中嵌套 set 语句

```
{% with %}                              {# 空 with 定义一个局部范围 #}
    {% set url="www.yootk.com" %}       {# url 变量只允许在 with 范围内使用 #}
    <h2>学习网站：{{url}}</h2>
{% endwith %}
```

本程序尽管使用了 set 定义变量，但是由于其在 with 结构中，所以 url 依然属于局部变量。

21.4.3 if 判断

视频名称	2118_if 判断
课程目标	掌握
视频简介	动态 WEB 需要根据用户请求动态处理响应信息，所以模板中一定要存在有分支判断的功能。本课程讲解如何在模板页面实现单条件判断以及多条件判断。

为了实现动态响应的处理效果，在 Jinja2 模板内部支持有 if 判断语句，利用 if 逻辑可以根据传递变量的内容动态地对响应结果进行判断。Jinja2 模板中的 if 判断语句语法格式如下所示。

if…else 判断	if…elif…else 判断
{% if 判断条件 %}　　　　条件满足时执行 {% else %}　　　　条件不满足时执行 {% endif %}	{% if 判断条件 %}　　　　条件满足时执行 {% elif 判断条件 %}　　　　条件满足时执行 {% else %}　　　　条件都不满足时执行 {% endif %}

在使用 if 语句判断时一定要设置有 "{% endif %}" 结束语句。为了便于读者理解数据交互性的操作，下面将通过一个表单页（form.html）输入数据，随后在模板显示页（show.html）中使用 if 判断对用户输入的参数进行判断并显示相应的响应内容。程序的执行流程如图 21-12 所示。

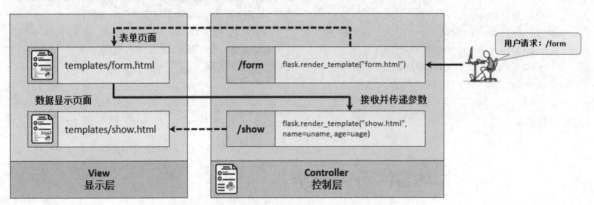

图 21-12　动态响应程序执行流程图

实例：定义数据输入表单页

```
<html>
<head>
    <meta charset="UTF-8">
    <title>沐言优拓 Python</title>
    <link rel="shortcut icon" href="{{ url_for('static', filename='images/yootk-logo.ico') }}">
</head>
<body>
{# 【注释】通过"{{url_for('show')}}"并根据"endpoint"找到其对应的路径 #}

<form action="{{url_for('show')}}" method="post">
    姓名: <input type="text" name="username" value="沐言优拓"/><br/>
```

```
年龄: <input type="number" name="userage" value="18"/><br/>
<button type="submit">发布</button><button type="reset">重置</button>
</form>
</body>
</html>
```

本程序实现了一个数据输入表单的定义，在进行表单提交路径时使用了 url_for()函数，依据函数名称（endpoint 默认为函数名称）获取了处理路径。

实例：定义结果显示页并使用 if 判断动态处理表单提交参数

```html
<html>
<head>
    <meta charset="UTF-8">
    <title>沐言优拓 Python</title>
    <link rel="shortcut icon" href="{{ url_for('static', filename='images/yootk-logo.ico') }}">
</head>
<body>
    {% if name %}
        <h1>姓名：{{name}}</h1>
    {% else %}
        <h1>无名氏！</h1>
    {% endif %}
    {% if age > 0 and age < 18 %}
        <h1>【未成年人】在学校努力学习文化知识，打好坚实基础，不负大好光阴！</h1>
    {% elif age >= 18 and age <= 65 %}
        <h1>【年轻人】努力实现自己的梦想，承担属于自己的那份责任！</h1>
    {% elif age > 65 and age <= 79 %}
        <h1>【中年人】发挥出自己的那份余热，将一生的经验和教训传授给下一辈年轻人！</h1>
    {% elif age > 79 and age <= 99 %}
        <h1>【老年人】放松下来，享受生活的乐趣，享受儿孙满堂承欢膝下的幸福生活！</h1>
    {% else %}
        <h1>【长寿老人】幸福圆满，安享晚年！</h1>
    {% endif %}
</body>
</html>
```

本程序主要是对控制层传递的 name 和 age 两个变量的内容进行判断输出，如果发现没有传递 name 变量，则使用默认的"无名氏！"代替名称。而对年龄的处理则使用多条件判断，根据年龄的范围输出了不同信息。

实例：定义控制层实现模板页面的跳转与显示

```python
# coding:UTF-8
import flask                              # 模块导入
app = flask.Flask(__name__)               # 创建 Flask 对象
@app.route("/form")                       # 路由地址
def form():                               # 路由处理函数
```

```
    return flask.render_template("form.html")              # 返回模板数据
@app.route("/show", methods=["POST"])                      # 路由地址
def show():                                                # 路由处理函数
    uname = flask.request.form.get("username")             # 接收表单参数
    uage = int(flask.request.form.get("userage"))          # 接收表单参数
    return flask.render_template("show.html", name=uname, age=uage)   # 传递参数
if __name__ == "__main__":                                 # 程序启动
    app.run(host="0.0.0.0", port=80, debug=True)           # 运行 WEB 程序
```

程序执行结果：

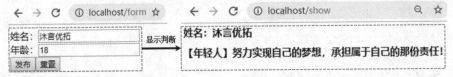

本程序实现了 Flask 路由定义，利用 flask.request.form.get() 函数实现了表单参数的接收，随后将其传递到 show.html 模板页面中进行显示。

21.4.4　for 循环

视频名称	2119_for 循环
课程目标	掌握
视频简介	为了便于操作多数据内容，Python 中提供了列表、字典等动态扩充的数据类型，而在实际中动态 WEB 往往会基于已有的序列内容进行大量的 HTML 代码的循环拼凑操作。本课程模拟利用循环实现了序列生成以及表格动态生成的处理操作。

迭代是在模板页面显示中较为常用的一种处理逻辑，当控制层传递了一个序列（列表或者字典）时都需要在模板页面中利用迭代的形式显示出所有的数据信息。下面将利用控制层传递一个列表序列并在模板页面中通过表格的形式进行数据内容的展现。

实例：定义控制层实现列表序列数据的传递

```
# coding:UTF-8
import flask                                              # 模块导入
app = flask.Flask(__name__)                               # 创建 Flask 对象
@app.route("/show")                                       # 路由地址
def show():                                               # 路由处理函数
    member_list = []                                      # 定义一个列表
    for num in range(3):                                  # 利用迭代生成数据
        # 将生成的每一组数据保存在字典中，随后将其添加到列表中保存
        member_list.append(dict(name="李兴华", age=10 + num, company="沐言优拓 - %s" % num))
    return flask.render_template("show.html", members=member_list)   # 传递参数
if __name__ == "__main__":                                # 程序启动
    app.run(host="0.0.0.0", port=80, debug=True)          # 运行 WEB 程序
```

本程序通过循环的形式实现了列表内容的填充，每一个列表项使用字典的形式定义了多个数据内容，最后会将此序列数据传递到模板页面中进行迭代显示。

实例：模板页面通过迭代动态拼凑表格显示

```html
<html>
<head>
    <meta charset="UTF-8">
    <title>沐言优拓 Python</title>
    <link rel="shortcut icon" href="{{ url_for('static', filename='images/yootk-logo.ico') }}">
</head>
<body>
    {% if members %}
        <table border="1" width="500">
            <thead>
                <tr><td>姓名</td><td>年龄</td><td>公司</td></tr>
            </thead>
            <tbody>
                {% for member in members %}                {# 迭代列表 #}
                    <tr><td>{{member.name}}</td><td>{{member.age}}</td>
                        <td>{{member.company}}</td></tr>
                {% endfor %}
            </tbody>
        </table>
    {% endif %}
</body>
</html>
```

程序执行结果：

姓名	年龄	公司
李兴华	10	沐言优拓 - 0
李兴华	11	沐言优拓 - 1
李兴华	12	沐言优拓 - 2

本程序在进行迭代处理时利用表格实现了数据输出结构控制，通过 for 语句获取了列表中的每一项字典数据，并将字典数据按照格式填充到不同的表格列中。

21.4.5　过滤器

视频名称	2120_过滤器	
课程目标	掌握	
视频简介	模板中显示的数据内容可以利用过滤器的形式进行显示处理。本课程介绍了内置过滤器的定义和使用操作，同时讲解了如何利用语法自定义过滤器。	

在进行模板显示时，除了进行一些基本的逻辑结构处理之外，还有可能针对数据进行一些处理。例如，取数字的绝对值，小写字母转大写，HTML 符号转义处理等。这些数据处理可以通过表 21-6 所示的 Jinja2 内置过滤器实现。

表 21-6　Jinja2 内置过滤器

序　号	过 滤 函 数	描　述
1	abs(value)	返回一个数据的绝对值
2	default(value,default_value,boolean=false)	如果指定变量没有内容，则返回默认值
3	escape(value)	对所有的 HTML 符号进行转义处理
4	first(value)	返回序列第一个元素内容
5	format(value,*args,**kwargs)	字符串格式化
6	last(value)	返回序列的最后一个元素内容
7	length(value)	返回序列内容长度
8	join(value, des="c")	将序列按照指定内容拼接在一起
9	int(value)	将内容转为整型
10	float(value)	将内容转为浮点型
11	lower(value)	字符串内容小写
12	upper(value)	字符串内容大写
13	replace(value,old,new)	字符串内容替换
14	truncate(value,length=253,killwords=False)	字符串内容截取
15	striptags(value)	删除字符串中的 HTML 标签
16	trim(value)	删除掉字符串左右空格
17	string(value)	将内容转为字符串
18	wordcount(s)	计算一个字符串中单词个数

每一个过滤器实际上都属于一个过滤的处理函数，用户可以通过 Flask 类中的 "template_filter("过滤器名称")" 装饰器自定义过滤器处理函数，这样就可以在模板页面中通过 "{{变量 或 常量 | 过滤器 | 过滤器 |…}}" 的形式来进行数据的处理。

实例：定义控制层路由并且自定义一个列表转换过滤器

```
# coding:UTF-8
import flask                                              # 模块导入
app = flask.Flask(__name__)                               # 创建 Flask 对象
@app.template_filter("list")                              # 自定义过滤器
def to_list(value, sep):                                  # 接收要拆分的数据和拆分符
    list = value.split(sep)                               # 字符串拆分
    return list                                           # 返回列表数据
@app.route("/show")                                       # 访问路径
def index():                                              # 路由处理函数
    return flask.render_template("show.html", content="<h1>沐言优拓</h1>")   # 模板响应
if __name__ == "__main__":                                # 程序启动
    app.run(host="0.0.0.0", port=80, debug=True)          # 运行 WEB 程序
```

本程序实现了一个 content 变量的传递，同时又通过 "@app.template_filter("list")" 装饰器定义了一个列表转换过滤器，这样在模板页面中就可以通过 list 来执行此处理函数。

实例：定义模板页面使用内置与自定义过滤器处理显示数据

```html
<html>
<head>
   <meta charset="UTF-8">
   <title>沐言优拓 Python</title>
   <link rel="shortcut icon" href="{{ url_for('static', filename='images/yootk-logo.ico') }}">
</head>
<body>
   <h1>未传递 message 数据：{{message | default("www.yootk.com") | upper}}</h1>
   <h1>字符串长度：{{content | length}}</h1>
   <h1>HTML 代码转换：{{content | escape}}</h1>
   <h1>字符串转换为 List：{{"沐言（muyan）-优拓（yootk）-童趣（kidhalo）" | list("-")}}</h1>
</body>
</html>
```

程序执行结果：

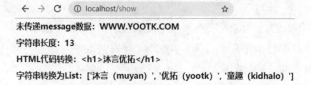

本程序在模板页面中使用了内置的过滤器进行数据显示的处理，如果发现没有 message 变量内容，则会使用 default 过滤器定义的信息进行显示，对于数据中包含的 HTML 代码也可以通过 escape 过滤器进行转义。

21.4.6　错误页

视频名称	2121_错误页	
课程目标	掌握	
视频简介	为了保证一个项目的稳定性，就必须保证在出现 HTTP 错误后可以返回相应的错误页以提示用户。本课程讲解了错误页的实现以及配置操作。	

HTTP 协议中定义有一个 HTTP 状态码，可以根据状态码来获取 HTTP 请求的结果，如果出现了错误一般会返回"4xx"（客户端路径错误）或"5xx"（服务器端程序错误）之类的状态码。在 Flask 内部对于这些错误信息采用直接打印的形式进行处理。默认的 404 错误页如图 21-13 所示。

图 21-13　默认的 404 错误页

一个成熟的站点往往都需要自定义错误页，而不会显示默认的错误页方式。在 Flask 中也支持有自定义错误页，此时就可以通过"errorhandler(错误码 | 异常)"装饰器来进行处理。

实例： 定义项目中的错误处理

```
# coding:UTF-8
import flask                                              # 模块导入
app = flask.Flask(__name__)                               # 创建 Flask 对象
@app.errorhandler(404)                                    # 404 错误
def http_status_404(exp):                                 # 处理函数
    return flask.render_template("common/404.html")       # 跳转到 404 页面
@app.errorhandler(500)                                    # 500 错误
def http_status_500(exp):                                 # 处理函数
    return flask.render_template("common/500.html")       # 跳转到 500 页面
@app.errorhandler(Exception)                              # 处理全部异常
def http_status_500_exp(exp):                             # 处理函数
    return flask.render_template("common/500.html")       # 跳转到 500 页面
@app.route("/")                                           # 路由地址
def index():                                              # 路由处理函数
    return flask.render_template("index.html")            # 跳转到模板页
if __name__ == "__main__":                                # 程序启动
    app.run(host="0.0.0.0", port=80, debug=True)          # 运行 WEB 程序
```

本程序在控制器中针对项目中出现的 404、500、所有异常都统一定义了处理函数，当发生了相关的错误之后会自动跳转到指定的页面进行显示。

21.5 Jinja2 代码重用

WEB 项目开发是一个庞大且烦琐的工程，在一个 WEB 项目中经常会出现许多重复的代码，所以为了降低代码的重复度，就必须对代码进行可重用设计。在 Jinja2 中提供有宏定义、include 语法、模板继承操作以实现代码重用处理。本节将针对这三种操作进行讲解。

21.5.1 宏定义

	视频名称	2122_宏定义
	课程目标	掌握
	视频简介	为了保证模板程序代码的可重用性，可以将部分内容以宏文件的形式进行定义。本课程分析了宏的作用，同时讲解了宏的定义与模板引用。

宏（macro）是一种代码的抽象定义操作，可以预先定义一段代码，在程序解释执行时会自动进行此代码的加载与替换，从而实现代码的可重用设计。在 Jinja2 中宏的定义语法如下：

```
{% macro 函数名称(参数, 参数, …) %}
    可以被重复使用的 HTML 代码
{% endmacro %}
```

宏的定义类似于函数定义，唯一的区别在于其是定义在模板文件中的，并且要求通过 macro 声明，在进行宏函数声明时也可以进行各种参数的接收。下面通过具体的操作定义一个宏文件。

实例： 创建 input.macro 宏文件

```
{% macro input(name, value="", type="text") %}
```

```
    <input type="{{ type }}" name="{{ name }}" value="{{ value }}"/>
{% endmacro %}
```

本程序利用宏文件定义了一个输入组件的重用定义，由于不同环境下输入组件的类型不同（文本、密码、单选等），所以针对组件的名称（name）、默认值（value）、类型（type，默认为 text）都可以由调用处动态设置。

实例：定义宏引用的访问页面路由

```
# coding:UTF-8
import flask                                              # 模块导入
app = flask.Flask(__name__)                               # 创建 Flask 对象
@app.route("/form")                                       # 路由地址
def form():                                               # 路由处理函数
    return flask.render_template("form.html")             # 跳转到模板页
if __name__ == "__main__":                                # 程序启动
    app.run(host="0.0.0.0", port=80, debug=True)          # 运行 WEB 程序
```

按照 MVC 设计，所有的访问一定要通过控制层的路由后才可以跳转到视图页，所以本程序实现了一个 "/form" 路由定义，让其跳转到 form.html 模板。

实例：在页面上通过宏文件实现代码简化定义

```
{% import "macros/input.macro" as macros %}                      {# 导入宏文件 #}
<html>
<head>
    <meta charset="UTF-8">
    <title>沐言优拓 Python</title>
    <link rel="shortcut icon" href="{{ url_for('static', filename='images/yootk-logo.ico') }}">
</head>
<body>
<form action="/" method="post">
    姓名：{{ macros.input(name="username", value="沐言优拓")}}<br/>      {# 宏替换 #}
    年龄：{{ macros.input(name="userage", value=18, type="number")}}<br/>  {# 宏替换 #}
    <button type="submit">发布</button><button type="reset">重置</button>
</form>
</body>
</html>
```

程序执行结果：

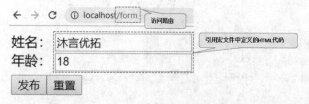

本模板页面通过 import 语句引入了指定路径下的宏文件，随后通过 "{{宏文件.函数()}}" 的形式引用了宏文件中的代码，当页面显示之后就会进行相应的 HTML 替换。

21.5.2　include

视频名称	2123_include
课程目标	掌握
视频简介	一个页面模板内一定会包含有大量重复的显示内容，这时就需要对大型页面进行拆分与引用，在 Jinja2 模板中提供了包含（include）功能。本课程分析了包含的作用，以及包含操作中的相关注意事项。

　　一个页面根据需要往往都会被划分为不同的组成部分，如工具条部分、头部信息、尾部信息等，由于这些部分在每个页面基本上都是固定的，所以可以考虑将这些重复的代码单独定义在不同的文件中，而后在需要的情况下进行引入。页面结构如图 21-14 所示，而在 Flask 中这样的拆分和引用功能可以通过 include 来实现。

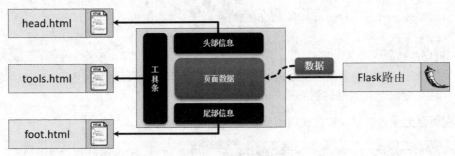

图 21-14　页面结构

实例： 定义页面跳转路由

```
# coding:UTF-8
import flask                                    # 模块导入
app = flask.Flask(__name__)                     # 创建 Flask 对象
@app.route("/")                                 # 路由地址
def index():                                    # 路由处理函数
    return flask.render_template("index.html")  # 跳转到模板页
if __name__ == "__main__":                      # 程序启动
    app.run(host="0.0.0.0", port=80, debug=True) # 运行 WEB 程序
```

　　页面包含的处理是发生在模板中的处理操作，而程序在使用的过程中依然要通过控制器的路由来进行访问。

实例： 模板页面中包含其他页面内容

```
<html>
<head>
    <meta charset="UTF-8">
    <title>沐言优拓 Python</title>
    <link rel="shortcut icon" href="{{ url_for('static', filename='images/yootk-logo.ico') }}">
</head>
<body>
    <div style="float: left; width: 150px;">
        <img src="{{ url_for('static', filename='images/yootk.png') }}"></div>
```

```
<div style="float: left">{% include 'form.html' %}</div>    {# 页面包含 #}
</body>
</html>
```

程序执行结果：

本程序定义的模板页面中拥有自己原始定义的显示内容，同时又通过"{%include%}"语句包含了 form.html 页面，最终形成了一个完整页面，实现了数据显示。

注意：定义页面包含时 HTML 代码不要出现重复元素

在任何一个模板显示页面中，只允许包含有一组<html>、<head>、<body>等元素，所以在进行包含时被包含的页面一定不要出现重复的元素定义。

21.5.3　模板继承

视频名称	2124_模板继承
课程目标	掌握
视频简介	为了进一步实现代码的可重用性，Jinja2 在项目中引入了模板继承的结构，利用该结构的特点可以实现已有页面的引用以及内容的动态设置。本课程通过具体代码讲解了模板继承的操作实现。

在页面开发中可以将一些公用的代码抽取出来形成一个父模板，同时在父模板中可以定义一系列的占位标记块，这样在子模板定义时只需要对一些占位标记内容进行引用，就可以实现完整的页面显示。

实例：定义父模板并利用 block 定义占位块

```
<html>
<head>
    <meta charset="UTF-8">
    <title>{% block title %}沐言优拓-{% endblock %}</title>    {# 定义占位块，内容可替换 #}
    <link rel="shortcut icon" href="{{ url_for('static', filename='images/yootk-logo.ico') }}">
</head>
<body>
    <div style="float: left; width: 150px;">
      <img src="{{ url_for('static', filename='images/yootk.png') }}"></div>
    <div style="float: left">{% block body %}{% endblock %}</div>    {# 定义占位块 #}
</body>
</html>
```

本程序利用{%block 名称%}…{% endblock %}形式定义了两个占位块，同时使用了不同的名称进行标注。需要注意的是，有些占位块内部有可能会存在有其他内容的定义，所以在子模板中可以通过{{super()}}的形式引用这些已经存在的 HTML 代码。

实例：定义子模板并设置相应的父模板中的占位块代码

```
{% extends 'parent.html'%}                  {# 继承 parent.html 父模板 #}
{% block title %}                           {# 设置 title 占位块代码 #}
    {{super()}}-Python                      {# 引用父模板中指定占位块的原始内容 #}
{% endblock %}                              {# 占位块引用结束 #}
{% block body %}                            {# 设置 body 占位块代码 #}
    {% include 'form.html' %}               {# 子模板引用其他文件 #}
{% endblock %}                              {# 占位块引用结束 #}
```

程序执行结果：

由于父模板已经定义好了大部分的 HTML 代码结构，这样在子模板定义时只需要通过 extends 引入相应的父模板，随后通过{% block 名称 %}的形式填充模板中的占位块数据即可实现完整页面的展示。

21.5.4　flask-bootstrap

	视频名称	2125_flask-bootstrap
	课程目标	掌握
	视频简介	为了开发方便，项目页面往往会使用一些前端开发框架，而其中比较著名的就是 Twitter 的 bootstrap 框架，开发者可以在项目中直接引入此框架，也可以使用 flask-bootstrap 基于模板继承的形式配置。本课程介绍了 flask-bootstrap 支持的模板，并且通过具体的操作实现了 bootstrap 内容展示。

Flask 主要实现了 WEB 项目的开发，任何一个项目，除了具备基本的功能外，实际上还包含有前端的界面展示，这时为了统一方便地进行界面开发，往往会使用一些前端设计组件，其中比较成熟的就是 Twitter 推出的 bootstrap 框架。开发者进行项目开发中，除了按照传统的方式去引入 bootstrap 的相关组件（css、js、jquery）之外，也可以借助 flask-bootstrap 模块通过继承 bootstrap/base.html 模板的形式来实现页面显示。在该模板中内置的占位块如表 21-7 所示。

表 21-7　flask-bootstrap 内置占位块

序　　号	占位块名称	描　　述
1	doc	整个 HTML 文档
2	html_attribs	<html>标签属性
3	html	<html>标签内容
4	head	<head>标签内容
5	title	<title>标签内容
6	metas	<meta>标签内容，可以定义多个
7	styles	<style>标签内容，可以定义多个

续表

序　号	占位块名称	描　　述
8	body_attribs	\<body\>标签属性，可以定义多个
9	body	\<body\>标签内容，定义要显示的 HTML 代码
10	navbar	菜单栏定义
11	content	bootstrap 内容定义
12	scripts	\<script\>标签内容，可以定义多个

在使用 flask_bootstrap 模块处理页面显示时，需要先通过其内部提供的 bootstrap 类来实例化 bootstrap/base.html 模板才可以在页面中进行模板的继承操作。

实例：在路由中定义 bootstrap 页面模板

```
# coding:UTF-8
import flask, flask_bootstrap                          # pip install Flask-Bootstrap
app = flask.Flask(__name__)                             # 创建 Flask 对象
bootstrap = flask_bootstrap.Bootstrap(app)              # 初始化 bootstrap 模板
@app.route("/")                                         # 访问路由
def index():                                            # 路由处理函数
    return flask.render_template("index.html")          # 跳转到欢迎页
if __name__ == "__main__":                              # 程序启动
    app.run(host="0.0.0.0", port=80, debug=True)        # 运行 WEB 程序
```

本程序由于需要通过 bootstrap 框架来定义显示页面，所以通过 Flask 实例化对象实例化 bootstrap 类对象，当页面跳转到 index.html 之后就可以在此页面中进行 bootstrap 模板继承操作。

实例：通过 bootstrap 模板创建显示页面

```
{% extends "bootstrap/base.html" %}                     {# 继承 bootstrap 父模板 #}
{% block title %}沐言优拓 —— Python{% endblock %}        {# 设置标题<title>元素内容 #}
{% block head %}
{{super()}}                                             {# 引用已有配置项 #}
<link rel="shortcut icon" href="{{ url_for('static', filename='images/yootk-logo.ico') }}">
{% endblock %}
{% block content %}                                     {# 定义<body>元素内容 #}
<div class="container">
    <div class="row"> </div>                       <!-- 空行 -->
    <div class="row">
        <div class="col-md-1 text-center">              <!-- 图片 -->
            <img class="img-fluid" src="{{ url_for('static', filename='images/yootk.png') }}">
        </div>
        <div class="col-md-8 text-left">                <!-- 文字 -->
            <div class="text-danger h1">沐言优拓：www.yootk.com</div>
        </div>
    </div>
</div>
{% endblock %}
```

程序执行结果：

本程序按照 bootstrap 模板中提供的占位块的名称定义了相关的内容。需要注意的是，由于 bootstrap 内部需要引入一些样式或 JS 脚本程序文件，所以在通过{% block head %}设置<head>元素内容时要使用 {{super()}}引入模板中的已有配置内容才可以正常实现页面显示。

21.6　Flask 应用组件

除了基本的 WEB 请求处理与模板显示之外，在 Flask 中还提供了各种组件模块的支持，利用这些组件可以对程序开发提供更加便利的支持。

21.6.1　钩子函数

视频名称	2126_钩子函数
课程目标	掌握
视频简介	钩子函数是一种特殊的拦截函数，在 Flask 中利用钩子函数可以在请求前后或者上下文中进行拦截处理。本课程介绍了钩子函数的作用，并且通过具体的实例讲解了钩子函数的定义和使用。

钩子（Hook）是一种起源于 Windows 的消息处理机制，通过钩子可以对所有的操作进行拦截，并使用定义好的钩子函数来对拦截进行处理，在 Flask 中提供了以下 5 个钩子函数的包装器。

- ➥ before_first_request：WEB 程序第一次处理请求时触发。
- ➥ before_request：每次 WEB 请求前触发。
- ➥ after_request：每次 WEB 请求完成后触发。
- ➥ teardown_request：request 上下文销毁时调用。
- ➥ teardown_appcontext：application 上下文销毁时调用。

实例： 通过钩子函数请求拦截

```python
# coding:UTF-8
import flask                                              # 模块导入
app = flask.Flask(__name__)                               # 创建 Flask 对象
@app.before_first_request                                 # 第一次处理请求时调用
def first_request():                                      # 拦截函数
    print("【before_first_request】访问路径：%s" % flask.request.url) # 提示信息
@app.before_request                                       # 每次请求处理前调用
def before_request():                                     # 拦截函数
    print("【before_request】访问路径：%s" % flask.request.url)  # 提示信息
@app.after_request                                        # 每次请求处理后调用
def after_request(environ):                               # 拦截函数
    print("【after_request】访问路径：%s" % flask.request.url)   # 提示信息
    return environ                                        # 必须返回对象引用
@app.teardown_request                                     # request 上下文销毁时调用
def teardown_request(exception):                          # 拦截函数
```

```
        print("【teardown_request】异常信息：%s" % exception)     # 提示信息
@app.teardown_appcontext                                      # application 上下文销毁时调用
def teardown_application(exception):                          # 钩子函数
        print("【teardown_appcontext】异常信息：%s" % exception)  # 提示信息
@app.route("/")                                               # 访问路由
def index():                                                  # 路由处理函数
        return flask.render_template("index.html")            # 跳转到欢迎页面
if __name__ == "__main__":                                    # 程序启动
        app.run(host="0.0.0.0", port=80, debug=True)          # 运行 WEB 程序
程序执行结果：
【before_first_request】访问路径：http://localhost/
【before_request】访问路径：http://localhost/
【after_request】访问路径：http://localhost/
【teardown_request】异常信息：None
【teardown_appcontext】异常信息：None
```

本程序在路由内部追加了一系列的钩子函数，这样每当处理用户请求前和请求后都会触发相应的处理函数进行拦截处理，如果用户需要对最终的执行结果进行干预，也可以直接在拦截函数中返回视图信息。

21.6.2 消息闪现

视频名称	2127_消息闪现
课程目标	掌握
视频简介	一个 WEB 程序中经常需要进行小范围的参数传递，这样就可以利用闪现的形式进行处理。本课程通过一个具体的登录程序描述了闪现消息的设置以及页面获取。

在一个结构良好的界面中，经常需要对用户请求的结果进行信息提示，由于这些提示信息的内容不需要保存过长的时间（一般都在一次请求结束后信息消失），所以就可以采用消息闪现机制来进行处理。

消息闪现一般都是先在控制层中利用 flask.flash() 函数进行设置，而后在视图中通过 get_flashed_messages() 来获取闪现消息。下面以一个用户登录程序为例说明消息闪现的使用：在一个用户登录中需要输入用户名和密码（假设当前的用户名为 muyan，密码为 yootk），如果用户输入正确，则设置闪现消息并跳转到欢迎页显示信息；如果用户输入错误，则设置闪现消息并跳转回登录页显示失败的信息。页面访问流程如图 21-15 所示。

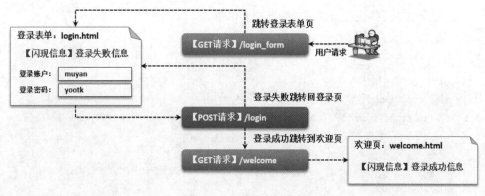

图 21-15　页面访问流程

实例： 定义登录表单页并通过消息闪现显示错误信息

```html
<html>
<head>
    <meta charset="UTF-8">
    <title>沐言优拓 Python</title>
    <link rel="shortcut icon" href="{{ url_for('static', filename='images/yootk-logo.ico') }}">
</head>
<body>
{% with messages = get_flashed_messages() %}          {# 接收全部闪现数据 #}
    {% if messages %}                                 {# 存在有内容 #}
        <ul class="errors">                           {# 列表输出 #}
            {% for error in messages %}               {# 获取全部闪现信息 #}
                <li>{{ error }}</li>
            {% endfor %}
        </ul>
    {% endif %}
{% endwith %}
<form action="{{url_for('login')}}" method="post">
    登录账户: <input type="text" name="username" value="muyan"/><br/>
    登录密码: <input type="password" name="userpass" value="yootk"/><br/>
    <button type="submit">登录</button><button type="reset">重置</button>
</form>
</body>
</html>
```

程序执行结果：

本程序定义了登录表单页，除了表单信息外，还通过 get_flashed_messages()函数获取了全部的闪现消息。如果此时存在有闪现消息，则会通过列表的形式进行输出；如果不存在，则不会有任何信息输出。

实例： 定义登录成功页并通过闪现消息输出欢迎信息

```html
<html>
<head>
    <meta charset="UTF-8">
    <title>沐言优拓 Python</title>
    <link rel="shortcut icon" href="{{ url_for('static', filename='images/yootk-logo.ico') }}">
</head>
<body>
{% with messages = get_flashed_messages() %}          {# 接收全部闪现数据 #}
    {% if messages %}                                 {# 存在有内容 #}
        <ul class="flashes">                          {# 列表输出 #}
```

```
        {% for message in messages %}                    {# 获取全部闪现信息 #}
            <li>{{ message }}</li>
        {% endfor %}
        </ul>
    {% endif %}
{% endwith %}
</body>
</html>
```

welcome.html 为一个欢迎模板页面，在该页面中通过闪现信息的形式输出了控制层中的处理结果。

实例：定义路由程序并设置闪现信息

```
# coding:UTF-8
import flask                                               # 模块导入
app = flask.Flask(__name__)                                # 创建 Flask 对象
app.config["SECRET_KEY"] = "www.yootk.com"                 # 闪现消息需要设置密钥
@app.route("/login_form")                                  # 访问路径
def login_form():                                          # 路由处理函数
    return flask.render_template("login_form.html")        # 模板显示
@app.route("/welcome")                                     # 访问路径
def welcome():                                             # 路由处理函数
    return flask.render_template("welcome.html")           # 跳转到欢迎页面
@app.route("/login", methods=["POST"])                     # 访问路径
def login():                                               # 路由处理函数
    uname = flask.request.form.get("username")             # 接收表单参数
    upass = flask.request.form.get("userpass")             # 接收表单参数
    if ("muyan" == uname and "yootk" == upass):            # 登录判断
        flask.flash(message="用户登录成功！")               # 闪现消息
        return flask.redirect(flask.url_for("welcome"))    # 路径跳转
    else:                                                  # 登录失败
        flask.flash(message="登录失败，错误的用户名或密码！")  # 错误信息
        return flask.render_template("login_form.html")    # 模板显示
if __name__ == "__main__":                                 # 程序启动
    app.run(host="0.0.0.0", port=80, debug=True)           # 运行 WEB 程序
```

闪现消息是基于 Cookie 的一种应用机制，所以需要设置一个加密密钥，随后就可以在项目中通过 flask.flash()函数来进行闪现消息内容的设置（可以设置有多个）。所有的闪现消息会自动传递到页面中，这样在每一次进行模板加载时就不再需要通过额外变量的形式进行内容的传输。

21.6.3　类视图

视频名称	2128_类视图	
课程目标	掌握	
视频简介	为了更好地对请求路径进行管理，可以直接将不同的 HTTP 处理模式定义在一个类的不同方法中。本课程分析了类视图作用并通过具体案例讲解了类视图的具体应用。	

HTTP 协议提供有多种请求模式（GET 和 POST），在传统的 Flask 开发中，可以直接通过 route 装饰器结合 methods 来对特定的请求进行处理。除此之外，为了更方便地进行请求路径的管理，可以利用一个类视图的形式将一个路径的不同请求处理模式包装在一个类中（该类需要继承 flask.views.MethodView 父类）以实现请求的统一管理。本节使用 21.6.2 小节登录案例进行类视图的讲解。基本的程序结构如图 21-16 所示。

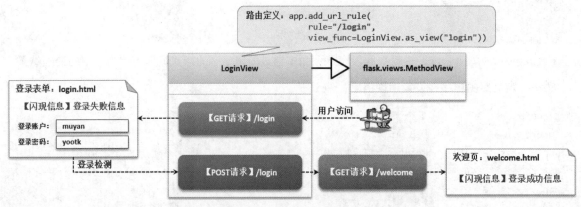

图 21-16　基本的程序结构

实例： 利用类视图管理 HTTP 请求模式

```python
# coding:UTF-8
import flask, flask.views                                    # 模块导入
class LoginView(flask.views.MethodView):                     # 定义类视图
    def get(self):                                           # 处理 GET 请求
        return flask.render_template("login_form.html")      # 跳转登录表单页面
    def post(self):                                          # 处理 POST 请求
        uname = flask.request.form.get("username")          # 接收表单参数
        upass = flask.request.form.get("userpass")          # 接收表单参数
        if ("muyan" == uname and "yootk" == upass):         # 登录判断
            flask.flash(message="用户登录成功！")            # 设置闪现消息
            return flask.redirect(flask.url_for("welcome")) # 路径跳转
        else:                                                # 登录失败
            flask.flash(message="登录失败，错误的用户名或密码！")  # 错误信息
            return flask.render_template("login_form.html") # 模板显示
app = flask.Flask(__name__)                                  # 创建 Flask 对象
app.config["SECRET_KEY"] = "www.yootk.com"                  # 闪现消息需要设置密钥
app.add_url_rule(rule="/login", view_func=LoginView.as_view("login")) # 路由配置
@app.route("/welcome")                                       # 访问路径
def welcome():                                               # 路由处理函数
    return flask.render_template("welcome.html")            # 跳转到欢迎页
if __name__ == "__main__":                                   # 程序启动
    app.run(host="0.0.0.0", port=80, debug=True)            # 运行 WEB 程序
```

本程序在 LoginView 视图类中将 GET 和 POST 请求模式分别用不同的处理函数进行定义，随后利用 add_url_rule() 函数为其设置了绑定路径，这样在进行路径访问时，就可以根据不同的模式实现不同的请求处理。

21.6.4　蓝图

视频名称	2129_蓝图
课程目标	掌握
视频简介	蓝图是进行大型项目拆分的重要技术手段，利用蓝图可以避免因过多路由所造成的代码维护困难问题。本课程分析了蓝图的作用，同时讲解了蓝图的定义以及与 Flask 主路由的整合操作。

　　蓝图（Blueprint）是 Flask 中提供的一项最为重要的模块拆分技术，即将不同模块的路由分别定义在不同的文件中，而后通过蓝图进行引用，这样就可以解决因在一个文件中定义过多路由而造成的代码维护困难问题。蓝图的定义与引用如图 21-17 所示。

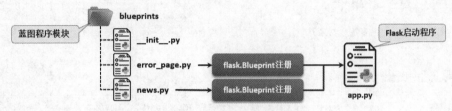

图 21-17　蓝图的定义与引用

实例： 定义新闻管理的蓝图路径

```
# coding:UTF-8
import flask                                          # 模块导入
news_bp = flask.Blueprint(name="news", import_name=__name__,
        url_prefix="/news")                           # 创建 Blueprint 对象并设置前缀
@news_bp.route("/add")                                # 路由地址
def news_add():                                       # 路由处理函数
    return "<h1>增加新闻！</h1>"                        # 响应信息
@news_bp.route("/edit")                               # 路由地址
def news_edit():                                      # 路由处理函数
    return "<h1>编辑新闻！</h1>"                        # 响应信息
```

　　本程序定义了一个新闻管理的路由地址蓝图，为了和其他模块有所区分，所有新闻操作都以"/news"作为访问前缀。

实例： 定义公共错误页蓝图路径

```
import flask                                          # 模块导入
def http_status_404(exp):                             # 处理函数
    return flask.render_template("common/error_page_404.html")   # 跳转到页面模板显示
```

　　错误页是 WEB 项目中必须存在的配置，本程序将错误页定义在蓝图模块中，以供需要的程序进行引用。

实例： 在 Flask 启动程序中注册蓝图

```
# coding:UTF-8
import flask                                          # 模块导入
import blueprints.error_page                          # 错误页
from blueprints.news import news_bp                   # 导入蓝图
```

```python
app = flask.Flask(__name__)                                          # 创建 Flask 对象
app.register_blueprint(news_bp)                                      # 注册蓝图
app.register_error_handler(404, blueprints.error_page.http_status_404)  # 注册蓝图
@app.route("/")                                                     # 定义首页路由
def index():                                                        # 路由处理函数
    return flask.render_template("index.html")                      # 模板响应
if __name__ == "__main__":                                          # 程序启动
    app.run(host="0.0.0.0", port=80, debug=True)                    # 运行 WEB 程序
```

本程序导入了 blueprints 模块中定义的蓝图文件，随后利用 register_blueprint()函数实现了蓝图定义，这样在蓝图中所定义的所有路由就都会生效。

> **提示：子域名与蓝图配置**
>
> 在 Flask 中提供了子域名的使用，如果要想结合蓝图一起使用子域名，则只需要在蓝图定义时通过 subdomain 属性进行配置即可。

实例：在蓝图中配置子域名访问

news.py	news_bp = flask.Blueprint(name="news", import_name=__name__, url_prefix="/news", subdomain="hello") # 定义蓝图
app.py	app.config["SERVER_NAME"] = "yootk.muyan" # 服务配置

除了在蓝图中配置子域名之外，还需要修改 Flask 启动程序文件（app.py）将主域名 yootk.muyan 配置到 SERVER_NAME 选项后才可以生效。

21.6.5 SQLAlchemy

	视频名称	2130_SQLAlchemy
	课程目标	掌握
	视频简介	动态 WEB 最为重要的特点是可以基于数据库实现信息存储，而为了便于数据库操作可以使用 ORM 组件。本课程讲解了如何在 Flask 中整合 SQLAlchemy 组件实现数据库访问的操作实现。

动态 WEB 程序最大的操作特点是可以直接进行 SQL 数据库的资源操作，利用数据库实现数据的结构化管理，而对于数据库的开发操作，使用 ORM 设计组件是最方便的。本次将通过 Flask 实现 SQLAlchemy 组件的整合处理。

实例：定义数据库实体表

```sql
-- 【注释】判断 user 表是否存在，如果存在，则进行删除
DROP TABLE IF EXISTS user;
-- 【注释】创建 user 表，同时为每一列设置说明信息
CREATE TABLE user(
    uid        BIGINT        AUTO_INCREMENT    COMMENT '主键列（自动增长）',
    name       VARCHAR(30)   COMMENT           '用户姓名' ,
    age        INT           COMMENT           '用户年龄' ,
    birthday   DATE          COMMENT           '用户生日' ,
    salary     FLOAT         COMMENT           '用户月薪' ,
    note       TEXT          COMMENT           '用户说明' ,
```

```
        CONSTRAINT pk_uid PRIMARY KEY(uid)
) engine=INNODB;
```

本程序使用了之前定义的数据表结构，其中用户 ID 为自动增长。为了便于数据库操作，应该创建一个映射类，但是此时由于要通过 Flask 管理 ORM 组件，则此映射类要继承 sqlalchemy.Model 父类。

实例：定义 Flask 路由并通过 sqlalchemy 实现数据增加

```
# coding:UTF-8
import flask, datetime, sqlalchemy, flask_sqlalchemy         # pip install Flask-SQLAlchemy
class Config(object):
    # 数据库连接的配置，此项为必需项，格式为（数据库+驱动://用户名:密码@数据库主机地址:端口/数据库名称）
    SQLALCHEMY_DATABASE_URI = "mysql+mysqlconnector://root:mysqladmin@localhost:3306/yootk"
    SQLALCHEMY_TRACK_MODIFICATIONS = True                     # 对象跟踪
    SQLALCHEMY_ECHO = True                                    # 对象跟踪
app = flask.Flask(__name__)                                  # 创建 Flask 对象
app.config.from_object(Config)                               # 导入程序配置项
sqlalchemy = flask_sqlalchemy.SQLAlchemy(app)                # 创建 SQLAlchemy 实例
class User(sqlalchemy.Model):                                # 定义数据表映射类
    __tablename__ = "user"                                   # 映射表名称
    uid = sqlalchemy.Column(sqlalchemy.BIGINT, primary_key=True) # 映射 user.uid 字段
    name = sqlalchemy.Column(sqlalchemy.String)              # 映射 user.name 字段
    age = sqlalchemy.Column(sqlalchemy.Integer)              # 映射 user.age 字段
    birthday = sqlalchemy.Column(sqlalchemy.Date)            # 映射 user.birthday 字段
    salary = sqlalchemy.Column(sqlalchemy.Float)             # 映射 user.salary 字段
    note = sqlalchemy.Column(sqlalchemy.String)              # 映射 user.note 字段
@app.route("/")                                              # 路由定义
def index():                                                 # 路由处理函数
    bir_date = datetime.datetime.strptime("2016-11-30", "%Y-%m-%d") # 字符串转日期
    user = User(name="沐言优拓", age=3, birthday=bir_date, salary=5900, note="www.yootk.com")
    sqlalchemy.session.add(user)                             # 数据增加
    sqlalchemy.session.commit()                              # 事务提交
    return "<h1>数据保存成功</h1>"                             # 内容响应
if __name__ == "__main__":                                   # 程序启动
    app.run(host="0.0.0.0", port=80, debug=True)             # 运行 WEB 程序
```

本程序直接通过一个 Config 配置类定义了数据库的连接信息，随后利用 Flask 对象的 config.from_object()方法加载了配置信息，由于此时所有的 ORM 需要交由 Flask 程序管理，所以实例化了 flask_sqlalchemy.SQLAlchemy 类对象，并利用此对象实现了数据操作以及事务控制。

21.6.6　FlaskWTF

视频名称	2131_FlaskWTF
课程目标	掌握
视频简介	动态 WEB 中最为重要的就是表单组件，同时为了保证每次请求的正确性，也需要对表单进行验证处理，所以 Flask 提供了一个 FlaskWTF 组件以实现该操作。本课程讲解了 FlaskWTF 组件的使用，并且分析了 CSRF 的问题，同时利用具体的代码并结合 Flask-Bootstrap 实现了表单定义以及表单验证操作。

在动态 WEB 中用户往往会依据表单实现 WEB 交互性数据的输入，所以表单是整个动态 WEB 中最关键的部分。为了保证表单输入的正确性，往往需要对表单输入的内容进行验证，为了简化表单的定义与验证，同时为了防止 CSRF 的恶意攻击，可以在 Flask 中通过 FlaskWTF 组件实现表单与验证规则的定义。

> **提示：关于 CSRF 攻击的相关解释**
>
> 跨站请求伪造（Cross-Site Request Forgery，CSRF）是一种常见的网络攻击模式，攻击者可以在受害者完全不知情的情况下以受害者的身份进行各种请求的发送（例如：邮件处理、账号操作等），而在服务器看来这些操作全部都属于合法访问。CSRF 基本操作流程如图 21-18 所示。
>
>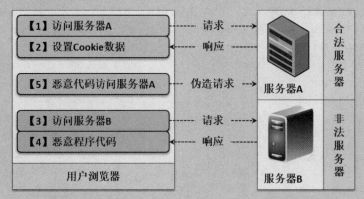
>
> 图 21-18　CSRF 基本操作流程
>
> 很多的网站都存在有 CSRF 访问漏洞，最早的 CSRF 漏洞是在 2000 年由国外的安全人员提出的，但是一直到 2006 年才有人开始关注此漏洞，随后在 2008 年国内外的许多站点也爆发出了 CSRF 漏洞的安全问题，迄今为止还有许多的网站存在有 CSRF 漏洞，业界称 CSRF 为"沉睡的巨人"，其威胁程度可见一斑。
>
> 为了解决 CSRF 问题，FlaskWTF 采用密钥的形式设置一个数据提交的 Token（令牌），而后在每次表单提交时通过验证此 Token 保证数据的安全输入。

FlaskWTF 组件内部提供有各个常见的输入表单定义，这些表单的定义都被封装在了具体的类中。FlaskWTF 提供的输入组件类如表 21-8 所示，而后这些类可以直接使用表 21-9 所示的表单验证规则来实现视图层与控制层的数据验证处理。

表 21-8　FlaskWTF 提供的输入组件类

序　号	字 段 类 型	描　　述
1	StringField	单行文本字段
2	TextAreaField	文本域字段
3	SubmitField	提交按钮组件
4	PasswordField	密码框组件
5	HiddenField	隐藏域组件
6	DateField	日期组件
7	DateTimeField	日期时间组件
8	IntegerField	整型文本组件
9	FloatField	浮点型文本组件
10	DecimalField	可以保存指定精度小数位的文本组件

续表

序　号	字段类型	描　述
11	BooleanField	复选框，值为 True 或 False
12	RadioField	单选按钮，使用 "choices=[("Male","男"),("Female","女")]" 设置内容和标签
13	SelectField	单项下拉列表框，使用 "choices=[("Male","男"),("Female","女")]" 设置内容和标签
14	SelectMultipleField	多项下拉列表框
15	FileField	文件上传字段
16	FormField	内嵌表单

表 21-9　Flask 表单验证器

序　号	验证器函数	描　述
1	DataRequired/Required	设置字段不允许为空
2	Email	数据内容必须为 Email 格式
3	EqualTo	比较两个字段的数据是否相同
4	IPAddress	输入内容为 IP 地址格式
5	Length	验证输入数据的长度
6	NumberRange	验证输入数据是否在指定数字范围内
7	Optional	无输入数据时跳过其他验证函数
8	Regexp	使用正则表达式验证输入数据
9	URL	使用 URL 格式验证输入数据
10	AnyOf	确保输入内容在已知范围内
11	NoneOf	确保输入内容不在已知范围内

　　为了帮助读者更好地理解 FlaskWTF 组件的使用，下面的程序将实现通过 Flask-bootstrap 模块进行表单的生成操作，在每一次进行数据提交时在控制层利用 FlaskWTF 提供的表单验证方法和定义的验证器来进行数据检验。

实例：定义路由并设置表单验证规则

```
# coding:UTF-8
import flask, flask_bootstrap,flask_wtf                        # 模块导入
import wtforms, wtforms.validators                             # pip install Flask-WTF
app = flask.Flask(__name__)                                    # 创建 Flask 对象
app.config["SECRET_KEY"] = "www.yootk.com"                     # 设置密钥
bootstrap = flask_bootstrap.Bootstrap(app)                     # 初始化 Bootstrap 模板
class RegistForm(flask_wtf.FlaskForm):                         # 定义表单类
    # 定义 useremail 参数的表单项，并且设置 Email 与 DataRequired 验证规则
    useremail = wtforms.StringField(label="注册邮箱",
        validators=[wtforms.validators.Email(message="注册邮箱格式错误"),
                wtforms.validators.DataRequired(message="注册邮箱不能为空")])
    # 定义 userpass 参数的表单项，并且设置了 Length 与 DataRequired 验证规则
    userpass = wtforms.PasswordField(label="登录密码",
```

```
            validators=[wtforms.validators.Length(min=6, max=15, message="登录密码长度为 6~15 位"),
                wtforms.validators.DataRequired(message="登录密码不能为空")])
        submit = wtforms.SubmitField(label="注册")                      # 按钮组件
@app.route("/")                                                         # 访问路由
def index():                                                            # 路由处理函数
    form = RegistForm()                                                 # 定义表单
    return flask.render_template("regist.html", form=form)              # 页面跳转
@app.route(rule="/regist",methods=["GET","POST"])                       # 提交路径
def regist():                                                           # 路由处理函数
    form = RegistForm()                                                 # 定义表单
    if flask.request.method == "POST":                                  # 如果为 POST 请求
        if form.validate_on_submit():                                   # 表单验证
            return "<h1>用户注册成功，注册邮箱为: %s</h1>" %
                flask.request.form.get("useremail")                     # 响应信息
    return flask.render_template("regist.html", form=form)              # 表单页面
if __name__ == "__main__":                                              # 程序启动
    app.run(host="0.0.0.0", port=80, debug=True)                        # 运行 WEB 程序
```

本程序定义了一个注册表单的验证类 RegistForm，同时在此类中定义了所有可能出现的表单元素的标签、验证规则等信息，在进行表单显示时就需要通过 render_template()函数将此类的对象传递到前台页面，然后依据字段的类型自动生成相应的 HTML 元素。

实例： 定义前台页面并结合 Bootstrap 进行页面显示

```html
<!DOCTYPE html>
{% extends "bootstrap/base.html" %}
{% block title %}沐言优拓 — Python{% endblock %}
{% block head %}
{{super()}}
<link rel="shortcut icon" href="{{ url_for('static', filename='images/yootk-logo.ico') }}">
{% endblock %}
{% block content %}
<div class="container">
    <div class="row" style="height: 100px;"><img src="/static/images/yootk.png"></div>
    <form action="{{url_for('regist')}}" method="post">
        {{ form.csrf_token }}
        <div class="form-group row">
            <label class="col-sm-2 col-form-label text-right">
                <strong>{{form.useremail.label}}: </strong></label>
            <div class="col-sm-6">
                {{ form.useremail(class="form-control", placeholder="请输入正确的邮箱地址") }}
            </div>
            <div class="col-sm-4">
                {% if form.useremail.errors | length > 0%}
                    {{ form.useremail.errors }}
                {% endif %}
            </div>
```

```
        </div>
        <div class="form-group row">
            <label class="col-sm-2 col-form-label text-right">
                <strong>{{form.userpass.label}}: </strong></label>
            <div class="col-sm-6">
                {{ form.userpass(class="form-control", placeholder="请输入登录密码") }}
            </div>
            <div class="col-sm-4">
                {% if form.userpass.errors | length > 0%}
                    {{ form.userpass.errors }}
                {% endif %}
            </div>
        </div>
        <div class="form-group row justify-content-md-center">
            <div class="col-sm-2">
                {{ form.submit(class="btn btn-sm btn-primary") }}
                <button type="reset" class="btn btn-sm btn-warning">重置</button>
            </div>
        </div>
    </form>
</div>
{% endblock %}
```

程序执行结果：

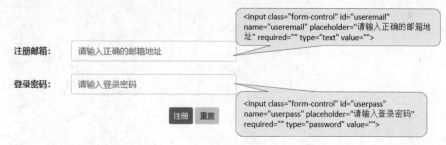

　　本程序通过 Flask-Bootstrap 给定的 Bootstrap 模板实现了表单的创建，在进行表单定义时直接使用了 Flask 路由传递过来的 form 变量中的属性，并根据其类型自动生成相应的表单元素，同时使用了 HTML 5 中的验证规则进行前台验证，在用户输入正确后控制层通过 validate_on_submit()方法并依据 RegistForm 类中定义的规则进行提交参数验证。

21.7　本 章 小 结

　　1. Flask 是 Python 内置的一个公共组件，可以利用此组件实现 WEB 程序的开发。

　　2. Flask 属于 WSGI 标准中的 Web Application 程序，虽然提供了直接运行的能力，但在实际开发中往往需要结合单独 Web Server 进行服务管理。

　　3. Flask 中每一个路由都需要定义一个与之匹配的处理函数，并且可以通过路由实现参数的传递。

　　4. 一个大型项目可以通过子域名进行业务拆分，在 Flask 中可以通过路由的 subdomain 实现子域名的访问配置。

5．在 Flask 项目中默认的静态资源要保存在 static 目录中，所有显示的模板资源要保存在 templates 目录中。

6．用户发送的请求可以通过 flask.requests 来进行处理，请求传递的参数可以通过地址重写传递，也可以利用表单传递。

7．服务器端对客户端的页面展示称为服务器响应，在服务器响应时可以直接进行头部信息的设置。

8．Cookie 是保留在客户端浏览器中的一组数据，session 是保存在服务器端的数据，实际运行中 session 需要通过 Cookie 获取客户端的编号，而后依据此编号可以获取与之对应的服务器信息。

9．Jinja2 模板可以直接实现变量的定义与输出，并且可以使用 if 或 for 结构对程序进行逻辑处理。

10．在通过模板进行数据展示时可以利用内置过滤器或自建过滤器对显示的数据进行处理。

11．项目中需要定义统一的错误页，错误页的定义可以通过 errorhandler 装饰器完成，该装饰器可以根据 HTTP 状态码或异常自动匹配路由。

12．在 Jinja2 模板中可以利用宏、include 和模板继承的形式实现页面代码的重用。

13．Flask 在每一次请求处理时都可以通过钩子函数进行拦截处理。

14．在 WEB 开发中经常会出现一些基础的提示信息，这些提示信息可以利用消息闪现机制进行输出。

15．当一个项目中存在有大量的页面和路由定义时可以通过蓝图进行程序的拆分，将不同的路由按照功能保存在独立的配置文件中，在使用时通过 Flask 启动程序类进行注册即可。

16．Flask 提供了 Flask-SQLAlchemy 模块，可以直接利用 ORM 的模式实现数据库操作。

17．表单作为数据交互的重要技术手段，为了保证其输入数据的有效性，可以通过 FlaskWTF 进行生成。

附录 ASCII 码

美国信息交换标准代码（American Standard Code for Information Interchange，ASCII）是基于拉丁字母的一套计算机编码系统，主要用于显示现代英语和其他西欧语言。它是最通用的信息交换标准，等同于国际标准 ISO/IEC 646。ASCII 第一次以规范标准的类型发表于 1967 年，最后一次更新是在 1986 年，到目前为止共定义了 128（0～127）个字符。这 128 个字符的定义及其对应的数值如附表所示。

附表　128 个字符的定义及其对应的数值

ASCII 数值	定 义 字 符	ASCII 数值	定 义 字 符	ASCII 数值	定 义 字 符	ASCII 数值	定 义 字 符
0	NUT	32	(space)	64	@	96	`
1	SOH	33	!	65	A	97	a
2	STX	34	"	66	B	98	b
3	ETX	35	#	67	C	99	c
4	EOT	36	$	68	D	100	d
5	ENQ	37	%	69	E	101	e
6	ACK	38	&	70	F	102	f
7	BEL	39	,	71	G	103	g
8	BS	40	(	72	H	104	h
9	HT	41	)	73	I	105	i
10	LF	42	*	74	J	106	j
11	VT	43	+	75	K	107	k
12	FF	44	,	76	L	108	l
13	CR	45	–	77	M	109	m
14	SO	46	.	78	N	110	n
15	SI	47	/	79	O	111	o
16	DLE	48	0	80	P	112	p
17	DC1	49	1	81	Q	113	q
18	DC2	50	2	82	R	114	r
19	DC3	51	3	83	S	115	s
20	DC4	52	4	84	T	116	t
21	NAK	53	5	85	U	117	u
22	SYN	54	6	86	V	118	v
23	TB	55	7	87	W	119	w
24	CAN	56	8	88	X	120	x
25	EM	57	9	89	Y	121	y
26	SUB	58	:	90	Z	122	z
27	ESC	59	;	91	[	123	{
28	FS	60	<	92	/	124		
29	GS	61	=	93	]	125	}
30	RS	62	>	94	^	126	`
31	US	63	?	95	_	127	DEL